西南林业大学课程思政建设成果

茶学
课程思政案例

◎ 吴 田 主编

中国农业科学技术出版社

图书在版编目（CIP）数据

茶学课程思政案例 / 吴田主编 . --北京：中国农业科学技术出版社，2025.6. --ISBN 978-7-5116-7521-7

Ⅰ . TS971.21；G641

中国国家版本馆 CIP 数据核字第 2025EL7336 号

责任编辑　王伟红
责任校对　马广洋
责任印制　姜义伟　王思文

出　版　者	中国农业科学技术出版社
	北京市中关村南大街 12 号　　邮编：100081
电　　　话	（010）82105169（编辑室）　（010）82106624（发行部）
	（010）82109709（读者服务部）
网　　　址	https://castp.caas.cn
经　销　者	各地新华书店
印　刷　者	北京建宏印刷有限公司
开　　　本	185 mm×260 mm　1/16
印　　　张	25
字　　　数	580 千字
版　　　次	2025 年 6 月第 1 版　2025 年 6 月第 1 次印刷
定　　　价	78.00 元

版权所有·翻印必究

《茶学课程思政案例》编委会

主　　编　　吴　田　　教授　　　西南林业大学
副主编　　　李　萌　　副教授　　中南林业科技大学
　　　　　　敖新宇　　副教授　　西南林业大学
　　　　　　李录山　　讲师　　　西南林业大学
编　　委（按姓名拼音排序）
　　　　　　敖新宇　　副教授　　西南林业大学
　　　　　　陈盈希　　讲师　　　西南林业大学
　　　　　　龚春梅　　教授　　　西北农林科技大学
　　　　　　胡建辉　　教授　　　青岛农业大学
　　　　　　李　萌　　副教授　　中南林业科技大学
　　　　　　李录山　　讲师　　　西南林业大学
　　　　　　刘泽慈　　副教授　　甘肃农业大学
　　　　　　马　燕　　副教授　　云南农业大学
　　　　　　汪瑛琦　　讲师　　　浙江农林大学
　　　　　　吴　田　　教授　　　西南林业大学
　　　　　　于龙凤　　教授　　　滇西科技师范学院
　　　　　　张　霞　　副教授　　长江大学
　　　　　　张春花　　副教授　　普洱学院

内容简介

《茶学课程思政案例》是一本独具特色的课程思政教材，内容丰富全面，涵盖茶学领域的多个方面。它不仅介绍了邦威古茶树的发现、澜沧江与茶的渊源、云南少数民族的茶缘，梳理了中国茶史的起源发展脉络以及中国茶向世界传播的历程，阐述了中国茶作为改变世界的文化符号与经济力量的重要地位，还聚焦茶树的保护与利用，讲解了茶树的保护方法和多种利用方式，介绍了古茶树保护条例，并以景迈山古茶林为例，展示了茶文化景观遗产的魅力。书中讲述了中国古代十大茶人及近现代十大茶叶专家对茶学的贡献，以及宛晓春教授、刘仲华院士、陈宗懋院士等当代茶人的奉献，展现了茶人精神的传承。详细介绍了勐库大叶种茶、勐海大叶种茶等多种常见茶树品种的特点，探讨了绿茶、红茶等多种茶叶以及少数民族特色茶制作技艺的非遗传承，呈现了茶树基因组学、茶学基础研究等茶学前沿动态，还分析了茶文化的包容性、国际茶日的意义，并提及弘扬茶文化从娃娃抓起和吸引年轻人的话题。此外，阐述了茶产业助力农村经济发展、推动乡村茶文化发展、促进乡村旅游、改善乡村环境、推进乡村基础设施建设以及鼓励大学生投身茶产业等方面的重要作用。本书不仅适合茶学专业学生用来深入学习专业知识与思政内涵，还适用于园艺专业及其他植物生产类专业学生拓宽知识面，了解专业交叉点；本书不仅为相关专业的研究和教学提供了丰富的案例资源，同时也是茶爱好者了解茶学知识、感受茶文化魅力的理想读物。

前言

在新时代教育背景下，课程思政已成为高校教育教学改革的重要方向，对于培养全面发展的高素质人才具有深远意义。《茶学课程思政案例》一书的编写，正是契合当下教育发展大势，为园艺专业、茶学专业及其他植物生产类专业的本科生教学提供一本独具特色的教学用书。

课程思政的意义重大，它有助于落实教育立德树人的根本任务，使学生在学习专业知识的同时，受到思想政治教育的熏陶，形成正确的世界观、人生观和价值观。同时，课程思政能够帮助学生增强文化自信，培养爱国主义情怀，激发他们为传承和发展中华优秀传统文化、为国家和社会的发展贡献力量的责任感和使命感。此外，课程思政还能培养学生的职业道德和工匠精神，使他们在未来的职业生涯中，具备敬业、精益、专注、创新等优秀品质。

《茶学课程思政案例》具有诸多特点和价值。本书内容丰富全面，涵盖了茶的起源和传播、茶树的保护和利用、茶人茶魂、茶树品种、茶叶加工技艺的非遗传承、茶学前沿、茶文化以及茶产业助力乡村振兴。每一章都通过具体的案例，以讲故事的方式呈现，将茶学专业知识与思政元素有机融合，让学生在轻松愉悦的阅读中，不仅学到专业知识，还能受到思政教育的启发。

在茶的起源和传播部分，学生可以了解到中国茶作为改变世界的文化符号与经济力量的重要地位，感受中华民族对世界文明的贡献，增强文化自信和民族自豪感。茶树的保护和利用部分，通过介绍古茶树保护条例和景迈山古茶林等内容，培养学生的生态保护意识和可持续发展观念。茶人茶魂部分，讲述了历代茶人对茶学的贡献，让学生学习茶人的工匠精神和爱国情怀，激励他们在专业领域努力奋斗。茶叶加工技艺的非遗传承部分，展示了各种茶类制作技艺的独特魅力，可使学生认识到非物质文化遗产保护的重要性，培养他们对传统文化的传承意识和创新精神。茶学前沿部分，介绍了茶树基因组学研究进展等内容，激发学生的科学探索精神和创新能力。茶文化部分，从非遗、包容性等多个角度阐述了中国茶的文化内涵，让学生深刻体会茶文化的博大精深，增强传承和弘扬茶文化的责任感。茶产业助力乡村振兴部分，可以让学生看到茶产业在推动农村经济发展、改善乡村环境等方面的重要作用，从而积极投身茶产业，为乡村振兴贡献力量。

本书的编写，得到了有关高校和个人的大力支持。在校订方面，得到西南林业大学硕士研究生王建昭、龚逸凯、卢迷、张芝瑜、杨成、谢静、徐力等同学的帮助，在此一并表示感谢。本教材参考和引用了许多专家、学者的研究成果，在此谨表谢意！

希望本书能够成为教师教学和学生学习的得力助手，在茶学专业教育中发挥积极作用，培养出更多具有扎实专业知识和良好思想政治素质的优秀人才，为茶产业的发展和中华茶文化的传承与创新注入新的活力。

本书的出版得到了西南林业大学2024年课程思政建设项目资助，并依托于云南大叶种茶特异种质资源综合利用方面平台：云南省澜沧江流域茶树资源保护与创新利用重点实验室（筹）、院士（专家）工作站项目（202305AF150058）和临沧市科技创新团队（202204AC100001-TD01）。

由于学识有限，书中疏漏和不妥之处在所难免，恳请广大读者赐教惠正。

编者于昆明
2025年2月

目录

第一章 茶的起源和传播 1
- 第一节 邦崴古茶树的发现 1
- 第二节 澜沧江和茶 6
- 第三节 云南少数民族的茶缘 18
- 第四节 中国茶——改变世界的文化符号与经济力量 26
- 第五节 中国茶的起源与发展 36
- 第六节 中国茶向世界的传播 49
- 参考文献 65

第二章 茶树的保护和利用 67
- 第一节 茶树的保护 67
- 第二节 茶树的利用 81
- 第三节 古茶树保护条例 90
- 第四节 景迈山古茶林——世界首例茶文化景观遗产 100
- 参考文献 111

第三章 茶人茶魂 112
- 第一节 中国古代十大茶人及其对茶学的贡献 112
- 第二节 中国近现代十大茶叶专家及其贡献 123
- 第三节 宛晓春教授与茶 136
- 第四节 刘仲华院士与茶 138
- 第五节 陈宗懋院士与茶 142
- 参考文献 146

第四章 茶树品种 147
- 第一节 勐库大叶种茶 147
- 第二节 勐海大叶种茶 153
- 第三节 凤庆大叶种茶 159
- 第四节 福鼎大白茶树品种 163
- 第五节 铁观音茶树品种 168
- 第六节 白叶1号茶树品种 172
- 第七节 龙井43号茶树品种 177

第八节　紫娟茶树品种 181
　　第九节　云抗 10 号茶树品种 186
　　参考文献 190

第五章　茶叶加工技艺的非遗传承 193
　　第一节　绿茶制作技艺的非遗传承 193
　　第二节　红茶制作技艺的非遗传承 201
　　第三节　乌龙茶制作技艺的非遗传承 207
　　第四节　白茶制作技艺的非遗传承 215
　　第五节　黄茶制作技艺的非遗传承 218
　　第六节　黑茶制作技艺的非遗传承 223
　　第七节　普洱茶制作技艺的非遗传承 230
　　第八节　花茶制作技艺的非遗传承 236
　　第九节　少数民族特色茶制作技艺的非遗传承 244
　　参考文献 250

第六章　茶学前沿 251
　　第一节　茶树基因组学研究进展 251
　　第二节　茶学基础研究 256
　　第三节　茶树病虫害 263
　　第四节　茶树研究的多维度进展：从基因组到起源再到遗传标记应用 274
　　第五节　我国茶学教育发展 280
　　参考文献 288

第七章　茶文化 293
　　第一节　人类非遗"中国传统制茶技艺及其相关习俗"中的茶文化探微 293
　　第二节　茶文化的包容性 305
　　第三节　国际茶日——共筑文化交流桥梁 318
　　第四节　弘扬茶文化，从娃娃抓起 325
　　第五节　用时尚的方式让年轻人爱上茶文化 332
　　参考文献 342

第八章　茶产业助力乡村振兴 344
　　第一节　茶产业助力农村经济发展 344
　　第二节　茶产业推动乡村茶文化发展 350
　　第三节　茶产业促进乡村旅游发展 355
　　第四节　生态茶园改善乡村环境 361
　　第五节　茶产业推进乡村基础设施建设 370
　　第六节　青春茶香，筑梦乡兴：大学生投身茶产业的时代担当 381
　　参考文献 391

第一章　茶的起源和传播

第一节　邦崴古茶树的发现

云南省澜沧拉祜族自治县（以下简称澜沧）北部的富东乡邦崴村，地处澜沧、双江、景谷三县交界的澜沧江畔，海拔达1 900米。早在清朝末年，邦崴便是普洱茶生产的六大茶山之一，作为重要的产茶之地，其地位举足轻重。邦崴气候条件得天独厚，年平均气温16.8℃，阳光充沛，温和宜人，夏季无酷热之苦，冬季无严寒之忧。四季皆山明水秀，这样的环境极为适宜高品质茶叶的生长。邦崴村现有居民730户，主要由汉族和拉祜族组成。古茶树遍布于各寨子周边，既有成片集中种植，也有零星分散种植，以大叶种普洱茶为主。全村茶叶种植面积达6 200余亩（1亩≈666.7米^2，全书同），其中古茶面积1 650多亩，古茶树数量超10万株。尤为珍贵的是，树龄在500年以上，且茶树基部直径在20厘米以上的古茶树，就有2 286多株。

一、邦崴古茶树发现前

1823年，英国布鲁斯兄弟——罗伯特·布鲁斯和查尔斯·布鲁斯，在喜马拉雅山南麓的阿萨姆（今印度阿萨姆邦）地区进行探索。他们在一个景颇族寨子中，发现寨子里的人把一种特殊的树叶泡在水中，而这种饮品是专供部落酋长饮用的。出于好奇，布鲁斯兄弟将这种树叶带到了印度加尔各答进行检验分析。经过专业的检测，发现这是一种茶叶，其特征与中国云南和缅甸北部所产的古树茶有相似之处。

这一消息在加尔各答迅速传开，引起了极大的轰动。当时的茶商们对此极为兴奋，因为在那个时期，中国是全世界唯一的产茶、制茶之地。茶叶作为中国对英国贸易的最大宗商品，在国际贸易中占据着重要地位。18世纪末，中国出口到英国的茶叶已达9 000多吨，茶叶贸易成为东印度公司盈利最大的项目。然而，由于中国处在茶产业链的上游，东印度公司在茶叶贸易中所获利润并非最大份额。所以，在印度阿萨姆发现茶叶，对东印度公司以及众多茶商来说，似乎是一个有可能颠覆茶叶贸易格局的绝佳机会。

很快，布鲁斯兄弟在寨子附近的密林中进一步探索时，发现了一棵高达13.1米的野生茶树。根据植物学的一般规律，既然野生茶树能够在阿萨姆自然生长，那么阿萨姆当地的土壤和气候条件，就具备种植栽培茶的可能性。看到商机的加尔各答茶商们迅速行动起来，成立了"茶叶栽培委员会"，专门致力于攻克种植栽培茶的技术难题。

查尔斯·布鲁斯在布拉马普特拉河畔开辟了一块实验茶园。他不仅从中国引入了一批优质茶种，还将一批掌握种茶、制茶技术的中国茶农带到了阿萨姆。通过将中国茶种与阿萨姆当地的野生茶树进行杂交，成功种出了一种新的栽培茶。1838 年，第一批阿萨姆红茶运往英伦试销，结果大受欢迎，市场需求旺盛，价格一路飙升。同年，查尔斯·布鲁斯印发了一本小册子，在其中详细列举了在伦浦（今属印度阿萨姆邦）附近发现的 108 棵野生茶树。查尔斯·布鲁斯还宣称，在阿萨姆邦的萨地亚，他曾发现一株高 43 英尺（1 英尺≈30.48 厘米，全书同）、围径 3 英尺的野生茶树。基于这些发现，查尔斯·布鲁斯断言，印度阿萨姆邦是世界茶树的原产地。

1877 年，英国植物学家贝尔登编写了《阿萨姆之茶叶》一书。贝尔登在书中提出，因为印度发现了野生大茶树，并且当时从没有人在中国提出过关于发现野生茶树的学术申请，所以他武断地认为中国就没有野生茶树。他还对比了阿萨姆种茶和中国各地的茶树，指出阿萨姆种茶长势较为"野"，而中国各地的茶树树矮叶小，基于此，他认为这是阿萨姆种茶传入中国后，在不同的气候土壤条件下栽培变异后的结果。因此，他在书中主张"印度是茶树的原产地"。自贝尔登提出这一观点后，"茶源中国"的共识受到了挑战，学术界甚至形成了不同的观点和争论。

1922 年，农学家、茶叶专家吴觉农发表了《茶树原产地考》一文。吴觉农从历史学与植物学等多个角度进行了严谨的论证，最终得出"茶非印度的原产，而为中国所固有"的科学论断。他归纳梳理了大量古籍中关于茶的记载，清晰地揭示了中国茶业的发展和演变历程。他认为中国茶业"在周秦以后，已作食用，至汉晋已渐兴盛，到唐宋则达到了极盛时代"。同时，吴觉农还发现，印度栽培茶起源于 1834 年，而早在 1662 年，法国人 Albersde Mandelslo 就提到，"Thé 为全印度所通用"，Thé 即法语"茶"。从时间顺序和贸易交流的角度来看，既然在印度栽培茶出现之前，印度就已经有了对"茶"的认知，那么印度野生茶树也很可能是从中国移植过去的。

事实上，除了以吴觉农为代表的众多中国学者不断据理力争之外，在吴觉农之前，美国学者瓦尔茨、苏联学者勃列雪尼德等，也都通过研究断定阿萨姆的野生茶是由中国传入的，并且这一派观点在当时的学术界一直占据主流地位。当然，也有少数人坚持"茶起源于印度"的观点，不过持此类观点的学者数量并不多。此外，一些英美学者则认为，茶有多个起源地。但从科学严谨的角度来看，要牢固确立"茶起源于中国"的地位，还需要更多生物学与地理学的相关证据。因为，单纯以发现野生茶树来论证茶树的起源还缺乏足够的说服力。即使是以千年计的植物寿命，相对于漫长的地质年代而言，都是极为短暂的。野生茶树得以留存至今，受到大量人为和自然因素的综合影响，所以它既不是茶树起源的充分条件，也不是必要条件。

时间来到 1991 年，云南省澜沧邦崴村的村民魏壮和家的园地里有棵粗大无比的茶树，由于这棵茶树周围没有遮阴物，充足的阳光使其长得枝繁叶茂。但也正因为这棵树过于高大，在采摘鲜叶的时候，魏壮和需要爬到树上，而长得高一些的叶子根本无法采摘到。这棵茶树一年的产量仅有十几斤（1 斤=0.5 千克，全书同），所卖的钱仅仅够买点食盐。而且，这棵茶树的树冠太大，遮阳面积广，导致这块土地无法种植粮食，一直处于荒废状态。当时，魏壮和一家老小的温饱问题都还面临着困难，经过一番思考，他决定等当年春茶采摘完后，就把这棵大茶树砍掉，然后好好整理一下这块土地，种上粮食，以提高来年的收成。尽管他内心对这棵树多少有些不舍，毕竟这棵树从他记事起就已经如此高大了。

何仕华时任云南思茅地区（今普洱市）行署对外经贸局副局长以及思茅地区茶叶学会理事长。1991年3月，他根据群众反映，找到了邦崴村的这棵古茶树。当他看到古茶树的那一瞬间，内心非常震惊。这些年他见过不少古茶树，但这棵绝对是他见过的最大的古茶树。他马上对树高、树幅、直径以及花、果、壳和样茶等方面进行了初步测量和考察，发现这棵古茶树树姿直立、分枝密，属于乔木型大茶树。凭借多年的经验和敏锐的直觉，他判断这一定是一棵价值非凡的古茶树。

为了进一步了解这棵树的详细情况，何仕华接着走访了邦崴村的村民。在与魏壮和的妻子赵云花交流时，他得知魏壮和打算砍掉这棵遮阳的大茶树。何仕华听后立刻进行了劝阻，他向魏壮和一家详细讲解了这棵树的价值及重要意义，并且向他们及时宣传了有关保护古茶树的政策和法规。为了以防万一，何仕华又向邦崴村村长、支部书记和富东乡党委、乡政府的领导同志作了交代，反复强调一定要保护好这棵大茶树。随后，何仕华申请了专项经费，将这棵茶树收归国有，并决定每年向魏壮和家发放补贴，作为这棵茶树的养护管理费。

相关专家于1991年4月、11月两次对该茶树进行了全面的综合考察，并将茶树样品送至云南省茶叶研究所进行分析。结果显示，这棵茶树所含化学成分和其细胞组织结构与栽培型茶树相同，但树冠、花柱、花粉粒、茶籽果皮等特征与野生茶树接近。后经过进一步的研究和测算，确定其树龄为1 700年。

二、澜沧邦崴大茶树考察论证会

1992年10月11—14日，一场意义重大的"澜沧邦崴大茶树考察论证会"在云南省澜沧隆重召开。此次论证会由云南省茶叶学会、思茅地区行署、云南省农业科学院茶叶研究所、思茅地区茶叶学会以及澜沧县人民政府共同召集相关领域的专家举行。

值得一提的是，参与此次论证会的考察专家阵容十分强大，汇聚了全国茶叶界和植物学界的顶级专家、学者。其中包括：刘祖生，国务院学术委员会学科评议组成员、浙江农业大学茶学系博士导师、教授，在茶学领域有着深厚的学术造诣和丰富的研究经验；王镇恒，安徽农学院学术委员会副主任、教授，长期致力于茶叶相关研究，为茶学教育和科研作出了重要贡献；唐明德，湖南农学院茶叶研究所的副教授，在茶叶研究方面有诸多独到的见解；虞富莲，中国农业科学院茶叶研究所室主任、副研究员，在茶叶研究领域成果丰硕；郑永球，华南农业大学茶学系副主任、讲师，在茶学教学和研究中积极探索；李华均，西南农业大学茶学系副系主任、讲师，专注于茶学专业的教学与科研工作；奚彪，浙江农业大学博士研究生，在茶学研究方面崭露头角；张芳赐，云南农业大学副教授，对当地的茶树研究有着深入的了解；丁渭然，云南农业大学副教授，为茶学研究贡献着自己的力量；金鸿祥，云南省农业科学院副研究员，在农业科研尤其是茶叶研究方面经验丰富；苏芳华，云南省茶叶进出口公司高级工程师，在实践角度对茶叶有着深刻的认识；张顺高，中国科学院西双版纳植物园副研究员，在植物研究领域有着丰富的经验；王海思，云南省农业科学院茶叶研究所所长、副研究员，对茶叶研究有着全面的把控。这些专家中的很多人至今仍是中国茶界的重量级人物，在各自的领域继续发挥着重要作用。

在论证会上，专家组成员进行了严谨而细致的考察工作。他们首先进行了实地考察，对澜沧邦崴大茶树的生长环境、周边生态等进行了全面观察。随后进行现场测量，精确地获取了大茶树的各项数据；并进行取样观察，对茶树的叶片、花朵、果实等进行细致的分析；还进行了茶样品尝，从口感等方面对茶叶品质进行评估。在这些工作的基础上，专家们又进行了多方讨论和交流，最终得出了关于澜沧邦崴大茶树的考证意见。

与会的专家学者经过深入的研究和讨论后一致认为：这棵大茶树既展现出野生大茶树花、果、种子的形态特征，又具备栽培茶树芽、叶、枝梢的特点，属于野生型与栽培型之间的过渡型，是一棵珍贵的古茶树，并且可以直接加以利用。邦崴古茶树的存在反映了茶树发源与早期驯化利用具有同源性。由于其"过渡型古茶树"的特殊身份，使其在世界茶叶界拥有无可取代的地位，堪称茶树人工驯化史中的"活化石"。

邦崴"过渡型古茶树"是澜沧古代先民对茶树进行驯化、栽培探索的"科学试验"的产物。截至目前，这种过渡型千年古茶树，在全中国乃至全世界范围内也仅发现了这一棵，它已经具备了文物含义中的重要科学价值。它对于研究茶树的起源和进化过程，确定茶树的原产地，深入探究茶树驯化生物学，进行茶树良种选育，研究农业遗产与农艺史，以及开展地方社会学方面的研究都具有不可估量的重要科学价值，这一点已经得到了国内农业科学界茶叶专业专家们的广泛认可。

从历史文化的角度来看，邦崴一带是古代濮人生产生活的区域，而最早种植茶树的就是布朗族先民濮人。作为古代濮人生产生活的区域，邦崴一带至今仍保留着新石器文化遗迹，后来因民族迁徙，在佤族、布朗族先民之后，拉祜族和近代汉族相继来到这里，邦崴古茶树的主人也从布朗族先民逐渐转变为拉祜族，又从拉祜族转变为汉族，但从历史的根源来看，早期驯化培育这棵古茶树的仍然是布朗族先民。邦崴古茶树不仅是古代濮人"科学试验"的历史见证，更是远古时代的民族文化缩影，是我国珍贵的古茶文化遗址实物，其文化内涵已经具备了文物所必须具有的重要历史价值和科学价值，为研究我国古代的茶文化和民族历史提供了重要的生物学材料。

三、邦崴古茶树邮票

1997年4月8日，中华人民共和国邮电部刊行《茶》邮票，一套4枚，分别为云南澜沧江邦崴村的古茶树、陆羽像、鎏金银茶碾、文徵明的《惠山茶会图》。这套邮票因其深厚的文化内涵和独特的艺术价值，一经发行，便在国内外引起了强烈的反响。不仅广大集邮爱好者纷纷争购，普通民众也对其表现出了浓厚的兴趣，很快便被抢购一空，成了大家竞相收藏的普洱茶文化邮票艺术品。此后，这套邮票还被中国、美国、德国等多个国家的邮票目录收录，在国际集邮领域获得了广泛的认可。

在这套邮票中，第一枚《茶树》面值50分，其图案描绘的正是澜沧邦崴古茶树。邮票以云南澜沧邦崴秀丽的山水为背景，突出展现了一棵拔地而起的大茶树。这棵茶树格外葱郁，展现出勃勃的英姿。它宛如一座纪念碑，屹立在那里，象征着人类茶文化发展历史上不可逾越的一座丰碑。在茶树前的草地上，居住在当地的拉祜族、布朗族、汉族老乡们拉起圈子，欢快地跳着具有浓郁地方特色的"三跺脚"舞蹈。这一画面不仅洋溢着当地人民的热情，更体现了那些为中国茶业贡献一生的人们的精神风貌。画面的右侧钤有一方红色的"茶树"二字印章，巧妙地点明了票题，使整个画面更加完整和富有韵味。

值得一提的是，这枚邮票图案中的千年古茶树，设计者采用的是照片而非绘画。设计者之所以作出这样的选择，是想用真实的照片向世人昭告：这棵茶树是真实存在的，并且依然生机勃勃地活着。这张小小的"国家名片"向世界宣告：1991年发现的澜沧邦崴古茶树是迄今在全世界范围内发现的唯一的过渡型大茶树；茶树的原产地并非印度，而是在中国云南，具体坐标为澜沧邦崴。

从收藏价值来看，这枚《茶树》邮票随着时间的推移，其价值也在不断提升。在一些邮票收藏市场和拍卖活动中，这枚邮票也偶尔会现身。虽然与一些稀世珍邮相比，它的价格可能并不惊人，但对于茶文化爱好者和集邮爱好者来说，它却具有极高的收藏价值和纪念意义。它不仅是一枚邮票，更是茶文化传承和发展的一个重要见证，是连接历史与现代、文化与艺术的桥梁。同时，它也让更多的人通过邮票这一载体，了解到了中国源远流长的茶文化以及澜沧邦崴古茶树在茶史中的重要地位。

四、小结

"茶叶起源于印度"的观点曾一度流行，挑战了"茶源中国"的传统认知。然而，云南省澜沧邦崴村古茶树的发现为"茶源中国"提供了有力证据。1991年，何仕华发现邦崴古茶树，经多次考察分析，确定其为树龄约1 700年的过渡型古茶树。1992年的"澜沧邦崴大茶树考察论证会"，众多权威专家参与，从多方面深入考察后一致认定，邦崴古茶树兼具野生与栽培茶树特征，是茶树发源与早期驯化利用同源的重要证据，在世界茶叶界地位独特。1997年，中华人民共和国邮电部刊行的《茶》邮票中，包含了邦崴古茶树图案，这枚邮票不仅在发行时受到广泛欢迎，还在收藏市场中逐渐升值，成为宣传中国茶文化、确认茶树原产地为中国云南澜沧邦崴的重要"国家名片"。邦崴古茶树不仅见证了中国古代先民对茶树的驯化栽培历史，而且对于研究茶树起源进化、农业遗产等方面也具有不可估量的价值。

思政要点

1. 文化自信：邦崴古茶树的发现及相关研究，有力地证明了中国是茶树的原产地，彰显了中国茶文化的源远流长和深厚底蕴，有助于增强民族文化自信，激发对中华优秀传统文化的自豪感和认同感。

2. 科学精神：从吴觉农等学者对茶树原产地的论证，到众多专家对邦崴古茶树的严谨考察分析，体现了求真务实、勇于探索的科学精神，强调了科学研究在解决争议、揭示真相中的重要作用。

3. 历史意识：邦崴古茶树作为历史的见证，承载着古代濮人（布朗族先民）对茶树的驯化栽培历史，反映了不同民族在这片土地上的生活变迁，有助于培养尊重历史、珍视文化遗产的意识。

4. 民族团结：邦崴村居民由汉族和拉祜族等民族的同胞组成，古茶树见证了不同民族在茶文化传承和发展中的共同参与，体现了民族团结和文化交融，强调了各民族共同创造和传承中华文化的重要性。

5. 责任担当：何仕华及时阻止村民砍伐古茶树并积极保护，以及众多专家为研究茶树所付出的努力，展现了对文化遗产保护和科学研究的责任担当，启示人们要重视和保护珍贵的自然文化资源。

第二节 澜沧江和茶

澜沧江，这条东南亚最大的国际河流，发源于中国青海省唐古拉山东北部，一路奔腾，先流经西藏，而后蜿蜒进入云南。在云南境内，它依次流经迪庆、大理、保山、临沧、普洱等地，最终穿过西双版纳，流入缅甸，自此之后，它便有了另一个名字——湄公河。湄公河不仅是缅甸与老挝的界河，还继续流经老挝、泰国、柬埔寨，最终在越南胡志明市注入南海。

澜沧江干流全长4 880千米，在云南境内的流程达1 247千米，因其对云南的重要意义，被亲切地誉为"云南的母亲河"。作为典型的南向流向河流，随着江水由北向南奔涌，所经流域内，几乎囊括了世界上除戈壁和沙漠之外的所有自然景观与气候类型，其丰富多样，令人惊叹。

在人文社会方面，澜沧江流域堪称多民族的集聚地。仅在云南段流域内，就分布着傣族、白族、布依族、彝族等16个少数民族。尤为特别的是，傣族、布依族、独龙族等民族均为跨境民族。各少数民族在这片土地上繁衍生息，他们的习俗风情、生活方式和宗教信仰各具特色，且与当地的自然环境完美融合，共同构成了一幅绚丽多彩的人文画卷。

澜沧江流域不仅拥有丰富的人文景观，还留存着诸多人类活动遗迹。沿着江水顺流而下，西藏昌都的卡若文化遗址便是其中极具代表性的一处。它坐落在澜沧江畔，地理位置优越，是川、滇、藏三地的交通枢纽，也是古代南北方民族往来的重要通道之一。通过对这一遗址的研究，我们能够深入了解古代西南民族迁徙、分布的某些关键环节，因而它已被列入第四批全国重点文物保护单位。此外，澜沧江流域在茶文化领域也有着举足轻重的地位。这里不仅是普洱茶的发源地，更是茶树起源的中心地带，源远流长的茶文化在此生根发芽、茁壮成长。

一、迪庆和茶

澜沧江在迪庆藏族自治州（以下简称迪庆）主要流经德钦县和维西傈僳族自治县。迪庆地处云南西北部，呈现高山峡谷地貌特征，平均海拔较高，气候寒冷且多雨。其气候和地形条件对于茶树生长来说，存在诸多不利因素，例如，高海拔低温不利于茶树的营养吸收从而限制茶树的生长速度和茶叶品质的形成，因此在迪庆地区，茶树种植相对较少。

尽管如此，在迪庆，很多藏族、傈僳族和其他少数民族家庭却有着悠久的饮茶习惯，正如他们所说"可一日无肉，不可一日无茶"。这主要是因为茶叶中的成分可以解油腻、助消化，以帮助他们适应高油脂、高热量的饮食习惯。

迪庆是云南最为邻近西藏的地区，它是滇、川、藏三省（区）各民族进行经济文化交流的重要通道，也是茶马古道上的重要驿站和核心区域。在历史上，云南的茶叶作为重要的贸易商品销往西藏，而迪庆就是必经之地。例如，过去马帮驮着大量的普洱茶等茶叶，沿着崎岖的山路，经过迪庆地区运往西藏。

世代生息于迪庆高原的"古宗"藏族，是千年茶马古道上的运输主力军。他们凭借着对当地地理环境的熟悉和坚韧的品质，不仅能够南下到滇南的普洱茶产区如西双版纳等地采购茶叶，而且能北上到青藏高原进行贸易活动。

有学者认为，今天盛名远扬的茶马古道之名就来自迪庆，这是因为迪庆正处于汉藏等民族的交会地带，是茶马古道的关键节点。在历史上，来自不同民族的商人、马帮在这里汇聚，进行茶叶、马匹等物资的交易和文化的交流。正由于这样的中心位置，迪庆的茶马古道四通八达。

据相关历史资料记载，历史上茶马古道经过迪庆境内的主干道超过800千米，如果加上辅助干道和支线，全长近3 000千米。而且，这些古道约有一半的路段至今还在通行，比如一些连接村落的小道，依然发挥着交通作用。现今的滇藏公路（214国道云南下关至西藏芒康段）大致就沿当年的茶马古道通往青藏高原。

迪庆是滇藏茶马古道由滇入藏的最后一段，同时也是滇藏和川藏茶马古道的接合部。在这个接合部，不同路线的茶马古道在此交会，使得迪庆在历史上的贸易和文化交流中占据着重要地位。

二、大理和茶

澜沧江在大理白族自治州（以下简称大理）流经云龙县、永平县、南涧彝族自治县（以下简称南涧自治县）。大理的气候特色显著，属于低纬高原季风气候，干湿季节分明。在干季，降水稀少，空气相对干燥；湿季时，降水充沛，空气湿润。这种气候条件使大理大部分地区呈现出夏无酷暑，冬无严寒的特点，年温差较小，而日温差较大。较大的日温差有利于茶叶中营养物质的积累，为茶叶的生长提供了有利的自然条件。

由于受到自然地理条件的限制，如部分地区地形复杂，可用于大规模种植茶树的土地有限等，大理并不是传统意义上的茶叶主产区。但实际上，大理在种茶、制茶、饮茶习俗方面的发展历史要比许多主要的茶产区更为悠久，技术也更发达。生活在这片土地上的以白族为主的各民族，拥有着源远流长且独具特色的茶文化。

茶在白族人民的日常生活中占据着重要地位。例如，白族的烤茶、三道茶、雷响茶等，每一种茶艺都蕴含着白族人民对茶叶的热爱以及对生活的独特理解。在白族的各种传统仪式中，茶都是不可或缺的重要元素。以婚礼为例，新人会向长辈敬茶，表达对长辈的尊重和感恩；在祭祀仪式上，茶也是供奉祖先和神灵的祭品之一，体现了白族人民对传统文化的敬重。这些习俗不仅体现了大理人民热情好客的传统礼节，也充分展现了他们对茶文化的热爱与尊重。

大理烤茶一般选用当地大叶种制作的绿茶或者晒青茶，也就是普洱生茶，使用的器具则是当地烧制的具有非遗特色的炉具。通过围炉烤茶这种独特的方式，不仅让大理的非遗产品走进了人们的生活，也使更多的人了解了大理丰富的非遗文化。具体的烤茶过程：先将小陶罐放置在炭火上烤热，待陶罐温度升高后，把散茶放入陶罐中，再将陶罐放回炉上继续加热。在加热过程中，需要不断地抖动陶罐中的茶叶，目的是使茶叶均匀受热。一直加热到茶叶散发出浓郁的焦香味时，将提前烧热的水迅速冲入小陶罐中。这时会听到"噗呲"一声，烤香的茶叶在沸水中翻滚，瞬间涌出一阵浓郁的茶香。

白族三道茶拥有着悠久的历史。早在唐代南诏国初期，唐《蛮书》中就有"蒙舍蛮以椒、姜、桂和烹而饮之"的记载，这便是早期三道茶的雏形。白族三道茶具体分为：第一道是"苦茶"，制作时将茶叶烤至颜色变黄但不焦，当香气弥漫时冲入滚水制成。这道茶口感浓郁苦涩，象征着人生的艰辛。第二道为"甜茶"，以茶为汤底，加入甘草、红糖进行熬制，然后再佐以乳扇、核桃仁等食材制作而成。这道茶味道香甜，寓意着人生经历苦难后收获的甜蜜。第三道是"回味茶"，是用蜂蜜、花椒、生姜煎茶，融合了甜、苦、辣等多种味道。一苦二甜三回味，三道茶的原料和味道各不相同，蕴含着深刻的人生哲理。在2022年11月29日，白族三道茶（茶俗）作为"中国传统制茶技艺及其相关习俗"，被列入联合国教科文组织人类非物质文化遗产代表作名录。

大理的古茶树分布区域与澜沧江在大理的流经区域基本重合，主要集中在大理镇、下关镇、南涧自治县和永平县等地，这些地区的古茶树代表了大理当地的特色。南涧自治县的无量山一带是大理的重要茶叶产区，这里分布着野生和栽培型的古茶树。例如，南涧自治县碧溪乡的回龙山古茶树群落，茶树生长在山林间，环境优美，茶树形态各异；还有大理镇苍山的单大人古茶树群落，这些古茶树历经岁月沧桑，依然枝繁叶茂，具有丰富的历史和文化价值。此外，分布面积较大的群落还有宝华镇梅树村古茶树群落、下关镇感通寺的感通茶、永平县杉阳镇古茶树群落等。除了这些群落之外，许多村寨还单株散生着一些古茶树，它们主要生长在山地中，如南涧自治县宝华镇无量村委会阿葩新村的大茶树、南涧自治县无量山镇新政村委会的木板箐大茶树、南涧自治县无量山镇的小古德大茶树、南涧自治县碧溪乡的斯须乐大茶树等。

感通寺1号古茶树，俗称感通茶，属大理茶种（*C. taliensis*），生长于大理苍山感通寺寺院内，寺院周围环境清幽，为茶树的生长提供了良好的生态条件；单大人1号古茶树（大理茶种），位于下关镇苍山脚荷花村单大人寨，其独特的生长环境造就了茶叶的特殊品质。这两棵古茶树是大理古茶树资源的代表，它们分别以独特的生长环境和特征，展示了大理茶的优良品质和深厚的历史底蕴。这些古茶树不仅是茶文化的重要载体，见证了大理地区悠久的种茶、饮茶历史，也是当地自然与人文历史的生动见证。1917年，英国植物学家W. W. Smith以大理感通寺的茶树为模式植物，将其定名为茶属大理茶，并命名为Thea taliensis（W. W. Smith）。1925年，德国植物学家Melchior把大理茶修订为山茶属的一个种，因此其拉丁名*Camellia taliensis* Melchior一直被沿用至今。

三、保山和茶

保山市（以下简称保山）地处云南省西部，东临澜沧江，西靠怒江，南依墨江，北枕云岭山脉，这样的地形地貌造就了保山别具一格的地理环境。

澜沧江在保山境内流经隆阳区和昌宁县，全长约133.2千米。具体而言，澜沧江从保山市隆阳区瓦窑镇下麦庄村坡脚的雪山河处流入保山境内，随后一路向南，依次流经隆阳区和昌宁县，最终从昌宁县漭水镇江楼村流出保山，进入临沧市。

保山拥有优越的自然条件，属于低纬度、高海拔地区，部分区域呈现出低温、少雨的气候特点。这种独特的自然环境为茶树生长提供了理想的条件。低纬度保证了充足的光照，高海拔使得昼夜温差较大，有利于茶叶中营养物质的积累；而相对低温和少雨的环境，又使得茶树生长缓慢，茶叶品质更加优良。目前，保山市拥有10万亩无性系良种茶叶基地和15万亩无公害茶叶生产基地，是滇红和普洱茶的重要产区。

在保山的茶树资源中，古茶树类型丰富多样。既有野生型、栽培型的古茶树，也有介于二者之间，属于进化型的古茶树。从分类学角度来看，保山地区的茶分属3个系5个种，即五柱茶系的大理茶和滇缅茶，茶系中的茶和普洱茶，以及秃房茶系的勐腊茶。这些古茶树的树龄均在千年以上，见证了保山地区悠久的茶树生长历史。

保山的昌宁县，地处北纬24°"黄金茶线"上，高山云雾环绕，且土壤多为酸性，拥有着得天独厚的茶树生长条件。凭借着这样的优势，被认定为全国首批优秀茶基地县。这里茶历史悠久，茶文化源远流长。县内野生茶树、古茶树、古茶园数量众多。据统计，目前已发现野生型、过渡型、栽培型古茶树共20余万株，分布面积达4.9万多亩，并且较为集中的有48个居群。这些珍稀的古茶树资源，对于研究茶树的进化过程具有重要的科学价值，已经成为中国茶学界研究茶树进化的重要标本。

黄家寨位于昌宁县漭水镇，漭水镇是昌宁县古茶树数量最多、分布最广的乡镇，也是昌宁乃至滇西栽培型茶树的重要原产地，被誉为"古树茶之乡""昌宁茶源"。黄家寨古茶树群是澜沧江上游面积最大、树龄最高、品种优良的密集栽培型古树茶群，同时也是保山20座古茶山之一。经调查，黄家寨古茶树群内有百年树龄以上栽培型古茶树11 364株，周边还拥有生态茶山3 000余亩。例如，在黄家寨的一些山坡上，成片的古茶树错落有致地生长着，茶树形态各异，有的树干粗壮，有的枝繁叶茂，展现出勃勃生机。这里产出的茶叶品质上乘，深受茶客的喜爱。

四、临沧和茶

临沧处于澜沧江、怒江两大水系中下游之间。临沧以前被称为"缅宁"，后因其濒临澜沧江，故而得名"临沧"，临沧属于云南低纬山地季风气候的中间带，北回归线横穿其境内。这里具有低纬度、高海拔的特点，气候呈现出冬无严寒、夏无酷暑的宜人状态，雨量充沛，常年多雾，是云南生物多样性最为富集的区域之一。临沧得天独厚的地理位置、独特的地貌特征、丰富的气候资源以及无污染的自然环境，共同造就了极为优良的茶叶生态环境，为茶树的生长提供了绝佳的条件。临沧市的茶叶种植面积达90万亩，所种植的茶树全部为国家级优良品种——勐库大叶种茶和凤庆大叶种茶。

勐库大叶种茶为双江拉祜族佤族布朗族傣族自治县（以下简称双江自治县）的特产。勐库大雪山位于双江自治县，它是澜沧江支流南勐河的发源地。这里海拔较高，气候温和湿润，昼夜温差较大，非常适宜茶树的生长。在这样得天独厚的自然条件下，勐库大雪山成了优质茶叶的重要生产地之一。

大户赛村的村民在勐库大雪山上发现了大量的野生古茶树，这些野生古茶树的分布面积达到了 1.27 万亩。经中国农业科学院茶叶研究所、中国科学院昆明植物研究所、云南省农业科学院茶叶研究所等多个科研部门的植物专家和茶叶专家鉴定，勐库大雪山野生古茶树群落是迄今为止世界上已发现的海拔最高、分布面积最广、种群密度最大的野生古茶树群落。勐库大雪山所产的茶叶不仅以其优良的品质闻名于世，还承载着丰富而独特的茶文化。当地的拉祜族、佤族等少数民族在长期的生产和生活实践过程中，逐渐形成了独具特色的茶文化习俗，这些习俗涵盖了采茶、制茶、品茶等多个方面的传统技艺。例如，在采茶时节，少数民族的茶农们会遵循传统的方法，选择合适的茶叶采摘时机和采摘标准；在制茶过程中，他们传承着独特的制茶工艺，以保证茶叶的品质和风味。

澜沧江在临沧境内的流程长达 306.6 千米，除了流经双江自治县外，还流经凤庆县、云县、临翔区，流经的山头包括忙麓山和昔归山等。这些山地与澜沧江的形成和流经紧密相关，共同构成了澜沧江在临沧地区独特的自然景观和生态环境。

忙麓山是临沧大雪山向东延伸且靠近澜沧江的一部分，属于亚热带季雨林。它紧邻澜沧江，背依昔归山，独特的地理位置使其形成了 3 种不同的茶名，分别是忙麓茶、昔归茶和嘎里古茶。由于忙麓山属于昔归村管辖范围，因此昔归茶也可称作忙麓茶。忙麓山的气候条件与东邦大雪山截然不同，东邦大雪山海拔高达 3 429 米，气候环境呈现出立体特征，而忙麓山海拔仅 750 米，四季温差较小，冬无严寒、夏无酷暑，日照充足，年积温在 6 200 ℃ 左右，无霜期长达 325 天，这样的气候条件特别适合茶树的生长。忙麓山上留存着忙麓茶民旧址、嘎里古渡遗址、茶马古驿道遗址等历史遗迹，这些遗址见证了忙麓山及澜沧江流域的历史文化发展变迁。例如，茶马古驿道遗址曾是茶叶贸易的重要通道，见证了当时茶叶贸易的繁荣景象。专家考证指出，世界茶叶的原产地以及最适宜茶叶生长的自然环境就在澜沧江两岸，而品种最好的茶叶则分布在澜沧江流域的临沧市及周边地区。这些信息充分展示了澜沧江在临沧流经地区的自然美景，同时也揭示了该地区丰富的文化和历史价值。

此外，澜沧江还流经昔归山。昔归古茶园位于临沧市临翔区邦东乡昔归村，这里依山傍水，背靠忙麓山，比邻澜沧江，地理位置十分优越。昔归古茶园东与普洱市镇沅隔江相望，北与云县大朝山西镇接壤。昔归古茶树混生于森林之中，树龄平均在 200 年以上。澜沧江流域优越的地理条件使得这里茶园遍布。昔归位于澜沧江西岸，属于典型的低纬度、低海拔、高温、高湿的峡谷地带，澜沧江为其起到了调温调湿的作用，造就了茶树生长的优良环境。早在古代，昔归茶就备受珍视。最早生活在云南的濮人将昔归茶敬献周武王；宋代时，昔归茶又成为大理国的"御茶"；清朝时期，鄂尔泰在云南采办贡茶，昔归茶也在其中。这些历史记载都表明了昔归茶在古代茶叶中的重要地位。

五、普洱市和茶

澜沧江自景东县流入普洱市境内，主要流经宁洱哈尼族彝族自治县、景东彝族自治县。威远江作为澜沧江的一级支流，其流域范围广阔，涉及镇沅彝族哈尼族拉祜族自治县、景谷傣族彝族自治县、宁洱哈尼族彝族自治县、思茅区，共辖20个乡镇。澜沧江在普洱市内流程长达300多千米，之后继续南流，流经西双版纳傣族自治州（以下简称西双版纳）后出境。

这些流经的地方均是普洱市重要的茶叶产区。澜沧江丰富的水源，为茶叶的生长提供了充足的水分滋养，保障了茶树的茁壮成长，也为茶叶产业的发展奠定了坚实基础。普洱市的茶叶产业极大地得益于澜沧江的流经，特别是在澜沧江流域，该区域处于澜沧江中下游，拥有独特的地理环境和气候条件，这里气候温暖湿润，土壤肥沃，阳光充足，昼夜温差适宜，成为了普洱茶生长的理想之地。

澜沧是位于澜沧江畔的一个边陲县城，它因依傍澜沧江而得名。澜沧属于热带亚热带气候，全年雨量充沛，四季气候温和，如同春天般舒适宜人，这样的气候条件为种植乔木大叶茶以及生产加工普洱茶提供了极为优越的自然条件。闻名遐迩的景迈芒景千年万亩古茶园以及邦崴过渡型古茶树就位于澜沧境内。

景迈山坐落在滇西南怒山余脉所形成的群山之中，其地理位置独特，三面被澜沧江的支流南门河及南朗河环绕。景迈山东邻西双版纳勐海县，西边与缅甸接壤，处于西双版纳、普洱市与缅甸的交界处。

景迈山古茶园是中国西南地区世居民族延续至今的林下茶种植的典型代表。这里拥有超过1 300年的人工栽培的古茶林，放眼望去，漫山遍野皆是翠绿的茶树。这片古茶园是当地布朗族、傣族先民经过漫长岁月驯化、栽培而成的，茶树树龄大多都在千年以上，是真正意义上的千年万亩古茶园。例如，在景迈山的一些村落周边，成片的古茶树有序排列，它们见证了世居民族与茶相伴的悠久历史。

景迈山不仅有丰富的古茶树资源，而且其世居民族延续至今的社会治理体系也颇具特色。独特的茶祖信仰，使得当地居民对茶树充满敬畏与尊崇，将茶视为生活中不可或缺的一部分。以"和"为核心的当地茶文化，倡导人与人、人与自然之间的和谐相处。比如在茶叶的采摘、制作等环节，都遵循着传统的规范，注重保护茶树和生态环境。保护生态的村规民约，对古茶园的保护和生态环境的维护起到了重要作用，村民们自觉遵守这些规定，共同守护着这片古老的茶林。互敬互爱的风俗习惯，让整个景迈山的居民们团结和睦，共同传承和发展着茶文化。这些因素相互作用，实现了人与茶、人与自然的高度精神联系，也保证了景迈山独特的林下茶种植传统延续千年且依然充满生机与活力。

六、西双版纳和茶

澜沧江在西双版纳的流程为158千米。在古时，傣族将其称为"南兰章"，含义为"百万大象繁衍的河流"。由此可见，在过去，澜沧江流域生态环境优良，适合大象等大型动物生存繁衍。

澜沧江在西双版纳流经 14 座知名山头，这些山头分为两个部分，即位于澜沧江西北方的古六大茶山和位于澜沧江东南方的后起八大茶山。

古六大茶山又被称作"江北六大茶山"或"江内六大茶山"，分别为攸乐山、革登山、倚邦山、莽枝山、蛮砖山、易武山。这些茶山不仅因独特的地理位置和气候条件而声名远扬，更因其产出的茶叶品质卓越，具备独特的风味和香气。以攸乐山为例，它曾是历史上运茶的必经之路，地理位置十分重要。其所产的大叶种茶叶，苦涩感相对较重，但生津回甘的速度快，且持续时间长，只是香气略淡。革登山则因其特殊的地理位置以及一棵特大的茶王树而闻名遐迩。这里的茶叶属于大小叶种混生，拥有独特的山野气息，茶气强烈，回甘生津迅速，甘香浓郁，香气持久不散。倚邦山在古六大茶山中海拔最高，主要产出小叶种茶叶。其茶汤呈黄绿色，苦味较淡，苦中带甜，涩味比苦味更为明显，不过回甘较快且较为长久，香气显著。莽枝山凭借其古老的种茶历史和独特的茶叶风味而闻名。这里的茶叶属乔木中小叶种，泡出的汤呈深橙黄色，入口时较苦涩，但回甘猛烈、生津速度快，香气清新宜人。蛮砖山产出的茶叶在清代就已经获得了较高的评价，其茶树种植面积广，茶叶品质上乘。这些古茶山的历史可以追溯到久远的古代，传说三国时期的蜀汉丞相诸葛亮曾遍历这些茶山，并且在一些茶山留下了遗迹。这些都为这些茶山增添了深厚的文化底蕴。此外，这些茶山所产的茶叶不仅在国内享有很高的声誉，也在国际上得到了认可，成为中国茶文化的重要组成部分，推动了中国茶文化在世界范围内的传播。

澜沧江后起八大茶山包括曼糯茶山、勐海勐宋茶山、南糯山、帕沙茶山、贺开茶山、布朗茶山、景洪勐宋茶山和巴达茶山。这些茶山位于澜沧江以西，各自具备独特的特点和优势。它们不仅因为独特的地理环境和气候条件而闻名，还因为所生产的茶叶具有独特的口感和香气，受到了众多茶叶爱好者的喜爱。

曼糯茶山位于西双版纳州勐海县最北端，在历史上曾是普洱茶的重要产区，著名的茶马古道就经过这里。曼糯茶山保留了大量珍贵的古茶树资源，其制成的普洱茶山野气韵较强，苦涩感明显，香气纯正，回甘悠长。而当地的茶农采用传统工艺制作的曼糯普洱茶，口感醇厚，深受茶客喜爱。

勐海勐宋茶山（大勐宋）和景洪勐宋茶山（小勐宋）凭借其独特的地理环境和气候条件，生产出了具有独特风味和香气的茶叶。虽然同属"勐宋"，但由于地理位置和气候的差异，所产茶叶在口感和香气上也有所不同。

南糯茶山作为澜沧江下游流域西岸最著名的古茶山，现存百年以上的栽培型古茶树面积达 1.5 万亩。古茶园主要集中在半坡寨、姑娘寨等地。这里产出的茶叶肥厚，香气高雅，口感顺滑饱满，回甘快且持久。20 世纪 50 年代，茶叶专家周鹏举和植物学家蔡希陶在南糯山发现了一棵树龄达 800 多年的人工栽培型古茶树。这棵"茶树王"让南糯山声名远扬，吸引了中外众多茶叶专家前来考察研究。然而，1994 年，"茶树王"自然死亡，给众多茶叶爱好者留下了深深的遗憾。不过，南糯山"茶树王"依然是勐海地区普洱茶传统栽培利用悠久历史的生动见证。

帕沙茶山以数量众多的古茶树和独特的生长环境而闻名。这里产出的茶叶香气高扬，水路细腻，汤水柔和，回甘生津持续不断。当地茶农精心呵护这些古茶树，传承着古老的种茶和制茶技艺。

贺开茶山位于勐海县东南部,是西双版纳州迄今保存较好、连片面积最大的古老茶山之一。贺开普洱茶干茶条索较长,汤色金黄明亮,具有独特的山野气韵。走进贺开茶山,成片的古茶树郁郁葱葱,展现出勃勃生机。

布朗茶山位于勐海县布朗山布朗族乡,布朗族是世界上最早栽培、制作和饮用茶叶的民族之一。布朗茶山普洱茶多为乔木或小乔木,香气独特,滋味醇厚。布朗族的茶文化源远流长,他们将种茶、制茶融入生活的方方面面。

巴达茶山位于勐海县西部,巴达茶山古茶园是西双版纳州野生古茶树资源最集中的区域,所产茶叶具有独特的风味和香气。这里的野生古茶树对于研究茶树的起源和进化具有重要的科学价值。

1983年,云南省农业科学院茶叶研究所国家种质大叶茶树资源圃在西双版纳勐海县建立。经过多年的发展,2012年经批准晋升为国家级资源圃,并于2012年8月31日,"国家种质大叶茶树资源圃(勐海)"正式挂牌。该资源圃收集保存了国内外茶组植物25个种3个变种,共计3 485份种质资源,保存的大叶茶资源种类、数量位居世界第一,成功建成了世界茶树资源基因库的重要基地,为茶树品种的研究、保护和开发利用提供了坚实的基础。

七、缅甸和茶

澜沧江在云南省西双版纳勐腊县流出我国国境,随后在缅甸掸邦的皎梅县入境缅甸,自此它便有了另一个名字——湄公河。

缅甸的古树茶资源分布相对集中,主要集中在缅甸第四特区的南板地区以及缅甸的景栋地区等。景栋地区在历史上有着重要的地位,在古代傣王朝时期,它被称为四大傣族城市之一。缅甸的古树茶有着独特的分类,有甜茶和苦茶之分。其中,苦茶的口感和西双版纳布朗山的古树茶口感基本一致,入口可能带有一定的苦涩感,但随后会有丰富的味觉体验;而甜茶则口感舒适,品尝时能明显感受到满满的甘甜滋味。目前,缅甸的古树茶有多种加工和销售渠道。大量的缅甸古树茶被加工成普洱茶,这些普洱茶主要销往中国的西双版纳地区。同时,也有少部分缅甸的古树茶被加工成绿茶,并且出口到欧美地区,每千克可达100美元。

缅甸果敢自治区拥有丰富的古茶树自然资源。其树种主要为云南原生大叶种和阿萨姆种,这两种树种都是制作高端茶品的优质原料,云南原生大叶种是制作高端普洱茶的优质原料,而阿萨姆种则是制作红茶的优质原料。果敢与中国云南在地理位置上山水相连,在茶文化的传承上更是同宗同源。

从地理位置上看,果敢古树茶的茶山与云南临沧属于同一山脉,拥有相同的地理气候资源。可以说,抛开有形的国境线,它们本就是同境同源的地域资源。以云南临沧勐库的邦马大雪山为例,这座山海拔高达3 200米,山顶终年积雪不化,山中云雾常年缭绕,原始森林茂密,大叶种的古茶树在其间广泛分布。在邦马山脉北段的半山腰上,有一个傣族村寨名叫"冰岛",傣语称为"扁岛"或"丙岛",意思是用竹篱笆做寨门的地方。而在跨越了国境线雪山的另一端,便是果敢的古树茶产区。果敢和冰岛分别位于邦马大雪山的两侧，拥有几乎一样优质的水土条件和生态环境，因此，两地所产的古树茶各具特色，都有着独特的风味。

在果敢老街附近的"南湖塘"，生长着树龄在1 500年以上的野生古茶树，这些古老的茶树见证了果敢茶的悠久历史，意义非凡。此外，果敢树龄在200~300年的古茶树的数量也相当可观，即使是树龄最短的古茶树，其树龄也在100年以上。这些不同树龄的古茶树，共同构成了果敢丰富的古茶树资源体系，为当地的茶叶产业发展奠定了坚实的基础。

八、老挝和茶

老挝是位于中南半岛北部的内陆国家，其地理位置独特，北邻中国的云南，南接柬埔寨，东界越南，西北与缅甸相连，西南毗连泰国。老挝属热带、亚热带季风气候，是东南亚地区著名的茶乡之一。湄公河流经老挝西部，流程长达1 900千米，其中作为老挝与缅甸的界河段长度为234千米，与泰国的界河段长度达976.3千米。

从茶树品种方面来看，老挝茶和中国茶同宗同祖，而老挝独特的生长环境造就了老挝茶的优秀品质。老挝的工业生产极少，其生态环境几乎没有受到污染，这使得老挝产出的茶叶在绿色、纯天然方面具备天然的优势。

茶的品质与茶树的年龄有着密切的关系。国内的古茶树主要集中在与老挝接壤的云南地区（并非广西），以百年古茶树较为常见，而千年古茶树则十分稀有。一棵千年古茶树，树干高度通常在10~20米，由于其生长缓慢且产量极低，一棵树每年仅能采摘不到1千克的精品茶。在老挝，生长在海拔800~2 000米的千年古茶树数量达到了3 700多棵，这无疑是老挝茶品质特色的重要体现之一。

老挝古茶树主要分布在该国的北部和中部地区。包括北部的奥诺萨旁省、平巴江省，以及中部的地处库玛县、密县、万象市等地。这些地区地理环境独特，气候温暖湿润，阳光充足，雨水充沛，土壤肥沃，为茶树的生长和发育提供了极为有利的条件。

奥诺萨旁省位于老挝最北部，被称为"中国村"。这里气候温暖湿润，土壤富含有机质，非常适合古茶树的生长，古茶树生长速度相对较快，茶叶品质较高。同时，该地区古茶树面积广阔，茶叶种植是当地许多村庄的主要经济来源。例如，当地一些村庄的村民们世代以种茶、采茶为生，形成了独特的茶文化和生活方式。

平巴江省是老挝中部的一个重要省份，也是古树茶的重要分布地区。这里的气候和土壤条件优越，所产茶叶品质优良，是公认的老挝原生态古树茶的重要产地之一。在平巴江省，茶农们一直沿用传统的川圹手工工艺，采用古法对茶叶进行纯天然加工，最大程度地保留了古树茶的原始风味。这种传统工艺不仅体现了当地悠久的茶文化，也使得平巴江省的古树茶在市场上独具特色。

除了上述地区，老挝北部的川圹省、沙耶武里省和丰沙里省也分布着大量的古茶树。丰沙里省地处老挝北部，面积为16 270千米^2，在老挝所有省份中，该省与中国有着最长的边境线。丰沙里省西部与中国西双版纳勐腊县相邻，北部与普洱江城县接壤，境内大部分为山地和高原。在古代，这里是远近闻名的马帮集散地，也是历史上云南普洱茶的重要产地之一。丰沙里的Komaen村有一个拥有400年历史的茶园，这个茶园是老挝著名的茶园之一,见证了当地悠久的茶叶种植历史。

老挝川圹高杆古树茶是一种独特的普洱茶叶品种,产自老挝境内的巴巴川圹地区。这里的气候条件十分适宜茶树的生长,常年温暖湿润,昼夜温差适中。川圹作为地名,意为"河流源头",点明了茶园所在地的地理位置;高杆则描述了茶树的形态特征,这种茶树长势良好,树干粗壮高耸。老挝川圹高杆古树茶的鲜叶呈现出紫绿色,叶片大而肥厚,质地较厚。制成的茶饼色泽金黄透亮,口感醇厚甜润,没有苦涩感,挂杯香明显,属于花果香型,深受茶叶爱好者的喜爱。

总体而言,老挝境内古茶树资源丰富,但目前其茶叶加工技术相对落后。茶叶产品主要销往中国云南地区,并且当地农民大多仅为满足自身需求而进行零星采制,且以采制酸茶为主,处于一种较为落后的状态。如果能够充分借助云南茶产业的平台,引入先进的加工技术和管理经验,老挝的茶叶产量和产值有望得到极大的提高,其茶叶产业也将迎来更广阔的发展前景。

九、泰国和茶

湄公河在泰国东部与老挝的边界上流淌,长度约976.3千米。湄公河从老挝孟喜湾水域继续流淌,大约前行20千米后,便抵达了泰国北部地区。在泰国,湄公河被称作Mae Narn Khong,其含义为"众水之母",这一名称体现了湄公河在泰国人心中作为重要水源的地位。

湄公河在泰国境内流程较长,但泰国茶树分布相对较少且主要集中在北部地区。一方面,因为泰国大部分地区属于热带季风气候,全年高温多雨,气候较为湿热。这种过于湿热的气候对于茶树生长并非最为理想,茶树虽然喜欢温暖湿润的环境,但过高的温度和湿度可能导致病虫害滋生,影响茶叶品质。而泰国北部地区海拔相对较高,气候相对凉爽,昼夜温差较大,更接近茶树适宜生长的气候条件。另一方面,泰国北部地区与周边国家(如中国、缅甸等)接壤,在历史上受到这些茶叶生产和消费大国的影响较大,而泰国其他地区在历史上受到的影响较小,对茶叶种植的重视程度和发展程度相对较低。此外,北部地区的一些少数民族群体有着自己独特的饮茶习俗和传统,这也推动了茶树在当地的种植和发展。

在泰国北部,有一个名为泰北茶房的地方,具体指的是泰国北部清莱府密岁县万伟乡茶房村。这个村庄距离清莱机场有100余千米,坐落在海拔900~1 000米的高山之上,并且处于中缅交界处。这里属于亚热带雨林气候,自然景观优美,山林层层叠叠,错落有致。在这样的环境中,茶房村一天之内的温差较大,可达10~20℃。

茶房村得天独厚的地理条件,为茶树的生长提供了绝佳的环境。在这里,生长着树龄达七八百年的大叶古茶树。这些古老的茶树,不仅是当地自然生态的重要组成部分,也为茶房村茶业的发展奠定了先天的基础优势。

泰国清莱普洱茶的制作工艺既传承了传统普洱茶制作的精髓,又在实践中融入了当地的特色,使得清莱普洱茶具有独特的风味和品质。不同的茶农和茶厂在具体的制作过程中可能会存在一些细微的差异。泰国清莱所产的普洱茶与中国云南地区的普洱茶在口感和品质上存在一定的差异。中国云南普洱茶以其丰富的口感层次和独特的韵味闻名于世。而泰国清莱普洱茶口感更为清爽醇厚。当品尝清莱普洱茶时，首先能感受到茶汤带有淡淡的花香和果香，这些香气自然而清新，给人带来愉悦的嗅觉体验。从外观上看，清莱普洱茶泡出的茶汤呈明亮的琥珀色，色泽诱人。叶底比较整齐，显示出茶叶采摘和制作过程遵循较高的标准。在饮用时，清莱普洱茶喝起来更加清甜顺口，茶汤在口中流转，能让人感受到一种别样的滋味。

此外，茶房村的茶树种植也有自己的传统方式。当地茶农们遵循着世代相传的经验，从茶树的种植到养护，都有一套严谨的流程。他们注重保持茶叶的自然品质，尽量减少人工干预，以确保每一片茶叶都能保留最原始的风味。这种传统的种植方式，也是泰国清莱普洱茶独特魅力的重要来源之一。

十、柬埔寨和茶

湄公河自上游蜿蜒而下，在柬埔寨的北部和西部流经。在柬埔寨，它被称作 Toule Thom，意为"大河"，充分体现了湄公河在柬埔寨人心中作为主要水道的重要地位。湄公河在柬埔寨境内流程约 500 千米，是柬埔寨最大的河流，承载着当地重要的航运、灌溉等功能，是柬埔寨不可或缺的水道。

在柬埔寨西部，有一个备受关注的茶区——普利莫林山（Phnom Kulen Mountain）茶区。该地区海拔约 800 米，地势条件使得其气候呈现出温和湿润的特点，同时土壤肥沃，富含多种矿物质和有机质，为茶树的生长提供了极为理想的环境。普利莫林山的古树茶，采摘自树龄在 200~400 年的野生古茶树。这些古老的茶树在这片土地上历经岁月的沉淀，汲取了充足的养分。当地茶农采用手工摘采的方式，精心挑选优质的茶叶鲜叶，随后经过一系列严谨且精细的加工工序制作而成。

普利莫林山古树茶具有独特的品质。它散发着浓郁的花香和果香，香气层次丰富且持久。品尝时，其口感醇厚，茶汤在口中流转，带来丰富的味觉体验，回甘持久，让人回味无穷。正因如此，它被誉为柬埔寨的"国宝级"茶品。在柬埔寨的一些重要社交场合或接待贵宾时，普利莫林山古树茶常常作为珍贵的饮品被端上茶桌，展示柬埔寨独特的茶文化和待客之道。

柬埔寨人民的饮茶习俗由来已久，很大程度上受到华人饮茶风习的影响。在柬埔寨，饮茶方式丰富多样。在茶的种类选择上，既有喜欢饮绿茶、红茶的人群，享受其清新或醇厚的口感；也有钟情于乌龙茶、普洱茶、花茶的，品味不同茶类带来的独特风味。在饮用方式上，既有习惯饮热茶的，尤其是在寒冷的时节或需要暖身的时候，热茶能带来温暖和舒适；也有偏爱饮冰茶的，在炎热的天气里，冰茶成为消暑解渴的佳品。此外，在茶的制作方式上，既有喜欢饮清茶、感受茶叶最纯粹味道的人；也有喜欢在茶中添加各种调味料，制作成调味茶的，比如加入蜂蜜、柠檬等，增添别样的风味。

虽然柬埔寨的茶文化在一定程度上受到华人茶文化的影响，有一些相似之处，比如都注重茶在社交和生活中的重要性，但也存在着一些差异。柬埔寨的茶文化在发展过程中融入了当地的民族特色和生活方式，形成了独特的风格。例如，在一些传统的柬埔寨节日或仪式中，饮茶的方式和礼仪会与华人的饮茶习俗有所不同，展现出柬埔寨独特的文化内涵。

十一、越南和茶

澜沧江在越南境内,它同样被叫作湄公河,并最终于越南胡志明市注入南海。越南语中"Tra"(茶)一词的发音,源于当时作为海上贸易港口的福建、厦门以及广东、广西等地的方言中"茶"的读音。这一现象反映了历史上越南与中国沿海地区在贸易往来中,茶文化也随之传播交流。

茶在越南有着悠久的历史,距今已有3 000多年。越南共有35个省产茶(Hoang等,2012),茶树种植区域广泛。越南的北部以及中北部的自然条件适合种植茶树,其中主要茶区位于越南首都河内附近。在茶叶的用途方面,越南生产的红茶主要用于出口,绿茶则主要满足越南国内消费需求。茶在越南的国民经济中占据着相当重要的地位,在越南的出口商品中,茶的出口额位居第三,可见其对越南经济的重要贡献。

绿茶是越南人日常生活中不可或缺的饮品之一。在越南北部地区,几乎每个家庭都保持着待客敬茶的传统礼节。走进越南人的客厅,常常能看到在红木做成的茶几上,摆放着一套陶瓷茶具(类似于中国的紫砂壶)。每当有客人来访,主人都会热情地用这套茶具泡上一杯清茶,招待客人。在越南人的生活中,绿茶的消费场景十分广泛,更有一种说法是,从婚礼到葬礼,从公务活动到浪漫约会,绿茶无处不在。在越南,委婉地谢绝一杯茶甚至会被视为一种不礼貌行为,这体现了茶在越南社交文化中的重要性。

调查发现,越南有很多野生古茶树。这些野生古茶树主要生长于越南中西部高地及北部的山脉。以越南北部的古茶树区为例,这里植被覆盖面积广,部分区域甚至形成了古茶树森林。当地是少数民族的聚居地,这些少数民族保留着传统的生活形态和制茶方式,具有浓郁的民族特色。例如,他们在采摘茶叶时遵循着传统的时节和方法,在制茶过程中也沿用着古老的工艺,使得茶叶带有独特的风味。

越南边境的古茶树区与中国云南相连,划分茶树特性相同。在历史上,由于茶叶贸易等原因,还有人拿越南的古树茶来弥补云南普洱茶产量不足的记录。表明在历史长河中,中越两国在茶叶领域有着紧密的联系和交流,共同推动了茶文化的发展。

十二、小结

澜沧江发源于青海省唐古拉山东北部,是中国西南地区的一条重要河流。它在中国具有特殊的生态意义,是三江源地区所孕育的三大江河之一(另外两条为长江、黄河),三江源地区有着"中华水塔"的美誉,源源不断地为中国乃至周边地区提供着宝贵的水资源。

古茶树的原产地就在澜沧江流域。研究表明,现今澜沧江流域的少数民族,如彝族、哈尼族、白族、布朗族、普米族、纳西族、拉祜族、傈僳族等,大多是由澜沧江流域先民"古濮人"逐渐演化而来的民族。在漫长的历史岁月中,澜沧江流域的先民们率先发现并利用了茶树。在茶树的原产地,茶果成熟后自然裂开,茶籽散落落地,在适宜的环境中萌发,从一株小小的幼苗慢慢长成大树,而后又不断繁衍,逐渐形成了一片片的茶树森林。古茶树相对密集地生长分布在澜沧江流域内，其广泛分布的原因，一方面可能是借助了江水的力量，成熟的茶籽顺江漂流，在合适的地方生根发芽，从而实现了茶树在流域内不同区域的传播；另一方面也极有可能是澜沧江流域的人群先发现并利用了茶树，他们在迁徙、贸易等活动中，将茶树的种子和种植技术带到了其他地方，加以传播扩散。

在澜沧江流域生活的各民族与茶树和谐相伴、共生共荣，并在长期的生产生活实践中共同进步。各民族在与茶树的密切接触中，形成了独具地域民族特色的茶文化。后来，这些丰富多彩的地域民族茶文化，又通过著名的茶马古道传播到了外界。茶马古道上，马帮驮着茶叶等物资，沿着崎岖的山路，穿梭于各个地区之间，不仅促进了经济贸易的发展，也让澜沧江流域的茶文化在更广阔的范围内得到了传播和交流，成为了璀璨的中国茶文化宝库中的一部分。

思政要点

1. 家国情怀与民族认同：澜沧江发源于中国，其流域丰富的自然与人文资源，彰显祖国地域的广袤与历史文化底蕴，增强民族自豪感与国家认同感。

2. 民族团结与多元共生：澜沧江流域内多民族聚居，文化多样，各民族在茶文化等方面各具特色又相互交融，促进民族间理解、尊重与团结。

3. 传统文化传承创新：澜沧江流域茶文化历史悠久，从种茶、制茶到饮茶习俗，不仅应传承弘扬，同时应结合时代创新发展，更好地保护利用古茶树资源。

4. 生态保护与绿色发展：澜沧江流域生物多样，良好生态是茶树生长基础，应树立生态文明理念，保护自然，实现人与自然和谐共生。

5. 国际合作与文化交融：澜沧江—湄公河连接多国，促进中国与东南亚国家经济文化交流，茶文化传播体现文化相互影响，可加强多领域合作，构建命运共同体。

6. 奋斗精神与责任担当：历史上各民族在茶马古道贸易中展现了艰苦奋斗、坚韧不拔和勇于开拓的精神，体现了中华民族面对困难时不懈奋斗与勇于担当的精神。

7. 文化自信与国际影响：中国是茶树原产地，澜沧江流域茶文化是传统文化瑰宝，应坚定文化自信，提升中国茶文化的国际影响力。

第三节　云南少数民族的茶缘

数千年来，世居云南地区的少数民族与当地的古树茶相互依存，紧密相连。茶，对于他们而言，不仅是日常的食材、治病的药材，更是深深地融入了风俗习惯之中，渗透到生活的点点滴滴。他们种茶、制茶、烹茶、品茶、售茶，在漫长的岁月里，书写着独特的茶生活篇章，也为中国源远流长、博大精深的茶文化添上了浓墨重彩的绚丽一笔。中国拥有56个民族，而云南人口在6 000人以上的世居少数民族有25个。在这些民族中，不少民族将茶视为祖先的馈赠，形成了独特的文化与坚定的信仰。茶文化在民族文化中扎下了深厚的根基，拥有着独一无二的地位，其丰富的内涵和独特的魅力，是其他任何国家和地区都难以企及的。

一、德昂族——视茶为祖先的民族

德昂族是中国西南边疆现有居民中最古老的民族之一，拥有悠久的历史和深厚的民族文化。德昂族原名"崩龙族"，1985年9月经国务院批准，正式更名为"德昂族"。该民族世代居住在云南的德宏、保山、临沧等地区，长久以来以精湛的种茶、制茶技艺闻名，被赞誉为"古老的茶农"。

德昂族对茶的热爱深入骨髓，饮茶是德昂族人的重要生活嗜好。在德昂族的村寨里，茶树随处可见，不少茶树树龄已达几百年甚至上千年。在一些古老的德昂族聚居村落，那些粗壮高大的古茶树见证着岁月的变迁，它们盘根错节，枝叶繁茂，仿佛在诉说着德昂族与茶的不解之缘。

德昂族的茶叶信仰源于初民时期对茶的敬畏。在那个物资相对匮乏的时代，茶不仅是生活必需品，更是人们生活的重要伙伴。茶可以充饥，在食物短缺时帮助人们维系生命，因此被视为生命的馈赠。基于对生育奥秘的未知以及原始的图腾意识和感恩之情，德昂族初民将茶视为生育之母的象征，进而形成了图腾崇拜，视茶为祖先的延续。这种信仰在德昂族中代代相传，使得茶在德昂族文化中占据了无可替代的地位。

茶叶在德昂族的社会生活中扮演着极为特殊的角色，是传递友谊、表达情感、寓意事理的重要信物。在德昂族的传统节日、佛事活动、婚丧嫁娶等各种场合中，茶都不可或缺。例如，在德昂族的婚礼上，男方会向女方家送去茶叶作为聘礼，表达对女方家庭的尊重和诚意；在祭祀活动中，茶也是必不可少的祭品，用以表达对祖先的敬意。德昂族认为，茶是人类世界的开创者，是人类共同的祖先。古崩龙人以茶为图腾，创造了灿烂丰富的民族文化和茶文化。

德昂族民间神话史诗《达古达楞格莱标》记载的"德昂族是茶叶变的，茶是德昂族的根"，生动地体现了德昂族与茶的紧密联系。

德昂族不仅嗜喝浓茶，而且善于种茶，几乎每户德昂族家庭都栽种茶树。在德昂族的茶祖歌《达古达楞格莱标》中唱道："茶叶是崩龙族的命脉，有崩龙族的地方就有茶山；神奇的传说留到现在，崩龙人的身上还飘着茶叶的芳香。"古歌从混沌初世唱到古崩龙人的"茶叶始祖"完成创世大业，历经10多万年的生死曲折，才有了"开天辟地第一回，51对男女结成双……世代繁衍人口兴旺"的景象。

德昂族的茶俗丰富多样，贯穿于每个德昂族人的生命历程。"出生茶"，即在孩子出生时，家人会用茶来庆祝新生命的到来，并祈求孩子健康成长；"成年茶"，当德昂族青年步入成年时，会举行与茶相关的仪式，标志着其开始承担起相应的责任和义务；"集会茶"用于村寨的集体活动，促进人们之间的交流和团结；"社交茶"是人们日常交往中表达友好的方式；"保媒茶"在说媒过程中起到重要作用；"恋爱茶"是青年男女表达爱意的特殊方式；"定亲茶"则是确定婚约的重要信物；"道歉茶"用于向他人表达歉意。

德昂族的酸茶独具特色，有"藏在深闺人不识，微酸微苦味甘甜"的美誉，其制作工艺代代相传。德昂族的酸茶历史悠久，已有2 000多年历史，历经岁月变迁一直流传至今。酸茶是将刚摘下的新鲜茶叶密封在竹筒里发酵后制成的，不仅可以冲泡饮用，酸茶叶还可直接嚼食，味道微酸、微苦，回味却甘甜。在德昂族聚居地的集市上，人们可以买到这种酸茶，一般由年长的德昂妇女出售，她们被尊称为"蔑宁"，在德昂语中意为"茶妈妈"。尽管时代不断发展变化，德昂族的酸茶依然按照传统的手工艺制作，保持着原汁原味。

杨腊三作为德昂族酸茶制作技艺省级代表性传承人，他说："德昂族就是以茶为生，以茶为图腾，德昂族人的性格就像茶一样，温润地散发自己的芳香。"如今，飘着茶香的德昂族人民，在积极吸收现代文明的同时，也始终坚守着对本民族文化的传承和发展。杨腊三还表示："不丢失我们德昂族的茶文化是我最大的骄傲。"这体现了德昂族人民对本民族文化的珍视和传承的坚定决心。

二、基诺族——将茶树视为大自然赐予的神树

基诺族是我国较为神秘的一个少数民族。基诺族主要聚居在云南省西双版纳景洪市的基诺山（又名攸乐山）。"基诺"一词，在基诺族的文化语境中，有着"舅舅的后代"或"尊敬舅舅的民族"的含义。同时，基诺族的音译也被叫作"攸乐"，"攸乐山"的名称便由此而来。

在中华人民共和国成立前夕，基诺族还保持着相对原始的农耕生活方式。他们聚居在基诺山下，形成了独特的民族文化，并且在种茶制茶方面有着卓越的技艺，民间一直流传着"悠悠普茶香，绕鼻基诺山"的说法。基诺族栽培和利用茶树的历史极为悠久，距今已有1 700多年，而且至今仍然保留着古朴、原始的饮用茶习俗。

基诺族群众自古以来就将茶树视为大自然赐予的神树，他们的生活与茶紧密相连，爱茶、敬茶、用茶、贸茶，茶在他们的生活中无处不在。例如，基诺族的村寨每年都会举行"老博啦"活动，这一活动既是庄重的祭大茶树茶神仪式，也是充满感恩之情的感恩大自然的仪式。在仪式上，基诺族的人们会通过各种传统方式，表达对祖先和茶树的感恩之情，同时虔诚地祈祷来年能够风调雨顺，茶叶能够获得丰收，村民们的生活能够平安幸福。历史上，基诺族所产的茶叶品质卓越，清人阮福在《普洱茶记》中就曾提到，攸乐茶因其优越的品质被列为贡茶，受到了广泛的推崇。清人檀萃在《滇海虞衡志》中更是将攸乐山列为六大茶山之首。尽管现代已经没有了"数十万人入山采茶"的壮观景象，但攸乐山至今仍有5 000多亩生长繁茂的古茶树，这些古茶树见证了基诺族与茶之间深厚的渊源，也象征着基诺族文化与茶文化的延续，它们静静地矗立在山林中，仿佛在向人们诉说着古老的故事。

基诺族的祖先在远古时代就已经认识到了茶的价值，并创造了原始的攸乐古茶文化。在基诺族的史诗《玛黑和玛妞》中记载，创世女神"阿嫫腰贝"指导兄妹玛黑玛妞带着茶籽和棉籽躲避灾难，最终在攸乐山定居下来，开始种茶植棉，逐渐形成了独特的茶文化。还有另一个传说与诸葛孔明南征有关。相传基诺族的祖先是孔明南征部队的一部分，因为在途中贪睡而被"丢落"，后来便以"丢落"附会为"攸乐"，这便是"攸乐"名称的来源。这些人后来虽然追上了孔明，但却不再被收留。为了让这些落伍

者能够生存下去，孔明赐予了他们茶籽，并命令他们好好种茶，还让他们依照帽子的样式盖房。也正因如此，基诺族尊奉诸葛孔明。在基诺族的文化中，男童衣背上的圆形刺绣图案，据说就是孔明的八卦，而且在祭鬼神时，基诺族的人们也会呼喊孔明先生。虽然这些仅仅是传说，但它们在一定程度上清晰地反映了古代基诺族与茶之间密切的联系。

在云南众多的少数民族中，有不少民族擅长种茶，并且对茶有着深厚的喜爱。然而，像基诺族这样不仅好茶，甚至将茶融入饮食中的民族却并不多见，除了布朗族，基诺族便是其中之一。基诺族有一种独特的美食——凉拌茶。传统的做法是将刚采收的新鲜茶叶揉软揉细，放在大碗中，加入清澈的山泉水，再放入黄果叶、酸笋、酸蚂蚁（一种长得跟蚂蚁很像，但比蚂蚁大的昆虫，其躯体里含有一种酸液，具有祛风活血、扶正祛邪、抗炎镇痛的功能）、白生、大蒜、辣椒、食盐等配料，然后拌匀。这道凉拌茶别具风味，是基诺族日常生活中吃米饭时的佐菜，成为了基诺族茶文化中一道独特的风景线。随着时代的发展，现在凉拌茶的做法也有所改进，通常将一芽二叶的茶鲜叶放入开水中煮烫片刻，随后将茶叶捞入小盆中，放入盐、辣椒、味精等佐料，拌匀后就可以食用了。

包烧茶也是基诺族一种独特的饮茶方式。具体做法是将茶树的老叶片用芭蕉叶或当地的一种扫把叶包好，然后埋入火塘内的炭火灰中，10多分钟后取出。可以将烧好的茶叶放入茶壶中煮饮或放入茶杯中直接用开水泡饮。现烧现用的包烧茶，汤色黄绿，喝起来清香爽口；如果烧好后晾干，过几天后再煮（泡）饮，汤色会变成暗红色，虽然香气会稍有逊色，但滋味依然醇和。

"炒老茶"同样是基诺族颇具特色的一种茶。制作时，将茶树的老叶片放入热铁锅中翻炒，并稍作焖制，待叶片半干甚至部分呈现焦黄后，再倒入簸箕中，晾干后装入竹箩中备用。这种锅炒茶一般采用煮饮的方式，煮出的茶汤红浓，带有微微的香气，滋味醇和，而且冷了也不会变味。在基诺人的节庆、婚宴等重要场合上，人们普遍都可以品尝到这种"炒老茶"。

基诺族还有独特的以茶祭鼓的习俗。在基诺族的创世传说中，大鼓是神圣之物，在基诺族的各种节庆活动中，大鼓舞是必不可少的环节。在大鼓敲响之前，寨中的长老会举行庄重的祭鼓仪式，祭品包括猪、鸡、米、茶、酒等，通过这些祭品，表达基诺族对大鼓的崇拜、对祖先的追忆以及对美好生活的向往之情。

三、布朗族——"古老茶农"

布朗族是一个有着丰富文化内涵且历史悠久的民族，其自称呈现出多样化的特点。居住在西双版纳地区的布朗族，他们多自称"布朗"或"巴朗"；而在临沧市和保山市的布朗族，则自称"乌"；思茅的布朗族以"本族"自称；澜沧文东乡的布朗族又有着"翁拱"这样的自称。中华人民共和国成立之后，综合考虑本民族的意愿，最终将其统一称为"布朗族"。

布朗族作为云南最古老的民族之一，在中国的人口数量仅有十多万人，属于人口相对较少的少数民族范畴。然而，他们在茶文化领域却声名远扬。布朗族是有记载的云南最早种茶、饮茶的民族之一。在漫长的历史发展进程中，茶始终在布朗族的生活里占据着重要的位置。布朗族的祖先古濮人，堪称世界上最早发现野生茶叶并对其加以利用的民族，同时也是世界上最早对茶进行驯化、栽培和种植的云南少数民族，正因如此，他们享有"古老茶农"的美誉。

千百年来，布朗族始终如一地保留着种茶饮茶的传统习俗。无论迁徙到何处，他们一般都会在新的居住地种下茶树。例如，在一些布朗族曾经迁徙定居过的偏远山区，如今依然能够看到成片的茶树。布朗族家家户户都有自己独特的晒茶、炒茶方式。在当地，茶树成为了名副其实的"摇钱树"，为布朗族人民带来了经济收益。也正因为如此，只要是有布朗族寨子或者曾经有过布朗族寨子的地方，其附近几乎都能发现古茶树的踪迹。布朗族人家的房顶常常会有三叶草的装饰，这其实是茶的标志，深刻地体现出茶与布朗族人之间不可分割的紧密缘分，茶是布朗族人的信仰，是他们的图腾，更是他们的生命象征。

布朗族主要聚居于云南南部西双版纳的勐海县，他们所居住的布朗山是著名的六大古茶山之一。时至今日，布朗山仍然保存着近万亩的人工种植古茶园。其中，最古老的布朗族寨子老曼峨，建寨历史已经超过了1 400多年。

布朗族首领帕哎冷曾在临终前留下意味深长的遗训："我要给你们留下牛马，怕遇到灾难死掉；要给你们留下金银财宝，也怕你们吃光用完；所以只给你们留下茶树，让子孙后代取用不尽。"他还告诫后人要像"爱护眼睛一样爱护茶树"。从这些可以看出，在布朗族的文化中，茶树有着不可替代的重要地位。布朗族在政治、经济、文化风俗等诸多方面受到傣族的影响较大。布朗族和傣族共同制定了一系列严格的乡规民约，将古茶林视为自身生命的重要组成部分，用心去爱护、继承和发展。例如，在古茶林早期开辟的时候，就专门在其外围划定了隔离带，以保护古茶林的生态环境。并且明确规定，不能随意砍伐古茶林中的高大树木。一旦有人违反，需首先在寨心向茶祖请罪，然后还要负责修建一段村寨道路，在道路完工之后，要在路旁立牌写明自己所犯的错误，以此来警示后人，让大家都能重视对古茶林的保护。

布朗族把发现茶叶的部落首领帕哎冷尊为茶祖，并对他予以礼祀。在祭祀期间，有着严格的规定，当地居民不得下地劳动，外寨人也不允许进寨。此外，布朗族每户茶园都会设立一棵茶魂树，将其作为该片古茶林的茶神来进行祭祀；茶祖和茶神崇拜，是景迈山独特的宗教祭祀形式，对于景迈山古茶林景观的维系以及文化的传承，都具有十分重要的意义和作用。

布朗族对茶的喜爱不仅体现在种茶、敬茶方面，还体现在吃茶、喝茶上。他们尤其喜欢吃"酸茶""喃咪茶"和饮"青竹茶"，并且独创了制作晒青毛茶和酸茶的方法。布朗族的酸茶，又叫"腌酸茶"，主要流行于勐海县布朗族聚居的布朗山乡。酸茶的用途十分广泛，既可以作为一道菜端上餐桌，也可以用开水冲泡当作饮料，还能够当作零食直接放入口中咀嚼。布朗族长久以来都有把野茶作为"佐料"食用的习惯，他们会蘸着盐、辣椒，将其当作下饭菜。此外，布朗族还有吃野生茶、酸茶、烤茶、煮竹叶青茶等独特的喝茶习俗。

四、傣族——茶路拓展传承者

古濮人作为傣族、布朗族、德昂族、佤族、彝族等多个土著民族的祖先，在茶叶的利用历史上占据着极为重要的地位，是最早开始利用茶叶的人群。在远古时期，当地的濮人率先发现了茶树，并将其作为药用和野菜食用。例如，在一些古老的传说和口口相传的故事中，就记载着濮人在生病时会用茶叶来缓解症状，或者在食物匮乏时采摘茶叶当作蔬菜食用。随着时间的推移，濮人逐渐积累了丰富的经验，开始了对野生茶树漫长的人工栽培驯化历程。从严格意义上来说，古代濮人才是真正当之无愧的茶祖。

7世纪对于濮人种茶而言，是一个具有关键意义的重要分水岭。在这之前，澜沧江中游地区一直是濮人种茶的核心区域。当时，这里分布着众多濮人的部落，他们精心照料着茶树，积累了丰富的种茶经验。之后，随着傣族主力的南征，茶叶种植文明也随之扩张到了澜沧江下游，也就是如今的西双版纳一带。这就很好地解释了唐代《蛮书》中所说的"茶出银生城界诸山"这一记载。为什么是景东及其周边产银生茶，而不是西双版纳呢？这是因为在唐代，云南茶叶种植的核心地带还在澜沧江中游，并且正处于开始向下游转移的阶段。茶叶种植区域的南下步伐，与傣族征服吉蔑人的节奏是一致的。从种植区域的转移，到形成主产区，这需要一个漫长的时间过程。唐代很可能是版纳茶的酝酿时期，直到宋元时期，西双版纳才真正成为云南茶叶的主产区之一。唐人樊绰撰写《蛮书》的时候，银生茶的核心产区依然在澜沧江中游的景东一带，而此时的版纳茶还处于发展的初期阶段，知名度相对较低。

经过宋元时期的酝酿和发展，到了明代，云南茶产业实现了重要的转变，由唐宋时期的银生茶时代，终于进入了明清时期的普洱茶时代。在这个时期，澜沧江下游也于明代成功取代了澜沧江中游，成为云南茶叶的核心产区。

根据历史典籍的记载，傣族起源于云贵高原西部（怒江、澜沧江中上游地区）的哀牢人，是云贵高原地区最为古老的民族之一。傣族人有着独特的生活习性，他们喜爱临水而居，与竹为伴。以位于澜沧江沿岸的景迈茶山为例，在这片区域，十几个村寨的傣族人世世代代都以种茶为生。自古以来，傣族人就以勤劳勇敢著称，他们将茶视为珍宝，精心呵护着茶树，并且保留了最为传统的制茶工艺。在景迈茶山，每家每户制作出来的茶叶都具有独特的品质，香而不哗，柔而不断，甜而不寡。傣族人与其他少数民族一起，经过数代人的辛勤努力和不懈劳作，共同开辟出了如今所看到的具有上千年种植历史的万亩古茶园。这片古茶园不仅规模宏大，而且保存完好，还被赞誉为"天然的博物馆"。

傣族将自己对水和竹的喜爱巧妙地融入当地的茶文化之中，由此诞生了独具特色的"竹筒香茶"。竹筒香茶的制作方法较为复杂：首先，将晒干的茶叶放入小饭甑（形状类似于我们平时吃木桶饭的木桶）里进行蒸制，在甑子的底层放置有用水浸透的糯米。当茶叶在蒸制过程中逐渐软化，并充分吸收糯米的香气后，将其倒出并装入竹筒内；接着，用工具将茶叶舂实压紧；最后，把竹筒放在火塘上慢慢烘烤。经过这一系列的工序，一碗香气扑鼻、味道香甜的竹筒香茶就制作完成了。

五、哈尼族——视茶为神圣的灵物

哈尼族主要聚居于云南红河两岸的哀牢山区，是云南高原上典型的梯田稻作农耕民族。在他们所有聚居的地方，几乎都能看到茶树的身影。对哈尼人来说，茶叶早已不仅仅是一种普通的饮料，它更是哈尼族历史的缩影、生活的艺术体现以及神圣的灵物。在哈尼人的世界里，茶树被赋予了特殊的意义，它是沟通天地的生命桥梁，是凝练生活的日月精华，也是先祖遗留下来的珍贵宝藏。作为我国西南地区古老的农耕民族之一，哈尼人世世代代与茶结缘，以茶为生，与茶共生。从云南镇沅的千家寨到澜沧的邦崴，从普洱的茶树箐到勐海的南糯山，都有哈尼族的分布。可以毫不夸张地说，哪里有古茶树，哪里有大茶园，哪里就有哈尼族的踪迹。就如同唐朝诗人陆龟蒙诗中所云："天赋识灵草，自然钟野姿。"哈尼族与茶的缘分，仿佛是大自然的巧妙安排。

哈尼族人不仅擅长种茶，在煮茶方面也有着独特的技艺。他们煮的茶被称为土锅茶，其煮茶的方法别具一格：将盛有清泉水的土锅支在铁三脚架上，先用火将水烧开，待水沸腾后放入适量的茶叶，随后不断地加水。如此煮二至三道后，将煮好的茶倒入竹茶盅中，就可以饮用了。当有客人拜访当地的哈尼族时，热情好客的哈尼族人一定会用土锅茶来招待客人，以此表达他们的好客之情。此外，部分居住在山寨的哈尼人还喜欢饮用"蒸茶"。人们在劳动、赶集或狩猎归来的途中，会顺手摘取新鲜的老茶叶带回家中。到家后，用甑子将茶叶蒸熟，然后晾干，再装入特制的篾盒中备用。饮用时，取适量的茶叶放入杯中，冲上沸水泡数分钟。这种蒸茶入口便能感受到一股独特的糯米甜香，口感温醇，十分爽口诱人。在山野间劳作时，哈尼人还会采用"烤茶"的方式来招待客人。具体做法是就地燃起篝火，用竹节装满清澈的山泉水，将其架在火上煮沸。与此同时，采摘新鲜的茶叶，用盛具置于火炭旁，慢慢烘烤，直到有浓郁的焦香味散发出来。待竹节中的水烧开后，将烤好的茶叶揉碎，放入备好的土茶罐、茶壶或竹筒中，注入开水，再稍煮片刻，即可倒出饮用。

对哈尼族而言，茶是神圣不可侵犯的。哈尼人秉持着朴素的万物有灵观念，他们崇尚日月天地、草木花鸟，认为世间万物的灵魂都是永恒不灭的。在他们的认知中，茶叶更是被视作能够驱邪、祈福的灵物。因此，哈尼族的任何人都不敢随意砍伐茶树，并且他们还保留着举行祭茶仪式的传统。每年年初，在采摘春茶之前，哈尼人会举行一个全寨性的祭祀活动——"昂玛突"。在祭祀活动前，他们会事先精心选好一棵茁壮的古茶树。在祭典上，由祭司庄重地念诵祝词，并宰杀牲畜以祭拜茶树。哈尼人希望通过这种方式，唤醒茶树之神，让它快快从冬眠中醒来，多多发芽生叶，从而带来茶叶的丰收。此外，茶叶还会被作为重要的祭品，出现在各种场合。凡是逢年过节、婚丧嫁娶等重大活动，茶都是必不可少的重要祭品，其地位甚至高于酒。

一片小小的树叶，滋养了一方水土，养育了勤劳智慧的哈尼族人，茶叶成为哈尼人生活中不可或缺的重要部分，真正应了那句话："宁可一日不食，不可一日无茶"。当你徜徉在哈尼村寨中，缕缕茶香扑鼻而来，沁人心脾，仿佛千百年的时光都在这里驻足。那氤氲的香气与悠远的民歌相互交融，仿佛是人类与自然互相敬重、和谐共处千百余年的生动印证，也是哈尼人的生活哲学与人生智慧的真实缩影。正如哈尼学者白玉宝先生在其专著《哈尼天道人生与文化源流》中所言："在哈尼人植茶品茶的一系列茶道体系中，蕴含着丰富的人生立身处世的义理大道，以及深刻的祀神悦祖的宗教内涵。茶道被赋予悦人悦神的重要社会功能，哈尼族的茶道、人道与天道三位一体圆融合一。"哈尼族与茶的故事，还在这片古老的土地上不断地续写着。

六、拉祜族——神树圣叶的守护者

拉祜族主要分布在澜沧江两岸的普洱、临沧两个地区。在过去，拉祜族没有本民族的文字，其悠久的历史、独特的习俗等文化内容，主要依靠口耳相传的方式得以传承。拉祜族在古时源于古代羌人，"拉祜"一词，在其文化语境中意为火烤虎肉，由此可见，拉祜族原本是以狩猎为主的民族，因而也有着"猎虎的民族"这一称号。但后来由于战乱等原因，拉祜族迁入贺开地区。贺开地区有着充足的茶树资源，在这样的环境下，拉祜族逐渐从以狩猎为主转变为与茶紧密相连，成为"喝茶的民族"。如今，拉祜族主要生活的贺开古茶园中，茶树林茂密，呈现出"林中有茶、茶在寨中"的独特景象，茶树与拉祜族的生活紧密交织在一起。

关于拉祜族与茶的渊源，有这样一个在拉祜族中世代相传的传说。曾经，拉祜族的族长厄莎带领着族人外出打猎，目的是为过年作准备。在追捕一头马鹿的过程中，他们走进了一座云雾缭绕、环境幽深的大山。在这座大山里，他们迷失了方向，原本追捕的猎物马鹿也不见了踪影。经过长时间的追逐和在山林中的跋涉，族人们的身体早已疲惫不堪，于是他们便在一棵非常高大的树下休息。奇怪的是，这棵树的枝叶都是朝着西边生长的。厄莎认为这种生长方向违背了他们的意愿，于是他抱起大树使劲地扭动，口中还念念有词，说道："树啊，请给人间带来好运。"随后，他从这棵树上带回了七把叶子。回到村子后，他对族人们说："这次猎物没有捕到，但我们在山里遇到了一棵神树，我把树叶带回来煮给大家喝，喝了这用树叶煮的水，就可以消灾消难了。"厄莎还告诉族人们，这棵树叫作"腊"（在拉祜族的语言中是茶的意思）。就这样，茶在拉祜族中逐渐流传开来，历经了漫长的岁月，至今仍然在拉祜族的生活中占据着重要地位。拉祜族人也将茶视为圣物，在茶的陪伴下，走过了一代又一代。正是因为拉祜族人对茶怀着一份深深的尊敬之情，所以很多拉祜族村子都被茶树所包围，有些人家的院子里生长着高大的茶树。在拉祜族的日常生活中，茶叶的用途十分广泛，无论是在祭祀祖先等庄重的仪式上，还是在日常的社交活动等生活场景中，茶都扮演着重要角色。

在云南，拉祜族人最喜欢的茶是烤茶。如果有客人来访，热情好客的拉祜族人必定会用烤茶来招待客人。烤茶的制作方法相对比较简单，但也有一些需要讲究的地方。首先，将一个陶罐放置在火边，让火慢慢将陶罐烤热。当陶罐达到一定温度后，再把适量的茶叶放进陶罐里边。随着温度的升高，茶叶的颜色逐渐变得焦黄。此时，迅速冲入开水，水面会泛起一些浮沫，用工具将浮沫刮掉，然后再加入适量的开水。经过这样的制作过程，冲出来的烤茶香味十足，味道浓烈，茶汤呈现出浓黄色，且带有一种清凉之感。拉祜族的烤茶有着独特的茶文化内涵：一般来说，在饮用烤茶时，第一道茶是由主人家自己饮用的，第二道茶才会拿给客人喝。这并不是拉祜族人没有礼貌的表现，相反，第一道茶主人先饮有着特殊的含义：一方面，表示茶水中没有任何有害物质，客人可以放心饮用；另一方面，第二道茶的味道最佳，因此主人把最好的留给客人饮用。

烧茶也是拉祜族一种传统的饮茶方式。具体做法：将新梢采下的一芽五六片鲜茶叶，直接放在明火上进行烘烤，直到茶叶被烘烧至焦黄的程度，再把茶叶放入茶罐内进行煮饮。糟茶则是拉祜族一种非常古朴而又简便的饮茶方法。首先，把鲜嫩的茶叶采下后，放入锅中，加入适量的水，煮至半熟的状态。然后，将煮至半熟的茶叶取出，放置在竹筒内进行存放。当需要饮用时，从竹筒中取出少许茶叶，放在开水中再煮片刻，随后即可倒入茶盅中饮用。糟茶的茶水略微带有苦涩和酸味，在饭后饮用，具有解渴开胃的功能，风味十分特别，体现了拉祜族独特的饮茶习俗和生活智慧。

七、小结

云南这片神奇的土地上，聚居着众多独具特色的少数民族，他们与茶的故事，宛如一幅绚丽多彩的画卷，在历史的长河中徐徐展开。德昂族视茶为祖先，以茶为图腾，从古老的神话史诗到丰富的茶俗，处处彰显着茶在其生活中的神圣地位；基诺族将茶树奉为神树，从祭祀仪式到独特的茶饮，传承着对茶的敬畏与热爱；布朗族作为"古老茶农"，把茶融入信仰与图腾，在古茶林的守护和茶祖祭祀中延续着千年的茶缘；傣族凭借南征拓展了茶路，在种茶、制茶中融入独特文化，推动了云南茶产业的发展；哈尼族将茶视为神圣灵物，从古老传说到生活中的茶祭、茶饮，茶成为其生活与信仰的重要纽带；拉祜族从狩猎民族转变为"喝茶的民族"，在茶的陪伴下走过岁月，独特的饮茶方式承载着民族的智慧。这些民族，以各自不同的方式，诠释着对茶的深情，他们的茶文化，不仅是本民族的瑰宝，更是中华民族多元文化中璀璨的明珠。如今，在时代的浪潮中，这些民族在保留传统茶文化的同时，也在不断创新与发展，让茶香继续飘溢在云岭大地，让这份珍贵的文化遗产在传承中焕发出新的生机与活力，成为连接过去、现在与未来的桥梁，见证着中华民族文化的博大精深与源远流长。

思政要点

1. 古茶树作为自然遗产和文化遗产的重要组成部分，对它们的保护和传承体现了人类对自然环境和文化传统的尊重与爱护。

2. 通过学习古茶树的故事，可以加深对中华优秀传统文化的认识和理解，从而增强文化自信。

3. 通过茶文化传承践行"绿水青山就是金山银山"的发展理念。

第四节 中国茶——改变世界的文化符号与经济力量

随着"中国传统制茶技艺及其相关习俗"被列入人类非物质文化遗产代表作名录，以及普洱景迈山古茶林文化景观申遗成功，茶作为文化热点，愈发清晰地步入大众视野。2023年9月1日，经过两年精心策划的"茶·世界——茶文化特展"在故宫博物院举办。此次展览汇聚了来自国内外 30 家考古文博机构的 500 余件展品，它们如同珍珠般被串联起来，生动展现了人类数千年的饮茶文明史，娓娓道来这片源自中国的树叶所承载的精彩故事。故事的开端，追溯至新石器时代的中国南方地区。彼时，先民们敏锐地发现了茶这种植物的神奇功效，自此，人类与茶的不解之缘正式拉开帷幕。在随后的数千年时光里，中国人不断探索、改进制茶与食茶的技术和方法。从最初的简单尝试，到逐渐形成了绿茶、红茶、乌龙茶、黄茶、黑茶、白茶这六大茶类，同时确立了以"瀹（yuè）饮法"为主流的饮茶方式。

茶，不仅以其独特的风味征服了人们的味蕾，更以其深厚的文化内涵俘获了人们的心灵。在文人墨客的世界里，茶成为诗人灵感的源泉，激发他们挥毫泼墨，写下无数优美诗篇；成为画家创作的催化剂，让他们在丹青妙笔中勾勒出诗意的画卷。蕴含着融合之道的茶文化，也成为中国式生活美学的重要组成部分，体现着中国人对生活品质的追求和对自然的敬畏。

然而，茶的传播脚步并未就此停歇。它伴随着马帮的铃声、驼队的足迹以及快剪船的航行，跨越千山万水，来到一个个新的国度。所到之处，茶迅速赢得了当地居民的喜爱，让他们对其一见倾心。如今，茶叶已遍布世界各地，其在全球的消费量超过了咖啡、巧克力、可可、碳酸饮料和酒精饮料的总和。正因如此，英国学者艾伦·麦克法兰在其著作《绿色黄金：茶叶帝国》中感慨道："只有茶叶成功地征服了全世界。"

回顾清朝时期，尽管当时实行闭关锁国政策，但中国茶叶却在世界历史进程中扮演了重要角色，甚至可以说，喝茶这一行为改变了世界，也改变了 100 多年前白银的流向。100 多年前的清朝，关于白银去向的问题引发了全世界的关注。英国人曾指出，白银大量流入了中国，主要源于贸易逆差。而造成这一贸易逆差的重要原因，便是英国人对茶的钟爱，难以割舍。

在清朝初期，茶叶文化经历了复苏与重塑的过程。此前，由于长期的战乱和政治动荡，茶叶文化遭受重创。但随着康熙皇帝实现国家统一，国内局势趋于稳定，茶叶生产逐步恢复，茶叶文化也得以复苏。这一时期，茶树种植面积不断扩大，制茶技艺得到显著提升，茶叶消费也开始向大众化方向发展。到了雍正和乾隆时期，茶叶文化迎来了全盛阶段，呈现出一派繁荣且多样化的景象。茶叶种类丰富多样，制茶工艺精湛绝伦，茶叶消费的形式也日益多样化。与此同时，茶叶贸易空前繁荣，茶馆、茶肆等商业场所如繁花般在各地涌现。然而，嘉庆以后，随着国力逐渐下降以及西方饮品的不断涌入，茶叶文化开始走向衰落。这一时期，茶树种植面积有所缩减，制茶技艺的传承也面临诸多困难。但值得注意的是，在这一过程中，茶叶文化也开始与西方文化相互碰撞、融合，逐渐孕育出具有世界影响力的茶文化，为茶的发展注入了新的活力。

一、中国茶和欧洲新航路

中国是茶的故乡，作为世界茶文化起源和传播的中心，"茶叶之路"成为了中外经济文化沟通交流的重要桥梁和纽带。世界各国的种茶和饮茶习俗，追根溯源，最早都是直接或间接从中国传播出去的。如今，全球有 50 多个国家种植茶树，160 多个国家的约 30 亿人有饮茶习惯，中国在世界茶文化的发展历程中扮演着至关重要且无可替代的角色。

欧洲文献中关于中国茶叶的最早记载，出现在 1559 年前后。威尼斯商人拉莫斯在《旅行记》中详细写道："中国到处都有人喝茶。空腹时喝一两杯茶，对发烧、头疼、胃痛、胸痛都有疗效，治疗痛风是它的主要功效之一。吃太饱的时候，只要喝点儿茶，就可以很快消化掉了。"这段记载，让当时的欧洲人对中国茶叶的功效有了初步认知。

15 世纪与 16 世纪之交，西欧各国怀着探寻通往东方航线的目的，开展了一系列航海探险活动，最终开辟了通往印度和美洲等世界各地的新航路。新航路的开辟，为中国茶传入欧洲创造了条件。16 世纪，意大利人赖麦锡（Giambattista Ramusio）在《航海记集成》中提到了中国的茶，这是欧洲最早的有关茶的文献记载，标志着欧洲人对茶的认识从无到有，迈出了重要的一步。

1662 年，英国国王查理二世迎娶了葡萄牙国王若昂四世的女儿凯瑟琳公主。随公主一同带来的嫁妆中，有一套精美的中国景德镇茶具和 200 多磅（1 磅≈0.454 千克，全书同）中国茶叶。在随后举行的皇宫婚宴上，凯瑟琳公主举起一杯红茶向全场的宾客致意。在此之前，英国国内虽然已经有从中国运来的茶叶，但饮用者寥寥无几。一方面是因为英国人原本没有喝茶的传统；另一方面则是茶叶价格昂贵，普通人难以消费得起。而在这次宴会上，茶叶被很好地推广。由于英国王后喜欢喝茶，许多贵族纷纷争相效仿，在当时的英国社会，能喝上中国的茶叶仿佛成为了尊贵身份的象征。

1664 年，东印度公司首次从远东的贸易点运来茶叶，将其作为礼物献给查理二世。1669 年，茶第一次作为货物被运回英国。起初，茶作为药物和有助于恢复精力的饮品，受到了英国贵族的热烈欢迎。贵族们在社交活动和日常生活中，逐渐将饮茶作为一种时尚和身份的标志。

17 世纪，茶叶先后传到荷兰、英国、法国，后续又相继传到德国、瑞典、丹麦、西班牙等国。在荷兰，茶叶最初也是作为昂贵的奢侈品，出现在上层社会的社交场合中。在法国，文人雅士们对茶的品味和文化内涵进行了探讨，进一步推动了茶在法国的传播。到了 18 世纪，饮茶之风已经风靡整个欧洲。欧洲殖民者又将饮茶习俗传入美洲的美国、加拿大以及大洋洲的澳大利亚等地。在美国，早期的移民们将饮茶习惯带到了新大陆，随着时间的推移，茶逐渐融入了当地的生活文化。在澳大利亚，茶也成为了人们日常生活中不可或缺的饮品之一。到 19 世纪，中国茶叶几乎遍及全球，成为了世界各国人民喜爱的饮品。

第一次世界大战期间，即使在欧洲泥泞又恶臭的堑壕中，英国士兵都不忘泡一壶红茶，借以提高士气。红茶对于英国士兵来说，不仅是一种饮品，更是一种精神寄托。而到了 1942 年，即使欧洲炮火连天，东亚和东南亚等红茶主产地被日本所侵占，英国也毅然决然地做了一件大事——"想尽办法搞红茶"。整个战争期间，英国政府对军需物资的采购量，按重量排序的话，第一是作战所必需的子弹，第二就是茶叶。英国各兵种对红茶的迷恋程度一个胜过一个。例如，英国皇家空军在一次对欧洲地区的德占荷兰发动的空袭中，除了如雨点落下的炸弹外，英国人还投下了用降落伞挂置的"茶包"，希望当地的荷兰人即使国土沦陷，也不要放弃抗争，不要放弃优雅的生活态度。海军军舰由于可用空间大，除了潜艇外，所有的水面舰艇都配有饮茶室，以确保每名船员都可以准时喝上"下午茶"。海军的饮茶室成为了船员们在紧张的航行任务中放松身心的场所。至于陆军的坦克,别看空间狭小,但是里面可谓别有洞天。为了满足坦克乘员的饮茶需要,当时的许多英国坦克都装有专门煮开水的器具,甚至可以说炮弹可以没地方放,但红茶器具不能少。甚至英国皇家陆军在接收来自美国援助的坦克之后,第一件事是先进行"便于饮茶的车内改造"。受到当时饮茶习惯的影响,即使至今,英国的坦克内仍然配有煮茶器,保障"即使路途颠簸,但红茶绝不会洒"。

在第二次世界大战时期,英国足足在本土建造了500个秘密基地,专门用以储放红茶。因为红茶受潮后口感会发生明显变化,这就让英国人名正言顺地把红茶储放基地的位置打造成了最高军事机密。对于英国人来说,喝红茶的时间点似乎只要一到,就没有任何人或者事情能挡住。在1944年的欧洲大陆西部,英国坦克在推进之时,只要被德军炸到动弹不得后,等待驰援的英国坦克乘员会爬出坦克,顺便带上坦克内部的炉子,就地烹茶。这一场景,在那个战火纷飞、充满铁血的年代里,成为了最温情的一幕。在第二次世界大战期间,丘吉尔称茶比弹药更重要,并且命令海军舰船向士兵供茶时不得有任何限制。在伦敦遭受轰炸期间,流动售茶点依然出现在被炸得坑坑洼洼的大街上,给人们带来一丝暖意。茶叶给人们带来了强大的精神支撑,茶成为了人们在战争中坚守希望和勇气的象征。

二、中国茶和鸦片战争

在茶叶刚踏入欧洲的土地时,它并非出现在普通的商铺,而是寄身于药店之中。彼时,人们对这种来自东方的神奇叶子充满了幻想,坚信它拥有着非凡的魔力,能够让人变得更加清醒、聪慧,仿佛饮下它就能开启智慧的大门。当然,这在一定程度上也是茶叶销售商们所采用的一种颇为高明的营销手段。他们通过宣扬茶叶的神奇功效,成功地在当地民众心中种下了对茶叶根深蒂固的崇高印象,并且这种印象产生了一系列深远的影响。如今,全球范围内大约有30亿人养成了饮茶的习惯,茶叶早已融入了人们的日常生活。

1730年,英国东印度公司派遣5艘商船,载着58万余两(清朝时1两约为37.301克)白银浩浩荡荡地来到中国。在当时所有输入中国的商品当中,白银的价值占比高达97.7%。这一现象反映出一个鲜明的事实:中国人对英国运来的其他商品兴趣寥寥,白银成了输入中国的主要物品。然而,这种以白银为主导的出口贸易模式并不能长久地维持下去。1755年,美国独立战争的爆发,犹如一块巨石投入平静的湖面,进一步加剧了英国的白银危机。战争的消耗使得英国财政紧张,英国人手中的白银变得愈发稀少,自然也就没有足够的资金来购买他们喜爱的中国茶叶了。

为了应对连年不断的战争所带来的财政压力,英国政府不得不一次次地提高茶税。从1772年的64%,一路飙升至1777年的106%,到了1784年,茶税更是高达119%。茶税的大幅增加,不仅让茶叶价格变得更加昂贵,也进一步刺激了日益猖獗的走私茶贸易。当时,许多不法商人看到了其中的暴利,纷纷铤而走险,从事茶叶走私活动。为了抵制茶叶走私,英国政府最终出台了"抵代法案",将茶税从119%大幅降到12.5%。这一举措取得了显著的效果,不仅杜绝了走私现象,还极大地拉动了茶叶的消费,使得茶叶市场迎来了繁荣的景象。

在18世纪中叶以后，英国对华贸易出现了明显的逆差，每年的逆差金额都在200万元左右，大量的白银如流水般流入中国。据统计，在整个18世纪，英国因购买中国商品而流入中国的白银达到了30 890万元。进出口货物的严重失衡，导致了严重的贸易逆差，这让英国政府忧心忡忡。

为了扭转这种不利的贸易局面，英国开始打起了歪主意，向中国输入鸦片。当时，英国的工业商品在中国市场上并不受欢迎，无法满足中国农耕社会富足生活的需求。而鸦片却有着特殊的"优势"：一是当时鸦片在中国士族阶层中已经开始盛行，有一定的市场需求；二是鸦片本身分量轻、体积小，便于藏匿和运输，而且价格相对低廉；三是鸦片具有成瘾性，一旦吸食就很难戒掉。英国人向中国贩运鸦片始于1727年，在最初的阶段，每年运进中国的鸦片数量并不多，直到1767年，每年运进中国的鸦片也仅有200箱左右。那时的鸦片主要是以"药材"的名义进口，价格昂贵，吸食者主要集中在贵族以及高级官员阶层。

英国人真正开始大规模向中国输出鸦片是在18世纪下半叶。1757年，英国占领了孟加拉，这为他们向中国大量输出鸦片提供了便利条件。到了1767年，输入中国的鸦片数量已经急剧增加到了1 000箱。1773年，英国确定了鸦片政策，给予东印度公司鸦片专卖特权，从此大量的鸦片如潮水般涌入中国。据统计，当时英国输入中国的商品价值2 200万元，其中鸦片就占据了1 300多万元，而中国输出的白银达到了630多万元。通过贩卖鸦片，英国人尝到了巨大的甜头，也进一步加剧了中国的白银外流。

1799年，东印度公司又获得了鸦片生产特权，正式垄断了对中国的鸦片贸易。面对鸦片泛滥所带来的严重危害，中国政府开始采取一系列严厉的措施。1796年，嘉庆皇帝下令禁止从海外进口鸦片，废止鸦片输入关税。1800年，嘉庆皇帝谕令严查鸦片走私，并禁止国内栽种罂粟。1813年，嘉庆皇帝颁布了中国历史上第一道惩办鸦片吸食者的法令，并对盘踞在澳门的鸦片贩子采取了严厉的措施。然而，这些措施并没有完全遏制住鸦片的泛滥。1830年，中国的鸦片消费迅速增长，已经达到了18 760箱。1828—1836年，非法的鸦片贸易日益猖獗，中国遭受了3 800万美元的贸易逆差。

曾经的英国首相威廉·格莱斯顿在日记里写道："没有鸦片的时候，全世界的白银都流到中国，因为全世界就只有中国有茶叶；有了鸦片以后，茶叶也卖出去了，白银流走。对于我的国家向中国实施的罪恶行为，我深为担忧，上帝会因此惩罚英格兰。"这段话深刻地揭示了英国贩卖鸦片的本质以及对中国造成的巨大伤害。

1838年7月，湖广总督林则徐在给道光皇帝的奏折中，痛陈鸦片流弊之害，言辞恳切地强调要对吸食者予以惩戒，令其戒瘾。林则徐在奏折中疾呼："若犹泄泄视之，是使数十年后，中原几无可以御敌之兵，且无可以充饷之银！"从维护清朝统治利益的角度出发，道光皇帝采纳了林则徐的禁烟主张，并委派他为钦差大臣，前往烟患最为严重的广东办理禁烟事宜。

1839年3月10日，林则徐抵达广州，会同两广总督邓廷桢、广东水师提督关天培，制定了一系列严密的收缴鸦片、缉拿烟贩的措施。由于措施得力，缉缴工作进展顺利。5月18日，应缴烟土全部收清，共计19 187箱又2 119袋。5月31日，林则徐与邓廷桢、广东巡抚怡良会衔发布《虎门销烟告示》。6 月 3 日，在林则徐的主持下，历时 23 天的虎门销烟正式拉开序幕。

林则徐说过，"苟利国家生死以，岂因祸福避趋之。"在这一严峻的情势下，他展现出了大无畏的爱国主义精神，成为了中国近代史上一位敢于反抗帝国主义侵略的民族英雄。道光皇帝曾赞扬此举为"除中国大患之源""可称大快人心一事"。马克思也对虎门销烟给予了高度评价，赞扬它是中国政府采取严禁措施以来的"顶点"。从此，禁烟英雄林则徐被人们尊为民族英雄，其事迹也为后人所传颂。史书这样评价虎门销烟："虎门销烟是我国近代史上反帝斗争中的光辉一页，林则徐领导禁烟运动的胜利，是中国人民反侵略斗争史上第一个伟大胜利，这一壮举，维护了民族的尊严和利益，增强了中国人民的斗志。"

经历了这次禁烟运动，广大民众对鸦片的危害性有了清醒的认识，许多人也看清了英国向中国贩卖鸦片的丑恶本质。同时，虎门销烟也大大抑制了英国在中国的鸦片交易，沉重打击了英国资产阶级在中国的贸易掠夺，唤醒了国人的爱国意识。

然而，英国人却把禁烟行动视为对私人财产的侵犯，以此为借口，为了打开清政府的通商大门，悍然发动了鸦片战争。1840 年的鸦片战争，从某种意义上说，就清朝统治者自身利益而言，是一场因茶叶而起的战争。最初，是因为茶叶输入英国导致英国白银大量流失，为了扭转贸易逆差，英国向中国输出鸦片。鸦片战争后，中国被迫开放门户，在随后的百余年中，中国陷入了经济停滞、社会分裂的困境，外侮内战不断，革命风起云涌，有着悠久历史的茶叶生产与贸易也濒于崩溃的边缘。

英国人类学教授艾伦·麦克法兰在《绿色黄金：茶叶帝国》中阐述了自己的重要观点："如果没有茶，就不可能有大英帝国和英国的工业化。"另外，该书还引用了英国政治思想家里奥纳德·特里劳尼·霍布豪斯的话："中国，这个艺术、文物、工艺品、设计、创意和哲学的巨大宝库遭受洗劫，而白人国家的收入保持了数年的增长。可以说，为了一壶茶，中华文化被摧毁殆尽。"清朝与英国之间的战争，起始于茶叶贸易引发的矛盾，最终演变成为一场涉及"经济战争、技术战争、军事战争"的全范围战争。从商业竞争到商业间谍活动，从经济战争到军事冲突，从茶叶贸易引发的争端到侵略战争的爆发，从局部的对抗到全面的战争，这段历史充满了血与泪，也让国人深刻地认识到了落后就要挨打的道理。

三、波士顿倾茶事件

在太平洋的另一侧，远在鸦片战争爆发前 70 年，一场改变世界近代史走向的重大事件悄然发生。在这一事件的进程中，茶叶同样扮演了举足轻重的角色。

1773 年 12 月 16 日夜晚，夜幕笼罩下的波士顿港，一伙波士顿人悄然行动起来。他们登上闯入波士顿港的 3 艘船只，将船上的 342 箱茶叶（约 9 万磅，按照当时的价值估算约 1.8 万英镑）毫不犹豫地倾倒入海中。这一震撼之举，被后世称为波士顿倾茶事件，它如同导火索一般，点燃了美国独立战争前的紧张局势，成为了这场改变美国命运战争的重要前奏。

回溯到 18 世纪中叶，彼时英国在北美地区拥有 13 个殖民地。经过一段时间的发展，这些殖民地在经济、社会以及文化等方面都取得了显著的进步。在经济上，各殖民地之间的贸易往来日益频繁，逐渐形成了一个统一的国内市场；在社会层面，不同地区的人们交流增多，生活方式和社会结构也逐渐趋同；文化方面，一种共同的文化和民族意识开始在殖民地民众中悄然孕育。

然而，英国政府却并未珍视这些殖民地的发展成果，反而对它们实行残酷的剥削与压迫政策。英国将这些殖民地仅仅当作获取原料的产地和倾销商品的市场，严格限制殖民地的经济发展，比如限制殖民地发展制造业，使其只能依赖英国的工业产品。在政治上，也剥夺了殖民地人民应有的自由权利，以此从殖民地榨取巨额的利润。

为了弥补英法战争带来的巨额开支，英国政府在1764年和1765年先后颁布了两项法令。1764年的法令对殖民地的糖类、酒类、咖啡、纺织品等商品征收新税，增加了殖民地民众的生活成本。1765年的印花税法，则对法律文件、报纸、宣传单等印刷品征收印花税，这不仅增加了殖民地民众的经济负担，还严重限制了文化和信息的传播。这些法令的颁布，立刻引起了殖民地人民的强烈反对。他们秉持着"无代表、无税收"的原则，认为英国政府在殖民地没有代表他们的议员，却强行征税，这是对他们权利的严重侵犯。于是，殖民地人民高呼"没有征税权，就没有立法权"的口号，纷纷抵制英国的商品。在一些地区，人们组织起暴力抗议活动，愤怒的民众焚烧了英国官员的住宅和办公室，表达他们的不满和反抗。在殖民地人民的强烈抗议下，英国政府最终被迫撤销了印花税法。

到了1773年，英国政府为了救助濒临破产的东印度公司，通过了茶叶法。该法令允许东印度公司直接向殖民地出售茶叶，绕开了英国的中间商，这使得茶叶的价格有所降低。然而，英国政府仍然保留了茶叶税。英国政府试图通过这种方式，诱使殖民地人民接受这一安排，继续从殖民地获取利益。但殖民地人民对英国政府的意图看得十分清楚，他们认为这是英国政府企图用廉价的茶叶收买他们的忠诚，从而削弱他们的反抗意志。因此，殖民地人民坚决拒绝卸载和购买东印度公司的茶叶。在波士顿港，矛盾激化到了顶点，一些化装成印第安人的殖民者登上3艘装载茶叶的船只，将船上的342箱茶叶倾倒入海，这一行为造成了巨大的经济损失。

英国政府得知波士顿倾茶事件后，十分愤怒。于1774年通过了一系列的惩罚性法令，这些法令进一步限制了殖民地的自治权，关闭了波士顿等港口。这些法令激起了全殖民地人民的愤怒，殖民地人民纷纷团结起来，反抗英国政府的压迫。然而，英国政府对此却置若罔闻，不仅拒绝接受殖民地的诉求，反而加大了武力镇压的力度。英国政府派遣了更多的军队和雇佣兵到北美，企图迅速扑灭殖民地的反抗火焰。这些严厉的措施不仅没有平息殖民地人民的愤怒，反而进一步激发了北美殖民地对英国政府的仇恨，使得英国与殖民地之间的紧张关系急速加剧。

波士顿倾茶事件带来的间接后果，便是北美独立战争的爆发。1775年4月，美国独立战争的战火终于点燃，波士顿附近的列克星敦和康科德发生了第一次战斗。这标志着美国民众正式对英国殖民统治宣战，他们为了自由和独立，勇敢地拿起武器，与强大的英国军队展开了艰苦的战斗。在经过长达8年的艰苦战斗后，1783年，英国正式承认美国独立，并签署了《巴黎和约》。从此，美国摆脱了英国的殖民统治，成为一个独立的国家，开启了属于自己的崭新历史篇章。

如今，波士顿倾茶事件已经成为美国历史上一段家喻户晓的传奇。它不仅见证了美国民众为争取自由和独立所付出的巨大努力和牺牲，也成为了美国民族精神的象征之一。这一事件不仅对美国独立战争产生了深远的影响，为美国的建国奠定了基础，也为后世留下了珍贵的启示：只有当人们团结起来，坚决捍卫自己的权利和尊严，不屈不挠地与压迫者斗争，才能实现真正的自由和独立，掌握自己的命运。

四、茶和英国殖民地

1834年，英国的茶叶年进口量高达4 000万磅，而这些茶叶几乎全部依赖从中国进口。长期对中国茶叶的高度依赖，使得英国在茶叶供应上处于被动地位。为了摆脱这种受制于人的局面，英国人在积极谋划战争的同时，也开始精心布局建立属于自己的茶叶基地。

有的历史学者指出，英国人对茶叶极度喜爱，甚至可以说是嗜茶如命，并且他们有着超强的茶饮消耗能力，这在一定程度上推动了他们的殖民扩张。因为对茶叶的大量需求，他们决定在世界范围内搜寻适合茶叶种植且能够实现茶叶丰收的地区。在这一过程中，印度、北美洲、斯里兰卡、肯尼亚、乌干达等众多国家与地区都曾沦为英国的殖民地，成为其试图获取茶叶资源的目标地区。

英国早在19世纪初，就发现了雅鲁藏布江南部一个名为阿萨姆的地方。阿萨姆地区森林茂密，植被丰富，而且降水量极为丰沛，从自然条件来看，应该非常适合茶叶的种植。然而，想要从中国引进茶树茶种并非易事。当时的清政府深知茶叶的重要性，为了保护本国的茶叶产业，严禁茶种和制茶秘密外泄。在官方渠道行不通的情况下，英国竟然动起了"偷盗"的歪心思。

1836年，印度茶叶委员会负责人乔治·戈登从中国带走了不少茶种。他满心期待这些茶种能够在印度种植出优质的茶叶。1839年，英国东印度公司的印度茶园收获了第一批茶叶，共计456磅阿萨姆茶叶，并将其运往伦敦试销。这批茶叶在试销中获得了一定的好评，这让英国人看到了希望。1842年，英国伦敦市场首次拍卖来自阿萨姆公司（被称为世界第一家茶叶公司）的产品，这批茶叶是1840年生产的，其中包含146箱红茶和25箱绿茶。

然而，戈登带回的茶种虽然成功种出了茶叶，但由于茶种质量并不高，所产茶叶的品质完全无法满足英国人的需求，根本不受英国人的欢迎。英国人依旧对中国茶情有独钟。于是，一个名叫罗伯特·福琼的人被委派了新的任务，取代戈登前往中国，目标是盗窃茶种和制茶技艺。罗伯特·福琼将茶树树种通过上海转运到印度。通过他的发现，很多西方人才了解到，原来绿茶和红茶其实是源自同一种茶树，只不过红茶是通过后期发酵制成的。

为了找到最适宜茶树生长的环境，英国人将大量茶种、茶苗送到印度不同地区进行生长观察，而阿萨姆地区的表现一直没有让他们失望，茶树在那里能够正常生长。可是，令英国政府头疼的是，他们在印度所种出来的茶叶，经过发酵后总有一股挥之不去的烟熏味，口感远不如中国茶，依然无法获得英国民众的喜爱。这时，福琼才真正意识到，比茶种更关键的是制茶工人。因为即便他们照搬了中国的制茶工艺，却无法学到其中的精髓，根本原因就在于制茶手艺的差距。

为了获取真正的制茶技术，福琼通过各种关系混入制茶工厂，仔细观看了整个制茶过程。1851年，福琼再次从上海坐船离开时，他不仅带走了2 000多株茶树苗、1.7万粒茶籽，还设法带走了8名制茶师傅以及诸多制茶工具。在这些制茶师傅的帮助下，印度的茶叶制作工艺逐渐得到提升。1929年，印度茶叶出口量约3亿磅，超过当时的中国，成为世界第一大茶叶出口国。可以说，印度茶业的起源与发展，与英国的殖民统治和英国东印度公司的茶园计划紧密相关。

19世纪的斯里兰卡原本是一个主要种植咖啡的地方。然而，一场突如其来的咖啡园疫病席卷了整个岛屿，几乎摧毁了所有的咖啡园，给当地的农业经济带来了沉重打击。1839年，斯里兰卡首次从印度阿萨姆引进了茶树苗，开启了茶叶种植的尝试。1867年，英国殖民政府对斯里兰卡的茶叶种植园情况进行考察，并提出在当地发展茶叶产业。同年，苏格兰人詹姆斯·泰勒建立了首个茶园，他也因此被称为锡兰茶之父。

在詹姆斯·泰勒的努力下，斯里兰卡试种植茶树获得了成功。1878年，锡兰红茶第一次在伦敦茶叶拍卖行销售，就凭借其独特的品质赢得了很高的声誉。从此，斯里兰卡正式走上了茶叶种植的道路。英国殖民政府大力扶持茶叶生产，吸引了很多农场主前来投资兴建茶园。1890年，苏格兰人托马斯·立顿在斯里兰卡建立茶叶种植园，开创了百年品牌"立顿（Lipton）"。在工业机械化制茶的推动下，锡兰红茶应运而生（斯里兰卡的旧称为锡兰）。1892年，"锡兰红茶"出口量超过中国。1894年，世界最大的科伦坡茶叶拍卖行正式成立运作，进一步推动了斯里兰卡茶叶贸易的发展。1925年，世界第一家茶叶专业研究所成立，为斯里兰卡的茶叶产业提供了技术支持。如今，斯里兰卡已成为世界最大的红茶生产国和出口国，在世界各个茶叶拍卖中心，锡兰茶总是能凭借其优良品质拍出最高价格。斯里兰卡茶业的大发展，同样起源于英国的殖民统治和英国东印度公司的茶园计划。

英国于1890年开始进入肯尼亚地区，并在1920年建立了肯尼亚殖民地。肯尼亚的茶叶种植历史可以追溯到1903年，为了满足英国对茶叶日益增长的需求，英国人凯纳首次将茶树引进到肯尼亚。在初期，肯尼亚主要以生产黑茶为主。从1906年开始，阿萨姆茶在肯尼亚被成功种植，并且在1912年引进了斯里兰卡的茶树苗，进一步扩大了茶园的面积。

1920年，英国殖民肯尼亚取得了重大进展，其目的是获取更多的利益并满足市场对茶叶的需求。在这一背景下，大规模的茶叶种植农场开始创建，茶叶种植迅速发展起来。1931年，英国商人引入了一套先进的茶叶制作工艺：压碎、撕裂、卷曲、充分氧化、精确控制发酵时间，然后将棕黑色的茶叶通过机器烘干。肯尼亚一直传承着这项工艺并沿用至今，逐渐形成了肯尼亚标志性的"红碎茶"，这种茶叶在国际市场上也占据了一席之地。

五、小结

英国学者艾伦·麦克法兰和其母亲艾丽斯·麦克法兰在他们合著的《绿色黄金：

茶叶帝国》一书中曾写道"茶是第一个具有世界影响力的真正的全球产品""茶叶对世界的征服如此成功，以至于我们都忘记了它曾经征服了全世界"。这些话语深刻地揭示了茶叶在世界历史进程中所占据的重要地位和产生的深远影响。

中国茶对世界的影响广泛而深远，首先体现在经济领域，它促成了一种新的全球化经济格局的形成。在古代，著名的"丝绸之路"和"茶马古道"，就是茶叶贸易的重要通道。中国的茶叶沿着这些道路，被运往中亚、西亚乃至欧洲等地。例如，在17—19世纪，中国茶叶大量出口到欧洲，尤其是英国。当时，英国东印度公司每年都要从中国进口大量的茶叶，茶叶贸易成为了中英之间重要的经济往来。英国为了购买中国茶叶，不得不支付大量的白银，这在一定程度上影响了世界白银的流向。此外，茶叶贸易还带动了相关产业的发展，如运输业、包装业等。在茶叶的运输过程中，帆船、马车等运输工具被广泛使用，促进了交通行业的发展；而精美的茶叶包装，也推动了包装设计和制作工艺的进步。

在文化方面，中国茶正在重塑一种全新的文化形态。茶不仅是一种饮品，更是一种文化符号，它浸透到世界文明的各个角落，改变了人们的工作方式、艺术和审美的本质，甚至影响了整个国民的气质。以日本为例，日本的茶道文化深受中国茶文化的影响。日本茶道追求"和、敬、清、寂"的境界，从茶叶的选择、茶具的使用到泡茶的仪式，都有着严格的规范和讲究。这种茶道文化不仅影响了日本人的日常生活，也成为了日本文化的重要组成部分。在艺术领域，茶也常常成为艺术家们创作的灵感来源。许多画家以茶为主题，创作了大量的绘画作品，展现了茶的优雅和宁静；诗人也常常在茶的陪伴下，抒发自己的情感和思绪，留下了许多与茶相关的优美诗篇。

在日常生活中，茶改变了人们的工作方式。在英国，下午茶文化已经成了一种传统。每天下午，人们会停下手中的工作，泡上一杯茶，搭配一些点心，享受片刻的休息和放松。这种下午茶文化不仅提高了人们的工作效率，也促进了人与人之间的交流和沟通。在中国，茶馆一直是人们社交和休闲的重要场所。人们在茶馆里品茶、聊天、谈生意，茶成了人们交流情感和信息的媒介。

茶还对整个国民的气质产生了影响。在中国，茶文化强调"和"的理念，倡导人们以平和、包容的心态对待他人和事物。这种文化理念潜移默化地影响着中国人的性格和行为方式，使中国人形成了温和、友善的国民气质。在其他国家，如英国，下午茶文化所体现的优雅和绅士风度，也对英国人的气质产生了一定的塑造作用。

中国茶以其独特的魅力和影响力，成为一种潜在的征服世界的力量。它以润物无声的方式，在经济、文化、生活等多个方面，对世界产生了深远的影响，并且这种影响还在不断地延续和发展。正如艾伦·麦克法兰和艾丽斯·麦克法兰在书中所描述的那样，茶叶已经成了世界历史和文化中不可或缺的一部分。

 思政要点

1. 文化自信传承：中国作为茶故乡，茶文化源远流长，申遗成功彰显对传统文化的重视与传承,坚定了文化自信。

2. 爱国民族精神:面对英国鸦片贸易侵略,林则徐虎门销烟,维护民族尊严利益,激发中国人民反抗外来侵略的决心与信心,以及民族自豪感与责任感。

3. 反抗压迫自由:波士顿倾茶事件,北美洲殖民地人民反抗英国压迫,争取自由,为自由与正义而进行斗争。

4. 经济贸易影响:中国茶推动经济全球化,影响世界格局,英国为摆脱茶叶依赖殖民扩张,体现了贸易的重要性。

5. 文化交流融合:中国茶传播促进文化交流融合,如英国下午茶、日本茶道既受中国茶文化影响又独具特色。

6. 科技创新意识:英国及其他国家在茶叶种植制作上不断探索创新,凸显科技和创新在产业发展中的关键作用。

第五节 中国茶的起源与发展

中国文化,是以华夏文明为根基,广泛融合了全国各地域与各民族的文化元素,从而形成的独特文化体系。在这广袤的文化版图中,中国茶文化作为中国制茶、饮茶相关文化的集合,占据着举足轻重的地位,是中国文化不可或缺的重要组成部分。中国茶文化源远流长,犹如一条奔腾不息的长河,在历史的岁月中绵延流淌;其内涵博大精深,蕴含着无数的智慧与情感。关于中国茶史的起源,自古便众说纷纭,有先秦时期之说,有西汉起始之论,亦有三国起源之谈等多种观点。这些不同的说法,为那一片片看似平凡无奇的茶叶,蒙上了一层神秘而迷人的面纱,让这原本普通的树叶,多了几分耐人寻味的神秘色彩,吸引着无数人去探寻其中的奥秘。

一、茶起源于神农的传说及"茶""荼"演变

陆羽在《茶经·六之饮》中说"茶之为饮,发乎神农氏……",这句话翻译过来的意思是:茶作为一种饮料,其饮用的起源可以追溯到神农氏。也正是因为这一记载,成了神农氏是饮茶第一人的重要依据,神农氏也因此被后人尊称为茶祖。

关于神农氏与茶树的传说,较为普遍流行的主要有以下三种。

神农氏误食解毒说:神农氏生活的时代距今极为久远,当时人类尚处于蒙昧未开化的阶段,大地的景象与如今大不相同。那时,人们的饮食方式和现在有着显著差异,他们没有明确的食物和水源选择标准,饿了便随意觅食,渴了就胡乱饮水,根本不清楚哪些东西可以食用,哪些水源可以饮用,这就导致人们常常生病,甚至死亡的情况也屡见不鲜。神农氏作为部落首领,心系百姓,自然不会坐视不管。于是,他开始亲自尝试百草的滋味,辨别各种水泉的甘苦,以此来教导民众如何选择合适的食物和水源。有一天,神农氏不慎食用了有毒的食物,很快便感觉到四肢麻痹,渐渐失去了知觉。当时附近没有可解毒的植物,他只能拖着中毒的身体艰难地去寻找解毒之物。找了很久都没有找到,最终在一棵大树下晕倒了。也许是上天庇佑,一阵风吹来,树上掉下几片叶子,

正好落在神农的鼻息处。过了一段时间，神农闻着树叶的清香慢慢苏醒过来，迷迷糊糊中把树叶吃了进去。神奇的是，他渐渐感觉到四肢恢复了知觉，精神也逐渐好转。神农氏站起来后又摘了几片叶子吃下去，发现效果越来越好。于是，他摘下许多叶子带回部落，告诉部落里的人，以后谁生病了，就吃这种树的叶子。

宠物协助尝茶说：这个传说与第一种有较高的相似性，不同之处在于把神农氏鉴别食物的能力来自他养的宠物——水晶鼠。这只水晶鼠能够帮助神农氏寻找各种药草以及水源。有一次，神农氏中毒后，水晶鼠协助他找到了长有特殊叶子的树，神农氏食用叶子后得以解毒。

煮药遇茶增效说：在神农氏所在的部落里，有人患病，神农氏便在一棵树下熬制草药。在熬药的过程中，树上掉落了几片叶子到锅里，神农氏当时并未留意。等到注意时，发现这锅药与往常熬制的有所不同，仅仅闻一下，就能让人精神为之一振。他舀了一碗喝下去，嘴里弥漫着淡淡的清香，而且感觉耳清目明，四肢也充满了力量，效果比之前熬制的药好了许多。他又用同样的方法熬了一锅，发现效果依然如此，于是便将这种方法在部落里推广开来。

从这些传说版本中可以看出，茶与人类最早的接触，是被当作药材来使用的，使用方法主要是生吃，或者与其他药草混合用来治病。这些传说并非毫无根据。在《神农本草经》中有这样的记载："神农尝百草，日遇七十二毒，得荼而解之。"这里的"七十二毒"，后人并不清楚是指某一种特定的毒，还是多种不同的毒，但可以确定的是神农氏曾遭遇中毒的情况。"荼"字，在古代就相当于后世的"茶"字，简单来说，就是神农氏在尝百草的时候，有一天中了毒，后来得到"荼"（即茶）才解了毒。

"荼"字最早出现在古代的甲骨文和金文中，在当时，它所代表的含义与现代的"茶"字有着很大的差异。在古代，"荼"是一种苦菜，因其味道苦涩而得名。这个字在古代文献中频繁出现，常用来代表一种草本植物，也被广泛用于形容苦涩的事物或情境。例如，"谁谓荼苦，其甘如荠"（《诗经·邶风·谷风》），这里的"荼"就是指苦菜。并且，《诗经》中不少诗篇里所说的"荼"，都不是指茶。

开始以"荼"字明确地包含有"茶"字意义的是《尔雅·释木》中的"槚，苦荼"。晋代郭璞的《尔雅注》还对此作了比较详细的注解："树小似栀子，冬生（常绿的意思），叶可煮作羹饮。"当陆羽撰写《茶经》时，当时"荼"字仍被很多人使用，而陆羽独具卓识，将"荼"字一律改为"茶"字。此后，随着茶叶生产和贸易的不断发展，音义专用的"茶"字，经过了大约80年的时间，终于被大众所接受。"荼""茶"二字的转变让我们能够更深入地理解中华文化的丰富内涵和独特魅力，进而更好地传承和发展这一璀璨的文化瑰宝。

二、夏商周：茶的早期应用与文化雏形

夏商周时期，中国社会实现了重大的历史跨越，从原始社会迈入了奴隶社会，同时也从新石器时代进入了青铜器时代。这一时期，农耕文明取得了显著的进步。在粮食作物方面，已具备"五谷"，即稻、黍、稷、麦、菽，标志着农作物种类的丰富和农业生产的发展；养殖业也颇为发达，猪、牛、羊、狗、马等家畜的饲养规模不断扩大，为人

们提供了丰富的肉食来源。随着食材的日益充裕，人们不再仅仅满足于填饱肚子，开始注重饮食的口感和营养价值。

在这一时期，茶叶被认为是一种具有药用价值的植物，并得到了充分的利用。据考证，人们对茶叶的利用大约始于公元前1025年。当时，周武王姬发率领周军及诸侯讨伐并灭掉了殷商，随后将一位宗亲分封到巴地。按照周朝的制度，作为诸侯国，需要向周武王进贡珍品。东晋常璩撰写的《华阳国志·巴志》中就有明确的文字记载："周武王伐纣，实得巴蜀之师，著乎尚书……武王既克殷，以其宗姬封于巴……鱼、盐、铜、铁、丹漆、茶、蜜……皆纳贡之。其果实之珍者，树有荔枝……园有芳蒻、香茗。"这里的"芳蒻"是一种香草，"香茗"指的就是茶，而"园"则明确表示是人工开垦的茶园。常璩指出，进贡的"芳蒻、香茗"并非采摘自野生，而是人工种植的产物。这一记载表明，生活在陕西南部的古代巴人是中国最早用茶、种茶的民族之一，至少已有3 000余年的用茶历史。

此外，在湖南长沙马王堆出土的距今2 200年前的文物中，也发现了丝织画轴上有仕女献茶的记录，这进一步佐证了当时茶叶在社会生活中的存在和应用。贡茶的出现，不仅丰富了当时的贡品文化，也在一定程度上促进了中国茶文化的发展。它作为一种特殊的文化载体，直接或间接地影响着各个王朝的政治、经济和文化生活。

关于茶的记载，还出现在中国古代最早的词典、训诂学开山之作《尔雅》中。《尔雅》中有一个词条："槚（jiǎ），苦荼（tú）"。"槚"是茶树的古称，"苦荼（tú）"则是茶树在商周时期的标准称呼。此外，古籍《周礼·地官·司徒》中记载，当时还设有专门掌管茶事的官员，这说明茶在当时的社会生活中已经具有一定的地位和重要性。虽然史书上并没有鲁周公本人专门饮茶的记载，但陆羽在《茶经》"六之饮"中说"茶之为饮，发乎神农氏，闻于鲁周公"，这表明茶在周朝已经作为饮品存在于人们的生活中。

那个时期，人们对茶的饮用方法相对简单，采用的是生煮羹饮的方式。不过，随着当时烹饪技艺的逐渐成熟和烹饪理论的日益形成，茶的饮用方法也经历了一些改革。不再仅仅是简单地煮水，而是在煮饮调配理论上，更加注重调味与时令的契合、主次搭配的合理性以及食材处理的刀功技巧。例如，当时提出了"凡和，春多酸，夏多苦，秋多辛，冬多咸，调以滑甘"等一整套理论方法。这套理论不仅为中国茶艺技术的发展提供了理论依据，还为中国茶艺文化特色的形成奠定了基础，成为中国茶文化中宝贵的遗产。

从最初人们不懂得如何泡制饮用茶叶，到后来经过漫长的历史发展和不断的改进，茶叶的利用方式逐渐丰富和完善，最终演变成了如今丰富多彩、博大精深的中国茶文化。

三、西汉茶史

西汉时期，王褒所著的《僮约》中"烹茶尽具"的记载，是现存最早且较为可靠的茶学资料。这篇文章撰写于汉宣帝神爵三年（公元前59年）正月十五日，在陆羽所著《茶经》成书之前，它堪称茶学史上最重要的文献之一，有力地说明了当时茶文化的发展状况。

《僮约》原文内容丰富，详细描述了诸多生活场景和劳作事项，如"舍中有客。提壶行酤。汲水作餔。涤杯整案。园中拔蒜。斫苏切脯。筑肉臛芋。脍鱼炰鳖。烹茶尽具。餔已盖藏。舍后有树。当裁作船。上至江州。下到煎主。为府椽求用钱。推纺恶败。傻索绵亭。买席往来都洛。当为妇女求脂泽。贩于小市。归都担枲。转出旁蹉。牵牛贩鹅。武阳买茶。杨氏池中担荷。往来市聚。慎护奸偷"。其中"烹茶尽具""武阳买茶"（经考证，这里的"茶"即为现今的"茶"）等内容，传递出重要的茶学信息。

从文中可知，茶在当时已成为社会饮食的重要组成部分，并且是待客时以礼相待的珍稀之物。在那个时代，能够用茶来招待客人，体现了主人对客人的尊重和重视，由此可见茶在当时社会地位的重要性。

近年来，在长沙马王堆西汉墓的考古发掘中，有了重要发现。在陪葬清册中，出现了"槚"的异体字，而"槚"在古代常指茶树。这一发现说明，在当时的湖南地区，已经形成了饮茶的习俗。

西汉时期，还将茶的产地县命名为"茶陵"，也就是现在湖南的茶陵县。这一命名方式，反映出当地茶叶生产在当时具有一定的规模和影响力，也从侧面说明了茶在当地经济和文化生活中的重要地位。

关于"茶"字的含义，在古代文献中有不同的解释。《尔雅·释草第十三》记载"荼，苦菜"。苦菜是一种在田野中自然生长的多年生草本植物，属于菊科。而在《尔雅·释木第十四》中又有"槚，苦荼"的记载。"槚"字从"木"部，表明其为木本植物，由此可以推断，这里的"苦荼"也是木本植物，所以"苦荼"并非《尔雅·释草第十三》中所指的从"草"的苦菜，而是指代木本的茶树，即"茶"。

马王堆汉墓出土了大量的文物，这些文物为研究汉朝时期的社会生活提供了丰富的实物资料。从这些文物中可以明确得知，在汉朝时期，长江中游的荆楚之地早已经出现了茶和饮茶的习惯。

从《尔雅》中对"荼"和"槚"的解释，以及结合其他考古发现和文献记载，可以确定，以"茶"代"荼"的用法不会晚于西汉时期。这一结论对于研究茶的历史演变和茶文化的发展，具有重要的参考价值，也为了解古代社会对茶的认知和应用提供了关键线索。

四、三国茶史

顾炎武曾经指出，"自秦人取蜀而后，始有茗饮之事"，这一观点认为中国的饮茶习俗，是在秦统一巴蜀之后才逐渐传播开来的。也就是说，中国乃至世界的茶叶文化，最初是在巴蜀地区发展成为一种产业的。事实上，"中国茶史"的起源虽可追溯至远古时期，但桐柏茶文化真正开始步入正轨，并以文化的面貌出现，是从三国时期拉开帷幕的。

桐柏，地处豫鄂交界的桐柏山腹地，它不仅是千里淮河的发源地，更是中国优质茶叶的传统产区。这里有着丰富的自然生态资源，为茶叶的生长提供了得天独厚的条件。

传说，三国时期，诸葛亮为平定西南诸郡的叛乱，巩固蜀汉后方势力，以实现与曹操、孙权进行三国争霸的战略目标,毅然决定南征。蜀军在南征途中一路势如破竹,所向披靡。然而,当军队行至桃叶渡口时,许多士兵在渡江过程中因吸入大量江中瘴气而晕倒。面对这一危急情况,诸葛亮迅速翻找医书,想到了自己在家乡南阳躬耕时常常饮用的一种具有解毒功效的药草——茶叶。于是,诸葛亮在当地展开了地毯式的搜寻,功夫不负有心人,他终于找到了茶叶。随后,他将茶叶烹煮成茶汤,给晕倒的士兵饮用。令人惊喜的是,士兵们连喝两天后,不仅身体迅速恢复,而且精神状态比以前更加饱满。诸葛亮为了造福当地百姓,将其饮用方法传授给了当地人民。不仅如此,他还从随身带来的兵士中挑选出懂种植技术的人员,前往桐柏采集茶籽,并将这些茶籽赠送给当地百姓,同时传授种植技术。从此,茶叶的种植在西南地区广泛流行开来。当地人民为了纪念诸葛亮为当地茶业发展所作出的巨大贡献,将诸葛亮尊奉为茶祖。直至今日,在每年的农历七月二十三日,也就是诸葛亮的生日那天,当地人都会举行隆重的"茶祖会"来虔诚地祭拜诸葛亮。

三国时期,在汉代已有的茶业基础上,茶事有了更为显著的进一步发展。《广雅》一书中记载:"荆巴间采茶作饼,饼成以米膏出之。若饮先炙令色赤,捣末置瓷器中,以汤浇覆之,其饮酒醒,令人不眠。"这段文字详细记录了当时荆巴地区的制茶和饮茶方式:人们先将采摘来的新鲜茶叶进行加工处理,通过火焙的方式使其颜色变成赤色,再用茶碾将焙好的茶叶仔细碾成细末,接着加上油膏,精心制成茶饼,最后装入瓷器中妥善保存。当需要饮用时,先把水烧沸,将茶饼再次碾成茶末后倒入锅中,同时还会加上葱、姜等调料,煮好后便可饮用。这些制茶和饮茶的方法,已然具备了现在制茶工艺的雏形。

另有史实可以证明三国时期茶叶在社会生活中的应用。《三国志·吴志·韦曜传》记载:"孙皓每飨宴,坐席无不率以七升为限。曜饮不过二升,皓初礼异,或赐茶茗以当酒。"从这段记载中可以清晰地看出,吴国国君孙皓考虑到韦曜饮酒能力有限,便让他少饮酒,甚至"以茶代酒"。这种能够替代酒的饮料无疑就是茶饮料,这足以证明在吴国宫廷中已经形成了饮茶的风气。基于此,《南窗纪谈》认为中国饮茶始于三国,三国时期东吴饮茶是确凿无疑的事实。而且,东吴地区的茶叶应当是从巴蜀地区传播而来的。

在三国时期,茶已经开始进入了发展推广的重要阶段。随着全国茶业传播的日益广泛,沿淮流域、长江中游和华中地区都逐渐兴起了饮茶之风。与此同时,饮用方式也从最初较为简单的烹煮开始逐渐演变为调饮,即在茶中添加各种调料以丰富口感。三国之后,茶业重心逐渐东移。到了两晋南北朝时期,由于上层社会的崇茶之风盛行,饮茶成了一种生活时尚,茶文化也得到了较大的发展,从单纯的饮品逐渐衍生出了更多的文化内涵和社交功能。

五、两晋南北朝茶文化的普及与演变

两晋南北朝时期,茶的传播范围进一步扩大,由原本的巴蜀地区向中原广大地区延伸,茶叶产地也在不断拓展。这一时期,饮茶的群体也发生了显著变化,从以往主要局限于上层社会,逐渐向民间各阶层发展,饮茶行为变得更为普遍,茶文化也随之有了较大的发展。尤其是文人阶层，饮茶风潮已经十分盛行，饮茶不再仅仅是一种饮食行为，开始深入文学和精神领域。那么，当时的茶文化究竟呈现出一种怎样的形态呢？

在两晋时期，江南和浙江沿海等东部地区，茶叶的饮用和生产逐渐传播开来。西晋时期，左思在《娇女诗》中写道："止为茶荈据，吹嘘对鼎立。"这句诗生动地再现了诗人的两个女儿"蕙芳"与"纨素"，专注地对着烹茶的鼎吹火的场景，而这首诗也是中国最早涉及茶的诗句之一，从侧面反映出当时在家庭生活中，饮茶已经是较为常见的活动。西晋的郭义恭在《广志》中记载："茶丛生，真煮饮为茗茶。"这则记录让人们对当时茶叶的生长形态以及煮饮方式有了一定的了解。

两晋南北朝时期，饮茶的风气进一步传播，从上层社会逐渐渗透到普通民众之中。晋干宝所著的《搜神记》中记载：夏侯恺字万仁，因病死……人坐生时西壁大床，就人觅茶饮。尽管这是一则虚构的神异故事，但其中人物向人索要茶来饮用的情节，也从一定程度上反映出在当时普通人家中，饮茶已经是一种被知晓甚至较为常见的行为。再如《广陵耆老传》中记载："晋元帝时有老姥，每旦独提一器茗，往市鬻之，市人竞买。"意思是晋元帝时期，有一位老妇人，每天早晨都会独自提着一容器的茶，前往街市售卖，市民们争相购买。这一情景生动地反映出当时平民阶层中饮茶风尚的盛行，茶已经成为了一种受到大众喜爱的日常饮品。

两晋南北朝时期是中国本土宗教——道教的形成和发展的重要时期，同时也是起源于印度的佛教在中国广泛传播和发展的阶段。随着道教和佛教在我国的广泛传播，处于孕育阶段的茶叶文化不可避免地融入了许多道教和佛教的相关思想和文化内容。例如，在道教的一些修行活动中，茶被认为具有一定的清心、提神作用，与道教追求的清净、自然的理念相契合；而在佛教寺院中，僧人坐禅修行时，茶可以帮助他们提神醒脑，克服困倦，同时，茶事活动也成为了佛教寺院生活的一部分，逐渐形成了独特的寺院茶文化。

总体而言，当时饮茶之风盛行，茶文化的发展进入了一个重要的酝酿时期。在这个时期，茶的饮用范围不断扩大，饮茶群体日益增多，并且与宗教文化等开始相互交融，为后续茶文化的进一步繁荣和发展奠定了坚实的基础。

六、隋唐时期的茶风盛行、产业发展与茶文化的丰富拓展

隋唐时期，社会逐渐走向繁荣昌盛，各行各业蓬勃兴起。起源于三国时期的茶宴、茶会等多种形式的饮茶活动，也在这一时期开始广泛流行。茶，已然成为人们日常生活中不可或缺的用品。随着社会需求的增长，茶的生产规模进一步扩大。饮茶风尚不再局限于产茶的中原地区，而是迅速蔓延到不产茶的北方和西北边疆各地。

随着茶产量的大幅增加，国家开始对茶叶征收税款，并将其纳入政府垄断体系。茶叶贸易由此兴盛起来，为唐朝政府开辟了新的财政来源。后来，随着茶叶贸易的进一步发展，唐朝政府敏锐地察觉到其中蕴含的巨大经济利益，于是采取了一系列措施来增加财政收入。例如税茶制度，在唐德宗年间，政府开始对茶叶征收税款，茶税逐渐成为朝廷财政的主要来源之一。又如榷茶制度，唐文宗时期实行了更为严苛的榷茶制度，对茶叶实行专卖，进一步加强了对茶叶市场的控制，有力地确保了财政收入的稳定。

茶叶贸易的蓬勃发展，不仅充实了政府的财政收入，还对茶叶市场的稳定和乡村经济的发展起到了积极的促进作用。在这一过程中，茶农和茶商形成了互补的市场体系，使得茶叶市场价格相对稳定，同时带动了如茶具制作、茶叶运输等相关产业的发展。此外，唐朝还设立了贡茶制度，要求各地茶农向皇帝进贡优质的茶叶。

唐代是中国封建社会的鼎盛阶段，国力强盛，经济高度发达，中西文化交流也异常频繁和繁荣，从而形成了前所未有的海纳百川的多元化开放格局。在这一时期，儒教、道教得到了长足的发展，而从外来传入的佛教，在统治阶级的扶持下，也发展到了极致。儒家将茶视为修身养德的媒介，倡导中庸、和谐的思想，其目的在于通过饮茶修身，进而实现齐家、治国的理想；道家以茶来修炼内心，追求宁静、淡泊的境界，期望通过饮茶达到升仙成道的目标；佛家则以茶来修炼心性，追求清静寂灭的状态，旨在通过饮茶"明心见性"，最终达到佛的觉悟。虽然儒、道、佛三家饮茶的目的各不相同，但他们所追求的精神内涵却有着一定的统一性，茶文化成为了三家彼此认同、相互融合的契合点，也成为了沟通儒、道、佛各家思想的重要媒介。唐代有许多茶人，在儒、道、佛三家的文化信仰方面是相互贯通的。

随着饮茶之风在唐代的盛行，茶文化的影响力也日益扩大。中晚唐时期，诗人创作的咏茶以及与茶有关内容的诗歌数量显著增多。这一时期涌现出了卢仝、白居易、刘禹锡、柳宗元、陆龟蒙、皮日休、释皎然等一大批对饮茶颇有研究的诗人。

随着茶文化的广泛传播，一些文化修养较高的人在饮茶过程中不断总结经验，逐渐形成了一套选茶、鉴水、煮茶的技艺。同时，他们还注重饮茶的方法和环境，"茶艺"的雏形初步显现。唐代的饮茶方式较为独特，人们先将茶叶焙干后碾碎，再放入沸水中煎煮，最后分入茶盏、茶碗等盛茶器具中饮用。有时，人们还会在煮茶时加入一些辅料一起煎煮，正如陆羽《茶经》中所描述："或用葱、姜、枣、橘皮、茱萸、薄荷之等，煮之百沸。"这种饮茶方式不仅体现了当时人们对茶的独特理解和品味，也反映了唐代茶文化的丰富内涵。

七、宋茶之盛与元茶之变

茶"兴于唐，盛于宋"。宋代，茶事活动极为兴盛，涌现出众多名士名家。宫廷与士人阶层积极参与到茶文化中，极大地提升了茶文化的内涵，并使得这种文化由上层社会逐渐向民间蔓延开来。琴、棋、书、画、诗、酒、花、茶，这些元素共同构成了中国人独特的生活方式和精神世界，蕴含着丰富的文化内涵与审美情趣。

宋代堪称历史上茶饮活动最为活跃的时代。在贡茶的基础上，衍生出了"绣茶""斗茶"等活动。"绣茶"是将茶饼进行精细加工，塑造出各种精美的造型，极具观赏性；"斗茶"则是通过比较茶叶的品质、汤色、茶香等方面来一决高下。作为文人自娱自乐的"分茶"活动，讲究的是在点茶过程中，使茶汤表面呈现出各种图案，如花、鸟、虫、鱼等，充满了趣味性和艺术性。而在民间的茶楼、饭馆中，饮茶方式更是丰富多彩。上层人士、文人墨客以及宗教寺庙也经常举办各种茶宴。例如，宋代李邦彦的史料笔记《延福宫曲宴记》中就详细记载了宋徽宗赵佶亲自调配茶饮，并赐宴众臣的情形，展现了宫廷茶事的庄重与高雅。宋徽宗赵佶在《大观茶论》中写道："缙绅之士，韦布之流，沐浴膏泽，熏陶德化，盛以雅尚相推，从事茗饮。……而天下之士，励志清白，竞为闲暇修索之玩，莫不碎玉锵金，啜英咀华。较箧笥之精，争鉴裁之别，虽下士于此时，不以蓄茶为羞。可谓盛世之情尚也。"这充分说明，王公贵族、文人士大夫以及僧人们，都在茶中追寻宋徽宗所说的"致清导和""韵高致静"的境界，共同创造出了具有较高艺术水平的茶文化。

宋代时期，茶肆、茶楼蓬勃发展。宋代的茶馆大多被称为茶肆，它们具有多种功能，不仅供人们喝茶聊天，还可以品尝小吃、谈生意、做买卖，甚至进行各种演艺活动和行业聚会等。北宋建都汴梁后，城内的几条繁华街巷都设有茶坊。北宋张择端的《清明上河图》中就描绘了汴梁城茶坊中人们饮茶的画面，生动地展现了当时茶坊的热闹场景。孟元老的《东京梦华录》中的记载则更能让人感受到当时茶肆的兴盛：东十字大街曰从行裹角，茶坊每五更点灯，博易买卖衣服图画、花环领抹之类，至晚即散，谓之'鬼市子'……旧曹门街，北山子茶坊内，有仙洞、仙桥，仕女往往夜游吃茶于彼。南宋临安的茶馆则接纳了来自天南地北的来客，成为了重要的社交场所。宋代形成了文人的风雅、皇室的奢华、民间的质朴、寺院的清淡等不同风格的茶文化，此时的茶室已经具备了丰富的社会功能。

另外，随着茶饮的推广普及，从宋代起，国家开始对茶叶实行国家专营政策，称为榷茶。在边境地区，则以"茶马互市"（即以茶换马）的形式进行贸易。这两项有关茶事的国策对后世产生了深远的影响。唐朝是我国古代茶叶发展的重要时期，但宋代的自然条件相较于唐朝，对茶的发展更为有利。宋朝茶类生产的变革，首先是为了适应社会上多数饮茶者的需求。加入饮茶行列的劳动者，不仅希望茶叶价格低廉，而且要求煮饮方便。于是，在过去团、饼工艺的基础上，蒸而不碎，碎而不拍的蒸青和蒸青末茶应运而生，并逐步发展起来。在宋代的一些文献中，团、饼一类的紧压茶被称为片茶，而对蒸而不碎、碎而不拍的蒸青和末茶，则称为散茶。宋代中国茶类生产的改制，是我国制茶和茶文化发展的必然结果。团饼和散茶之间的变化，并非新与旧的对立替代关系，而是两个并列组分之间的数量消长关系。例如，散茶在北宋团饼生产占据统治地位或处于高峰时期，其生产和技术仍然取得了许多显著的发展。终宋一代，基本上都处于我国茶类生产由团饼向散茶转折或过渡的阶段。这一转变，从表面上看似乎只是制茶工艺和茶类生产上的改制，但实际上涉及茶文化的诸多方面。中国上古传统的制茶工艺和烹饮习惯，正是通过宋、元时期茶类的改制，逐步转入明清，进而走向近代发展之路。

元代茶文化在中国茶文化的发展历程中起到了承上启下的关键作用。元代茶文化的主要特点包括饮茶的普及和大众化，以及茶具的革新。与唐宋时期相比，元代的饮茶文化更多地走向了大众化。元代的皇室贵族、文人士大夫和僧侣们不再将饮茶仅仅视为一种高雅的艺术活动，而是将其融入日常生活中，视为平常之事。在元杂剧和散曲中，"茶饭"一词频繁出现，例如"吃甚么茶饭""寻些茶饭吃""安排些茶饭与你吃"等词句，充分反映了在元代，饮茶和吃饭一样，成为了各阶层大众生活中不可或缺的重要活动，饮茶也因此成为了一种大众化的习尚。也正因如此，"开门七件事，油盐柴米酱醋茶"或"琴棋书画药酒茶"等词句，在元杂剧和散曲中较为常见。虽然"茶饭"与"柴米油盐酱醋茶"一词早在宋代的文献中就已出现，但出现的频率较低，这表明宋代饮茶还不是一种大众化的行为。

元太医忽思慧所撰的《饮膳正要》,是一部总结元代宫廷饮食的著作。其中出现的一些"茶饭",实际上与茶并无关系,只是指一类饮食。例如,"畏兀儿茶饭"指的是元代色目人的一支"畏兀儿"的食品;"西天茶饭"指的是印度传入的食品,包括"八儿不汤""撒速汤",其用料和做法与茶毫无关联;"河西茶饭"指的是从党项族传入的食品,包括"河西米""河西肺""河西米汤粥""河西兀麻食"等,同样只是指一类食品而已。

元代的茶坊、茶肆等经营茶的店铺,比宋代更为广泛地存在于城市居民的生活中。许多经营茶的店铺中都有茶艺水平高超的"茶博士",这充分表明元代饮茶习尚已走向大众化。元代饮茶走向大众化的另一个表现是客来敬茶成为一种普遍的社会习尚。从元杂剧和散曲中可以了解到,客来敬茶已经成为各阶层(特别是普通民众)招待客人的习惯。

元代茶具的革新主要体现在青花瓷的发展上。元代瓷器的代表是青花瓷,其中青花小茶盏和盏托的设计,不仅传承了宋代的雅趣与精致,还开启了明代以后散茶用杯的先河。青花瓷器的特点是施自然釉,产生的青花极具魅力,釉药所含的钴在发扬茶性方面具有留香藏韵的效果。元代的茶文化在各地区、各民族、各阶层得到普及,并广泛吸收了各方面的积极因素,呈现出许多新的特点,见证并促进了各民族的交流与融合。末茶和散茶在元代呈现出双元激荡的局面,丰富了中国古代茶文化的内容,尤其是以青花瓷器为代表的散茶品饮方式,对后世饮茶产生了深远的影响。

宋代的饮茶方式主要是"点茶"。先将茶蒸过后制成茶饼,碾碎后放入茶器中,在加入沸水的同时,用茶筅搅动茶末与水,搅成各种花、鸟、虫、鱼等形状,并比试谁搅出的形状更好看,以及茶色是纯白、青白还是黄白,其中纯白为最佳,这就是"斗茶"。从宋徽宗《大观茶论》中可以看出,点汤击拂是非常讲究技术的。然而,到了元代,就很少有茶家去论述该如何点茶了。元朝虽然存在时间较短,但也将近百年,却未见一本茶艺专著。这是因为元代的饮茶趋向于简约化,虽然元代人继承了唐宋时代的末茶饮用传统,但却没有了唐宋时代那种对点汤击拂的讲究和对精致的追求。从赵孟頫《斗茶图》中可以看出,元代人也有斗茶活动,但从元代的有关涉茶文献可知,元代人即使饮用末茶,也更多只是简单地煎煮,或者用茶末点汤而饮,操作简单易行。相较于茶末煎煮或点汤,更为简约的饮用方式是直接煎煮茶芽,省去了将茶叶碾末的工序。元代各阶层虽然普遍饮用末茶,但茶芽煎煮的方式也非常盛行,甚至宫廷的王公贵族们也熟悉并采用这种简约的饮茶方法。在元人忽思慧的《饮膳正要》中就有记载"清茶"的做法:"先用水滚过,滤净,下茶芽,少时煎成"。不仅元代的宫廷及普通民众饮茶方式趋向简约化,喜爱艺术性地玩赏茶艺的文人和禅僧们同样也是简约地煮茶。元代简约化的饮茶习尚,对明清时代瀹茶法的形成起到了重要的推动作用。正是由于元代人趋向简约地饮茶,才形成了明清时代更为简单地用沸水冲泡的饮茶方式,不再进行煎煮。

八、明清茶史:制度变革、产业兴盛与茶文化的多元发展

中国茶在宋、元时期达到了鼎盛状态。然而,随着时间的推移和时代的变迁,到了

明清时期，中国茶业发生了显著的变化。宋元时期茶业的辉煌，主要体现在茶学研究的深入以及茶叶加工技术的精湛，尤其是贡茶加工技术达到了很高的水准。而明清时期，由于经历了宋元时期的社会动荡，传统的茶学、茶业和茶文化在传承中发生了重大变革，并逐渐形成了自身独特的风格。

在宋元时期，除了贡茶依旧采用团饼茶的形式之外，散茶在民间的日常饮用中已经得到了较为广泛的普及。但在明朝初期，贡茶仍然延续了团饼茶的制作方式。后来，明太祖朱元璋认为，进贡团饼茶的制作过程太过"重劳民力"，于是下定决心进行改制，下令停止制造"龙团"，转而改进芽茶的制作和进贡。明太祖的这一诏令，在客观上对打破团饼茶的传统束缚起到了积极的推动作用，有力地促进了芽茶和叶茶的蓬勃发展。

明朝时期，整个上层社会品茶的风气极为浓厚，对民间也产生了深远的影响。在民间，茶叶生产取得了惊人的发展，种植面积和产量都比之前有了大幅度的提升。此时，茶产业进入了商业时代，茶馆行业迎来了最为鼎盛的时期，形成了丰富多彩、独具特色的茶馆文化现象。专卖茶叶的商店、茶庄、茶行、茶号等纷纷涌现，茶叶以大宗贸易的形式迅速走向世界市场，在一段时间内甚至垄断了整个世界茶叶市场。这一时期，茶真正实现了平民化的普及，同时也实现了亚洲范围内的广泛传播和发展。

由于饮茶方式的简化，明代的茶产业链条发生了全面的变革，与之相关的茶器茶具也进行了全面的更新换代。明代的茶产业和茶文化呈现出高度繁荣的景象，虽然明代并非茶文明的最巅峰时期，但却是在唐宋茶文化底蕴有所缺失的情况下，重新探索和发展茶文化的重要阶段。在隐逸意境这一属于人类茶道思想分支的领域，明代取得了极为重要的成就；在茶学的学科化和茶类的多元化方面，也取得了显著的成果，并且这些成果一直影响到了今天。

根据对遗留下来的茶书统计，在至今约百部的华夏古茶书中，有半数出自明代。其中，明太祖朱元璋的十七子朱权所著的《茶谱》影响尤为深远，而许次纾的《茶疏》和张源的《茶录》则以学术声名远扬、论述精准精妙而著称。朱权在明太祖废除团饼茶进贡的诏令发布之后，对新的饮茶方式进行了深入的探索。他改革了传统的品饮方式和茶具，大力提倡行事从简，开创了清饮的风气之先，对后世的饮茶习惯产生了深远影响。如今人们直接用沸水冲泡茶叶的方式，就源自瀹茶法，而瀹茶法正是沿着"隋唐—朱权—明代其他大家"的发展脉络逐渐形成的。朱权的《茶谱》不仅体现了高超的品饮艺术，还明确了瀹茶法的核心原则，如追求茶叶的本色、真味，顺应自然之性等。

在明代，茶叶与茶文化在亚洲范围内全面传播，促使亚洲各地区的茶文化纷纷兴起，其中日本、韩国等国家的茶文化发展尤为突出。这一时期，日本茶文化真正崛起，在茶的历史上书写了辉煌的篇章，并在之后的数百年里，赢得了世界范围内的赞誉。

朱元璋反对过度精制茶叶，他认为新鲜的茶叶只需经过烘焙炒制就可以饮用。这一观念的转变直接促使了茶具的转型。明代的茶具以小巧精致的茶壶和茶杯为主，成为了茶具发展史上的一个重要阶段。其中，紫砂壶是明代茶具的典型代表之一。虽然紫砂壶可能在宋代就已经出现，但直到明代才真正兴盛起来。紫砂壶的制作材料主要包括紫泥、绿泥、红泥三种基本颜色的陶土，用这些陶土制作的紫砂壶不仅保温效果极佳，还能够吸收茶香。随着使用时间的增加，用紫砂壶泡出的茶会更加醇香可口。在明代，文人和茶具匠人之间的合作创造出了多元艺术的综合体，茶具上常常装饰有诗、书、画、印等元素，充分展现了极致的文雅和品味。

明朝初期，由于农业生产的发展以及对战马的需求，茶叶交换马匹和畜牧产品的"茶马互市"市场逐渐形成。这种贸易形式不仅满足了军事上对战马的需求，还极大地促进了茶叶的大宗贸易。"茶马互市"最初由官方主导，但随着时间的推移，私茶泛滥的问题日益严重，导致官营茶马贸易体系几乎崩溃。为了应对这一局面，明朝政府对茶马贸易进行了改革，引入商人参与其中，实行"官督商运"的政策。虽然这一政策在一定程度上解决了运输和资金方面的问题，但商人夹带私茶的行为仍然难以杜绝。明朝茶叶贸易的迅速发展对国内外市场都产生了深远的影响。在国内，"茶马互市"促进了茶叶的生产和销售，加速了茶叶的商品化进程；在国际上，明朝茶叶在世界市场上的垄断地位使得茶叶成为我国重要的出口商品，有力地推动了中外贸易的发展。

清朝的茶文化在继承前代传统的基础上，在多个方面进行了创新和发展。清朝茶文化具有以下特点：茶叶栽培和制作技术显著提高，茶叶种类更加丰富多样，品饮方法不断创新，饮茶习俗在社会各阶层得到了更广泛的普及。

清代茶叶的栽培和制作技术有了很大的提升，传统的六大茶类，即绿茶、红茶、乌龙茶、白茶、黄茶、黑茶均已形成并逐渐完善。茶叶的内销和外销都达到了历史最高水平。同时，清代的品饮方法也有了新的创新，新的饮茶器具不断涌现。例如，景德镇瓷窑在明代的基础上进行了改革和创新，生产出了粉彩、珐琅彩等多种新型瓷器，并制作了大量精美的茶具，以满足宫廷和民间的不同需求。

清代皇室对茶文化极为重视，设立了专门的机构来管理和供应茶叶，如茶库、御茶室等。这些机构负责接收贡茶、管理茶库，并确保皇帝和宫廷成员的饮茶需求得到满足。乾隆皇帝对茶文化有着浓厚的兴趣，他多次在宫中举行盛大的茶宴，宴请文武百官。其中，乾隆时期的"三清茶宴"非常盛行，该茶宴采用梅花、佛手、松实入茶，寓意清雅，体现了皇室对茶文化的独特理解和追求。

清代茶文化的社会影响十分广泛，茶馆在全国各地纷纷设立，民间饮茶的风气更加普遍，茶真正走向了世俗化。不同地区和民族形成了各自独特的饮茶习俗和特色茶具。例如，在蒙古族和藏族地区，人们喜欢饮用奶茶和酥油茶，常用瘿木奶茶碗和鎏金银质茶具；而在闽南和潮汕地区，人们则擅长烹煮功夫茶，使用专门的"潮汕四宝"——风炉、玉书碨、孟臣罐和若琛瓯。

清代文人雅士对茶文化的发展也作出了重要贡献。他们以泡茶为乐趣，不仅传承了前代的茶文化，还对其进行了发展和创新。清代人将喝茶变成了一种生活习惯，文人雅士们在品茶时非常讲究水温和泡茶时间的控制，使得泡茶成为了一门学问。清代茶文化达到了一个新的高峰，饮茶成为了全民的习惯，无论是宫廷皇室、文人雅士、官员，还是平民百姓，都将饮茶视为一种时尚的生活方式。清代茶文化在文学作品中也得到了充分的体现，《红楼梦》《镜花缘》《儒林外史》等作品中都有大量关于茶文化的描写，详细地描绘了名茶品种、古玩茶具和沏茶用水等方面的内容。

最重要的是，清代茶叶的外销达到了历史高峰，茶叶的输出不仅促进了经济贸易的发展，还伴随着茶文化的交流和传播。在英国和俄罗斯等国的茶饮风俗中，都能看到中国茶文化的深刻影响和痕迹。

九、近现代中国茶史：时代变迁下的产业转型与文化传承创新

近百年来，随着西方现代科学文化在我国的传播与发展，在对传统茶饮的开发研究中，现代科技手段得到了广泛应用。这些先进的科技手段为古老的茶饮文化注入了新的活力，使其能够在传承的基础上推陈出新，焕发出新的生机。

在时代的发展进程中，茶产业伴随着整个时代经济的推进，发生了翻天覆地的变化。民国时期，一批有志于茶学研究的学者们积极探索，为现代茶学的发展奠定了基础。例如，茶学家吴觉农、胡浩川在1934年发表了《中国茶叶复兴计划》，该计划深入分析了当时中国茶业的现状，并提出了一系列具有前瞻性的复兴策略，对推动中国茶业的发展具有重要的指导意义。此外，赵烈的《中国茶业问题》对中国茶业存在的诸多问题进行了剖析，为解决实际问题提供了思路；胡山源的《古今茶事》则梳理了从古至今与茶相关的各种事件和知识，丰富了人们对茶的认知。这些茶学著作的相继问世，标志着现代茶学研究开始起步。然而，尽管这批有志之士付出了相当大的努力，但由于当时处于战乱频繁、社会动荡的历史条件下，茶饮业的发展受到了极大的限制，发展十分缓慢。

新中国成立后，茶饮事业迎来了新的发展机遇，受到了国家的高度重视。为了推动茶饮产业的发展，国家先后建立了近千家国营茶场，这些国营茶场在茶叶的种植、生产等方面发挥了重要的示范和引领作用。同时，很多地区纷纷建立了茶叶研究机构、贸易公司和进出口公司。例如，在茶叶资源丰富的省份，专门的茶叶研究机构深入研究茶叶的品种改良、种植技术优化、加工工艺创新等方面的问题，为提高茶叶的品质和产量提供了技术支持；贸易公司和进出口公司则积极拓展茶叶的销售渠道，促进了茶叶的流通和贸易。

在教育领域，为了培养专业的茶学人才，浙江农业大学、西南农业大学等高等院校开设了茶学系或专业。这些院校通过系统的课程设置和实践教学，为茶饮行业培养了大量高素质的专业人才。此外，还出版了《中国的茶叶》《茶典》《中国茶文化》《中国药茶大全》等数百种茶饮及药茶的学术专著和科普读物。这些书籍涵盖了茶学的各个方面，从茶叶的历史文化、种植技术、加工工艺到茶饮的保健功效等，为普及茶学知识、推动茶学研究的发展发挥了重要作用。

随着对茶文化重视程度的不断提高，一系列以弘扬茶文化为宗旨的社会团体和文化场馆相继成立和开放。1982年，杭州成立了第一个以弘扬茶文化为宗旨的社会团体——"茶人之家"。"茶人之家"为茶人、茶文化爱好者提供了一个交流和学习的平台，通过举办各种茶文化活动，如茶事讲座、茶艺表演、茶品鉴赏等，促进了茶文化的传播和交流。1990年，"中国国际茶文化研究会"在北京成立，该研究会致力于推动国际茶文化交流与合作，组织开展了一系列具有国际影响力的茶文化活动，提升了中国茶文化在国际上的知名度和影响力。1991年，"中国茶人联谊会"在浙江湖州成立，它团

结了广大茶人，共同为推动中国茶业的发展和茶文化的繁荣贡献了力量。1993年，中国茶叶博物馆在杭州西湖乡正式开放。博物馆通过丰富的展品和展示手段，系统地展示了中国茶叶的历史、文化、种植、加工等方面的内容，成为人们了解中国茶文化的重要窗口。1998年，中国国际和平茶文化交流馆在湖北成立，该交流馆以茶文化为纽带，促进了国际和平与友好交流。

随着茶文化的兴起，各地对茶文化的需求不断增加，茶艺馆作为茶文化传播和体验的重要场所，越办越多。这些茶艺馆不仅提供各种优质的茶叶和精美的茶具，还通过专业的茶艺表演和茶文化讲解，让人们在品茶的过程中感受茶文化的魅力，进一步推动了茶文化的普及和发展。

十、小结

中国作为一个历史悠久的茶文化大国，茶文化的发展历程跌宕起伏，宛如一幅波澜壮阔的历史画卷，深刻地映射出社会的发展变迁以及文明的演进轨迹。在漫长的历史长河中，不同朝代的人们对茶有着独特的理解和喜爱方式，也因此衍生出了各具特色的茶文化形态。

唐代，茶饼是主流的茶叶形态。到了宋代，抹茶异军突起，成为了饮茶的新时尚。明代，散茶逐渐取代了茶饼和抹茶，成为了主流的饮茶方式。明代的茶人还注重茶具的选择和泡茶的技艺，紫砂壶等茶具在明代开始流行，成为了品茗的佳器。中国茶文化不仅体现在茶叶的形态和饮茶方式上，还广泛渗透到诗词歌赋、民俗谚语等各个方面。在诗词中，茶常常被用来表达诗人的情感和心境。在民俗谚语中，也有许多与茶相关的内容，如"开门七件事，柴米油盐酱醋茶"，生动地反映了茶在人们日常生活中的重要地位。中国茶文化的核心精神丰富多样，包含了"正、清、雅""廉、美、敬""理、敬、清、融""美、健、性、伦""清、敬、怡、真""和、俭、静、洁"等不同的表述。这些理念体现了人们在品茶过程中对道德修养、审美情趣和精神境界的追求。例如，"清"体现了茶的纯净、高洁，也象征着人的品德和心境的纯净；"敬"则表达了对他人、对自然的尊重，在品茶时心怀敬意，能更好地体会茶的韵味。

展望未来，随着人们对健康和品质生活的追求不断提高，茶的保健功能和文化价值将受到更多的重视。现代科学研究表明，茶中含有多种对人体有益的成分，如茶多酚、咖啡因、氨基酸等，具有抗氧化、提神醒脑、降脂减肥等功效。同时，茶文化作为中国传统文化的重要组成部分，也将在传承古代文化的基础上不断创新和发展。我们期待看到更多深入的茶文化研究成果，这些成果将为茶文化的发展提供坚实的理论支持，帮助人们更好地理解和传承茶文化。我们也期待茶文化产业能够不断壮大，带动相关经济的发展。茶文化产业涵盖了茶叶种植、加工、销售、茶文化旅游、茶艺培训等多个领域，具有广阔的发展前景。通过发展茶文化产业，可以促进农业增效、农民增收，推动地方经济的发展。我们更期待茶文化能够成为国际文化交流的重要桥梁，促进不同国家和民族之间的相互理解和友谊。随着全球化的发展，茶文化已经走出国门，受到了越来越多国家和地区的喜爱。通过举办国际茶文化交流活动，如茶文化节、茶艺比赛等，可以增进各国之间的文化交流和合作，让世界更好地了解中国茶文化的魅力。

思政要点

1. 文化自信：中国茶文化源远流长、底蕴深厚，是中国文化重要部分，彰显民族智慧与创造力，增强民族自豪感与文化自信。

2. 历史唯物：茶史发展与社会变迁相关，不同时期政治、经济、文化影响茶文化，有助于理解历史规律与社会因素的相互作用。

3. 人民智慧：茶文化发展凝聚劳动人民实践与创造，制茶工艺、茶具创新体现其智慧与经验。

4. 团结交流：茶文化在各地区、民族传播融合，"茶马互市"促进了贸易与文化交流，各民族饮茶习俗丰富了茶文化内涵。

5. 人地和谐：茶的种植生长与自然紧密相连，茶文化体现对自然规律的尊重，如优质茶产区依赖独特的自然环境。

6. 传承创新：茶文化既传承核心精神，又在饮茶、制茶、茶具等方面不断创新，现代科技助力茶饮文化推陈出新。

第六节　中国茶向世界的传播

中国茶及茶文化源远流长，其传播历程波澜壮阔。最初，茶叶从其原产地出发，逐步在国内广泛传播，而后开始跨越国界，最终走向世界的各个角落。

在历史的长河中，中国茶叶走向世界主要依托于四种独特的方式。其一，借助来华学佛的僧侣以及遣唐使的力量，他们将茶带往异国他乡。例如，805年，日本高僧最澄从天台山获取茶籽，并成功引种到日本，开启了日本的茶叶种植历史。其二，通过古商路，以经贸往来的形式实现茶叶的对外传播。唐代时期，京城长安便与回纥进行茶马交易，茶叶沿着古商路源源不断地流向远方。其三，茶作为珍贵的礼品，由派出的使节馈赠给出使国。1618年，中国公使向俄国沙皇赠茶，让茶成为了文化交流的使者。其四，派遣专业人士以专家身份应邀前往国外发展茶叶生产。清末，宁波茶厂厂长刘峻周带领技工远赴格鲁吉亚，致力于当地的种茶事业，极大地推动了茶叶在当地的发展。

正是凭借上述四种主要传播方式，中华茶文化沿着陆路和海路传播路线，跨越千山万水，不断向外传播，在世界文化交流的舞台上留下了浓墨重彩的一笔。

一、古代中国茶传播：从周边民族到欧亚大陆的传播之路

中国茶的对外传播历史悠久，最早是从陆路向与中国接壤的邻国开始的。西汉时期（公元前206至公元25年），张骞两次出使西域，打通了著名的丝绸之路，为中国与西域各国的贸易和文化交流奠定了基础。到了唐代，京城长安成为了中国对外文化和经济交流的中心。当时中原一带，饮茶之风极为盛行，达到了"比屋皆饮""投钱可取"的程度。许多阿拉伯商人在长安购买丝绸、瓷器等商品的同时，也会采购大量茶叶带回本

国。就这样，中国的茶叶通过丝绸之路从陆路传播到了阿拉伯国家，饮茶的风尚也逐渐在中亚和西亚一带传播开来。学者们普遍认为，在7世纪时，中国茶叶经陆路传播到中亚、西亚一带，并在此开始了"茶马互市"的贸易形式。

辽、金、元三个王朝均由北方游牧民族建立，尤其是辽、金在与宋朝长期对峙的过程中，深受汉族茶文化的影响。辽、金两国通过贸易和宋朝的赐贡等途径，获得了大量的茶叶，并逐渐形成了各自独特的饮茶风俗和文化。

辽国，即辽朝，是由契丹族建立的朝代，自907年建立，共传九帝，享国218年。辽国的统治区域广阔，涵盖了今天中国的东北、华北以及部分蒙古国地区，其疆域之辽阔，在当时堪称世界上最大的国家之一。辽国的饮茶文化，主要是通过宋辽之间的外交使者传入北方的。在辽国的朝堂礼仪中，"行茶"是一项极为重要的内容。据《辽史》记载，北宋使节抵达辽国后，完成参拜仪式，主客入座，接下来便会进行行茶的环节。此外，北宋政府在宋辽边界设立了众多专门与辽国通商的"榷场"，宋人以茶叶（包括茶具）、盐、铁、丝绸以及各种器物等，换取契丹的牲畜、毛皮等土特产。

金朝由女真人建立，女真族是满族的前身，原本居住在长白山和黑龙江流域。在南宋与金对峙期间，宋朝的茶文化对女真人产生了显著影响，而女真人又将这种影响传递到了党项人之中，使得茶礼在金和西夏大为盛行。金国人不仅在朝廷礼仪中要行"茶礼"，民间的茶礼也颇为烦琐。例如，在女真人的婚礼中，茶就占据着极为重要的地位。在男女双方订婚之日，男方需前往女方家拜访，待男方客人到齐后，女方家族成员便开始接受男方的参拜大礼，这一仪式被称为"下茶礼"。宋与辽、宋与金之间的频繁来往，使得茶文化正式传播到了北方的游牧民族之中，为后来上千年北方游牧民族的饮茶习俗奠定了坚实的基础。

宋代，西北及西域地区出现了西夏、吐蕃、西州回鹘、喀喇汗王朝、于阗等地方政权，形成了群雄割据的局面。这些政权通过榷场贸易、宋朝的岁赐，或是"茶马互市"等方式，从宋朝获取了大量的茶叶。他们除了将茶叶用于自身销售和消费外，像西夏还大量进行茶叶的转口贸易。由此可见，这些地区大量饮茶的情况是确凿无疑的。

回鹘东接西夏、北临辽国，西为黑汗。它不仅通过茶马贸易从北宋获得了大量茶叶，还通过与西夏、辽国的贸易获取茶叶。从西夏使臣所说的"本界西北连接诸蕃，以茶数斤，可以博羊一口"可以推断出西夏茶以贸易的方式传到了回鹘。西夏北部是辽，辽通过岁贡及与宋的榷场贸易容易获得茶叶，无须西夏供应，而且西夏与辽结盟，不会将辽称为"诸蕃"。回鹘在唐代就已有茶马贸易的历史，进入宋代后，这一贸易形式继续发展。但西夏切断河西走廊后，回鹘的贸易难度有所增加，所以西夏使臣所说的"西北诸蕃"应指回鹘及其以西地区。回鹘不仅与西夏进行贸易，还深入到辽国开展贸易活动。辽国上京的南门外就是回鹘商贩聚居的地方，《辽史》记载"南门之东回营，回鹘商贩留居上京，置营居之"，回鹘商贩"在契丹与中亚、西亚的贸易关系中起了积极的作用"，因而受到辽国的重视，辽国专门设置了回鹘营，让他们能够安心地从事贸易。

黑汗东括盆地南部的于阗，西达中亚，北接里海的花剌子模，南接忽吉。自北宋宋神宗赵顼熙宁年间（1068—1077年）以来，黑汗与宋朝保持着密切的贸易关系，其向宋朝进贡的方物中就有马和驴。而且史料证明，属于黑汗的于阗国进奉使在元丰元年（1078 年）从宋朝购买茶叶时，获得了免除茶税的优惠政策，这表明茶叶西传至黑汗是确凿无疑的。

忽吉处于西去阿拉伯、东南去印度半岛的重要交通要道上，该国也会派遣使者来华。因此，在丝绸之路上，茶叶随着其他商品一起不断向西传播。

辽国和其后裔建立的西辽，在茶叶西传方面也发挥了重要作用。辽国作为当时北方的大国，疆域广阔，"东至于海，西至金山（阿尔泰山），暨于流北至胪河，南至白沟，幅员万里"。据《契丹国志》记载，回鹘和高昌兹、于阗等诸国臣属于辽，每 3 年会派遣约 400 人的使团向契丹朝贡。辽国灭亡后，契丹贵族耶律大石于 1124 年自立为王，率兵到伊犁、锡尔两河流间，借助回鹘的力量建立了西辽。西辽疆域广大，西到阿姆河，东至和平（今吐鲁番一带），幅员万里，成为西域大国。在此情况下，茶叶经西域传入中亚、西北亚是必然的趋势。

宋朝时期，阿拉伯文献中比鲁尼撰著的《印度志》记载有茶"ga"，这与 8 世纪起藏语里称茶为"ja"有相通之处。约在 10 世纪，印度次大陆西北的乌尔都语中已有茶字，这个字是从波斯语借入的。由此可以推断，茶在 10—12 世纪已传至吐蕃，并传到高昌、于阗和七河地区，而且可能由于倒传入河中以至波斯、印度，也可能经由于阗或西藏传入印度、波斯。唐代可以说是茶第一次西传至西域、中亚乃至以西地区，而宋元时期则是茶第二次西传入该地区，甚至有可能已经传到了欧洲。

蒙古兴起后，中西方交通变得畅通无阻。大约在 13 世纪，蒙古人将饮茶习俗传播到了亚洲西部，而传播到俄罗斯的时间可能稍晚一些。随着蒙古的扩张，拔都建立了钦察汗国（1243—1502 年）统治东欧，旭烈兀建伊儿汗国（1256—1335 年）统治西亚，忽必烈建立了中国历史上疆域最辽阔的元朝（1271—1368 年）。在这个庞大的帝国体系中，随着蒙古人的铁骑东征西讨以及蒙古人在各地统治机构的建立，茶叶不仅传到了中亚、西亚、南亚，极有可能也进入了欧洲。从当时中西贸易的情况来看，许多欧洲商人、中西亚商人沿着丝绸之路来到中国进行贸易，因此当时茶叶传入欧洲的推测是具有一定可能性的。

从海路方面来看，宋元时期出入南方港口广州、泉州的外国商人众多，其中包括大批阿拉伯、波斯、叙利亚、东南亚等国侨民。宋代输出的货物种类丰富，有陶瓷、茶叶、药材、手工艺品、丝织品和粮食等。据元代来华传教士、旅行家记载，当时从中国南海到西太平洋至印度洋的航线上，满载货物的中国商船往来频繁。商人们将中国的丝绸、玉器、金银铜铁器、竹木制品、手工艺品、茶叶等运往东西洋各国。史料表明，蒙古四大汗国的统治者都有饮茶的习惯。东察哈台汗国大异密（大臣）忽歹达享有的 12 项特权中，第二项为"可汗用两名仆人给自己送茶送马奶；忽歹达用一名仆人给自己送茶送马奶"。将茶放在马奶之前，这表明蒙古大汗及贵族的生活习惯发生了重大变化，由于饮茶已经成为习惯，所以在考虑饮料时首先想到的便是茶。东察哈台汗国位于新疆和中亚地区，由此可见，在 14 世纪时，新疆成为了茶叶继续向西传播的重要接力站。

二、中国茶叶在俄罗斯的传播与万里茶道的兴衰

在明代,朝廷对茶叶贸易管控极为严格。据《明史》记载,太祖时期茶法初行,驸马欧阳伦因私贩茶叶而被论死,即便高皇后也无法救他。不过,明朝仍与塞外开展"茶马互市",以茶易马进行贸易往来。

史料显示,明万历四十六年(1618年),中国公使携茶前往俄国,向俄国朝廷馈赠茶叶,但当时俄国无人饮茶,所以未引起重视。1638年,斯特可夫(Starkoff)从蒙古将中国茶带入俄国。到18世纪初,中国茶叶才经蒙古从陆路正式销往俄国,当时茶叶价格高昂,只有王公贵族和地方官吏才有能力购买。

18世纪50年代,俄国饮茶逐渐形成风尚,这主要源于上层社会的引领示范作用以及茶叶本身具有的提神醒脑、帮助消化等功效被逐渐认知等因素,使得俄国对茶叶的需求量与日俱增。

从1833年起,俄国从中国湖北羊楼洞引进茶籽、茶苗,试种于现今的格鲁吉亚一带,然而均未成功。1883年,俄商在克里木的尼基特植物园内尝试种植茶籽、茶苗,因当地自然条件不适宜,茶树生长状况不佳。1889年,以吉霍米罗夫为首的俄国考察团到中国研究茶叶产制,回国后开辟茶园15公顷,后扩展至115公顷,并建成一座小型茶厂。

清光绪十九年(1893年),刘峻周应俄茶商波波夫邀请,携带茶籽、茶苗到格鲁吉亚黑海沿岸,3年时间在巴统地区种植了80公顷茶树,并建立小型茶厂。1897年,刘峻周回到广东,带领12名技工和大量优质茶苗、茶籽返回格鲁吉亚,以带去的茶籽为基础,培育出新的茶树品种,栽种面积达150公顷,还建造了一座新茶厂,专门生产红茶,当地人称"刘茶",俄国自此有了真正意义上的茶业。刘峻周于1893年赴格鲁吉亚,1924年返乡。列宁曾接见刘峻周,表彰其种茶功绩。1924年,刘峻周被苏联政府授予劳动红旗勋章,后世尊其为"茶叶刘"。如今,刘峻周的后代仍留在当地,在他和其他中国茶工当年工作的地方,还建立了刘峻周纪念馆,以缅怀这位中国茶的传播者。

自17世纪起,随着俄国市场对茶叶需求的不断增长,中国商人开辟了南起中国福建武夷山、北达俄罗斯圣彼得堡,长达1.3万千米的茶叶贸易之路——万里茶道。万里茶道,又称中俄茶叶之路,是继丝绸之路后兴起的一条从中国南方直达欧洲腹地的万里茶叶商道。它从福建武夷山出发,途经江西、湖南、湖北、河南、河北、内蒙古等地,向北进入蒙古草原,穿越蒙古戈壁,由库伦抵达恰克图,继续向北进入俄罗斯,然后从东向西延伸,穿越广袤的西伯利亚,沿途经过伊尔库茨克、莫斯科、圣彼得堡等城市,最终延展到东欧、西欧地区。

清朝建立前后,沙皇俄国逐步向远东地区扩张,最终与向北拓展的清朝接壤。1689年两国签订《尼布楚条约》稳定国境线后,陆路贸易迅速开展,茶叶等大宗商品大量进入俄罗斯市场,推动饮茶风尚从贵族阶层扩展至整个民间社会,尤其是靠近中国的远东地区,饮茶之风更盛。据瓦西里·帕尔申的《外贝加尔边区纪行》记载,十七、十八世纪时的涅尔琴斯克(即尼布楚)居民,不论老幼贫富,都酷爱饮茶,"早晨就面包喝茶,当作早餐;不喝茶就不上工;午饭后必须有茶",一般人每天喝茶五六次,爱喝

茶的人则每日要喝10~15杯茶。对茶叶的嗜好甚至影响到俄国的对华外交，据《俄中两国外交文献汇编（1619—1792）》，俄国外交官员米勒在1764年所写的赴华使团意见书中提到，"茶在对华贸易中是必不可少的商品，因为我们已经习惯于喝中国茶，很难戒掉"。由于当时清政府不允许外商直接到内地采购茶叶，山西晋商凭借地利优势，垄断了从内地贩运茶叶到俄国的业务。

万里茶道上的茶叶贸易利润可观，据《山西外贸志》记载，1839年时，在恰克图以700万元购买的茶叶，贩运到当时俄国的重要工商业中心下诺夫哥罗德后，可卖出1800万元的高价。当时茶不仅是外贸商品，还能充当一般等价物，具有货币与商品的双重职能。据《蒙古志》记载，当时蒙古人常用小片砖茶替代货币，"羊一头约值砖茶十二片或十五片，骆驼十倍之；行人入其境，辄购砖茶以济银两所不通"。中俄通过万里茶道形成的贸易繁荣局面，引起了马克思的关注，他在《资本的流通过程》《俄国的对华贸易》等文章中写道，"茶叶从福建省运抵恰克图，根据不同情况需要2~3个月之久""他们在恰克图会商并规定双方商品交换的比率，因为贸易完全是用以货易货的方式进行的。中国人拿来交换的货物主要是茶叶，俄国人主要是棉织品和毛织品"，这正是晋商所说的"彼以毛来，我以茶往"。

乾隆嘉庆时期，万里茶道逐渐达到鼎盛，当时运往俄罗斯的茶叶主要是福建武夷山茶。咸丰年间，东南战乱，晋商从武夷山贩运茶叶的通路受阻，于是转而运输两湖地区的茶叶到俄罗斯，汉口随之成为万里茶道的新起点。

2013年3月，习近平主席对俄罗斯进行国事访问期间，在莫斯科国际关系学院的演讲中将"万里茶道"喻为"世纪动脉"。2013年9月，在中蒙俄三国共同参与的"'万里茶道'与城市发展中蒙俄市长峰会"上，三国代表一致认为万里茶道是珍贵的世界文化遗产，并签署了《"万里茶道"共同申遗倡议书》。2019年3月，国家文物局将"万里茶道"列入《中国世界文化遗产预备名单》，"万里茶道"申遗正式上升到国家层面。"万里茶道"作为中华文明和欧亚文明相互交流的文化共享之路，在世界近代史上具有深远的文化价值，它见证了不同国家和地区之间经济、文化、社会等多方面的交流与融合，促进了沿线城市的兴起和发展，推动了茶文化等东方文化在西方的传播，是与汉唐"丝绸之路"、西南"茶马古道"、宋元"海上丝绸之路"齐名的中西方物质文化交流的国际大通道。2024年10月22日，中国国家主席习近平在喀山克里姆林宫同俄罗斯总统普京举行会晤时提到，大约400年前，联通两国的"万里茶道"正是从喀山经过，将来自中国武夷山地区的茶叶送至俄罗斯千家万户。俄罗斯国际合作协会主席、万里茶道（国际）协作体联席主席谢尔盖·卡拉什尼科夫曾指出，几个世纪以来，"万里茶道"一直是连接中国、俄罗斯与欧洲的经济和文化桥梁，仍在民间友好方面发挥着特殊作用。在新时代的中俄交往中，习近平主席多次提及"万里茶道"，这条古道也被赋予了更多新的意义，成为新时代中俄友好交流与合作的重要历史文化符号。

三、中国茶在南亚的传播

茶叶的传播历程丰富且多元，其经茶马古道，最初在中国境内不同地区间流转，而后逐渐向周边国家辐射。茶马古道的起源可追溯至唐代的"茶马互市"，这一贸易形式促进了茶叶的广泛流通。

在中国境内,茶马古道主要有三大主干道,分别是青藏道、滇藏道与川藏道,这三条道路的终点均为拉萨。茶叶抵达拉萨后,以此为新的起点,进一步向周边的不丹、尼泊尔、印度等境外地区传播。与此同时,从云南出发的茶商们一路向南行进,将茶叶带到了缅甸、越南、老挝、泰国等地,拓展了茶叶的传播路径。

印度接触中国茶叶的时间不晚于10世纪。彼时,从云南传播过去的茶籽在阿萨姆地区落地生根。经过长达800年的自然进化,这些茶树逐渐适应了阿萨姆当地的土壤与气候环境。然而,由于阿萨姆地处印度较为偏远的边境地区,茶叶种植在当时未能在印度更广泛的区域流传开来。印度现代茶业的起源,则与英国的殖民统治以及英国东印度公司的茶园计划密切相关。1780年,英国东印度公司首次引入中国茶籽,并在印度尝试种植茶树。自1834年起,英国东印度公司先后派出戈登、福钧等人前往中国,非法获取了大量的茶籽、茶树,同时还带走了先进的种茶和制茶技术以及相关人才。这些资源被引入印度后,极大地推动了印度茶叶的大规模种植。如今,印度的主流饮茶方式深受英式茶饮习惯的影响,通常是煮红茶,并加入糖和奶来调味;但在少数人群中,依然保留着从中国西南地区传播过去的古老饮茶方法,即在茶中添加姜、小豆蔻等香料。

北宋时期,茶叶贸易在我国沿海城市如广州、杭州、明州(今浙江宁波)和泉州等地呈现出蓬勃发展的态势。当时,广州和泉州通往南洋诸国的航线逐渐成熟,为中国茶叶的出口提供了便利条件,使得茶叶出口量不断增加。进入南宋,随着中国与阿拉伯、意大利、日本和印度等国家的贸易新的发展契机。福建作为重要的茶叶产区,其产出的茶叶大量输入南亚地区,逐渐融入当地人的日常生活,甚至在一些地区,茶成为了正餐的一部分,饮茶方式也逐渐演变成一种独特的文化现象。

元朝时期,朝廷开始派兵出征南洋,这一举措进一步促进了广东、福建的茶叶向南亚地区的流通,且福建茶叶在南亚市场中依旧占据主导地位。南洋各国在与中国的贸易交流中,逐渐吸收并借鉴了中国茶与饮食相结合的方式。茶叶不再仅仅被视为一种饮品,而是逐步与当地的饮食文化深度融合,衍生出了一系列与茶相关的美食。

明代郑和下西洋的伟大壮举,将中国茶叶的影响力扩展到了更为广阔的地区。郑和每次出海时都会携带大量的茶叶,这些茶叶不仅是商品,更是中国文化的象征。在航行过程中,郑和的船队将饮茶的习惯传播到了东南亚各国,从越南到印度,从爪哇到阿拉伯半岛,所到之处都留下了中国茶文化的印记。福建的优质茶叶随着郑和的船队走向世界,成为了连接东西方文化交流的重要桥梁。

在茶叶传播的过程中,南亚各国不仅是被动的接受者,还积极学习种茶、制茶的技术。根据史料记载,早在7世纪,印度尼西亚的苏门答腊、加里曼丹和爪哇等地就已经开始与我国进行茶叶贸易。到了16世纪,这些地区开始尝试种植茶叶。特别值得一提的是,在1684年和1731年,印度两次引进中国的茶种,在长期的种植和发展过程中,逐渐形成了具有自身特色的茶文化。印度的茶叶发展不仅得益于贸易中的引进,更是在与中国文化的交融中逐渐孕育而生。有观点认为,早在唐宋时期,印度人就已经开始学习中国的饮茶文化。1780年,东印度公司从广州输入部分茶籽,1788年又引进了更多的茶种,这些举措促使印度逐渐发展成为世界重要的茶叶生产国之一。

南亚国家的饮茶习俗与中国的茶文化存在着诸多相似之处。在华侨的影响下,许多地区的饮茶方式愈发接近中国。无论是以茶佐餐、以茶待客的社交礼仪,还是茶馆文化的兴起,都体现出南亚诸国的茶文化与中国茶文化之间的深厚渊源,可以说二者一脉相承。在贸易的有力推动下,中国茶不仅在南亚地区落地生根,还成为了连接世界的重要纽带。南亚各国凭借其地理位置优势,逐渐成为中国茶通往地中海和欧非地区的重要中介。这条"茶之路"的形成,为中国茶文化向西方的传播奠定了基础,堪称中国茶文化向西方发展的重要前奏。

茶作为一种特殊的文化和经济载体,不仅仅是饮品的简单交流,更承载着背后悠久而深厚的历史。如今,深入研究南亚国家的饮茶风俗及其对西方的影响,已经成为茶学界的重要研究课题。

四、中国茶文化在朝鲜半岛的传播、演变与深远影响

朝鲜半岛开始接触茶叶的时间大致可追溯至我国唐文宗大和二年(828年),即朝鲜半岛的新罗时代。朝鲜半岛高丽王朝时期的著名政治家、文学家、历史学家金富轼所著的《三国史记》记载"兴德王三年(828年)春正月,入唐回使大廉持茶种子来,王使植智异山,茶自善德王时有之,至于此盛焉"。需要注意的是,这里的《三国史记》所记载的"三国"并非我国东汉末年的魏、蜀、吴三国,而是指朝鲜半岛的新罗、百济、高句丽三国,《三国史记》也是朝鲜半岛现存最早的历史书籍。

根据记载,828年,出使大唐的使者金大廉从唐朝带回茶种,并将其种植在智异山上。在当时,茶叶在朝鲜半岛属于奢侈品,普通民众根本无缘接触。书中"茶自善德王时有之,至于此盛焉"这句话,揭示出在高丽时代的善德王时期,朝鲜半岛就已经开始有饮茶的行为。善德王是韩国历史上的第一位女王,其在位时间为632—647年。在善德王统治期间,新罗与大唐关系交好,唐朝的蒸青团茶也正是在这一阶段被带回新罗。

通过考古发掘,在当时新罗的都城庆州雁鸭池,发现了一只茶碗,茶碗外部绘制着云草纹路,内部写有"言""贞""茶"字样。此外,考古中还发现了用于饮茶的风炉,也就是煎茶的炉具。由于雁鸭池是新罗皇宫招待宾客的高级场所,这些考古发现有力地证明了当时新罗的上流社会已经盛行饮茶之风。

到了高丽时代,王室对茶极为喜爱,为此专门设立了"茶房"。"茶房"不仅是管理王室茶礼的机构,还兼管太医事务。而且,每当王子公主出生,大臣们朝贺时都要举行进茶仪式。进茶仪式,即在宴会中向国王敬酒之前,国王会向大臣索茶,而臣子则将准备好的茶叶献给国王,这一仪式彰显出茶叶在当时社会的重要地位,是一种尊贵的礼仪。

在民间,饮茶之风同样盛行,还开设有专门的茶店。《高丽史》记载:"……便存务本之心,用断使钱之路,其茶酒食味等诸店交易,依前使钱外百姓等私相交易,任用土宜。"这段记载表明,当时民间的茶店交易活跃,饮茶已经成为民间普遍的生活方式。

在朝鲜半岛三国时代,中国与朝鲜半岛诸国就已开展茶叶贸易,僧侣和贵族群体率

先形成了饮茶的习俗，茶道思想也在这一时期开始孕育，茶文化在韩国逐渐诞生。进入高丽时代，随着茶树种植面积的不断增加，各地纷纷设置茶所，用于征收茶叶。与此同时，茶园、茶艺以及青瓷等相关文化也得到了极大的发展。

高丽的青瓷艺术借鉴并继承了宋朝越州秘色窑的生产技术，并在此基础上加以改进，形成了独具特色的镶嵌青瓷艺术。在茶礼方面，高丽时代的茶礼较为完备。宫廷中专门设有茶房，负责宫中茶汤和药汤的供应，并且还配备了行炉军士和茶担军士。行炉军士负责携带香炉、茶风炉、提炉等器具，茶担军士则专门担着皇上御用的茶。此外，在高丽的春之燃灯和冬之关会这两大传统祝祭活动中，都会举行以茶为主的茶礼，这在很大程度上推动了茶文化的传播与发展。

然而，到了朝鲜时代，佛教的影响力日益式微，茶被视为玩物丧志之物而遭到摒弃，茶园因缺乏有效的管理而逐渐荒芜，茶文化也随之走向衰落。后来，在草衣禅师和丁若镛等人的大力倡导下，茶文化才得以再次蓬勃发展。

1910年，日本入侵朝鲜半岛。在日本统治期间，由于日本在政治上的威胁、经济上的封锁以及文化上的强制入侵，韩国茶文化受到日本茶文化的严重压制，日本式的茶室在韩国各地大量涌现。1945年，韩国获得独立后，日本茶道作为生活化应用的形式基本消失，日本式的茶室也大多改为韩国式，但不可否认的是，日本茶文化依然在韩国留下了一定的影响。

如今，韩国现代茶文化与茶道致力于效仿古礼，积极探寻高丽时代的茶文化习惯。目前，韩国定型茶礼的基本精神内涵为"和、敬、俭、真"，这一内涵既传承了中国茶文化的价值观念，又继承了儒、释、道三家的基本精神。中国茶文化在韩国的跨文化传播，不仅传播了茶文化本身，更将以儒家文化为核心，融合道家、佛教思想的中国精神传递到了韩国。中国茶文化在韩国的跨文化传播，对韩国产生了多方面的深远影响。

五、中国茶文化东渡日本

16世纪的日本室町时期，存在着一个以中文汉字书写而成的寓言式文本《酒茶论》。在这个两千余字的文本里，有两位雅号分别为"涤烦子"和"忘忧君"的人物对坐而谈，一人饮茶，一人饮酒。在那寂静无人声的春日白昼，这样的情境容不下世俗的闲谈，于是"涤烦子"和"忘忧君"展开了一场激烈的茶酒之辩。双方各执自己的观点，围绕着茶与酒的尊卑、品德以及功用等方面反复争辩，不仅互相揭露对方的短处，还各自陈述自身的长处。在争辩难分高下的时候，一位"闲人"出面进行调停，他表示茶和酒都极为出色，难分优劣，皆是天下少有的好物，还是秉持"酒亦酒哉茶亦茶"的态度为好。"涤烦子"和"忘忧君"这两个雅号，出自唐代施肩吾《茶歌》中的名句"茶为涤烦子，酒为忘忧君"。而双方采用的问答式争辩叙事模式，也是中国民间故事类型中固有的一种范式。

20世纪初，敦煌藏经洞被发现，洞内藏有数万卷文献以及绢画等珍贵文物。其中，就包括与日本《酒茶论》极为相似的唐代遗书《茶酒论》。该文本是由唐代乡贡进士王敷所著，全文千余字，以和日本《酒茶论》相同的叙事模式，展开了一场发生在唐代的茶酒之辩。值得注意的是，这个唐代的《茶酒论》文本比日本的《酒茶论》早了好几百年。从这一点可以看出,在中日文化交流史上,日本的茶酒文化与中国古代文化有着深厚的渊源,尤其是茶文化方面,这种渊源更为显著。日本的茶文化是在学习和吸收中国种茶、制茶、饮茶文化的基础上,创造性地衍生出了独具东方美学特色的茶道文化。

自17世纪起,日本部分学者曾形成了一种较为主观的论断,他们认为日本列岛早有本土原生的茶树,只是在8世纪中国饮茶之法传入后,日本人才开始饮用本土生长的茶叶。滕军所著的《中日茶文化交流史》曾简要提及了日本茶文化早期的这种"自生说"观点。此外,大石贞男所著的《日本茶叶发达史》(1983年出版)、谷口熊之助的《野生茶调查报告》(1936年出版)等论著,也都倾向于支持这一观点。然而,随着茶叶科技的不断发展,日本茶的本土"自生说"逐渐被推翻。到了20世纪,以松下智、桥本实等为首的茶学专家提出了"自中国渡来说"。他们认为,从日本本土野生茶树的繁殖情况来看,存在着明显的人为因素。再结合中国唐宋以来日本派遣赴中国学习的留学僧人频繁往返的情况,可以合理推测,是日本的僧侣将中国的茶籽、茶苗以及饮茶习俗传播到了日本,并且有力地推动了这些元素在日本的发展。

传入日本的中国饮茶习俗,通过宫廷、幕府、寺院等途径逐渐在民间普及开来。据日本文献《奥仪抄》记载,日本天平元年,中国茶叶传入,当时正处于唐开元十七年(729年),这一时间距离陆羽所著《茶经》的成书时间差不多还有50年。最早有记录的日本饮茶行为,出现在弘仁五年(814年)的《空海奉献表》中。这份记载了空海和尚(774—835年)日常生活的文本里曾简要写道:"观练余暇,时学印度之文,茶汤坐来,乍阅振旦之书。"如果这份关于个人经历的记载是真实可信的实际情况,那么可以推断,在9世纪早期,日本僧人的闲暇时光中已经有了饮茶的行为。另外一处关于早期饮茶的记载,出现在《日吉神道密记》中,文中详细载录了日本最澄和尚(767—822年)从中国引入茶籽的事迹:相传在805年,最澄和尚前往中国天台学习教义,在返回日本的时候,他带回了天台山的茶籽,并将这些茶籽播种在位于京都比睿山麓的日吉神社,从此结束了日本列岛没有茶树的历史。虽然该文献的真实性仍然存在一定的争议,但是日吉神社园内至今还矗立着"日吉茶园之碑",碑文中明确写有"此为日本最早茶园"的字句。

日本史书《日本后纪》是一份较为确切且可信的关于日本饮茶记载的直接文献。那是在唐宪宗元和十年(815年),也就是日本弘仁六年,当时日本的嵯峨天皇出行礼佛,来到了梵释寺。奉迎的大僧都(即僧官)永忠和尚(743—816年)亲自为嵯峨天皇沏茶。相关记载为:"……更过梵释寺,停舆赋诗。皇太弟及群臣奉和者众。大僧都永忠手自煎茶奉御,施御被,即御船泛湖。"这位为天皇奉茶的永忠和尚,于775年乘坐遣唐船来到唐朝,并在长安生活了长达30年的时间,直到805年才返回日本。他在御前亲自煎茶的举动,让嵯峨天皇深受震撼,于是天皇下令在关西地区种植茶树,以便每年能够进贡茶叶。

这里永忠为天皇供奉的"煎茶",是陆羽《茶经》中记载的一种烹煎饮法,在中唐时期大为盛行。这种煎茶的方法主要是使用饼茶,先将饼茶进行炙烤,冷却之后再碾磨成粉末状。煮水的时候,当水第一次沸腾时放入盐,第二次沸腾时投入茶末,并进行环形搅拌，等到水第三次沸腾后，倒入一瓢水稍微冷却一下，随后就可以分茶饮用了。陆羽所提倡的这种煎饮之法，成为了唐代文人和宫廷贵族日常进行的高雅之事。碾茶成末、煮末饮茶的这种喝法，在古代绘画中也经常能够看到。例如，被称为"中国十大传世名画"之一的《唐宫仕女图》，就生动地呈现了晚唐宫廷的饮茶场景：在长桌的中间放置着茶釜，里面盛有茶汤，其中一位女子正手持长柄茶勺从茶釜中舀取茶汤进行分饮，其他仕女围坐在周围，手执茶碗饮用茶汤。

  日本著名汉学家、茶学家布目潮沨先生在《中国茶文化在日本》一文中明确指出，中国的饮茶文化最迟在9世纪上半叶就已经传到了日本，而遣唐的学问僧在这一文化传播过程中起到了至关重要的桥梁作用。空海和尚和最澄和尚都是日本第十七次遣唐使藤原葛野麻吕的随行人员，他们在唐朝期间广泛学习佛法，还经常吟诗唱和，都具备不俗的汉文化修养，对于佛教东渡以及汉学在日本的传播，都起到了重要的推动作用。

  在日本饮茶史上，茶饮最初仅在日本贵族阶层内部流行，并且曾经一度出现衰退的情况。到了12世纪末，荣西禅师（1141—1215年）从中国带回了茶籽、茶种，并在日本种植茶树，这一举措逐渐复兴了日本的饮茶习俗，使得饮茶之风广泛传播到佛寺以及武士阶层。荣西禅师是日本茶道发展史上一位里程碑式人物，被后人推崇为"日本茶祖"，在众多来华僧人中，他是最为杰出的一位。荣西禅师曾两度来中国，潜心修习禅学，长期的参禅习佛生活，也让他对中国宋代的茶文化有了极为精深的体悟。在他临终前才最终定稿的《吃茶养生记》，是一本用汉文书写的盛赞茶德的书稿，也是日本已知最早的有关茶事的著作，被人们称作"日本的《茶经》"，从这个称呼也可以看出陆羽《茶经》在日本的深远影响力。这本书从禅修与延寿的角度出发，大力提倡人们饮茶，由此可见荣西禅师对茶的嗜好与推崇程度之深。

  荣西禅师来华的时期，正值我国茶文化发展鼎盛的南宋时期。《吃茶养生记》中记载了这一时期流传于江浙一带的饮茶方式："极热汤服之，方寸匙二三匙，多少随意，但汤少好，其又随意，殊以浓为美。"很明显，这种饮茶方式与唐代陆羽时代的饮茶方式已经有所不同。到了南宋，荣西禅师传到日本的饮法相对简单很多：当下采摘制作茶叶，采用散叶保存的方式，饮用的时候将茶叶磨成粉末，直接进行点饮。这种饮茶方式整个过程保留了茶叶的鲜度，末茶点服后能够直接进入体内，也更有利于人体充分吸收茶青的营养成分。这种点茶之法受到了日本人的欢迎，直到今天，日本的茶人依然在经过改良后沿用着宋代末茶的点饮之法。这一现象非常直观地体现了日本茶文化对中国茶文化的吸收与改造。长期以来，日本的茶人们一直试图保留茶叶本身的自然之色，并将其视为至纯至美的生命与精神的象征。

  13世纪初期，掌控镰仓幕府实权的北条家族十分仰慕中国杭州的径山兴圣万寿禅寺，因此增派了大量僧人前往径山求取禅理。宋代的径山寺被称为"五山十刹之首"，在当时具有极高的地位。据《径山史志》记载，"径山古刹的开山祖师法钦钟茶，最初是用于供佛，后来发展到用来请客。请客饮茶的时候还有专门的仪式和茶具，这种活动被称为'茶宴'。"径山的禅堂茶礼规制严谨、法式严格。南宋时期的禅寺茶礼，在元代的《敕修百丈清规》中有完整的记载，这不仅是我国宋元时期禅堂茶礼的最高总结，也是径山茶礼的重要历史佐证。

以径山茶宴为代表的宋代禅堂茶礼能够移植东渡到日本，与"圣一国师"圆尔辨圆（1202—1280年）有着直接的关系。南宋端平二年（1235年），34岁的圆尔辨圆前往径山寺巡礼求法，在这期间，他掌握了径山的种茶、制茶技术以及茶礼等相关内容。在返回日本的时候，他带去了径山茶种，并将其栽种于静冈的故乡小村。与径山茶种同时被带回日本的，还有一册《禅院清规》。在传法的过程中，圆尔辨圆效仿宋代的禅院清规，并结合日本的实际情况，制定了《东福寺清规》。在《东福寺清规》中明确规定，从径山寺习得的饮茶规式必须全部遵行，永远不可以有所偏废，其中自然也包括禅寺的茶宴仪式。直到今天，日本东福寺依然会在每年圆尔辨圆忌日当天举行"方丈斋筵"，从这个活动中依然能够看到径山寺茶礼的影子。

唐宋期间，中国茶书在日本的流传是推动日本茶文化发展的另一个直接且重要的要素，其产生的影响长久而深远。例如陆羽所著的《茶经》一书，就为日本茶道这一综合文化艺术形式勾勒出了具体且可行的内容基础。从茶具方面来说，陆羽在《茶经》的"四之器"中详细列举了24种不同茶具的质料、尺寸、用途等信息。可以发现，这些茶具的使用几乎都能够对应到今天日本煎茶道的实践当中。煎茶道茶艺包含备器、选水、取火、候汤、习茶五大环节。在江户时期（1603—1868年），酒井忠恒编写的《煎茶图式》和东园编写的《清风·煎茶要览》这两册书，介绍了从唐朝引入的煎茶道具（如风炉、茶罐、茶碗等）以及煎茶的历史。仔细查看书稿内页的插图就可以知道，煎茶所使用的茶具全部以唐制为标准，日本的茶人不仅细致地描摹了唐茶具的外形与规制，还以文字对其进行了简要的说明。如今，日本的煎茶道流派众多，如小笠原流、松月流等，但是在进行茶道活动的时候，依然普遍会使用像都篮、风炉等这些流传自中国唐代的茶具。

以唐代茶具为代表的"唐物"（指从唐代传入日本的物品），曾经是风靡日本的"中国制造"，在当时风头无两。尤其是在室町幕府第三代将军足利义满（1358—1408年）的推动下，一切日用品都以"唐物"为高档，深受宫廷贵族以及武士中上层的青睐。在室町时代极为流行的"斗茶"活动，一度成为了人们扩大交际、炫耀"唐物"的聚会。"斗茶"又被称为"茗战"，是宋代盛行的一种品评茶质优劣和茶技高下的活动，上至宫廷，下至民间，都对其热衷不已。"斗茶"的风尚传入日本后，主要在武士阶层中开展，与宋代文人雅士们的斗茶场面有着明显的区别。

明末时期，一代僧杰隐元禅师（1592—1673年）乘坐郑成功的渡船抵达日本，将明代的文人茶风传入了日本京都的黄檗山万福寺（该寺为隐元禅师所创）。由此，雅号"卖茶翁"的高游外（1675—1763年）在日本创立了使用叶茶的日本煎茶道，他被称为"煎茶道中兴之祖"，与奉千利休（1522—1591年）为尊的抹茶道分流，形成了日本茶道的双峰之势。直到今天，人们通常所说的"日本茶"，从制茶技术和饮茶方式的角度来看，依然分为"末茶"与"煎茶"两大类，其中"末茶"又可以细分为"薄茶"与"浓茶"两类。如今，日本的茶道流派众多，其中最著名的当属表千家、里千家和武者小路千家三家。饮茶之事早已深入日本人的日常生活当中，当有客人来访时，饮茶已经成为日本人日常不可或缺的基本礼仪，通过一碗茶就能够体现出人情往来。从日语词汇"日常茶饭事"中，也可以看出饮茶活动在日本人文化生活中的重要地位。

千利休是最为人们熟知的人物，他被视为日本茶道体系的完成者，是一位集大成的宗师级人物。千利休深得珠光和绍鸥的茶道思想，他认为"茶汤之深味在于草庵"，他所践行的"草庵茶"极力追求一种忘却机心、将心味归于无味的饮茶境界。在这种境界下，他希望在饮茶的时候，主人和客人之间能够抛去世俗的杂念，回归本心，尽可能地拉近人与人之间的距离。为此，他将茶室一再缩小。今天在日本京都妙喜庵内看到的待庵，就是千利休创建的草庵风格茶室，也是千利休留存于世的唯一茶室，它被日本奉为"国宝"，然而从外观上看，这只是一间极为不起眼的狭小茅草屋。人们进入这个茶室的时候，无论地位高低、身份贵贱，都只能弯腰屈身才能进入。千利休生前正处于日本的战乱年代，当时的人们感慨于人生的无常和生命的短暂，战火硝烟让人们产生了生如浮萍般的漂泊感，这种感受让人们更加珍惜偶然相遇的缘分，因此便有了"一期一会"的说法，人们只愿全身心地投入到"坐而饮茶"的当下时刻，从而抵达一种宁静的达观境界。

《聪明的一休》是一部经典的日本动画片，于1975年10月15日在日本首播，20世纪80年代在我国播出，成为那个年代最具代表性和影响力的动画片之一。《聪明的一休》中那位机智聪慧、令人印象深刻的一休，其原型一般认为是日本室町时代的禅僧一休宗纯。一休宗纯生活于14世纪末至15世纪（1394—1481年），他凭借着聪明、机智以及不拘小节的独特形象，在民间声名远扬，流传着诸多与之相关的精彩传说故事。而《聪明的一休》正是以此为蓝本进行创作的。在这部动画片里，安国寺的寺庙长老、潇洒随性的蜷川新右卫门以及权势显赫的足利义满将军等角色，多次出现了喝茶的场景。这些场景虽然并非动画片的核心内容，但却从一个侧面展现了日本茶文化的部分风貌。它们以一种生动且易于接受的方式，让观众对日本的饮茶习俗、茶具使用等有了一定的感性认识，在潜移默化中传播了日本茶文化的相关元素，对于日本茶文化的宣传和推广具有一定的积极意义。

日本的茶文化起源于中国，经过漫长的本土发展与改良，在吸收与融合了中国茶文化的内在文化内涵和外在技法之后，形成了独具日本美学特色的茶道文化。在日本的茶道文化中，保留的那些中国文化元素，也成为了我国茶文化研究者认识和复原古代茶礼的重要参考依据。在当代，抹茶冰淇淋、抹茶蛋糕、抹茶拿铁等当代日本抹茶的改良品，也在中国深受年轻人的喜爱。小小的一杯茶，不仅体现着中日两国审美情志的共通之处，更展现了两国历史文化的相互交融。

六、新航路开辟后中国茶在欧洲的传播及对英国的深远影响

欧洲人对茶的认识，在很大程度上始于新航路的开辟。在新航路开辟之前，欧洲人只能凭借个别有幸到过东方的欧洲旅行家所留下的只言片语以及他们记录的旅行日志，对茶产生一些模糊的认知。那时，有关中国的各种习俗、丰富物产等信息，最早是通过来华的传教士、海员等人群，以零散的方式传回欧洲的。

新航路开辟后，葡萄牙人成为了最早一批抵达东方的欧洲人。1553年，葡萄牙人获得了在澳门的居住权。到了16世纪60年代中期，在亚洲生活了近20年的葡萄牙传教士加斯帕尔·达·克鲁斯（1520—1570年）返回里斯本后，撰写了《中国志》

(*Treatise on the Things of China*）一书。在这部著作中，他提到自己在中国生活期间经常接触到茶。并且指出，在中国文化里，茶具有双重重要作用，既可以作为社交场合中表达友好与尊重的媒介，又具备一定的治疗疾病的功效。后来，著名的游记编撰家塞缪尔·帕切斯将此书翻译成英文。在帕切斯的翻译版本中，达·克鲁斯这样描述中国文化中的茶："比较体面的人接待客人时，会奉上家里最好的瓷器（杯子），斟上一种叫作茶（Cha）的中国饮品，这种饮品味道略苦，颜色暗红，能够治病。"根据他的这种描述，从茶的特征来看，他所提到的很可能是一种乌龙茶。

另外，西班牙修士马丁·德·拉达及其同伴在1575年所著的《出使福建记》中，也提及了茶这一饮品。他们记录道，当到达中国南部沿海的福建港口后，受到了当地官员热情友好的接待，对方以果品和茶点来招待他们。

明末清初，是中西文化开始大规模交流的关键时期。在利玛窦、南怀仁、汤若望等来华传教士的积极推动下，中西方文化交流呈现出前所未有的活跃态势。这一时期，不仅西方的自然科学知识，如天文、数学、地理等领域的知识，以及火器制造等军事技术传播到了中国，对中国的科技发展和军事建设产生了一定影响；同时，中国的文化、独特的社会风俗等也通过传教士们的书信、著作等传播到了欧洲，在欧洲社会引起了广泛的关注和讨论，形成了西学东渐和中西文化交流的一个高峰。

有关中国饮茶习俗的信息，也正是通过这些传教士的著作、日志等载体，深刻影响了近代早期欧洲人对茶的认知。例如，利玛窦就像早期到过中国的葡萄牙传教士达·克鲁斯一样，详细记录了中国无处不在的饮茶习俗以及茶在待客时所占据的中心地位。利玛窦在其记录中写道："在春天，人们会采集茶叶，在阴凉处风干，在吃饭或是招待来访客人时制成饮料来喝，只要他们交谈不结束，茶水就会一直供应。"从利玛窦对饮茶流程的简短描述中可以看出，他对中国的半发酵茶种比较熟悉。同时，利玛窦还敏锐地发现，日本对茶的命名类似中国，但在制茶方式上却与中国大不相同：中国采用的是用热水冲泡干燥茶叶的方法，而日本则是将茶叶磨成粉末后再进行冲泡。

17世纪中叶开始，英国和荷兰东印度公司在欧洲的茶叶贸易中扮演了重要角色，开始大规模地将中国茶叶输入欧洲。英国东印度公司，有时也被称为约翰公司，它是在1600年由英格兰女王伊丽莎白一世授予皇家许可状，给予其在印度贸易的特权后而组成的。这个许可状赋予了东印度公司在印度贸易的垄断权长达21年。随着时间的推移，英国东印度公司不断发展壮大，不仅建立了英属印度，还从一个单纯的商业贸易企业逐渐演变成了印度的实际主宰者。在1858年被解除行政权力之前，英国东印度公司还兼具了助理政府和军事的重要作用。

荷兰东印度公司则是荷兰为了进行东方贸易而建立的商业公司，成立于1602年，于1799年解散。它是世界上第一个可以自组佣兵、发行货币的公司，也是第一个股份有限公司。此外，荷兰东印度公司还被获准与其他国家订立正式条约，并拥有对其所涉足地区实行统治的权力。

1637年，荷兰东印度公司17人董事会敏锐地察觉到欧洲人开始对茶产生兴趣，于是写信给当时的巴达维亚总督，信中提到："由于一些人开始学着饮茶，我们希望返回欧洲的所有船只都能运回几罐中国茶和日本茶来。"此后，不到15年的时间里，茶叶就实现了商业化,并被批量运回欧洲,出现在了法国、英国和荷兰等国家的高端零售商的货架上。一般认为,荷兰是欧洲最早开始饮茶的国家,同时也是最早将茶叶从亚洲运往欧洲的国家。

1610年,茶叶第一次抵达阿姆斯特丹,标志着茶叶正式进入荷兰。17世纪30年代,茶叶来到了法国。1657年,茶叶终于抵达英国。最早提到茶的英文文献是《昂·胡根·范·林希霍腾:东印度与西印度航行记》(1598年),这是一个英文翻译本,其原作者林希霍腾(1563—1611年)是一位荷兰探险家和商人。林希霍腾较早地注意到了日本人的饮食和社会习俗,他在书中记载:"他们饭后会饮用一种饮料,将一种称作'茶'(Chaa)的药草粉末倒入壶中用热水冲泡来喝。"

1609年,荷兰东印度公司向日本派去了两艘货船,分别名为"带箭的红狮号"和"狮鹰号",目的是谋求在长崎西北的一个岛屿建立殖民地。1610年7月20日,"带箭的红狮号"返回阿姆斯特丹,带回了据推测应该是最早到达欧洲的一批茶叶。而英国东印度公司的代理人理查德·威克汉姆可能是最早记录英国饮茶习惯的人。在1615年6月27日,他写信给他在京都的朋友威廉·伊顿,在信中请求他帮忙购买一种当时很难找到的奢侈品——茶(Chaw)。

茶进入英国与英国东印度公司的发展紧密相连。从英国东印度公司的发展历程来看,在17世纪,它主要依赖胡椒贸易来获取利润;而到了18世纪,茶叶则成为了其实现崛起的关键商品。茶叶不仅成为了18世纪中期之后中英贸易中最大宗的货物,而且在工业革命以后至19世纪初,逐渐成为了英国的国民饮料。到了维多利亚时代,更是形成了英国特有的"下午茶文化",成为英国文化的一个重要象征。

英国东印度公司的对华贸易数据清晰地显示了茶叶贸易的发展轨迹:其第一次进口茶叶是在1664年,公司董事会花费4镑5先令购买了2磅2盎司(1盎司≈28.35克,全书同)茶叶,这些茶叶是作为献给国王查理二世的礼物;第一次进口茶叶的商业订单出现在1669年,订购了143磅茶叶,从万丹购进,此后每年都有茶叶进口,输出地包括万丹、苏拉特、马德拉斯等多个地方;第一次直接从中国进口茶叶是在1689年,这批茶叶是从厦门运来的。到了18世纪初,东印度公司开始直接与广州进行贸易,从那以后,其茶叶进口量显著增加。

自17世纪中叶茶叶被引入英国后,英国社会各界对这一来自东方的神奇植物充满了好奇与困惑。起初,英国人对茶的认知大多停留在它作为一种高级奢侈饮品的饮用价值和药用价值上。他们主要通过海员、旅行家、传教士等人零星的关于东方饮茶风尚的记载,来获得对这种带有异域情调的植物的初步感受。

早期英国人对茶知识最重要的论述来自东印度公司的随船牧师约翰·奥文顿(John Ovington)。1693年,奥文顿把自己在苏拉特的见闻写成游记《1689年苏拉特之行》,并在伦敦出版。在这本书中,奥文顿详细描述了苏拉特人对茶的喜爱,他写道:"所有印度人痴迷于饮茶,茶是当地人最常见的饮料,他们和欧洲人一样喜爱饮茶。"在奥文顿看来,茶是一种令人愉悦、讨人喜欢的饮品,它不仅热气腾腾,给人带来温暖的感觉,而且还是一种治疗疾病的良药,"可以有效治疗头痛、结石以及肠绞痛"。此外,他还发现,印度人饮茶时通常会加糖,更奇特的是,有时他们还会往茶里加一点柠檬。

尽管奥文顿对茶叶功效的认识在现代科学看来不一定完全准确科学，但是他已经敏锐地认识到了茶的医学价值和在文明教化方面可能起到的功能。而且，他所提及的印度人喝茶加糖的习惯，也成为了日后英国人饮茶加糖习惯可能受其影响的重要佐证。

目前所能找到的英国最早销售茶叶的记载，来源于1658年9月23日的伦敦《政治快报》。该报刊登了第一则公开宣传并销售茶叶的广告，这则广告由咖啡店主托马斯·加威（Thomas Garway）发布。广告内容为："为所有医师所认可的极佳的中国饮品（China Drink），中国人（Chineans）称之茶（Tcha），而其他国家的人称之Tay或者Tee。位于伦敦皇家交易所附近的斯维汀斯—润茨街上的'苏丹王妃'（Sultans Head）咖啡馆有售。"加威后来声称，他在1657年就开始卖茶了，并且他的咖啡馆不仅提供茶叶，还为顾客供给泡好的茶水。几年后，为了吸引那些居住在王宫、威斯敏斯特等地的上流社会绅士们，加威在查令十字街开了第二家咖啡馆来专门售茶，这家咖啡馆的装饰带有明显的中国元素，营造出独特的东方氛围。

加威在他的广告里创造了一个新词"Tcha"，这个词相较于范·林希霍腾翻译的"Chaa"和理查德·威克汉姆所用的"Chaw"，更有效地融入当时的英语词汇中。加威为其推崇的新商品——茶叶，创造了4种交替使用的文字表述："中国饮品"（China Drink），还有"Tcha"或者"Ch'a"，这也是中国文字关于茶最流行的发音（陆羽在其著作中也这样使用），还有哈吉·穆罕默德翻译过来的"Chiai"以及由加斯帕尔·达·克鲁斯带来的"Cha"的称呼。同时，加威也提到其他国家不再对茶使用这样的称谓，而称之为"Tay"或者"Tee"。"Tay"这个称谓在法国传教士亚历山大·罗德的著作中也出现过。罗德在澳门待过10年，17世纪50年代他出版了两本关于自己在中国和其他"东方王国"经历的读物。在这些读物中，他热情洋溢地向同胞介绍向中国人学习以及与中国贸易的潜在好处。他不仅详细记叙了中国人制茶的方法——采摘，烘干，然后封在锡罐里，还记录了中国人的备茶流程——用干净的水壶将水煮沸烧开，把水壶自炉子上取下，再把茶叶放进水壶里，茶叶量要根据水壶里的水的多少而定。对于茶给身体带来的好处，他也提到，自己偏头痛发作的时候就特别想喝茶，因为茶能大大减轻他的痛苦，"就像我用手取走我的头痛一样"。在罗德的书中，他提到茶树和茶叶时使用了"Tay"一词，之后经其介绍，"Tay"很快法语化为"Thé"。其实这个词在英语中出现得更早些，应该是在一本叫《潜水员航海日志》的书中被提及过。整个17世纪30年代，罗德都生活在澳门，会经常听到广东话"Ch'a"，很可能在返回欧洲的途中，罗德决定使用新词"Tay"来取代"Ch'a"这一说法。

事实上，荷兰东印度公司在早期的亚洲贸易中，就采用了厦门方言"Te"或者"Thee"来称呼茶叶。1629年，巴达维亚工厂给东印度公司17人董事会的信中写道：日本"Cha"或者中国"Thee"都弄不到手。这表明他们已经认识到中日茶叶存在明显区别：日本茶叶呈粉末状，而中国茶叶是散叶状。在英语词汇中，来自法语的"Tay"和来自荷兰语的"Tee"，围绕它们的混合体"Tea"，共同存在了几十年。1670年，加威表示他更喜欢"Tea"这一表述。而经历了数十年的语言融合，最终英语"Tea"也得以定型，成为了英国特色鲜明的文化形式。从加威对茶的描述中，我们可以了解到，荷兰人对茶的表述受到了闽南话或厦门方言的影响，于是荷兰语中茶叶有了

"Te"或者"Thee"的称谓；而葡萄牙人早期主要通过澳门进行贸易，更容易受到广东话或广州方言的影响，于是葡语里有了"Ch'a"的称谓；而在法语中则形成了"Tay"的表述。近代早期，英国进口茶叶和饮茶之风受荷兰影响较大，所以英语词"Tea"融合了法语与荷兰语的成分，并最终形成了具有英国本土特色的茶文化。近代早期欧洲人对茶叶的不同称谓及其在语言学意义上的演变过程，生动地反映了大航海时代的文化交流和融合过程，充分证明了文明因交流互鉴而不断发展，中国的茶和茶文化也在这一过程中深刻影响了英国本土茶文化的崛起。

从近代物产交流史的角度来看，茶叶是一种像棉花一样真正实现了全球化的商品，它对现代世界的影响和塑造作用是极为深远的。棉花成就了英国的工业革命，为英国带来了资本主义工业生产体系，成为了开启工业文明的一把关键钥匙；而茶叶传入英国后，经过了长久的传播、广泛的消费、激烈的争论以及深度的沉淀后，彻底实现了本土化，重塑了英国的消费文化。维多利亚时代的"下午茶文化"就是茶叶在英国本土化后形成的典型文化现象，它不仅成为了英国人日常生活中的重要组成部分，还体现了英国独特的社会文化和生活方式。19世纪中叶研究中国历史的约翰·戴维斯曾说，就对一个民族的行为习惯产生巨大革命性影响来说，没有任何一种能像茶叶那样在过去一百年里对英国人的影响那么大。

茶叶在欧洲尤其是英国流传的故事，是一个消费品改变国民饮食习惯的生动故事，是不同文化之间交流互鉴的精彩故事，也是现代博物学知识体系不断丰富和完善的重要故事。这充分表明，自大航海时代以来，欧洲文明的脱胎换骨与现代社会转型，离不开对东方文明尤其是中华文明元素的吸收与学习。这一过程不仅促进了欧洲自身的发展和进步，也体现了文明交流互鉴对于人类文明发展的重要性，不同文明之间通过相互学习、相互借鉴，共同推动了人类文明的前进和繁荣。

七、小结

茶，这一源自中国的神奇饮品，借助丝绸之路、茶马古道、万里茶道、海上丝绸之路等多样通道，从华夏大地出发，走向了世界各地。沿着丝绸之路，它跨越欧亚大陆，在贸易往来中传递着东方韵味；茶马古道上，它穿梭于高山峡谷间，促进了民族交流融合；海上丝绸之路则让茶漂洋过海，抵达遥远的国度。茶的传播，不仅是饮品的流通，更是茶文化的远播。在亚洲，日本茶道汲取中国茶道精髓，融入本土"和、敬、清、寂"的精神内涵；韩国茶文化在与中国茶文化的交流中不断发展，形成自身特色。在欧洲，英国以茶为基础，发展出优雅精致的下午茶文化，从最初对茶的好奇与探索，到茶成为国民生活的重要部分，茶深刻改变了英国的消费文化和社会风俗。随着茶在世界范围内的传播，不同文化背景下的人们赋予了茶新的内涵和表现形式，从饮茶方式到茶具选择，从茶礼仪式到茶的社交功能，皆展现出丰富的多样性。茶，已然成为连接不同国家和民族的文化桥梁，它促进了不同文明之间的对话与交流，丰富了人类文化的多元性。如今，茶在世界各地的影响力持续扩大，无论是在传统的茶馆，还是在现代的咖啡馆，茶都以其独特的魅力，吸引着无数人的喜爱，成为世界文化交流与融合的生动见证。

思政要点

1. 文化自信与民族自豪感：中国茶及茶文化源远流长，从国内传播到走向世界，历经多种途径和漫长的历史时期。展示了中国作为茶的原产地，拥有丰富而深厚的文化底蕴，增强了民族文化自信和自豪感。

2. 开放与交流的精神：中国茶走向世界依托多种方式，如僧侣、遣唐使的传播，古商路的经贸往来，使节赠茶以及专家出国指导种茶等，展现了中国自古以来开放包容、积极与世界交流的态度。这种开放交流促进了不同文化之间的相互了解和融合，推动了世界文化的多样性发展。

3. 文化的传承与创新：中国茶文化在传播到其他国家和地区后，与当地文化相结合，产生了新的变化和发展。这表明文化在传承中创新，在交流中发展，启示我们要重视文化的传承，并鼓励在传承基础上进行创新。

4. 和平友好的国际关系：茶作为文化交流的使者，促进了不同国家和民族之间的友好往来。

5. 劳动与奉献精神：像刘峻周等为了传播中国茶，远赴他国，克服困难，致力于当地的种茶事业，为当地茶叶发展作出了巨大贡献，体现了劳动创造价值和无私奉献的精神。

6. 尊重和理解不同文化：不同国家和地区对茶的认识、饮用方式和茶文化各有特色，如日本、韩国、英国等，这启示我们要尊重和理解不同文化的差异，倡导多元文化和谐共生，培养全球视野和跨文化交流能力。

7. 文化的力量与影响：茶不仅是一种饮品，更是一种文化和经济载体，对世界格局和历史进程产生了深远影响。

参考文献

陈杰, 2015. 一次迟到的论证 [J]. 普洱（2）：10.

陈椽, 1984. 茶业通史 [M]. 北京：中国农业出版社.

陈媛媛, Nguyen K P, 2006. 越南茶叶的生产、发展、优化和未来 [J]. 茶叶经济信息（6）：24-25.

戴明华, 2023. 中国人的茶事 [M]. 长沙：湖南人民出版社.

高鹏, 2023. 光阴一叶：茶史两千年 [M]. 北京：文化艺术出版社.

何露, 闵庆文, 袁正, 2011. 澜沧江中下游古茶树资源、价值及农业文化遗产特征 [J]. 资源科学, 33（6）：1060-1065.

何仕华, 1993. 邦崴千年古茶树的科研价值及其对我国古茶树保护利用之我见 [J]. 农业考古（4）：4.

胡兴东, 2019. 云南少数民族民商习惯适用研究 [M]. 北京：人民出版社.

黄桂枢，1993. 论云南澜沧邦崴古茶树的发现考察论证及其文物价值与世界茶树原产地问题［J］. 农业考古（4）：109-118.

蓝增全，沈晓进，2021. 澜沧江孕育茶文明［M］. 北京：中国林业出版社·建筑家居分社.

林瑞萱，2008. 中日韩英四国茶道［M］. 北京：中华书局.

刘仁威，2023. 茶业战争：中国与印度的一段资本主义史［M］. 上海：东方出版中心.

卢凤美，2023. 德昂族酸茶：古老的茶叶瑰宝［J］. 茶博览（6）：18-22.

闵庆文，2016. 澜沧江流域与大香格里拉地区自然遗产与民族生态文化考察报告［M］. 北京：科学出版社.

木霁弘，2003. 滇藏川大三角文化探秘［M］. 昆明：云南大学出版社.

戎新宇，2020. 茶的国度：改变世界进程的中国茶［M］. 香港：香港中和出版.

沈玉菲，2024. 云南少数民族水文化的传承与变迁［M］. 北京：当代中国出版社.

王玲，2020. 中国茶文化［M］. 北京：九州出版社.

吴雨，2022. 中国古代茶文化［M］. 北京：中国商业出版社.

杨多杰，2022. 吃茶趣［M］. 北京：生活·读书·新知三联书店.

张魏，尚婉洁，2022. 云南少数民族非物质文化遗产旅游利用价值评价研究［M］. 北京：中国旅游出版社.

中共宁洱哈尼族彝族自治县委，2015. 茶源道始：宁洱［M］. 昆明：云南人民出版社.

周重林，太俊林，2022. 茶叶战争：茶运与国运［M］. 长沙：湖南人民出版社.

朱零，2020. 从澜沧江到湄公河［M］. 北京：中国旅游出版社.

竺济法，2023. 茶史求真［M］. 北京：光明日报出版社.

庄生晓梦，李晓文，李一波，等，2017. 好大一棵茶 邦崴过渡型古茶树的世界价值：一棵过渡型古茶树的世界价值［J］. 普洱（11）：11.

Hoang T X，Ngoc D V，房婉萍，等，2012. 越南茶产业概况［J］. 中国茶叶，34（7）：12-13.

第二章 茶树的保护和利用

第一节 茶树的保护

在中国,茶树不仅是重要的自然资源,更是多民族文化的核心元素。在云南的澜沧江畔,茶树不仅是大自然的馈赠,更是当地少数民族生活的重要组成部分。从德昂族将茶视为祖先的信仰,到基诺族将茶树奉为神树,再到布朗族、傣族、哈尼族等民族与茶的深厚渊源,茶文化早已融入他们的血液,成为民族文化的重要象征。然而,现代化进程中,茶树资源面临生态环境破坏、传统种植方式改变和茶文化淡化等挑战。因此,茶树保护不仅是自然遗产保护的需要,更是民族文化传承的责任。茶树保护具有深远的学术和实践意义。茶树作为生态多样性的重要组成部分,承载着历史与文化的记忆,见证了千年的变迁。其保护不仅是对自然生态的维护,也是对文化传承的尊重。

一、原地保护:为茶树筑起"保护墙"

在中国主要的茶产区,茶树不仅是重要的经济作物,更是具有深厚文化与生态价值的自然遗产。为了有效保护这些珍贵资源,原地保护策略被广泛采纳并实施。具体而言,原地保护是通过建立自然保护区、实施古茶树挂牌保护以及制定严格的管理措施,为茶树的自然生长提供坚实的保障。原地保护的实施不仅是对自然遗产的守护,更是对茶文化传承的责任。通过科学管理和严格的法规,为茶树的生长创造了良好的条件,同时也为未来的可持续利用奠定了基础。这种保护方式不仅保护了茶树本身,还保护了与之共生的生态系统,为生物多样性提供了支持。

(一)建立自然保护区

许多产茶地区通过划定特定区域,对野生茶树群落及古茶树进行原地保护。以云南西双版纳和普洱地区为例,当地设立的自然保护区为野生茶树群落及古茶树提供了安全的栖息地。这些保护区不仅完整保存了大量野生型、过渡型和栽培型古茶树,还维持了茶树物种的自然生态环境与遗传多样性。

双江自治县勐库大雪山的1.27万亩野生古茶树群,茶树树龄在千年以上,是目前世界上已发现的面积最广、海拔最高、密度最大的野生古茶树群落,主要分布在海拔2 200~2 750米的原始森林中,它是珍贵的自然遗产和生物多样性的活基因库。2015年,"双江勐库古茶园与茶文化系统"被认定为第三批中国重要农业文化遗产。在这里,每一片茶叶都是一张"生态试纸",普洱茶所依存的"生态社区",具有优异的地理气候条件,丰富的生物多样性,以及云南茶区少数民族与大自然和谐相处的生态智慧，这正是普洱茶越来越受到人们喜爱的原因。双江自治县根据古茶园所处的生态环境，因地制宜保护古茶园，建成林中有茶，茶中有林的生态茶园。规范房屋、初制所的建设，避开古茶林核心区域，还房于茶，以恢复生态和谐共生，让整个村寨与茶园一起实现长期可持续发展。通过居民搬迁等多种方式，缓解古茶园的生态压力，减轻污染，让居民生活尽量不给茶园带来影响，给古茶树更多休养生息的空间。冰岛以盛产勐库大叶种茶而闻名，是双江自治县最早有人工栽培型茶树的地方之一。保护冰岛五寨古茶树，成为每一位冰岛人心中绵长深邃的情愫。尊重自然不破坏生态环境，保留物种的多样性，保护古茶树资源，促进古茶树资源可持续利用，成为巩固提升冰岛茶品质、造福茶农子孙后代的普遍共识。

茶叶是武夷山的一张名片，武夷山既是历史上著名的人文汇聚之地，又是中国名茶正山小种、金骏眉和大红袍的主产区，钟灵毓秀的武夷山一直浸润在书卷气和茶香之中。1999年，武夷山被联合国教科文组织列入《世界自然与文化遗产名录》，成为世界第二十三处、中国第四处世界文化与自然遗产地，是目前我国唯一一个既是世界生物圈保护区，又是世界双遗产保护地。曾经，武夷山国家公园生态保护与茶农生产经营一度存在矛盾。近年来，在当地政府和科研人员助力下，武夷山国家公园积极推进生态茶园建设。如今，这里的生态更好，茶叶品质更高。生态茶园还带动了新兴产业发展——茶产业与生态的和谐统一，逐渐成为人们心中的共识。

2016年，武夷山国家公园体制试点启动。保护与发展的矛盾一时间更为凸显。近5万亩茶山被划入国家公园保护范围，茶叶是当地人最主要的经济来源，而国家公园建设意味着对生态环境的严格保护，一边是生态要保护，一边是茶农要发展。2018年，在当地政府支持下，生态茶园模式开始在武夷山国家公园内的燕子窠进行大面积推广，受到茶农的欢迎。生态茶园是以茶树为主要物种，根据生态学理论，应用生态系统设计原理，综合运用可持续农业技术，将茶园中生物间、生物与环境间的物质循环和能量转化相关联，科学构建和管理适宜茶树生长的茶园生态系统，构建资源节约、环境友好、产量持续稳定、产品安全优质的茶园。燕子窠生态茶园实现了生态保护和增产提质双赢。2018年3月起，武夷山国家公园管理局发挥自身优势，每年投入几十万元至上百万元不等，在国家公园的茶园内套种乡土珍贵苗木，推广茶—林、茶—草模式，对茶园进行生态改造。如今，生态茶园建设已在国家公园内全面铺开。生态茶园建设，也带动了相关产业发展，春有樱花，秋有银杏，茶园俨然变成公园，茶园内还有一座小型科教馆，馆内陈列着乌龙茶制作所需的工具。生态种茶、以茶促产、茶旅融合，随着生态茶园模式的不断完善，需探索保护与发展平衡。2021年10月，武夷山国家公园正式设立，茶山建设和管理成为国家公园生态保护的重要工作内容之一。在保护生态的同时，当地科学建设生态茶园、发展林下经济，让生态保护理念日益深入人心。武夷山国家公园也是目前我国唯一一个在世界双遗产地建立的国家公园。

越来越多的现代茶园建于自然保护区或与自然保护区毗邻。广东云开山国家级自然保护区于2014年12月5日经国务院批准成立，保护区地处广东省西南部重要的生态屏障云开山脉腹地，范围地跨茂名、阳江两个地级市，含茂名信宜、高州和阳江阳春3个县级市行政区。大雾岭牌信宜云雾茶基地位于广东省云开山国家级自然保护区大雾深山中，海拔1 200多米，年平均气温17~18℃，是典型的低纬度、高海拔、寡日照、多云雾的生态环境，加之雨量充沛，是高品质茶叶生长的绝佳之地。广东紫金白溪省级自然保护区于2001年经广东省政府批准成立，主要保护对象是亚热带常绿阔叶林、珍稀野生动植物和水资源，属粤东莲花山脉支脉，中山低山丘陵地貌，气候为南亚热带季风气候，年均温20.9℃。斗记茶园位于白溪省级自然保护区，是紫金省级茶叶产业园的主要园区之一，区内主要河流为白溪河，河流两侧山岭起伏，沟谷狭长，溪水长流，水质清澈。"斗记"白溪茶由斗记茶叶有限公司生产，种植面积300多亩。广东石门台国家级自然保护区地处广东省中北部，总面积为33 555公顷，是广东省面积最大的自然保护区，地处北回归线北缘，属南亚热带与中亚热带过渡地区，以南亚热带季风常绿阔叶林与中亚热带典型常绿阔叶林过渡特征的森林生态系统类型为主要保护对象。英红农夫生态茶园毗邻广东石门台国家级自然保护区，2014年以来茶园种植面积达1 300亩。在英红农夫生态茶园内，既有英红九号、鸿雁十二号等英德名优茶树，还有自然生长的野生茶树、古茶树、高山茶树等。

自然保护区的建设与管理不仅保护了茶树，还对加强该区域内丰富独特的生态系统和生物多样性的保护有重要意义。

（二）茶树挂牌保护

近年来，随着生态文明建设和美丽中国建设的推进，新时代对于加强古树名木保护的呼声日益高涨，已然成为当下社会的热门话题。古树名木是指具有重要历史、文化、科学价值的树木，它们是自然遗产和文化遗产的重要组成部分，对于维护生态平衡、保护生物多样性、传承历史文化等方面具有重要意义，是大自然留给人类的"绿色文物"和"乡愁根基"。为传承和保护古树名木这一自然景观和珍贵遗产，挂牌保护是其中重要手段。古茶树是古树名木的重要组成部分，我国多地针对古茶树资源实施了科学化、系统化的挂牌保护措施，旨在为这些珍贵的茶树提供适宜的生长环境，同时为茶文化研究与传承提供重要支撑。

福建省武夷山市九龙窠峡谷内的6株大红袍母树作为中国乌龙茶的珍贵品种，已有300余年历史，堪称茶文化的象征。20克茶叶就能拍出上千万的天价，而且每年只能采到一两茶叶。从2006年开始，这些茶叶就已经停止采摘了，因此它们成为了世界上最珍贵的古树之一。为保护这一稀缺资源，武夷山市政府及相关部门制定了严格的挂牌保护方案，详细记录了古茶树的位置、树龄、品种等关键信息，并依据其生长状况制定了针对性的养护措施。专业团队定期开展土壤检测、精准施肥及病虫害防治工作，确保古茶树的健康生长，为后续的科学研究提供了宝贵的数据与样本。这些古茶树每年都需要投保一个多亿，同时还有武警战士专门把守，是武夷山和世界文化双遗产中最需要保护的资源之一。

广东省韶关市曲江区小坑镇古茶树资源丰富，辖区内古茶树主要位于黄洞村委七星墩山海拔约1 200米处，有近300棵，至今已有110年的历史。由于山势陡峭，古茶树分布零散，给当地管护古茶树工作带来了一定难度。小坑镇组织人大代表前往黄洞村委七星墩山开展古茶树保护工作调研，并结合"改革攻坚规范治理年"工作，会同镇党委、政府相关人员为古茶树挂牌。近年来，为改善古茶树生态环境，保护古茶树珍贵资源，小坑镇从生态公益林管护资金中划拨出工作经费，专门用于古茶树数量清点、管理、保护和日常巡护，切实履行古茶树资源保护责任。

广西是六堡茶和姑辽茶的发源地。六堡茶出产于广西梧州市。历史上，六堡茶经过"茶船古道"，由广西运送到粤、港、澳及南洋（今东南亚）等地，也因此有了"侨销茶"之名。2022年，梧州市在全市范围开展古茶树普查，在岑溪南渡镇发现了一棵1 700年古茶树，该古茶树为广西已发现的古茶树中最古老的古茶树，在苍梧县古茶树普查中，发现古茶树超过10 000株。梧州市通过对每株古茶树登记、挂牌，为当地六堡茶品牌赋能增值。姑辽茶因出产于广西扶绥县东门镇六头村姑辽屯及周边村屯而得名，为国家地理标志保护产品。姑辽茶历史悠久，在清代，它被列为皇室贡品，后经越南漂洋过海进入法国茶市。2017年广西对姑辽古茶树进行了认定。当地茶农将古树牌挂于树干，并标示年龄，对古树茶进行单独采摘、单独加工、单独销售，通过网络、抖音推广古茶，古茶售价为每千克6 000元，约为普通茶叶售价的60倍。因古树茶资源，当地实现年增收600万元以上。广西百色市隆林各族自治县对当地超过800株古茶树进行了挂牌，保护期限设定为15年。这些古茶树主要分布在8个村委会的23个村民小组。通过村规民约和专业团队的管理，古茶树的保护工作取得了显著成效。挂牌保护不仅提升了古茶树的知名度，还促进了当地茶文化的传承与发展。

贵州遵义市对分布在凤冈县、湄潭县等地的古茶树实施了挂牌保护措施，目前已有超过500株古茶树被纳入保护范围，保护期限为5年。这些古茶树大多树龄超过百年，挂牌保护措施包括设立保护标识、限制周边开发活动以及定期开展病虫害防治。通过这些措施，古茶树的生态环境得到有效维护，同时也为当地茶产业的可持续发展奠定了基础。全镇共发现8万多株野生古茶树，其中，其中1 000年以上的有3株，500~800年以上的有116株，300年以上的有1 673株。为了更好地保护好古茶树，2018年8月8日，贵州省黔西南布依族苗族自治州（以下简称黔西南）望谟县人民政府对300年以上古茶树完成单株挂牌保护，其余古茶树分17个保护区进行保护，每株古茶树都附上二维码，录入了包括树龄、树种、树型、叶片、叶色、地址等身份信息。

金佛山野生大茶树是西南地区乃至全国最具代表性的野生古茶树资源，为重庆南川区特有的地方野生茶树品种。南川区对野生古茶树均实施了挂牌保护措施。在产业发展方面，南川区培育完成茶树8 200亩，年产鲜叶10万千克，建成金山红、龙禅香两家生产龙头企业，综合产值超过3 000万元，茶农收入逐年递增；南川区研发的"南川大树茶"产品获得国家农产品地理标志认证和农产品地理标志证明商标；德隆镇借助"茶树鼻祖""天赐佛茶"的知名度和影响力，建成了茶树村"世界人工种植茶叶起源地展示中心"——嘉木源古树茶博物馆，强力推介品牌文化。重庆铜梁区在巴岳山周家湾楠竹林区域新记录古茶树群体资源，面积约30亩，具有典型的大树茶特征，其中2株古茶树树龄在100年左右，已对该古茶树群体资源划定为保护区域，对保护价值高的古茶树落实挂牌保护，明确国有双碾林场负日常保护责任。

四川雅安市对分布在名山区、雨城区等地的古茶树实施了挂牌保护措施，目前已有超过300株古茶树被纳入保护范围，保护期限为10年。这些古茶树大多树龄超过300年，挂牌保护措施包括详细记录其位置、树龄、品种等信息，并通过专业团队进行科学养护。同时，当地结合古茶树保护，开发了茶文化旅游项目，促进了茶产业与文化旅游的融合发展。总体而言，通过科学管理和社区参与，古茶树的保护工作在全国范围内取得了显著成效。这些措施不仅为古茶树提供了适宜的生长环境，更为科学研究提供了宝贵的资源，为茶文化的传承和茶产业的可持续发展奠定了坚实基础。

云南保山市通过全面普查，对超过1 000株古茶树实施了挂牌保护，保护期限设定为10年。这些古茶树分布于多个乡镇，涵盖多个品种。通过定期监测和科学养护，其生长状况显著改善。此外，保山市还制定了古茶树保护专项条例，为保护工作提供了坚实的法律保障，进一步规范了古茶树的保护与管理流程。西双版纳勐海县林业和草原局完成勐海县古茶园一二三产业融合项目涉及的5个古茶山核心区（核心点）古茶树资源补充调查和挂牌工作，728株古茶树得以挂牌保护。同时，西双版纳州勐海县还利用广播、电视、微信等方式加大古茶树保护宣传力度，印制《云南省古茶树保护条例》宣传文本，加强对古茶树保护法律、法规的宣传，营造古茶树保护良好氛围，为谋划项目、招商引资、加快勐海县古茶山一二三产融合发展先行区创建作足准备。2023年12月云南盈江县油松岭乡召开古茶树挂牌保护仪式启动会，对辖区在册的178棵古茶树进行挂牌保护，为古茶树登记注册了专属"身份证"，明确古茶树生长地、高度、树幅、胸径、海拔等信息。蒲川是腾冲市第一茶乡，是云南腾冲茶叶的重要产区，辖区古茶树资源丰富，主要分布在坝外社区、茅草地村，树龄100年以上的有692棵，其中最年长的一株位于坝外社区小寨，已有近1 000年的历史。由于山势陡峭、杂木丛生，古茶树分布零散，给当地管护古茶树工作带来了一定难度。近年来，为改善古茶树生态环境，保护古茶树珍贵资源，在林业部门的牵头下，蒲川乡认真对辖区古茶树资源进行了大普查，标号登记在册，并安排人员开展古茶树日常巡护，切实履行古茶树资源保护责任。

（三）茶树认养

古树名木认捐认养活动，如认养人可以选择劳动尽责形式，线上预约古树名木抚育、管护活动，也可以选择捐资尽责形式，通过为特定的古树名木线上捐款实现尽责，募集资金用于古树名木的保护和复壮，已成为一些地方的热门活动。如广西上线"我为古树名木送温暖"网络募捐项目，募集资金120多万元；浙江定海以"认养古树情定古城"为主题，引导社会公众认养古树，出现300多人摇号竞争认养35株古树的情况；广东绿美广东古树认捐项目中，首批企业和个人认捐古树115株，认捐金额达1 690万元；福建推出"互联网+全民义务植树——古树名木认养项目"，已有4 583株古树名木被认养；湖南省在"蚂蚁森林"上线古树保护公益项目，已上线岳麓山古树60株，超过1 500万人次参与支持，吸引第三方公益资金65万元用于古树名木保护工作。

茶树认养是指消费者通过向茶农支付一定的认养费用，获得茶树的使用权，并可以享受到从茶树产生的一定数量的茶叶。茶农在此过程中会对茶树进行管理和维护，以提高茶树的品质和产量，可以单株认养、园区认养和合作社认养。古茶树认养是通过认养古茶树来保护这些珍贵资源的方式，主要分为公益性认养、募捐性认养、交付性认养三大类。这三种类型的认养方式，均不设限制。认养人可认养一株或几株古茶树，也可以认养一片古茶园。认养人可以是具有爱心的自然人,也可以是企业、社会组织、慈善机构、茶叶企业及热爱中国传统文化愿意为古茶树保护作出贡献的国际友人和机构。认养人可以通过支付一定的费用,获得对古茶树的保护和管理权,同时享受一定的权益和回报。

2017年3月16日,云南古茶树单株认养平台正式上线,同时,第一批古茶树认养活动正式开始。这个平台把云南古茶树单株(树)作为独立单位,分解成独立ID,向大众征集认养,然后实现大众参与云南古茶树保护,它让古茶树单株认养市场逐渐走向规范化道路。单株认养重在保护,是对地方的保护,也可以通过认养的过程,了解地方风土人情,山水故事,同时还能提升茶叶的品质。古树单株认养平台让消费者更加有可信度,直接可以看到现场是如何采制的,增加了市场和消费者对于古树单株的信任。另外,古树单株认养平台的上线,也让古树采制流程变得更加规范,有利于推动古树单株的保护。通过古茶树认养,可以对茶树作一个评估,采摘多少茶叶量最为合理,而不是从利益出发追求最大化采摘。古茶树单株认养平台的上线,也让古茶树采制流程变得更加规范,有利于推动古茶树单株的保护。古茶树单株是长久的资源财富,认养并不是最终目的,而是通过认养,来保护这片土地。

以云南省临沧市双江自治县为例,认养人可以通过微信小程序"双江茶荟"参与认养活动。认养流程包括线上参与、信息复核认定、签订委托协议、安装监控设施等步骤。认养费用根据不同的认养方式有所不同,如公益性认养、募捐性认养和交付性认养。

认养人可以享受多种权益和回报。例如,通过"平安好车主"平台认养古茶树的客户可以实时关注自己茶树的生长情况,参与线上活动,体验茶农的生活,感受茶文化的魅力。此外,认养人还可以参与农特产品购买、民宿预约、研学等活动,丰富认养体验。

古茶树认养活动在多个地区都有开展。例如,勐海县自2011年起就开始实施古茶树认养保护活动,并通过《西双版纳傣族自治州古茶树保护条例》等政策法规保障古茶树的保护。此外,科技手段如基因溯源技术和数字化监控也被应用于古茶树认养项目中,以确保古茶树的溯源保真和权益保障。

开展古树名木捐资认养项目,广泛动员社会力量关注古树名木保护,有利于提升社会公众古树名木保护意识,营造人人爱护古树名木、共建共享生态文明的浓厚氛围。不仅实现了古树名木保护管理的线上、线下融合,还可汇聚全社会爱绿、植绿、护绿的力量,是生态保护与市场创意相结合的创新成果。除了古茶树认养工作,近年来生态茶园和茶树的认养工作也在各地开展。

贵州省普安县是贵州绿茶第一采永久首采地,最早的春茶在这里萌芽,是全国最早采摘鲜叶的地方。2023年9月普安县提供1 000亩生态茶园作为认养茶园,以方寸、远望、寻乡、鸣春、馨香、雅叙6个套餐和早春茶、普安红茶(特级)、白叶一号(头采特级)3个单品进行分品类认养,与关心支持普安发展的领导、企业家和社会人士携手同行、共享发展。"方寸"套餐可在普安县核心茶区认养一片茶地(普安红原料大叶种1.5亩、早茶1.5亩、白叶一号1.5亩),共获得产品203盒,88 000元/年;"远望"套餐可在普安县核心茶区认养一片茶地（普安红原料大叶种1亩、早茶1亩、白叶一号1亩），共获得产品191盒，58 000元/年；"寻乡"套餐可在普安县核心茶区认养一片茶地（普安红原料大叶种0.6亩、早茶0.6亩、白叶一号0.6亩），共获得产品63盒，18 000元/年；"鸣春"套餐可在普安县核心茶区认养一片茶地（普安红原料大叶种0.4亩、早茶0.4亩、白叶一号0.4亩），共获得产品42盒，6 800元/年；"馨香"套餐可在普安县核心茶区认养一片茶地（普安红原料大叶种0.2亩、早茶0.2亩、白叶一号0.2亩），可获得产品21盒，3 600元/年；"雅叙"套餐可在普安县核心茶区认养一片茶地（普安红原料大叶种0.1亩、早茶0.1亩、白叶一号0.1亩），可获得产品8盒，1 600元/年。

浙江省温州市首批10家单位和爱茶人士纷纷解囊，于2024年12月在东溪乡共认养10 000多棵茶树，其中，洞头中普陀寺认养5 000棵，温州日报职工认养1 280棵，丽水康隆五金有限公司戴源隆认养1 000棵、温州市瓯礼文化研究中心认养800棵，从而在当地拥有了一棵专属自己的青青茶树，一片专人打理的郁郁茶林。东溪乡自明朝以来就盛产优质茶叶，现有茶园林地4万多亩。茶叶是当地农民的主要产业，如今也是著名乌龙茶"凤凰单枞"在广东省潮州市以北的罕见产地。茶树认养不仅符合年轻人群需求和新消费模式，还营造了常态化推介和体验温州茶的实体空间，倡导温州人喝温州茶。

2023年10月。江西省景德镇市浮梁县江村乡的华岩山古茶林开展了古茶山认养项目。这个项目是由浮梁县群芳醉茶叶公司主办的，旨在为热爱茶叶的人们提供一个接触和体验茶叶种植、采摘和制作全过程的平台。群芳醉茶叶公司在行业内有着良好的信誉和口碑，为认养者提供了一个可靠的平台。在华岩山古茶林，认养者可以在专业的主办方指导下，亲自参与种茶、采茶、制茶等环节。这里拥有树龄超过200年的老茶树，这些珍贵的老茶树为认养者提供了难得的种茶采茶机会。认养者不仅可以亲身感受到种茶采茶的乐趣和价值，还能品味到口感卓越的定制红茶，成为一种极佳的生活体验。

（四）古茶树保险

古树名木保险作为社会主义市场经济条件下古树名木风险管理的基本手段，能充分利用金融工具，为古树名木的管理和养护提供有力经费保障，分担极端气候频发造成的古树名木折枝、断裂、倒伏等风险。如早在2012年，上海就为1 100余株古树名木总共投保1.4亿元，一旦发生自然灾害引发的倾倒、倾斜、枯萎等事故，单株可获得最高15万元的赔偿，2019年超强台风"利奇马"以及2021年强台风"烟花""灿都"导致上海市不少古树受灾。2022年，湖南省林业局与中国太平洋财产保险股份有限公司湖南分公司签订协议，为全省7 885株现存一级古树和名木统一购买了为期1年的商业保险。在保险期间，保险公司将对因意外伤害、气象灾害、地质灾害、病虫害等事故造成树木无法正常生长、需要保护救治的情况进行赔偿，同时对上述原因导致第三者人身伤亡和财产损失的情况进行赔偿，合计风险保障达6.4亿元。

为古树名木"上保险"是一项创新举措，既能使古树名木保护的资金来源更加多元化，也能提高社会各界对古树名木保护的关注度，让古树名木"古有所依、老有所保"，值得推广。2018年5月21日，澜沧县委、县人民政府为"邦崴千年过渡型古茶王"购买保险,该保险由中国人民财产保险股份有限公司澜沧支公司承保,年保费25万元,保险金额为5 000万元,开创了国内"千年古茶王"保险的先河。2023年,福建省福州市永泰县法院与县农业农村局、县茶业协会、人保财险永泰支公司共同签署《古茶树保险协议》,首次为120株古茶树投保财产损失险,保险金额18万元,为古树抢救复壮提供资金保障。2024年,贵州省为全省13万多株古树名木购买保险,投保金额850万元。除公众责任险外,还将古树名木抢救复壮纳入保险,拓宽了"医保"保障目录,实现了全省古树名木"医保、第三险"兜底保护。贵州安顺市普定县有着千年历史的"贡茶之祖"古茶树(也堪称"贵州第一古茶树")由托管持有人贵州朵贝重华茶叶有限公司购买了保险,"贡茶之祖"若有个"三长两短",中国平安财产保险将赔偿1 000万元人民币。

(五)专项法规制定

地方政府出台专门针对古茶树保护的条例或规定,明确划定古茶树的保护范围,包括每一株古茶树周边的具体区域。例如,以每棵古茶树树干为中心,半径数米内的土地范围都纳入保护区域,禁止任何可能损害古茶树根系、树干等的活动。同时,对破坏古茶树及其生态环境的行为制定严格的处罚标准,大幅提高违法成本,形成有力的法律威慑。

(六)政策扶持引导

政府通过政策手段,鼓励茶农和相关企业参与古茶树保护工作。云南西双版纳州通过政策扶持与补贴激励措施,积极推动古茶树保护工作。当地政府为参与古茶树保护的茶农提供农资补贴和现金奖励,并开展免费技术培训,帮助茶农掌握科学的养护方法。对于遵循古茶树保护原则的企业,政府在税收减免和项目审批方面给予优惠政策。例如,勐海县班章村的茶农每保护一株古茶树可获得500元年度补贴,采用生态种植模式的企业还能享受税收减免。这些措施不仅提高了茶农和企业的积极性,还有效促进了古茶树的可持续发展。

贵州遵义市和广西百色市则分别通过村规民约、奖励机制以及立法保护和社区参与的方式,引导茶农和企业自觉参与古茶树保护。贵州遵义市凤冈县制定了详细的村规民约,规定茶农不得过度采摘古茶树茶叶,不得在周边使用化学农药和化肥,同时设立专项奖励基金,对保护成效显著的茶农给予每户1 000元奖励。广西百色市隆林各族自治县自2024年6月1日起施行《古茶树资源保护条例》,明确保护范围和责任,对保护古茶树超过10年的茶农给予2 000元一次性奖励,对采用生态种植模式的企业优先给予项目支持和资金补贴。此外,当地还成立了古茶树保护协会,组织茶农和企业开展技术交流和保护活动,形成了全社会共同参与的良好氛围。

四川雅安市则通过品牌建设和市场激励手段,鼓励茶农和企业参与古茶树保护。当地政府对保护古茶树的企业给予品牌建设支持,帮助其打造"古树茶"品牌,如名山区的"蒙顶甘露"。通过举办茶文化节、茶叶品鉴会等活动,政府提升了品牌的知名度。同时,政府为参与古茶树保护的茶农提供免费技术培训和农资补贴,并建立了古茶树茶叶质量追溯体系,对保护古茶树的企业给予优先认证和市场准入支持。这些措施不仅提高了茶农和企业的积极性，还提升了古茶树茶叶的市场价值，促进了茶产业的可持续发展。

综上所述，通过政策扶持、村规民约、立法保护、品牌建设等多种手段，各地政府有效激发了茶农和企业的积极性，形成了全社会共同参与古茶树保护的良好局面，为古茶树的可持续发展提供了有力保障。

二、异地保护：为茶树"备份"未来

在中国的茶产区，除了原地保护为茶树提供了重要的生存保障外，异地保护同样成为守护茶树资源的关键策略。异地保护的实施，不仅是对茶树遗传资源的科学管理，更是对未来茶产业可持续发展的战略投资。通过建立种质资源库和应用现代生物技术，不仅为茶树的遗传多样性提供了"备份"，还为茶树的科学研究、新品种开发以及应对未来环境变化提供了坚实的基础。这种保护方式，不仅保护了茶树的遗传资源，也为茶文化的传承和茶产业的长远发展提供了有力保障。

（一）种质资源库建设

在异地保护方面，种质资源库的建设是核心内容之一。例如，中国农业科学院茶叶研究所建立了国家种质杭州茶树圃，系统收集并保存了大量国内外茶树品种资源。这些资源圃不仅涵盖了野生型、过渡型和栽培型茶树，还通过科学的分类与管理，为茶树的遗传多样性提供了重要保障。通过这种方式，茶树的遗传资源得以长期保存，即使在原生地环境发生不可逆变化时，也能通过这些"备份"资源恢复茶树种群。

同时，勐海茶树种质资源圃的建设也为茶树种质资源的保护与利用提供了重要支撑。勐海茶树种质资源圃选址于云南省农业科学院茶叶研究所，占地面积约100亩，总投资超过1 500万元。资源圃的建设目标是系统收集、保存和研究勐海及周边地区的茶树种质资源，尤其是珍贵的古茶树品种和野生茶树资源。目前，资源圃已收集保存了超过1 000份茶树种质资源，涵盖多个茶树品种和野生近缘种。这些种质资源不仅包括本地的传统品种，如勐海大叶种、勐宋茶树等，还引进了来自云南其他地区以及周边省份的优良品种。资源圃通过科学的种植布局和分类展示，为茶树种质资源的长期保存和研究提供了良好的条件。

此外，贵州湄潭县和安徽农业大学也在积极推进茶树种质资源库的建设。贵州湄潭县启动了茶树种质资源圃建设项目，选址于湄江街道的茶博园内，占地面积约50亩，目前已收集超过500份种质资源，涵盖本地及外地优良品种。该项目不仅为茶树育种研究提供了丰富的材料，还结合科普教育功能，成为当地茶文化的重要展示窗口。与此同时，安徽农业大学在黄山市祁门县建立了茶树种质资源库，收集保存了超过800份茶树种质资源，涵盖多个品种和野生近缘种。该资源库采用现代化保存技术，确保遗传多样性的长期稳定，并联合科研机构开展遗传评价和新品种选育工作，为茶产业的可持续发展提供了有力的科技支撑。

（二）利用现代生物技术

近年来，随着现代生物技术的发展，茶树的异地保护工作取得了显著进展。例如，广东省通过建立茶树种质资源库,利用组织培养和低温保存等现代生物技术,对茶树种质资源进行长期保存。这些资源库不仅涵盖了广东本地的特色茶树品种,还引进了国内外的优良品种,为茶树育种和资源利用提供了丰富的材料。此外,苏州洞庭山碧螺春茶树种质资源的保护也采用了现代生物技术。通过基因技术和分子育种技术,苏州市积极推进茶树种质创新工作,加快形成茶产业的新质生产力。这些技术的应用不仅保护了洞庭山碧螺春这一地方特色茶树品种,还推动了茶产业的可持续发展。

在云南,西南林业大学古茶树研究中心通过采集古茶树的基因信息和指纹图谱,构建了古茶树资源馆和实时监测系统。这些技术手段不仅为古茶树的遗传多样性提供了重要保障,还为茶树种质资源的异地保护提供了科学依据。在海南,白沙黎族自治县通过建立白沙茶树省级林木种质资源库,利用现代生物技术对野生古茶树进行保护。该资源库不仅收集和保存了大量野生茶树资源,还通过基因技术和分子育种技术,培育出适应性强、品质优良的茶树新品种。这些措施不仅保护了海南大叶种这一地方特色茶树品种,还推动了当地茶产业的高质量发展。

三、茶文化保护:传承千年的茶香

茶文化作为中华文化的重要组成部分,承载着千年的历史与智慧,是连接过去与未来的文化纽带。在中国,茶不仅是一种饮品,更是一种文化符号,蕴含着深厚的社会、历史和哲学内涵。因此,茶文化的保护与传承不仅是对文化遗产的尊重,更是民族精神的延续。

(一)茶文化遗产保护:提升茶文化的国际影响力

茶文化保护的重要举措之一是积极推动与茶相关的习俗、技艺申报各级文化遗产。2022年11月29日,我国申报的"中国传统制茶技艺及其相关习俗"列入联合国教科文组织人类非物质文化遗产代表作名录。该项目共涉及浙江、福建、北京等15个省(区、市)在内的44个国家级非遗代表性项目,涵盖绿茶、红茶、乌龙茶、白茶、黑茶、黄茶、再加工茶等39项传统制茶技艺和5项相关习俗。这一举措极大地提升了中国茶文化的国际影响力,让世界更加深入地了解中国茶文化的博大精深。截至2023年9月15日公布的7批重要农业文化遗产中,茶文化遗产有22项,如云南普洱古茶园与茶文化系统、福州茉莉花种植与茶文化系统、杭州西湖龙井茶、福建安溪铁观音茶、安徽黄山太平猴魁、江苏吴中碧螺春、湖南安化黑茶、福建武夷岩茶等。2024年12月23日,河南省农业农村厅公布的2024年河南省农业文化遗产资源名单中,包含信阳毛尖茶文化系统。

还有很多与茶相关的国家级非物质文化遗产代表性项目。

(1)绿茶制作技艺。

黄山毛峰制作技艺:2008年被列入国家级非物质文化遗产名录。该技艺十分讲究,鲜叶采摘要求细嫩,一般在清明前后。制作分杀青、揉捻、烘焙等工序,其中烘焙又有毛火、足火等环节,制成的黄山毛峰外形微卷,状似雀舌,绿中泛黄,银毫显露,且带有金黄色鱼叶。

太平猴魁制作技艺:2008年被列入国家级非物质文化遗产名录。其鲜叶采摘有严格标准，要采一芽三叶初展的芽叶。制作工艺包括杀青、毛烘、足烘、复焙等，制成的太平猴魁外形两叶抱芽，扁平挺直，自然舒展，白毫隐伏，有"猴魁两头尖，不散不翘不卷边"的美名。

（2）红茶制作技艺。

祁门红茶制作技艺：2008年入选国家级非物质文化遗产名录。祁红制作包括萎凋、揉捻、发酵、干燥等主要工序，其发酵程度充分，形成了独特的"祁门香"，香气甜醇，似花、似果、似蜜，滋味醇厚。

英德红茶制作技艺：2021年被列入第五批国家级非物质文化遗产代表性项目名录。英德红茶制作需经过萎凋、揉捻、发酵、干燥等工艺，结合了当地的茶树品种和环境特点，所制红茶外形匀称优美、色泽乌黑红润、汤色红艳明亮、香气浓郁纯正。

（3）乌龙茶制作技艺。

凤凰单丛茶制作技艺：2021年列入国家级非物质文化遗产代表性项目名录。其制作工艺复杂，有晒青、晾青、摇青、杀青、揉捻、烘焙等工序，通过"看青做青""看天做青"，形成了凤凰单丛茶独特的香气和韵味，香型丰富多样，如蜜兰香、鸭屎香等。

台湾乌龙茶制作技艺：涉及文山包种茶、冻顶乌龙茶等的制作技艺。以冻顶乌龙茶为例，制作有采摘、日光萎凋、室内萎凋、摇青、杀青、揉捻、初干、布揉、烘干等工序，成茶外形卷曲呈半球形，色泽墨绿油润，香气清高，滋味醇厚甘润。

（4）黄茶制作技艺。

君山银针制作技艺：2008年被列入国家级非物质文化遗产名录。君山银针的制作要经过杀青、摊晾、初烘、初包、复烘、复包、足干等多道工序，其中初包、复包等闷黄工序是形成君山银针品质特点的关键，制成后芽头肥壮挺直，匀齐，满披茸毛，汤色橙黄明亮，香气清纯，滋味甜爽。

蒙顶黄芽制作技艺：2008年被列入国家级非物质文化遗产名录。制作工艺有杀青、初包、炒二青、复包、炒三青、堆积摊放、整形提毫、烘焙等，蒙顶黄芽外形扁直，芽条匀整，色泽嫩黄，香气甜香浓郁，滋味鲜醇回甘。

（5）相关习俗。

潮州工夫茶：2008年被列入国家级非物质文化遗产名录，是广东潮汕地区特有的传统饮茶习俗。潮州工夫茶对茶具、茶叶、用水、冲泡方法等都有严格要求，一般使用小壶小杯，注重茶叶的品质和冲泡的技巧，通过一整套烦琐而讲究的程序，体现出潮汕人对生活品质的追求和对传统文化的传承，是一种集精神、礼仪、技艺于一体的茶道形式。

瑶族油茶习俗：2021年被列入国家级非物质文化遗产代表性项目名录，流行于广西恭城等地。它以茶叶、生姜、大蒜等为原料，经炒制、捶打等工序煮成油茶，再加入米花、花生等配料。瑶族油茶不仅是一种饮食习俗，还与瑶族的社交、节庆等活动紧密相连，具有浓郁的民族特色和文化内涵。

（二）传承人的培养：延续茶文化的灵魂

茶文化的传承离不开技艺的传承。通过认定并支持茶文化传承人和传统制茶技艺传承人,茶文化的精髓得以代代相传。各地茶艺大师通过师徒传承、开班授课等方式,传授茶艺、制茶工艺等知识技能,培养了大量专业茶艺人才。茶文化传承人的培养是茶文化延续与发展的重要环节,近年来,各地通过多种方式积极培育茶文化传承人,取得了显著成效。例如,在贵州,张子全作为都匀毛尖茶制作技艺的传承人,他不仅继承了祖辈的制茶工艺,还通过创新手法提升茶叶品质,推动茶文化走向市场。此外,贵州经贸职业技术学院通过创新构建"三维联动"黔茶文化育人模式,结合贵州茶产业发展需求,培养出兼具深厚茶文化底蕴和精湛专业技能的高技术人才。

在福建安溪,国家级非遗乌龙茶制作技艺传承人魏月德通过创办非遗传习所收徒授艺,培养了大批安溪铁观音制作技艺能手。另一位传承人何环珠则专注于培养女性茶师,建立了全国首家以女性为主体的传习平台,推动茶文化的国际化传播。这些传承人不仅坚守传统技艺,还通过创新方式培养新一代茶文化传承人,为茶产业的可持续发展注入了新的活力。

在浙江安吉,溪龙小学依托当地白茶产业,开展"茶文化"生态劳动教育,通过"茶博士课堂"和"非遗传承人"体验课堂,让学生从小学习白茶种植和传统手工炒制技艺,培养学生的生态劳动观念和传统文化传承意识。这种从基础教育入手的培养模式,不仅让学生掌握了茶文化知识,还激发了他们对家乡文化的认同感和责任感。

(三)茶文化空间的保护:守护茶文化的载体

茶馆、茶肆等场所是茶文化的重要载体,承载着丰富的文化内涵。保护这些文化空间,就是保护茶文化的传承与发展。例如,成都的老茶馆以其独特的盖碗茶冲泡技艺和悠闲的休闲氛围,成为巴蜀茶文化的重要展示窗口。始建于1923年的鹤鸣茶社,是成都最有名的老茶馆之一。如今的鹤鸣茶社已经成为各地游客感受成都节奏的必经打卡地,也是成都本地市民愿意前去悠闲过上一天的好去处。茶馆、茶肆开展传统茶艺表演、茶文化讲座等活动,邀请专业人士授课,向大众普及茶文化知识,同时,组织传统制茶工艺展示,让顾客亲身感受茶文化的魅力,培养新一代茶文化爱好者。如长嘴壶茶艺表演起源于川蜀地区,其历史可追溯到清代中期。当时四川茶馆遍布城乡,为满足茶客需求,特别是在拥挤的茶馆中能快速为顾客服务,长嘴壶应运而生,逐渐从掺茶技艺发展成独特的表演艺术。表演使用的是特制的长嘴壶,壶嘴长度可达1米左右。表演者需在舞动长嘴壶的过程中,精准控制茶水的流速和方向,让茶水从长嘴中准确无误地注入茶杯,且不溅出一滴水,展现出高超的技艺水平。长嘴壶茶艺表演为人们提供了一个交流互动的平台,促进了人与人之间的沟通与交流,同时也有助于推动四川文化与其他地区文化的交流与融合。老茶馆不仅是饮茶的场所,更是社交、娱乐和文化交流的平台。通过保护和修缮这些文化空间,茶文化的传统得以延续,同时也为现代人提供了体验传统文化的机会。

茶馆、茶肆、茶厂等茶文化相关建筑,按照"修旧如旧"的原则进行修缮和维护,保留其原有的建筑风格和历史韵味。如福州的一些百年茶馆,在修缮时采用传统工艺和材料,恢复了其古朴的外观和内部装饰。昔归茶馆建于清朝光绪年间,至今已有百年历史,是福州市重点文物保护单位之一,在修缮过程中,严格采用传统工艺和材料,对于建筑的木结构部分,选用优质的木材,采用榫卯工艺进行修复,确保结构的稳固性和耐久性；对于墙面，使用传统的青砖和白灰进行砌墙和勾缝，还原其古朴的外观；在内部装饰上，木雕、砖雕、石雕等工艺均由专业的工匠采用传统技法进行修复和还原，使得茶馆的每一处细节都展现出浓厚的历史韵味。张德生百年茶庄位于福建省福州市鼓楼区，有着深厚的历史底蕴，在修缮时，注重保留原有建筑的格局和特色，屋顶的瓦片采用传统的小青瓦，经过精心挑选和铺设，确保屋顶的防水性和美观性；门窗的修复采用传统的木工工艺，对破损的门窗进行修补和加固，同时保留了原有的雕花和装饰元素，使其古朴典雅的风格得以延续。茶亭是福州城市中轴线，是清代茶亭庵的遗存，由当地手工业者募捐修建。以前茶亭街是马道，出城的人都要先在洗马桥下洗马，再在茶亭里喝茶、歇脚，之后上马翻过吉祥山去南台。长期风吹日晒雨淋，茶亭的屋面风化糟朽残破，屋脊、屋面瓦件全无；梁架残损严重，受到大面积的虫蚁侵蚀；彩绘油漆大面积脱落；四根石柱及其石柱础，都只剩下两根（只）。因此，修复工作迫在眉睫。2019 年，茶亭按原面积、形制、样貌，采用传统建筑手法及工艺修复完成。古茶亭腐烂、破损严重，能加以利用的不多。考虑到茶亭的建筑结构安全，因此承重、受力部分的梁架重新制作，再进行做旧处理。对于能利用的古茶亭石构件、彩绘木雕构件，都充分利用或嫁接，尽可能保留历史信息。对缺失的两根石柱及其石柱础，进行了补缺补漏。此外，还特地加了斜撑，以防台风。福胜春制茶厂旧址位于福州市台江区，建成于 1930 年，是福州最早的现代化制茶厂之一，为一座四层西式水泥结构的红砖建筑，由"洪家茶"创始人洪发绥兴建，曾见证了福州茶市的辉煌。福胜春制茶厂旧址目前已修缮改造为"释外"，这是一个以茶文化为内核，集"茶点、茶饮、茶酒、艺术展览"为一体的餐饮与美学空间。修缮秉持"修旧如旧"的原则，采用手工砖、水磨石、瓦片、原木等建筑材质，最大程度保留了建筑原有的历史风貌，令其既承载过去的历史文化，又能包容现代的功能需求，不仅保护了福州的历史文化遗产，也为当地的茶文化传承和发展提供了新的平台，让人们能够在现代生活中感受到百年茶厂的文化雅趣，同时也为城市人文生活增添了新的内涵，诠释着城市发展的另一种可能。

（四）茶文化与现代生活的融合：让茶文化"活"起来

在现代社会，茶文化的保护与传承不仅要依靠传统的保护方式，还需要与现代生活紧密结合。通过举办茶文化节、茶艺表演、茶文化讲座等活动，茶文化得以走进校园、社区和企业，让更多人了解和喜爱茶文化。例如，一些学校将茶文化课程纳入校本课程，通过茶艺表演、茶文化知识竞赛等形式，激发学生对传统文化的兴趣。此外，茶文化与旅游的结合也成为一种新的趋势，许多茶园通过开发茶文化旅游项目，让游客亲身体验采茶、制茶的乐趣，进一步推动了茶文化的传播与发展。

（五）茶文化数字化保护：拓展传承的边界

随着科技的不断发展，数字化保护成为茶文化传承的新途径。通过建立茶文化数字博物馆、开发茶文化主题的手机应用、制作茶文化纪录片等方式，茶文化的传播范围得以大大拓展。这些数字化手段不仅让茶文化跨越地域限制，还为年轻一代提供了更加便捷的学习和体验方式。例如，一些茶文化主题的手机应用通过虚拟现实（VR）技术，让用户可以身临其境地体验古代茶道的魅力，极大地增强了茶文化的吸引力。

(六)茶文化与国际交流:让世界了解中国茶

茶文化的保护与传承不仅是国内的文化工程,也是国际文化交流的重要内容。通过举办国际茶文化节、茶文化研讨会等活动,中国茶文化得以走向世界。例如,每年举办的中国国际茶博会吸引了来自世界各地的茶商和茶文化爱好者,通过展示中国的茶艺、茶道和茶产品,让世界更加深入地了解中国茶文化的独特魅力。这种国际交流不仅提升了中国茶文化的国际影响力,也为茶文化的全球化传播提供了重要平台。

茶文化的保护与传承是一项系统工程,需要全社会的共同努力。通过文化遗产申报、传承人培养、文化空间保护、现代生活融合、数字化保护以及国际交流等多方面的努力,我们不仅能够守护千年的茶香,还能让茶文化在现代社会中焕发出新的活力。

四、茶叶品质与市场规范保护:确保可持续发展

茶叶品质与市场规范保护是茶树保护的重要组成部分。通过制定严格的茶叶质量标准体系、实施地理标志保护以及加强质量监管与认证,不仅保障了茶叶的品质和消费者的权益,还推动了茶产业的可持续发展。

(一)标准制定与执行

制定严格的茶叶质量标准体系,涵盖茶叶种植、采摘、加工、包装、储存等各个环节。例如,中国的国家标准(GB)对不同茶类的感官指标、理化指标、卫生指标等都有明确规定,以保障茶叶品质和消费者权益。通过科学的标准制定和严格的执行,我们为茶叶的高质量生产提供了保障。

(二)地理标志保护

近年来,我国通过实施地理标志保护,有效提升了具有独特地域特征和品质的茶叶的品牌价值和市场竞争力。例如,南京雨花茶作为中国十大名茶之一,入选了国家地理标志产品保护示范区筹建名单。南京市出台的《雨花茶国家地理标志产品保护示范区建设方案》提出了一系列措施,包括完善地理标志保护制度、规范专用标志使用、推进检测体系建设、强化产品质量监管等。此外,南京还通过"春茶保护"专项行动,严厉打击侵权假冒行为,确保雨花茶的品质和产地真实性。

在贵州,都匀毛尖茶制作技艺的传承人张子全通过传统手工炒茶技艺,制作出高品质的都匀毛尖茶。都匀毛尖茶的制作技艺被列为国家级非物质文化遗产,其地理标志保护不仅提升了茶叶的品质,还推动了当地茶产业的发展。通过地理标志保护,都匀毛尖茶的市场竞争力显著增强,品牌价值不断提升。

福建安溪的铁观音茶也通过地理标志保护,提升了品牌影响力。安溪铁观音的制作技艺传承人魏月德通过创办非遗传习所,培养了大批制作技艺能手。此外,安溪铁观音还入选了中欧地理标志协定互认互保产品名单,为其走向国际市场提供了有力支持。

这些地理标志保护措施不仅有效保护了茶叶的独特品质和地域特征,还推动了茶产业的可持续发展,为地方经济的繁荣提供了有力支撑。地理标志保护不仅提升了茶叶的品牌价值,也为消费者提供了明确的选择依据。

(三)质量监管与认证

加强茶叶质量安全监管,建立完善的质量检测体系,对农药残留、重金属含量等进

行严格检测。同时，推行有机茶、绿色食品茶等认证，引导茶叶生产企业注重品质提升和生态环境保护。通过质量监管与认证，不仅保障了茶叶的安全性，还推动了茶产业的绿色发展。

五、小结

茶树是茶叶产业核心，全球茶叶市场规模持续增长，其对经济发展意义重大。同时，茶树在保持水土、调节气候、维护生物多样性等生态方面贡献突出，还承载着深厚的文化内涵，是许多地区文化传承的象征。近年来，从保护措施技术层面和宣传教育方面都陆续展开了茶树保护工作。但茶树保护也面临诸多挑战，例如，病虫害威胁，生态环境变化，如全球气候变暖导致茶树生长环境改变、极端天气增多，还有市场因素，如茶叶市场波动，部分茶农为追求短期利益，过度采摘或改种其他作物等。茶树保护是一项长期而艰巨的任务，需要政府、科研机构、企业和茶农共同努力，采取综合措施，确保茶树资源的可持续利用，推动茶叶产业健康发展。

思政要点

1. 文化传承与认同：茶树种植历史悠久，茶文化更是中华民族传统文化的重要组成部分。通过茶树就地保护，让学生了解茶树在历史长河中的重要地位，从古代的茶叶贸易到如今茶文化在世界的传播，增强对本土文化的认同感和自豪感，激发传承和弘扬传统文化的责任感。

2. 生态保护意识：茶树生长依赖特定的生态环境，就地保护茶树意味着保护整个生态系统。引导学生认识到生态平衡的重要性，明白人类活动对自然的影响，树立尊重自然、顺应自然、保护自然的生态文明理念，培养爱护环境、保护生态的良好习惯。

3. 科学精神与探索：茶树就地保护涉及诸多科学技术，如土壤检测、病虫害防治、气候监测等。鼓励学生探索其中的科学原理，培养严谨的科学态度、勇于创新的精神和解决实际问题的能力，让他们明白科学技术在保护生物多样性和生态环境中的关键作用。

4. 社会责任担当：茶树保护不仅关乎生态和文化，还与当地经济发展、农民生计紧密相连。引导学生思考自身在茶树保护中的责任，鼓励他们积极参与相关宣传活动，培养社会责任感和担当精神，明白个人行动对社会和环境的积极影响。

第二节　茶树的利用

茶树，这一古老而神奇的植物，与人类生活紧密相连，其价值在文化、经济和社会中愈发显著。在中国，茶树的发现已有数千年历史，传说神农氏尝百草，得茶解毒，开启了茶树的利用之旅。从最初的药用，到唐代陆羽《茶经》的问世，茶树的种植、采摘、制作与品饮被系统化，奠定了茶文化的基础。

茶树的利用远不止饮品，其嫩叶、芽头、花和茶籽等部位均有广泛用途。嫩叶和芽头是制茶的主要原料，花可提取精油用于香料和护肤品，茶籽则可用于提取茶油，具有保健和食用价值。这些部位还被应用于保健品、化妆品和食品工业，展现出巨大的经济潜力。茶树种植还带动了农业、旅游、文化等多产业的融合发展，成为许多地区经济的重要支柱。茶树的利用，是人类智慧与自然馈赠的完美结合，持续影响着全球的生活方式与经济发展。

一、茶叶：茶树的灵魂

茶叶作为茶树最为人熟知的部分，不仅是茶文化的核心载体，更是通过多样化的加工工艺，展现出丰富多彩的茶类与风味。绿茶是不发酵茶的代表，以清汤绿叶、滋味鲜爽著称，如西湖龙井和碧螺春等名品，不仅口感清新，还富含茶多酚等抗氧化成分，具有清热解毒、提神醒脑的功效。乌龙茶则属于半发酵茶，兼具绿茶的清香与红茶的醇厚，铁观音和大红袍等品种香气浓郁、滋味醇厚，其中的茶多酚和咖啡碱等成分有助于消化、降脂减肥，深受消费者喜爱。红茶作为全发酵茶，汤色红亮、滋味甜醇，正山小种和祁门红茶等品种口感醇厚且性温，具有暖胃的作用，尤其在寒冷天气中能带来温暖与舒适。黑茶是后发酵茶，茶性温和，具有独特的陈香，普洱茶和六堡茶等品种经过长时间发酵与陈化，口感醇厚，具有降脂、助消化等功效，适合长期饮用。白茶则是轻微发酵茶，以毫香清鲜、滋味醇和为特点，白毫银针和白牡丹等品种加工工艺简单，最大程度保留了茶叶的天然成分，具有抗氧化、抗衰老等保健功能。这些不同茶类各具特色，不仅满足了消费者多样化的口味需求，也体现了茶叶在健康养生方面的独特价值。

同一种茶树的鲜叶，通过不同的加工工艺，能制成多种风味和特性各异的茶。以乌龙茶和红茶的制作为例，二者发酵程度不同，乌龙茶是半发酵茶，发酵程度在10%~70%，而红茶是全发酵茶，发酵程度达到80%~90%。在制作乌龙茶时，鲜叶采摘后先进行晒青和摇青，让茶叶轻微发酵，形成独特的花果香和绿叶红镶边的外观；制作红茶时，鲜叶萎凋后进行揉捻和发酵，使茶叶中的茶多酚充分氧化，产生红茶特有的甜香和红汤红叶。再看绿茶和黑茶，它们的加工工艺更是大相径庭。绿茶追求"鲜"，采用高温杀青，迅速终止酶的活性，保留鲜叶的绿色和营养成分；黑茶则需要经过杀青、揉捻、渥堆等工序，其中渥堆是黑茶制作的关键环节，通过微生物的作用，让茶叶进行后发酵，形成黑茶独特的醇厚口感和陈香。像普洱茶（熟茶）就属于黑茶，其独特的陈化效果和保健功效，正是在渥堆发酵过程中逐渐形成的。

由此可见，茶叶加工工艺是决定茶叶种类的关键因素，即使是同一棵茶树上的叶片，也能在不同工艺下，绽放出多样的风味。理论上，同一棵茶树上的茶叶可以制作出六大茶类。然而，现实中很少有茶农或茶商这样做，因为不同的茶树品种有不同的适制性。不同的茶树品种在外在形态（芽叶大小、色泽深浅、茸毛密稀等）及内含物质上有明显区别。不同茶类的制作对鲜叶的形状和内质要求有所不同，这也是决定茶叶品质的根本所在。

二、茶饮：一朵绽放的花

茶饮料是指用水浸泡茶叶，有时也用茶粉，经抽提、过滤、澄清等工艺制成的茶汤或在茶汤中加入水、糖液、酸味剂、食用香精、果汁或植物抽提液等调制加工而成的制品，具有茶叶的独特风味，含有天然茶多酚、咖啡碱等茶叶有效成分，兼有营养、保健功效，是清凉解渴的多功能饮料。根据《茶饮料》（GB/T 21733—2008），茶饮料可分为茶饮料（茶汤）、调味茶饮料、复（混）合茶饮料以及茶浓缩液4种类型。

茶饮料的发展经历了传统冲泡、速溶茶、果汁茶、纯茶、保健茶5个阶段。18世纪，欧洲的茶商曾从中国进口一种用茶抽提浓缩液制作的深色茶饼，溶化后做早餐用茶，这便是今天速溶茶的雏形。20世纪40年代初期，随着速溶咖啡的发展，英国首先进行了速溶红茶的试制。美国于50年代初正式投入商业性生产速溶茶。50年代末到60年代初，英、美等发达国家在主要的产茶国印度、斯里兰卡、肯尼亚等国投资办厂生产速溶茶。速溶茶初期的加工设备、技术大多沿用速溶咖啡的设备和技术，并不断地加以改进。20世纪60年代初，在速溶茶工业迅速发展的基础上，出现了工业规模的冰茶制造业。冰茶制造业是饮料制造行业的一个分支，主要生产以茶为基础，经过调配、加工并添加冰块或通过冷藏等方式使其冷却后饮用的饮品。其产品既保留了传统热茶的香气与口感，又适应了现代人快节奏的生活方式和对清凉饮品的需求。

20世纪80年代初，日本首先成功开发罐装红茶饮料，而后又推出了柠檬茶和奶茶饮料产品。日本茶饮料市场处于起步阶段，茶饮料在当时的日本软饮料市场中占比较小，属于新兴品类。1981年，日本伊藤园推出了罐装乌龙茶水饮料，1983年日本又推出了绿茶饮料。1984年，日本茶饮料销量仅为0.35亿升。随后，日本企业相继推出了混合茶饮料和保健茶饮料，至1985年，无甜味、后味爽口、不加色素的天然茶饮料开始在日本畅销，日本三得利在这一时期率先推出了无糖乌龙茶产品，成为无糖茶饮市场的开拓者之一。20世纪80年代中后期，日本处于经济泡沫时期，人们对新的消费产品有一定的探索欲望，茶饮料作为一种新颖的饮品，产量增长迅速，在1980—1989年这10年间产量增长约28倍。自动贩卖机是当时软饮料的重要销售渠道，茶饮料也开始借助自动贩卖机进行销售，逐渐在市场上获得一定的曝光度和销售份额。2000—2009年，日本茶饮料销售呈逐年上升趋势。绿茶、红茶和乌龙茶饮料占据茶饮料市场的前三甲，保健茶饮料等功能性茶饮料逐渐打开市场，茶饮料产品呈多元化发展的趋势。与传统茶叶销售额对比，茶饮料销售占日本茶叶经济的60%以上，成为主导消费方式。众多品牌不断推新口味和产品，伊藤园作为日本最大的茶饮料制造商，不断巩固市场地位，伊藤园推出的瓶装绿茶Ooi Ocha等产品，以其天然、低糖、富含茶多酚等特点受到消费者青睐。三得利也凭借乌龙茶产品，强调"0糖，0脂肪，0能量"的健康理念参与竞争。除了传统茶饮料，日本还推出了更多添加特殊成分或采用特殊工艺的产品，如添加胶原蛋白、膳食纤维等营养成分的茶饮料，以及采用冷萃、慢煮等工艺制作的茶饮料，为消费者带来新的口感和体验。

一向以经营可乐等碳酸饮料闻名于世的饮料巨头可口可乐公司2001年也推出了"岚风"系列茶饮料，试图进入茶饮料市场。当时"岚风"茶饮料包括柠檬茶等口味，其以时尚的包装和独特的口味吸引了不少消费者的关注。但后来由于市场竞争等多方面原因，"岚风"系列茶饮料在市场上的表现并未达到预期，逐渐在市场上销声匿迹。可口可乐公司还推出过如"原叶"茶饮、"淳茶舍"等茶饮料品牌。"原叶"茶饮于2008年上市，由100%茶叶泡制。"淳茶舍"则主打无糖冷萃茶，有玉露绿茶、茉莉花茶等多种口味。早在2002年雀巢（中国）有限公司NESTEA雀巢茶萃正式开启即饮茶饮料业务，推出了柠檬冻红茶、桃子清乌龙、百香果绿茶等多种口味产品，凭借雀巢的品牌影响力和研发实力，在茶饮料市场占据一席之地。

目前，美国和日本的茶饮料已发展到第四、第五阶段，中国台湾以第三、第四阶段为主，中国大陆、印度、意大利等仍以第二、第三阶段为主。从长远来看，第四、第五阶段为茶饮料的发展方向。

中国茶饮料市场自1993年起步，2001年开始进入快速发展期。2002年，全国茶饮料的总产量接近300万吨，2003年，这一数字已超过400万吨，2011年中国茶饮料产量已超过900万吨。截至2005年，中国约有茶饮料生产企业近40家，其中大中型企业有15家，上市品牌多达100多个，有近50个产品种类。而与此同时，中国茶饮料消费市场的发展速度几乎以每年30%的速度增长，占中国饮料消费市场份额的20%，超过了果汁饮料而名列饮料市场的"探花"，大有赶超碳酸饮料之势。《2024中国饮料行业趋势与展望报告》指出，2023年茶饮料超越碳酸饮料占据饮料市场销售份额第一，占比达到21%，由此估算，2023年全国茶饮料总产量接近3 675万吨。

中国的茶饮料企业和品牌众多。康师傅控股有限公司自1996年起扩大业务至方便食品及饮品，在国内饮品市场上位列前列，其茶饮料产品线丰富，如冰红茶、冰绿茶等产品，市场占有率高，品牌知名度广。统一企业（中国）投资有限公司始创于1967年的中国台湾，是国内颇具影响力的大型食品及饮料企业集团，茶饮料产品多样，像冰红茶、冰绿茶等经典产品深受消费者喜爱，还推出了"小茗同学"这一创新茶饮料品牌，以冷泡工艺、独特口味和有趣的包装吸引年轻消费者。农夫山泉股份有限公司于2011年推出的无糖茶饮料"东方树叶"，以"0卡路里"为特色，有红茶、绿茶、茉莉花茶、乌龙茶等经典口味，还原了传统茶饮的风味，满足了消费者对健康茶饮的需求；于2016年成立了果味茶饮料品牌"茶π"，口味清新自然，包装设计独特，推出了柑普柠檬茶、青提乌龙茶、蜜桃乌龙茶等多种口味，在年轻消费者群体中广受欢迎。

国潮热兴起，年轻人对传统文化的认同感和兴趣不断提升。新式茶饮将中国传统茶文化与现代消费场景结合，通过产品名称、包装设计、门店装修等融入传统文化元素，引发消费者文化共鸣。"蜜雪冰城"自1997年创立，专注于为年轻人提供高性价比的冰淇淋与茶饮，以亲民的价格、遍布全国的门店网络和不断创新的产品线，以及成功的"雪王"IP形象，赢得了广大消费者的认可。"茶百道"于2008年在成都诞生，秉持"做人人都喜爱的日常饮品"的使命，坚持自主研发，通过加盟模式迅速扩张，2023年4月23日在香港联交所主板挂牌上市，产品口味多样，深受年轻消费群体喜爱。"奈雪的茶"于2015年创立，推出"茶饮+软欧包"双品类模式，形成"现制茶饮""奈雪茗茶"及"RTD瓶装茶"三大业务版块，打造了多款行业爆品，2021年6月30日在港交所挂牌上市。"古茗"于2010年诞生，茶饮已在全国开设近9 000家加盟门店，覆盖多个省份和城市，注重产品品质和口味创新，以丰富多样的茶饮产品满足不同消费者的需求。

随着消费观念和生活方式的转变，茶饮料成为中国消费者最喜欢的饮料品类之一。健康、时尚是茶饮料吸引消费者的主要原因。"天然、健康、回归自然"已成为越来越多消费者健康生活方式的消费潮流，而茶饮料之所以发展迅速，正是因为它满足了消费者的这种需求，同时茶饮料的消费方式也符合了现代生活方式的要求。

三、茶叶的食品加工应用：茶与美食的融合

茶叶不仅是一种备受推崇的饮品，还在食品加工领域展现出广泛的应用价值，为各类食品带来了独特的风味与丰富的营养。在茶食品方面，茶叶可以直接作为原料添加到多种食品中，这些产品不仅融入了茶的清香，还提升了食品的营养价值，进一步丰富了食品的种类。

茶点类包括茶饼干、茶蛋糕、茶月饼等。茶饼干一般在饼干制作过程中加入茶叶粉末，如抹茶饼干，抹茶的清新微苦与饼干的香甜酥脆相结合，口感丰富且不腻，如抹茶玛格丽特饼干、绿茶饼干、红茶曲奇饼干、陈皮白茶饼干、茉莉花茶饼干等。2013年创立的新中式糕点品牌泸溪河的抹茶桃酥将抹茶的清新与桃酥的酥脆相结合，口感丰富；还有绿豆冰糕，选用优质绿豆，加入茶叶提取物，口感清凉，豆香与茶香交融。将茶叶提取物或茶粉融入蛋糕面糊中，制作出具有茶香的蛋糕，像红茶戚风蛋糕，红茶的香气能为蛋糕增添独特的风味，使蛋糕更加松软香甜；又如伯爵茶蛋糕、玫瑰花茶戚风蛋糕、抹茶金枕蛋糕、鸭屎香柠檬茶蛋糕等；茶的加入可以在一定程度上改变蛋糕的口感，将茶融入蛋糕中，能为蛋糕带来别样的清新茶香，使其味道更加丰富有层次，区别于传统蛋糕的甜腻，给人一种清爽、雅致的味觉享受。在月饼馅料中加入茶叶元素，如普洱茶月饼，普洱茶的醇厚与月饼馅料的甜润相互中和，口感细腻，别具一格。以抹茶粉为主要原料，搭配糯米粉、糖、奶油等制成抹茶馅，抹茶独特的清新苦味与糯米的软糯、奶油的香甜相融合，口感细腻，具有浓郁的抹茶香气。将红茶茶叶研磨成粉，与豆沙、莲蓉等传统馅料混合成红茶馅，或与白芸豆、糖、油等一起炒制而成，红茶的醇厚香气能为馅料增添独特风味。选用优质乌龙茶，经过萃取、浓缩等工艺提取茶叶精华，再与其他食材混合制作成乌龙茶馅，乌龙茶的香气清高，使月饼具有独特的韵味。中华老字号品牌稻香村的红茶五仁月饼，将红茶的醇厚与五仁馅的香酥融合，别具一番风味。

茶点既可以作为日常下午茶的精致点心，再搭配一杯热茶，享受悠闲的午后时光；也适合作为生日、聚会等特殊场合的甜点，与亲朋好友共同分享。其多样化的消费场景，使其能够满足不同消费者在各种场合下的需求。随着消费者口味的日益多样化和追求新鲜的心理，茶点可以不断进行创新和变化。可以与各种水果、奶油、巧克力等食材搭配，创造出更多新颖的口味和款式，满足不同消费者的个性化需求，保持市场的新鲜感和吸引力。

茶菜肴为中餐提供了新体验。在肉类菜肴中加入茶叶，能有效去除肉类的油腻感，赋予菜肴独特的风味。例如经典的茶香鸡，选用鲜嫩的鸡肉，用茶叶和各种香料腌制后

进行烹制，茶叶的清香渗透到鸡肉的每一丝纤维中，使鸡肉在保持鲜嫩多汁的同时，多了一份茶香的清新，口感层次丰富，令人回味无穷。茶香鸭、茶香牛肉、茶香排骨等也是一样。茶与海鲜的搭配是一种大胆而新颖的尝试，却能碰撞出奇妙的火花。龙井虾仁这道菜堪称茶烹海鲜的经典之作，选用新鲜的虾仁，以清新淡雅的西湖龙井嫩芽为配料。在烹饪过程中，虾仁的鲜嫩与龙井的茶香相互映衬，虾仁吸收了茶叶的清香，入口鲜嫩爽滑，带着淡淡的茶香，既保留了海鲜的原汁原味，又增添了独特的清新风味。铁观音茶香蟹：把螃蟹洗净切块，用盐、料酒等腌制片刻。将铁观音茶叶用温水泡开，沥干水分，锅中多放些油，将茶叶炸至酥脆捞出。把腌制好的螃蟹裹上面粉，放入油锅中炸至金黄捞出。锅中留少许底油，放入葱、姜、蒜爆香，加入炸好的螃蟹和茶叶，再加入适量生抽、糖等调味料翻炒均匀。螃蟹肉质鲜嫩，吸收了铁观音的茶香，又有茶叶的酥脆口感，味道鲜香浓郁。碧螺春蒸扇贝：将扇贝洗净，把贝肉取出，在贝壳上铺上粉丝，再将贝肉放回。把碧螺春茶叶用热水泡开，将茶汤和泡软的茶叶均匀地浇在扇贝上，再淋上些蒸鱼豉油，放入蒸锅中大火蒸 5~8 分钟后取出，淋上热油即可。碧螺春的清香融入扇贝中，扇贝肉质鲜嫩多汁，带有清新的茶香，味道鲜美独特。茶香熏鱼、绿茶鱼片、普洱茶炖鱼等也是受欢迎的海鲜类茶佳肴。

此外，还有茶味冰激凌、茶味糖果等。茶味冰激凌将茶叶的风味融入细腻柔滑的冰激凌中，带来清凉与茶香交融的美妙口感。比如红茶冰激凌，浓郁的红茶香气与香甜的奶油完美融合，冰激凌入口即化，红茶的醇厚在舌尖散开，甜而不腻，为炎热的夏日带来一份别样的惬意。肯德基（KFC）曾推出过抹茶口味的冰激凌产品，抹茶冰激凌呈现出清新自然的绿色，与传统的白色奶油冰激凌形成鲜明对比，从视觉上就给人带来新鲜感，同时将清新微苦的抹茶与香甜柔滑的冰激凌相融合，入口先是冰激凌的浓郁奶香和清凉口感，随后抹茶的独特风味逐渐散开，微苦与甜蜜交织，给味蕾带来丰富且独特的体验，既满足了消费者对冰激凌甜美口感的追求，又为喜爱抹茶的人群提供了新选择。抹茶冰激凌独特的口味和颜值，在年轻群体中拥有较高人气，尤其是抹茶爱好者和追求时尚潮流的年轻人，他们热衷于尝试新口味的食品，正好契合了他们追求个性、新鲜的消费心理，常常在社交媒体上分享，进一步扩大了产品的传播度和影响力。在推出期间，抹茶冰激凌的销量可观，成为肯德基甜品系列中的热门产品之一。

茶味糖果则是将茶叶的风味浓缩在小小的糖果之中，常见类型有硬糖、软糖、夹心糖等。硬糖是以白砂糖、淀粉糖浆等为主要原料，添加茶叶提取物或茶粉制作而成。比如薄荷绿茶硬糖，将绿茶的清新与薄荷的清凉完美结合，入口先是薄荷带来的凉爽刺激，随后绿茶的淡雅茶香逐渐散开，在口中久久回荡，口感清爽，有提神醒脑的作用。软糖通常由明胶、糖浆、果汁等原料制成，再加入茶元素。像红茶软糖，质地柔软有弹性，富有浓郁的红茶香气，且带有一丝淡淡的甜味，口感香甜软糯，给人带来愉悦的咀嚼体验。夹心糖的外层一般是硬糖壳，内部包裹着茶味馅料。例如，抹茶白巧克力夹心糖，硬脆的糖壳咬开后，是细腻柔滑的抹茶白巧克力内馅，抹茶的微苦与白巧克力的香甜相互交融，层次丰富，口感醇厚。

茶叶与美食的融合，不仅丰富了食品的种类和口味，更让人们在享受美食的过程中，品味到茶叶的独特魅力。这种融合创新，正不断拓展着美食的边界，为人们带来更多美味的惊喜。

四、茶叶的药用保健功能：天然的健康守护

在传统医学中，茶叶就被用于调理身体，这种古老智慧的传承至今仍在人们的日常生活中发挥着重要作用。例如，绿茶被认为具有清热解毒、提神醒脑的功效，而红茶性温，有暖胃的作用。现代研究也表明，茶叶中含有茶多酚、茶氨酸、咖啡碱等成分，这些成分具有抗氧化、抗菌消炎、降血脂、降血压等多种保健功能。

借助现代科技，人们进一步利用茶叶中的有效成分开发出各种保健品，如茶多酚胶囊，具有抗氧化、降低血脂、抗菌消炎、抑制肿瘤细胞生长、保护心血管等作用。市场上大多数茶多酚胶囊中的茶多酚是从茶叶中提取的，原料通常会选用富含茶多酚的茶叶品种，如绿茶，因为绿茶未经发酵，茶多酚含量相对较高，一般为30%~40%。此外，云南大叶种茶的茶多酚含量也较为丰富，也是常用的提取原料。随着消费者对健康食品和生活方式的需求增加，茶多酚作为一种具有多种生物活性的天然物质，其市场需求保持快速增长的态势，除了传统的单一茶多酚胶囊，市场上还出现了与左旋肉碱、黄芪、丹参等其他成分相结合的复方茶多酚胶囊，以满足消费者不同的健康需求。市场上还有一些茶多酚洗护用品及保养品，如洁面产品、精华产品、面膜产品、乳液产品、护手霜产品等，如国际品牌"SK-Ⅱ"的部分产品添加茶多酚与经典的Pitera成分搭配，提升抗氧化等护肤效果；"兰蔻"在一些抗衰、提亮的产品线中运用茶多酚，如"兰蔻"小黑瓶精华，添加了多种活性成分，其中茶多酚有助于增强肌肤的抵御能力。国内品牌中相宜本草有含茶多酚的产品，利用传统草本与现代科技结合，主打抗氧化、保湿等功效；"珀莱雅"在部分护肤品中添加茶多酚，如"珀莱雅"双抗精华，其中的茶多酚与其他抗氧化成分协同作用，帮助肌肤抵御氧化。2022年全球茶多酚市场规模达到13.25亿元人民币。

茶氨酸是茶叶中特有的一种非蛋白质氨基酸，首次在1950年由日本学者酒户弥二郎从绿茶中分离出来，茶叶是茶氨酸的天然丰富来源，尤其是绿茶。市场上的茶氨酸主要是从茶叶中提取的，但也有部分是通过化学合成或生物发酵等方法获得。从茶叶中提取茶氨酸的方法主要有溶剂提取法、离子交换树脂法、膜分离法等。茶氨酸口服液是以茶氨酸为主要成分的营养补充剂，有一系列作用，例如，改善睡眠：茶氨酸可以促进大脑内γ-氨基丁酸（GABA）的生成，帮助放松神经，缓解紧张焦虑情绪，从而改善睡眠质量；提升认知能力：能够促进脑内α波活动，使大脑处于清醒又放松的状态，有助于提高注意力、增强记忆力；抗疲劳：通过调节神经递质平衡，抑制5-羟色胺的过度分泌，减少疲劳感，还能促进儿茶素分泌，进一步增强神经系统兴奋性；神经保护：可以抑制谷氨酸毒性，保护神经细胞免受损伤，预防或缓解神经退行性疾病；缓解焦虑与改善心情：增加大脑中的多巴胺浓度，带来愉悦感和幸福感，有效调节神经系统的兴奋与抑制平衡，达到放松神经、减轻焦虑的效果。国内知名的茶氨酸口服液生产企业有广东华语生物科技有限公司、山东庆葆堂生物药业有限公司、浙江天瑞化学有限公司、浙江天启生化股份有限公司、桂林莱茵生物科技股份有限公司等。茶氨酸具有抗氧化、抗炎和保湿等作用，可用于护肤品中。它能帮助减少自由基对皮肤的伤害，延缓皮肤衰

老，缓解皮肤炎症，还能增加皮肤的水分含量，使皮肤保持滋润、光滑。据湖南睿略信息咨询有限公司报告，2023年全球茶氨酸市场容量达到511.75亿元，中国茶氨酸市场容量达到130.45亿元，预计全球茶氨酸市场在2025—2029年将以6.04%的复合年增长率增长。

这些基于茶叶成分开发的保健品，为人们提供了更多健康选择，体现了传统医学与现代科技的有机结合。

五、茶树花的利用：多面手的茶树花

茶树花富含蛋白质、茶多酚、氨基酸等多种营养成分，利用价值极高，涵盖了食品、饮品、日化、医药等多个领域。

食品领域，可以将其制作为花茶。经过挑选、晾晒、杀青、烘干等工艺，可将茶树花制成香气馥郁、口感清甜的茶花茶，如陕西安康市汉滨区的"陕茶一号"富硒茶花茶，汤色淡黄、口味清甜，深受消费者喜爱。茶树花可制成原浆和复合粉，添加到酸奶、蛋糕、饼干等食品中，不仅能丰富口感，还能增加食品的营养价值，为人体注入更多活力。炒制烘焙后的茶树花干可以用来煮粥、浸酒或凉拌，为普通的食材增添独特的风味。

饮料领域，可以直接将茶树花冲泡成饮品，汤色微黄、清澈明亮、口感醇香、带有花蜜的清香。也可以将茶树花与茶叶一起冲泡，融合茶的韵味和花的芬芳，带来独特的味觉体验。利用茶树花开发出茶饮料、啤酒等产品。例如，将茶树花的成分融入啤酒中，使啤酒具有独特的风味和香气。河南省信阳市大别山佳茗茶文化有限公司生产的茶树花啤酒，结合萃取专利技术精心酿造而成，不仅口感醇厚，还具有一定的保健功效。山东和满堂生物科技有限公司生产茶树花乳糖益生菌固体饮料、茶树花圆苞车前子壳复合饮等。

茶树花提取物包含蛋白质、茶多酚、茶多糖、茶皂素、黄酮类、氨基酸、维生素、微量元素和超氧化物歧化酶（SOD）等，采用水蒸气蒸馏法可以从茶树花中提取茶树花精油，主要成分包括对孟乙烯、柠檬油精、桉油酚、香油脑、茴香素等。茶树花提取物或精油具有抗菌、抗炎、保湿、滋养等功效，可用于制作面霜、乳液、面膜、纯露等护肤品，帮助治疗痤疮、湿疹等皮肤炎症，平衡油脂分泌，保持皮肤水分，增强肌肤光泽度。茶树花精油可以添加到洗发水或护发素中，帮助缓解头皮屑和头皮瘙痒问题，促进头发健康生长和强韧。此外，还可以用于制作香皂、沐浴露等产品，使产品具有天然的香气和护肤功效。茶树花提取物还可用于制作香水、空气清新剂、香薰蜡烛等产品，通过香薰疗法帮助减轻焦虑、压力和疲劳，提升情绪，改善睡眠质量。

茶树花经过堆肥处理后，可以制成有机肥料，用于茶园或其他农作物的种植，改善土壤结构，提高土壤肥力。

六、茶树籽的利用：多功能的宝藏

茶树籽是茶树的种子，又称茶籽，具有多种重要的利用价值。首先，茶籽含油量较高，一般在25%~35%，不同品种的茶籽以及生长环境、采摘时间等因素会对含油率产

生一定影响，例如，一些优良品种在适宜的生长条件下，含油率可能会接近或超过35%。茶籽油富含多种营养成分，如油酸、亚油酸、亚麻酸等不饱和脂肪酸，其含量高达80%以上，还含有维生素E、角鲨烯、茶多酚等生物活性物质，这些营养成分对人体健康十分有益，具有抗氧化、降血脂、预防心血管疾病等功效。其次，茶籽油具有良好的稳定性，不易氧化变质，耐储存。这使得它在食品加工、化妆品生产等领域具有广泛的应用前景。在食品应用中，能够在较长时间内保持食品的风味和品质；在化妆品中，有助于延长产品的保质期。再此，茶籽油的烟点较高，一般为190~246℃。高烟点使得它在烹饪过程中不易产生有害物质，适合用于煎、炒、炸等多种烹饪方式，能减少因高温烹饪产生的油烟，对人体健康和厨房环境都更为友好。

七、茶树其他部分的利用：茶树的全方位价值

茶树木材是一种优质的木材，它硬度较高，其端面硬度达到701千克/厘米^2，属于比较坚硬的木材，这使得它具有较好的耐磨性和抗压性，能够承受一定的外力撞击和压力。茶树木材纹理细致均匀，质地紧密，木材结构细密，表面光滑，具有较高的观赏价值，适合用于需要精细加工和展现纹理美的工艺品、家具等制作。茶树木材不易变形和开裂，在不同的环境条件下能够保持较好的形状和尺寸稳定性，这使得茶树木材在使用过程中更加耐用，减少了因变形而导致的损坏和维修成本。茶树木材具有一定的耐腐蚀性，能够抵御一些微生物和昆虫的侵蚀，不易被虫蛀和腐朽，延长了木材的使用寿命。因此，茶树木材可用于制作桌椅、柜子、床等家具。其坚硬的质地和细腻的纹理能够使家具具有较高的质量和美观度，展现出独特的风格，且坚固耐用，表面光滑，给人一种质朴而高雅的感觉。与常见木材家具相比，茶树木材家具价格可能处于中等偏上水平，若茶树木材家具材质优良、工艺精湛，价格可能会与一些中高端的榆木、榉木家具相近甚至更高。有的乐器的制作也会用到茶树木材，如小提琴、吉他等。茶树木材的声学性能较好，能够为乐器提供良好的共鸣和音色，同时其外观也能为乐器增添一份独特的韵味。

除了茶叶、茶花和茶籽，茶树的其他部位也具有多种的利用价值。例如，茶树的枝干和叶片在传统医学中被用于调理身体，其含有的茶多酚、茶皂素等成分具有抗菌、抗炎和抗氧化的功效。在农业领域，废弃的茶叶和茶树残枝可用于堆肥，为土壤提供丰富的有机质，促进植物生长。此外，茶树皮中含有茶皂素，具有良好的天然表面活性，可作为绿色清洁剂的原料。

在日常生活中，茶树的副产品也有诸多用途。例如，用过的茶叶渣可以晒干后作为枕头芯，具有清神醒脑的功效；茶叶渣还可以用于去除厨具的油污、去腥或作为天然除臭剂。茶树的嫩枝和嫩叶可以作为饲料，为家畜提供营养，同时其含有的茶多酚还具有一定的抗菌作用。

此外，茶树的花粉中含有多种营养物质，如氨基酸、果糖和蔗糖，可作为食品添加剂或天然饮料的原料。茶树的根部也含有茶多糖等活性成分，可用于开发保健品或提取天然药物。这些茶树副产品的开发利用，不仅丰富了茶树的利用范围，也为茶产业的可持续发展提供了新的思路。

八、小结

茶树是大自然馈赠的珍宝,从花到籽,从叶到木,浑身皆是宝藏。茶树花不仅能制成营养丰富的养生茶,还可提取抗氧化能力卓越的提取物,经堆肥处理后又成为肥沃的有机肥料;茶树籽含油量高,从中提取的茶树籽油,营养丰富、稳定性好,在烹饪和化妆品领域大显身手;茶叶更是人们日常饮品中的常客,各类茶品满足了不同人群的口味需求,还富含多种有益成分,有益健康;茶树木材凭借其硬度高、纹理细腻、材质稳定等特性,在家具、工艺品制作中大放异彩。茶树贯穿于饮食、美容、农业、家居等多个领域,为人类生活带来了无尽的价值与美好,值得我们用心呵护与深入探索,让这株"宝树"持续散发独特魅力,造福人类。

思政要点

1. 传统茶文化延续:茶饮料的诞生是传统茶文化在现代社会的新表达。从古代的煮茶、点茶到如今瓶装、罐装茶饮料,茶的物质形态改变,但其蕴含的文化内涵如礼仪、修身养性等价值观念得以传承。以康师傅绿茶为例,包装设计融入传统山水元素,品牌宣传中提及茶的养生功效,唤起消费者对传统茶文化的记忆,强化文化认同,让年轻人意识到传承茶文化是责任,增强民族自豪感和文化自信。

2. 现代创新融合:茶饮料企业在产品研发中不断创新,将传统茶与现代工艺、口味需求结合。如元气森林推出的气泡茶,在茶底基础上加入气泡,口感新颖,还融入果汁、益生菌等元素,满足消费者健康与口味的双重需求。这种创新体现了对传统茶文化的尊重与发展,鼓励在思政教育中,既要传承优秀传统文化,也要顺应时代发展创新,激发创新思维和进取精神。

3. 经济发展与社会责任:茶饮料产业快速发展,带动上下游产业链。茶饮料企业注重产品质量与安全,关注环保和可持续发展,体现企业社会责任担当,在思政教育中,引导树立责任意识,培养社会责任感和环保意识。

4. 开放合作与全球化视野:中国饮品行业开放发展态势,鼓励培养开放心态,积极参与国际交流合作,增强民族自信心和国际竞争力。国际饮品企业与中国茶饮料企业合作,共同研发产品,促进技术、文化交流。在思政教育中,强调开放合作重要性,培养全球化视野和合作精神。

第三节 古茶树保护条例

古茶树作为中国重要的自然资源和茶文化的重要载体,具有极高的生态、文化和经济价值。近年来,随着古茶树资源的开发与利用不断深入,保护古茶树的紧迫性也日益凸显。为此,国家和地方纷纷出台了一系列法律法规,为古茶树的保护提供了坚实的法律依据。2019年7月,国家林业和草原局与西南林业大学签订了《古茶树标准综合体》

合同任务书，正式委托学校作为《古茶树》编制单位。西南林业大学古茶树研究团队对云南、贵州、重庆、广西、四川等地的古茶树现状和分布进行调查，重点考察了古茶树密集分布的澜沧江流域、哀牢山脉和高黎贡山山脉以及贵州五县，涉及西南各省的16个州（市）30余个县（市），采集典型古茶树植物标本800余份，与当地古茶树管理部门、茶企、茶农进行了广泛的交流，充分了解古茶树的生存、保护和利用现状。经历起草形成初稿、形成草案、多次征求意见、修改完善最终形成送审稿。2022年11月30日，国家林业和草原局2022年第16号公告，批准发布行业标准《古茶树》（LY/T 3311—2022），并于2023年4月1日正式实施。该标准明确了古茶树的定义、等级划分以及保护管理技术要求，为古茶树的保护和管理提供了规范化的指导。标准规定，古茶树是指树龄在100年及以上的茶组植物。将古茶树分为3个等级，分别是：一级古茶树，满足以下任意一条的茶组植物个体可界定为一级古茶树，树龄500年及以上，地径≥80厘米，树高、冠幅等形态学指标为中国范围最大值者；二级古茶树，满足以下任意一条的茶组植物个体可界定为二级古茶树，树龄300~499年，地径50~80厘米，树高、冠幅等形态学指标为省级行政范围最大值者；三级古茶树，满足以下标准中任意一条的茶组植物个体可界定为三级古茶树，树龄100~299年，地径25~50厘米。标准还对古茶树的有害生物防治、树体保护及复壮管理等技术要求进行了详细说明。此外，一些地方保护条例、法规也陆续出台，用法治方式为古茶树撑起了"保护伞"。

一、2009年《云南省澜沧拉祜族自治县古茶树保护条例》《云南省双江拉祜族佤族布朗族傣族自治县古茶树保护管理条例》实施

为了加强对古茶树资源的保护管理，根据《中华人民共和国民族区域自治法》和《中华人民共和国野生植物保护条例》等法律法规，2009年2月27日由澜沧拉祜族自治县第十三届人民代表大会第二次会议通过《云南省澜沧拉祜族自治县古茶树保护条例》，并于2009年5月27日由云南省第十一届人民代表大会常务委员会第十一次会议批准实施。这显示了该条例在地方和省级层面的共同推动下得以制定和实施。该条例适用于澜沧拉祜族自治县内所有古茶树，包括百年以上的野生型茶树、邦崴过渡型茶树王以及景迈、芒景千年古茶园等，规定了保护措施和管理机制。禁止行为包括在古茶树保护范围内禁止对古茶树折枝、挖根、剥剥树皮、盗伐树木、毁林开垦，搭棚、建房、挖沙、取土、砍树取蜂、采摘果实、采集药材、丢弃废物、倾倒垃圾、施用化肥和农药，毁坏保护标志和设施，猎捕野生动物等行为。违反上述规定的行为将由自治县林业行政主管部门给予处罚，情节严重的将依法追究刑事责任。

2009年3月13日云南省双江自治县第十四届人民代表大会第二次会议通过《云南省双江拉祜族佤族布朗族傣族自治县古茶树保护管理条例》，并于2009年5月27日云南省第十一届人民代表大会常务委员会第十一次会议批准实施。2022年12月28日，双江自治县人民政府印发了《双江自治县古茶树保护管理条例实施细则》（双政规〔2022〕1号）（本节以下简称《实施细则》）。《实施细则》实施以来，双江自治县古茶树资源的社会、经济、生态效益显著提高。一是建立完善古茶树资源保护法治建设，填补了全县古茶树资源保护的法律空白。二是自然保护区、国家公园、森林公园、风景

名胜区内移栽茶苗、偷采茶叶现象得到有效遏制，人工栽培型古茶园管理更加科学规范有序，生物多样性得到有效保护。三是全县茶叶品质得到提升，茶叶收购价格有了保障，茶农收入持续增加。四是双江茶叶品牌效应日益彰显，国际知名度越来越高，带动作用日益增强。《实施细则》的实施，使得自然保护区、国家公园、森林公园、风景名胜区等内移栽茶苗、偷采茶叶现象得到有效遏制，同时也激发了茶农的管理积极性，综合管护能力得到提升，全县茶叶品质有效提高，茶农收入持续增加。同时，也使得古茶树资源得到有效保护，生物多样性得到延续，是积极将"绿水青山转化为金山银山"的具体体现。

二、2011年《云南省西双版纳傣族自治州古茶树保护条例》实施

西双版纳是世界茶树原产地的重要区域，古茶树资源十分丰富。近年来，在经济利益的驱动下，部分茶农对古茶树进行超强采摘、移植和使用有毒有害农药及化肥，严重破坏了古茶树及其生长环境。为加强古茶树的保护管理和合理开发利用，制定该条例是十分必要的。西双版纳党委、人大（民族委员会）和政府非常重视条例的制定工作，于2009年3月成立了制定条例领导小组和工作班子，着手条例的起草、论证、修改工作。在此过程中，云南省人大民族委员会提前介入，深入实地调研，形成条例党内送审稿上报省委。省委转来条例党内送审稿后，省人大民族委员会征求了省人大有关委员会以及省政府有关部门的意见，再次对条例进行了研究修改，形成条例党内送审稿修订本，经省人大常委会党组审查后报省委。省委于2010年12月25日批复同意。2011年2月25日，西双版纳第十一届人民代表大会第六次会议审议通过了《云南省西双版纳傣族自治州古茶树保护条例》（本节以下简称《保护条例》），并报请省人大常委会审议批准，2011年5月26日云南省第十一届人民代表大会常务委员会第六次会议通过，2011年5月26日云南省第十一届人民代表大会常务委员会第二十三次会议批准，自2011年8月1日起施行。《保护条例》明确，古茶树是指西双版纳野生型茶树及树龄100年以上的栽培型茶树。州、县（市）林业行政主管部门负责古茶树保护管理，农业行政主管部门协同管理农业用地内的古茶树。同时，发改、财政、环保等部门按职责参与保护工作，乡（镇）人民政府和村民委员会协助具体实施。为保护古茶树，州、县（市）政府设立专项资金，用于保护管理和开发利用。《保护条例》还要求加强宣传教育，提高公众保护意识，并规定在保护范围内开发旅游项目需经林业部门审批。因特殊需要移植或采伐古茶树的，须报县（市）林业部门审核，并按规定办理手续。此外，保护范围内禁止新建影响古茶树生长的建筑物，现有影响建筑需逐步搬迁并给予补偿。《保护条例》还禁止一系列破坏行为，包括移动或损毁保护标志、盗伐树木、使用化肥农药、超标排放污染物、倾倒废弃物、探矿采石等。在古茶树周边1 000米内，禁止建设污染大气、水流、土壤的工厂。违反《保护条例》的行为将受到处罚：擅自采伐或移植古茶树的，处500~5 000元罚款；移动或损毁保护标志、盗伐树木等行为，处200~2万元罚款；种植未经批准植物或探矿采石等行为，处20~5万元罚款。

翌年，与之相配套的《云南省西双版纳傣族自治州古茶树保护条例实施办法》实施，形成了较为完备的古茶树资源保护体系，为古茶树资源的保护和茶产业的健康可持

续发展提供了强有力的保障。

三、2016年《临沧市古茶树保护条例》实施

临沧具有悠久的种茶制茶历史，古茶树资源丰富，有着较高的科研、文化、生态、经济和社会价值。随着古茶树茶叶产品价格提升和人们受其经济价值的影响，一些地方出现了破坏性采茶、采挖移植古茶树的现象，古茶树资源遭受破坏的程度日益严重。制定出台符合临沧市实际的地方性法规，对有效保护古茶树资源，规范古茶树管理活动，促进古茶树资源持续利用，具有现实的必要性和紧迫性。2016年8月30日临沧市第三届人民代表大会常务委员会第十九次会议通过《临沧市古茶树保护条例》（本节以下简称《条例》），2016年9月29日云南省第十二届人民代表大会常务委员会第二十九次会议批准，自2016年12月1日起实施。《条例》是《中华人民共和国立法法》赋予设区的市地方立法权后第一批立法项目。

《条例》共5章30条，分别从总则、古茶树保护和管理、古茶树利用、法律责任、附则5个方面规定了立法的目的、原则、适用范围；明确了各级政府及村（居）委会的职责，明晰了古茶树保护和管理的方法、措施和责任、禁止和限制的行为；规定了执法主体的职责、权限等。《条例》内容较为完备、权责明确、规定合理、程序清晰，具有较强的地方特色以及针对性、可操作性。《条例》从各级人民政府、林业行政部门和茶叶管理机构、政府有关部门的职责，古茶树保护，古茶树利用等方面作了规范。

临沧市人民政府于2017年12月19日印发《临沧市古茶树保护条例实施办法》，于2018年12月29日印发《临沧市锦绣茶尊古茶树保护实施办法》。临沧市对古茶树集中连片分布、资源利用悠久或具代表性的单株进行调查，查清了古茶树（园）的分布范围、空间位置、分布群落类型、面积、株数等。调查显示，临沧市现有古茶树面积41.31万亩，占全省古茶树总面积的61.1%，其中野生型古茶树面积33.57万亩、598.42万株，栽培型古茶树面积7.74万亩、485.04万株，散生单株1.7万株。按照"保护优先、科学管理、合理利用"原则，临沧市先后开发了冰岛、昔归、马鞍山、忙肺、怕拍、户南、香竹箐等小区域名山茶、古树茶不同类别系列产品。建设古茶树种质资源圃，开展冰岛古茶树分子指纹图谱构建及亲缘演化关系研究。打造茶业品牌，目前凤庆滇红茶、镇康马鞍山茶均已成功注册地理标志证明商标。依托古茶树资源，设立云南双江古茶山国家森林公园，规划建设了双江冰岛茶小镇、双江荣康达乌龙茶庄园等一批茶叶特色小镇、茶叶庄园。

四、2017年贵州《贵州省古茶树保护条例》实施

贵州茶历史源远流长，是世界古茶树起源地之一，20世纪80年代在晴隆发现的距今100万年以上的四球茶茶籽化石，是世界上迄今为止发现最古老的、唯一的茶籽化石。贵州古茶树种质资源丰富，蕴藏量大，分类多样，是未来茶业可持续发展的重要种质资源库，是独特珍贵的生物资源，蕴含着丰富的茶文化景观资源。由于认识不足、疏于保护和管理，加上体制机制不健全、权责不明确、措施不到位等因素，致使贵州古茶树因病虫害、过度开发利用或随意采摘、砍伐等人为损毁破坏的情况较为严重，以法治

保障和规范引导古茶树保护和合理开发利用尤显迫切。根据贵州省人大常委会2017年立法计划，在省人大常委会副主任傅传耀直接指导下，由省人大农委牵头，组织成立了有省人大常委会法工委、省农委、省林业厅、省古茶树保护与利用专委会等单位参加的起草小组。2017年1月，起草小组先后到黔南、黔西南、贵阳、铜仁、毕节、遵义等地，深入有古茶树的县、乡、村调研古茶树资源保护及利用情况，听取茶叶主产市县以及茶生产企业、经销商、茶农对古茶树保护利用的意见建议，于1月底完成了《贵州省古茶树保护条例（草案）》文本起草。同年3月，傅传耀副主任率队赴云南西双版纳州勐海县、临沧市双江自治县学习考察古茶树保护立法经验。同年4月，傅传耀副主任率队赴福建、上海学习考察茶产业发展、茶业经营方面的情况。在经过前后13次修改、论证的基础上，形成了《贵州省古茶树保护条例（草案）》初稿。

2017年8月3日贵州省第十二届人大常务委员会第二十九次会议通过了《贵州省古茶树保护条例》（本节以下简称《条例》），并于同年9月1日起施行。该《条例》分总则、保护管理、法律责任等4章，共32条，规定古茶树是指树龄100年以上的原生地天然生长和栽培型茶树，保护工作遵循保护优先、科学管理、有序开发、可持续利用的原则。《条例》要求县级以上人民政府林业主管部门负责古茶树的保护、监督和管理工作，并建立古茶树资源数据库。这是全国首部省级层面关于古茶树保护的地方性法规，明确界定了贵州省古茶树定义、保护管理、开发利用、法律责任等方面的内容，使保护和合理利用贵州古茶树资源走上法治化轨道。

在开发利用方面，《条例》强调必须符合古茶树保护专项规划，同时鼓励开展科学研究和技术培训，推动产业融合发展。对于擅自砍伐、移植古茶树的行为，《条例》规定处以5万元以上10万元以下的罚款。

五、2017年《黔西南州古茶树资源保护条例》实施

黔西南是目前世界上唯一"古茶籽化石"发现地、中国"古茶树之乡"、茶树原产地核心地带。1980年在境内晴隆、普安两县交界的云头大山发掘出的"四球茶古茶籽化石"，说明黔西南茶叶物种有100万年以上历史，古茶树资源历史底蕴深厚。黔西南部分县（市）分布着相当数量的"四球茶""厚轴茶""秃房茶"等古茶树，具有活化石之称，茶树品种资源丰富多样，是茶树品种的天然基因库。

随着社会经济发展和人们对绿色健康理念的追求，古茶树资源的经济价值被不断挖掘，受市场利益驱动，存在过度开发的现象，如不合理的采摘、不科学的开发利用等，对古茶树的生长和生存造成威胁。由于人们保护意识不足等原因，古茶树面临着被砍伐、破坏、擅自移植等人为损毁的情况，导致古茶树数量减少，珍稀品种受到破坏。贵州省茶叶研究所数据显示，20世纪80年代晴隆、普安两县部分区域有不同种类野生古茶树10余万株，但在2008年调查时，黔西南百年以上古茶树仅存3 329株。用法律来保护这一珍贵的资源，为古茶树资源保护提供更有力的保障已迫在眉睫。

《黔西南布依族苗族自治州古茶树资源保护条例》（本节以下简称《条例》）于2016年10月27日黔西南第七届人民代表大会常务委员会第三十六次会议通过，2017年9月30日贵州省第十二届人民代表大会常务委员会第三十一次会议批准，于2017年

12月1日起正式实施，适用于黔西南内古茶树资源的保护、管理、研究及开发利用等活动。《条例》定义古茶树为树龄100年以上的原生地天然生长和栽培型茶树，及其形成的野生茶树群落。保护工作遵循保护优先、科学管理、有序开发和永续利用的原则，以实现生态、经济和社会效益的协调发展。

县级人民政府需在古茶树集中分布区域和濒危古茶树分布点划定保护范围并设立保护标志。集体林内的古茶树由乡（镇）人民政府设立保护标志，其他区域由县级林业主管部门负责。古茶树的养护责任由所在单位或经营单位承担，土地权属变更时，养护责任相应变更。《条例》明确禁止未经批准的移植、采集、砍伐、损毁野生古茶树，以及擅自挖取树根等行为。对于违法行为，将责令停止，没收实物和违法所得，并处以古茶树价值5~10倍的罚款；擅自挖取树根等行为将处以古茶树价值1~5倍的罚款；在保护范围内乱搭乱建的，将处以3 000~1万元的罚款。

六、2018年《普洱市古茶树资源保护条例》实施

普洱市拥有丰富的古茶树资源，有26座古茶山，18.2万亩人工栽培古茶园，具有悠久的种茶制茶历史。近年来，受经济利益驱使，一些地方出现了乱采滥挖、伐树采摘等破坏古茶树资源的现象，古茶树的生存、资源生态受到严重威胁。为了加强对古茶树资源的保护，规范古茶树资源管理和开发利用活动，普洱市人大常委会决定制定《普洱市古茶树资源保护条例》（本节以下简称《条例》）。《条例》在制定过程中，省人大法制委、常委会法工委提前介入、主动指导，先后多次参与条例的制定、论证工作，提出修改完善的意见和建议。普洱市人大常委会广泛向社会公开征求意见，多次组织座谈会、论证会，认真听取和吸纳各方面的意见和建议，并报请市委研究同意，经普洱市人大常委会两次会议审议通过。

自2018年7月1日起《条例》施行。《条例》共有6章30条，包括总则、古茶树资源保护与管理、开发与利用、服务与监督、法律责任、附则6个方面，突出了古茶树资源保护中的重点、难点、盲点和迫切需要解决的问题，具有鲜明的原则性与可操作性、前瞻性与针对性、市内实际与市外经验相结合的普洱地方特色和特点。《条例》明确古茶树是指普洱市行政区域内的野生型茶树、过渡型茶树和树龄在100年以上的栽培型茶树；古茶树资源是指古茶树，以及由古茶树和其他物种、环境形成的古茶园、古茶林、野生茶树群落等；栽培型古茶树由市林业行政部门组织专家鉴定后予以确认并向社会公布，最大程度地扩大了古茶树资源保护范围。条例明确各级各部门的职责，建立古茶树资源保护补偿、激励机制；建立古茶树原产地品牌保护和产品质量可追溯体系；建立资源档案，并向社会公布，明确古茶树资源普查每10年开展一次。《条例》规定了过渡型、栽培型古茶树应当采取夏茶留养的采养方式，每年的6—8月不得进行鲜叶采摘。此外，《条例》还明确了执法主体及相关法律责任，严厉打击破坏古茶树资源的违法犯罪行为。对不履行法定职责，或者滥用职权、玩忽职守、徇私舞弊的相关职能部门工作人员，由所在单位或者上级行政机关责令改正，对直接负责的主管人员和其他直接责任人员依法给予处分；构成犯罪的，依法追究刑事责任。

其实施细则于2023年1月出台，划定古茶园、古茶林、野生茶树群落的保护范围，

进一步规范古茶树资源管理和开发利用。

七、2023年《云南省古茶树保护条例》实施

云南省是中国古茶树资源最丰富的地区之一，为加强古茶树保护，2022年11月30日，由云南省林业和草原局牵头起草的《云南省古茶树保护条例》（本节以下简称《条例》）经云南省第十三届人民代表大会常务委员会第三十五次会议审议通过，于2023年3月1日起实施，这标志着云南以地方立法方式对古茶树资源开展保护工作有了新突破。该《条例》是云南基于《中华人民共和国森林法》《中华人民共和国野生植物保护条例》《中华人民共和国种子法》，结合云南独特资源优势的立法创新。《条例》明确古茶树保护对象为树龄100年以上的野生茶树和栽培型茶树，确立了保护优先、科学管理、有序开发、可持续利用的原则。

《条例》明确了县级以上林业草原主管部门负责本行政区域内古茶树的保护、管理工作；县级以上农业农村、生态环境、自然资源、文化和旅游等相关部门要按照职责，做好古茶树保护有关工作。此外，还对编制保护专项规划、资源调查登记、保护范围划定和保护标志设置、种质资源保护利用以及限制性与禁止性有关事项作了规定。

在开发利用古茶树方面，《条例》规定县级以上人民政府应当制定古茶树开发利用扶持政策，引导行政区域内的茶叶企业和茶叶专业合作组织等规范运作，推动古茶树产业和其他产业融合发展。《条例》鼓励和支持科研机构、大专院校和企业依法开展古茶树种质资源研究利用，培育新优茶树品种；鼓励和支持开展地理标志产品保护，注册地理标志证明商标，创立自主知识产权的古茶树产品品牌，合理利用古茶树资源，培育古茶树资源产业链，提升产品市场竞争力。此外，《条例》还规定在古茶树保护范围内从事新建、改建、扩建建（构）筑物，开发建设旅游项目，探矿、采矿，开展科学研究、考察、教学实习、影视拍摄等活动，应当依法办理相关手续，并采取有效保护措施，避免古茶树受到损害。

《条例》禁止6种危害古茶树及其生长环境的行为：擅自砍伐、移植古茶树；对古茶树刻划、折枝、挖根、剥皮；在古茶树保护范围内使用危害古茶树的生长调节剂、化学除草剂；破坏古茶树保护范围内的伴生树木或者种植影响古茶树生长的经济林木、农作物；在古茶树保护范围内挖沙、采石、取土，使用明火，排放废气、废水，倾倒、堆放废渣；擅自移动、破坏古茶树保护标志或者挂牌。

《条例》在处罚方面，禁止境外机构和个人采集或者收购古茶树籽粒、果实、根、茎、苗、芽、叶、花等种植材料或者繁殖材料，违反规定的由县级以上林业草原、农业农村主管部门没收所采集、收购的古茶树种植材料或者繁殖材料，可以并处1万元以上5万元以下罚款。

《条例》自正式施行以来，西南林业大学古茶树研究团队深入全省8个州（市）20个县开展了50余场、2 500人次的宣讲，对《条例》进行系统解读，增强了各地对古茶树保护的认识；针对《条例》宣传落实不到位的情况，定期开展"中国是茶的故乡，云南是世界茶源"科普主题活动，制订方案，编制教材，培养师资，深入开展茶文化进学校、进机关、进企业、进社区、进家庭"五进"活动，营造了全社会共同参与古

茶树保护的良好氛围；先后赴普洱、西双版纳、临沧等地系统开展古茶树资源调查，收集96棵典型古茶树单株科研素材。省政协提案委员会联合民盟云南省委组成调研组，围绕云南省古茶树保护情况开展实地调研，形成了《云南省古茶树保护情况调研报告》，获云南省委领导肯定批示；建设完善古茶树资源管理应用平台，实现数字化管理，完善溯源体系，开发资源调查和在线登记功能，对古茶树资源分布、数量、生长状况等基础信息进行全面收集和管理，支持公众查询，实现信息公开；深入全省50余个茶山乡村和20余家茶企，将10余项研究成果无偿用于茶企提升加工工艺，分析30余个茶样产品，有效提升了企业的产品品质，平均帮助茶企实现年均增收5万元，助力乡村产业发展。总之，《条例》自正式施行以来，取得了多方面的显著成效。

2025年云南省两会期间，省政协委员们聚焦云南茶产业健康发展，围绕古茶树资源保护、茶旅融合等问题提出了一系列提案。九三学社、云南省委集体提案介绍，目前云南古茶树保护面临着古茶树研究对茶产业贡献率低、多集中于分类等基础方向，缺乏系统野外调查及与生产紧密相关的应用研究等问题；同时珍贵古茶树资源收集保存量少且不系统，古茶树保护缺乏执法主体、公众古茶树保护意识较淡薄、古茶树资源过度简单开发等问题。为此，建议应加强古茶树资源基础研究，围绕古茶树原生境保护、古茶树精准鉴定评价、珍稀和濒危古茶树资源保护性抢救、优质古茶树资源和基因挖掘利用等方面，开展普查认定挂牌保护等工作；加大种质资源圃建设力度；明确政府宣传教育和林业部门执法主体地位；建立保护利用协同长效机制，制定科学保护和开发利用措施。在做好古茶树资源保护基础上，着力打造从"茶园"到"茶杯"的高质量绿色云茶产业。

八、2023年《潮州市古茶树保护条例》实施

广东省潮州市凤凰山地区拥有大量古茶树，这些古茶树不仅凝聚了一代代茶农的心血，还对当地茶产业的发展起到了重要作用。近年来，随着单丛茶产业的快速扩张，古茶树的保护情况不容乐观。因此，潮州市人大常委会经过多方努力，制定了《潮州市古茶树保护条例》（本节以下简称《条例》），填补了广东省古茶树资源系统性保护的立法空白。《条例》于2022年10月21日由潮州市第十六届人民代表大会常务委员会第七次会议通过，并于2023年7月27日经广东省第十四届人民代表大会常务委员会第四次会议批准，自2023年10月1日起正式施行。条例明确了古茶树的保护主体，规定古茶树所有权人为具体管护责任人。当所有权与经营权分离时，由双方约定管护责任；若无约定，则由经营权人承担管护责任。此外，条例还强调保障茶农权益，要求为所有古茶树建立档案，明确其所有权，并在古茶树认定过程中允许茶农提出异议。

在开发利用方面，《条例》鼓励企业与茶农合作开发古茶树资源，同时明确需遵循公平自愿原则。相关部门需采取措施帮助茶农科学管理茶树，提升其经营权的行使能力。《条例》还规定市、县（区）人民政府应将古茶树保护经费列入财政预算，用于调查、认定、建档、养护、复壮、生态改善、保护设施建设等工作。

此外，《条例》还明确了法律责任，对侵占或破坏古茶树的行为，任何单位和个人均有权投诉和举报。通过这些措施，《条例》为古茶树的保护和可持续利用提供了坚实

的法律保障。

九、小结

除以上专门针对古茶树的条例外,《中华人民共和国森林法》《中华人民共和国野生植物保护条例》《中华人民共和国种子法》等法律法规也为古茶树保护提供了一定的法律依据和指导。这些古茶树保护条例深刻体现了各级政府在资源保护方面的积极探索和创新实践。这些条例不仅体现了对古茶树这一珍贵自然资源和文化遗产的高度重视,还彰显了生态保护与经济发展、文化传承相结合的现代理念。它们通过明确保护范围、禁止性行为和处罚措施,为古茶树的生存和发展提供了坚实的法律保障,有效遏制了过度开发和破坏行为,推动了全社会对古茶树保护的重视。

这些条例的实施还强调了科学管理和分类保护的重要性,通过设立专项资金、成立专家小组、制定养护技术规范和监测制度,为古茶树的保护提供了科学依据和技术支持。同时,条例兼顾了生态、经济和文化效益的协调发展,通过推动古茶树资源的合理开发,如品牌建设、旅游开发和科技创新,为地方经济发展注入了新的活力。此外,条例还强调了古茶树文化传承的重要性,通过挖掘和保护古茶文化,提升了地方文化的知名度和影响力,进一步推动了文化与经济的融合发展。

这些条例的实施离不开公众的广泛参与和社会各界的共同努力。通过明确公众义务、保障茶农权益、鼓励合作开发以及设立举报机制,条例充分调动了公众的积极性,形成了全社会共同参与古茶树保护的良好氛围。这种社会共治模式不仅提高了保护效率,还增强了公众的责任感和归属感。同时,这些条例为其他地区提供了宝贵的立法经验和示范作用,通过结合地方实际情况,制定针对性强、可操作的保护措施,展示了地方立法在资源保护中的重要作用,为其他自然资源的保护提供了参考和借鉴。

在古茶树保护工作中,法律手段的运用已成为推动生态保护和提升公众意识的重要方式。近年来,多个地区通过立法和司法实践,有效打击了破坏古茶树资源的行为,同时也提升了公众对古茶树保护的重视。

2016—2022年,云南省普洱市镇沅县九甲镇40余名村民先后擅自进入哀牢山国家级自然保护区的核心区,盗采国家二级保护野生植物大理茶鲜叶。2021年7月,镇沅县人民法院刑事审判团队在九甲镇和平村委会巡回审理了一起盗窃千家寨自然保护区野生古茶树鲜叶的案件。此次审理不仅对违法者进行了法律制裁,还通过公开审理的方式,对旁听的30余人进行了普法教育,展示了法律在保护野生古茶树方面的决心。这种"审理一案、教育一片"的方式,不仅有效打击了非法盗采行为,还提升了公众对古茶树保护的意识。

在《临沧市古茶树保护条例》实施后,临沧市在野生古茶树资源较为集中的区域开展了专项治理工作。期间共查处非法采撷野生古茶、毁坏野生古茶树案件34起。通过宣传和治理,林区内野生古茶树的生长环境得到了有效改善,群众对野生古茶树的保护意识也显著提高。这一行动不仅保护了古茶树资源,还推动了生态环境的可持续发展。

这些案例表明,法律在古茶树保护中发挥了重要作用。通过法律手段制裁违法行为，不仅直接保护了古茶树资源，还通过公开审理和专项治理等方式，提升了公众的保护意识，形成了全社会共同参与保护的良好氛围。这种以法治为核心的保护模式，为其他地区提供了宝贵经验，也为古茶树这一珍贵自然资源的长期保护奠定了坚实基础。

思政要点

（一）生态文明教育

1. 人与自然和谐共生理念：古茶树历经岁月，是生态系统的珍贵组成部分。保护条例的出台，彰显了人与自然和谐共生的理念，提醒人们尊重自然规律，认识到人类与自然是相互依存的整体。引导学生思考人类活动对自然的影响，培养珍惜自然资源、维护生态平衡的意识。

2. 可持续发展观：古茶树资源的可持续利用是保护条例的核心目标之一。通过学习这一内容，引导学生理解可持续发展不仅是满足当代人的需求，更是保障后代人的发展。

（二）文化传承与保护

1. 历史文化价值：古茶树承载着数百年甚至上千年的茶文化，是历史的见证者。它们与当地的民俗、传统技艺紧密相连，是文化传承的重要载体。引导学生了解古茶树背后的文化内涵，增强对本土文化的认同感和自豪感，激发他们传承和弘扬优秀传统文化的责任感。

2. 文化多样性保护：不同地区的古茶树品种多样，相关的保护条例体现了对文化多样性的尊重和保护。引导学生认识到文化多样性是人类社会的宝贵财富，鼓励他们尊重不同民族和地区的文化差异，促进文化的交流与融合。

（三）法治观念培养

1. 法律意识提升：古茶树保护条例是具有法律效力的规定，其出台和实施有助于培养人们的法治观念。引导学生了解法律在保护自然资源和文化遗产中的重要作用，增强法律意识，并自觉遵守法律法规。

2. 依法行事原则：强调在古茶树保护中，无论是个人、企业还是政府部门，都要依法行事。引导学生在日常生活中，遇到问题和纠纷时，学会运用法律手段解决，维护自身权益和社会公共利益。

（四）社会责任教育

1. 个人责任：保护古茶树是每个人的责任，保护条例的实施促使人们思考自己在这一过程中的角色和义务。引导学生从自身做起，积极参与古茶树保护的宣传和实践活动，培养社会责任感和担当精神。

2. 集体与国家责任：古茶树保护不仅关乎个人和地方利益，更关系到国家的生态安全和文化传承。引导学生认识到国家和集体在保护古茶树资源中的重要作用，以及个人与集体、国家利益的一致性，鼓励他们为国家和集体的利益贡献自己的力量。

第四节　景迈山古茶林——世界首例茶文化景观遗产

在中国西南边陲，群山连绵起伏，仿佛是大地褶皱间孕育出的无尽宝藏。在这片广袤而神秘的土地上，云南省普洱市澜沧县的景迈山，宛如一颗遗世独立的璀璨明珠，静静地镶嵌在大自然的怀抱中，闪耀着独特而迷人的光辉。这里是千年古茶林的故乡，每一寸土地都弥漫着茶的清香，每一片树叶都承载着岁月的记忆。布朗族、哈尼族、傣族、佤族等民族世代在这片土地上耕耘、生活，他们用自己的智慧和汗水，传承着古老的文化，书写着与这片土地紧密相连的历史篇章。

一、景迈山古茶林文化景观概述

景迈山属横断山系余脉，是怒山山脉向南延伸的部分，整体呈西北—东南走向，最高峰海拔约1 662米，不仅是一片自然风光旖旎的土地，更是一片承载着深厚历史、独特生态与多元文化的神奇土地。它宛如一部厚重的史书，每一页都记录着茶文化的起源、发展与传承，记录着各民族在这片土地上的繁衍生息、文化交流与融合。漫步在这片土地上，仿佛能够听到历史的回响，感受到岁月的沉淀。如今，这片古老而神奇的土地以其无与伦比的魅力和无可替代的价值，成功跻身世界文化遗产之列，成为全球首个茶主题世界文化遗产，开启了新的发展篇章，向世界展示着中国茶文化的独特魅力与博大精深。

景迈山的空气中弥漫着淡淡的茶香，那是千年古茶树散发出的气息，清新而悠远。放眼望去，景迈山漫山遍野的茶树郁郁葱葱，层层叠叠地铺展在山坡上，宛如绿色的波涛在风中起伏。这些古茶树，历经千年的风雨洗礼，依然生机勃勃，它们见证了岁月的变迁，见证了茶文化的传承与发展。在景迈山古茶林中，还生长着多种珍稀植物，如红椿、思茅木姜子、云南石梓、多花含笑、大叶木兰、螃蟹脚等。红椿是楝科香椿属落叶或半落叶乔木，高可达30米，在景迈山的生态系统中，红椿为许多动物提供了栖息和觅食的场所，其高大的树干也有助于维持森林的生态平衡。思茅木姜子是樟科木姜子属常绿乔木，中国的特有植物，在保持水土、涵养水源等方面发挥着重要作用。云南石梓是马鞭草科石梓属乔木，是国家重点二级保护野生植物，具有一定的观赏价值和生态价值。多花含笑是木兰科含笑属常绿乔木，对生长环境要求较高，景迈山的生态环境为其提供了适宜的生长条件，它在景迈山的植物群落中占据着重要地位。大叶木兰是木兰科木兰属常绿乔木，国家重点二级保护野生植物，对于维护景迈山森林生态系统的稳定和生物多样性发挥着重要作用。螃蟹脚是一种寄生在古茶树上的寄生物，属于桑寄生科槲寄生属多年草本植物，因其枝条为节状带毫，形似螃蟹的脚而得名。这些植物与茶树相互依存，共同构成了一个丰富多彩的生态系统。

布朗族、傣族、佤族等民族在这片土地上创造了独特的民族文化。他们的建筑风格、风俗习惯、宗教信仰等都与茶文化紧密相连。传统的干栏式建筑，不仅适应了当地的自然环境，还为茶叶的晾晒、存储和加工提供了便利。这种建筑，以木为主，结构精巧，既通风防潮，又冬暖夏凉。在村寨中，随处可见与茶相关的元素，如茶祖祭祀场所、茶文化壁画等，这些都体现了茶在他们生活中的重要地位。哈尼族的传统民居蘑菇房是其建筑文化的代表。蘑菇房一般为三层，底层用于饲养牲畜和堆放杂物，中层住人，上层存放粮食和杂物。房屋以土石为基，以木材为柱和梁，屋顶用茅草覆盖，形状酷似蘑菇，具有良好的保暖、隔热和防潮性能，适应了当地的自然环境和生活方式。

茶祖祭祀场所，是村民们祭拜茶祖的地方，每年的祭祀仪式都庄严肃穆，充满了对茶祖的敬仰和感恩。茶文化壁画，则生动地展现了茶的种植、采摘、制作等过程，让人仿佛置身于茶的世界。哈尼族是景迈山最早的种茶民族之一，他们在长期的实践中积累了丰富的种茶经验，掌握了一套独特的茶树栽培技术，如合理密植、间作套种等，以保证茶树的生长环境和品质。在制茶方面，哈尼族有着传统的手工制茶工艺，包括采茶、杀青、揉捻、晒干等工序，制作出的茶叶品质优良，具有独特的口感和香气。景迈山的佤族擅长竹编，利用当地丰富的竹子资源，编织出各种生产生活用具，如竹篮、竹筐、竹席等，竹编器具造型美观、工艺精细，既实用又具有一定的艺术价值。

景迈山的自然景观也令人叹为观止。这里山峦起伏，云雾缭绕，仿佛置身于仙境之中。云雾在山间缭绕，时而聚拢，时而散开，仿佛在诉说着古老的故事。每年秋冬季节，海拔 1 000~1 200 米处还会出现磅礴的云海奇观，那如梦如幻的景象，让人仿佛置身于童话世界。云海翻腾，如同一片白色的海洋，波澜壮阔。而村寨大多建在海拔 1 200 米以上，形成了"云上居"的独特景象，宛如一幅美丽的画卷。村寨在云海的映衬下，显得格外宁静而神秘。

如今，景迈山古茶林文化景观的成功申遗，不仅是对这片土地独特价值的国际认可，更是对中国茶文化深厚底蕴的肯定，如同一颗璀璨的星星，照亮了中国茶文化的天空。它将吸引着更多的人前来探寻这片古老土地的奥秘，感受茶文化的独特魅力，领略人与自然和谐共生的智慧。在这里，人们可以品尝到香醇的古树茶，欣赏到美丽的自然风光，体验到独特的民族文化。这片土地，正以它独特的魅力，迎接来自世界各地的游客。

二、古茶林的独特种植模式与生态价值

景迈山古茶林采用独特的"林间开垦，林下种植"技术，这种技术以村寨为中心，斑块状开发，保留森林防护线和防护林，形成"乔—灌—草"的立体群落结构。中层种茶，地表保持草木层，尽可能维系自然生态系统的平衡。这种独特的种植模式，不仅为茶树创造了适宜的生长环境，还充分利用了生物多样性来预防病虫害、促进授粉并提供天然养分。在古茶林中，茶树与周围的树木、花草、藤蔓等植物相互依存，共同构成了一个复杂而稳定的生态系统。各种植物的根系交织在一起，形成了一个庞大的地下网络，它们相互吸收养分，共同抵御病虫害的侵袭。同时，植物的花朵吸引着各种昆虫前来授粉，为茶树的繁殖和生长提供了有利条件。

这种与自然和谐共生的种植方式，展现了古代劳动人民的智慧结晶。千百年来，它不仅滋养了古茶树，使其茁壮成长，更守护了这片土地的生态平衡，成为现代生态农业的典范。在古茶林中，我们看到了人与自然和谐相处的美好景象，看到了古代劳动人民对自然规律的深刻理解和尊重。

古茶林的生态景观同样令人惊叹不已。景迈山拥有 5 片规模宏大、保存完好的古茶林，这些古茶林宛如绿色的海洋，一眼望不到边。古茶树数量众多，大多高 2~5 米，较大的古茶树接近 12 米，它们挺拔而立，枝繁叶茂，呈现出绿意葱葱的千年古茶林景观。

在土地利用上，景迈山形成了"森林—茶林—村落"的平面功能景观，垂直方向上则呈现出神山、森林、茶林、古村寨、旱地、水田、河流的层次分明的利用景观。这种独特的土地利用方式，不仅体现了古代劳动人民对土地的合理规划和利用，还展现了他们与自然和谐相处的理念。

景迈山古茶林的民族建筑风格同样鲜明而独特，主要体现在布朗族、傣族、佤族、哈尼族、汉族等民族的建筑上。布朗族村寨一般依山而建，选址多在山坡上，寨子的布局较为紧凑。以寨心为中心，向四周辐射展开，民居围绕寨心呈不规则的环状分布。布朗族民居为干栏式建筑，多为两层，底层架空，用于堆放杂物、饲养家畜等，二层为居住层，设有火塘、卧室、客厅等，通过楼梯上下。建筑材料主要采用木材、竹子、茅草或缅瓦等当地材料，木材用于搭建框架，竹子用于编织墙壁和地板，茅草或缅瓦则用于覆盖屋顶。布朗族建筑脊饰用一芽两叶造型，正脊还有标枪装饰，体现出布朗族对茶叶的崇拜以及独特的文化内涵。傣族村寨通常位于平坝或河谷地区，靠近水源，布局较为规整。以佛寺为中心，民居环绕佛寺分布，形成相对集中的村落格局。同样采用干栏式建筑，居住建筑底层架空为干栏层，主要用于杂物储藏和家畜饲养，二层为火塘、卧室和掌台，一般有较大的室外平台，用于茶叶加工、晾晒衣物等功能。建筑材料多使用木材、竹子、缅瓦等，木材选用本地的红毛树、栗树或松树等，质地坚硬、耐用。傣族建筑的屋顶形式为歇山顶，脊饰多用牛角造型，体现了傣族对牛的崇拜，屋檐博风口也常以黄牛角作为装饰符号。佤族民居形式与傣族干栏式建筑相似，但也有自己的特色。佤族民居正脊两端装饰禽鸟符号，体现了佤族民族特色的图腾符号。竜蚌、那乃等哈尼族村寨的民居形式与傣族干栏式民居基本相同，为两层的干栏式结构。老酒房村是景迈山唯一的汉族村寨，民居主要是砖木或混凝土结构，双坡顶一层，陶瓦或石棉瓦屋面，不采用底层架空。在建筑装饰上，部分民居可能会有精美的木雕、砖雕或石雕，题材多为吉祥图案、历史故事等，体现了汉族传统的文化审美。这些独特的建筑细节不仅展现了民族文化的多样性，更成为景迈山文化景观中不可或缺的一部分。

漫步在古村寨中，仿佛穿越了时空隧道，回到了遥远的过去。每一块木板都承载着岁月的痕迹，每一处雕花都蕴含着民族的智慧。那些古老的建筑，仿佛在诉说着一个个古老的故事，让人感受到浓郁的民族风情。村民们悠闲地生活，欢快地唱歌，加上家家户户飘出的茶香，令人感受到一种宁静而美好的生活氛围。

三、深厚的文化底蕴与茶文化传统

景迈山深厚的文化底蕴孕育出了独特的茶文化传统，包含了种茶制茶、食茶用茶、品茶咏茶等一系列丰富的内容。当地的宗教信仰、民俗活动等也与古茶林文化相互交融，形成了一个丰富多彩的文化体系。

景迈山的茶祖信仰是当地布朗族、傣族等世居民族在长期的种茶、制茶、饮茶过程中形成的一种独特文化现象，是景迈山茶文化的核心，它如同一颗明亮的北极星，指引着布朗族、傣族等民族在这片土地上繁衍生息。布朗族等民族的先民约在10—14世纪迁徙到景迈山，发现野生茶树群落并定居，开始对野生茶树进行驯化和人工种植。布朗族祖先帕哎冷留下遗训，强调茶树可让子孙后代取之不尽、用之不竭，嘱咐后人像保护眼睛一样保护茶树，这一遗训成为茶祖信仰的重要源头。景迈山的茶祖信仰将祖先崇拜与自然崇拜相结合，人们认为茶祖帕哎冷的灵魂与茶树融为一体，茶树具有灵性，是祖先的化身和恩赐，保护茶树、传承茶文化就是对祖先的敬重和感恩，也是对自然的敬畏。芒景上寨的西北侧建有茶祖庙——帕哎冷寺庙，每年4月中旬春茶季，也是傣族、布朗族的新年，人们会前往芒景山茶魂台和茶祖庙拜祭茶祖帕哎冷，杀猪庆贺丰收和新年。每年4月中旬的山龛节是布朗族祭祀茶祖的重要节日，起源于佛历800年（257年）。届时，布朗族人会在茶魂台举行隆重的祭祀活动，将最隆重的祭品献给茶祖，祈福来年风调雨顺、茶林丰收。在古老的茶祖祭祀仪式上，村民们身着盛装，手捧着香烛和供品，虔诚地向茶祖祈福。这不仅体现了人们对茶的敬畏之情，也传承了古老的茶文化。布朗族每开辟一片茶园，会心怀敬畏地种下第一棵茶树，即"茶魂树"，每年在"茶魂树"上采摘下的第一拨鲜叶便是"茶魂茶"，象征着茶祖的庇佑，是民族信仰的化身。

茶祖信仰形成了一套规范世居民族行为的准则，如在古茶林的养护过程中，村民们遵守村规民约，不施肥、不打农药，依赖原始森林的生态系统自我调节，保护古茶林的生态环境。这种信仰体系使景迈山人形成了珍惜自然资源、注重生态保护、追求人与自然和谐共处的价值观，他们将保护古茶林视为传承祖先遗产、延续民族文化的重要责任，一代又一代地守护着这片古茶林。茶祖信仰增强了布朗族、傣族等世居民族的民族认同感和凝聚力，共同的信仰使各民族在长期的生活中相互交流、相互影响，形成了团结协作、共同保护和发展古茶林文化的良好氛围。

在日常生活中，茶已经融入了景迈山人民生活的每一个细节。从清晨的第一杯茶开始，他们的一天就在茶的陪伴下度过。食茶用茶是他们生活中不可或缺的一部分，茶叶不仅可以用来泡着喝，还可以用来做菜、做药。品茶咏茶则是他们精神生活的一种享受，他们在品茶的过程中，感受茶的清香和韵味，咏茶的诗词歌赋更是表达了他们对茶的热爱和赞美。

村寨的布局和建筑与佛教信仰体系密切相关，形成了独特的信仰空间体系。在村寨中，随处可见佛教的元素，如佛塔、寺庙、佛像等。景迈山的村寨整体上围绕神山而建，体现了对自然神灵的敬畏，而这种自然崇拜与佛教信仰相互融合。在傣族村寨中，寺庙往往位于重要位置，是村寨的宗教和精神中心。如勐本傣寨，村落寺庙（金塔佛寺）虽然与寨心分离，但仍是村落布局的重要参照点，村落建筑以寨心为中心布局，寺庙则成为村民精神寄托和宗教活动的核心场所。村寨建设以"寨心"为基准点，内部建筑与街道基本围绕寨心集中紧凑布局，有些地形条件相对平坦的村寨还呈圈层的向心式布局。这种布局方式不仅便于村民之间的交流与联系，更重要的是体现了佛教信仰中对中心和秩序的追求，同时也象征着佛教教义中的众生围绕佛祖，寻求庇护和指引。由内部到外部形成"寨心"—通向寨心的建筑街道—入口"佛寺"建筑—古茶林、森林（茶神自然崇拜）—神山水源林（自然山神崇拜）的信仰空间体系。佛寺处于村寨与自然之间的过渡位置，既连接着村寨内部的世俗生活，又通向外部的自然神灵崇拜区域，体现了佛教中人与自然和谐统一的理念，也反映了人们通过佛教信仰来寻求自然与人类社会平衡的心理。这些佛教建筑不仅为村民们提供了一个精神寄托的场所，也成为了景迈山文化景观中的一道亮丽风景线。

在制茶工艺方面，景迈山的村民们传承着古老的技艺。景迈山传统手工制茶技艺历史悠久，可追溯到唐朝，其工序复杂，要求细腻。多采用"留养采"的方式，即采摘时需要留一部分成熟叶片，保养茶树的同时以待来年更发，这是景迈山人民与古茶树之间心照不宣的古老约定。采摘下来的茶叶要进行摊晾，将茶叶均匀地摊放在竹匾或干净的篾笆上，厚度适中。一般使用传统的铁锅进行杀青，锅温要控制在合适的范围内，通常在180~220℃。把茶叶放在热锅里炒制，全凭双手去感受温度的变化，通过炒、闷、抖、翻等手法，使茶叶受热均匀，快速钝化茶叶中的氧化酶活性，阻止茶叶发酵，保留茶叶的绿色和香气成分。这一过程需要茶农具备丰富的经验和敏锐的直觉，以确保杀青的程度恰到好处。杀青后的茶叶趁热进行揉捻，将茶叶放在竹匾或揉捻台上，用手轻轻揉搓，使茶叶细胞破碎，茶汁溢出，茶叶初步成条。揉捻的力度要适中，避免茶叶破碎或揉捻不足，影响茶叶的品质。根据茶叶的嫩度和品种，控制揉捻的时间和力度，一般揉捻时间在15~30分钟，使茶叶达到适当的卷曲度和紧密度，为后续的发酵和成型做好准备。揉捻后的茶叶要放在太阳光下自然晒干，将茶叶均匀地摊放在竹匾或干净的地面上，在通风良好、阳光充足的地方晾晒，让茶叶中的水分慢慢蒸发，晾晒过程中要注意翻动茶叶，使茶叶干燥均匀，同时，要防止雨水或露水淋湿茶叶，影响茶叶的品质。晒干后的茶叶要进行筛分，通过不同孔径的筛网，将茶叶按照大小、粗细、长短等进行分级，去除茶叶中的杂质和碎末，使茶叶的外形更加整齐美观，同时也便于后续的拼配和加工。根据茶叶的品质特点和市场需求，将不同等级、不同产地、不同年份的晒青毛茶进行合理的拼配，使茶叶的色、香、味、形符合标准，达到品质的协调和稳定。拼配是一门技术活，需要凭借茶农和制茶师的经验和专业知识，通过对茶叶的外观、香气、口感等方面的综合判断，确定最佳的拼配比例，以展现出景迈山普洱茶独特的风味和品质。"澜沧古茶"是从景迈山走出来的上市茶企，是"云南老字号""景迈山传统制茶技艺非遗工坊"。"景迈世家"是澜沧景迈世家茶业有限公司旗下的品牌，以"用景迈山资源滋养社会，代表社会回报景迈山"为使命，致力将景迈茶推广至全世界。景迈山大叶种普洱茶是景迈山最为著名的茶品种之一，干茶条索紧结，色泽乌黑油润，茶汤具有兰花香、蜜香、果香等多种香气，口感醇厚，回甘生津，独有的香气和口感受到茶友们喜爱。这些茶叶不仅供自己饮用，还远销各地，成为景迈山的一张名片。

在茶艺表演中，表演者们身着民族服饰，优雅地展示着泡茶、品茶的过程，让观众感受到茶文化的魅力。如布朗族女性会穿着斜襟紧身无领短衣，搭配黑色、蓝色打底印花筒裙，头发绾成发髻并缠深色大包头，包头配银链、鲜花等饰件；男性则上穿对襟无领短衣，下穿黑色肥大长裤子，头裹黑色或白色包头。这些服饰色彩鲜艳、图案精美，充满了民族韵味。表演过程中会融入布朗族刀舞等传统舞蹈以及当地的音乐元素。布朗族刀舞舞者手持长刀，在锣鼓和芦笙等传统乐器的伴奏下，进行挥刀、劈砍、旋转等动作，其刚劲的舞蹈风格与茶文化的雅韵相得益彰，为茶艺表演增添了独特的魅力。在茶艺表演中，会展示不同年份、不同种类茶叶的冲泡方法，让观众领略到景迈山茶叶的丰富多样性。在冲泡过程中，茶艺师会运用"凤凰三点头""回旋注水""高冲低斟"等多种手法。如"凤凰三点头"，提壶注水时手腕连续3次起伏，如同凤凰轻盈地点头，既表达对茶叶和品茶者的尊重，又能让水流有节奏地注入茶壶，唤醒茶香；"回旋注水"则让水流沿着茶壶内壁缓缓旋转而下，使茶叶均匀受热，充分释放香气。布朗族茶道强调"和敬""清寂"，通过泡茶、品茶的过程，传递友谊和祝福，茶艺表演不仅仅是一种展示，更是一种社交活动，让观众在品茶的同时，感受到当地人民的热情好客和友好情谊。

景迈山的民俗活动也丰富多彩，如茶祖节、山康节、泼水节等。在这些节日里，村民们载歌载舞，庆祝茶叶的丰收，传承茶文化。山康节是布朗族最盛大的节日，通常在农历的二月二十七到三月初一（4月中旬）举行，为期3天。节日期间，布朗族群众会身着节日盛装，手持茶米蜂蜡，排着长队到岩冷寺和茶魂台祭祀茶祖，给先人敬上糯米饭、糍粑、蜂蜡香、礼钱等，祈求幸福吉祥。祭祀结束后，还会举行歌舞表演、茶艺展示等活动。泼水节是傣族最重要的节日，也是布朗族、佤族的共同节日，时间在4月中旬，一般持续3~7天。节日期间，人们相互泼水，还会到佛寺用茶叶等祭祀已故亲人。此外，还有赛龙舟、放高升、跳孔雀舞等活动。此外，正月初二、初三、初四等不同时间，分别在景迈村勐本村民小组、芒景村芒洪村民小组八角塔、芒景上寨活动广场、翁哇村民小组活动广场等地举行"壕摆粉"傣家茶宴和"芭额拥"布朗家宴。"壕摆"是景迈山民族特色赶摆活动的一种称呼，"壕摆粉"傣家茶宴就是在这种赶摆活动背景下，由傣族人民准备的具有浓郁傣族特色的茶宴。茶宴以茶入菜，将茶文化与美食巧妙结合。螃蟹脚炖鸡，鸡肉与螃蟹脚的鲜美相互衬托，茶香浓郁；茶香排骨外焦里嫩，茶香与肉香交织；此外，还有茶香烤鸡、茶叶苦子果包烧鱼、茶叶小炒牛肉、嫩牛包茶沾喃咪、野菜茶叶凉拌、茶味咸蛋黄焖香芋、茶叶饭等，每一道菜都别具风味。"芭额拥"是布朗族语言中对这种家宴的称呼，体现了布朗族的文化特色和传统。布朗家宴的菜品丰富多样，具有浓郁的布朗族风味，如烤鸡、烤五花肉、凉拌野菜、酸肉、竹筒饭等，这些菜品采用布朗族传统的烹饪方法制作而成，味道独特，充分展现了布朗族的饮食文化特色。这些民俗活动不仅丰富了村民的精神生活，也吸引了众多游客前来观赏，促进了当地旅游业的发展。"千年茶山年年春"活动让景迈山在春节期间成为热门旅游目的地，受欢迎程度极高。而多家媒体对景迈山春节期间的活动的报道，进一步提升了活动的知名度和影响力，吸引了更多游客的关注。游客们对景迈山的自然风光、茶文化以及各项活动都给予了高度评价。

四、景迈山古茶林的多维价值

景迈山古茶林文化景观的价值宛如一颗璀璨的钻石，从不同角度散发着耀眼的光芒。不仅在于其独特的自然与文化特色，更在于其深厚的历史、生态、文化、经济和科学价值，这些价值相互交织，共同构成了景迈山古茶林文化景观的独特魅力。

从历史价值来看，864年著成的《蛮书》就已记载该区域广泛种植茶树，芒景缅寺木塔残碑之一的《功德碑记》记载了傣历377年（1015年）建盖总佛寺的故事，景迈山种茶历史千年以上，是研究茶叶种植历史和茶文化发展的重要实物资料，让我们看到了茶叶在这片土地上的起源、发展和传承。景迈山的茶文化历史，不仅是中国茶文化的重要组成部分，也是世界茶文化的重要源头之一。这里的茶树种植历史可以追溯到唐朝，当时的茶树种植技术和茶文化已经开始形成。随着时间的推移，景迈山的茶文化不断发展，成为当地民族生活的重要组成部分。

从生态价值来看，古茶林内共记录种子植物943种和变种、珍稀濒危保护植物15种、陆生脊椎动物187种、鸟类134种、蜜蜂等经济昆虫21种，物种数、丰富度指数、多样性指数和均匀度指数与天然林极为相似，形成了稳定高效的自然生态系统，对维护区域生态平衡发挥着重要作用，也为研究森林生态系统和生物多样性提供了宝贵样本。这片古茶林宛如一个巨大的生态宝库，孕育着丰富的生物资源，为我们研究生态系统和生物多样性提供了宝贵的财富。这些植物不仅为茶树提供了良好的生长环境，还为许多动物提供了栖息地。

古茶林内的动物种类非常丰富。亚洲象是亚洲现存的最大陆生动物，属于国家一级保护动物，它们偶尔会进入景迈山古茶林区域觅食、活动，庞大的身躯在茶林和森林中穿梭，对维持森林生态系统的平衡起着重要作用，例如，通过踩踏和觅食行为影响植被分布和土壤结构。猕猴是一种灵长类动物，在景迈山古茶林内较为常见，它们常在树林间跳跃、觅食，以水果、坚果、嫩叶、昆虫等为食，还会在古茶林附近的村寨周边活动，与人类生活区域有一定的交集，给当地带来了一些人与动物和谐相处的景象。豹猫体型与家猫相似，但更为修长，是一种小型猫科动物，属于国家二级保护动物，它们在景迈山古茶林的山林中活动，善于攀爬和捕猎，主要以鼠类、鸟类、蛙类、昆虫等为食，是古茶林生态系统中的重要捕食者，在控制鼠害等方面发挥着作用，维持着生态系统的食物链平衡。绿孔雀是国家一级保护动物，也是世界濒危物种，它们在景迈山古茶林附近的森林、河流附近活动，以植物种子、果实、昆虫、小型爬行动物等为食，其生存状况反映了当地生态环境的质量。白鹇属于国家二级保护动物，多在山林中觅食，主要以植物的嫩叶、根茎、果实以及昆虫等为食，在景迈山古茶林区域的山林中经常可以看到它们优雅的身影，是古茶林生态景观的一部分。太阳鸟体型小巧玲珑，色彩鲜艳，被誉为"东方的蜂鸟"，它们在景迈山古茶林的花丛中穿梭，以花蜜为主要食物来源，同时也会捕食一些小型昆虫，太阳鸟在吸食花蜜的过程中，起到了传播花粉的作用，促进了古茶林内植物的繁衍和生态系统的稳定。蜜蜂，主要为大蜜蜂，别名树排蜂，云南俗称马长蜂、大挂蜂，它们对生存条件要求苛刻，一般只在没有污染和破坏的原始热带雨林才能发现其身影，在景迈山，它们通常栖息在高大的树木上，如被称为"蜂王树"的古榕树上，这些蜜蜂在采蜜过程中帮助茶树传播花粉，提高茶树的繁殖能力，同时也为当地带来了丰富的蜂蜜资源。景迈山古茶林内蝴蝶种类繁多，如凤蝶、蛱蝶、粉蝶等，它们的幼虫以植物叶片为食，成虫则吸食花蜜，在花丛中翩翩起舞，为古茶林增添了生机和美丽，同时也是生态系统中食物链的重要环节，作为鸟类等捕食者的食物来源，维持着生态系统的平衡。此外，景迈山古茶林内有多种蛇类，如眼镜蛇、竹叶青等，它们在山林中活动，以鼠类、蛙类、鸟类等为食，是生态系统中的重要捕食者，对控制鼠害和其他小型动物种群数量起着重要作用，同时也是其他大型捕食者如猛禽、大型蛇类的食物来源，在食物链中占据着重要位置。常见的还有树蛙、沼蛙等，它们多在夜间活动，以昆虫为食，是农田和森林生态系统中的"害虫杀手"，对控制害虫数量、维护生态平衡发挥着重要作用，同时，蛙类的生存状况也可以作为衡量生态环境质量的重要指标之一。这些动物在古茶林内自由生活，形成了一个完整的生态系统。

从文化价值来看，景迈山古茶林文化景观体现了各民族在长期生产生活实践中形成的独特文化传统、宗教信仰和民俗风情。传统的干栏式建筑、茶祖信仰、独特的民俗活动等，对于研究民族文化的传承与发展具有重要意义。这些文化元素如同一颗颗璀璨的珍珠，串联起了景迈山的文化项链，向世人展示了各民族在这片土地上的文化交流与融合。

从经济价值来看，茶叶是当地村民赖以生存的支柱产业，古茶林带来的良好经济效益使景迈山茶农人均收入远远超过澜沧县、惠民镇的平均水平，山上人口持续增加，年轻人留乡种茶、大学生回乡创业等现象凸显了古茶林对当地社会经济发展的巨大带动作用。景迈山古茶园的鲜叶价格在过去10年间有了显著上涨，2015年，景迈山古树茶鲜叶价格每千克在200元左右，到2020年已经上涨到每千克500元左右，而2024年，古树茶鲜叶价格每千克达到了800元左右。成品茶价格同样在上涨，以景迈山普洱茶饼为例，2018年一款357克的普通景迈山普洱茶饼价格在300元左右，2021年上涨到500元左右，2024年市场上品质较好的同规格普洱茶饼价格已经达到了800元甚至更高。一些高端的、采用特殊工艺制作或来自特定古茶树的景迈山普洱茶，价格更是令人瞩目，有的一饼甚至可以卖到数千元。

这片古茶林宛如一座绿色的金矿，为当地村民带来了丰厚的经济收益，推动了当地经济的繁荣。随着茶叶市场的不断扩大，景迈山的茶叶越来越受到消费者的欢迎，茶叶价格也逐年上涨。许多茶叶爱好者在社交媒体平台上分享他们对景迈山茶叶的喜爱，比如在小红书上，有用户发文说："尝试了景迈山的普洱茶，那独特的兰花香和醇厚的口感一下子就征服了我，现在已经成为我的日常口粮茶了。"还有不少消费者表示，景迈山茶叶的品质和口感让他们愿意向身边的朋友推荐。相关市场调研机构的数据显示，景迈山茶叶在国内主要茶叶消费市场的销售额逐年递增，以北京、上海、广州等一线城市为例，2020年景迈山茶叶的销售额为5 000万元，到2021年增长至6 500万元，2022年达到8 000万元，2023年突破了1亿元，2024年更是达到了1.5亿元。一些知名的茶叶品牌对景迈山茶叶进行了大力推广和品牌塑造，像大益、陈升号等品牌推出的景迈山系列产品，凭借品牌的影响力和景迈山茶叶本身的品质，在市场上供不应求，进一步推动了景迈山茶叶价格的上涨。以大益的一款景迈山古树普洱茶为例，刚推出时定价为800元/饼，随着市场需求的增加和品牌的推广，第二年价格就上涨到了1 200元/饼。在一些高端茶叶拍卖会上，景迈山茶叶的表现也十分抢眼，例如在2023年的一场茶叶拍卖会上，一批来自景迈山的百年古树普洱茶拍出了每千克5万元的高价，而在2024年的类似拍卖会上，同样品质的景迈山古树茶价格已经达到了每千克8万元，这充分显示了市场对景迈山茶叶的认可和追捧。在国际市场上，景迈山茶叶在日本、韩国以及东南亚等国家和地区的销量也呈现出稳步上升的趋势。

景迈山茶叶产业的发展，还带动了相关产业的发展，如茶叶加工、包装、运输等。普洱市澜沧县景迈普洱茶加工仓储物流建设项目计划投资约 25 500 万元，一期主体工程引进昆明船舶集团的全自动生产线，布局普洱茶初制加工厂、精深加工厂等功能业态，设计日产 7.5 吨的生产线，致力于打造澜沧县普洱茶全产品精深加工基地，推动景迈山茶叶加工产业向规模化、标准化、专业化发展。随着景迈山茶叶品牌的打响，周边出现了许多为茶叶企业提供定制包装服务的小型企业和作坊，比如在澜沧县，一些包装厂专门为景迈山的茶叶设计制作精美的纸质包装盒、木质礼盒等，不仅注重包装的实用性，还融入了景迈山的民族文化和茶文化元素，如布朗族、傣族的传统图案等，提升了茶叶产品的档次和文化内涵。为了满足景迈山高端茶叶的包装需求，包装材料供应商也不断进行产品升级，例如，一些供应商推出了具有更好防潮、保鲜性能的新型包装材料，像铝箔复合袋、充氮包装等，以保证景迈山茶叶在储存和运输过程中的品质，同时也推动了包装材料生产企业的技术创新和发展。随着茶叶产业的发展，景迈山所在的澜沧县，吸引了众多物流企业的关注和布局，像顺丰、圆通、中通等快递物流企业在惠民镇等茶叶产区设立了多个物流网点，方便茶企和茶农发货。据当地物流企业统计，在春茶上市期间，每天从景迈山发往全国各地的茶叶包裹可达数千件。为了满足景迈山茶叶特别是一些高端鲜叶和茶品对运输保鲜的要求，冷链运输产业也得到了发展。一些专业的冷链物流企业与茶企合作，为景迈山茶叶提供冷链运输服务，确保茶叶在运输过程中的品质不受影响，能够新鲜、安全地到达消费者手中，促进了景迈山茶叶在更广泛市场的销售。

从科学价值来看，"林下茶"种植技术展示了古代劳动人民在农业生产方面的高超智慧。这种种植模式利用森林生态系统创造适宜的茶树生长环境，利用生物多样性预防病虫害、促进授粉并提供天然养分，对现代生态农业、可持续农业的发展具有重要的借鉴和启示作用。这种古老的种植技术如同一本生动的教科书，为现代生态农业的发展提供了宝贵的经验。"林下茶"种植技术的核心在于利用森林生态系统的优势，为茶树提供良好的生长环境。在这种种植模式下，茶树与周围的树木、花草、藤蔓等植物相互依存，共同构成了一个复杂而稳定的生态系统。各种植物的根系交织在一起，形成了一个庞大的地下网络，它们相互吸收养分，共同抵御病虫害的侵袭。同时，植物的花朵吸引着各种昆虫前来授粉，为茶树的繁殖和生长提供了有利条件。

古茶林与森林、村寨、云海等自然景观相互融合，形成了如诗如画的美景，具有极高的美学价值，为人们提供了丰富的审美体验，吸引了众多游客和摄影爱好者前来观赏和创作。这片古茶林宛如一幅美丽的画卷，让人们在欣赏美景的同时，感受到大自然的魅力和生命的美好。古茶林的美景，不仅体现在其自然景观上，还体现在其文化景观上。古茶林内的布朗族和傣族村寨，以其独特的建筑风格和民俗风情，吸引了众多游客前来观赏。古茶林内的茶祖祭祀仪式、茶花节等民俗活动，也吸引了众多游客前来体验。古茶林的美景，不仅为人们提供了丰富的审美体验，还为人们提供了了解布朗族和傣族文化的机会。

五、景迈山古茶林的申遗历程及申遗成功后的发展

普洱景迈山古茶林文化景观的申遗历程宛如一场漫长而艰辛的马拉松比赛，每一步都凝聚着无数人的心血和汗水。2010年，国家文物局首倡景迈山古茶林申遗。2012年，景迈山古茶林被列入《中国世界文化遗产预备名单》，这是对景迈山古茶林文化景观价值的初步认可，也是申遗历程中的一个重要"里程碑"。2013年，国家文物局报请国务院将"景迈山古茶园"公布为全国重点文物保护单位，这一举措为景迈山古茶林的保护提供了有力的保障。2021年1月，国务院批准"普洱景迈山古茶林文化景观"作为我国2022年世界遗产申报项目，这是申遗历程中的关键一步，标志着景迈山古茶林文化景观的申遗工作进入了冲刺阶段。2023年9月17日，在沙特阿拉伯利雅得召开的联合国教科文组织第四十五届世界遗产大会上，景迈山古茶林文化景观成功被列入《世界遗产名录》，这不仅是对景迈山独特价值的国际认可，更是对中国茶文化深厚底蕴的肯定。

申遗成功为景迈山带来了更高的国际知名度，如同一颗璀璨的明星，在世界文化遗产的舞台上闪耀着独特的光芒。景迈山的发展也迎来了新的机遇。普洱市制定实施了《普洱市景迈山古茶林文化景观保护条例》《普洱景迈山古茶林管护技术规范》等法规，持续有效保护景迈山。《普洱市景迈山古茶林文化景观保护条例》于2023年1月1日起施行，明确了保护范围、原则、部门职责，划分了一级和二级保护区，并规范了建设与活动审批，设立了严格的处罚措施。这一法规如同一把利剑，守护着景迈山的古茶林文化景观，确保其保护工作有法可依。《普洱景迈山古茶林管护技术规范》从古茶林地管理、植被管理等8个方面提供了科学养护的技术指导，如同一本科学指南，为古茶林的养护提供了技术支持。《景迈山建设活动导则》则通过局镇村三级联审、专家指导、文物审核等方式，严格把关建设活动，确保不破坏古茶林文化景观的原真性和完整性。这一导则如同一把尺子，衡量着景迈山的建设活动，确保其符合保护要求。

同时，景迈村、芒景村的村规民约也进行了修订完善，从村民日常行为规范角度，对古茶林及周边环境的保护起到了补充和细化的作用。这些村规民约如同一条条细绳，约束着村民的行为，让他们自觉参与到古茶林的保护工作中来。相关规划如《普洱景迈山古茶林文化景观遗产保护管理规划》以及惠民镇国土空间规划、景迈山行政村村庄规划，为景迈山的长期保护和可持续发展提供了宏观指导。这些规划如同一幅幅蓝图，描绘着景迈山的未来，为古茶林文化景观的保护和发展指明了方向。

产业融合发展方面，当地统筹"茶文化、茶产业、茶科技"，引领带动茶产业提质增效，合作社开启了"茶旅融合"的新赛道，以"庄园+体验+游学"的模式，发展乡村旅游。这种产业融合发展的模式如同一场春雨，滋润着景迈山的茶产业和旅游业，为当地经济发展注入了新的活力。文化传播推广方面，进一步挖掘、阐释和传播景迈山古茶林文化景观的价值内涵，不断扩大景迈山的影响力，传播好中国茶文化。通过各种渠道和方式，让更多人了解景迈山古茶林文化景观的独特价值，感受中国茶文化的博大精深。

旅游发展升级方面，持续完善景迈山旅游基础设施，推动文旅产品、模式、业态创

新和服务创优,推出"周末游""文化游""研学游""康养游"等线路产品,让更多游客能够深入体验景迈山的独特魅力。这些旅游线路产品如同一道道美味的佳肴,满足了不同游客的需求,让他们在景迈山度过一段难忘的旅程。

自景迈山古茶林文化景观申遗成功至2024年9月,共接待游客40.2万人次,同比增长33.52%;实现旅游收入3.38亿元,同比增长184%。尤其以节假日表现突出,2023年国庆中秋期间和2024年元旦假期,景迈山接待游客量分别同比增长280.8%和272.2%。2025年春节期间,景迈山成为热门旅游地,许多客栈房间早在1月中旬甚至两个月前就已被预订一空。"景迈山"相关搜索量在携程网环比增长161%,在美团的搜索量同比上涨了500%,网络关注度的提升为景迈山带来了更多的潜在游客。

六、小结

普洱景迈山古茶林文化景观,以其独特的魅力和重要价值,成为世界文化遗产的一部分。它不仅见证了中华民族悠久的历史和灿烂的文化,更向世界展示了人与自然和谐共生的智慧。未来,景迈山将继续在保护与发展的道路上前行,让这片千年古茶林在新时代焕发出更加璀璨的光芒,成为全球茶文化爱好者心中的圣地,吸引着更多人前来探寻它的奥秘,感受它的魅力。

1. 文化自信与传承:景迈山古茶林作为世界首例茶文化景观遗产,承载着千年的种茶、制茶、饮茶传统,是中华民族茶文化的瑰宝。这体现了中国茶文化的源远流长与博大精深,有助于增强对民族文化的认同感与自豪感,激励学生传承和弘扬优秀传统文化,坚定文化自信,肩负起守护文化遗产的责任。

2. 生态保护意识:古茶林历经千年,至今仍保持着良好的生态环境,是人与自然和谐共生的典范。林茶共生系统,既保护了生物多样性,又保障了茶叶的独特品质。这启示我们要尊重自然规律,树立正确的生态观,积极参与生态保护,践行绿色发展理念,推动生态文明建设。

3. 可持续发展理念:景迈山的茶农世代依靠古茶林为生,在长期实践中形成了可持续的生产生活方式。他们合理采摘茶叶,注重茶树养护,确保古茶林的长久繁荣。这能让学生理解可持续发展的内涵和重要性,认识到经济发展与环境保护可以协调共进,在未来的工作和生活中贯彻可持续发展理念。

4. 民族团结与合作:景迈山居住着多个民族,各民族在古茶林的发展过程中相互交流、合作,共同传承茶文化。这种多民族和谐共处、共同发展的模式,体现了民族团结的力量,有助于培养学生的民族团结意识,促进各民族之间的交流与合作,共同为实现中华民族伟大复兴而努力。

5. 创新与发展:在现代社会,景迈山的茶产业在传承传统技艺的基础上,不断创新发展,如开发新的茶叶产品、利用电商平台拓展销售渠道等。这告诉学生要勇于创新，积极适应时代发展的需求，将传统与现代相结合，推动产业升级和社会进步。

参考文献

陈佳贵，丁敬平，2010. 中国的茶产业与茶饮料工业 [M]. 北京：经济管理出版社.

成都市档案馆，2024. 茶肆春秋：成都老茶馆档案文献精编 [M]. 成都：成都时代出版社.

都凤华，谢春阳，2011. 软饮料工艺学 [M]. 郑州：郑州大学出版社.

贵州省茶叶协会，中国国际茶文化研究会民族民间茶文化研究中心，贵州省茶叶研究所，2018. 贵州古茶树 [M]. 北京：中国农业出版社.

郭静伟，2021. 嵌入景迈山布朗族社会文化变迁中的普洱茶 [M]. 昆明：云南民族出版社.

孔德昌，2021. 云南省临沧市古茶树资源状况 [M]. 昆明：云南科技出版社.

廖正平，2023. 古树名木保护与管理 [M]. 北京：中国林业出版社.

刘朦，李志农，2022. 景迈山建筑文化 [M]. 北京：五洲传播出版社.

杨嵩，2020. 景迈山拾茶记 [M]. 昆明：云南人民出版社.

虞富莲，2016. 中国古茶树 [M]. 昆明：云南科技出版社.

左靖，2023. 景迈山：古茶林文化景观巡礼 [M]. 上海：上海人民美术出版社.

第三章 茶人茶魂

第一节 中国古代十大茶人及其对茶学的贡献

在我国5 000多年的文明史中，传统文化源远流长、博大精深、灿烂多姿、影响深远。而茶文化是中国传统文化的重要分支，茶文化以其悠久的历史、深厚的内涵和独特的魅力，成为中华民族文化的重要组成部分。茶文化在发展过程中不断深化内涵，不仅包含了茶叶的种植、制作、饮用等物质文化层面，还融入了哲学、艺术、礼仪等精神文化层面，体现了中华民族的智慧、审美和生活方式。茶作为一种文化现象，与我国人民生活密切相关，在历史上有许多名人与茶结缘，与茶文化密切相关的十大茶人，他们分别是陆羽、卢仝、诸葛亮、吴理真、杜牧、李德裕、皮日休、蔡襄、赵佶、朱权，他们不仅写有许多对茶吟咏称道的诗词，还留下不少煮茶品茗的人文趣事。

一、茶学奠基者陆羽

在历史的长河中，唐代有一位闪耀着独特光芒的人物——陆羽，字鸿渐，名疾，733年诞生于复州竟陵（今湖北天门），约于804年与世长辞。他以卓越的才华与深厚的造诣，成为唐代茶学的集大成者，当之无愧地被誉为"中国茶学第一人"，更是茶文化的奠基者，为后世茶文化的发展铺就了坚实的基石。

陆羽在梳理与规范中国茶艺时，独具匠心地将儒家"修身养性、克己复礼"的道德追求融入其中。他提出"宜精行俭德之人"作为品茶者应具备的品质要求，这一理念如同一颗璀璨的明珠，照亮了茶人及茶学者的精神世界，成为大家共同遵循、积极倡导与高度推崇的品德标杆。

陆羽一生与茶相伴，对茶的热爱达到了痴迷的程度，其茶道技艺更是登峰造极。他对世界茶业发展所做出的卓越贡献，令世人敬仰，因此被尊称为"茶仙""茶圣""茶神"，一部《茶经》更是让他千古留名。《茶经》作为我国首部茶学领域的百科全书，首次对我国茶叶的产区分布、独特特点、各类用具以及悠久历史等进行了全面且细致的概括与总结。正是这部著作，让陆羽成功地将饮茶从单纯的物质生活需求，升华到了精神层面的追求，开创了茶文化的崭新境界。

《茶经》全书分为上、中、下三卷，总计十章。上卷包含"源""具""造"三章。"源"深入讲述了茶树的原产地、形态特征、名称由来，以及自然条件对茶叶品质的影响和茶叶的功效；"具"详细讲解了茶叶采制过程中所需的各类工具及其使用方法；"造"则系统阐述了茶叶采制工艺以及品质鉴别方法。中卷仅有"器"一章，专门聚焦于茶叶烹饮用具的用途、类型等方面。下卷涵盖"煮""饮""事""出""略""图"六章,"煮"介绍煮茶的具体方法和水的品质等级;"饮"探讨饮茶的方式、现实意义以及历史演变;"事"叙述从上古时期到唐代的各类茶事记载;"出"列举全国名茶的产地以及品质优劣;"略"论述在特定条件下,如何合理省略茶叶采制工具和饮茶用具;"图"强调将采茶、加工、饮茶的整个过程绘制在绢素上,悬挂于茶室,以此指导茶叶生产和烹煎活动。美国学者威廉·乌克斯在《茶叶全书》中高度评价道:"《茶经》是中国学者陆羽著述的第一部完全关于茶叶的书籍,中国农家及世界相关人士皆受其惠。"

唐代文人张又新在《煎茶水记》中记录了这样一则有趣的故事:湖州刺史李季卿在扬子江畔偶然遇到正在考察茶事的陆羽,便热情相邀同船而行。李季卿听闻扬子江中心的南陵水煮茶味道绝佳,即刻派士卒驾小船前去取水。然而,士卒在途中不小心洒掉了多半瓶水,慌乱之下偷偷舀了岸边的江水充数。陆羽舀起水尝了一口,立刻判断道:"这是近岸的江水,并非南零水。"李季卿让士卒再次去取水,陆羽品尝后,微笑着说:"这才是江中心的南零水。"取水的士卒见无法隐瞒,只好如实相告。此事一经传开,陆羽的名气愈发响亮,也充分展现了他对茶文化的深刻理解和敏锐感知。

陆羽的生平事迹被记载在《新唐书》《文苑英华》《唐才子传》《全唐文》等诸多文献之中。他一生著作众多,可惜大多已散佚,唯有《茶经》三卷完整地流传至今。此外,陆羽在诗歌创作方面也颇具才华,只是流传下来的诗作数量有限。他的故事和成就,成为了茶文化中永恒的传奇,激励着后人不断探索和传承茶文化的精髓。

二、中国古代"第一茶诗"《走笔谢孟谏议寄新茶》的作者卢仝

卢仝(约795—835年),号玉川子,出生于河南济源市武山镇思礼村,祖籍范阳(今河北省涿州),身为中唐时期的杰出诗人,亦是"初唐四杰"之一卢照邻的孙辈。早年间,他于少室山隐居,一心苦读,胸怀拯世济民的远大抱负,然而一生都未能踏上仕途,因此常以"山人"自谓。卢仝嗜茶如命,对茶的研究造诣极深,被后世尊称为"茶仙"。在茶人心中,卢仝与茶之间,绝非仅仅是简单的喜爱与被喜爱关系,而是一种灵魂深处的契合。他对茶的情感,深厚而绵长,不仅钟情于饮茶的那份惬意,更在茶文化领域,凭借独到的见解与卓越的贡献,留下了浓墨重彩的一笔。

尽管中唐时期政治上有诸多问题,但经济仍有一定发展,尤其是在南方,茶叶种植和贸易日益繁荣。茶叶成为重要的商品,饮茶之风盛行,上至王公贵族,下至平民百姓,都对茶有着浓厚的兴趣。这为卢仝创作茶诗提供了丰富的生活素材和社会基础。卢仝一生诗作颇丰,其中成就最为卓著、影响最为深远的,当属《走笔谢孟谏议寄新茶》。孟简,字畿道,德州平昌(今山东商河以北)人,在贞元七年(791年)前后中进士,元和四年(809年),拜谏议大夫。孟简与卢仝交往颇深,曾赠送给卢仝阳羡月团茶三百片,卢仝为此写下了著名的《走笔谢孟谏议寄新茶》一诗,以表达对孟简所赠新茶的感谢以及自己饮茶后的感受等。这首诗还有《玉川子茶歌》《茶歌》等别称,世人更习惯称其为《七碗茶歌》。在这首诗中,卢仝以细腻笔触,生动描绘了饮茶时的七种境界,从最初的润喉之畅,逐步升华至清风拂面的空灵之境,淋漓尽致地展现出茶

的多重功效,以及由茶所带来的审美愉悦。这首诗堪称中国古代"第一茶诗",它宛如一颗璀璨星辰,在中国茶文化的浩瀚星空中熠熠生辉,对后世文人的饮茶风尚与茶诗创作,都产生了极为深远的影响。在茶文化发展历程中,它更是与陆羽的《茶经》并肩而立,成为不朽的经典之作。全诗如下:

日高丈五睡正浓,军将打门惊周公。口云谏议送书信,白绢斜封三道印。

开缄宛见谏议面,手阅月团三百片。闻道新年入山里,蛰虫惊动春风起。

天子须尝阳羡茶,百草不敢先开花。仁风暗结珠琲瓃,先春抽出黄金芽。

摘鲜焙芳旋封裹,至精至好且不奢。至尊之余合王公,何事便到山人家。

柴门反关无俗客,纱帽笼头自煎吃。碧云引风吹不断,白花浮光凝碗面。

一碗喉吻润,两碗破孤闷。三碗搜枯肠,唯有文字五千卷。

四碗发轻汗,平生不平事,尽向毛孔散。五碗肌骨清,六碗通仙灵。

七碗吃不得也,唯觉两腋习习清风生。蓬莱山,在何处,玉川子,乘此清风欲归去。

山上群仙司下土,地位清高隔风雨。安得知百万亿苍生命,堕在巅崖受辛苦。

便为谏议问苍生,到头合得苏息否?

中唐时期,唐朝经历了安史之乱后,国力由盛转衰,中央政权面临着藩镇割据、宦官专权等问题,政治局势较为动荡。朝廷内部斗争激烈,各方势力此消彼长,文人阶层在这样的环境下,对于社会现状有着复杂的情感和思考,他们既渴望为国家效力,又对现实的困境感到无奈。卢仝终生未能仕进,这种政治环境对他的人生轨迹和创作心态产生了深刻影响,在诗中"安得知百万亿苍生命,堕在巅崖受辛苦。便为谏议问苍生,到头合得苏息否?"体现了卢仝对茶农的同情和对苍生的关怀,这种人文精神也影响了后世茶诗创作。后世诗人在写茶时,也会关注茶背后的劳动人民,如郑燮的《咏茶》就有对茶农艰辛生活的描写,使茶诗不仅仅是对茶的赞美和个人情感的抒发,还具有更深刻的社会意义和人文价值。

《走笔谢孟谏议寄新茶》充分体现了卢仝诗歌风格独特,想象丰富,豪放不羁的创作风格,在当时的诗坛独树一帜。同时,诗歌酬唱之风盛行,文人之间常以诗歌相互赠答,卢仝的这首诗也是在与孟谏议的交往中,以谢茶为契机创作而成的,是当时诗歌酬唱文化的一个典型代表。同时,该诗以细腻笔触描绘了饮茶的过程与感受,从得到新茶、煎茶到品茶的不同境界,为后世茶诗创作拓展了丰富主题。后世诗人不再仅仅局限于对茶的外观、品质等进行描写,还深入挖掘与茶相关的生活场景、情感体验等,像苏轼的《汲江煎茶》"活水还须活火烹,自临钓石取深清",就细致刻画了煎茶的场景,明显受到卢仝此诗影响,将茶事作为诗歌重要题材进行多方面书写。

卢仝的茶学体系巧妙融合了儒释道三家的养生思想,在诗中,他通过对饮茶境界的描写,如"五碗肌骨清,六碗通仙灵"体现了道家追求自然、超凡脱俗的思想;而对苍生的关怀又体现了儒家的仁爱精神。这种思想的融合使他的诗歌不仅具有艺术价值,还蕴含着深刻的哲学思考。进而形成了别具一格的煎茶理念。在文学创作上,他才华横溢,佳作频出;而在茶的世界里,他对茶的热爱与独特理念,更是如同一股清泉,润泽了后世茶人的心田。尤其是对日本茶道的形成,卢仝有着不可磨灭的重要影响。他精湛的煎茶技艺、深刻的品茶心得，被远渡重洋的日本僧人带回日本，在异国他乡生根发芽，茁壮成长，对日本茶道的发展产生了深远影响。直至今日，卢仝的茶文化理念与诗歌作品，依然在茶香四溢中被人们传颂、研究，成为中国茶文化宝库中弥足珍贵的瑰宝，承载着中华民族源远流长的茶文化记忆，也为后世茶人不断探索、传承茶文化提供了无尽的灵感与滋养。

三、茶道睦邻贤相诸葛亮

在悠悠茶史的长河中，诸葛亮这位中国古代熠熠生辉的政治家、军事家、战略家、发明家与文学家，其身影不仅闪耀于军事与政治的舞台，更在茶文化的广袤天地里，留下了浓墨重彩的深刻印记，尤其在云南地区，他与茶的渊源如同茶香般，萦绕千年，经久不散，被后世茶人尊奉为"茶祖"。诸葛亮（181—234年），字孔明，号卧龙，琅琊郡阳都县（今山东省临沂市沂南县）人，是三国时期蜀汉丞相。

在滇西大地，茶人们对诸葛亮的尊崇，恰似他们对茶叶的热爱，深厚而浓烈。在普洱与西双版纳，这片茶香四溢的土地上，诸葛亮被茶人视作茶祖，其虔诚敬仰之情，从他们日常的言语、行动中，便可见一斑。在西双版纳，有一座公明山，又称孔明山，它静静屹立在六大茶山之间，犹如一位忠诚的守望者，见证着茶人与诸葛亮跨越千年的不解之缘。当地的茶人，怀着对茶祖的深厚情感，亲切地把茶树称作"孔明树"。每年，当诸葛亮诞辰的日子来临，一场盛大的祭茶仪式——"茶祖会"，便会在这片土地上隆重举行。届时，月光如水般洒下，歌舞声响彻夜空，一盏盏孔明灯缓缓升入天际，它们承载着茶人对茶祖的无限敬意，也寄托着茶人对来年茶叶丰收、生活美好的真挚祈愿。

2023年，云南省西双版纳勐腊县贡茶文化节暨第七届公祭茶祖孔明文化节，在勐腊县象明乡安乐村委会牛滚塘大街孔明山祭风台盛大开幕。这场盛会，巧妙地将传统茶文化与独特的民族风情融为一体，构建出一个极具魅力的勐腊贡茶文化空间。祭茶祖仪式，作为传承千年的文化瑰宝，以民族艺术为画笔，描绘出茶人对茶的深厚情感，以及对美好生活的热切向往。傣族舞蹈的灵动轻盈、彝族舞蹈的豪迈奔放、香堂族舞蹈的古朴典雅、基诺族舞蹈的活力四射，与敬献茶叶、三牲、五谷、鲜花，净手上香、宣读祭文等庄重肃穆的仪式相互呼应，共同演绎出一场震撼人心的茶文化视听盛宴。在牛滚塘古街，千米长街宴热闹非凡，家家户户的桌子相连，茶香、美食的香气弥漫在空气中。人们一边品尝着民族美食，一边参与盲品大赛、茶叶品鉴大会、斗茶选拔赛、篝火晚会以及三跺脚等丰富多彩的活动，让茶的魅力在欢声笑语中得到了淋漓尽致的展现。

追溯历史，祭茶仪式上祭祀孔明的缘由，与诸葛亮的茶事活动紧密相连。诸葛亮一生心怀北伐曹魏、兴复汉室的壮志，深知团结周边民族的重要性。在勉县前往略阳的一座山上，他特意设立茶坊，煮茶相待。时常邀请羌氏族首领上山，一同品茶议事。在那弥漫着袅袅茶香的茶坊里，诸葛亮与羌氏族首领品茶论道，借茶性温和、中正平和的特性，探讨合作的可能性。羌氏族首领在品茶的过程中，不仅感受到了人生的惬意，更对诸葛亮的人品和才华钦佩有加，于是决定携手合作，亲自率领数十万大军归附蜀汉，共同投身北伐大业。为了纪念这次合作，诸葛亮将此山命名为"煎茶岭"，这个故事历经岁月的洗礼，流传至今，成为以茶为纽带，促进民族和睦的千古佳话。

相传，诸葛亮在云南征战结束后，留下了许多茶籽，这些茶籽在云南的土地上生根发芽，最终成就了云南这片重要的茶叶产区。据《普洱府志古迹》记载，诸葛亮曾走遍六大茶山，并留下了一些器具作为纪念，六大茶山也因此得名。在南征途中，他了解到茶叶的神奇功效，便命令部下采购茶籽，这一举措极大地推动了云南茶叶种植面积的扩大，为后世茶产业的繁荣发展埋下了希望的种子。

在茶文化传播形式上，诸葛亮通过自身的行为，让茶文化传播不再局限于简单的饮品认知。他与少数民族的茶事交流，以茶为礼、以茶议事，将茶文化融入民族交往、政治活动中，丰富了茶文化传播内涵，为茶文化在不同地域、不同民族间的传播开辟了新路径，使茶文化更具生命力和影响力。

四、"植茶始祖""甘露大师" 吴理真

作为西汉时期的茶界先驱，吴理真是世界上有明确文字记载的最早种茶人，后人尊其为"植茶始祖"，敬称"甘露大师"，其功绩堪称茶史的不朽丰碑。《名山县志》中翔实记载，蒙顶山这座位于今四川省雅安市境内的茶之圣地，见证了吴理真的功绩。他在山中探寻时，敏锐地发现了野生茶的药用功能，这一发现，犹如在混沌中开启了一道曙光，为茶的发展开辟了全新的方向。随后，吴理真在蒙顶山五峰之间亲手种下7株茶树，这7株茶树，承载着他对茶的热爱与期望，后世尊其为"仙茶"。从那一刻起，人工种植茶树的历史被正式开启，茶道与茶文化也迎来了新的篇章。吴理真的贡献，不仅仅在于茶树的种植，更在于他为茶文化注入了灵魂，其影响深远，贯穿了整个中国茶史。

蒙顶山茶文化的繁茂，离不开吴理真这棵"参天大树"的滋养。相传，他因母亲染病，怀着赤诚的孝心入山寻药，机缘巧合之下，邂逅了茶树的药用价值。这一偶然事件，实则是茶与人类文明的必然相遇。吴理真深知茶树的珍贵，于是下定决心培育更多茶树。他不辞辛劳，悉心照料，终于让蒙顶山茶茁壮成长。蒙顶山也因此被誉为"仙茶故乡"，声名远扬。

宋孝宗淳熙十三年（1186年），吴理真的功绩得到了官方的高度认可。他被封为"甘露普惠妙济大师"，其手植7株茶树的地方被封为"皇茶园"。这一封号与封地，不仅是对吴理真个人的褒奖，更是对他所开创的茶文化事业的肯定。

吴理真的事迹与贡献，被诸多文献所记载，如《舆地纪胜》《智炬寺留题》《茶谱》等，这些文献记录了他在茶文化中的重要作用与深远影响。他的种茶精神，以及对茶文化的无私奉献，至今仍被茶人铭记与敬仰。每年的蒙顶山茶文化旅游节，祭拜茶祖吴理真都是最为庄重的环节。在袅袅茶香中，茶人们怀着崇敬之心，缅怀这位茶界先贤，传承着他的精神，让茶文化的火种，在岁月的长河中，永远燃烧，永不熄灭。

五、杜牧用诗道茶味

在唐代的茶韵风华里，有一位茶人熠熠生辉，他便是杜牧，字牧之，号樊川居士，身为唐代杰出的诗人、散文家，其笔下华章传颂千古，而他与茶的深厚渊源，同样值得品味。

杜牧，一生嗜茶如痴。步入晚年，为了能全身心沉浸于茶事，他满怀热忱，连上三启，一心渴望外放到当时的贡茶胜地——湖州为官。这份执着与期待，最终得偿所愿，足见他对茶的钟情，以及对茶事的无限向往。

杜牧曾在阳羡（今江苏宜兴）肩负起贡茶督造使的重任，为皇宫供茶严格把关，每一片茶叶都经过他的精挑细选。在担任湖州太守期间，他又奉诏督制贡茶，这不仅彰显出他对茶品质的严苛要求与精准把控，更证明他在茶事领域积累了丰富的知识与经验，已然成为行家里手。

茶，亦是杜牧诗歌创作的灵感源泉，他一生创作了大量茶诗。《春日茶山病不饮酒，因呈宾客》写于杜牧去世前一年，彼时他正任湖州刺史，春日茶山贡茶督造工作结束后，因染病无法饮酒，他便挥笔成诗，向宾客诉说境况。诗中"谁知病太守，犹得作茶仙"一句，道尽了杜牧对茶的贪恋，此诗大概是作于病榻之上，诗人刚巧喝了一壶好茶，于是精神振奋，心满意足，顿生飘飘欲仙之感。

《题茶山》一诗，为杜牧到任湖州刺史后所作。《题茶山》中"山实东吴秀，茶称瑞草魁。泉嫩黄金涌，牙香紫璧裁"，寥寥数语，生动勾勒出茶山的钟灵毓秀，毫不吝啬地赞美了茶叶的超凡品质，从中可深切感受到杜牧对茶的由衷欣赏，以及对茶产地自然景观的深深眷恋。《题茶山》中的"茶山"，即唐湖州长城县（今浙江长兴县）顾渚山，地处太湖西岸，盛产紫笋茶，陆羽在此作有《顾渚山记》。《苕溪渔隐丛话》记载，唐茶品虽多，惟湖州紫笋入贡。紫笋生顾渚，在湖、常二郡之间。在采茶时，两郡守毕至，最为盛会。杜牧所谓"溪尽停蛮棹，旗张卓翠苔"，刘禹锡诗："'何处人间似仙境，春山携妓采茶时'，皆以此。"

《茶山下作》描绘："春风最窈窕，日晓柳村西。娇云光占岫，健水鸣分溪。燎岩野花远，戛瑟幽鸟啼。把酒坐芳草，亦有佳人携。"杜牧在诗中描绘了茶山下春日的美景，以及与宾客坐在茶山下草地上饮酒赏景的情景，虽然当时他身体抱恙不能饮酒，但从诗中仍可看出他对茶乡生活的享受。

杜牧的茶诗，犹如一扇窗，为他的诗歌创作开辟了全新的天地。他的作品不再局限于政治、历史、抒情等传统范畴，茶事活动与茶文化也在其中留下浓墨重彩的一笔。这不仅展现出他对生活多维度的关注与热爱，更为后世研究唐代茶文化呈上了珍贵的资料。从他的茶诗中，不难发现他独特的茶审美情趣，无论是对茶山景色的细腻描绘，还是对茶叶品质的高度赞誉，都映射出他对自然之美、生活之美的独特感悟，以及对高雅生活的不懈追求。

六、茶泉逸韵使李德裕

李德裕，唐代的一位著名政治家和文学家，与茶文化有着深厚的联系。李德裕出身世家大族，其祖父李栖筠曾任常州刺史，与"茶圣"陆羽交往密切。在陆羽的建议下，李栖筠将义兴阳羡茶上贡给皇帝，使阳羡茶成为贡茶，改变了唐朝贡茶的格局。李德裕父亲李吉甫编纂的《元和郡县图志》记载了蒙顶茶进贡以及顾渚茶进贡的概况，这些家庭背景和茶文化氛围对李德裕产生了深远影响，促使他自幼便对茶产生了浓厚的兴趣。

李德裕对茶的品质有着极高的要求，他曾特别喜爱安徽潜山市天柱山周围出产的天柱茶，并且慕名求索。据《玉泉子》和《中朝故事》记载，李德裕曾因对天柱茶的钟爱，特意嘱咐赴任舒州的官员为他带来天柱茶。李德裕对饮茶的喜爱极为深厚，煮茶用水更是大有研究，是继陆羽之后又一辨水高手。他生性节俭，但对煮茶用水却极为挑剔，在遍尝天下名泉后，独爱惠山泉，认为只有惠山泉才能烹出最佳的茶汤。为此，他不惜利用自己的权势，在惠山与长安之间设置了一系列驿站，建立起一条惠山泉的特快专递线，千里迢迢将惠山泉水运至长安，以供自己饮用和烹茶。不过，后经高僧点拨，李德裕叫停了"水递"专线，改用长安本地的水代之。他对茶的热爱和对品质的追求，体现了唐代茶文化的一部分。

李德裕有不少与茶相关的诗作，如《故人寄茶》：

剑外九华英，缄题下玉京。开时微月上，碾处乱泉声。

半夜邀僧至，孤吟对竹烹。碧流霞脚碎，香泛乳花轻。

六腑睡神去，数朝诗思清。其余不敢费，留伴读书行。

这首诗生动地描绘了李德裕收到朋友寄来的四川名茶"九华英"时的欣喜之情，以及连夜邀僧友一起品茶的情景，展现了他对茶的喜爱和对品茶的独特感悟。这首诗不仅反映了唐代的茶文化，更突出了作者对友人的感激与怀念，对友情的珍视。

另一首《忆茗芽》"谷中春日暖，渐忆掇茶英。欲及清明火，能销醉客醒。松花飘鼎泛，兰气入瓯轻。饮罢闲无事，扪萝溪上行"，也体现了他对茶的怀念与喜爱。

此外，李德裕在政治上也有显著的成就，他曾两度担任宰相，是唐代朋党之争中李党的重要人物。他的政治生涯和对茶文化的热爱，共同构成了他丰富多彩的人生经历。

七、茶经续脉守护者皮日休

皮日休（约838年至约883年），字袭美，号逸少，因曾居襄阳鹿门山号鹿门子，复州竟陵（今湖北天门）人。在晚唐的风云变幻中，皮日休以其卓越的文学才华与对茶的深厚情怀，在唐代茶文化的长卷上留下了浓墨重彩的一笔。作为当时声名远播的文学家与诗人，皮日休对茶的热爱融入了他的创作与生活。

《茶中杂咏》是皮日休途经苏州时创作的一组咏茶诗歌，这是中国第一组咏茶组诗，十首诗作分别描写了茶坞、茶人、茶笋、茶籯、茶舍、茶灶、茶焙、茶鼎、茶瓯、煮茶，宛如一幅细腻的工笔画，将唐代茶事的方方面面徐徐展开。从茶坞的葱郁、茶人的辛勤，到茶笋的鲜嫩、茶籯的质朴，再到茶舍的温馨、茶灶的烟火、茶焙的精心、茶鼎的古朴、茶瓯的雅致以及煮茶的精妙，每一处细节都被皮日休以灵动的笔触勾勒出来。《茶灶》一诗，透过袅袅茶烟，我们看到了茶农煮茶时的辛劳，感受到了皮日休对他们深深的同情与关怀；《茶人》则以细腻的笔触，描绘了采茶人的日常，让读者看到了茶文化与百姓生活的水乳交融。这些诗作，是皮日休对茶的热爱与对茶文化理解的结晶，是他留给后世的宝贵财富。这组诗，是他对茶深深眷恋的倾诉，更是当时茶文化蓬勃发展的生动写照和对茶人生活的深刻洞察。

在皮日休的茶缘中，陆龟蒙是不可或缺的存在。陆龟蒙出生年份不详，约卒于881年，字鲁望，号天随子、甫里先生、江湖散人，苏州姑苏（今江苏省苏州市）人，唐朝时期诗人、文学家、农学家。陆龟蒙与皮日休为文友,世称"皮陆"。"皮陆"之谊,不仅是诗坛的佳话,更是茶界的美谈。二人于苏州邂逅,从此,茶烟袅袅间,他们或围炉煮茶,品味茶香的醇厚;或挥毫泼墨,以诗唱和,抒发对茶的感悟。皮日休的《茶中杂咏》与陆龟蒙的《奉和袭美茶具十咏》,宛如双子星,照亮了后世茶文化研究的漫漫征途,为后人探寻唐代茶文化的奥秘提供了珍贵的线索。

更值得一提的是,皮日休与陆羽的《茶经》之间有着一段传奇的缘分。据传,在那典籍散落的年代,皮日休凭借着对茶的执着与热忱,为朝廷寻回了失传的《茶经》,让这部茶文化的经典之作得以重见天日,继续滋养着后世的茶人。

尽管皮日休一生历经坎坷,命运多舛,但他在文学与茶文化领域的卓越成就,使他成为了唐代茶文化史上一座不朽的丰碑。他的诗歌,他的茶缘,他对茶文化的贡献,都将永远铭刻在历史的长河中,为后人所敬仰与传颂。

八、蔡襄与《茶录》

蔡襄是北宋时期著名的政治家、书法家和茶学专家,他与茶有着深厚的渊源,在茶文化的发展中起到了重要作用。蔡襄在任福建转运使期间,负责监制北苑贡茶,对建安茶区的茶叶生产和制作有深入的了解。他认为陆羽的《茶经》没有详细记载建安之品,丁谓的《茶图》又只论述了采造之本,而对于烹试之法未有涉及,于是决定撰写《茶录》,将自己的研究心得记录下来。

《茶录》全书共 800 余字,分上下两篇。上篇论茶,分色、香、味、藏茶、炙茶、碾茶、罗茶、侯茶、熁盏、点茶十目,主要论述茶汤品质和烹饮方法。下篇论器,分茶焙、茶笼、砧椎、茶铃、茶碾、茶罗、茶盏、茶匙、汤瓶九目,详细介绍了各种茶具的特点和用途。《茶录》是宋代重要的茶学专著,它不仅对宋代建安茶业的发展起到了极大的推动作用,也对日本的茶道以及世界茶业的发展产生了重要影响。该书对茶叶的品质、制作工艺、保存方法以及烹饮器具等方面进行了详细论述,是后世研究宋代茶文化的重要资料。

蔡襄在担任福建转运使时,负责北苑贡茶的监制工作。他精心管理北苑茶园,改进制茶工艺,使得北苑贡茶的品质得到了极大提升,其中"小团茶"更是闻名全国,成为当时贡茶中的珍品。蔡襄对北苑贡茶的重视和推广,使得北苑茶区的知名度大幅提高,吸引了更多的人关注和参与到茶叶的种植、制作和贸易中来,促进了当地茶业经济的繁荣,也使得北苑贡茶成为宋代茶文化的重要代表之一。

蔡襄认为茶色贵白,饼茶因表面涂有膏泽,所以有青、黄、紫、黑等不同颜色。而在辨别茶叶优劣时,以肉理润者为上,黄白者受水昏重,青白者受水鲜明,建安人开试,以青白胜黄白。他指出茶有真香,而入贡的茶叶有时会微以龙脑和膏来助香,但建安民间试茶皆不入香,以免夺去茶的真香。在烹点之际,也不应杂以珍果香草,否则会进一步夺走茶香。蔡襄认为茶味主于甘滑,只有北苑凤凰山连属诸焙所产的茶叶味道最佳,隔溪诸山所产的茶叶,即使及时加以制作,色味皆重,无法与北苑茶相比。此外,他还强调水泉的甘洌对茶味的影响,认为前世论水品者正是基于此来评判水质优劣的。

蔡襄的书法作品中常常出现与茶相关的内容,如他的一些书信、题跋中就有对品茶、斗茶等活动的描述,这些作品不仅具有艺术价值,也为研究他的茶文化思想提供了珍贵的资料。蔡襄的书法风格独特,其楷书端庄秀丽,行书流畅自然,与茶文化所蕴含的高雅、清幽的气质相得益彰。他以书法的形式表达对茶的喜爱和理解,使书法与茶这两种文化艺术形式在宋代得到了更加深入的交融和发展。

九、皇帝茶人宋徽宗赵佶

宋徽宗赵佶,虽在政治上多有争议,但在茶学领域却有着独特贡献,他对茶的喜爱和推崇对宋代茶文化的发展产生了深远影响。

宋徽宗亲自撰写了《大观茶论》,这是中国茶文化史上的一部重要著作。全书共20篇,全面且系统地阐述了北宋时期茶叶的栽培、采制、烹试、品质等各个方面的内容。书中对茶叶产地、天时、采择等方面的详细论述,如"植产之地,崖必阳,圃必阴",精准地概括了茶叶种植的环境要求;"凡芽如雀舌谷粒者为斗品,一枪一旗为拣芽,一枪二旗为次之,余斯为下。",明确了不同茶芽的品质等级,为当时的茶叶生产和品鉴提供了详细而专业的指导,使得宋代茶学知识得以系统化、理论化。该书也较全面地论述了宋代茶业、茶道的发展情况,以及茶叶的特点和当时茶事的各个环节。

《大观茶论》中融入了宋徽宗个人的审美情趣和哲学思想,将品茶提升到了一种精神层面的享受。他在书中强调茶的"真香""真味",追求自然、质朴的茶境,体现了宋代文人对"和、静、清、雅"的精神追求,丰富了中国茶文化的内涵,使茶文化不仅仅是一种饮品文化,更是一种蕴含着哲学、美学等多方面价值的文化形态。《大观茶论》作为宋代茶学的重要文献,为后世研究宋代茶文化、茶产业及茶技术等方面提供了珍贵的第一手资料。后世的茶学著作,如明代许次纾的《茶疏》、清代陆廷灿的《续茶经》等,都在一定程度上参考和借鉴了《大观茶论》的内容,对中国古代茶学的传承和发展起到了重要的桥梁作用。

宋徽宗强调茶面的"汤花"必须雪白细腻,这成为衡量点茶技艺高低的重要标准之一。为了达到这一效果,人们需要掌握精湛的点茶技巧,包括调膏、注水、击拂等环节,通过反复练习和实践,使茶汤呈现出均匀、细腻、持久的泡沫。在茶盏的选择上,他推崇建窑出品的黑釉"兔毫盏"。深色的内壁能够更好地衬托出白色的茶汤花纹,增强观赏和对比的视觉效果,让点茶的艺术性和观赏性得到充分展现。

宋徽宗常在宫廷中以茶宴请群臣、文人,举办盛大的茶会。这些茶会不仅是一种社交活动,更是展示皇家气派和文化修养的场合。在茶会上,皇帝与大臣们一起品茶、论茶、赏茶,交流诗词歌赋、书画艺术等,使得茶事活动成为宫廷文化的重要组成部分。在宋徽宗的大力支持下,"点茶""斗茶"成为宫廷里的热门项目,并迅速在贵族和文人阶层中流行开来。"斗茶"时,人们互相比拼谁能点出最细腻的汤花,谁能在斗茶中"一击制胜",斗茶不仅是对茶艺技巧的较量,也是一种展示个人才情和修养的方式。

宋徽宗对茶的喜爱刺激了民间茶园的繁荣。地方官员纷纷在适宜的山地开辟大规模茶园,以响应皇帝的"茶政"需求。从福建的建安、北苑,到四川的蒙顶山,各种优质产区竞相开发,茶叶产量大幅增加。宋代对外贸易发达,徽宗在位期间,茶叶是重要的创汇商品。沿海地区的港口以及西北边境的茶马互市都十分热闹，外国商人对"宋茶"心驰神往，茶叶贸易的繁荣带动了宋代经济的发展和文化的交流。

《文会图》是宋徽宗赵佶的绘画代表作之一，生动地记录了宋朝文士雅集茶会的场面。画面中，巨大的茶案上摆放着茶和丰盛的茶点，文士们围席而坐，相互交谈，侍者们则在一旁候汤、点茶、分酌和奉茶，各司其职。该作品不仅是宋代点茶法场景的真实再现，也体现了宋徽宗对茶事活动的关注和喜爱，具有较高的艺术欣赏和史料参考价值。

十、革新茶人朱权

朱权是明太祖朱元璋第十七子，号臞仙。朱权原本被封为宁王，镇守大宁，手握重兵。但在朱棣靖难之役后，他被迫屈从，后被改封到南昌。为了远离政治纷争，避免皇权斗争的迫害，朱权选择了深自韬晦，不问世事，将精力投入到茶学研究和著述中，以茶明志，寻求内心的平静与安宁。

明代茶文化繁盛，散茶大行其道，饮茶风气为之一变。在这样的时代背景下，朱权受当时社会文化氛围的影响，结合自己对茶的深厚研究和独特见解，以及自己的人生经历和对茶的热爱，创作了《茶谱》，为明代茶文化的发展增添了浓墨重彩的一笔，对明代饮茶模式的确立和茶文化的发展产生了极为深远的影响。

朱权认为茶具有"助诗兴""伏睡魔""倍清谈""中利大肠，去积热化痰下气""解酒消食，除烦去腻"等多种功效，强调了茶对身心调和的帮助，体现了他对于养生之道的关注。他主张品谷雨茶，认为其品质上乘。在用水方面，推崇"青城山老人村杞泉水""山水""扬子江心水""庐山康王洞帘水"等。煎汤要掌握"三沸之法"，点茶则要经过"盏""注汤小许调匀""旋添入，环回击拂"等程序，并指出"汤上盏可七分则止，着盏无水痕为妙"。

《茶谱》中对茶的功用、制作、品饮等方面的详细记载，为后世茶文化的传播提供了重要的理论依据。它不仅在国内广泛流传，成为文人雅士研习茶文化的重要参考书，还通过各种途径传播到日本、韩国等周边国家，对这些国家的茶文化发展产生了一定的影响。《茶谱》在总结前人茶学经验的基础上，结合朱权自身的实践和感悟，对茶学理论进行了系统的梳理和完善。它不仅涵盖了茶叶的种植、采摘、制作等方面的知识，还深入探讨了饮茶的文化内涵和精神价值。《茶谱》的出现，丰富了中国古代茶学理论体系，为后世茶学研究奠定了坚实的基础，后世许多茶学著作都或多或少地引用了《茶谱》中的观点和内容。

《茶谱》记载了收茶和熏香茶法。收茶时，茶宜用箬叶收，放入焙中，焙用木制作，上隔盛茶，下隔置火，仍用箬叶盖其上，以收火器。熏香茶法方面，百花有香者皆可用于熏茶，如梅、桂、茉莉等花，也可用龙脑熏茶。《茶谱》列举了炉、灶、磨、碾、罗、架、匙、筅、瓯、瓶等饮茶器具，并对部分器具的制作和选择提出了自己的见解。如茶炉可用泻银坩锅瓷制作，把手用藤扎，两旁用钩，挂以茶帚、茶筅、炊筒、水滤于上；茶灶则是他创造的古来没有的器具，用陶土烧成，"下层高尺五为灶台，上层高九寸，长尺五，宽一尺，傍刊以诗词咏茶之语"。

朱权将饮茶看作一种"修养之道",把普通的饮茶提升到"道"的高度,完善了唐宋以来的茶道艺术,为明及以后的文人茶饮向雅致化方向发展作了理论上的铺垫,使得饮茶不仅仅是一种物质享受,更是一种精神追求和心灵寄托。主张饮茶与自然环境相融合,认为在泉石之间、松竹之下、皓月清风之中、明窗静牖之旁饮茶,能与客清谈款话,探虚玄而参造化,清心神而出尘表,实现人与自然的高度契合,达到物我两忘的境界,重新将饮茶与自然的统一作为高雅茶文化的核心。

朱权对废除团茶后所实行的新品饮方式进行了探索,简化了复杂的制茶和饮茶程序,开创了清饮的新潮流。这种变革使得茶叶的自然香气和滋味得以充分展现,人们可以更纯粹地品味茶叶本身的韵味,这种清饮方式逐渐成为后世主流的饮茶方式,一直延续至今,对中国乃至世界的饮茶习惯产生了深远影响。

十一、小结

陆羽,著《茶经》,系统总结茶事,为茶学开山立派,被尊为"茶圣",其对茶的种植、采制、煮饮等的论述影响深远;卢仝,以《七碗茶诗》闻名,将饮茶体验升华至精神境界,把茶之韵味描绘得淋漓尽致,尽显茶中逸趣;诸葛亮,传说中为西南地区带来茶种,促进当地茶业发展,被尊为"茶祖",在茶的传播方面贡献独特;吴理真,植茶于蒙顶山,被认为是人工植茶始祖,开启了蒙顶山茶的辉煌篇章;杜牧,不仅诗作斐然,对茶亦有深刻见解,其茶诗反映当时茶事风貌,为茶文化添文学色彩;李德裕,精于品鉴水与茶,对茶的品质追求极致,在茶的品鉴和用水方面的讲究,推动了茶品饮文化的发展;皮日休,与陆龟蒙唱和茶诗,著《茶中杂咏》,从多方面记录茶事,丰富了茶的文化内涵;蔡襄,著《茶录》,详述茶的品质鉴别、烹饮方法及茶具等,对宋代斗茶之风影响重大;赵佶,身为帝王却精研茶事,著《大观茶论》,提升了茶的文化地位,推动宫廷茶文化发展;朱权,作《茶谱》,革新饮茶方式,倡导清饮,将茶与精神修养融合,对后世饮茶理念影响深远。这些与茶文化密切相关的十大茶人,或著书立说,或以诗传情,或推动茶种传播,或引领饮茶风尚,他们从不同角度、以不同方式为中国茶文化的发展添砖加瓦,在历史的长河中留下了浓墨重彩的一笔。他们的贡献不仅丰富了茶文化的内涵,更让茶从单纯的饮品升华为一种承载着历史、文学、艺术与精神追求的文化符号,使中国茶文化得以源远流长、历久弥新。

思政要点

1. 文化传承与创新:十大茶人通过著书立说(如陆羽著《茶经》、蔡襄著《茶录》等),系统总结茶事知识,详述茶的各方面内容,为茶文化的传承奠定基础。同时,像朱权革新饮茶方式,倡导清饮,将茶与精神修养融合,体现了在传承基础上的创新精神,推动了茶文化不断发展。这启示后人要重视文化传承,并在传承中勇于创新,让传统文化焕发出新的活力。

2. 工匠精神:李德裕精于品鉴水与茶,对茶的品质追求极致,在茶的品鉴和用水方面极为讲究。这种对技艺的精益求精、对品质的执着追求体现了工匠精神。

3. 文化交流与传播：传说中诸葛亮为西南地区带来茶种，促进当地茶业发展；吴理真植茶于蒙顶山，开启了蒙顶山茶的辉煌篇章。他们通过传播茶种，推动了不同地区茶文化的交流与发展。这反映了文化交流传播的重要性，在当今全球化时代，应积极促进文化的交流与传播，增强文化的影响力。

4. 文学艺术与文化融合：卢仝以《七碗茶诗》闻名，将饮茶体验升华至精神境界；杜牧的茶诗反映当时茶事风貌；皮日休与陆龟蒙唱和茶诗，著《茶中杂咏》。这些文人通过诗歌等文学形式，将茶与文学艺术相融合，丰富了茶文化的内涵。这表明文学艺术是文化的重要载体，应重视文学艺术在文化传承和发展中的作用，培养对文学艺术的兴趣和素养。

5. 文化自信：中国茶文化源远流长，中国古代十大茶人从不同角度为茶文化添砖加瓦，使茶从单纯饮品升华为承载丰富内涵的文化符号。这充分展示了中国传统文化的深厚底蕴和独特魅力，有助于增强文化自信，更加坚定地传承和弘扬中华优秀传统文化。

第二节　中国近现代十大茶叶专家及其贡献

近代中国茶产业的发展经历了从衰落到复兴的过程。在民国时期，由于内忧外患，中国茶业发展走向极度衰退的境地。但一些有识之士在科学救国思想的推动下，采取了不少有益于促进茶业发展的新举措。在近代中国，茶产业作为传统且重要的产业，经历着时代的风云变幻与转型挑战。在这一关键时期，茶学研究亟待突破，茶学科的系统建立迫在眉睫，茶业人才的培养需求强烈，而茶文化的传播也面临着新的机遇与困境。正是在这样的背景下，一批卓越的专家脱颖而出，如吴觉农、冯绍裘、张天福、陈椽、庄晚芳、吴振铎、王泽农、蒋芸生、方翰周、胡浩川等。他们以非凡的智慧、坚定的信念和不懈的努力，投身于茶产业的各个领域，成为推动其发展的中流砥柱。

一、"当代茶圣"吴觉农：中国茶业复兴的领航者

在风起云涌的时代浪潮中，有这样一位传奇人物——吴觉农，他是中国知名的爱国民主人士，也是积极热忱的社会活动家，更是著名的农学家与农业经济学家，被誉为"当代茶圣"，中国茶学的奠基人之一。吴觉农（1897—1989年），原名荣堂，因立志要献身农业（茶业），故改名觉农，浙江上虞人。他以如椽巨笔和满腔热血，书写了中国现代茶叶事业复兴与发展的壮丽篇章。

吴觉农青年时代就读于浙江中等农业技术学校（浙江农业大学前身），1918年留学日本，在日本期间学习先进的农业科学技术，特别是茶学知识。彼时的他，心中怀揣着对祖国茶业的深切关怀，立志要用所学改变中国茶业的命运。留学期间，他笔耕不辍，撰写了《茶树原产地考》《中国茶业改革方准》等极具分量的论文。在《中国茶业改革方准》中，他深情地写道："中国茶业如睡狮一般，一朝醒来，绝不至于长落人后，愿大家努力吧！"这字里行间，满是对中国茶业复兴的坚定信念与殷切期望。同

时，他敏锐地指出，中国茶业失败的最大症结在于缺乏专业人才，并提出了一系列极具前瞻性的人才培养办法，如设立茶业专科学校、派遣留学生出国学习新技术、增设巡回教师推广技术、设立茶业讲习班进行专业培训以及在甲乙种农校增加茶业课程等。

吴觉农在1922年前后回国，即刻投身于中国的茶业实践。当时，关于我国茶叶起源地的问题，学术界众说纷纭，而19世纪的英国，为减少对中国茶叶的依赖，在印度阿萨姆省发现野生茶树后，便大力宣扬印度是茶树的原产地。英国东印度公司虽从中国引进茶籽在印度种植未获成功，却凭借宣传和政治手段，在国际上广泛推广这一错误观点。面对这一情况，吴觉农凭借自己丰富的实践经验和深入的研究，最早论证了中国西南地区才是世界茶树的真正原产地，有力地批驳了英国的错误观点，为中国茶业正名。

吴觉农还与他人合著《中国茶叶复兴计划》和《中国茶叶问题》，从宏观层面深入剖析了中国茶业衰落的根源，并提出了切实可行的解决策略。20世纪二三十年代，战火纷飞，中国茶业人才奇缺。吴觉农等有识之士挺身而出，多方奔走协商，于1940年，由中国茶叶公司投资，在复旦大学共同创建了我国第一个高等院校茶学专业。这一创举开启了我国茶学专业高等教育的崭新篇章，对培养专业人才、振兴华茶事业意义深远。吴觉农亲自担任茶学专修的主任，1941年在复旦大学演讲的《复旦茶人的使命》中，他满怀激情地说道："茶叶在中国，是具有最大的前途的，不要说全世界的茶叶，我们是唯一的母国，而我们生产地域之阔、茶叶种类之多、行销各国之广，以及特殊的品质之佳，是各产茶国所望尘莫及的。然而我们有两个最大的缺点，第一就是缺少科学；第二就是缺少人才。"他对茶业人才的培养标准提出了极高的技术和知识要求，同时十分重视专业思想教育，曾说："茶业工作者既然献身茶业，就应该以身许茶，视茶业为第二生命。"他的这些茶学教育思想，如春风化雨，滋润了无数茶人的心田，被代代传承。

在茶叶贸易领域，吴觉农同样功勋卓著。他组织编制了中国第一部出口茶检验标准《出口茶叶检验标准》，为我国茶叶出口贸易筑牢了坚实的基础。抗日战争时期，他更是将自己的爱国情怀融入茶叶事业中，积极投身抗日救国运动，巧妙利用茶叶贸易为抗战筹集资金，有力地支持了战时经济。他组织茶叶统购统销，推动茶叶生产合作化，为我国茶叶生产和贸易的发展立下了汗马功劳。

中华人民共和国成立后，吴觉农先生肩负重任，担任农业部副部长兼中国茶叶公司总经理。他大刀阔斧地进行改革创新，创建了中华人民共和国第一家国营专业公司——中国茶叶公司。积极推动茶叶生产、制茶合作化，大力开辟新式茶园，改造老茶园，实行机械化制茶，提倡在西南茶区大规模发展优质红茶，为国家赚取了宝贵的外汇。

晚年的吴觉农先生，依然笔耕不辍，他最重要的著作《茶经述评》，堪称茶学领域的鸿篇巨制。1979年，吴先生开始主持《茶经述评》的编写工作，历时5年方才完成。这部著作不仅涵盖了茶的形态学、生物学、生态学、栽培学、加工学和生物化学等自然科学的丰富内容，还深入涉及茶的历史、考古、经济、文化与艺术等人文科学领域，充分体现了茶学文理结合的独特魅力。同时，它也是一部校译评述唐代陆羽《茶经》的专门著作，以严谨的注释、丰富的内容赢得了学术界的广泛推崇和赞誉。《茶经述评》不仅对《茶经》进行了注释校译，还依其体例进行了大量的补充与拓展，推动了我国茶学的新发展，被誉为"20世纪的新茶经"，在茶学发展史上具有里程碑意义。时任中共中央宣传部顾问陆定一评价道："吴觉农先生的《茶经述评》（当今研究陆羽《茶经》最权威的著作）就是20世纪的新《茶经》，觉农先生毕生从事茶学，学识渊博，经验丰富，态度严谨，目光远大，刚直不阿。如果说陆羽是'茶神'，那么说吴觉农先生是当代中国的'茶圣'，我认为他是当之无愧的。"

在晚年，吴觉农先生还联合全国28名知名专家上书国家，力主建立中国茶业博物馆。1991年4月，国家级茶专题博物馆——中国茶叶博物馆在杭州盛大开馆。这座博物馆的建立，是中国茶业蓬勃发展的结晶，为有效保存茶文物、推广茶文化发挥了重大作用，成为了茶业经济、科技、教育、文化共同进步的新起点。历经多年发展，中国茶叶博物馆已成为茶文物收藏最系统、茶文化展览最丰富、茶事活动最广泛、茶文化研究教育最独具特色的博物馆，更引领各产茶大省和地区纷纷建立类似的茶专题博物馆，极大地推动了茶产业的持续健康发展，以独特的茶文化魅力影响着人们的生活。

吴觉农先生，以其渊博的学识、严谨的治学态度、勇于创新的精神，以及旗帜鲜明、锐意改革的气魄，为中国茶业的发展作出了重要贡献。

二、"滇红之父"冯绍裘

冯绍裘是中国近现代茶文化发展中的重要人物，被誉为"滇红之父"。冯绍裘（1900—1987年），字挹群，湖南省衡阳市人，1923年，他毕业于河北保定农业专科学校，自此便将自己的一生奉献给了茶叶生产、科研以及教学工作。数十载春秋，他为我国茶叶事业的发展尤其是在红茶的发展作出了杰出贡献。

20世纪30年代，冯绍裘先生对我国著名的"宁红""祁红"茶进行了深入细致的科学研究与大量的生产实践。在他的不懈努力下，"宁红""祁红"的品质得到了显著提升，让我国的红茶在国际舞台上大放异彩，赢得了极高的声誉。当时，"祁红"茶更是荣获国际博览会金奖，冯绍裘功不可没。

1938年，冯绍裘先生受中国茶业公司委派，举家踏上了云南这片充满希望的土地进行考察。在云南顺宁（今凤庆县），他惊喜地发现了顺宁凤山茶园中优质的茶树资源。当谷花茶在凤山茶园中郁郁葱葱地生长，那一片生机勃勃的景象让初来乍到的冯绍裘先生既感到陌生又充满了新奇。尤其是那凤帕凝烟下的大叶茶，更是令他如痴如醉，心中对未来的茶叶事业充满了美好的憧憬。安顿好家小后，冯绍裘先生便马不停蹄地直奔顺宁县实业局（即凤山茶园管理处），与时任实业局局长的周茂堂一见如故，一拍即合。第二天，他们便迫不及待地采摘了10多千克鲜叶，开始了紧张而又充满期待的试制工作。要知道，顺宁历史上从未有过红茶和绿茶的制作先例，而冯绍裘先生深知，云南大叶种在茶史上也从来没有过标准的红绿茶制作方法。如果这次试制失败，不仅意味着自己的心血将付诸东流，更可能让他在顺宁难以立足。但冯绍裘先生和周茂堂先生毫不退缩，他们亲自前往凤山茶园采摘鲜叶，并精心指导加工过程。功夫不负有心人，经过一番辛勤努力，他们成功分别制成了红茶、绿茶各500多克。试制而成的红茶，满盘金色黄毫，汤色红浓明亮，叶底红艳发光，香味浓郁醇厚，其品质之高，在国内小叶种的红茶中实属罕见；而其绿茶，满盘银色白毫，汤色黄绿清亮，叶底嫩绿有光，香味鲜浓清爽,同样是国内绿茶中的稀有珍品。这两个茶样,一红一绿,宛如一金一银,冯绍裘先生不禁竖起大拇指,连声赞叹:"上乘,上乘!"随后,冯先生将这来之不易的红绿茶样邮寄到了香港茶市。经茶界专家们的品评,一致认为这两种茶外形内质俱佳,堪称我国红、绿茶中的上品。兴奋不已的冯绍裘先生此时想到的第一件事,便是要给这刚刚诞生的茶叶取一个响亮的名字,让它茁壮成长。于是,他与周茂堂等商议后,觉得这试制出的茶叶很好地代表了云南茶叶的特色,又兼具其他红绿茶的独特品味,"云红""云绿"的名字便从冯绍裘先生的口中脱口而出。当凝聚着冯绍裘先生心血的茶叶样品呈递到时任云南省经济委员会主任的缪云台先生手中时,缪云台敏锐地察觉到"云红""云绿"之名虽有韵味,但"滇"字更能彰显云南地域特色,更具文化底蕴与辨识度。于是,他斟酌后建议将其更名为"滇红""滇绿"。自缪先生提议更名后,"滇红"以其色艳、汤浓、味鲜的独特魅力,"滇绿"凭借其清新爽口、形质俱佳的品质特点,声名如涟漪般迅速扩散开来。在国内,它们成为了茶客们竞相追捧的珍品;在国际舞台上,也崭露头角,大放异彩。多年来,"滇红""滇绿"始终保持着旺盛的生命力,长盛不衰,稳稳地屹立于名茶之林,成为了享誉全国乃至世界的茶中瑰宝,承载着中国茶文化的深厚内涵与辉煌成就。

样品试制成功后,冯绍裘先生与周茂堂等积极筹备顺宁实验茶厂。他们先后创办了顺宁(凤庆)实验茶厂、佛海(勐海)茶厂、宜良茶厂、复兴茶厂和康藏茶厂。在建厂过程中,冯绍裘先生充分发挥自己的聪明才智,设计了一系列红茶初制机械设备,发明了绍裘式"三筒式手揉机""脚踏与动力两用之揉茶机"和"脚踏与动力两用之烘茶机",开创了中国机制红茶的先河。1939年3月底,实验茶厂正式开始生产,并将茶叶直销香港等地。同年,他在顺宁实验茶厂成功试制了16吨"滇红"茶,这些茶叶经香港转销伦敦后,立刻引起了国际市场的广泛关注。"滇红"问世后,伦敦的茶师们称赞"滇红"具有"祁门红茶之香气,印、锡红茶之色泽"。冯绍裘先生创制的滇江名茶,开创了我国"滇红"的历史新纪元。自1940年以后,滇红茶不断发展壮大,品质也在不断提高,先后摘取了省优、部优、国优产品以及全国名茶等一顶顶桂冠,一次次地捧回了金光闪耀的奖杯,成为了祖国茶史上一朵灿烂夺目的名茶之花,享誉世界,让"滇红"稳稳地屹立于世界优质茶叶之林。

冯绍裘先生不仅在茶叶生产技术上不断创新,为中国红茶事业的发展奠定了坚实基础,还十分注重人才的培养,为中国茶叶产业培养了一大批优秀的茶叶专家。中华人民共和国成立初期,他担任中国茶叶公司中南区公司副经理兼汉口茶厂厂长。当中国茶叶公司倡办武汉大学茶叶专修科时,冯绍裘先生积极拥护,并鼎力支持其工作。武大茶专的同学们需要资料,想要了解过去茶叶生产、销售、出口的情况,中南区茶叶公司的职工们都热情地提供帮助,而冯绍裘先生更是以身作则。尽管他工作繁忙,且已年过五旬,但仍不辞辛劳,亲自讲授制茶学,频繁往返于汉口、武昌之间。在他的辛勤教导下,武大茶专为我国中南区培育了第一代茶叶骨干54人。这批优秀的毕业生被分配到祖国各产茶省(区),有的甚至走出国门,从事中华人民共和国成立后最早的茶叶对外贸易工作。他们中的大多数人都成为了我国茶叶战线上的中流砥柱,为恢复和发展我国茶叶事业作出了重要贡献。此外,冯绍裘先生在湖北工作期间,还多次深入湖北茶区举办茶叶技术培训班。多年来，他培养了数以千计的茶叶技术骨干，并且还前往全国一些茶区讲学，真正做到了"桃李满天下"。

冯绍裘先生一生醉心于茶叶研究和生产，他制茶技艺精湛，被人们誉为"茶叶状元""红茶专家""滇红之父"。同时，他对茶叶审评也具有高超的鉴别力，嗅觉极为灵敏，对茶叶香气有着独到的见解，因此被尊称为"冯鼻子"。在下乡指导制茶工作时，冯绍裘先生常常亲自讲授示范制作红茶，直至深夜。那时，条件艰苦，没有电灯，只有油灯和蜡烛照明。在夜晚查看茶叶发酵程度时，光线不足，全凭冯先生的鼻子去嗅。只要他轻轻一嗅，说可以了，那就意味着红茶已经发酵恰到好处。在他的精心指导下，制出的红茶香高味甜醇，品质上乘。

1989年凤庆茶叶学会倡议、凤庆茶厂出资决定铸造"滇红茶"创始人冯绍裘铜像，1995年5月1日正式揭幕。该铜像位于云南滇红集团老厂区苏式办公大楼前，为全身像，基座四面镶嵌着白色大理石碑文，时刻提醒着在这里工作的人们以及前来参观的游客，铭记"滇红"的发展历史和冯绍裘先生所付出的努力，传承和弘扬滇红精神。冯绍裘先生的一生，是为振兴中国农业，尤其是茶产业而不懈奋斗的一生。他在创制、发展滇红名茶方面功勋卓著，其贡献不仅惠及国内，更利及全球。

三、建教兴茶先驱者张天福

在近现代中国茶业界的璀璨星空中，张天福无疑是一颗熠熠生辉的巨星。张天福1910年8月18日出生于上海名医世家，次年（1911年），其父母携全家迁回故土福州，开办了遂生堂西医局。中学毕业后，张天福面临上什么样的大学这一人生重要选择。作为名医世家的独生子，父母希望他能够继承祖业，攻读医学，成为一名医生。但张天福目睹祖国农业落后，人民缺衣少食，又看到家乡的茶叶（福建三大特产之一）衰败不堪，便与志同道合的几个同学毅然报考了农业学校，为振兴祖国的茶业出力。1929年先在福建协和大学修完一年的基础课程，1930年转入南京金陵大学农学院，1932年毕业，获农学学士学位。自此踏上了茶学之路。

作为著名的茶学家、制茶和审评专家，张天福荣膺"中国近现代十大茶叶专家"之一的美誉，拥有教授级高级农艺师的专业头衔，是享受国务院政府特殊津贴的专家。在茶业界，他被尊称为"茶学界泰斗"，这一称谓是对他卓越贡献的高度认可。

张天福一生与茶紧密相连，尤其是在武夷山，他曾几度投身于茶业生产与研究工作，为福建省茶叶产业的恢复和振兴立下了汗马功劳。大学毕业后，他怀着对家乡的深情，回到福建，任教于福建协和大学。彼时，家乡茶产业的衰败景象令他痛心疾首，他决心凭借自己的学识和力量，改变这一局面。于是，他大力推动协和大学农学院与实习农场的建立，同时如饥似渴地研读各类茶叶资料，积极探寻着振兴祖国茶产业的有效途径。

1934年，福建省政府组织考察台湾实业团赴台考察，张天福有幸成为其中一员。这次考察经历，也让他深受触动。考察归来后，他深刻认识到人才培养和科学研究对于茶业振兴的关键作用，提出了"欲振兴茶业，则培养专才，设立茶业研究机关，谋栽培与制造上之改良"的先进理念。这一"建教合一"的茶业发展思想，如同一颗种子，在福建省政府的支持下，催生出了"一校一场"的格局——福建省立福安农业职业学校（今宁德市职业技术学院）和福建省建设厅福安茶业改良场（今福建省农业科学院茶叶研究所）。张天福担任校长兼场长，他的这一举措，不仅开启了福建省茶学教育与科研的先河，更为国内茶学领域的发展树立了典范，培养了大批优秀的茶叶专业人才，为福建茶叶产业的发展注入了新鲜血液。与此同时，他还独具慧眼，从日本引进红茶加工设备，极大地推动了福建红茶产量的提升，有力地促进了福建茶产业的繁荣。

在长期的工作实践中，张天福始终坚持茶学教育与科学研究深度融合，秉持着实事求是、身体力行的工作作风。他的一生，堪称一部茶学教育与科研的奋斗史。他不仅培养了无数优秀的茶叶专业人才，还凭借着非凡的智慧和毅力，历经数十载的努力，设计制作出了适用于没有电的农村地区、价格低廉的木质手推揉茶机。这一发明，彻底结束了中国茶农千百年来用脚揉茶的历史，极大地提高了茶叶生产效率。在晚年，他依然奋战在科研一线，带领科研人员攻克了乌龙茶品质最关键的"做青"技术难题，改写了看天做茶的历史，为乌龙茶的品质提升作出了不可磨灭的贡献。他始终坚守"科教兴茶"的理念，将毕生精力都奉献给了我国的茶产业发展事业。

在研究福建茶的过程中，张天福撰写了大量有价值的总结、研究和考证资料，如《福建白茶的调查研究》《福建茶史考》《梯层茶园表土回沟条垦法》等。其中，1945年发表的《我国战后茶叶建设》分量极重，学术价值颇高。在这篇文章中，他详细描述了中国70多年前茶叶的发展境况，还创造性地提出了"国茶"的概念。后来，他又经过深入研究和总结，提出了"俭、清、和、静"的茶学思想，这一思想有别于日本茶道的"和、敬、清、寂"，彰显了中国茶文化的独特魅力和深厚内涵。

在张天福的倡导下，2008年，福建张天福茶叶发展基金会正式成立。该基金会以弘扬张天福茶学创新精神为宗旨，立足福建，面向全国，致力于促进茶叶生产、科研、教育和茶文化的持续发展。令人敬佩的是，张天福不仅在茶学领域倾尽全力，还将自己唯一的房产捐献给了该基金会，用实际行动诠释了他对茶事业的无私奉献。

在生活中，张天福展现出了令人敬仰的品质。他为人正直平和，为官清廉节俭，做事投入执着。他的一生，茶香四溢，始终坚守在茶产业一线，对自己所从事的事业满怀热爱、埋头苦干、勤勤恳恳、清廉自守、无私奉献，尽显君子的操守和茶人的品格。

张天福不仅是一位杰出的茶学家，更是一位爱茶如命的茶人。他嗜茶成性、视茶如命，一生不抽烟不喝酒，只钟情于饮茶。他每日饮茶10杯以上，每月用茶量约0.5千克，每年约6千克。他还主张饮茶之道应四季有别，提出了"春饮花茶张精神，夏饮绿茶身清凉，秋饮乌龙可润燥，冬饮红茶暖心田"的独特见解。在他看来，茶叶早已不仅仅是饮品，更是修身养性、陶冶情操的信物和理念。

2017年，张天福在福州去世，享年108岁。但他留给茶界的财富却无比丰厚。他不仅为中国茶文化、茶科技与茶产业的发展作出了卓越贡献，更重要的是，他留下了"俭、清、和、静"的茶人精神，成为了茶业界的宝贵精神财富。

四、茶史泰斗陈椽

陈椽1908年出生，又名陈愧三，福建惠安人，茶学家、茶学教育家、制茶专家，中国制茶学学科的奠基人，现代高等茶学教育事业的创始人之一，为中国茶学发展作出了卓越贡献，在茶学理论、茶叶分类、茶史研究等诸多方面都留下了浓墨重彩的一笔。

陈椽于1930年9月考入了国立北平大学农学院农业化学系，1934年毕业，获农学学士学位。陈椽从国立北平大学农学院毕业后，先后在茶场、茶厂、茶叶检验和茶叶贸易机构工作。他既看到了茶叶在国民经济中的重要地位，也看到了当时中国茶叶科学的落后。于是下定决心献身茶业教育事业。1940年后，他历任国立英士大学农学院副教授、安徽大学农学院副教授、茶叶专修科主任，安徽农学院副教授、教授、茶业系主任、院学术委员会副主任委员等职。此外，他还曾兼任安徽省茶叶学会理事长、名誉理事长，中国茶叶学会常务理事兼学术委员会主任等职。陈椽将自己丰富的茶学知识和实践经验毫无保留地传授给学生，培养了大批茶学专业人才，为中国茶学教育事业奠定了坚实基础。他的学生遍布全国各地，许多人成为了茶学界的骨干力量，为中国茶产业的发展发挥了重要作用。

陈椽通过植物学、地质学、历史学等多学科的综合研究，有力地论证了中国云南是茶树的原产地。他指出，从植物分类学的角度来看，茶树的许多特征与云南地区的植物具有亲缘关系；从地质学的角度分析，云南地区的地质条件适宜茶树的起源和演化。这一论证为中国茶史的研究提供了重要的理论依据。

陈椽创立了科学的茶叶分类体系。他认为，茶叶分类应该以制茶方法为基础，结合茶叶品质特征进行划分。他将茶叶分为绿茶、红茶、乌龙茶、白茶、黄茶、黑茶六大类，这一分类方法得到了广泛的认可和应用，成为中国茶叶分类的重要标准。该分类体系不仅有助于人们更好地了解不同茶叶的特点和品质，也为茶叶的生产、加工和销售提供了科学的指导。

陈椽完成了世界第一部茶史专著《茶业通史》。这部著作系统地阐述了中国和世界茶业的发展历程，从茶树的起源、茶叶的传播，到各个历史时期茶叶的生产、加工、贸易和文化等方面都进行了详细的考证和论述。《茶业通史》的出版，填补了茶史研究的空白，为后人研究茶史提供了重要的参考资料，具有极高的学术价值。

陈椽对制茶理论有深入的研究和创新。他深入分析了不同茶叶的制作工艺和品质形成机理，提出了许多具有创新性的观点和理论。例如，他对红茶发酵过程的研究，揭示了红茶发酵的本质和影响因素，为提高红茶品质提供了理论支持。他的制茶理论对中国茶叶生产技术的提高和创新起到了重要的推动作用。

五、中国茶业发展的卓越开拓者与茶文化传播的领军者庄晚芳

庄晚芳，原名庄友礼，笔名庄友、庄骥、挽风、茗叟。1908年出生于福建省惠安县。1924年考入了集美高等师范学校，1930年考入中央大学农学院。庄晚芳是中国杰出的茶学家、茶学教育家、茶叶栽培专家，与茶有着深厚的渊源，在多个方面为中国茶业的发展作出了卓越贡献。

庄晚芳是我国茶树栽培学科的奠基人之一。他在1956年编著的《茶作学》中，指出为适应机械化、提高生产率，新茶园应尽量采用条式茶园布置。这一观点改变了此前我国几乎全部为丛式茶园的种植方式，如今我国各茶区发展的新茶园基本都采用了条式

茶园布置。1957年，庄晚芳出版了我国第一本系统论述茶树生物学特性的专著《茶树生物学》。该书对茶树原产地问题进行了全面、系统的论证，科学地推断"云南是茶树原产地的中心，四川、贵州、越南、缅甸和泰国北部是原产地的边缘"，为茶树栽培提供了重要的理论基础。1957年，庄晚芳发表了《茶树根系的研究》一文，这是国内专门研究茶树根系的学术论文，扭转了茶学界只重视茶树地上部分而忽略地下部分的倾向，对茶树根系的研究和茶园管理产生了深远影响。

庄晚芳在茶学教育方面作出了卓越贡献，培养大量茶学人才。庄晚芳毕生从事茶学教育，曾先后在复旦大学农学院、安徽农学院、华中农学院和浙江农业大学等院校任教，培养的本科生、专科生、研究生以及苏联和越南留学生2 000余人，他的学生遍布全国各地，不少人已成为茶学专业的高级技术人才。

1961年、1979年和1988年，庄晚芳3次受我国农业主管部门委托，主编全国高等农业院校统编教材《茶树栽培学》。他从提纲拟定、内容取舍、初稿讨论到最后定稿都严格把关，提高了教材质量，受到高等农业院校茶学专业师生们的赞扬。在教学中，庄晚芳坚持理论联系实际，既重视课堂教学，又亲自带学生到茶区调查研究，参加栽茶、制茶等实践活动。他还坚持教学内容和教学方法的改革，不断更新教材，采取启发式教学，对学生要求严格，并言传身教。

庄晚芳在茶叶科学研究方面作出了卓越贡献。庄晚芳在总结龙井茶区采摘经验的基础上，借用茶区普遍流行的茶谚，提出了著名的茶叶"愈采愈发"的观点。这一观点经过科学试验证明是正确的，合理采摘既是茶叶的收获过程，也是提高发芽密度的有效措施。庄晚芳对茶树分类的研究有较深的造诣，早在20世纪50年代中期，他在《茶树生物学》一书中明确指出，国外的各种茶树分类法"均不能完全适合我们现有茶树类型"。1981年，他和刘祖生、陈文怀合作发表了《论茶树变种分类》一文，提出将茶树划分为云南、武夷2个亚种和云南、川黔、皋芦、阿萨姆、武夷、江南、不孕（在繁殖特性上具有特殊性，结实率低或不结实）7个变种，此后有人通过茶树细胞学研究，证实上述分类较为客观。

庄晚芳对中国茶史也进行过深入研究，先后在《农业考古》《农史研究》等刊物上发表了15篇学术论文。1988年，科学出版社出版了他的著作《中国茶史散论》，该书从茶的饮用史论证茶的起源和传播，并着重研究了茶的生产发展史、栽培技术史和采制技术史等，具有很高的学术价值。1989年，庄晚芳在上海《茶报》上首次提出了"廉美和敬"的中国茶德，强调茶叶本身是一种广泛的文化，对社会有着广泛而深远的影响，倡导通过茶文化的传播促进社会主义现代化和两个文明建设。庄晚芳重视科学普及工作，即使在"文革"中，依然克服困难，主编了《合理采茶》等4部科普读物。1984—1988年，他还多次到厦门、泉州和桂林等地讲学，亲自编写讲义，普及茶叶科学知识，深受当地群众欢迎。

庄晚芳作为中国杰出的茶学专家，不仅是茶树栽培学科的奠基者，通过改革茶园种植方式、深入研究茶树生物学特性等推动了茶树栽培理论与实践的发展，还在茶学教育领域辛勤耕耘，培养大量专业人才，创新教学方法，主编重要教材，并且积极开展茶叶科学研究，为中国茶业的繁荣进步作出了杰出贡献。

六、"台茶之父" 吴振铎

吴振铎 1918 年出生于福建福安，父亲经营果园、茶园，他从小与家人一道植茶，1936 年考入福建省立福安农业职业学校，当时张天福任该校教导主任，在校期间，吴振铎受到张天福的教导和影响，在茶学知识和技术等方面打下了坚实的基础。1946 年任福建省立福安农业职业学校教导主任。1947 年 7 月吴振铎去台湾度假时，应台湾省农业试验所的聘请，担任平镇茶业试验分所制茶系主任。1948 年 8 月，担任台湾省农业试验所平镇分所所长。1952 年起兼任台湾大学农学院教授。他为我国台湾茶界服务达 50 年，对台茶之复兴与发展，促进茶乡繁荣，作出极大的贡献，其大公无私，埋头苦干的研究精神，甚为茶界所钦佩，尤其对茶树育种及评茶之有恒毅力更为茶界所称道，被誉为"台茶之父"。

吴振铎与茶有着深厚的渊源，他在茶树育种、茶文化传播、茶叶学术交流等方面贡献卓越。吴振铎毕生致力于茶树育种研究，先后育成 15 个茶树新品种。其中，台茶 12 号（金萱）及台茶 13 号（翠玉）最为人所称道，这两个品种在台湾广为种植，并且引种到大陆后也表现出良好的适应性。他在台湾大学任教多年，培养了大批优秀的茶学专业人才，为台湾茶产业的发展提供了坚实的人才支撑。吴振铎深入研究茶叶制造技术，对台湾茶叶的制作工艺进行了改进和创新，提高了茶叶的品质和产量。同时，他在茶叶评鉴方面也有很深的造诣，制定了科学的茶叶评鉴标准和方法，为茶叶的品质鉴定提供了依据。

吴振铎始终心系家乡，积极推动海峡两岸的茶叶学术交流和茶艺文化传播。1988 年和 1990 年，他两次回到祖国大陆，带回了金萱翠玉等茶叶新品种，并与大陆茶界进行了广泛的交流合作。吴振铎多次在台湾省积极参与和推动"无我茶会"，邀请福建省及武夷山市茶界人士赴会，增进了两岸茶人的相互了解和友谊，促进了两岸茶文化的交流与融合。"无我茶会"是由蔡荣章先生于 1989 年在台北市创办的，是一种茶会形式，强调无尊卑之分、无报偿之心、无好恶之心等精神。所有参与者自带茶叶和茶具，按照统一的规定进行泡茶、奉茶和品茶。吴振铎强调现代茶艺不仅要讲究品茗的环境、美感与气氛，还需遵循一定的程序，他认为一杯茶要"喝出宇宙奥妙、人情、诗情、乡情"来，在"无我茶会"中也充分体现了这种精神，让参与者能更好地感受和领悟茶文化的内涵，对中华茶艺基本精神的传承和发扬起到了重要作用。

吴振铎带回的茶叶新品种在福安落地生根，带动了当地茶产业的发展。福安社口镇、松罗乡等产茶大镇与台湾省产茶乡镇开展"一对一"结对合作，推动了福安茶产业的全链条发展、全方位提升。

吴振铎和张天福都对两岸茶学交流有着积极的态度。张天福和吴振铎之间的师生情谊为两岸茶学交流搭建了桥梁。吴振铎多次回到祖国大陆，促进了两岸茶学界的人员往来、学术交流和技术合作。吴振铎和张天福通过知识技术传承、文化传播、人才培养以及两岸交流等多个方面，有力地推动了台湾省茶学的发展，对台湾省茶产业的进步和茶文化的繁荣产生了不可忽视的重要影响。

七、茶叶生物化学奠基人王泽农

王泽农,字梦鳚,江西省婺源县人,生于1907年5月3日,卒于1999年10月4日,享年92岁。王泽农于1925年9月考入国立北京农业大学,1933年,他赴欧洲留学,在比利时颖布露国家农学院深造,1937年以优异成绩毕业,并获得比利时国家农业化学工程师称号。1938年7月回国后,他先后在国立复旦大学、四川省立教育学院、江西中正大学、南通农学院、安徽大学农学院、安徽农学院工作,并参与组建了相关院系。安徽农学院独立建院后,王泽农一直在茶业系任教,为创建和完善茶叶生物化学学科课程体系作出了重要贡献,建立了茶叶生物化学教研室。王泽农与茶的关系极为密切,他在茶学研究、教育、著述等多个方面都作出了卓越贡献。

王泽农是我国茶叶生物化学的创始人。在20世纪50年代以后,他在科学研究中始终以生物化学为主线,如"微量营养元素对茶树生长和茶叶品质的影响"研究,从生理生化机理上系统阐明了微量营养元素对茶树生长、茶叶产量和品质的影响,将相关研究从感性认识提升到物质代谢生理生化机制的理论高度。

他还做出了多项科研成果:抗日战争时期,他就进行过茶场(厂)废弃物的综合利用研究,在提取茶多酚及试制茶染料等方面取得不少成果。他还主持研制了"茶叶光电拣梗机",荣获安徽省科技成果奖三等奖和商业部科技重大成果奖三等奖;20世纪90年代主持安徽省"八五"攻关项目"中低档茶深加工技术研究",通过省级鉴定,其中"美康寿"系列茶获联合国发明创造之星奖,还主持完成了"茶叶品质理化审评"等20余项科研项目。

王泽农参加筹创了我国高等学校第一个茶叶专业,长期从事高等茶学教育工作。先后在复旦大学、安徽农学院等院校任教,为国家培养了大批茶学科技人才,他的学生遍及全国各地,许多已成为我国茶叶科技界、教育界和农业生产、企业、管理部门的中坚力量。

王泽农著述颇丰,早在20世纪50年代就编译出版了我国第一部茶叶生物化学专著《关于茶叶生物化学的研究》,后又连续3次主编全国统编教材《茶叶生物化学》。1981年编著出版的《茶叶生化原理》获1977—1981年全国首届优秀科技图书奖,1990年主编的《中国农业百科全书·茶业卷》荣获全国优秀科技图书奖一等奖,为我国茶叶生物化学学科的建立奠定了坚实的理论基础。

王泽农是中国茶叶学会的创始人之一,曾任中国茶叶学会第一届副理事长、第二和第三届理事长、名誉理事长。他对中国茶叶学会的学术活动、科普工作及国际学术交流都做了大量有益的工作,推动了中国茶学行业的整体发展,赢得全国茶业界的广泛赞誉和高度评价。

八、现代茶研机构奠基者蒋芸生

蒋芸生,字任农,1901年11月3日生于江苏省涟水县。1921年毕业于江苏省立第三农业学校,1922年公派去日本千叶高等园艺学校留学。1925年毕业回国,任江苏省立第三农业学校教师。之后,相继任浙江大学农学院副教授,南通学院、福建协和大学农科教授、科主任、福建永安园艺试验场场长、崇安茶叶研究所副所长、代理所长、研究员，福建省立农学院教授、园艺系主任，浙江大学农学院园艺系教授等职。

1943年，蒋芸生任崇安茶叶研究所副所长兼茶树栽培研究组组长期间，在武夷山带领科技人员确定了不少茶树品种，选定了许多"名枞"，通过杂交方法培育了不少新品种，还用压条法、扦插法等无性方法繁殖许多优良品种，对茶树遗传因子及茶花杂交方法等做了大量工作，且当时就强调耐寒性强品种的培育，为"南茶北移"在品种培育上作准备。对茶籽贮藏、茶籽播种时期、茶树修剪定型、茶树剪枝时期以及茶树台刈时期等均作了一系列试验，取得重大成果。发表了《今后中国茶叶研究之方向》《日照时间长短与光度强弱对于茶树生长及制茶品质关系之研究》等论文，为茶学研究提供了理论指导。

1952年，蒋芸生接受上级指令，勇挑重担，以高度的责任感和专业素养，精心筹备浙江农学院茶叶专修科的组建事宜，负责总体计划制订、教师聘请等各项工作。1956年，二年制的茶叶专修科改为四年制本科——茶叶系，蒋芸生任系主任，为如今浙江大学茶学系的发展奠定了基础。蒋芸生十分注意理论联系实际，1953年春夏之际，亲往富阳岩顶、绍兴越南乡等地指导茶科首届学生教学生产实习，学生所炒珠茶品质提高，售价超过当地茶农所制。

1956年与1964年蒋芸生先后负责筹组浙江省茶叶学会和中国茶叶学会，并任两个学会的第一任理事长，为茶学交流和行业发展搭建了重要平台。1957年，在当时的形势需求下，蒋芸生接到了筹建中国农业科学院茶叶研究所的艰巨任务，他秉持着对茶学事业的热爱与执着，全力以赴地开启了这一具有深远意义的筹建历程。1958年该所正式成立后，曾兼任该所所长、名誉所长，推动了我国茶叶科研事业的发展。

九、茶学教育的先驱方翰周

方翰周（1902—1966年），安徽省歙县罗田人，1920年毕业于安徽省第一茶务讲习所，1927年赴日留学，攻研制茶技术，1931年回国。方翰周是中国近代茶业界的重要人物，在茶学教育、茶叶生产技术革新、茶叶行业标准制定等多个领域都有着卓越贡献，对中国茶产业的发展影响深远。

方翰周重视茶学人才的培养，积极投身于茶学教育事业。1931年，他从日本留学归来后任教于湖南安化茶叶讲习所，将自己在国外学到的先进制茶技术和知识传授给学生。1939年，他创办了婺源制茶科初级实用职业学校，并亲自兼任校长。在他的悉心指导和管理下，学校培养了一批又一批专业的茶叶人才，这些人才后来分布在茶叶行业的各个领域，为中国茶产业的发展注入了新的活力。至1945年，该校共培养了200余名茶叶人才，为当地乃至全国的茶叶行业发展提供了有力的人才支持。

方翰周致力于茶叶生产技术的研究和创新。1935年，他来到"宁红""婺绿"茶区，创建了具有研究、示范和推广性质的茶叶改良场，担任主任兼江西省中国茶叶公司专员。在接下来的5年时间里，他先后创建了修水、婺源县茶叶改良场。为了提高茶叶生产效率和品质，他设计制造了揉茶机和发酵器等设备。他还发明制造了可以烧柴火的多管形风炉，有效节省了燃料，提高了生产效率。这些技术创新和设备改进，对推动我国机械化制茶工业的建立和发展起到了重要作用，使中国茶叶生产逐渐向现代化迈进。他亲自主持试制的宁红"明蕊"茶，品质优良，在市场上取得了很好的销售成绩，提升了中国茶叶的市场竞争力。

方翰周长期参与国家茶叶加工技术的领导工作，在茶叶行业标准制定方面发挥了关键作用。他主持制订了中国各类茶叶的毛茶收购标准样、价、品质系数体系，以及各类茶的精制成品标准样、花色等级、品质系数体系。此外，他还参与制定了国营初精制茶厂设计修建方案，以及全国红茶、绿茶、花茶、乌龙茶、紧压茶的精制技术规程和茶厂管理等八项制度。这些标准和制度的建立，为茶叶品质的标准化和茶叶生产的科学管理奠定了坚实基础，规范了茶叶行业的发展，促进了中国茶叶在国内外市场的流通和销售。

方翰周积极传播茶知识和茶文化，主编了期刊《江西茶讯》。通过该刊物，他向广大读者介绍茶叶的种植、加工、品鉴等方面的知识，推广先进的制茶经验，促进了茶行业内的信息交流和技术分享。他还组织编写了《红茶绿茶初制机械》《制茶先进经验汇编》等书籍，为茶学研究和茶叶生产实践提供了重要的参考资料，推动了茶文化的传承和发展。

十、祁红产业复兴巨匠胡浩川

胡浩川，原名本翰，曾用名浼、膺吾、蕴甫。1896年9月20日出生于安徽六安，1920年毕业于安徽省立茶农讲习所，1921年赴日本学习制茶技术，1924年回国。胡浩川与茶的渊源深厚，为中国茶产业的发展作出了多方面的重要贡献。

胡浩川向各地征求茶树品种，进行观察比较，从群体中选出了祁门槠叶种。该品种至今仍是祁门红茶的代表品种，也是全国主要良种之一，为祁红品质的稳定和提升提供了优质种源。开展了繁殖方法、扦插试验、施肥试验等，并且率先修建梯级茶园，这对当时山区发展茶园、提高产量、保持水土具有积极意义，为茶园的科学建设和管理提供了范例。在茶叶初制方面，开展萎凋、揉捻、发酵等一系列比较试验，改手工生产为部分机械生产，将自然"渥堆"发酵方式改为先进的"室内发酵"方式，使"祁门香"更为突出；在精制方面，总结出"汰除劣异，整饬形态，分成级别"的精制程序三原则，成为当今红、绿茶精制技术规程的指导准则。

1934—1949年，胡浩川担任祁门茶叶改良场场长，带领全场职工在艰难环境中坚持发展，使祁门茶叶改良场成为当时全国机械设备、规模、制茶技艺、产品质量、科研成果名列前茅的研究生产基地和出口基地，对祁红产业的发展起到了关键的推动作用。1941—1943年，胡浩川受聘任重庆复旦大学茶叶系主任、教授、茶叶研究室主任，培养了首批茶学高级技术人才，为中国茶学教育事业奠定了基础，为茶产业发展输送了专业人才。1949年12月调入北京后，胡浩川参加中国茶业公司的筹建工作，担任总技师、技术室主任和计划处处长等职，主持制订全国茶叶产销计划、茶叶收购加工和出口的标准以及加工技术规程、规章制度等，为新中国茶叶产业的规范化、标准化发展奠定了基础。

胡浩川著有《中国茶叶复兴计划》《茶树害虫》《劣质茶之矫变》《茶叶改进初议》《六安大茶改良初议》《祁门茶叶复兴计划》等，并对古籍《茶经》进行了校订，为茶学研究和实践提供了重要的理论参考。

十一、小结

回顾近代中国茶产业的发展历程，吴觉农等专家在茶学研究上的突破，为我国茶产业的科学发展提供了理论支撑；茶学科的建立，为行业培养了源源不断的专业人才；通过对茶业人才的悉心培育，为产业注入了新的活力；而茶文化的广泛传播，则让中国茶走向世界，提升了中国茶产业的国际影响力。他们的精神和成就，不仅是中国茶产业发展的宝贵财富，更是激励着当代和后世茶人不断探索创新，为实现中国茶产业的繁荣昌盛而努力奋斗的强大动力。在他们精神的指引下，中国茶产业必将在新时代绽放出更加绚烂的光彩。

思政要点

1. 爱国情怀与使命担当：这些近现代的茶学专家，投身于茶学研究、茶产业发展等工作，体现了他们对国家传统产业的热爱以及希望通过发展茶产业来推动国家进步、传承文化的使命担当。在当时的时代背景下，致力于茶产业意味着为国家经济发展、文化传承贡献力量，是爱国精神的具体体现。

2. 敬业精神与专业追求：近现代的茶学专家在茶学研究、茶学科建立等方面深耕细作，在茶产业的不同领域作出贡献，展现了高度的敬业精神。在各自的专业领域不断钻研、探索，推动茶学理论和实践的发展，体现了对专业的执着追求和精益求精的态度。

3. 文化传承与创新意识：茶文化是中国传统文化的重要组成部分，专家们通过茶文化传播等工作，积极传承和弘扬这一优秀传统文化。同时，在茶学研究、茶学科建立等方面不断创新，为传统茶产业注入新的活力，体现了文化传承与创新相结合的意识。

4. 协同发展与相互促进：虽然每位专家各有专长，但茶产业的发展是一个系统工程，涉及多个领域和环节。他们共同为茶产业的发展努力，体现了不同专业之间协同发展、相互促进的理念。

5. 艰苦奋斗与坚韧不拔：近代中国面临着诸多困难和挑战，在这样的环境下开展茶学研究、建立茶学科、培养人才等工作并非易事。专家们克服重重困难，坚持不懈地推动茶产业发展，展现了艰苦奋斗、坚韧不拔的精神品质。

第三节　宛晓春教授与茶

一、茶学研究的力行者

宛晓春教授致力于茶学科学研究。他先后勇挑重担，主持了国家科技支撑计划、"973"计划、"948"计划、农业成果转化及国家自然科学基金等40余项重大课题。凭借着卓越的科研能力和不懈的努力，他斩获省部级以上科技奖励8项、国家发明专利与国家标准60余项。他还笔耕不辍，主编了3部教材/专著，以第一作者或通信作者的身份发表了140余篇SCI论文，在对科研的不懈追求中，他始终保持着探索的热忱与创新的活力，新的学术成果不断涌现，这一论文数量正稳步且持续地增长。他主编的全国高校统编教材《茶叶生物化学》（第三版）荣获全国高等农业院校优秀教材奖。所著的《茶树次生代谢》，是一部具有深度和广度的学术力作。从内容上看，宛晓春教授凭借其深厚的学术功底和丰富的科研经验，系统且全面地阐述了茶树次生代谢的相关理论和研究成果。书中详细剖析了茶树次生代谢产物的种类、合成途径、调控机制以及它们与茶树生长发育、品质形成、抗逆性等方面的关系。而他所著的《中国茶谱》是一部集文化性、艺术性和实用性于一体的佳作。它以广阔的视野和丰富的笔触，展现了中国茶文化的博大精深。在文化传承方面，宛晓春教授通过对中国茶叶历史的追溯、茶区分布的介绍、茶树品种的梳理以及不同茶类制作工艺的阐述，让读者深入了解中国茶的起源、发展和演变过程，感受中国茶文化的深厚底蕴和独特魅力。

宛晓春教授还十分注重课程团队的建设，培养和带动了一批优秀的青年教师共同参与课程教学与研究。他鼓励教师们积极开展教学改革和科研创新，不断提升教学质量和学术水平。在他的引领下，"茶叶生物化学"课程团队形成了强大的凝聚力和战斗力，为课程的持续发展提供了坚实的保障。宛晓春承担建设的"茶叶生物化学"课程更是被评为国家精品课程。在课程建设过程中，宛晓春凭借着深厚的学术功底和丰富的教学经验，精心设计课程内容，将晦涩难懂的生物化学知识与茶叶这一独特的研究对象巧妙融合。他深入剖析茶叶中各类化学成分的代谢机制、相互作用以及对茶叶品质和功能的影响，以生动形象、通俗易懂的方式呈现给学生。在教学方法上，宛晓春不断创新，采用理论与实践相结合、线上与线下相融合的多样化教学模式。他带领学生走进实验室，亲自动手操作，从茶叶的采摘、加工到化学成分的提取、分析，让学生在实践中加深对知识的理解和掌握。同时，他还充分利用现代信息技术，搭建在线学习平台，为学生提供丰富的学习资源和便捷的学习渠道。

这门国家精品课程不仅为茶学专业的学生提供了系统、全面、深入的专业知识学习平台，也为整个茶学教育领域树立了标杆。它吸引了众多高校和学者的关注与学习，推动了茶学教育的改革与发展，为培养高素质的茶学专业人才，传承和弘扬中国茶文化，促进茶产业的繁荣作出了重要贡献。宛晓春教授及其团队用实际行动诠释了对教育事业的热爱与担当，让"茶叶生物化学"这门课程在茶学教育的舞台上绽放出耀眼的光芒。

作为茶学学科的领军人物之一，宛晓春教授以科研平台建设为坚实基石，引领着安徽农业大学茶学学科队伍奋勇前行。四十余载的茶学深耕，他始终怀揣着"让安徽茶、中国茶香飘世界"的宏伟梦想，在这条充满挑战与希望的道路上全力奔跑。他为我国茶学人才的培养注入了源源不断的活力，推动了科技创新的蓬勃发展，助力茶产业迈向新的高度，极大地提升了中国茶在国际舞台上的影响力。

"中国是茶叶第一大国，然而茶叶的 ISO 国际标准却一直由外国人主导和制定。" 2008 年，宛晓春教授担任国际标准化组织食品技术委员会茶叶分委会成员，面对我国在茶叶国际标准化建设方面的落后局面，他暗下决心，一定要让中国茶在国际舞台上拥有话语权。此后，他与中国专家团并肩作战，在国际标准化组织食品技术委员会茶叶分委会中积极争取国际茶叶标准的制订权。基于我国前期的深入研究，联合来自多国的 31 位茶叶技术专家，历经多年努力，终于将中国六大茶类的分类体系国家标准成功上升为 ISO 国际标准。2023 年 4 月，这一国际标准的正式出台，彻底改写了中国茶叶在国际上缺乏标准话语权的历史，标志着我国六大茶类分类体系得到了国际社会的广泛认可。宛晓春教授形象地解释道："分类相当于一个国家的法律系统，一个总纲就相当于宪法一样，这个分类就把茶的整体大框架定下来了。"他和他的科研团队成功争取到茶叶国际化标准主导权，这不仅是科研实力的彰显，更是我国文化自信在经济发展过程中的生动体现。

这些成就宛如璀璨的明珠，照亮了中国茶学发展的道路。

"一分耕耘，一分收获。"这是宛晓春教授坚守的人生信条。作为恢复高考后的第一批大学生，在校期间他便敏锐地察觉到，尽管中国茶在全球备受青睐，享誉世界，但国际茶学研究的主导权却长期掌握在日本、美国、德国等国家手中。身为茶叶的起源地，同时也是世界第一大产茶国和消费国，中国在茶学研究领域理应拥有与之相匹配的地位。这份使命感，让他毅然决然地选择坚守科研一线，为我国茶学研究贡献自己的力量。宛晓春教授的导师，我国茶学泰斗陈椽教授，通过对大量历史文献的深入考据，有力地论证了中国西南地区是茶树的真正起源地。站在导师的研究肩膀上，宛晓春教授深知，除了文献考据，还须借助科学手段，为中国是茶树起源地提供更为坚实、客观的证据。于是，他给自己立下了一个看似"小"却意义重大的目标：攻克茶树生物学的重大基本科学问题，解析茶树基因组，用精准的数据捍卫中国茶树起源地的地位。

2008—2018 年，整整 10 年的时光，宛晓春团队在科研的道路上披荆斩棘，克服了无数难以想象的困难。最终，他们成功绘制出茶树的高质量参考基因组图谱，在世界上首次破解了中国种茶树的全基因组信息，从基因组层面揭开了茶叶中独特风味物质的神秘面纱。这一重大突破，不仅为中国茶树起源地"正名"，更为全球茶学研究指引了方向，让世界重新认识了中国茶的深厚底蕴。

宛晓春教授还将目光投向茶产业的应用发展，致力于在数字化拼配和机械化采茶等方面实现关键突破，为茶产业的高质量发展注入新的动力。由他主持的"黄茶加工关键技术体系创新与健康属性挖掘"项目荣获安徽省科学技术奖一等奖。该项目通过科技攻关，让大别山区黄大茶实现了从"粗枝大叶"到"金枝玉叶"的华丽转身，有力地推动了黄茶产业的快速崛起。

二、茶文化的传播者

2023年11月15日，宛晓春教授应故宫博物院的盛情邀请，在这座文化瑰宝之地开展了"魅力中国茶"讲座。讲座中，他从茶的起源与传播、茶叶中的营养保健成分、茶叶的加工与品饮以及茶叶的健康功能等多个维度，系统且深入地介绍了我国茶的丰富知识。他呼吁大家勇于担当起发扬光大中国茶魅力的使命，让中国茶的悠悠茶香飘溢全球。

宛晓春教授热爱茶文化，也执着于科研工作。在茶学领域，他多年来一直踏实钻研。他的努力，让茶学科研有了新进展，不少科研成果为茶学研究提供了新方向和思路。同时，他为茶文化的传播做了很多实事，让更多人了解到茶文化的魅力。在茶产业方面，他的研究和建议也助力了产业的发展，对提高茶叶品质、改进生产技术等起到了积极作用。他这种对茶学的热爱和坚持的精神，也影响着茶学领域的后来者，为大家在茶学探索的道路上提供了参考和激励。

思政要点

1. 敬业与专注精神：宛晓春教授热爱茶文化且执着于科研工作，多年来在茶学领域踏实钻研，体现了高度的敬业精神和专注态度。这种精神启示人们在自己的工作和学习中，应保持对事业的热爱与执着，全身心投入，持之以恒地追求目标，不断提升专业素养和能力。

2. 创新与引领意识：他的努力推动了茶学科研取得新进展，其科研成果为茶学研究提供了新方向和思路，展现了创新意识和引领能力。这教育我们要敢于突破传统，勇于探索未知，积极创新，以开拓进取的精神推动各领域的发展和进步。

3. 文化传承与传播责任：宛晓春教授为茶文化的传播做了诸多实事，让更多人了解到茶文化的魅力，体现了对文化传承与传播的责任感。这提醒我们要重视对优秀传统文化的传承和弘扬，积极传播文化精髓，增强文化自信，让传统文化在新时代焕发出新的活力。

第四节　刘仲华院士与茶

刘仲华，1965年3月生于湖南衡阳，中共党员。刘仲华于1985年、1988年在湖南农业大学先后获得学士学位和硕士学位，2014年在清华大学化学系获得博士学位。2019年11月22日当选中国工程院院士。刘仲华院士主要从事茶叶加工理论与技术、茶叶深加工与资源利用、茶与健康及植物功能成分利用研究。

一、茶学征途的领航者

刘仲华院士身兼数职，作为中国工程院院士、湖南农业大学学术委员会主任以及茶学学科带头人,他肩负着重大的责任与使命。同时,他还担任国家植物功能成分利用工程技术研究中心主任、国家茶叶产业技术体系加工研究室主任、茶学教育部重点实验室主任等重要职务。这些身份不仅是对他个人能力的高度认可,更赋予了他引领茶学领域发展的重任。

刘仲华院士的研究领域广泛而深入,涵盖了茶叶加工理论技术、茶叶深加工与资源高效利用、茶与健康、植物功能成分利用等多个关键方向。茶叶中蕴含着丰富的宝藏,而他致力于挖掘这些宝藏的最大价值。他深知,茶叶中含有450多种对人体有益的化学成分。他和他的团队通过不懈的努力,深入研究这些成分的营养价值和健康功能,揭示了它们在延缓衰老、调节糖脂代谢、调节肠道菌群等方面的生物活性。

在茶叶加工理论与技术领域,刘仲华院士同样有着卓越的见解。茶叶的加工过程就像是一场神奇的魔法,将一片片普通的茶叶转化为具有独特风味和品质的饮品。他深入研究茶叶加工的每一个环节,从鲜叶的采摘到成品茶的制作,不断探索优化加工工艺的方法,以提高茶叶的品质和附加值。他的研究成果为茶叶加工行业提供了坚实的理论基础和实践指导,推动了茶叶加工技术的不断创新和发展。

二、茶健康研究的拓荒者

茶与健康,一直是刘仲华院士关注的重点领域。他以敏锐的洞察力和严谨的科学态度,深入探索茶与人体健康之间的奥秘。他指出,茶叶中丰富的化学成分赋予了它独特的健康属性,这些成分相互作用,共同为人体健康保驾护航。

在揭示茶叶功能成分延缓衰老的生物活性及其作用机制方面,刘仲华院士的团队取得了显著的进展。随着人们生活水平的提高,对健康和长寿的追求也日益强烈。而茶叶中的一些成分,如茶多酚、儿茶素等,具有强大的抗氧化作用,能够清除体内的自由基,减缓细胞的衰老速度。刘仲华院士的团队通过一系列的实验和研究,深入解析了这些成分的作用机制,为人们利用茶叶延缓衰老提供了科学依据。

在调节糖脂代谢方面,刘仲华院士的研究也具有重要的意义。随着现代生活方式的改变,糖尿病、高血脂等代谢性疾病的发病率不断上升。而茶叶中的某些成分,如茶多糖、茶黄素等,能够调节人体的糖脂代谢,降低血糖和血脂水平。刘仲华院士的团队通过动物实验和人体临床试验,验证了这些成分的功效,并深入研究了它们的作用机制,为开发基于茶叶的健康产品提供了理论支持。

调节免疫力也是刘仲华院士研究的重要方向之一。在当今社会,人们面临着各种压力和挑战,免疫力的下降容易导致各种疾病的发生。而茶叶中的一些成分,如茶氨酸、多糖等,具有调节免疫细胞活性的作用,能够增强人体的免疫力。刘仲华院士的团队通过研究这些成分的免疫调节机制,为人们利用茶叶提高免疫力提供了科学的方法和建议。

然而,刘仲华院士也清醒地认识到,尽管茶具有健康属性,但它不是药,不能期待它包治百病。他提倡科学饮茶,建议根据茶的氧化、发酵程度来选择不同的茶类交替饮用,以覆盖茶的健康价值。不同的茶类,由于其加工工艺的不同,所含的化学成分和健康功效也有所差异。例如,绿茶未经发酵,保留了较多的茶多酚等营养成分,具有较强的抗氧化作用；而红茶经过发酵，茶多酚氧化为茶黄素、茶红素等，具有更好的暖胃、助消化等功效。通过交替饮用不同的茶类，人们可以充分享受茶的各种健康益处。同时，刘仲华院士还提到，茶叶的健康功效有量效关系，建议适当提高饮茶量以获得更多的保健益处。

三、特色茶种的探索者

刘仲华院士团队发现安化黑茶中的"金花"菌（冠突散囊菌）能产生多种活性酶，促进茶叶中儿茶素、茶多酚等物质的转化。经发酵生成的茶褐素具有超强抗氧化能力，其清除自由基效果是维生素 E 的 10 倍。2016 年《自然》子刊发表研究，证实安化黑茶提取物可显著降低高脂饮食小鼠的血清甘油三酯水平。日本静冈大学药学部实验数据显示，安化黑茶中的茶多糖含量高达 6.1%，是普通绿茶的 3 倍，能增强巨噬细胞活性，提升人体免疫力。刘仲华院士专家工作站于 2020 年落户安化后，通过"1+2+N"方式持续提升安化黑茶科研水平，深化安化黑茶产品差异性因素研究、"高端化、时尚化、功能化、便利化"产品开发研究与安化黑茶标准化生产体系建设三大课题。刘仲华院士专家工作站成为安化县安化黑茶产业引进培养人才、实现产学研结合的重要平台，助力安化黑茶产业高质量发展，推动当地以科技创新引领现代化产业体系建设，促进安化黑茶产业转型升级。

在湖南，安化黑茶、潇湘绿茶、湖南红茶、岳阳黄茶、桑植白茶等茶种在他的长期研究和支持下，逐渐壮大，成为湖南茶叶的品牌名片。安化黑茶以其独特的保健功效和文化底蕴，深受消费者喜爱；潇湘绿茶以其清新的口感和优良的品质，在市场上占据了一席之地；湖南红茶以其浓郁的香气和醇厚的口感，受到了越来越多消费者的关注；岳阳黄茶以其独特的加工工艺和品质特征，成为中国黄茶的代表之一；桑植白茶以其鲜爽的口感和丰富的营养成分，逐渐崭露头角。刘仲华院士的研究成果不仅提升了这些茶种的品质和附加值，还为它们的市场推广和品牌建设提供了有力的支持。他通过举办茶叶文化节、开展茶叶品鉴活动等方式，宣传和推广湖南茶叶，提高了湖南茶叶的知名度和美誉度。在他的努力下，湖南已成为世界茶叶深加工技术创新中心，茶产业成为湖南农业的支柱产业之一。

刘仲华院士团队深入研究六堡茶的加工工艺和品质形成机制，揭示了六堡茶独特风味和健康功效的奥秘。六堡茶的加工过程包括杀青、揉捻、渥堆、复揉、干燥等多个环节，其中渥堆是六堡茶形成独特风味和品质的关键步骤。在渥堆过程中，茶叶中的微生物和化学成分发生了一系列复杂的变化，形成了六堡茶特有的香气和口感。刘仲华院士的研究为六堡茶的加工工艺优化和品质提升提供了科学依据，推动了六堡茶产业的发展。在细胞水平上，刘仲华院士团队证实六堡茶中的茶多酚和独特的微生物群落，能够调节人体内的代谢过程，特别是对糖脂代谢的调控作用突出，还能帮助清除体内自由基，修复细胞受损。从分子水平上，发现六堡茶能调节脂肪代谢，减少体内脂肪积累，防止肥胖，改善胰岛素敏感性，预防糖尿病。动物实验表明，六堡茶中的某些成分能促进脂肪分解，减少肝脏脂肪沉积，预防脂肪肝等疾病。2024 年 12 月 5 日，在广西科技重大专项"广西六堡茶'八新双增'关键技术研究与产业化示范"项目成果发布会上，刘仲华院士就该项目目标实现情况及主要科研成果进行主题发布，指出项目实现了新品种选育、新技术开发等科技创新8个目标，超额实现六堡茶产量、产值"双倍增"目标。刘仲华院士鼓励茶企、茶人保持科技创新的积极性和主动性，以科学发展引领六堡茶健康消费，推动六堡茶实现从传统农业向以现代高科技为支撑的工业，再向健康产业跨越发展，还提到要通过体制机制创新、科学技术与文化结合，把六堡茶打造成全产业链、全业态发展的大产业。

四、刘仲华院士助力云南茶产业发展

在2024腾冲科学家论坛·临沧·滇西现代农业创新发展与开放合作专题活动中，刘仲华院士以《云南茶产业高质量发展的战略思考》为题，从云南的茶树资源与品种优势、品类品质优势、品牌优势入手，提出云南茶产业面临的问题、挑战、应对举措和发展前景，为云南茶产业的整体发展提供了宏观思路。在临沧，刘仲华院士建议当地要保护性利用丰富的野生和古茶树资源，将其放在产业金字塔的塔尖，发挥其影响力；利用现代科技把台地茶生态栽培茶园的资源价值最大化，形成古树茶与现代茶联动的综合产业优势；协调处理好四大茶类发展的辩证关系，进一步擦亮滇红的金字招牌，做好国际国内两个市场联动；通过现代提取分离纯化技术，实现临沧的夏秋茶资源的高效利用；把临沧的茶旅文康融合起来，实现一产二产三产联动。

在2024年5月13日举办的"第二届景迈山茶与乡村振兴高峰论坛暨景迈山·八马联合新品发布会"上，刘仲华院士以《景迈山茶（云上景迈普洱熟茶）品质化学密码与健康属性》为题，从品质化学密码、功能成分组成、健康属性等方面，用科学数据解析云上景迈普洱茶的优越品质密码，为云南普洱茶的品质提升和市场推广提供了科学依据。刘仲华院士团队为八马信记号·云上景迈普洱茶（熟茶）的研发提供技术支持，通过珍稀产区、珍优原料、珍贵技艺的层层叠加，以及独特的离地发酵工艺，重塑"普洱茶的第三颗明珠"，提升了云南茶产品的市场竞争力。刘仲华院士强调现代科技的应用对茶产业创新发展的重要性，为云南茶产业在良种资源、栽培技术、加工领域等方面的科技应用指明了方向，有助于提高云南茶叶的品质和效益。此外，刘仲华院士深入剖析了景迈山茶产业的现状与未来，指出景迈山拥有得天独厚、不可复制的生态环境和独步天下的古茶树群落，其文化景观已列入世界级遗产，这有助于提升景迈山茶的品牌知名度和美誉度，推动景迈山茶产业的品牌化发展。刘仲华院士积极参与推动云南茶产业与企业的合作，如八马茶业与澜沧县联合出品"云上景迈"普洱茶，通过创新茶产品，进一步推动了景迈山茶产业的市场化发展，为云南茶拓展了更广阔的市场渠道。

作为肩负着社会责任与使命担当的重要力量，中国工程院一直以来高度重视乡村振兴工作，是澜沧县乡村振兴帮扶工作的坚实后盾。刘仲华院士凭借其深厚的茶学专业造诣和对乡村发展的深切关怀，将目光聚焦于澜沧县的茶产业发展。他全身心致力于将茶产业精心培育成为澜沧县的支柱产业，通过科技帮扶这一有力举措，为澜沧县茶产业的发展注入强大动力。从茶树品种的优化选育、种植技术的科学指导，到茶叶加工工艺的创新改进，再到茶产品的深度研发与市场推广，刘仲华院士带领团队全方位地参与其中，为澜沧县茶产业的全链条升级提供了坚实的技术支撑与智力保障，为澜沧县的乡村振兴伟大事业贡献着自己的智慧与力量，助力澜沧县在乡村振兴的道路上迈出坚实而有力的步伐。

五、结语

刘仲华院士以其对茶学的热爱和执着，在茶学研究与茶产业发展的道路上不断探索和前行。他的科研成果为茶学领域的发展提供了坚实的理论基础和实践指导，他的创新精神和敬业态度激励着无数茶学研究者和从业者。他对茶健康的研究，让人们更加科学地认识到茶的价值，为健康生活提供了新的选择。刘仲华院士的茶学之路，是一条充满希望和挑战的道路，也是一条为了实现茶产业繁荣、茶文化传承的光明之路。他的故事，将激励着一代又一代的茶人，为了茶学事业的发展而不懈努力。

1. 敬业奉献与责任担当：刘仲华院士身兼多职，专注茶学研究，在茶叶加工、深加工及茶与健康等领域肩负重任，展现高度敬业与责任担当，启示我们明确责任、全心投入，促进行业发展。

2. 科学精神与创新意识：刘仲华院士团队以严谨态度探索茶叶成分与健康功效，揭示生物活性及机制，取得科研成果，体现追求真理、勇于探索的精神和意识，激励我们突破传统，以科学创新推动进步。

3. 理性客观的认知态度：刘仲华院士强调茶有健康属性但非药，提倡科学饮茶，正确看待量效关系，传达理性客观态度，教导我们面对事物保持理性，科学认识判断。

4. 文化传承与产业发展结合：刘仲华院士研究特色茶种，挖掘其价值，推动湖南茶叶品牌壮大与产业发展，体现茶文化传承创新及文化产业结合理念，启示我们重视传统文化，促经济文化协同发展。

5. 区域合作与优势互补：云南茶叶种植有优势但研究待提升，可借鉴刘仲华院士成果经验并加强合作，反映区域合作与优势互补重要性，启示我们相互学习、合作交流、整合资源，实现共同发展。

第五节 陈宗懋院士与茶

陈宗懋，1933年10月1日出生于上海市，祖籍浙江省海盐县。陈宗懋1950年8月在上海复旦大学农艺系学习。1952年8月至1954年8月因院系调整到沈阳农学院植物保护系学习。陈宗懋长期从事农药残留和茶叶植物保护研究工作，作为中国茶学学科带头人，食品安全和茶叶植保专家，中国农业科学院茶叶研究所研究员、博士生导师，2003年，当选为中国工程院院士。古有茶博士，今有茶院士。"茶院士"陈宗懋是我国当代茶学研究的领军人物之一，特别是在茶叶农药残留研究方面作出了重要贡献。他在茶叶农药残留控制和茶园昆虫化学生态学两个领域作出了开创性的成绩。陈院士提出使用茶汤的农药残留水平来制定茶叶中的残留标准,这一方法得到了国际认可,并推动了相关国际标准的制定和修订。

一、茶叶农药残留研究的拓荒者

在茶叶农药残留控制这一关键领域,陈宗懋院士的开创性工作为整个茶产业的发展带来了深远的变革。在他投身茶学研究的早期,茶叶农药残留问题尚未引起足够的重视,然而,陈宗懋院士凭借敏锐的洞察力和高度的责任感,率先意识到了这一问题的严重性。他深知,茶叶作为一种重要的饮品,其安全性直接关系到广大消费者的健康。因此,他毅然决然地踏上了探索茶叶农药残留控制的艰辛征程。

经过多年的深入研究和无数次的实验探索,陈宗懋院士提出了一项具有划时代意义的创新方法——使用茶汤的农药残留水平来制定茶叶中的残留标准。这一方法的诞生,打破了传统的以茶叶整体为基础制定残留标准的局限,更加科学、准确地反映了消费者实际摄入的农药残留量。他的这一创新理念得到了国际社会的广泛认可和高度赞誉,不仅为中国茶叶在国际市场上赢得了更多的话语权,更为相关国际标准的制定和修订提供了重要的科学依据。在陈宗懋院士的积极推动下,国际茶叶农药残留标准逐渐向着更加科学、合理的方向发展,为全球茶叶贸易的健康发展奠定了坚实的基础。

陈宗懋院士不仅在理论研究上取得了重大突破,还将研究成果积极应用于实际生产中。他深知,要真正解决茶叶农药残留问题,必须从源头上加以控制。因此,他致力于研究和推广低毒、高效、低残留的农药使用,通过大量的田间试验和示范推广,向广大茶农传授科学的农药使用方法和技术。同时,他还积极倡导茶园生态防治技术的应用,通过保护和利用茶园中的有益生物,建立起生态平衡的茶园生态系统,减少对化学农药的依赖。在他的努力下,越来越多的茶农开始认识到科学防治的重要性,纷纷采用他所倡导的方法和技术,有效地降低了茶叶中的农药残留,保障了饮茶者的健康。

二、茶园昆虫化学生态学的先驱

除了在茶叶农药残留控制方面的卓越贡献外,陈宗懋院士在茶园昆虫化学生态学领域同样是一位先驱者。他认识到,茶园中的昆虫与茶树之间存在着复杂的相互关系,这种关系不仅影响着茶树的生长和发育,还对茶叶的品质和产量产生着重要的影响。因此,他将研究目光投向了茶园昆虫化学生态学这一新兴领域,致力于揭示昆虫与茶树之间的化学通信机制,为茶园害虫的防治提供新的思路和方法。

在研究过程中,陈宗懋院士带领团队深入茶园,对各种昆虫的行为和生态习性进行了细致的观察和研究。他们通过化学分析和生物测定等手段,发现了许多昆虫与茶树之间的化学信息物质,这些物质在昆虫的觅食、交配、产卵等行为中发挥着重要的调控作用。基于这些研究成果,陈宗懋院士提出了一系列创新性的害虫防治策略,如利用昆虫信息素进行诱捕和干扰交配,以及开发基于植物源农药的生物防治技术等。这些策略不仅具有高效、环保的特点,而且能够有效地减少化学农药的使用，保护茶园生态环境。

陈宗懋院士的茶园昆虫化学生态学研究成果，不仅为茶园害虫的防治提供了新的理论和技术支持，还为茶学领域的发展开辟了新的研究方向。他的工作激发了更多科研人员对茶园昆虫化学生态学的关注和研究，推动了这一领域的不断发展和进步。

三、科技成果的转化与应用

陈宗懋院士始终坚信，科学研究的最终目的是服务社会、造福人类。因此，他非常重视科研成果的转化与应用。在他的主持下，"茶叶中农药残留和污染物管控技术体系创建及应用"这一研究项目取得了丰硕的成果。该项目通过对茶叶中农药残留和污染物的来源、迁移规律和控制技术进行系统研究，建立了一套完整的茶叶质量安全管控技术体系，为我国茶叶产业的健康发展提供了有力的技术支撑。

这一项目的研究成果在全国范围内得到了广泛的应用和推广，取得了显著的经济效益、社会效益和生态效益。通过应用该技术体系，我国茶叶中的农药残留和污染物水平得到了有效控制，茶叶质量安全得到了显著提高，茶叶的国际竞争力也得到了进一步提升。在2020年，该项目获得了国家科学技术进步奖二等奖，这是对陈宗懋院士及其团队多年来辛勤付出和卓越贡献的高度认可和褒奖。

四、茶文化的传承与弘扬

陈宗懋院士不仅是一位杰出的科学家，还是一位茶文化的传承者和弘扬者。他深知，茶文化是中国传统文化的重要组成部分，蕴含着丰富的历史、哲学和美学内涵。因此，他在致力于茶学研究的同时，还积极投身于茶学著作的编纂和茶文化的科普工作。

作为主编，陈宗懋院士主持了《中国茶经》和《中国茶叶大辞典》等重要著作的编纂工作。《中国茶经》以宏大的架构和丰富的内容，全面且系统地描绘出了中国茶叶的宏伟画卷。在历史方面，它详细地追溯了中国茶叶从古代起源，历经各个朝代的发展变迁，直至现代的漫长历程。从神农尝百草发现茶叶的传说，到唐宋时期茶文化的鼎盛繁荣，再到明清时期茶叶贸易的兴起，每一个重要的历史节点和文化脉络都被清晰地梳理呈现。在文化层面，《中国茶经》深入挖掘了与茶相关的诗词歌赋、绘画书法、茶俗茶艺等丰富的文化内涵。从唐代陆羽的《茶经》所引领的茶文化潮流，到历代文人墨客对茶的赞颂与推崇，书中展现了茶在中国文化领域中不可替代的重要地位。关于种植方面，《中国茶经》详细介绍了中国不同茶区的地理环境、气候条件以及适合种植的茶树品种。从江南的青山绿水间，到西南的高山云雾中，不同地区的茶叶种植特色和技术要点都被一一剖析。在加工环节，书中对各种茶叶的制作工艺进行了细致入微的描述。无论是绿茶的杀青、揉捻、干燥，还是红茶的萎凋、发酵、烘焙，抑或是乌龙茶的摇青、做青等独特工艺，都有详细的步骤说明和技术要点解析。在品饮方面，《中国茶经》则从茶具的选择、泡茶的水温、茶叶的用量等多个角度，介绍了科学的品饮方法和不同茶叶的品鉴技巧。《中国茶叶大辞典》是一部集茶叶知识之大成的工具书。它的涵盖范围广泛，几乎囊括了茶叶领域的各个方面。从茶叶的分类学知识，到各种茶叶品种的详细介绍；从茶叶的化学成分分析，到茶叶的保健功效研究；从茶叶的贸易历史和现状，到国内外茶叶市场的动态分析。在茶叶分类方面，它详细阐述了不同分类体系下茶叶的划分标准和特点，对于每一个茶叶品种，都介绍了其产地、历史渊源、品质特征等信息，为茶叶的研究和鉴别提供了重要依据。在茶叶化学成分和保健功效方面，《中国茶叶大辞典》引用了大量的科学研究成果，详细介绍了茶叶中各种化学成分的作用和功效。这部辞典还对茶叶贸易的相关知识进行了全面的梳理，包括中国茶叶的出口历史、主要贸易伙伴、贸易政策等内容，为从事茶叶贸易和研究的人员提供了丰富的参考资料。《中国茶经》和《中国茶叶大辞典》这两部著作汇聚了众多茶学专家的智慧和心血，是中国茶学领域的重要学术著作和文化瑰宝。在陈宗懋院士等众多专家的努力下，《中国茶经》和《中国茶叶大辞典》成为了茶学研究和茶文化传播的重要基石。它们不仅为专业的茶学研究者提供了深入研究的学术资源，也为广大茶文化爱好者打开了了解中国茶文化博大精深的窗口，对于传承和弘扬中国茶文化，推动中国茶产业的发展具有重要意义。

陈宗懋院士还通过举办学术讲座、科普活动等方式，向广大公众普及茶学知识和茶文化。他用通俗易懂的语言，向人们介绍茶叶的营养价值、健康功效以及科学的饮茶方法，让更多的人了解茶、喜爱茶，从而推动了茶文化的传承和弘扬。

五、结语

陈宗懋院士以卓越的科研成就、无私的奉献精神和对茶的深厚情怀，为中国茶产业的发展作出了重要贡献。他在茶叶农药残留研究和茶园昆虫化学生态学领域的开创性工作，为解决茶叶质量安全问题和推动茶产业的可持续发展提供了重要的理论和技术支持。他的科研成果转化与应用，提高了我国茶叶的质量安全水平，增强了我国茶叶在国际市场上的竞争力。他对茶文化的传承和弘扬，让更多的人了解和喜爱上了中国茶文化，为中国传统文化的传播作出了积极贡献。

思政要点

1. 科学精神与创新意识：陈宗懋院士在茶叶领域的开创性工作，创新制定茶叶残留标准方法，打破传统。启示我们挑战传统思维，探索未知，以创新解决问题。

2. 责任担当与使命意识：陈宗懋院士因茶叶农药残留影响消费者健康，投身研究，保障饮茶者健康。提醒我们面对社会问题勇于担当，贡献力量。

3. 理论联系实际的实践精神：陈宗懋院士理论研究有突破，还将成果用于实际生产，推广相关技术。教导我们在学习和工作中注重理论转化为行动，以实践完善理论。

4. 科研成果转化与社会服务意识：陈宗懋院士重视科研成果转化，其项目成果广泛应用，效益显著。激励我们将研究成果转化为生产力，服务社会。

5. 文化传承与弘扬精神：陈宗懋院士投身茶文化科普编纂，主编著作、办讲座。启示我们重视传统文化保护传承，传播文化精髓。

6. 坚持不懈与奉献精神：陈宗懋院士为茶学事业不懈奋斗，成就卓越。鼓励我们面对困难挑战时要坚持不懈。

参考文献

陈祥龙，2007. 张天福的武夷茶缘［M］. 福州：海峡文艺出版社．

陈亚兰，赵永新，2018. 新技术助力振兴黑茶产业（创新故事）［N］. 人民日报，2018-11-23（18）．

高焕，2021，陆羽《茶经》中的美学思想浅析［J］. 福建茶叶，43（6）：253-254.

韩笑，吕埴，2024"卢仝烹茶"的文化意象［J］. 中国拍卖（10）：58-67.

郝耀华，陈向军，2023. "茶院士"陈宗懋：一片叶子也关情［N/OL］. 光明日报，2023-09-30［2025-5-10］. https：//news.gmw.cn/2023-09/25/content_36853892.htm.

何杨，2024. 茶圣陆羽《茶经》及其茶文化的贡献探究［J］. 产业与科技论坛，23（17）：67-69.

黄明哲，2012. 茶谱 煮泉小品［M］. 北京：中华书局．

姜协军，于金旺，2024. 刘仲华：点叶成金 湘茶飘香［N/OL］. 湖南日报，2024-04-30［2025-5-10］. https：//baijiahao.baidu.com/s?id=1797717761037-974265&wfr=spider&for=pc.

李琼华，2005. 论述冯绍裘创制滇红名茶的历史功绩［J］. 农业考古（2）：191-194.

任军锰，2024. "春茶"教授的一叶一乾坤［N］. 解放日报，2024-04-03（12）．

阮蔚蕉，2024. 茶诗里的中国韵［M］. 厦门：鹭江出版社．

宋丽，方静，2022复旦大学茶学高等教育发展历史及影响探析［J］. 中国茶叶加工（2）：75-79.

宛晓春，2024. 让安徽茶中国茶香飘世界［N］. 安徽日报，2024-02-27（6）．

王建荣，2014. 践行当代茶圣吴觉农茶学思想，倡导全民饮茶［J］. 上海茶业，124（1）：27-28.

王建荣，2022. 大观茶论 寻茶问道［M］. 南京：江苏凤凰科学技术出版社．

王子扬，2024. 刘仲华院士专家工作站2024课题重点研究安化黑茶［N/OL］. 新京报，2024-06-14［2025-5-10］https：//baijiahao.baidu.com/s?id=1801822902942596696&wfr=spider&for=pc

韦希成，2017. 张天福：事茶一世奉献一生［J］. 中国茶叶，39（6）：46-47.

吴觉农，2005. 茶经述评［M］. 2版. 北京：中国农业出版社．

杨如兴，尤志明，2019. 张天福先生茶叶科研创新思想的时代意义——以"乌龙茶做青工艺与设备研究"成果为例［J］. 茶叶学报，60（4）：176-178.

张海龙，诸芸，娥娥李，等，2023. 陈宗懋传［M］. 北京：中国农业出版社．

钟凤文，2024. 文人茶 中国古代茶学简论［M］. 北京：文物出版社．

第四章　茶树品种

第一节　勐库大叶种茶

勐库大叶种茶，又名勐库大叶茶、勐库种、勐库茶，属山茶属普洱茶种，根据叶片形态可分黑大叶、卵形大叶、筒状大叶、黑细长叶、长大叶5种类型，原产于云南省双江自治县勐库镇，在云南西部、南部各产茶县广泛栽培，为云南省主要栽培品种之一，被中国茶叶界专家誉为"云南大叶种茶的代表""云南大叶茶的英豪""云南大叶茶的正宗"。2015年11月5日，中华人民共和国农业部批准对"勐库大叶种茶"实施国家农产品地理标志登记保护。

一、勐库大叶种茶的栽培历史

追溯往昔，根据翔实的史料《双江傣族简史》记载，在明成化二十年（1484年），双江勐勐土司始祖罕廷法派遣勐库冰岛村的傣民岩庄等四人，踏上了前往缅甸莱弄（驻缅中地区）的求知之旅，他们肩负着学习茶叶栽培加工技术以及引进茶种的重要使命。归来之后，罕廷法立即下令让岩庄等人在新建的冰岛村佛寺周围首次尝试培育茶苗。经过不懈努力，第一代茶苗成功培育出150余株。随着时光流转，这些茶母树苗壮成长，开花结果，以此为基础不断繁殖发展，成为了当今勐库大叶种茶的始祖，并在本地逐渐传播开来，开启了勐库大叶种茶的种植篇章。

勐库大叶种茶以其优良的品质，自诞生起便备受青睐，被广泛引种。清乾隆二十六年（1761年），双江傣族第十一代土司罕木庄发慷慨地将数百斤茶籽送给顺宁府，分发种植，让勐库大叶种茶的种子在更广阔的土地上生根发芽。清光绪三十四年（1908年），顺宁知府琦磷派人专程到勐库采购了1 500千克茶籽，在凤山进行种植，进一步扩大了其种植范围。清光绪二十三年（1897年），云县茶房人士石俊不辞辛劳，从勐库运回30驮（1驮≈53千克，全书同）茶籽，分发给当地农民种植，让更多人得以领略勐库大叶种茶的魅力。宣统元年（1909年），缅宁通判房景东购买了数百斤（1斤＝500克，全书同）勐库茶籽，积极推广种植。到了民国时期，引种的脚步仍未停歇，民国六年（1917年）和民国九年（1920年），云县分别两次引种勐库大叶茶，数量达到100驮和2.5石（民国时1石＝60千克）。1923年，封维德到勐库购买了数百驮茶籽，运至腾冲窜龙、蒲窝两乡种植，使勐库大叶种茶的种植区域不断拓展。中华人民共和国成立后，勐库大叶种茶的引种更是进入了一个新的阶段，被广泛引种至福建、广东、广西、四川、贵州及昌宁、保山、腾冲等地。仅在1950—1980年这30年内，就有300多万千克茶籽被外引种植,形成了广阔的种植区域,让勐库大叶种茶的茶香飘向了更遥远的地方。

双江自治县作为国内勐库大叶种茶的发源地,境内留存着丰富的茶树资源。经考证,勐库大雪山野生古茶树群落面积达1.27万亩,海拔在2 200~2 750米,这里是世界上已发现的海拔最高、分布面积最广、种群密度最大、原生自然植被保存最为完整的野生古茶树群落。同时,境内还存有19 822.7亩百年以上的栽培古茶园,它们与周边地域一起,构成了茶树从起源、演化,到被人类发现利用、驯化栽培的完整链条,见证了茶树在漫长岁月中的发展历程。1980年,双江自治县人民政府专门派员对尚存的茶母树进行考证,其中最大的一株树龄鉴定为500年,正是岩庄等从缅甸莱弄学习归来后,于明成化二十一年(1485年)春末夏初所培育移植的茶母树。时至今日,勐库镇冰岛村仍存有4 954株树龄在500年以上的栽培型古茶树,它们犹如历史的活化石,静静诉说着过去的故事。

双江,这片土地被誉为茶祖居住的地方。根据詹英佩所著《茶祖居住的地方——云南双江》记载,在人类还处于原始社会旧石器时期,以采集和狩猎为主要生存方式时,澜沧江两岸的大山上就已经有了人群活动,这些族群便是史书上记载的"濮人"。生活在茶树原产地的云南古濮人,是最早发现茶、采集茶、吃茶、种茶的族群,他们利用茶汤、茶水去油腻、去腥膻、助消化,是当之无愧的茶祖。双江自治县的布朗族作为云南古濮人的后裔,至今仍保留着远古时候的食俗,有着用大竹筒煮茶叶(或茶花)水并加入野蜂蜜饮用的习惯,这一独特的食俗传承着古老的茶文化,成为了连接过去与现在的纽带。

勐库大叶种茶不仅有着悠久的栽培历史,在历史上还孕育出了几个著名的品牌和动人的故事。"永昌祥"便是其中一个历史悠久、声名远扬的品牌,由大理喜州商人严子珍创立。以勐库茶为主原料制成的沱茶,在20世纪初至中叶成为了畅销中国西南部和西北部的名茶,深受消费者喜爱。此外,勐库大叶种茶因其独特的品质,1793年,它作为礼品被赠送给英国国王,这一事件彰显了其在当时的重要地位和广泛影响力,也让勐库大叶种茶的名字走出国门,为更多人所知晓。

在现代,勐库大叶种茶,以其条索肥厚、芽峰显豪、滋味浓郁、回甘悠远、内含物质丰富、水浸出物高的独特品质,获得了多项荣誉。在20世纪60、80年代两次被全国茶树良种委员会评定为中国传统茶树良种,被中国茶叶界赞誉为"云南大叶茶正宗""云南大叶茶的英豪"。"中国驰名商标"和"全国茶叶类区域品牌十强"等称号,是对其品牌价值的高度认可。2015年,勐库大叶种茶通过了农业部农产品地理标志认证,这不仅进一步提升了其品牌的地理标志保护,也为其品牌的发展注入了新的活力。2020年10月,双江勐库大叶种茶公共品牌正式发布,旨在统一品牌形象、标识,实现统一出口、统一管理,有力地推动了双江茶产业的健康快速发展,让勐库大叶种茶在新时代焕发出新的生机与活力。

二、勐库大叶种茶的栽培

勐库大叶种茶作为国家级优良茶树品种,其栽培及应用技术对提升茶叶品质与保障产量意义重大。在产地选择方面，勐库大叶种茶适宜生长于海拔1 000~2 000米的山区或半山区，土壤多为红壤、紫色土、黄壤土，呈偏酸性，质地疏松，排水性能良好，且日照充足，能满足茶树对土壤、水分和光照的需求，有利于茶叶营养成分积累和品质形成。

种苗繁育分有性繁殖和无性繁殖。有性繁殖通常在每年10—11月进行，需选用饱满、成熟且无病虫害的茶籽播种；无性繁殖一般在6—9月，选用腋芽饱满、无病虫害的健壮枝条作为扦插穗繁殖，无性繁殖可保持母树优良性状，确保后代茶树品质一致。

移栽时间以6月至7月中下旬为宜。移栽方式有单行单株和双行单株。单行单株行距1.5~2米，株距20~25厘米，每亩种植1 600~2 000株；双行单株大行距1.5~2米，小行距40厘米，株距25~40厘米，每亩种植2 000~3 000株。单行单株利于茶树光照和通风，双行单株可提高土地利用率且保证茶树生长空间。

茶园管理包含多个方面。中耕管理每年进行2次浅耕，分别在2月中旬、7月中旬至8月上旬，深度8~10厘米，以疏松土壤表层，促进根系呼吸和养分吸收；11月至12月中旬进行1次深度15~20厘米的深耕，可改善土壤结构，增加透气性和保水性。培肥管理中，基肥以有机肥和农家肥为主，结合深耕，每亩施有机肥100~200千克或农家肥1 000~2 000千克，提供长效养分并改善土壤肥力；追肥结合浅耕，每次每亩施尿素或三元复合肥10~20千克，满足茶树不同生长阶段养分需求，古茶园为保持原生态品质不施用化肥。茶树修剪上，幼龄茶园一般需进行3次以上定型修剪，培养良好树冠结构；投产茶园依据茶树树龄、生长势等适时进行轻修剪、深修剪、重修剪或台刈，调节生长平衡，提高茶叶产量和品质。病虫害防治遵循"预防为主、综合防治"植保方针和"安全、高效、低毒、低残留"要求，优先采用农业防治，如合理修剪、清理茶园等增强茶树抗病虫能力；大力推广物理防治（灯光诱捕、色板诱杀等）和生物防治（利用天敌昆虫、微生物制剂等）绿色防控技术，减少化学农药使用；化学防治严格控制施药量与安全间隔期，确保茶叶质量安全，古茶园按"无污染"要求不施用化学合成药剂。

鲜叶采摘方式主要有手采和机采，一般选手采以保证鲜叶质量。采摘时期为春茶3—5月、夏茶7—8月、秋茶9—10月。采摘的鲜叶应芽叶完整、鲜嫩、匀净，无褐变、无污染和非茶类夹杂物，用透气竹筐盛装，放置于清洁、阴凉处，防止鲜叶变质，保证茶叶品质。

通过上述科学、规范的育种及应用技术，能充分发挥勐库大叶种茶的品种优势，实现茶叶优质、高产和可持续发展。

三、勐库大叶种茶的特性

勐库大叶种茶作为备受认可的国家良种，其优良特性在茶树品种中独树一帜。1984年11月21—26日，全国茶树良种审定委员会于福建厦门召开第二次会议，此次会议将勐库种等30个传统茶树良种认定为全国第一批茶树优良品种。紧接着，1985年全国农作物品种审定委员会进一步认定勐库种为国家品种，编号为GS13012—1985，这无疑是对其品质的高度肯定。

从外在感官特征来看,勐库大叶种茶属于有性群体品种,植株呈现乔木型,主干特征明显,分枝部位较高,树姿自然开展,展现出旺盛的生长势。其叶片形状为长椭圆形,大小约为17厘米×6厘米,叶面显著隆起,叶肉肥厚且质地较软,叶表富含革质,呈现出浓绿的叶色。叶缘向叶背翻卷,主脉清晰可辨,锯齿大而浅。芽叶粗壮,颜色黄绿,茸毛丰富,持嫩性强,并且发芽时间较早,这些特征使其成为制作晒青毛茶、绿茶、红茶和普洱茶的优质品种。

在制茶表现上,以勐库大叶种茶制作晒青毛茶时,成品条索肥壮,白毫显著,外观油润,冲泡后汤色黄绿明亮,滋味鲜爽浓烈且回甘明显,香气清香持久,叶底嫩匀完整,具有良好的耐泡性。制作绿茶时,白毫显露,条索紧结重实,色泽绿而油润,香气清高,叶底绿而明亮,滋味醇厚。制作红茶时,成品色泽油润,金黄显毫,滋味浓烈,汤色浓艳,香气高鲜,叶底红亮。而制作普洱茶时,其外形乌润多毫,滋味醇厚,且具有消食醒脾的功效。

从内在品质特征分析,勐库大叶种茶含有丰富的营养成分。经检测,其水浸出物含量≥31.5%,茶多酚含量≥19%,游离氨基酸含量≥2.5%,咖啡碱含量≥2.0%,儿茶素含量≥3.0%。这些含量较高的成分,不仅赋予了茶叶独特的风味,也使其具备了一定的保健价值。

勐库大叶种茶凭借其独特的外在感官特征、出色的制茶表现以及丰富的内在品质,在茶类品种中占据着重要地位,无论是对于茶叶制作还是消费者的品饮体验,都具有重要意义。

四、勐库大叶种茶叶产品

(一)普洱茶

勐库大叶种茶因其优良的品质,成为众多普洱茶的优质原料。

冰岛普洱茶:冰岛村是勐库大叶种茶的核心产区之一,所产的冰岛普洱茶闻名遐迩。冰岛茶以其独特的冰糖甜韵、鲜爽回甘的口感和持久的香气著称。其茶叶条索肥壮,芽头饱满,白毫显露,制作出的普洱茶无论是生茶还是熟茶,都备受茶友喜爱和追捧。

昔归普洱茶:昔归茶区虽不完全属于传统意义上的勐库核心区域,但也采用了勐库大叶种茶树原料。昔归普洱茶具有独特的兰花香和冰糖韵,口感醇厚饱满,茶气强劲。其茶叶外形紧结,汤色金黄明亮,叶底柔软有光泽。

懂过普洱茶:懂过位于勐库西半山,茶树品种多为勐库大叶种。懂过普洱茶的特点是香气浓郁,口感丰富,既有勐库茶区的鲜爽,又有一定的醇厚感。其茶汤滋味饱满,回甘持久,茶叶条索肥壮,汤色黄亮。

坝糯藤条茶:坝糯是勐库东半山的著名茶区,以藤条茶著称,而藤条茶树品种也属于勐库大叶种。坝糯藤条茶制成的普洱茶,香气高扬,带有独特的花香,口感甜润,茶汤细腻,水路较为顺滑,韵味悠长。

大雪山普洱茶:勐库大雪山野生古茶树群落是世界上已发现的海拔最高、分布面积最广、种群密度最大、原生自然植被保存最为完整的野生古茶树群落。大雪山普洱茶原料部分采自该区域的古茶树，其茶叶内涵物质丰富，制成的普洱茶香气独特，山野气韵足，滋味醇厚饱满，回甘生津强烈，且具有较高的收藏价值。

有一些茶企和品牌以勐库大叶种为原料进行普洱茶加工，如勐库戎氏，是云南双江勐库茶叶有限责任公司旗下品牌，前身为创办于1993年的勐库茶叶配制厂，1999年收购双江自治县茶厂。作为勐库茶的标杆品牌，多年来深耕临沧茶区，以勐库大叶种为原料压制茶品，像勐库乔木王、勐库母树茶和勐库茶魂等都是其明星产品。勐傣普洱茶厂始建于1996年，位于云南省临沧市双江勐库镇，当地优越的地理环境为普洱茶生长提供了有利条件，该品牌有不少以勐库大叶种为原料的普洱茶产品。天福茗茶是勐库地区颇具影响力的品牌之一，选料严格、工艺精湛，有以勐库大叶种为原料制作的普洱茶。八马茶业在勐库地区历史悠久，生产的普洱茶凭借独特的香气和口感获得市场认可，部分产品采用勐库大叶种原料。

以勐库大叶种为原料的普洱茶真伪，可从以下两方面入手鉴别。

一是观察外形特征。干茶条索：勐库大叶种制成的普洱茶，生茶条索通常较为肥壮、紧结，芽头粗壮且多毫，色泽墨绿油润；熟茶条索则相对紧实，色泽褐红或黑褐。叶片形态：勐库大叶种叶片大，叶长椭圆，叶面显著隆起，叶肉肥厚较软，叶表富革质，叶色浓绿，叶缘向叶背翻卷，主脉明显，锯齿大而浅。在撬取普洱茶饼时，留意叶片形态，若叶片过小、过薄，或形态差异较大，须谨慎判断。

二是品鉴口感滋味。香气：勐库大叶种普洱茶香气独特，生茶多带有浓郁的花香、蜜香，且香气高长；熟茶则有陈香、樟香等，香气纯正。口感：生茶口感鲜爽、浓烈，回甘迅速且持久，茶气足，有一定的刺激性但协调性好；熟茶口感醇厚、顺滑，滋味甜润，无明显苦涩味。耐泡度：由于勐库大叶种内含物质丰富，制成的普洱茶相对耐泡。一般来说，优质的勐库大叶种生茶可冲泡10泡以上，熟茶也能冲泡8泡左右仍有较好的滋味。

（二）红茶

用勐库大叶种制作的红茶也深受市场喜爱。例如，津乔传承1962古树晒红是津乔茶厂复刻1962年国营勐库华侨农场茶厂的老厂选材和发酵工艺推出，原料采用被"滇红之父"冯绍裘特选的勐库大叶种，发酵后理条晾晒，最后筛分出一级料，根根直立、金毫密布，冲泡后热带果香四溢，茶汤橙红明亮，茶毫闪烁，滋味甘甜细腻，杯底蜜韵悠长；勐库古树头春晒红选用勐库古树头春的勐库大叶种原料，经发酵、晒干定型。制作工艺较为严苛，对采摘时间、萎凋程度、揉捻时间和发酵过程等都有严格要求。该茶香气为蜜香型，口感厚实，滋味浓郁，茶汤颜色较浓，相比传统烤红更加绵柔。大雪山大叶种晒红茶产自云南勐库大雪山，以当地的勐库大叶种为原料，经萎凋、揉捻、发酵、晒干等工艺制成。茶叶条索紧结，色泽乌润，金毫显露，香气浓郁，带有花香、果香或蜜香，滋味醇厚，回甘持久，口感顺滑。冰岛古树红茶采用勐库大叶种中的冰岛古树原料制作，干茶条索肥壮，金毫显露，汤色红亮，香气独特，带有冰糖韵和花蜜香，滋味醇厚饱满，回甘迅速持久，叶底柔软明亮。

（三）绿茶

市场上有一些严格以勐库大叶种为原料制作的绿茶，如苍山雪绿，创制于1964年，产于云南大理苍山山麓，外形条索紧细匀齐，色泽墨绿油润，香气馥郁鲜爽，滋味醇爽回甘，汤色黄绿明亮，选用云南双江勐库良种，清明前后采摘，采摘标准为一芽一叶和一芽二叶初展，加工工艺有杀青、揉捻、做形、干燥、筛拣、复火等；双江绿茶产于云南双江自治县，以勐库大叶种的毛尖为原料加工而成，含有丰富的茶多酚、氨基酸等营养成分，具有清火、解毒、降脂、抗衰老等多种保健功能，口感清新爽口，茶香高雅；勐库大叶春茶是云南勐库乡勐库村出产的绿茶，采用勐库村高山茶园中的古树嫩芽和嫩叶作为原料，采摘时间通常在每年春季。其外观特点是茶叶条形整齐，色泽翠绿，冲泡后茶呈明亮透亮的黄绿色，清香悠长，带有一丝花果香气。

（四）白茶

以勐库大叶种为原料制作的白茶如冰岛古树白茶，以冰岛村大叶种古树纯料为原料，茶叶嫩枝有微毛，叶片肥厚，内含物丰富，制成的白茶具有独特的冰糖甜韵，香气高扬，茶汤鲜灵度高，温和醇厚，耐泡性强，新茶甘鲜爽口，老茶则香气转化为陈香、蜜香、花果香和药香等，可以泡20泡；大雪山白茶，原料来自勐库大雪山，成品茶色泽翠绿，香气清雅，汤色清澈明亮，口感鲜爽回甘，带有淡淡的花香和果香，回味悠长；下关沱茶老树白毫银针，优选勐库大雪山、邦东大雪山等高海拔老树茶区的云南大叶种明前晒青白毫为原料，芽尖绒毫似雪，成品茶形似针，白毫密被，色白如银，干嗅呈毫香、嫩香、兰香，还有淡淡天然的松子香，汤色橙黄透亮，滋味醇和滑爽；森林古树老白茶，来自临沧永德大雪山，山深林密，茶叶山野气息浓厚，内质丰富，耐冲泡，有着独特、直接的森林花香以及独特的杏仁香，还带有木质香，淡雅如兰，茶汤甘冽清透，香甜润口。以勐库大叶种为原料的云南白茶属于新兴品类，品牌影响力和消费者认可度仍需时间积累，在市场上的知名度和接受度相对较低。但勐库大叶种茶多酚含量高，在后期存放过程中，转化空间大，经过几年的陈放，茶叶的口感会更加饱满，黄酮类物质等也会发生转化，茶品可能出现药香、枣香等独特香气，品质提升明显，后期潜力大。

五、小结

勐库大叶种茶是国家级优良茶树品种，1984年被认定为全国第一批茶树优良品种，1985年被认定为国家品种。其栽培对环境要求严格，需在海拔1 000~2 000米、偏酸性土壤的山区或半山区，种苗繁育与移栽有特定方式和规格，茶园管理精细科学。以其为原料的普洱茶品质出众，生茶鲜爽回甘、清香持久，熟茶滋味醇厚，这得益于其丰富的水浸出物、茶多酚等内在成分。勐库大叶种茶集科学选育、精细栽培与优质品位于一体，是茶产业的瑰宝，推动着茶行业发展。

思政要点

1. 科学精神：在选育和栽培管理过程中，严格遵循科学规律和方法，体现了科研人员和茶农对科学的尊重和追求。启示我们在学习和工作中要秉持科学精神，用科学的思维和方法解决问题。

2. 工匠精神：从茶树的种植到茶叶的制作，每一个环节都需要精心呵护和严格把控，体现了茶人对品质的执着追求和工匠精神。教导我们在任何工作中都要注重细节，追求卓越，不断提升自己的专业素养。

3. 人与自然和谐共生：对产地环境的严格要求以及在栽培管理中采用绿色防控技术等，体现了人与自然和谐共生的理念。提醒我们要尊重自然、保护自然，实现经济发展与生态保护的良性互动。

第二节　勐海大叶种茶

勐海大叶种，原产于云南省西双版纳勐海县南糯山，属有性系品种。早在1985年，它便凭借自身优良的品质被全国农作物品种审定委员会认定为国家品种。该品种的芽叶特征鲜明，芽叶肥壮，呈黄绿色，茸毛丰富，一芽三叶百芽重可达153.2克。从其内含物质来看，春茶一芽二叶干样中，水浸出物含量高达47.2%，氨基酸含量为2.3%，茶多酚含量达32.8%，咖啡碱含量为4.1%，儿茶素总量也有18.2%。由于其丰富的内含物质和独特的品质特点，勐海大叶种适制性广泛，不仅是制作红茶、绿茶和普洱茶的优质原料，近年来，随着茶类创新发展，还有企业选用它来制作白茶，为茶市场带来了新的风味体验。

一、勐海大叶种茶的选育历程

勐海大叶种茶作为中国重要的茶树品种，承载着丰富的选育历史，是自然环境与人类智慧相互交融的珍贵结晶。其选育历程漫长且意义深远，见证了从对野生茶树的初步认知到科学系统选育的伟大跨越。

云南作为茶树的起源中心之一，而勐海县又地处其中，拥有极为适宜茶树生长繁衍的自然环境。远古时期，野生茶树便在勐海的山林间自然生长。当地的布朗族等少数民族，在长期的采集、狩猎生活中，逐渐察觉到了茶树的食用与药用价值，进而开始有意识地保护和利用这些野生茶树。在此过程中，他们对茶树的生长习性和品质特点有了初步的认识，为后续的茶树选育工作奠定了基础。随着时间的不断推移，这些少数民族尝试对野生茶树进行简单的驯化与栽培，慢慢地形成了早期的茶园。

在长期的茶树栽培实践中，当地茶农积累了大量宝贵的经验。他们凭借细致的观察，依据茶树的树形、叶片大小、颜色、发芽时间、产量，以及茶叶的香气、滋味、汤色等品质特征，挑选出表现优异的茶树个体进行繁殖。这种传统的选育方式主要依赖茶农的经验和直觉，通过代代相传，逐步筛选出了一些适应本地环境、品质优良的茶树品种，其中就孕育出了勐海大叶种的雏形。茶农会精心选取生长健壮、芽叶肥壮且品质出众的茶树，运用压条、扦插等无性繁殖手段，保留其优良性状，并不断扩大种植规模。

进入20世纪，随着科学技术的迅猛发展，茶树的选育工作迈入了科学化的轨道。科研人员开始深入参与勐海地区的茶树品种研究，运用现代科学方法对当地的茶树品种资源展开全面的调查与分析。他们对茶树的形态特征、生物学特性、内含物质等进行了系统的研究与精确测定,为勐海大叶种的进一步选育提供了坚实的科学依据。通过对大量茶树样本的深入分析,科研人员发现勐海大叶种具备叶片肥大、芽叶肥壮、茸毛丰富、内含物质含量高的特点,其中茶多酚、咖啡碱、氨基酸等物质的含量尤为突出,展现出了极高的经济价值和品质潜力。

1985年,勐海大叶种迎来了重要的里程碑——被全国农作物品种审定委员会认定为国家品种。这一认定是对勐海大叶种优良品质和生产价值的高度肯定。在认定过程中,科研人员对勐海大叶种的各项指标进行了严格的测试与评估,涵盖了其适应性、抗逆性、产量、品质等多个方面。经过多年的区域试验和生产实践检验,充分证明了勐海大叶种在不同的生态环境下都能够保持良好的生长性能和稳定的品质,具备广泛的推广应用价值。

即便被认定为国家品种,对勐海大叶种的选育工作依然在持续推进。科研人员不断深入开展对勐海大叶种的研究,借助杂交、诱变等现代育种技术,进一步改良其品质和特性。他们致力于提升勐海大叶种的抗病虫害能力,增强其对不同环境的适应能力,同时优化其内含物质的组成和比例,以更好地满足市场对高品质茶叶的需求。此外,在积极改良品种的同时,科研人员也十分注重保护勐海大叶种的遗传多样性,全力防止品种退化。

勐海大叶种的选育历程是一个漫长且不断演进的过程,从最初对野生茶树的认识,到传统经验选育,再到现代科学选育,每一个阶段都凝聚着无数茶农和科研人员的辛勤付出与智慧结晶。它不仅是一个优良茶树品种的培育过程,更是中国茶叶科学技术不断发展进步的生动写照,为中国茶产业的繁荣发展奠定了坚实基础。

二、勐海大叶种茶的栽培

勐海大叶种茶作为优质茶树品种,其栽培管理技术对茶叶的品质和产量起着决定性作用。科学合理的栽培管理需从多个方面进行精心把控。

在茶园选址方面,勐海大叶种茶适宜种植在海拔相对较高、气候温暖湿润、阳光充足且通风良好的区域。土壤条件也至关重要,应选择土层深厚、肥沃疏松、排水性能良好且呈微酸性的土壤,如红壤、黄壤等,这样的土壤能够为茶树根系提供充足的养分和良好的生长环境。同时,茶园应远离污染源,保证周边生态环境良好,以确保茶叶的品质安全。

在种苗繁育环节,可采用有性繁殖和无性繁殖两种方式。有性繁殖即利用茶籽进行播种,需挑选饱满、无病虫害且成熟度高的茶籽,在适宜的季节进行播种,一般在春季或秋季。播种前对茶籽进行适当处理,如浸种催芽等,可提高发芽率。无性繁殖常采用扦插或嫁接的方法,扦插时选取生长健壮、芽眼饱满、无病虫害的枝条作为插穗,扦插后要注意保持适宜的温湿度和光照条件,促进插穗生根发芽;嫁接则是将优良品种的接穗嫁接到亲和力强的砧木上,以获得具有优良性状的茶树。无性繁殖能够保持母树的优良特性,使茶树生长整齐一致。

茶园的移栽定植工作也不容忽视。当茶苗长到一定高度和粗度,根系发育良好时,即可进行移栽。移栽时要注意保持茶苗根系完整,避免损伤。移栽的密度应根据茶园的地形、土壤肥力和管理水平等因素合理确定,一般来说,适当的密植可以提高土地利用率和茶叶产量,但过密会影响茶树的生长和通风透光条件。移栽后要及时浇足定根水,并做好遮阴等防护措施,确保茶苗成活。

在茶园的日常管理中,施肥是关键环节之一。根据茶树的生长阶段和土壤肥力状况,合理施用有机肥和化肥。基肥以有机肥为主,如腐熟的农家肥等,在茶树休眠期施入,以改善土壤结构,提高土壤肥力;追肥则根据茶树的生长需求,在不同的季节和生长阶段进行,以氮肥为主,配合磷、钾肥和微量元素肥料,促进茶树的生长和茶叶品质的提升。同时,要注意施肥的方法和用量,避免肥料浪费和对环境造成污染。

修剪也是茶园管理的重要措施。通过合理的修剪,可以控制茶树的生长高度和树冠形态,促进茶树分枝,增加茶叶产量。幼龄茶树主要进行定型修剪,培养良好的树冠结构;成年茶树则根据茶树的生长情况和采摘要求,进行轻修剪、深修剪或重修剪,以更新茶树的生产枝,提高茶叶品质。修剪下来的枝条要及时清理,防止病虫害滋生。

病虫害防治是茶叶产量和品质的重要保障。坚持"预防为主,综合防治"的植保方针,采用农业防治、物理防治、生物防治和化学防治相结合的方法。农业防治包括合理密植、加强茶园管理、及时清理茶园等,以增强茶树的抗病虫能力;物理防治可采用灯光诱捕、色板诱杀等方法,诱杀害虫;生物防治则是利用天敌昆虫、微生物制剂等控制病虫害的发生;化学防治要严格按照农药使用标准和安全间隔期进行,选择低毒、低残留的农药,减少农药对茶叶和环境的污染。

在茶叶的采摘过程中,要根据茶树的生长情况和茶叶的品种特点,适时进行采摘。采摘时应遵循"分批、多次、留叶"的原则,既要保证茶叶的产量,又要保证茶叶的品质。采摘的鲜叶要及时进行加工处理,避免鲜叶变质,影响茶叶的品质。

勐海大叶种茶的栽培管理技术是一个系统工程,需要从茶园选址、种苗繁育、移栽定植、日常管理、病虫害防治到茶叶采摘等多个环节进行科学管理和精心呵护,才能实现茶叶的优质高产,推动茶产业的可持续发展。

三、勐海大叶种茶树的品质特征

勐海大叶种茶树在外观形态、内含物质等方面呈现出独特的品质特征,基于这些特征所制成的茶叶产品也各具特色,在茶市场中占据着重要地位。

勐海大叶种茶树植株高大,通常为乔木型,树姿开展,主干明显,具有较强的生长势。其叶片形态独特,叶长椭圆形,叶大且肥厚,一般叶长可达十几厘米,叶宽数厘米,叶面显著隆起,叶肉厚软,叶色浓绿,富有光泽,叶表革质层较厚,叶缘向叶背翻卷,主脉粗壮明显,侧脉对数较多,锯齿大而浅。芽叶肥壮,呈黄绿色,茸毛多且密,一芽三叶百芽重量相对较大,持嫩性强。

从内含物质来看,勐海大叶种茶树新梢所含的化学成分丰富且比例协调。水浸出物含量较高,这使得茶叶在冲泡时能够释放出更多的可溶性物质,为茶汤带来丰富的滋味。茶多酚含量显著,是形成茶叶苦涩味和收敛性的主要物质,同时也是茶叶具有保健功效的重要成分。氨基酸含量适中,为茶汤增添了鲜爽的口感。咖啡碱含量较高,赋予茶汤一定的苦味和刺激性,与茶多酚等物质相互作用,影响着茶叶的风味。儿茶素总量丰富，其氧化、聚合等反应对茶叶的色香味形成有着重要影响。

四、勐海大叶种

基于勐海大叶种茶茶树优良的品质特征，所制成的茶叶产品丰富多样，各具风味。

普洱茶是勐海大叶种茶最具代表性的产品之一。生茶外形条索肥壮紧结，色泽墨绿油润，白毫显露。冲泡后，汤色黄绿明亮，香气浓郁，带有独特的花香、果香或花蜜香，滋味醇厚饱满，回甘生津迅速且持久，茶气足，叶底黄绿柔软。随着时间的陈化，生茶的香气和滋味会发生变化，口感更加醇厚、顺滑，陈香逐渐显现。熟茶经过渥堆发酵工艺，外形条索紧实，色泽红褐油润。汤色红浓明亮，香气陈香浓郁，有的还带有樟香、枣香等香气，滋味醇厚甜滑，口感细腻，叶底红褐匀整。

勐海大叶种茶制得的代表性普洱茶有很多，以下是一些常见的代表。

班章茶：产地在勐海县班章村，被誉为"普洱茶之王"。班章茶具有独特的山野气息、口感浓烈，回甘迅猛持久，香气高扬独特，茶汤醇厚饱满，茶气强劲。如"勐海乔木大叶青饼班章王""勐海班章乔木饼茶普洱王"等，都是以班章地区的勐海大叶种古树茶为原料制作，代表了班章茶的较高水准。

老曼峨：来自布朗山，是布朗山的代表之作。其茶苦味较重，但化得快，香气浓郁，有独特的布朗山韵味，茶汤醇厚饱满，层次感丰富，经过陈化后，口感会更加醇厚顺滑，陈香凸显。

南糯山大叶种普洱茶：以南糯山的勐海大叶种茶树为原料，具有特别的花香和醇厚的口感。生长于南糯山高海拔地区，土壤肥沃、气候适宜，使得茶叶叶片肥厚，内质丰富。冲泡后的茶汤色泽金黄透亮，香气清雅，滋味醇厚，回甘持久。

由云南勐海大叶茶厂生产的普洱茶，如大叶天香普洱茶，选用勐海大叶种晒青毛茶为原料精制而成，能让人在从清香品尝到醇香再到陈香的过程中，体会普洱茶的形成过程和不同时期的不同风格；大叶绝色普洱茶，由金色阳光、银色月光、勐海星光、勐海春光两生两熟精品普洱茶组成，选用勐海有代表性的老树茶为原料，生茶香高、味酽、回甘浓烈、汤色透亮，熟茶甘甜醇滑、口感细腻、陈香浓郁；勐海原味普洱茶，选用勐海境内各具有代表性的大叶种晒青乔木茶为原料，呈现出不同香气、韵味、滋味和茶气，体现了勐海茶的不同风格和丰富的资源优势；大叶青饼，采用勐海县优质大叶种茶树的鲜叶为原料，通过传统工艺精心制作而成。外形美观，条索紧实，色泽乌润，内质丰富，香气独特。冲泡后，茶汤清澈透亮，色泽金黄，散发出浓郁的果香和花香，滋味醇厚饱满，回甘迅速且持久；8582大叶青饼，于1985年首次推出。选用勐海地区的大叶种茶树为原料，茶饼外观匀整，色泽深沉，散发着淡淡的木香和陈香。冲泡时茶汤清澈明亮，颜色介于橙黄与琥珀之间，香气馥郁而持久，滋味醇厚而不腻，回甘明显且悠长。

以勐海大叶种茶制作的红茶，外形条索紧结，色泽乌润，金毫显露。冲泡后，汤色红亮，香气高长，带有浓郁的甜香、果香或花香，滋味醇厚鲜爽，富有刺激性，叶底红亮柔软。其独特的香气和滋味，深受红茶爱好者的喜爱。勐海大叶种茶制得的代表性红茶主要是滇红，如勐海茶厂生产的传统滇红工夫红茶，汤色艳亮，香气鲜郁高长，带有独特的花香、果香等，滋味浓厚鲜爽，叶底红匀嫩亮，展现了勐海大叶种的特点；采用勐海县雨林古树茶为原料制作的雨林滇红工夫红茶，有着独特的香气和口感，品质较高；以勐海大叶种晒青毛茶为主要原料制成的金丝红茶芽叶肥壮，满披金毫，色泽金黄，茶汤具有丰富的花香和甜味，滋味醇厚回甘。

制成的绿茶外形条索紧结重实，色泽绿润，白毫满披。汤色黄绿明亮，香气清高，带有清新的豆香、栗香或嫩香，滋味鲜爽回甘，叶底嫩绿匀整。展现出了勐海大叶种茶鲜叶的鲜嫩和清香。有一些颇具特色的产品，如云海白毫，以勐海大叶种茶为原料制作的绿茶，外形条索紧结壮实，锋苗挺秀，满披白毫，色泽银绿油润。冲泡后，汤色黄绿明亮，香气清鲜高长，带有独特的毫香和淡淡的花香，滋味鲜醇回甘，叶底嫩绿匀整；南糯白毫，以南糯山所产的勐海大叶种茶为原料，外形条索紧结，白毫满披，色泽翠绿，香气清高持久，有浓郁的板栗香和嫩香，滋味醇厚鲜爽，回甘明显，汤色绿而明亮，叶底嫩匀成朵；佛香茶也是采用勐海大叶种茶制作的绿茶，外形扁平光滑，挺直匀整，色泽绿润，香气清幽高雅，带有淡淡的兰花香，滋味鲜爽回甘，口感清爽宜人，汤色嫩绿明亮，叶底嫩绿匀齐。佛香茶在制作过程中注重保持茶叶的自然香气和鲜嫩口感，突出了勐海大叶种茶的特点。

近年来也有企业尝试用勐海大叶种茶制作白茶。其外形芽叶肥壮，满披白毫，色泽灰绿或墨绿。汤色浅黄明亮，香气清新自然，带有毫香、花香，滋味鲜醇爽口，回甘明显，叶底肥嫩柔软。如布朗山白茶，原料来自勐海县布朗山的百年老树，外形紧致，色泽嫩绿，冲泡后汤色清澈明亮，有淡淡的木质香，口感细腻、不苦不涩，耐泡性强；勐海古树白茶源自云南勐海的古茶树，茶叶颜色纯净白亮，形态紧结，茶汤澄澈明亮，有清新的花香和果香，口感醇厚甘甜，回味悠长；云南大白毫属于云南白茶中的稀有品种，产于勐海县的勐满自然保护区，茶叶颜色纯净白亮，形态紧结，茶汤澄澈明亮，有清新的花香和果香，口感醇厚甘甜，回味悠长，叶嫩芽肥壮，覆有细密白毫，这也是该茶得名的原因。

勐海大叶种茶凭借其独特的品质特征，造就了多样化且高品质的茶叶产品，无论是传统的普洱茶、红茶、绿茶，还是新兴的白茶，都以其独特的风味和品质，吸引着众多消费者，也为中国茶产业的发展增添了丰富的色彩。

五、勐海大叶种助力茶企和品牌发展

以勐海大叶种茶为原料的茶企和茶叶品牌有很多。

作为茶行业的领军企业，大益茶业集团凭借深厚底蕴与卓越实力，在普洱茶领域占据着举足轻重的地位。其在勐海地区布局的优质茶园资源，堪称得天独厚。大益茶业集团依托在勐海的资源优势，建立了完善的原料供应体系，能够稳定且持续地获取优质的勐海大叶种茶原料。从鲜叶采摘开始，就严格遵循科学的标准和流程，确保每一片鲜叶都符合高品质要求。在生产环节，大益秉持着严苛的生产标准，每一道工序都有精确的参数控制和严格的质量检测。其精湛的制茶工艺更是经过了多年的传承与创新。以大益7542和大益7572为例，大益7542作为评判普洱生茶的标杆，从原料拼配到压制工艺，都恰到好处地展现了生茶的鲜爽与醇厚；而大益7572作为评判普洱熟茶的标杆，渥堆发酵的程度、拼配的比例等都经过了无数次的试验和调整，最终形成了独特的陈香与醇厚口感。大益茶业集团正是凭借对勐海大叶种茶原料的优质把控和对制茶工艺的精益求精，铸就了大益普洱茶的卓越品质，使其成为了普洱茶行业的经典与标杆。

陈升号以"班章"系列茶闻名遐迩。陈升号在班章等产区拥有自己专属的原料基地，这是其品质的重要保障。在原料的选取上，陈升号始终坚持严格标准。从茶树的生长环境监测，到鲜叶的采摘时机把控，都做到了科学严谨。只选取树龄适宜、生长状态良好的勐海大叶种茶树鲜叶，并且严格按照一芽二三叶的标准进行采摘，确保原料的鲜嫩度和品质。在制作工艺方面，陈升号专注于制作高品质的普洱茶，传承并创新传统制茶工艺。从鲜叶的摊晾、杀青、揉捻，到后续的发酵、压制等环节，每一道工序都由经验丰富的制茶师傅严格把控。

八角亭茶业是一家历史悠久的茶企，产品种类丰富，涵盖生茶、熟茶等多种系列。在原料选取上，对勐海大叶种茶的品质和等级把控极为严格。从茶园的选择开始，就深入考察，优选生态环境良好、茶树生长状态佳的茶园作为原料供应地。在采摘环节，严格遵循科学标准，根据不同的产品需求，精准把握采摘时机和芽叶标准，确保每一片鲜叶都能达到高品质要求。在加工工艺方面，八角亭茶业更是精益求精。其拥有一支经验丰富、技艺精湛的制茶团队，传承并创新传统制茶工艺。以其"宫廷普洱"系列为例，该系列之所以以细腻柔和著称并广受茶友好评，正是因为对勐海大叶种优质原料的精心挑选和精细加工工艺的完美结合。选用等级较高的勐海大叶种茶芽叶，经过独特的发酵和加工，使得茶汤口感细腻、香气柔和、韵味悠长，充分展现了勐海茶的特色与魅力，也彰显了八角亭茶业在普洱茶制作上的深厚底蕴和卓越品质。

福海茶厂专业生产普洱茶，在市场上具有较高的知名度。福海茶厂选用勐海当地的大叶种晒青茶为原料，通过传统工艺与现代技术相结合的方式进行生产，产品口感醇厚，性价比高。

兴海茶厂通过不断努力，使兴海普洱茶赢得了广大爱茶人士的喜爱。兴海茶厂注重原料的品质把控，在勐海大叶种茶原料的采购上严格筛选，制茶工艺独特，产品在市场上有一定的竞争力。

雨林古茶坊以"雨林古树茶"系列为代表，注重保护生态环境，坚持采用纯天然原材料。在勐海地区有广泛的原料收集渠道，专注于打造古树茶产品，充分发挥勐海大叶种古树茶的品质优势，其茶叶香气独特、口感醇厚。

福元昌茶业拥有悠久的历史背景和丰富的制茶经验。福元昌注重传统工艺的传承，选用勐海大叶种优质原料，制作的普洱茶具有独特的韵味和品质，在市场上享有较高的声誉。

六、小结

勐海大叶种是推动茶产业发展的关键品种。其叶片肥大、内含物质丰富，为各类茶品提供了优质原料基础。以它制成的普洱茶、红茶、绿茶、白茶等，风味独特，品质上乘，深受市场青睐。像大益、陈升号等知名茶企，依托勐海大叶种打造出经典产品，提升了品牌影响力。在种植端，勐海大叶种适应勐海当地环境，利于规模化种植。从原料到产品,从企业发展到市场拓展,勐海大叶种全方位助力茶产业发展,是茶产业繁荣的重要支撑。

 思政要点

1. 文化传承与创新:勐海大叶种茶的发展历程中,当地少数民族如布朗族等最早植茶,积累了丰富的传统制茶经验,体现了文化的传承。现代茶企在传承传统工艺基础上,结合现代科学技术进行创新,如大益、陈升号等企业对制茶工艺的改进,展现了文化传承与创新的统一,启示我们要重视传统文化的保护与发展,在传承中创新,在创新中传承。

2. 劳动精神与工匠精神:世世代代的茶农在勐海地区辛勤劳作,开辟茶园、培育茶树,体现了劳动精神。而茶企中制茶师傅们对工艺的精益求精,如严格把控杀青、发酵等环节,追求高品质茶叶,彰显了工匠精神。激励我们在学习和工作中要发扬勤劳奋斗的劳动精神,以及专注、执着、追求卓越的工匠精神。

3. 人与自然和谐共生:勐海地区独特的自然环境为勐海大叶种茶树生长提供了良好生长条件,同时,人们在茶树种植和茶园管理过程中,注重保护生态环境,实现可持续发展。

4. 民族团结与合作:勐海大叶种茶的发展离不开当地各民族的共同努力,不同民族在茶树种植、茶叶制作等方面相互交流、合作,共同推动了茶产业的繁荣。体现了民族团结的重要性,告诉我们在社会生活中要加强民族团结,促进各民族之间的交流与合作,共同创造美好生活。

5. 科技创新的力量:从传统的经验选育到现代科学选育,以及制茶过程中现代技术的应用,都体现了科技创新对茶产业发展的推动作用。强调了科技创新在推动产业进步和社会发展中的关键地位,鼓励我们要重视科学技术,培养创新思维。

6. 品牌意识与责任担当:大益、陈升号等知名茶企以勐海大叶种为原料打造出具有影响力的品牌,在提升品牌知名度的同时,注重产品质量和社会责任。启示我们要树立品牌意识,追求卓越品质,同时要有社会责任感,积极为社会作出贡献。

第三节 凤庆大叶种茶

凤庆大叶种作为中国优良的茶树品种之一,在茶叶产业中占据着重要的地位。其独特的品质和广泛的应用,为茶叶的生产和发展作出了巨大的贡献。本节围绕凤庆大叶种的选育、栽培管理、品种特征以及制得的茶叶产品等方面进行详细的阐述,以期让读者对凤庆大叶种有一个全面而深入的了解。

一、凤庆大叶种的选育历程

凤庆大叶种原产于云南省凤庆县。它的选育并非一蹴而就,而是经过了漫长的历史过程。在古代,当地的茶农们在长期的茶叶种植和生产实践中,对茶树进行了自然的选择和培育。由于凤庆县独特的地理环境和气候条件,非常适宜茶树的生长,因此孕育出了许多优良的茶树品种,凤庆大叶种便是其中的佼佼者。

到了近代,随着茶叶科学研究的不断深入,专业的科研人员开始对凤庆大叶种进行系统的选育工作。1977年成立的滇红集团茶科院是凤庆县唯一的茶叶科研机构,它以茶树优良品种选育为切入点,建立了茶树品种园和良种扩繁园。通过单株选择和无性繁育,茶科院培育出了多个优质高产、适制性广、抗逆性强的茶树品种。这些品种的选育显著提高了凤庆大叶种茶的产量和品质。凤庆大叶种茶的最新品种信息显示,凤庆3号是通过有性单株筛选和无性培育而成的。1979年选定的凤庆3号母树单株经过相关的繁育和鉴定工作,最终在1985年完成了良种鉴定。凤庆3号被认定为香气特异(成茶具有兰花香)、内质优良的大叶茶树良种。值得一提的是,凤庆大叶群体种在漫长的岁月中,经受着天然环境的滋养与人为精心培育的双重作用,犹如一座丰富的宝库,孕育出了众多各具特色、品质优良的茶树品种类型。其中,凤庆9号、凤庆1号、凤庆3号等品种更是凭借其出色的表现,赢得了专家们的高度认可和茶界的广泛赞誉。

历经多年的不懈耕耘与精心培育,凤庆大叶种在品种特征方面逐渐稳定成熟。1984年,它凭借自身卓越的品质和稳定的特征,被认定为国家良种,获得了编号"华茶13号(GSCT 13)",这不仅是对凤庆大叶种的高度肯定,而且也标志着它在我国茶叶品种领域占据了一席之地。

在选育过程中,科研人员主要关注茶树的产量、品质、抗逆性等方面的性状。通过不断地筛选和培育,使得凤庆大叶种的产量得到了显著提高,同时其茶叶品质也更加优异,具有独特的香气和口感。此外,凤庆大叶种还具有较强的抗逆性,能够适应不同的环境条件,为其在更广泛的区域内推广种植提供了有力的保障。

二、凤庆大叶种的栽培

种植环境的选择。凤庆大叶种适宜生长在海拔1 000~2 500米的山区,年平均气温14~20℃,年降水量1 000~1 800毫米,相对湿度80%以上的环境中。土壤要求肥沃、疏松、排水良好,pH值为4.5~6.5的酸性土壤。因此,在选择种植地时,要充分考虑这些因素,以确保茶树能够良好生长。

凤庆大叶种的种苗繁殖主要采用扦插繁殖的方法。扦插繁殖具有繁殖速度快、成活率高、能够保持母树优良性状等优点。在扦插前,要选择生长健壮、无病虫害的母树,剪取半木质化的枝条作为插穗。插穗长度一般为8~10厘米,带有2~3个芽。扦插时,将插穗插入苗床中,保持苗床湿润,温度控制在20~25℃,经过一段时间的培育,插穗即可生根发芽,长成健壮的茶苗。

凤庆大叶种茶树生长旺盛,对肥料的需求较大。在茶园管理中,要根据茶树的生长阶段和土壤肥力状况,合理施肥。一般来说,在茶树的幼龄期,以氮肥为主,配合磷、钾肥,促进茶树的生长和树冠的形成。在成年期,除了氮肥外,还要增加磷、钾肥的施用量,以提高茶叶的产量和品质。同时,要注意有机肥的施用,如农家肥、绿肥等,以改善土壤结构，提高土壤肥力。

三、凤庆大叶种的品种特征

凤庆大叶种茶树为乔木型，树姿开展，树高可达 6 米以上。主干明显，分枝部位较高，分枝较稀疏。叶片特大，叶形为长椭圆形或椭圆形，叶色绿或深绿，叶面隆起，叶质柔软，叶尖渐尖，叶缘微波状。芽叶肥壮，茸毛多，一芽三叶百芽重 100 克左右。

凤庆大叶种茶树的生长势强，发芽期早，生长期长。在云南地区，一般 3 月上旬开始发芽，11 月下旬停止生长。其新梢生长快，育芽能力强，一年可萌发 5~6 轮新梢。此外，凤庆大叶种茶树的抗寒性较弱，在低温环境下容易受到冻害，因此在种植时要注意选择适宜的种植区域。

凤庆大叶种茶叶的品质优良，具有独特的香气和口感。其茶叶水浸出物含量高，一般在 40% 以上，茶多酚含量在 30% 左右，咖啡碱含量在 4% 左右。制成的茶叶，汤色红亮，香气高长，滋味浓强鲜爽，具有独特的"滇红"香气。此外，凤庆大叶种茶叶还富含多种营养成分，如氨基酸、维生素等，具有较高的保健价值。

四、凤庆大叶种茶叶产品

凤庆是滇红的发源地，凤庆大叶种是制作滇红的优质原料，在凤庆当地，很大一部分凤庆大叶种原料用于制作红茶。从品质和影响力上看，滇红作为凤庆大叶种的代表性产品，展现出了强大的实力。凤庆大叶种内含物质丰富，茶多酚、咖啡碱等含量较高，为滇红独特的品质奠定了基础。滇红工夫茶、滇红金针、滇红金芽等产品，以其外形条索紧结、金毫显露，汤色红亮，香气高长，滋味浓强鲜爽等特点，在国内外市场上享有极高的声誉。滇红工夫茶以独特的"滇香"征服了众多消费者，成为中国红茶的重要代表，在国际市场上与印度、斯里兰卡的红茶竞争并占据一席之地，这极大地提升了凤庆大叶种的知名度和影响力。从产业贡献角度来看，滇红产业对于凤庆大叶种的推广和发展起到了关键作用。滇红产业的发展带动了凤庆县乃至整个临沧地区的经济发展，茶农们通过种植凤庆大叶种茶树，采摘鲜叶制作滇红，增加了收入，改善了生活。同时，围绕滇红产业形成了完整的产业链，包括茶叶种植、加工、销售、茶文化旅游等多个环节，为当地创造了大量的就业机会，促进了区域经济的繁荣。众多以滇红为主营业务的企业不断发展壮大，如滇红集团等，进一步推动了凤庆大叶种的种植和滇红的生产与销售。从市场角度来看，滇红在国内外市场都有较高的知名度和市场占有率，凤庆大叶种制成的红茶如滇红金针、滇红金芽等产品深受消费者喜爱，估计凤庆大叶种原料有40%~60%用于制作红茶。滇红主要有工夫红茶和红碎茶两种，工夫红茶外形条索紧结，色泽乌润，金毫显露；红碎茶外形颗粒紧结，色泽乌润，汤色红亮，香气高长，滋味浓强鲜爽。1939 年冯绍裘先生创办顺宁实验茶厂，后历经改制成为云南滇红集团。其"凤"牌茶叶以凤庆大叶种茶群体种为鲜叶原料，芽叶肥硕，茸毛密集，利用凤庆大叶种内含物质丰富的特点，制作出的红茶浓、强、鲜、香，产品涵盖叶茶、碎茶、片茶和末茶等多种类型。1958 年，滇红集团为适应出口创汇开始生产传统红碎茶，选用优良的云南凤庆大叶种茶鲜嫩芽叶作原料，采用科学方法精制而成。其红碎茶水浸出物高达40%左右，产品多次原箱出口创国际市场拍卖最高价，品种分为叶、碎、片、末等规格，主要产品花色有初碎2号（BOP）、自然碎1号（FBOP）等。

凤庆大叶种具备制作普洱茶的优良品质，其茶多酚含量较高，有利于普洱茶的后期发酵和品质形成。不过相比红茶，凤庆大叶种用于制作普洱茶的比例相对较小，在20%~30%。云南凤庆茶厂生产的凤牌普洱茶历史悠久，自20世纪70年代以来，一直致力于传承和发扬传统制茶工艺，选用凤庆大叶种茶树的优质原料，经过严格筛选和传统工艺精制而成，像1997年和1998年的7813款普洱茶备受收藏家和茶叶爱好者的追捧。

凤庆大叶种制作的绿茶也有其独特的品质特点，具有滋味浓醇、回甘持久等优点。但在凤庆的茶叶生产中，绿茶的产量相对红茶和普洱茶来说较少，可能有10%~20%的凤庆大叶种原料用于制作绿茶。云南滇红集团推出的凤牌"早春香毫"，优选凤庆大叶种群体种单芽，采用成熟的烘青绿茶工艺精制而成。该产品全芽制作，白毫显露，绿白相间；汤色黄绿明亮，清澈无杂质，具有清新芬芳、毫香扑鼻的特点，入口淡淡嫩香，滋味清爽，鲜感强。

近年来，白茶市场逐渐升温，凤庆大叶种制作的白茶也开始受到关注。凤庆大叶种内含物质丰富，制作出的白茶滋味醇厚、毫香显。不过目前在凤庆茶叶生产中，其占比相对较小，可能在5%~15%。云南滇红集团的"凤"牌白毫银针，精选云南凤庆茶区海拔1 600米以上生态茶园中的云南大叶种茶单芽鲜叶为原料，采用白茶传统工艺研制，并结合自然气候特点予以优化，芽头肥壮，满披白毫，色白如银，纤细如针，茶汤杏黄、清澈明亮，花香萦绕，自然清雅，清鲜醇爽、毫香显露。

五、小结

凤庆大叶种作为中国优良的茶树品种，在选育、栽培管理、品种特征以及制得的茶叶产品等方面都具有独特的优势。其经过长期的选育和培育，品种特征稳定，产量高，品质优。在栽培管理方面，通过合理的种植环境选择、种苗繁殖和茶园管理，能够保证茶树的良好生长和茶叶的优质高产。凤庆大叶种所制得的茶叶产品，如红茶、绿茶、普洱茶等，各具特色，深受消费者的喜爱。

随着人们对茶叶品质和保健功能的要求越来越高，凤庆大叶种的发展前景也越来越广阔。未来应该进一步加强对凤庆大叶种的研究和开发，不断提高其栽培管理技术水平，创新茶叶制作工艺，开发更多高品质的茶叶产品，以满足市场的需求，推动茶叶产业的可持续发展。同时，也要加强对凤庆大叶种茶树资源的保护，确保其品种的纯正和优良性状的传承。

思政要点

1. 科学精神与创新意识：凤庆大叶种从古代茶农自然选择培育到近代科研人员系

统选育，体现了人类对自然规律的探索和利用，以及不断追求科学进步的精神。科研人员通过对茶树群体的调查分析、单株选择繁殖等一系列科学方法，稳定和提升了凤庆大叶种的品种特征，这一过程展现了科学研究中的创新意识和实践能力，启示我们在学习和工作中要尊重科学、勇于创新，不断探索解决问题的新方法和新途径。

2. 工匠精神与劳动价值：在凤庆大叶种的栽培管理和茶叶制作过程中，从种植环境的精心选择、种苗的繁殖，到茶园的施肥、修剪、病虫害防治，再到茶叶制作的各个环节，都需要劳动者具备高度的责任心和精湛的技艺。茶农和制茶工人的辛勤劳动，赋予了凤庆大叶种茶叶独特的品质和价值，体现了工匠精神和劳动创造价值的理念，让我们认识到任何成就的取得都离不开辛勤的付出和专注的态度。

3. 生态环境保护意识：凤庆大叶种适宜生长的环境有特定要求，如适宜的海拔、温度、湿度和土壤条件等。在栽培管理中强调保持茶园清洁卫生、合理施肥、采用综合防治措施防治病虫害等，这些都体现了对生态环境的尊重和保护。这提醒我们在发展经济的同时，要注重生态环境保护，实现人与自然的和谐共生，树立正确的生态观。

第四节　福鼎大白茶树品种

茶树品种作为茶叶生产的基础，其优良特性对于茶叶的品质、产量以及产业的可持续发展起着至关重要的作用。福鼎大白作为中国茶树品种中的佼佼者，拥有悠久的历史和丰富的文化底蕴。从清朝嘉庆年间在福鼎市太姥山被发现的那株优良单株，到如今成为广泛种植于国内外的著名茶树良种，福鼎大白茶树经历了漫长而科学的选育历程。其独特的茶树特征，如小乔木型的植株形态、长椭圆形且深绿有光泽的叶片、肥壮多茸毛的芽叶以及早生的物候期等，为制作多种优质茶叶奠定了坚实基础。同时，以福鼎大白为亲本育得的众多优良品种，进一步丰富了茶树品种资源库。对福鼎大白茶树的深入研究，不仅有助于提升茶叶生产的质量和效益，还能推动茶叶产业的科技创新和可持续发展。因此，全面、系统地了解福鼎大白茶树的选育历程、茶树特征、茶叶制作、品种衍生、推广情况以及栽培管理等方面的知识，对于促进茶叶产业的繁荣具有重要的现实意义。

一、福鼎大白茶树品种的选育历程

福鼎大白简称"福大"，是中国著名的茶树良种，在茶树品种发展史上占据着重要地位。其选育历程最早可追溯到清朝嘉庆年间（1796—1820 年），在福建省福鼎市太姥山发现了一株优良的茶树单株，这便是福鼎大白茶树的始祖。

当时，茶农们在长期的茶叶生产实践中，敏锐地观察到这株茶树在生长势、芽叶性状等方面表现出明显的优势，遂对其进行了单独的繁殖和培育。最初采用的是压条繁殖的方式，这种方式虽然能够一定程度上保留母树的优良性状，但繁殖速度相对较慢。

随着时间的推移，到了 20 世纪 50 年代，中华人民共和国成立后，国家对农业和茶叶生产高度重视，开始系统地开展茶树品种的选育工作。福鼎大白茶树因其突出的优良特性，被列为重点选育对象。科研人员采用了更为科学的无性繁殖技术——短穗扦插法，这一技术的应用大大提高了福鼎大白茶树的繁殖效率，使得优良品种能够快速推广。

1965年，福鼎大白茶树被全国茶树良种审定委员会认定为全国茶树良种，编号为"华茶1号"。此后，科研人员继续对其进行深入研究和选育，不断优化其品种特性，以适应不同地区的生态环境和茶叶生产需求。通过多年的努力，福鼎大白茶树在全国范围内得到了广泛的认可和推广，成为了中国茶树品种中的重要一员。

二、福鼎大白茶树特征

植株形态：福鼎大白茶树为小乔木型，树姿半开张，树高一般可达2~3米，在良好的栽培管理条件下，树高甚至可以更高。其主干较为明显，分枝部位较高，分枝较稀疏，角度为40°~50°，有利于树冠的扩展和通风透光。

叶片特征：叶片呈长椭圆形，叶色深绿，富有光泽。叶片大小中等，一般叶长10~14厘米，叶宽4~5厘米。叶尖渐尖，叶身稍内折，叶缘呈波浪状，锯齿较整齐，28~32对。叶片质地柔软，革质层较薄，栅栏组织2层，海绵组织发达，有利于茶叶中营养物质的积累。

芽叶特征：福鼎大白茶树的芽叶肥壮，茸毛特多。春季萌发的一芽一叶百芽重约60克，一芽二叶百芽重约100克。芽头呈黄绿色，略带微紫色，随着芽叶的生长，颜色逐渐变深。

物候期：福鼎大白茶树属于早生种，在福鼎当地，一般3月上旬开始萌动，3月中旬开始展叶，3月底至4月初可达到一芽一叶初展期，4月中旬可开采。在其他地区，由于气候条件的差异，物候期会有所不同，但总体上仍属于早生品种。

三、福鼎大白的栽培管理

园地选择：福鼎大白茶树适宜种植在土壤肥沃、土层深厚、排水良好、pH值为4.5~6.5的酸性土壤中。选择地势平坦或坡度小于25°的山地、丘陵地为宜，要求茶园周围生态环境良好，无污染源。

种植密度：根据茶园的地形、土壤条件和管理水平等因素，合理确定种植密度。一般采用单行条栽，行距1.5米，株距0.33米，每亩种植约1 300株；也可采用双行条栽，大行距1.5米，小行距0.33米，株距0.33米，每亩种植约2 600株。

种植时间：福鼎大白茶树一般在春季2—3月或秋季10—11月种植。春季种植应在茶树萌芽前进行，秋季种植应在茶树停止生长后进行。种植时，要注意保持根系完整，避免损伤根系。

施肥管理：福鼎大白茶树生长势强，需肥量较大。在种植前，应施足基肥，一般每亩施有机肥2 000~3 000千克、过磷酸钙50千克。在茶树生长季节，应根据茶树的生长阶段和需肥规律进行追肥。一般在3月上旬施催芽肥，每亩施尿素15~20千克；在5月中旬施夏茶追肥，每亩施尿素10~15千克、硫酸钾5~10千克；在7月下旬施秋茶追肥，每亩施尿素10~15千克、硫酸钾5~10千克。此外，还应根据茶树的生长情况，适当进行根外追肥，可喷施0.3%的尿素溶液、0.2%的磷酸二氢钾溶液等。

修剪管理：福鼎大白茶树的修剪主要包括幼龄茶树的定型修剪、成年茶树的轻修剪和深修剪、衰老茶树的重修剪和台刈等。幼龄茶树一般在定植后2~3年进行3次定型修剪，以培养良好的树冠结构；成年茶树每年进行一次轻修剪，在秋季茶采完后进行，剪去树冠表面3~5厘米的枝叶；每隔3~5年进行一次深修剪，剪去树冠表面10~15厘米的枝叶；衰老茶树可根据茶树的衰老程度，进行重修剪或台刈，重修剪剪去树冠的1/2~2/3，台刈在离地面5~10厘米处剪去地上部分。

病虫害防治：福鼎大白茶树的主要病虫害有茶小绿叶蝉、茶尺蠖、茶毛虫、茶炭疽病、茶饼病等。在病虫害防治上，应坚持"预防为主，综合防治"的原则，采用农业防治、物理防治、生物防治和化学防治相结合的方法。

四、福鼎大白茶叶产品

福鼎大白茶树是制作白茶的主要原料。以其为原料制成的白茶，外形芽毫完整，满披白毫，毫香清鲜，汤色黄绿清澈，滋味清淡回甘。白茶的制作工艺相对简单，主要经过萎凋和干燥两道工序。在萎凋过程中，芽叶中的水分缓慢散失，细胞内的生化成分发生一系列变化，形成了白茶独特的品质特征。福鼎大白茶树芽叶茸毛多，使得制成的白茶毫香显著，品质上乘。常见的白茶品种有白毫银针、白牡丹、贡眉和寿眉等。福鼎白茶股份有限公司推出的20年典藏版福鼎白茶饼是该公司的明星产品，曾以18.8万元拍卖成交，引发各界关注。这款茶饼选用优质的福鼎大白茶树鲜叶为原料，经过精心制作和多年陈放，口感醇厚，香气独特。白大师·经典小方片为白大师品牌下产品，采用便携小方片设计，造型美观，倡导"一掰一片，一片一泡"的泡茶理念，方便消费者在各种场景下饮用，原料严格选用福鼎大白等优质茶叶。六妙白茶股份有限公司的年份白茶饼系列精选福鼎大白茶树鲜叶，经过严格的生产工艺和仓储陈化，形成了独特的品质风格。不同年份的茶饼在口感和香气上各有特点，深受白茶爱好者的青睐。

用福鼎大白茶树制作的绿茶，外形条索紧结、匀整，色泽绿润。香气清高持久，带有嫩香和栗香，滋味鲜醇爽口。由于其芽叶肥壮，氨基酸含量较高，使得绿茶的鲜爽度和嫩度都非常突出。在制作工艺上，经过杀青、揉捻、干燥等工序，最大程度地保留了茶叶中的营养成分和天然香气。常见的绿茶品种有福鼎翠郊毫茶、天山绿茶等。福建太姥山名茶有限公司旗下的绿雪针毫属于绿茶产品，采用福鼎大白优质芽叶为原料，经精细加工而成。芽头肥壮匀整，满披白毫，冲泡后香气鲜嫩，滋味鲜爽回甘。天福茗茶公司推出的福鼎翠芽，以福鼎大白为原料，在工艺上结合现代技术与传统手法，外形翠绿匀整，香气栗香高长，滋味醇厚鲜爽。

以福鼎大白茶树鲜叶为原料制作的红茶，外形条索紧细，色泽乌润。香气高长，带有甜香和花香，滋味醇厚鲜爽。在制作过程中，经过萎凋、揉捻、发酵、干燥等工序，茶叶中的茶多酚发生氧化聚合反应，形成了红茶特有的色香味品质。福鼎大白茶树制作的红茶，由于其芽叶的特性，茶汤色泽红亮，滋味浓郁，深受消费者喜爱。以福鼎大白制得的红茶以"白琳工夫"为代表。白琳工夫红茶是中国传统红茶中的珍品，清乾隆己卯年（1759年）《福宁府志》载"茶，郡、治俱有，佳者福鼎白琳"，表明当时白琳产茶已受关注。唐代陆羽《茶经》记载"永嘉东三百里有白茶山"，经考证白茶山即指福鼎，白琳是主要茶叶产区之一。19世纪50年代前后，闽广茶商在福鼎经营工夫红茶，以白琳为集散地，设号收购，远销重洋。鼎白茶业白琳工夫红茶选用福鼎大白茶树鲜叶为原料，采用传统白琳工夫红茶制作工艺，经萎凋、揉捻、发酵、烘焙等工序制成，外形条索细长弯曲，色泽黄黑，香气鲜纯有毫香，滋味清鲜甜和。天毫茶业白琳工夫红茶原料严格选取福鼎大白，依托当地独特的地理气候条件和优质茶园资源，结合传统工艺与现代科技制作，产品外形紧结纤秀，含有大量橙黄白毫，汤色浅亮，口感醇和甜美。

在茶叶市场中，福鼎大白茶树凭借独特品质与丰富适制性占据重要地位。其制成的白茶、绿茶、红茶等产品，在价格与消费趋势上颇具特点。福鼎大白茶树所制白茶，价格跨度大。新茶中，入门级散茶每千克200~600元，原料与工艺较基础，适合自饮；品质高的新白毫银针散茶每千克1 600~4 000元，老白茶价格更高，5~10年优质白毫银针饼茶每千克可达10 000元以上，年份久、品质佳的超万元。价格受原料、工艺、供需影响，需求旺时上涨，供应足时平稳。绿茶价格多样，大众消费级每千克100~400元，精品明前嫩芽制的每千克1 000~3 000元，高端的数千元。其价格波动受原料、工艺、品牌等因素影响。红茶中，中低端每千克200~1 000元，高端的每千克1 600~6 000元。价格与发酵程度、香气、纯净度及市场趋势、口味偏好有关。

茶叶等级依原料嫩度、匀整度划分。如白茶中，白毫银针单芽原料，采摘难、稀缺、品质好，价高；贡眉、寿眉原料采摘易、产量大，价低。绿茶、红茶也如此，高等级茶原料嫩、工艺精、成本高，价高。白茶年份影响大，存放中生化反应使品质提升，年份久价高。绿茶求鲜爽，新茶价高，存放久品质降、价低。红茶较复杂，部分适合久存的年份增加价值提升，普通的更重当下品质。知名品牌产品价高于普通品牌。因知名品牌原料、工艺把控严，成本高，且品牌积累的知名度与美誉度让消费者愿付高价，如知名福鼎白茶品牌产品比同等级、年份的其他品牌高20%~50%。

五、以福鼎大白为亲本育得品种

福云6号是由福建省农业科学院茶叶研究所于1957—1971年以福鼎大白茶为母本、云南大叶种为父本，采用有性杂交法育成。属小乔木型，大叶类，早生种。植株较高大，树姿半开张，分枝较密。叶片呈长椭圆形，叶色黄绿，富光泽，叶身平，叶缘微波，叶尖渐尖。芽叶黄绿色，茸毛多，一芽三叶百芽重106.2克。适制红茶、绿茶和白茶。制工夫红茶，条索肥壮，金毫多，色泽乌润，汤色红亮，香气高长，滋味浓强；制红碎茶，颗粒重实，金毫显露，香高味浓，品质优良；制绿茶，外形条索紧结，白毫显露，香高味醇；制白茶，芽壮毫多，色白如银，滋味清爽。

福云7号同样由福建省农业科学院茶叶研究所育成，以福鼎大白茶为母本、云南大叶种为父本杂交育成。小乔木型，大叶类，早生种。树姿半开张，分枝较密。叶片长椭圆形，叶色深绿，富光泽，叶身平，叶缘微波，叶尖渐尖。芽叶黄绿色，茸毛多，一芽三叶百芽重115.0克。适制红茶、绿茶、白茶。制红茶，外形条索肥壮，金毫显露，汤色红亮，香气高长，滋味浓强；制绿茶，外形条索紧结，色泽绿润，白毫显露，香高味醇；制白茶，芽肥毫多，品质优良。

浙农 12 号由浙江农业大学（现浙江大学）茶学系于 1963—1979 年以福鼎大白茶为母本、云南大叶种为父本，采用有性杂交法育成。小乔木型，中叶类，早生种。树姿半开张，分枝较密。叶片椭圆形，叶色深绿，富光泽，叶身平，叶缘微波，叶尖渐尖。芽叶黄绿色，茸毛多，一芽三叶百芽重 75.0 克。适制绿茶和红茶。制绿茶，外形条索紧结，色泽绿润，白毫显露，香高持久，滋味鲜醇；制红茶，外形条索紧结，色泽乌润，金毫显露，香气高长，滋味浓强。

六、国内外推广情况

福鼎大白茶树在国内的推广始于 20 世纪 60 年代。由于其优良的品种特性和广泛的适应性，首先在福建省内得到了大面积的推广种植。随后，逐渐向浙江、江苏、安徽、江西、湖南、湖北、四川、贵州、云南等茶叶主产区推广。截至目前，福鼎大白茶树已成为中国种植面积最大的茶树品种之一，广泛应用于白茶、绿茶、红茶等多种茶类的生产。在浙江的安吉、长兴等地，福鼎大白茶树是制作安吉白茶（绿茶）的主要原料；在安徽的黄山、祁门等地，也有一定面积的种植，用于制作黄山毛峰、祁门红茶等名茶。

福鼎大白茶树在国外也有一定的推广。在 20 世纪 80 年代，开始向日本、韩国等亚洲国家引种。日本主要将其用于制作绿茶，由于福鼎大白茶树芽叶的优良特性，制成的绿茶品质受到当地消费者的认可。在韩国，福鼎大白茶树也被用于茶叶生产，并且在一些科研机构中进行了相关的研究和选育工作。此外，在非洲的一些茶叶生产国家，如肯尼亚、坦桑尼亚等，也引进了福鼎大白茶树进行试种，虽然种植面积相对较小，但也为当地的茶叶生产提供了新的品种选择。

七、小结

福鼎大白茶树以其独特的魅力和重要的价值，在茶叶领域占据着举足轻重的地位。从其选育历程来看，历经数百年的自然选择和人工培育，从偶然发现的单株发展成为全国乃至国际知名的茶树良种，体现了人类对茶树品种改良的不懈追求和智慧结晶。其茶树特征赋予了它制作多种优质茶叶的潜力，无论是毫香清鲜的白茶、香气清高的绿茶，还是滋味醇厚的红茶，都展现出了福鼎大白茶树的独特优势。以其为亲本育得的品种进一步拓展了茶树品种的多样性，为不同地区和茶类的生产提供了更多选择。在国内外的推广过程中，福鼎大白茶树凭借其优良特性赢得了广泛认可，不仅在国内茶叶主产区大面积种植，还在国外部分国家和地区生根发芽。而在栽培管理方面，从园地选择、种植密度到施肥、修剪、病虫害防治等环节，都需要科学合理的操作，以确保茶树的健康生长和高产优质。福鼎大白以独特魅力融入福鼎茶文化与民俗。采茶仪式、交易习俗、民间传说，尽显其在当地的光芒，它是福鼎之傲，也是中国茶文化宝库的明珠。随着科技的不断进步和人们对茶叶品质要求的提高，福鼎大白将在茶叶产业中继续发挥重要作用，为推动茶叶产业的可持续发展作出更大贡献。

思政要点

1. 艰苦奋斗与探索：自清朝发现福鼎大白茶树优良单株起，历经数百年，从传统缓慢繁殖到现代科学选育，体现茶产业先辈及科研人员不懈探索、艰苦奋斗的精神，激励人们做事情要持之以恒、勇于创新。

2. 科学精神与创新：从传统经验繁殖到现代无性繁殖、品种杂交，运用科学方法选育改良，彰显科学精神与创新意识对推动产业发展的关键作用，启示各领域尊重科学、培养创新思维。

3. 劳动智慧与实践：茶农凭借经验发现并培育福鼎大白茶树，展现劳动人民在生产实践中的智慧与创造力，凸显劳动价值，鼓励积极投身实践、积累经验、发挥才智。

4. 文化传承与创新：福鼎大白茶树承载中国悠久茶文化，从古代培育到现代改良，体现对传统文化的尊重传承。其制成多种茶类丰富了文化内涵，启示重视文化传承，在传承中创新发展。

5. 产业责任与担当：福鼎大白茶树在国内外推广，促进茶叶产业发展，带动经济增长、农民增收，体现品种对产业发展的支撑作用及产业发展的社会责任，提醒学生要关注社会需求、贡献力量。

6. 生态与可持续发展：栽培管理中对园地的生态要求及综合防治病虫害、避免农药残留超标，体现生态意识与可持续发展理念，提示要树立正确生态观，推动经济与生态协调发展。

第五节　铁观音茶树品种

铁观音以其独特的品质和魅力，备受茶人喜爱，在茶叶领域占据着举足轻重的地位。铁观音不仅是大众熟知的一种茶叶类型，实际上它同样也是一个茶树品种的名称。从其神秘的起源，到科学系统的选育历程；从独具特色的茶树特征，到风味绝佳的制成茶叶；从以其为亲本育得的新品种，到在国内外广泛的推广情况；从精细的栽培管理技术，到丰富多彩的茶俗茶文化，铁观音茶树品种蕴含着丰富的内涵，值得深入探究。对铁观音茶树品种进行全面解析，不仅有助于深入了解这一珍贵茶树品种，更能为茶叶产业的发展、茶文化的传承提供有力的支持与参考。

一、铁观音茶树品种选育历程

铁观音茶树品种的起源充满了神秘色彩，其确切的选育时间难以精确考证，但目前普遍认可的说法是，铁观音起源于清朝雍正年间。在福建省安溪县西坪镇，相传有两种关于铁观音发现的传说。一种是"魏说"，即茶农魏荫信奉观音菩萨，一日夜里梦到一株奇异的茶树，次日他在荒郊发现了与梦中相似的茶树，便移植家中精心培育，后经品茶师评定，认为此茶品质超凡，因茶树和茶叶都沉重似铁，且观音托梦得之，故取名

"铁观音";另一种是"王说",乾隆六年(1741年),安溪举人王士让发现了此茶树,将其移植于家中花园,后经友人品尝,认为此茶风味独特,便推荐给礼部侍郎方苞,方苞又进贡给乾隆皇帝,乾隆皇帝见其茶乌润结实,沉重似铁,味香形美,犹如"观音",赐名"铁观音"。

在选育初期,铁观音茶树主要是通过无性繁殖的方式进行传播和繁衍。茶农们选取优良的铁观音母树,采用扦插等方式培育新的茶树。随着时间的推移,人们对铁观音茶树的认识逐渐深入,开始注重对茶树优良性状的筛选。例如,选择那些生长健壮、发芽整齐、芽叶肥壮、抗逆性强的茶树作为母树进行繁殖。

到了近现代,随着科学技术的发展,铁观音茶树的选育工作更加系统和科学。科研人员运用现代的育种技术,对铁观音茶树的遗传特性进行研究。通过对铁观音茶树的染色体、基因等方面的分析,了解其遗传规律,为选育优良品种提供了理论依据。同时,开展了铁观音茶树的杂交育种试验,以铁观音为亲本,与其他茶树品种进行杂交,期望培育出具有铁观音优良品质,同时又具备其他优良性状(如更高的产量、更强的抗病虫害能力等)的新品种。

如今在西坪镇有相关的铁观音母树景点,有200多年树龄的铁观音母树,在饱经风雨洗礼后,依然枝繁叶茂、苍劲有力,繁衍出了漫山遍野的茶树。周边正在开发成以铁观音茶文化和古民居特色为主题的旅游景区,打造"原乡十里茶路"。

二、铁观音茶树特征

铁观音茶树属于半乔木型茶树,植株较高大,树姿开张。成年茶树的树高一般在1.5~2.0米,主干明显,分枝较稀疏,角度较大。叶片呈椭圆形,叶色浓绿,富有光泽。叶片的大小适中,叶长一般在7~10厘米,叶宽3~4厘米。叶片的边缘呈波浪状,锯齿较疏且钝。叶尖稍钝,略下垂,叶面隆起,叶质厚软,富有弹性。铁观音茶树的芽梢肥壮,黄绿色,茸毛较少。春季萌发的新芽,一芽二叶的百芽重一般在60~70克。芽叶的持嫩性较好,适合采摘制作优质茶叶。铁观音茶树一般在10—11月开花,花为白色,花径较大,一般在3~4厘米。花瓣7~8片,柱头3裂,子房有毛。铁观音茶树的结实率较低,种子呈棕褐色,种皮较硬。

三、铁观音茶树的栽培管理

茶园选址:铁观音茶树适宜种植在海拔300~1000米的山区,要求土壤肥沃、疏松、排水良好,pH值为4.5~6.5。茶园应选择在阳光充足、通风良好的地方,避免在低洼积水、风口等不利环境种植。

土壤管理:在种植前,应对茶园土壤进行深耕改土,施足基肥,以有机肥为主,如腐熟的农家肥、饼肥等。在茶树生长过程中,定期进行中耕除草,保持土壤疏松,促进茶树根系的生长。同时,根据土壤肥力状况,合理追施化肥,以满足茶树生长对养分的需求。

种植密度:铁观音茶树的种植密度一般为每亩种植3000~4000株,采用双行条列式种植,行距1.5~1.8米,株距0.3~0.4米。合理的种植密度可以充分利用土地资源和光照条件,提高茶叶产量和品质。

修剪管理:铁观音茶树的修剪主要包括幼龄茶树的定型修剪、成年茶树的轻修剪和深修剪以及衰老茶树的重修剪。幼龄茶树的定型修剪一般在种植后的2~3年内进行,通过多次修剪,培养茶树的骨架和树冠。成年茶树的轻修剪每年进行一次,主要是剪掉树冠表面的枯枝、病枝、细弱枝等,促进新梢的萌发。深修剪一般每隔3~5年进行一次,剪掉树冠表面10~15厘米的枝条,以更新树冠。衰老茶树的重修剪则是在茶树衰老后,将树冠高度降低到30~40厘米,以促进茶树的更新复壮。

病虫害防治:铁观音茶树的主要病虫害有茶小绿叶蝉、茶尺蠖、茶毛虫、炭疽病、轮斑病等。病虫害的防治应遵循"预防为主,综合防治"的植保方针,采用农业防治、物理防治、生物防治和化学防治相结合的方法。

四、铁观音茶树茶叶产品

绝大多数铁观音茶树品种的鲜叶都用于制作铁观音茶,这主要基于以下原因。

品种适配性:铁观音茶树品种的鲜叶具有独特的物理和化学特性,非常适合制作铁观音茶。其叶片厚软、持嫩性好,所含的茶多酚、咖啡碱、氨基酸等成分比例适中,经过乌龙茶特有的摇青、杀青、揉捻、烘焙等工艺后,能形成铁观音茶独特的"观音韵",香气清高馥郁,滋味醇厚甘鲜,这种品质是其他茶树品种难以复制的,所以从品质适配角度,该品种鲜叶大多用于制作铁观音茶。

市场需求导向:铁观音茶在市场上具有较高的知名度和广泛的消费群体。消费者对铁观音茶的风味和品质有特定的认知和偏好,茶农和茶企为了满足市场需求,获取更好的经济效益,会优先将铁观音茶树品种的鲜叶用于制作铁观音茶。而且长期以来,围绕铁观音茶的生产、销售已经形成了成熟的产业链,从种植、采摘、加工到销售的各个环节都已相对固定,这也促使了大量鲜叶用于制作铁观音茶。

传统与文化因素:铁观音茶树品种和铁观音茶的制作有着悠久的历史和深厚的文化底蕴。在长期的发展过程中,形成了独特的制作工艺和文化传承,茶农和茶人对这种传统制作方式有着深厚的情感和认同感,愿意延续传统,将该品种鲜叶用于制作铁观音茶,以传承和发扬这一独特的茶文化。

虽然也有部分铁观音茶树品种的鲜叶用于制作其他茶类,但所占比例相对较小。福建帝峰生态茶业发展有限公司在铁观音红茶的研制和产业发展方面做了大量工作,其铁观音红茶生产方法曾在2012年7月被国家知识产权局授予发明专利。用铁观音茶树品种制成的红茶,香气中融合了铁观音本身的品种香以及红茶特有的甜香、果香或花香,层次丰富;滋味醇厚且带有一定的鲜爽感,汤色红亮。与传统的红茶品种(如正山小种、祁门红茶等)相比,铁观音红茶具有其独特的风味特点,可以为红茶爱好者提供更多的选择。

五、以铁观音为亲本选育的品种

金观音:是以铁观音为母本,黄棪为父本,采用杂交育种技术育成的茶树新品种。金观音茶树植株中等,树姿半开张。叶片呈椭圆形,叶色深绿,叶质较厚。金观音茶叶外形紧结重实，色泽乌绿润。香气馥郁，具明显的铁观音"观音韵"和黄棪的花香，香气高长。滋味醇厚回甘，汤色金黄明亮。金观音既保留了铁观音的优良品质，又具有黄棪的高产特性，在市场上受到了广泛的欢迎。浙江昂山茶叶有限公司生产的金观音乌龙茶，采用当地高标准茶园的金观音茶树鲜叶，运用精湛的制茶工艺，保留了金观音乌龙茶的天然品质，具有清香高长、滋味醇厚等特点。一代佳香（漳州）有机茶有限公司充分发挥金观音茶树的特性，制作出的金观音红茶花香馥郁、滋味醇厚。该公司通过技术创新，成功试验出金观音品质茶的多种不同香型，其金观音红茶产品在市场上也有一定的知名度。浙江昂山茶叶有限公司生产"龙泉金观音"系列绿茶产品。选用金观音茶树鲜叶的一芽一叶初展为原料，经晾青（半萎凋）、杀青、做形、烘焙而成，外形色绿，花香显，味醇厚。

紫玫瑰：是以铁观音为亲本之一育成的品种。紫玫瑰茶树植株较高大，树姿半开张。叶片呈长椭圆形，叶色深绿。紫玫瑰茶叶外形紧结，色泽乌绿。香气具有独特的玫瑰花香，同时带有铁观音的韵味。滋味醇厚，回甘明显。紫玫瑰的出现，为茶叶市场增添了新的品种，满足了消费者对不同香气类型茶叶的需求。福安华福苑茗茶利用紫玫瑰茶树品种制作花果香红茶，在传统坦洋工夫红茶加工工艺的基础上，融入乌龙茶的摇青工序，制成的红茶具有独特的水蜜桃香等花果香气。

春兰：以铁观音和黄棪为亲本杂交选育而成。春兰茶树植株适中，树姿半开张。叶片呈椭圆形，叶色黄绿。春兰茶叶外形紧结重实，色泽绿润。香气清幽，具兰花香和铁观音的韵味。滋味鲜醇回甘，汤色黄绿明亮。春兰在品质上兼具了亲本的优点，且具有较好的适应性和抗逆性。正岩春茶茶业专注于武夷岩茶的制作，会采用春兰茶树品种制作具有独特风味的武夷春兰茶。其茶香气清幽，有类似兰花的香气，滋味醇厚回甘，在市场上有一定的认可度。武夷星茶业作为知名的茶企，也有推出以春兰茶树品种为原料的茶叶产品，凭借其先进的制茶工艺和严格的品质把控，所制春兰茶品质优良，香气高长，口感丰富。北岩茶业在武夷山地区颇具声誉，在制作乌龙茶时会选用春兰茶树鲜叶，干茶条索紧结，色泽乌绿润，冲泡后香气馥郁，滋味醇厚，岩韵明显。

六、铁观音茶树品种在国内外推广情况

在国内，铁观音茶树品种主要分布在福建省，尤其是安溪县，是铁观音的发源地和主产区。安溪县的铁观音种植面积占全县茶园总面积的很大比例，并且形成了完整的产业链，包括茶叶种植、加工、销售等环节。除了安溪县，福建省的其他地区如永春、华安等地也有一定规模的铁观音种植。随着铁观音茶叶知名度的不断提高，其种植范围逐渐向周边省份扩展，如广东、浙江、江西等省份也开始引进铁观音茶树进行种植。在这些地区，茶农们根据当地的气候、土壤等条件，对铁观音茶树的栽培管理技术进行了适当的调整和改进，以适应当地的环境。

在国外，铁观音茶树品种也逐渐得到了推广。一些东南亚国家，如马来西亚、印度尼西亚等，由于气候条件与福建相似，适合茶树生长，开始引进铁观音茶树进行种植。在这些国家，铁观音茶叶受到了当地华人以及一些对中国茶文化感兴趣的外国人的喜爱。此外，在欧洲、美洲等地区，也有少量的铁观音茶树种植和茶叶销售。随着中国茶

文化在国际上的传播，铁观音作为中国名茶的代表之一，其知名度和影响力不断扩大，越来越多的外国人开始了解和品尝铁观音茶叶。

七、小结

铁观音茶树品种从神秘传说，历经数百年的选育发展，从最初的自然发现与简单繁殖，到如今运用现代科学技术进行系统选育，不断培育出优良新品种。其茶树特征鲜明，植株形态、叶片、芽梢、开花结果习性等方面都有独特之处，为制成优质茶叶奠定了基础。制成的铁观音茶叶在外形、香气、滋味、汤色、叶底等方面表现卓越，具有独特的"观音韵"，深受消费者喜爱。在推广方面，不仅在国内从发源地福建逐渐扩展到周边省份，还在东南亚、欧美等地区有了一定的种植和销售，随着中国茶文化的传播，影响力日益扩大。在栽培管理上，从茶园选址、土壤管理、种植密度到修剪管理、病虫害防治，都有一套科学且精细的方法。而与之相关的茶俗茶文化，如开茶节、斗茶等习俗，以及"和、静、怡、真"的品饮境界和精湛的茶艺表演，更是丰富了铁观音的文化内涵。

思政要点

1. 传统文化：传承铁观音悠久历史、茶俗等传统文化，借助现代技术创新发展，让传统文化焕新。

2. 科学与工匠：选育运用科学技术，栽培管理精细操作，体现科学与工匠精神，值得借鉴发扬。

3. 劳动价值：铁观音各环节离不开劳动，创造经济文化价值，彰显劳动重要性，应尊重劳动者。

4. 生态与发展：栽培管理采用绿色技术，保护生态，实现茶叶产业可持续发展，促进人与自然和谐共生。

5. 文化自信：铁观音是茶文化代表，国内外推广彰显文化魅力，增强文化自信，交流中持开放包容。

第六节　白叶1号茶树品种

白化茶是一类特殊的茶树种质资源，其叶绿素合成受阻，芽叶呈现白色、黄色等趋白色的色泽特征，因其独特的外观而备受关注。我国对白化茶的认知和利用历史悠久，可追溯至1 000多年前。"白茶"一词最早在唐代陆羽的《茶经》中有所记载："永嘉图经，永嘉县东三百里有白茶山。"此后，历代均有关于白化茶资源的记录，涵盖浙江永嘉县（唐）、福建武夷山区（北宋、明）、浙江宁波市（北宋）、湖北远安县（南宋）、安徽泾县（明末）、安徽霍县（清后期）等地。其中，明朝福建武夷山区的白鸡冠茶传承至今，成为白化茶历史延续的见证。北宋时期，是我国历史上白化茶发展的鼎盛阶段。宋徽宗赵佶在《大观茶论》中对白茶赞誉有加:"白茶自为一种,与常茶不同。其条敷阐,其叶莹薄,崖林之间,偶然生出,虽非人力所可致。有者不过四五家,生者不过一二株。芽英不多,尤难蒸焙,汤火一失,则已变为常品,须制造精微,运度得宜,则表里昭彻,如玉之在璞,它茶无与伦也。"在皇帝的推崇下,白茶被奉为"天下第一茶品",当时的人们对其顶礼膜拜,尊崇至极。

经过近千年的发展,我国在白化茶的开发利用方面积累了丰富经验。自20世纪末白叶1号实现产业化推广后,白化茶种质资源的开发、研究与利用进入快速发展轨道。在众多白化茶品种中,低温敏感型白化茶成为产业化发展的主流,白叶1号作为其中的典型代表,具有重要的研究和产业价值。

一、白叶1号茶树品种选育历程

白叶1号茶树品种原产于浙江省安吉县天荒坪镇大溪村横坑坞海拔800米的高山上。1982年,当地林业技术人员在进行野生茶树资源调查时,偶然发现了一株与其他茶树明显不同的茶树。这株茶树在春季新梢萌发时,芽叶呈现出玉白色,随着气温的升高,叶片颜色逐渐转绿。

发现这一特殊茶树后,安吉县立即组织了专业的技术团队对其进行观察和研究。在接下来的几年里,技术人员对这株茶树的生长特性、生理指标、遗传特性等方面进行了详细的记录和分析。研究发现,该茶树的白化现象是由低温诱导引起的,属于低温敏感型白化茶树。

1996年,安吉县开始对白叶1号进行无性繁殖试验。通过扦插繁殖的方式,成功培育出了一批白叶1号茶树苗。在无性繁殖过程中,技术人员严格控制扦插的时间、环境条件和操作流程,以确保繁殖的茶树苗能够保持母树的优良特性。

经过多年试验和观察,白叶1号茶树品种的稳定性和适应性得到了充分验证。白叶1号于1998年通过浙江省农作物品种审定委员会的审定,成为省级品种。它于2002年通过国家审定,成为国家品种,国审编号为GS13009—2002。此后,白叶1号开始在安吉县及周边地区进行推广种植。在选育过程中,科研人员还对白叶1号的遗传物质进行了深入研究。利用现代分子生物学技术,分析了白叶1号的基因组成并开发了遗传标记,为进一步了解其白化机制和品种改良提供了理论基础。

二、白叶1号茶树品种特征

植物学特征:白叶1号茶树植株中等大小,树姿半开张,分枝较密。叶片呈椭圆形,叶色绿,叶质较软,叶长6.5~7.5厘米,叶宽3.0~3.5厘米,叶尖渐尖,叶缘微波状。春季新梢萌发时,芽叶呈玉白色,尤以一芽二叶为最白,随着新梢的生长和气温的升高,叶片颜色逐渐转绿,至夏秋季,叶片恢复为绿色。

生物学特性:白叶1号茶树属于灌木型、中叶类、中生种。该品种的生长周期与普通茶树有所不同,春季萌发期一般比普通茶树晚5~7天,秋季休眠期则比普通茶树早7~10天。白叶1号的抗寒性较强,在-8℃的低温环境下,仍能保持一定的生长势,但抗病虫害能力相对较弱,易受茶尺蠖、茶小绿叶蝉等害虫的侵害。

生理生化特性：白叶1号茶树在白化期间，叶片中的叶绿素含量显著降低，仅为普通茶树的10%~20%，而氨基酸含量则大幅提高，可达6%~10%，是普通茶树的2~3倍。此外，白叶1号叶片中的茶多酚、咖啡碱等成分的含量也与普通茶树有所不同，这些生理生化特性使得白叶1号制成的茶叶具有独特的品质和风味。

三、白叶1号茶树品种的栽培管理

茶园选址与规划：白叶1号茶树适宜生长在海拔300~800米的山区，要求土壤肥沃、疏松、排水良好，pH值为4.5~6.5。在茶园选址时，应选择远离污染源、空气清新、水质良好的地方。茶园规划应根据地形、地势和面积进行合理布局，包括道路、排灌系统、防护林等设施的建设。

种植技术：白叶1号茶树一般采用无性繁殖的方式进行种植，即扦插繁殖。扦插时间一般在春季或秋季，选择生长健壮、无病虫害的母树，剪取半木质化的枝条作为插穗。插穗长度为3~4厘米，带有1~2个芽。扦插前，将插穗浸泡在生根剂中1~2小时，以提高扦插成活率。扦插时，将插穗插入苗床中，深度为插穗长度的1/2~2/3，株行距为5厘米×10厘米。扦插后，及时浇水，保持苗床湿润，并覆盖遮阳网，避免阳光直射。

施肥管理：白叶1号茶树生长旺盛，对肥料的需求较大。在施肥过程中，应遵循"有机肥为主，化肥为辅"的原则。每年春季和秋季，应施入足量的有机肥，如腐熟的农家肥、饼肥等，以提高土壤肥力和改善土壤结构。在茶树生长期间，应根据茶树的生长情况和土壤肥力状况，适时追施化肥，如尿素、磷酸二铵、硫酸钾等。施肥时，应注意施肥的方法和用量，避免肥料浪费和对环境的污染。

病虫害防治：白叶1号茶树的抗病虫害能力相对较弱，易受茶尺蠖、茶小绿叶蝉、茶蚜、炭疽病、白星病等病虫害的侵害。在病虫害防治过程中，应遵循"预防为主，综合防治"的植保方针。首先，应加强茶园的管理，保持茶园的清洁卫生，及时清除茶园中的杂草和病虫害残体。其次，应采用生物防治、物理防治和化学防治相结合的方法进行病虫害防治。

采摘与修剪：白叶1号茶树的采摘应根据茶叶的品质和市场需求进行。在春季白化期，应及时采摘一芽一叶或一芽二叶初展的鲜叶，以保证茶叶的品质。采摘时，应注意采摘的方法和标准，避免损伤茶树。在茶树生长期间，应根据茶树的生长情况和树形要求，适时进行修剪。修剪的目的是控制茶树的高度和树冠形状，促进茶树的分枝和生长，提高茶叶的产量和品质。

四、白叶1号茶树茶叶产品

茶叶加工工艺：白叶1号茶树品种主要用于制作绿茶。其加工工艺包括鲜叶采摘、摊青、杀青、理条、初烘、足烘等环节。鲜叶采摘要求严格，一般在春季白化期采摘一芽一叶或一芽二叶初展的鲜叶，此时的鲜叶品质最佳。摊青是将采摘后的鲜叶均匀地摊放在竹匾上，厚度为2~3厘米，摊放时间为4~6小时，以散失部分水分，使鲜叶变软。杀青采用高温杀青的方式，温度控制在180~200℃，时间为2~3分钟，以破坏鲜叶中的酶活性，防止茶叶氧化。理条是将杀青后的茶叶放入理条机中，通过机械的作用，使茶叶形状整齐，条索紧结。初烘和足烘是为了进一步干燥茶叶，提高茶叶的香气和品质，初烘温度为100~110℃，时间为10~15分钟，足烘温度为80~90℃，时间为20~30分钟。

茶叶品质特征：白叶1号制成的绿茶外形扁平挺直，色泽嫩绿显黄，匀整光洁。香气清高持久，带有淡淡的兰花香和豆香。滋味鲜醇回甘，口感清爽，无苦涩味。汤色嫩绿明亮，叶底玉白，叶脉翠绿，芽叶完整。由于白叶1号茶叶中氨基酸含量高，茶多酚含量相对较低，因此其制成的茶叶具有鲜爽、回甘的独特风味，深受消费者喜爱。

茶叶营养成分：白叶1号茶叶中富含多种营养成分，除了高含量的氨基酸和较低的茶多酚外，还含有丰富的维生素C、维生素E、咖啡碱、茶多糖等。其中，氨基酸是构成茶叶鲜味的主要成分，对人体具有多种保健作用，如增强免疫力、提神醒脑等。维生素C和维生素E具有抗氧化作用，能够清除体内自由基，延缓衰老。咖啡碱则具有兴奋中枢神经系统、促进新陈代谢等功效。

以白叶1号茶树品种制得的绿茶企业和品牌众多，如安吉极白白茶有限公司，是国家级农业产业化龙头企业华茗园集团的全资子公司，拥有安吉白茶业内首家十万级净化车间和5 000亩茶园基地，是安吉白茶行业的领导品牌，产品荣获中茶杯全国名优茶评比特等奖、"金芽杯"中国绿茶竞争力品牌、迪拜世博会金奖等；浙江安吉宋茗白茶有限公司，始于20世纪90年代末，前身是长思岭与灵芝山两家茶场，坚持原产地种植，以安吉白茶为核心产品，其茶芽细嫩，色泽翠绿，汤色嫩绿明亮，滋味鲜爽甘醇；大山坞茶业以产自浙江安吉的"安吉白茶"为主打产品，茶场创立于1980年，创始人盛振乾先生是安吉白茶加工工艺开创者，品牌旗下产品多次荣获国际名茶金奖、中国名牌产品和中国驰名商标等荣誉；通川千口一品茶博园位于通川区碑庙镇千口村，其"千口一品"白茶以白叶1号茶树鲜叶为原料精制而成，凭借"色翠、香郁、味鲜、形美"四绝优势，获评"四川最具影响力茶叶单品"。

五、以白叶1号茶树品种为亲本选育的品种

品种选育过程：为了进一步改良白叶1号茶树品种的特性，提高其产量和品质，科研人员以白叶1号为亲本，与其他茶树品种进行杂交育种。在杂交育种过程中，科研人员根据不同的育种目标，选择了具有不同优良特性的茶树品种作为父本或母本。例如，为了提高白叶1号的抗病虫害能力，选择了抗病虫害能力强的茶树品种进行杂交；为了提高其产量，选择了生长势旺盛、芽叶粗壮的茶树品种进行杂交。

通过多年的杂交育种试验，科研人员成功培育出了多个以白叶1号为亲本的茶树新品种。在培育过程中，科研人员对杂交后代进行了严格的筛选和鉴定，通过观察其生长特性、生理生化指标、茶叶品质等方面，选择出具有优良特性的个体进行繁殖和推广。

主要育成品种：目前，以白叶1号为亲本育成的茶树品种主要有"黄金芽""金香玉"等。"黄金芽"茶树品种是白叶1号的芽变品种，其芽叶在白化期呈金黄色，比白叶1号更为鲜艳。"黄金芽"的氨基酸含量更高，可达9%以上，香气更为浓郁，滋味更加鲜爽。"金香玉"茶树品种则是白叶1号与其他茶树品种杂交育成的品种，其生长

势旺盛,产量较高,抗病虫害能力较强,制成的茶叶香气清高,滋味醇厚。

育成品种的特性与应用:这些以白叶 1 号为亲本育成的茶树品种,在保持白叶 1 号优良特性的基础上,又具有各自独特的优势。它们不仅丰富了白化茶的品种资源,也为茶叶产业的发展提供了更多的选择。在实际应用中,这些品种可以根据不同的市场需求和生产条件,进行合理的种植和加工,生产出不同品质和风味的茶叶产品,满足消费者多样化的需求。

六、白叶 1 号茶树品种在国内外推广情况

国内推广情况:自 2001 年白叶 1 号通过审定以来,在国内得到了广泛的推广种植。最初,白叶 1 号主要在安吉县及周边地区种植,随着其知名度的提高和市场需求的增加,种植范围逐渐扩大到浙江、江苏、安徽、江西、四川、贵州、云南等多个省份。

在推广过程中,各地政府和相关部门出台了一系列优惠政策和扶持措施,鼓励茶农种植白叶 1 号茶树。同时,科研机构和企业也加强了对白叶 1 号的技术培训和服务,提高了茶农的种植水平和管理能力。目前,我国白叶 1 号的种植面积已达到数万亩,成为了我国茶叶产业中的一个重要品种。

国外推广情况:白叶 1 号茶树品种也逐渐走向国际市场。一些国家和地区对这种具有独特品质和风味的白化茶表现出了浓厚的兴趣。目前,白叶 1 号已在日本、韩国、美国、欧盟等国家和地区进行了试种和推广。

在国外推广过程中,面临着一些挑战,如不同国家和地区的气候、土壤条件差异较大,对白叶 1 号的适应性提出了更高的要求;同时,不同国家和地区的消费者对茶叶的口味和品质要求也各不相同,需要根据当地市场需求进行调整和优化。尽管如此,白叶 1 号凭借其独特的品质和风味,在国际市场上具有一定的竞争力。

白叶 1 号茶树品种的推广,对我国茶叶产业的发展产生了积极的影响。一方面,它丰富了我国的茶叶品种资源,提高了茶叶的品质和附加值,促进了茶叶产业的升级和转型;另一方面,它也带动了相关产业的发展,如茶叶加工、包装、销售等,增加了农民的收入,促进了农村经济的发展。在国际市场上,白叶 1 号的推广也提高了我国茶叶的国际知名度和影响力,推动了中国茶文化的传播。

七、小结

白叶 1 号茶树品种作为低温敏感型白化茶的典型代表,在选育历程、品种特征、制成的茶叶、以其为亲本育得的品种、国内外推广情况、栽培管理以及相关茶俗茶文化等方面都具有独特的特点和价值。从选育历程来看,白叶 1 号经过多年的观察、研究和选育,成为了一个稳定的茶树新品种。独特的植物学、生物学和生理生化特性决定了其制成的茶叶具有独特的品质和风味。以白叶 1 号为亲本育得的品种,进一步丰富了白化茶的品种资源,为茶叶产业的发展提供了更多的选择。在国内外推广方面,白叶 1 号在国内得到了广泛的种植和应用,在国际市场上也逐渐崭露头角。同时,白叶 1 号与安吉茶文化紧密相连,形成了独特的品饮文化,在茶文化传播中发挥了重要作用。未来,随着人们对茶叶品质和健康需求的不断提高,白叶 1 号茶树品种有望在茶叶产业中发挥更大

的作用。进一步加强对白叶 1 号的研究和开发，提高其产量和品质，拓展其应用领域，将有助于推动我国茶叶产业的可持续发展，同时也将促进中国茶文化的传承和传播。

1. 科技创新：白叶 1 号的选育运用现代技术，历经多年探索，体现了科研人员的创新精神与坚持，启示要勇于探索、以科学推动发展。
2. 文化传承：承载千年白化茶历史，安吉借文化节等传承制茶工艺，独特品饮文化彰显茶文化魅力，增强文化自信。
3. 产业经济：品种推广带动多产业发展，增加农民收入，政府政策扶持，凸显科技创新对产业及乡村振兴的推动作用。

第七节　龙井 43 号茶树品种

"龙井"一词具有多重含义。在茶叶产品方面，龙井是中国传统名茶，属于绿茶类，以其"色绿、香郁、味甘、形美"四绝著称，如西湖龙井、钱塘龙井、越州龙井等，这些都是市场上常见的龙井茶叶产品，有着特定的加工工艺和品质特点。在茶树品种方面，"龙井"也是茶树品种的名称，比较典型的有龙井群体种，这是在龙井特定区域内自然杂交形成的茶树品种集合；还有龙井 43 号，是中国农业科学院茶叶研究所从龙井群体中采用单株育种法培育而成的无性系品种。龙井茶的传统产地位于浙江杭州西湖区龙井村一带，距今已有 1 200 余年的历史。龙井茶具有独特的外观和口感特征，其色泽翠绿，香气浓郁，滋味甘醇爽口，外形如同雀舌，具备"色绿、香郁、味甘、形美"四绝的特点。

龙井茶的名称来源于龙井，龙井地处西湖之西翁家山的西北麓的龙井茶村。由于产地的不同，龙井茶可分为西湖龙井、钱塘龙井（包括萧山、富阳等地）、越州龙井（绍兴地区，涵盖新昌县的大佛龙井、嵊州市的越乡龙井等）这 3 种类型。除了杭州市西湖区所管辖的范围（即龙井村、梅家坞至龙坞、转塘的 13 个生产大队）所产的茶叶被称为西湖龙井外，其他产地所产的茶叶俗称为浙江龙井茶。在浙江龙井中，又以越州龙井的品质较为突出。

一、龙井 43 号的选育过程

中国农业科学院茶叶研究所（以下简称中茶所）成立于 1958 年，其地址位于西湖龙井茶核心产区的杭州五云山脚下。为了实现资源的有效整合，1959 年在当地政府部门的牵头下，杭州龙井茶场被并入中茶所。1960 年，研究所组织全体人员参与到龙井茶的选种工作中。当时采用的是一种简便的选种方法，即给每个人发放几根竹，然后大家分散行动，深入到原龙井茶场的 200 亩群体茶园中。从茶蓬的生长态势、叶片的形态，以及发芽的早晚、芽叶的色泽等几个方面进行观察和选择，并对初步筛选出的

100多个单株进行编号。经过初步观察后，大约有10余个单株被确定为后续育种的重点研究对象。由于这些单株分布较为分散，且田间鉴定工作频繁开展，所以对这十多个单株的鉴定工作常常需要耗费半天的时间。当时正值饥荒年代，观察结束时工作人员往往已经饥肠辘辘。经过3年的比较试验，最后6043（即龙井43号）被确定为入选对象。

西湖龙井位列中国十大名茶之首，因此在选育适合制作西湖龙井的品种时，茶叶炒制工艺的稳定性对于单株选育工作至关重要，这对炒茶师傅的要求也很高。为了确保制茶品质的真实性和稳定性，中茶所专门指定由试验场工人赵阿毛进行手工炒制龙井茶，然后再由制茶室的沈培和、顾峥等人对样品进行审评。为了进一步确定最适合的单株，中茶所邀请了西湖乡梅家坞茶叶收购站的朱锡坤茶师、浙江农业大学茶学系的张堂恒教授，以及浙江省茶叶公司的丁符若、仰永康技师对茶样进行会评。最终，6043被认为最符合高档西湖龙井"糙米色、两头挺、幽兰香、汤味鲜"的传统风格。自此，6043作为龙井茶的新品种，正式定名为龙井43号。1971年，龙井43号示范茶园建立；1973年，梅家坞开始进行试种。龙井43号凭借其早采、高产、优质的特点，在梅家坞迅速发展起来。如今，一出梅灵隧道，在通往梅家坞的公路两边，几乎都是龙井43号的茶园。之后，翁家山、龙井、满觉陇、杨梅岭、九溪、双峰、灵隐等村也相继种植了龙井43号，使其在西湖茶区落地生根。另外，在中茶所周边的转塘大诸桥到龙坞一带的旗枪茶区也都进行了龙井43号的试种。1978年，龙井43号凭借其形态特性的一致性和遗传性状的稳定性，获得了全国科学大会奖；1987年，全国农作物品种审定委员会又将其认定为国家茶树品种，编号为GS13037—1987。龙井43号从一个单株发展成为国家品种，前后历经了27年的努力，其中的艰辛可想而知。中茶所虞富莲研究员全程参与了育种工作，作出了重要贡献。

多年来，生长在茶园坎边的龙井43号母株，由于部分根系外露，随时有倒塌的危险。为了加强对其的保护，让这株"功勋树"能够永久保存，供人瞻仰怀念，2002年，母株被移植到中茶所本部院落，2005年因施工需要又被移栽到国家种质杭州茶树资源圃，最终使这株百年古茶树得到了妥善的保护。

二、品种发展情况

选育新品种的主要目的是满足生产需求。根据《中华人民共和国种子法》，只有通过国家审（认）定的品种才可以进行大面积推广。1987年，富阳县春建乡下塘村的农民俞惠荣主动找到中茶所，希望能够与研究所合作，共同开展龙井43号种苗繁育工作。虞富莲先生与同事陈炳环轮流前往下塘村，到俞惠荣的基地，手把手地教他如何做苗床、剪穗、扦插以及管理。经过一段时间的合作后，龙井43号发芽早、育芽能力强、发芽整齐且密度大的特点逐渐在杭州附近地区传播开来，吸引了不少人前来了解。于是，中茶所在与俞惠荣协作育苗成功的基础上，又于1988年先后与富阳县高桥镇长山村的王大松、新登镇草庵村的程华军、安吉县溪龙乡大山坞的盛振乾等人合作建立了繁育基地。此后，省内的鄞县福泉山茶树良种场、新昌浙东茶树良种场，以及江苏金场茅麓茶场、安徽东至茶场等都将龙井43号作为重点繁育品种之一，这些单位都为龙井43

号的推广发挥了重要作用。

进入21世纪后,龙井43号的繁育体系更加完善,种植面积也大幅增长。相关资料显示,目前西湖龙井茶一级保护区共有茶园6 888亩,其中近50%种植的是龙井43号;二级保护区有茶园1.4万亩,其中约30%也是龙井43号。按照这一数据推算,西湖茶区的龙井43号栽培面积大约有8 000亩。此外,钱塘龙井的重要产区淳安县有1.1万亩龙井43号,越州龙井的主产区之一磐安县也有1.5万亩龙井43号。主产有机茶的武义县和以产早香茶著称的松阳县,也分别拥有3 500亩和3.8万多亩龙井43号茶园。

龙井43号不仅在西湖周边广泛种植,遍布浙江各地,还推广到了全国其他地区。如今,北至山东青岛、日照,西至四川青川、贵州黎平,南至广西桂林等地都有龙井43号的种植。其中,四川青川县有龙井43号茶园3.6万亩,贵州黔东南的雷山县有3万亩、黎平县有15万亩。黎平县是龙井43号种植面积最大的县,这与研究所原副所长白堃元研究员在四川、贵州等县的推广工作密不可分。可以说,龙井43号是中华人民共和国成立后全国育成的茶叶新品种中推广数量最多、覆盖面最广的品种,杭州的"龙井基因"为全国的茶产业发展起到了重要的推动作用。

三、品种农艺特性

龙井43号属于无性系,为灌木型,中叶类,特早生种。它是由中茶所从龙井种中采用系统育种法培育而成的。

特征表现:植株中等大小,树姿半开张,分枝较为密集,叶片呈上斜状着生。叶片为椭圆形,叶色深绿,叶面平整,叶身稍微内折,叶缘有微波浪状,叶尖渐尖,叶齿细密且浅,叶质中等。芽叶纤细,颜色为绿中带微黄,春梢基部有一个淡红点,茸毛较少,一芽三叶的百芽重为39.0克。

生长特性:芽叶生育能力强,耐采摘,但持嫩性较差,一芽一叶盛期在3月下旬。产量较高,每亩产量可达300千克。春茶一芽二叶干样中大约含有氨基酸3.7%、茶多酚18.5%、儿茶素12.1%、咖啡碱4.0%,适合制作绿茶,尤其是制作龙井、旗枪等扁形茶时,品质优良。扦插繁殖能力较强。

适栽地区:长江南、北的绿茶茶区。

栽培要点:适宜采用单条栽茶园规格进行种植,选择土层深厚、有机质丰富的土壤。需要分批及时进行嫩采。连续采摘数年后,需要对蓬面进行轻剪整枝。春季要及时防治茶叶象甲和炭疽病,夏季要注意防止高温灼伤。

四、龙井43号子代——中茶108资源情况

中茶108是采用龙井43号的当年生嫩枝,经过射线辐照后,从诱变单株中采用系统育种法培育而成的。中茶108的发芽时间比龙井43号早2~5天,并且芽叶持嫩性好,炒制而成的龙井茶锋苗挺秀、香气高锐、滋味鲜爽隽永。2010年,中茶108通过了全国茶树品种鉴定委员会的鉴定,编号为"国品鉴茶2010013",现已成为龙井茶区的首选品种。

其特征特性:属于灌木型,中叶类,植株适中,树姿半开张,分枝较为密集。叶片

为长椭圆形，呈上斜状着生，叶色绿，叶面微微隆起，叶尖渐尖，叶质较薄。一芽三叶百芽重25.5克，芽叶为绿黄色，茸毛较少。春季养芽萌发特别早，一芽一叶开采期比龙井43号早2~5天。春茶一芽二叶干样中大约含氨基酸4.2%，茶多酚23.9%，咖啡碱4.2%，酚氨比5.69。制茶品质优良，适合制作龙井和烘青等名优绿茶。制作扁形茶时，外形光扁挺直匀整，翠绿鲜艳，香气清高，滋味清爽鲜；制作烘青绿茶时，外形绿润紧结，茶汤嫩绿明亮，清香浓馥，滋味鲜爽。抗寒、抗旱性较强，抗病性也较强，尤其抗炭疽病。

产量表现：育芽能力强，产量高。品比试验结果显示，比福鼎大白茶增产67.16%，比龙井43号增产22.88%；全国区试中，中茶108比标准种福鼎大白茶增产53.7%~174.4%，其中，成都、武汉两试验点比对照增产达到极显著水平，信阳点达到显著水平。

栽培要点：在冬春季易受强干冷风侵袭的茶区，适宜选择背风的地方，并且园地要选择土层深厚、土质肥沃的地块进行种植。建园时，需用挖掘机进行全园80厘米以上的深翻。山区坡地茶园适宜采用单行双株或三株条栽的方式，平地或梯地茶园适宜采用双行双株栽培的模式。定植前要开深30厘米的种植沟，并每亩施入3 000千克农家肥作为底肥。幼龄期顶端优势较强，要适时进行定型修剪，管理水平较好的茶园，苗期建议采用一年两次定剪或一次定剪加打顶的方式培育树冠。一般定植后2足龄可投产，3~4年进入丰产期。在肥培管理方面，幼龄期采用少量多次施肥的方法，成龄茶园采用"一基二追"的方式进行培肥，培肥方法与其他品种相同。采茶时应分批及时进行嫩采，成龄茶园连续采摘数年后，蓬面需进行轻剪整枝。

适宜区域：适合在西南、江南、江南和华南的绿茶区进行栽培。

引种示范情况：目前已在浙江、四川、贵州、湖北、湖南、陕西、重庆、江苏、安徽、广西、江西、河南、山东等省份进行了引种栽培。

五、小结

从历史悠久的西湖龙井，到历经多年选育的龙井43号及其子代中茶108，龙井茶品种的发展历程见证了中国茶产业的不断进步。这些品种不仅在品质上各有特色，从群体种丰富多变的滋味，到龙井43号的早采、高产、优质，再到中茶108的早萌发、高抗逆性与优良制茶品质，还在种植范围上不断拓展，从西湖周边走向浙江各地，乃至全国多个省份。它们不仅为茶农带来了实际的经济效益，也丰富了中国茶文化的内涵。如今，这些品种仍在持续发展和完善，未来，在科技的助力和茶人的努力下，龙井茶品种有望进一步创新，为中国乃至世界的茶产业注入新的活力，续写属于龙井的辉煌篇章。

思政要点

1. 传统文化：龙井名茶历史超千年，承载丰富文化内涵，从贡茶到文人雅事，彰显中华茶文化魅力，启示传承文化、坚定自信。

2. 奋斗精神：饥荒年代选育龙井43号，科研人员克服艰难，执着坚持，诠释艰苦奋斗、坚韧不拔的精神。

3. 科技创新：龙井茶树品种迭代，从群体种到龙井43号、中茶108，育种技术创新推动产业升级，激励我们要勇于探索创新，推动科技向现实生产力转化。

4. 团结协作：龙井43号选育、推广，多环节多人员、多单位密切配合，凸显团队合作实现目标的重要性。

5. 奉献担当：虞富莲、白堃元等科研人员投身龙井育种推广，无私奉献，诠释了对产业和社会发展的责任担当。

6. 产业责任：龙井品种发展带动产业，助农增收，促进农村繁荣，体现产业发展的社会经济价值与责任。

7. 民族自信：西湖龙井居十大名茶之首，龙井43号广泛推广，展现中国茶领域的实力，激发民族自豪感与爱国热情。

第八节　紫娟茶树品种

在源远流长的茶文化历史长河中，茶树品种的丰富多样性始终是推动茶产业文化不断发展的关键动力。茶圣陆羽《茶经》中说："茶，紫者为上。"紫者指的就是紫茶、紫芽茶、紫娟茶，而紫娟茶，则为紫茶中的极品。紫娟这一独特的茶树品种，凭借其别具一格的紫色芽叶以及丰厚的营养价值，日益受到人们的瞩目。紫娟茶是云南省农业科学院茶叶研究所（本节以下简称云南茶科所）采用单株选种法，经多代培育的无性系新品种，是我国获植物新品种保护的第一批茶树品种，从被发现至通过品种审定，历经了长达半个世纪的时间，然而，"好茶树"终究会被人发现，也必定会绽放出璀璨的光芒。

一、紫娟茶树的育种过程

在云南广袤的茶园之中，紫娟茶树以其独特的紫茎、紫叶、紫芽而闻名，属于普洱茶变种（$C.$ var. $assamica$）中的珍稀品种。紫娟不仅外观独特，更以其独特的口感和丰富的保健功效受到人们的青睐。

1954年，云南省农业科学院茶叶研究所的科技人员周鹏举在西双版纳州勐海县南糯山的群体茶园中首次发现了一株芽叶呈紫色的茶树，但当时并未引起足够的重视。1958年，随着云南茶科所迁址至勐海县，这棵紫色芽叶的茶树也被带到了新址，但仍未得到应有的关注。直到20世纪80年代，面对农业生产效率低下、茶树品种单一等问题，国家提出农业现代化和乡村振兴战略，旨在通过科技创新提升农业生产力，改善农村经济状况。正是在这样的背景下，'紫娟'茶树品种的育种工作正式启动。在国家政策的支持下，中国农业科学院茶叶研究所组建了专门的科研团队，启动了紫娟品种的育种项目。

1985年，科研人员专程赴南糯山寻找这种紫色茶树，但几经寻觅，一直未能找到理想的植株。直到当年5月，云南茶科所的科技人员在勐海县曼真基地的200多亩茶园中，重新发现了这棵嫩芽、叶和茎都为紫色的茶树。经过无性繁殖、株系鉴定、品系比较和区域适应性试验，于1986年定植了0.135亩，并根据《红楼梦》中林黛玉的贴身丫环"紫娟"及茶树"紫尖"（紫色的芽尖）的特征，以谐音为这种独特的茶树材料取名为"紫娟"。自此，紫娟茶树正式诞生，但尚未通过品种审定，获得品种保护权。2002—2004年，通过对不同地点、不同树龄的紫娟进行观察，发现其形态特征和生物学特性在年度间保持一致，性状稳定。2005年11月，紫娟茶树被国家林业局授予植物新品种保护，品种权号20050031。至此云南大叶群体种中珍贵稀有茶树——紫娟诞生。这一举措标志着紫娟茶树作为一种独特的茶树品种，得到了国家层面的认可和保障，同时也为紫娟茶树的产业化发展提供了法律保障。2014年云南省非主要农作物品种审定委员会审核通过，登记为省级茶树良种。编号：滇登记茶树2014009号。主要选育人有包云秀、王朝纪、杨兴荣、黄梅。

紫娟茶树的育种历程及其后续发展，深刻彰显了科学家们严谨细致、勇于开拓的探索精神。面对重重挑战，他们坚持不懈，以数年的精心观察、严谨实验与精心选育为基石，最终成功孕育出这一珍稀而独特的茶树品种。在这一漫长而艰辛的旅程中，科学家们不仅流露出对科学事业的深切热爱与不懈追求，为后来者树立了崇高的典范；更充分体现了接力传承的坚韧与团队协作的力量，共同书写了科学探索的辉煌篇章。

二、紫娟茶树的生物学特性、化学成分及生理功能

紫娟，属于小乔木、大叶类中生种。其树姿半开张，分枝点稍高，分枝密度适中，骨干枝较为粗壮，彰显出一种沉稳而坚实的姿态。新梢芽叶生长别具特色，呈现出紫芽、紫叶、紫茎的独特风貌。半木质化的茎呈现出紫红色；而木质化的茎则逐渐转变为褐绿色。紫娟的育芽力强，发芽密度适中，芽叶较为肥壮，上面布满了茸毛，持嫩性强。叶片呈绿色且微微泛紫，叶片呈上斜着生，形状如柳叶，叶尖的叶片相对较硬。叶脉平均为9~11对，叶面平滑如镜，叶缘平整有序，锯齿浅、钝且稀疏。花萼有5片，呈浅紫色，表面无茸毛；5~6个花瓣，白色中泛着淡淡的绿色，同样没有茸毛。花瓣的花柱呈三裂状，雌雄蕊等高，基部紧密连生；子房上茸毛众多。茶果呈球形或长椭圆形，果皮色泽微微发紫。在繁殖方面，紫娟展现出显著的优势，其扦插繁殖成活率高，为茶树品种的改良与繁衍贡献了宝贵的基因资源。

根据云南茶科所杨兴荣等（2013）分析发现，紫娟茶树品种春茶一芽二叶蒸青样品中的化学成分分析揭示，其茶多酚含量高达36.2%，氨基酸含量为2.9%，水浸出物占比50.6%，尤为引人注目的是，花青素含量达到了2.26%。这一数据清晰表明，紫娟茶富含茶多酚类物质，特别是花青素含量显著。在紫娟的一芽二叶新梢中，花青素含量可攀升至2.7%~3.6%。花青素作为一种高效的抗氧化剂，能够有效清除人体内多余的自由基，其抗氧化能力得到了世界卫生组织的高度认可，被视为目前已知的最强效且不可替代的自由基清除剂。此外，花青素还具备多重健康益处，包括增强血管弹性、优化循环系统、提升皮肤光滑度、抑制炎症反应和过敏反应、改善关节灵活性、抵抗辐射以及预防近视等。因此，紫娟茶凭借其强大的抗氧化活性和显著的降血压效果，日益成为消费者追捧的新兴保健饮品。同时，紫娟茶中的花青素作为一种天然食用色素，不仅具有卓越的抗氧化功能，还展现出抑菌、美白护肤等生理功效，且安全性高、无毒副作

用，对于降低血压也具有一定的辅助作用。这一发现进一步丰富了紫娟茶的保健价值，使其在市场上备受瞩目。

三、紫娟茶树的推广与应用

紫娟茶树理想的生长环境：海拔800~2 000米，阳光充沛，气候温暖而湿润，土壤肥沃且富含各类必需营养物质，土壤pH值维持在4.5~5.5的酸性范围内。云南省普洱茶树良种场于2000年从云南省茶科所引进"紫娟"母本，通过自行繁殖的方法逐年扩大母本园规模。建立了13.3公顷的良种母本园及高标准示范园，并对其进行了系统的比较鉴定和生产试验。繁育推广的新品种"紫娟"具有适应性广、芽叶较肥壮、呈紫红色、适制多种产品等优点。基于云南茶叶生产的实际情况，紫娟的推广应用遵循了"人无我有、人有我优、人优我特"的发展战略，在云南的西双版纳、普洱、保山、临沧、德宏、大理、文山等多个州（市）的推广种植面积已超过700公顷，成为云南省无性系良种中推广面积最大、特色鲜明的品种。2013年，浙江省武义县的茶农引种并种植了紫娟茶种。次年，海南五指山市南圣镇的种苗繁育基地也成功引种了十余万株紫娟茶苗。2020年，温州首次引进了紫娟茶新品种，进行育苗与试种，为温州的茶树品种增添了新的成员，有力推动了温州茶产业的多元化发展。浙江、广西、贵州、海南等省份纷纷引种紫娟茶种，进一步扩大了其在国内的种植范围与影响力，已成为云南乃至全国茶叶市场上的一颗璀璨明珠。

在产品创新方面，研究人员持续以紫娟为核心原料进行深入研发，成功推出了涵盖六大茶类的丰富产品线。基于对紫娟品种适制性的长期研究，通过对其一芽二叶蒸青样的内含成分分析测试及感官审评，证实了紫娟品种适合制作名优红茶、普洱茶及绿茶。紫娟红茶条索紧实，色泽褐红，汤色明亮，香气高扬且独具特色，滋味醇厚而回甘。而紫娟普洱茶则展现出卓越的品质，条索紧实，色泽紫黑且富有光泽，汤色紫红色泽诱人，香气独特，滋味浓厚而回甘持久。根据"紫娟"成分的测定结果，其内含成分的酚氨比值与对照品种（云抗10号）相近，这为制作优质红茶和普洱茶提供了坚实的物质基础。其中，紫娟普洱茶的加工工艺尤为成熟，深受消费者喜爱，形成了独具特色的紫娟普洱系列。此外，一些新兴茶企也在不断探索和研发科技型的紫娟茶产品。例如，七彩云南庆沣祥就在传统饼茶、散茶的基础上，创新性地推出了紫娟茶膏和茶珍等新型产品，为消费者提供了更多样化的选择。这些产品的推出，不仅丰富了紫娟茶的应用领域，也进一步提升了紫娟茶的品牌价值和市场竞争力。

对紫娟品种多年的推广，不仅显著提升了茶叶的产量与品质，而且通过一系列科技型新产品的开发，直接为茶产业的蓬勃发展注入了强劲动力。这一进程不仅为茶农带来了更为可观的收入，极大地促进了农村经济的繁荣景象，还紧密契合了国家乡村振兴战略的宏伟蓝图。紫娟茶树的成功实践，生动诠释了科技创新在推进国家战略目标实现中的关键作用，它已成为引领农业现代化进程与乡村振兴战略的杰出典范。通过这一案例，可以清晰地看到，科技创新如何成为驱动农业产业升级、助力农村经济跃上新台阶的重要力量。

四、紫娟茶树品种生产的茶叶产品及相关茶企和品牌

紫娟茶树品种可以制成多种茶叶茶品。目前市场可以见到的茶叶产品：紫娟普洱茶，包括紫娟生茶和紫娟熟茶，如云南茶科所云茶科技的母本紫娟普洱茶熟茶七子饼茶、新龙润紫鹃普洱茶。生茶外形条索紧细，白毫显露，色泽紫褐油润，汤色紫靛色；熟茶外形条索紧细，色泽油润，汤色红浓明亮。紫娟红茶，如滇红集团推出凤牌紫娟红茶、茗纳百川紫娟红茶等。外形条索挺直，金毫显露，色泽乌褐油润，内质汤色红亮，香气甜花香高浓持久，滋味醇浓甘甜。紫娟白茶，云南茶科所云茶科技有相关产品，外形条索肥壮，芽叶连枝，叶缘垂卷，色泽调和、洁净，内质汤色杏黄清澈，香气呈药香带陈香，滋味醇厚爽适。紫娟绿茶，外形条索肥壮紧实，色泽乌紫黑紫、油润有光泽，热汤为浅紫色、清澈明亮，入口微苦涩转化快、清润顺滑。紫娟乌龙茶，外形条索紧结，色泽乌黑油润，香气浓郁，滋味醇厚有回甘，汤色金黄色。

以紫娟茶树品种生产的茶叶产品市场接受度较高，这具体体现在多个方面。紫娟茶树鲜叶为紫色，制成的干茶色泽紫黑或乌黑油润，冲泡后茶汤呈现紫红色或金黄色等独特颜色，像紫娟普洱茶汤红亮，紫娟白茶虽汤色杏黄清澈却带独特紫色调，与常见茶种外观差异大，能吸引消费者目光，满足其对新奇产品的需求。口感上，紫娟茶风味独特、层次丰富，紫娟普洱茶兼具普洱茶的醇厚与红茶的甜润，还有淡淡果香和花香，入口微苦后回甘明显；紫娟红茶则有独有的浓郁持久花果香，口感醇厚回味悠长且具独特爽感，给消费者带来全新品饮体验，深受茶友喜爱。营养方面，紫娟茶树富含花青素、茶多酚等多种成分，其中花青素含量是普通普洱茶数倍，具有抗氧化、降血脂等多种生物活性，契合现代消费者健康养生需求，对注重健康人群极具吸引力。文化与收藏价值上，紫娟茶作为云南特色普洱茶品种，承载着丰富的云南茶文化底蕴，其稀有独特使其具有一定收藏价值，是普洱茶收藏爱好者的心仪对象，且随时间陈化品质和价值可能提升，进一步推动了市场接受度。此外，茶文化的传播以及茶企的宣传推广，提高了消费者对紫娟茶的认知度，茶博会等活动为紫娟茶提供了展示平台，让更多人有机会了解和品尝，促进了其市场接受度的提升。

五、紫化茶树新品种选育

目前，已成功选育并实现规模化种植的紫色叶色茶树品种包括紫娟、紫嫣、鸿雁12号及红芽佛手。其中，紫娟源自云南大叶种茶树的一个珍稀变异，其根源可追溯至国家级良种——勐海大叶茶，经由单株精心培育而成。紫嫣则是从四川中小叶群体种中，通过单株筛选与系统繁育技术培育出的高花青素紫芽新品种，同样展现出紫红色的芽叶特征，所制茶饮口感独特，香气馥郁。鸿雁12号由广东省农业科学院饮用植物研究所（原广东省农业科学院茶叶研究所）于1990—2003年，从铁观音自然杂交后代中，采用单株育种法精心培育而成，并被认定为国家品种。该品种在广东英德、连平、开平、湛江等地广泛分布，同时在广西、湖南及福建等省区也有少量引种。鸿雁12号适宜制作绿茶与乌龙茶，品质上乘。以其制成的乌龙茶，花香高扬且持久，口感浓爽滑顺，汤色黄绿明亮，叶底嫩匀；而制成的绿茶则外形绿润，香气持久带有花香，滋味醇

厚鲜爽,汤色与叶底均呈现明亮的绿色。此外,它还具有较强的抗寒、抗旱及抗小绿叶蝉的能力。红芽佛手,作为福建省历史悠久的省级良种,主要分布于闽南、闽中茶区,在闽北、闽东地区也有少量栽培。它适宜制作乌龙茶,品质卓越,同时加工红茶亦能展现优良品质。

除了上述已广泛认知的紫色叶色茶树品种外,还可能存在其他尚未被广泛认知或推广的品种。例如,浙江省丽水市群体种茶园中选育出的丽紫1号与丽紫2号,以及从野生大厂茶群体中发现的紫化种质P113。此外,还有由贵州省茶叶研究所自主选育的特异性新品系紫魁,它源自湄潭苔茶群体种的变异单株;中国农业科学院茶叶研究所于1963—1987年,从湄潭苔茶有性后代中采用单株育种法培育出的紫化品种苔香紫;以及紫娟通过自然杂交与诱变技术产生的后代紫化种质等。

随着茶树育种技术的持续进步与不断创新,以及市场对多样化、高品质茶叶产品需求的日益增长,未来茶树育种的领域将会迎来更多的突破与变革。在这一趋势的推动下,针对紫化茶树品种的选育工作也将取得更为显著的成果。在未来的茶树育种领域中,通过利用现代生物技术、遗传育种技术等手段,可以更加精准地筛选和培育出具有优良性状和品质的紫化茶树新品种并广泛推广。这些新品种不仅将丰富茶叶市场的产品种类和品质层次,同时也将为消费者提供更多样化、更高品质的茶叶选择,进一步推动茶叶产业的持续健康发展。

六、小结

紫娟茶树品种是云南茶科所科研人员从大量茶树群体中精心筛选出具有高花青素含量特异性状的单株,经过多年系统选育,成功培育出的品种。这一过程体现了科研人员的专业与坚持,也彰显了茶树品种选育工作的复杂性和重要性。栽培管理方面,紫娟茶树适宜在温暖、湿润且土壤肥沃、排水良好的环境中生长。在种植时,需合理密植,保证茶树有足够的生长空间。日常管理中,要注重施肥,根据不同生长阶段合理搭配有机肥与化肥,以满足其对养分的需求;同时,要做好病虫害防治工作,采取绿色防控措施,确保茶叶品质安全。在茶叶品质方面,紫娟茶树鲜叶因富含花青素,制成的茶叶干茶色泽紫黑,茶汤为独特的紫色,滋味醇厚,香气特殊,具有较高的保健价值和市场潜力,受到了消费者的广泛关注。紫娟茶树品种从选育到栽培管理,再到茶叶品质形成,是科研与实践紧密结合的成果,不仅丰富了茶树品种资源,也为茶产业的多元化发展提供了新的机遇,对推动茶产业的创新和可持续发展有着重要意义。

思政要点

1. 艰苦奋斗与坚韧不拔:新时代的茶人,应当兼备吃苦耐劳、艰苦奋斗的宝贵精神,以及远大的眼光与坚韧不拔的毅力。这些品质构成了茶人精神的核心基石,同时也是推动茶产业持续发展的不竭动力源泉。

2. 积极开拓与创新精神：茶人应当致力于提升传统茶产业的综合竞争力，并积极开拓新的发展空间。创新精神，作为茶人精神的精髓所在，亦是推动茶产业转型升级、实现跨越发展的关键驱动力。

第九节　云抗 10 号茶树品种

云抗 10 号茶树品种是云南省选育出的具有重要影响力的茶树品种之一。自其选育成功以来，在茶叶生产、加工以及市场推广等方面都取得了显著的成效。深入研究云抗 10 号茶树品种，对于推动茶叶产业的发展、提升茶叶品质、满足市场需求以及传承和弘扬茶文化都具有重要的意义。本节从云抗 10 号茶树品种的选育历程、茶树特征、制成的茶叶、以其为亲本选育的品种、在国内外的推广情况、栽培管理以及相关茶俗茶文化等多个方面进行详细阐述，旨在全面呈现云抗 10 号茶树品种的特点和价值。

一、云抗 10 号茶树品种选育历程

云抗 10 号茶树品种的选育工作始于 20 世纪 50 年代末。当时，云南省的茶产业面临着品种单一、产量低、品质不稳定以及抗逆性差等问题。为了改变这一现状，云南省农业科学院茶叶研究所的科研人员开始了茶树品种的选育工作。

科研人员首先对云南省内的茶树资源进行了广泛的调查和收集。他们深入到各个茶区，对不同类型的茶树进行了详细的观察和记录，包括茶树的形态特征、生长习性、物候期、抗逆性以及茶叶的品质等方面。通过对大量茶树资源的筛选，科研人员初步确定了一些具有优良性状的单株作为选育的基础材料。

在确定了基础材料后，科研人员采用了系统选育的方法。他们对这些单株进行了无性繁殖，通过扦插等方式获得了大量的后代植株。然后，对这些后代植株进行了长期的观察和比较，重点关注它们的生长势、产量、品质、抗逆性等指标。在选育过程中，科研人员不断地淘汰那些不符合要求的植株，保留那些具有优良性状的植株。

经过多年的选育，在 1986 年，云抗 10 号茶树品种终于选育成功，并通过了云南省农作物品种审定委员会的审定。随后，在 1987 年，云抗 10 号茶树品种又被认定为国家级茶树良种，编号是 GSl3050—1987。云抗 10 号茶树品种的选育成功，是云南省茶叶科研人员多年努力的结果，它为云南省乃至全国的茶叶产业发展提供了一个优良的茶树品种。

与云抗 10 号同期选育出品种还有云抗 14 号、云抗 43 号等。其中，云抗 14 号育芽能力强，芽叶肥壮，茸毛特多，持嫩性强，适制红茶、绿茶、普洱茶，制成的红碎茶外形乌黑油润，香高持久，汤色红浓而亮，滋味鲜强，叶底红亮嫩匀；制绿茶条索肥壮、白毫显露，鲜香持久，汤色嫩绿，滋味鲜爽；抗寒、抗旱，抗病虫能力较大黑茶（通常指勐库大叶种）强，抗寒性比一般大叶群体的低温适应范围宽 2℃；产量比对照大黑茶高三成以上，八足龄试验茶园，亩产干茶 306 千克。云抗 43 号育芽能力强，发芽密度大，采摘期 264 天，制红碎茶有明显花香，是制红茶的优良品种；抗寒、抗病虫害较对照强；产量比对照大黑茶高 26.79%~81.10%。

二、云抗10号茶树特征

植株形态：云抗10号茶树为小乔木型，植株较高大，树姿开展。主干明显，分枝部位较高，分枝较密。成年茶树的树高一般在2~3米，树冠幅可达2.0~2.5米。这种植株形态有利于茶树的通风透光，提高光合作用效率，同时也便于茶园的管理和采摘。

叶片特征：叶片呈椭圆形，叶色深绿，富有光泽。叶片较大，叶长一般在10~14厘米，叶宽在4~5厘米。叶质较厚软，叶面隆起，叶尖渐尖，叶缘呈微波状，锯齿较深且整齐。叶片的这些特征使得云抗10号茶树在光合作用和物质积累方面具有一定的优势，为茶叶的品质奠定了基础。

芽叶特征：云抗10号茶树的芽叶肥壮，茸毛多。一芽一叶初展时，芽叶呈黄绿色，随着芽叶的生长，颜色逐渐变深。芽叶的持嫩性较好，采摘期较长，一般春茶采摘期从3月中旬开始，可延续到5月上旬；夏茶采摘期从5月中旬开始，到7月中旬；秋茶采摘期从7月下旬开始，到10月中旬。这使得云抗10号茶树在茶叶生产中具有较高的产量潜力。

物候期：云抗10号茶树的发芽期较早，一般在3月上旬开始发芽。在云南省的气候条件下，其物候期表现较为稳定。不同季节的芽叶生长速度和品质也有所不同，春季芽叶生长缓慢，品质最佳；夏季芽叶生长较快，但品质相对较差；秋季芽叶生长速度适中，品质也较好。

抗逆性：云抗10号茶树具有较强的抗逆性。在抗寒性方面，能够耐受一定程度的低温，在云南省的大部分茶区都能安全越冬。在抗病虫性方面，对常见的茶树病虫害如茶饼病、茶尺蠖、茶小绿叶蝉等具有一定的抗性。然而，在一些特殊的气候条件和病虫害高发期，仍需要采取相应的防治措施来保证茶树的正常生长。

三、云抗10号茶树品种的栽培管理

茶园选址：云抗10号茶树适宜在海拔800~2 000米、年平均气温15~22℃、年降水量1 000~2 000毫米、土壤pH值为4.5~6.5的地区种植。茶园应选择在地势平坦、排水良好、土壤肥沃、土层深厚的地方，避免在低洼积水和土壤贫瘠的地方建园。同时，茶园应远离污染源，保证茶叶的品质安全。

种植技术：云抗10号茶树一般采用无性繁殖的方法进行种植，常用的方法有扦插繁殖和嫁接繁殖。扦插繁殖时，应选择生长健壮、无病虫害的母树，剪取半木质化的枝条作为插穗。插穗长度一般为10~12厘米，带有2~3个芽。扦插时间一般在春季或秋季，扦插后应保持土壤湿润，及时进行遮阴和施肥管理。

嫁接繁殖时，应选择与云抗10号亲和力强的砧木。嫁接方法常用的有芽接和枝接。嫁接后应注意保湿和防止病虫害的发生，及时进行解绑和修剪管理。无论采用哪种繁殖方法，都应注意种植密度的合理控制，一般每亩种植3 000~4 000株。

施肥管理：云抗10号茶树生长旺盛，对养分的需求较大。在施肥管理方面，应根据茶树的生长阶段和土壤肥力状况，合理施肥。一般来说，每年应施基肥1次，追肥3~4次。基肥应以有机肥为主，如腐熟的农家肥、饼肥等，每亩施用量为1 500~2 000

千克；追肥应以氮肥为主，配合磷、钾肥和微量元素肥料，每次每亩施用量为尿素 10~15 千克、过磷酸钙 10~15 千克、硫酸钾 5~10 千克。在施肥过程中，应注意施肥的时间和方法，避免肥料浪费和对环境的污染。

修剪管理：修剪是云抗 10 号茶树栽培管理中的重要环节。通过修剪，可以控制茶树的生长高度和树冠形状，促进茶树的分枝和新梢生长，提高茶叶的产量和品质。云抗 10 号茶树的修剪一般分为定型修剪、轻修剪和深修剪三种。定型修剪一般在茶树种植后的 1~2 年进行，轻修剪一般每年进行 1~2 次，深修剪一般每 3~5 年进行一次。在修剪过程中，应注意修剪的强度和方法，避免对茶树造成过度伤害。

病虫害防治：云抗 10 号茶树虽然具有一定的抗逆性，但在生长过程中仍会受到一些病虫害的侵袭。常见的病虫害有茶饼病、茶尺蠖、茶小绿叶蝉、茶毛虫等。在病虫害防治方面，应采取综合防治措施，以农业防治为基础，结合生物防治、物理防治和化学防治等方法。例如，加强茶园管理，及时清除茶园内的杂草和落叶，合理施肥和修剪，提高茶树的抗病虫能力；利用天敌昆虫、微生物等生物防治手段控制病虫害的发生；采用灯光诱捕、色板诱捕等物理防治方法减少病虫害的数量；在必要时，合理使用农药进行化学防治，但应注意农药的使用剂量和安全间隔期，保证茶叶的品质安全。

四、云抗 10 号茶树茶叶产品

普洱茶：云抗 10 号茶树品种是制作普洱茶的主要原料之一。其制成的普洱茶生茶，外形条索紧结，色泽墨绿油润，白毫显露。汤色黄绿明亮，香气清纯，带有独特的花香和果香，滋味醇厚回甘，叶底嫩绿匀齐。普洱茶熟茶则外形条索紧实，色泽红褐油润，汤色红浓明亮，香气陈香浓郁，滋味醇厚顺滑，叶底红褐匀整。云抗 10 号茶树品种的茶多酚含量较高，为普洱茶的发酵和陈化提供了丰富的物质基础，使得制成的普洱茶具有良好的品质和陈化潜力。市场上有一些直接标注为云抗 10 号的普洱茶饼产品，比如云抗十号普洱茶，采用云南大叶种普洱古树的茶叶，经过特定的发酵工艺，色泽红亮，汤色红橙明亮，口感醇厚，入口绵软，回甘悠长。普洱锦裕茶业有限公司在思茅、景洪、澜沧、沧源四个市（县）有四个种植基地，其中云抗 10 号茶园达 3 000 亩，其"锦裕"系列普洱茶中有多款是以云抗 10 号为原料制作。云抗普洱茶厂云抗 10 号普洱茶是一款经典的大叶普洱茶产品。该产品汤色红浓明亮，滋味爽醇，喉韵回甘，茶气浓烈持久，具有经典的云南普洱茶风格特色。

红茶：以云抗 10 号茶树鲜叶为原料制成的红茶，外形条索紧结，色泽乌润，金毫显露。汤色红亮，香气高长，带有浓郁的甜香和花香，滋味醇厚鲜爽，叶底红亮匀整。云抗 10 号茶树的芽叶肥壮，多酚类物质含量高，为红茶的发酵提供了充足的底物，使得制成的红茶具有浓郁的香气和醇厚的滋味。凤牌部分滇红产品、勐库戎氏滇红、大益滇红有的产品会选用云抗 10 号茶树品种的鲜叶进行加工制作，凭借品牌的制作工艺和品质把控，展现出云抗 10 号制成红茶的独特风味。

绿茶：云抗 10 号茶树品种也可用于制作绿茶。其制成的绿茶外形条索紧结，色泽绿润，白毫显露。汤色嫩绿明亮，香气清高，带有淡淡的豆香和花香，滋味鲜爽回甘，叶底嫩绿匀齐。虽然云抗 10 号茶树品种在制作绿茶方面不如制作普洱茶和红茶那样具有特色，但由于其芽叶肥壮，持嫩性好，也能制作出品质优良的绿茶。昌宁云抗10号绿茶由郁泰茶果有限公司等企业生产，以云抗10号为主料，干茶条形、色泽好，茶汤通透、清亮，茶气足、口感鲜、回甘好，持久耐泡，在西北市场很受欢迎。中茶早春翠芽采摘自早春初展的云抗10号茶树单芽及一芽一叶大叶种鲜叶，干茶条索鲜秀翠绿，白毫显露，茶汤黄绿透亮，清香浓郁持久，茶汤鲜爽甜润，10泡依旧有味，叶底绿匀明亮，芽叶完整，嫩芽居多，余香馥郁。

五、以云抗10号茶树品种为亲本育得品种

为了进一步提高茶树品种的品质和适应性，科研人员以云抗10号茶树品种为亲本，开展了杂交育种和诱变育种等工作。通过与其他优良茶树品种进行杂交，选育出了一些具有优良性状的茶树新品种。

云瑰：云瑰是云抗10号与大叶龙茶杂交育成的品种。该品种为小乔木型，中叶类，中生种。树姿开展，分枝较密。叶片呈椭圆形，叶色深绿，叶质较厚软。芽叶肥壮，茸毛多，持嫩性好。适制红茶、普洱茶等，所制红茶香气高长，滋味浓强鲜爽；所制普洱茶滋味醇厚，香气纯正。云瑰在云南省的部分茶区有一定面积的种植，表现出了良好的适应性和品质特性。

云梅：云梅是云抗10号与大叶龙茶杂交育成的另一个品种。该品种为小乔木型，中叶类，中生种。树姿开展，分枝较密。叶片呈椭圆形，叶色深绿，叶质较厚软。芽叶肥壮，茸毛多，持嫩性好。适制红茶、普洱茶等，所制红茶香气高长，滋味浓强鲜爽；所制普洱茶滋味醇厚，香气纯正。云梅与云瑰在性状上有一定的相似性，但在一些细节上也存在差异，它们都为云南省的茶叶产业发展提供了新的品种选择。

此外，科研人员还通过诱变育种等技术手段，对云抗10号茶树品种进行改良，培育出了一些具有特殊性状的茶树品种，但这些品种目前还处于试验和推广阶段。

六、云抗10号茶树品种在国内外推广情况

云抗10号茶树品种选育成功后，在云南省内得到了广泛的推广种植。目前，云抗10号已成为云南省茶叶主产区的主要栽培品种之一。2021年信息显示，云抗10号自1987年育成后向全省推广了200多万亩，占云南省茶园面积的1/3及云南良种面积的90%。云抗10号茶树品种在云南省的西双版纳、普洱、临沧、保山等茶区都有大量种植，为当地的茶叶产业发展作出了重要贡献。

除了在云南省内推广，云抗10号茶树品种还在国内其他地区得到了一定的推广。在四川、贵州、广西等省份，一些茶叶企业和种植户也开始引进云抗10号进行种植。这些地区的气候和土壤条件与云南省有一定的相似性，云抗10号在这些地区表现出了良好的适应性和生长性能，为当地的茶叶产业发展提供了新的品种选择。

随着中国茶叶在国际市场上的影响力不断扩大，云抗10号茶树品种也逐渐走向国际市场。目前，云抗10号已在一些国家和地区进行了试种和推广。在印度、斯里兰卡、肯尼亚等茶叶生产大国，云抗10号的优良性状得到了当地茶叶专家和种植户的认可。在国外推广过程中，相关部门和企业积极开展技术培训和指导工作，帮助当地种植户掌

握云抗10号的栽培管理技术。同时，加强与国外茶叶企业和科研机构的合作，共同开展茶树品种选育和茶叶加工技术研究，推动云抗10号在国际市场上的进一步发展。然而，由于不同国家和地区的气候、土壤条件以及茶叶消费习惯等存在差异，云抗10号在国际市场上的推广还面临着一些挑战，需要进一步加强研究和探索。

七、结论

云抗10号茶树品种是云南省选育的优良品种，在茶树选育、茶叶产销及茶文化传承等方面成果显著。其选育过程倾注科研人员心血，兼具科学与实践价值。该品种植株、叶片、芽叶形态独特，抗逆性强，保障了茶叶的品质与产量。制成的普洱茶、红茶、绿茶等多样茶品，品质佳且市场竞争力强。以云抗10号为亲本育成的云瑰、云梅等品种，丰富了茶树品种资源，为产业发展提供新选择。云抗10号在云南省内广泛种植，是主要栽培品种之一，在国内部分地区及国外一些国家和地区也有推广应用。科学的栽培管理使其可实现高产、优质、高效生产。此外，其相关茶俗文化丰富了地方文化内涵，促进了文化经济融合。不过，云抗10号发展中也面临挑战，如国际市场推广有待加强，病虫害防治需持续创新。未来，需加强对其研究开发，提升品质产量，拓展市场领域，深化国内外合作交流，推动其进一步发展。同时，强化对相关茶俗文化的保护传承，使其延续发展，为茶产业与文化繁荣贡献更大力量。

思政要点

1. 科研创新：云抗10号历经多年选育成功，体现科研人员勇于创新、攻克难题的精神，激励以创新促发展。

2. 艰苦奋斗：选育过程艰辛，需长期观察筛选，彰显科研人员艰苦奋斗的品质，启示成功需不懈努力。

3. 团队协作：品种选育靠团队共同努力，多环节配合，凸显团队合作对实现目标的关键作用。

4. 因地制宜：依特定自然条件种植，遵循因地制宜原则，合理利用资源促进可持续发展。

5. 产业担当：品种推广带动多地产业发展、农民增收，展现产业对经济民生的意义，激发社会责任。

参考文献

包云秀，夏丽飞，李友勇，等，2008. 茶树新品种"紫娟"[J]. 园艺学报（6）：934.

陈春林，田易萍，邓少春，等，2021. 茶树品种"紫娟"及其诱变后代遗传多样性分析[J]. 西南农业学报，34（10）：2108-2116.

陈红伟，2011. 稀有茶树品种"紫娟"的由来、特点及其茶艺［J］. 广东茶业（1）：21-22.

陈剑宾，2020. 安溪铁观音［M］. 福州：福建科技出版社.

陈亮，马建强，姚明哲，2024. 中国茶树品种资源志（上卷）：茶树登记品种［M］. 北京：中国农业科学技术出版社.

陈文怀，2020. 早茶品种"龙井43"史话（中）［J］. 茶叶，3：132-137.

陈兴华，2019. 福鼎白茶［M］. 福州：福建科技出版社.

戴宇樵，吕才有，何鲁南，等，2020. 基于代谢组学的"云抗10号"晒青茶加工过程代谢物变化［J］. 中国农业科学，53（2）：357-370.

邓少春，何青元，田易萍，2024. 茶源探秘·勐库大叶种茶［M］. 昆明：云南科技出版社.

福鼎市茶产业发展领导小组，北京大学文化产业研究院，2022. 福鼎白茶产业高质量发展蓝皮书（2022）［M］. 北京：北京大学出版社.

和明珠，杨丽冉，刘琨毅，等，2022. 不同加工工艺对"云抗10号"滇红工夫茶品质影响［J］. 食品研究与开发，43（8）：73-81.

黄祖谈，汤丹，2015. 安吉白茶奇［M］. 北京：中国农业科学技术出版社.

姜艳艳，石杨，周国兰，等，2022. 紫化茶树新品系紫魁的光合特性及叶色特征［J］. 贵州农业科学，50（9）：75-82.

李光涛，董继文，梁涛，等，2011. 云抗10号茶树的有机栽培技术［J］. 中国茶叶（7）：23-24.

李光涛，侯建荣，梁涛，等，2016. 茶树良种云抗10号推广表现及栽培技术要点［J］. 热带农业科技，39（1）：30-32.

李光涛，2001. 大叶茶良种云抗10号［J］. 云南农业（7）：15.

李家贤，黄华林，陈栋，等，2010. 高香乌龙茶新品种鸿雁12号的选育［J］. 广东农业科学，37（11）：53-56.

李明超，桂浩鑫，李晓蕾，等，2020. 紫娟茶化学成分及其抗炎抗氧化活性研究［J］. 天然产物研究与开发，32（3）：414-419.

林筱聆，2022. 铁观音［M］. 北京：中国华侨出版社.

林治，2021. 勐海茶 勐海味 勐海情［M］. 北京：世界图书出版公司.

马伟，夏丽飞，宋维希，等，2017. 不同加工工艺对云抗10号红茶品质的影响［J］. 西南农业学报，30（12）：2693-2697.

孙云南，许燕，夏丽飞，等，2019. 不同萎凋处理对"云抗10号"红茶香气成分的影响［J］. 西南农业学报，32（5）：1039-1044.

汪云刚，刘本英，2011. 滇红［M］. 昆明：云南科技出版社.

王开荣，吴颖，梁月荣，等，2013. 低温敏感型白化茶［M］. 杭州：浙江大学出版社.

王霈菲，吕杨俊，宿迷菊，等，2024. "白叶1号"异地生长鲜叶品质成分研究初探［J］. 茶叶，2：77-82.

王兴华，杨柳霞，罗朝光，等，2013. 无性系茶树新品种紫娟繁育与推广［J］. 农业与技术，33（9）：60-61.

杨春，李兴泽，2020. 寻味冰岛［M］. 北京：中国林业出版社.

杨盛美，唐一春，李惠，等，2013. "云抗 10 号"红碎茶的香气成分组成研究［J］. 中国农学通报，29（4）：141-144.

杨兴荣，包云秀，黄玫，2009. 云南稀有茶树品种"紫娟"的植物学特性和品质特征［J］. 茶叶，35（1）：17-18.

云南省农业科学院茶叶研究所，2017. 勐海茶种植技术［M］. 昆明：云南科技出版社.

周重林，2017. 茶叶边疆［M］. 武汉：华中科技大学出版社.

朱世桂，陈兴华，闵庆文，等，2019. 福建福鼎白茶文化系统［M］. 北京：中国农业出版社.

邹瑞，张玥，杨自云，等，2020. 紫娟茶自然杂交后代的 ISSR 分析［J］. 四川农业大学学报，38（1）：87-91.

邹振浩，李鑫，张丽平，等，2022. 紫色芽叶茶树研究进展［J］. 中国茶叶，44（1）：22-26.

LI F, DENG X Y, HUANG Z, et al., 2023. Integrated transcriptome and metabolome provide insights into flavonoids biosynthesis in 'P113', a new purple tea of *Camellia tachangensis*［J］. Beverage Plant Research, 3（1）：1-11.

LI N, XU J R, ZHAO Y Q, et al., 2024. The influence of processing methods onpolyphenol profiling of tea leaves from thesame large–leaf cultivar (*Camellia sinensis* var. *assamica* cv. Yunkang–10): nontargeted/targeted polyphenomics andelectronic sensory analysis［J］. Food Chemistry. 460：140515.

第五章 茶叶加工技艺的非遗传承

第一节 绿茶制作技艺的非遗传承

绿茶作为中国最古老的茶类之一,以其未经发酵的独特工艺,完整保留了茶叶的天然色泽和丰富成分。在非遗传承领域,绿茶制作技艺是中华优秀传统文化的重要组成部分,其生产技艺主要涵盖杀青、揉捻和干燥等关键工艺。杀青是绿茶制作的首要环节,通过高温杀灭茶叶中的酶,从根本上阻止茶叶发酵,确保茶叶能保持其原有的色泽和成分。传统的杀青方法有锅炒杀青和蒸汽杀青两种,不同地区在操作时各有独特技巧,比如有的地区注重锅温的精准控制,有的则讲究蒸汽的压力与时间把控。揉捻工序是通过揉搓茶叶,使茶叶细胞破裂,让饱含茶多酚、氨基酸等物质的茶汁充分释放出来,同时让茶叶形成美观的条索状,为后续的品质奠定基础。干燥的目的是去除茶叶中多余的水分,使茶叶达到合适的干燥度,便于长期保存,同时进一步提升和固定茶叶的香气。绿茶非遗传承代表众多。

一、西湖龙井

西湖龙井产于浙江杭州,其茶区的产茶历史源远流长,可追溯至唐代,茶圣陆羽在《茶经》中就有相关记载。南宋时期,杭州西湖所产的宝云茶、香林茶、白云茶已成为贡品。北宋辩才法师在龙泓山狮子峰成功种植出龙井山茶。元明清时期,西湖龙井茶的声誉与日俱增。清乾隆十六年(1751年),乾隆帝下江南品尝后诗兴大发,还将狮峰山下胡公庙前的18棵茶树封为"御茶",自此西湖龙井名满天下,长期位列中国十大名茶之中。

明朝时期,明太祖朱元璋常以龙井赠与友邦藩国,如越南、老挝、朝鲜等,在当时的邦交中,龙井茶就承担着传递友好的重要角色。近现代外交馈赠也总是出现龙井茶:1949年12月,中华人民共和国成立后不久,毛泽东主席第一次出访苏联,为斯大林带去了产自中国浙江的龙井和安徽的祁门红茶。1971年,美国国家安全顾问基辛格秘密访华,周恩来总理以西湖龙井作为礼品相赠。基辛格十分喜爱,在同年10月22日再次访华时,还向周恩来总理表达了想要再次得到西湖龙井茶的愿望,周恩来总理欣然满足了他的要求,馈赠他4千克西湖龙井茶。1972年2月,尼克松访华,周恩来总理在多处会谈场合都用西湖龙井茶招待美国客人,也把西湖龙井茶作为国礼送给尼克松。俄罗斯总统普京的60岁生日,在中国外交部赠送给他的国礼中,也有顶级的西湖龙井茶。

历经千余年的传承与发展,西湖龙井的炒制技艺不断精进,形成了独具特色的手工炒制工艺，包含抖、带、挤、甩、挺、拓、扣、抓、压、磨等"十大手法"。2008年，绿茶制作技艺（西湖龙井）成功入选第二批国家级非物质文化遗产名录。

杨继昌出生于1941年，来自杭州市满觉陇村。他14岁时就开始给炒茶师烧茶，16岁正式投身炒茶事业，至今已有60多年。作为国家级非物质文化遗产西湖龙井绿茶炒制工艺的唯一传人，杨继昌技艺精湛，曾在1988年、1989年两届斗茶会上荣膺第一名，荣获"炒茶王"的美誉。

此外，樊生华是国家级非遗项目"绿茶制作技艺（西湖龙井）"省级代表性传承人。

二、碧螺春

碧螺春茶种植始于两晋南北朝，唐宋两代列为贡茶，俗称"吓煞人香"，清康熙因其茶"清汤碧绿，外形如螺，采制早春"而赐名为"碧螺春"。碧螺春茶制作全部采取传统手工技艺，其制作分"采摘、拣剔、摊放、高温杀青、揉捻整形、搓团显毫、文火干燥"七道工序。每年春分前后开采，谷雨前后结束，以春分至清明采制的明前茶品质最为名贵，通常采一芽一叶初展的原料。

碧螺春作为中国传统名茶，以其独特的品质和深厚的文化内涵，成为中国在国际交往中的珍贵礼品之一。1954年4月，日内瓦会议召开，中国政府派出以周恩来总理为团长的代表团出席会议。1954年3月中旬，苏州吴县（今吴中区）东山西坞村、西山梅益村等地接到采制"分前"碧螺春的紧急任务，当地村民精心炒制后将逾1千克的"分前"碧螺春按期送往北京。周恩来总理将这包碧螺春带到日内瓦会场，向各国朋友宣传介绍中国的茶文化。1954年6月，周恩来总理在日内瓦驻地万花岭别墅会见澳大利亚外长凯西时，用的茶叶也是从国内苏州带来的碧螺春。1972年2月，美国总统尼克松访问中国，会谈期间，周恩来总理请美国国务卿基辛格品茗碧螺春。

碧螺春炒制特点可以总结为"手不离茶，茶不离锅，揉中带炒，炒揉结合，连续操作，起锅即成"。制成的洞庭山碧螺春具有"条索纤细，卷曲成螺，茸毛遍体，银绿隐翠"之外形及"汤色碧绿，清香高雅，入口爽甜，回味无穷"之内质，以"形美、色艳、香浓、味醇"四绝闻名中外，有"一嫩（芽）三鲜（色、香、味）"之称。

绿茶制作技艺（碧螺春制作技艺）于2011年5月23日经中华人民共和国国务院批准列入第三批国家级非物质文化遗产扩展项目名录，项目编号Ⅷ-148。

苏州十分重视对该项非遗的传承和保护，现有国家级代表性传承人1个，省级代表性传承人1个，市级代表性传承人6个，区级代表性传承人4个。

碧螺春国家级代表性传承人为施跃文。施跃文出生于1967年11月，男，汉族，江苏省苏州市吴中区东山镇人。他出生于"茶王"世家，祖辈因采制碧螺春进贡朝廷被称为"碧螺老人"。15岁从师当地炒茶能手祖母周瑞娟，从艺30多年。在实践中不断摸索总结，形成了自己独有的炒茶技艺。其炒制的碧螺春茶，具有"条索纤细、卷曲呈螺、茸毛遍体、银绿隐翠"的外形，"汤色碧绿、清香高雅、入口爽甜、回味无穷"的内质。2017年12月28日，入选第五批国家级非物质文化遗产代表性项目代表性传承人。

此外,周永明是国家级非遗碧螺春制作技艺江苏省代表性传承人、苏州市第三批市级非物质文化遗产代表性项目苏州太湖洞庭山碧螺春制作技艺代表性传承人。

三、黄山毛峰

黄山产茶历史悠久,《徽州府志》记载"黄山产茶始于宋之嘉祐,兴于明之隆庆"。黄山毛峰前身是黄山云雾茶。清代光绪元年(1875年),徽州漕溪人谢正安在当地创办"谢裕大茶行",他带领家人于清明前后摘取肥壮的嫩茶芽叶,精心加工制成形似雀嘴、汤色清澈、味道沁人心脾的新茶叶。因茶"白毫披身,芽尖似峰",故取名"毛峰"。后来,毛峰种植扩展到整个黄山南北麓,出产的茶叶改名为"黄山毛峰"。黄山毛峰是国礼绿茶。安徽省人民政府官网指出,黄山毛峰在1949年以后,一直作为中国外事活动中馈赠国宾的礼品茶。在"2007中俄国家年"活动期间,胡锦涛同志向俄罗斯总统普京赠送的国礼茶中就有黄山毛峰。

一般采摘清明至谷雨期间的鲜叶,以一芽一叶为标准,当地称为"麻雀嘴稍开"。用直径50厘米左右的桶锅,锅温130~150℃。鲜叶下锅后,闻有炒芝麻声响即为温度适中。需单手翻炒,手势轻、翻炒快、扬得高、撒得开、捞得净。杀青程度要求适当偏老,芽叶质地柔软,表面失去光泽,青气消失,茶香显露即可。特级和一级原料,在杀青达到适度时,继续在锅内抓带几下,起到轻揉和理条的作用。二、三级原料杀青起锅后,及时散失热气,轻揉1~2分钟,使之稍卷曲成条即可。揉捻时速度慢,压力轻,边揉边抖,以保持芽叶完整,白毫显露,色泽绿润。分初烘和足烘。初烘时每只杀青锅配4只烘笼,火温先高后低,第一只烘笼烧明炭火,烘顶温度90℃以上,以后3只温度依次下降到80℃、70℃、60℃左右。边烘边翻,顺序移动烘顶。初烘结束时,茶叶含水率约为15%。初烘后茶叶摊晾30分钟,待初烘叶有8~10烘时,并为一烘,进行足烘。足烘温度60℃左右,文火慢烘,至足干。拣剔去杂后,再复火一次,促进茶香透发,趁热装入铁筒,封口贮存。

制成的黄山毛峰条索细扁,形似"雀舌",带有金黄色鱼叶,色泽嫩绿微黄而油润,俗称"象牙色",香气清鲜高长,滋味嫩鲜醇厚。冲泡后雾气结顶,汤色清碧微黄,叶底黄绿有活力,滋味醇甘,香气如兰,韵味深长。

2008年6月7日,绿茶制作技艺(黄山毛峰)经国务院批准列入第二批国家级非物质文化遗产名录,项目编号Ⅷ-148。谢四十,谢氏"永庆堂"第四十九代传人,第三批国家级非物质文化遗产代表性项目"绿茶制作技艺——黄山毛峰"代表性唯一传承人。其家族"老谢家茶"自隋朝仁寿元年(601年)诞生,制茶历史悠久。宋建炎二年(1128年),老谢家茶第二十一代传人谢玘,在富溪首创"谢氏炒焙法"。清道光八年(1828年),第四十四代传人谢修绵传承"谢氏炒焙法",创新"三道炒茶""三道揉茶""三道烘茶"绿茶制作技艺,创制黄山毛峰茶。1987年,谢四十创办了黄山光明茶厂,后更名为黄山光明茶业有限公司。在经营企业过程中,他将传统技艺与现代技术相结合,推动了黄山毛峰的产业化发展。他参与国家标准《地理标志产品·黄山毛峰茶》的制定,主持制订了企业《质量管理手册》等标准;其公司在他的带领下获得诸多荣誉,如"中国茶叶行业百强"企业等,还在俄罗斯"中国年"经贸活动中,获国礼茶感谢信。

四、太平猴魁

太平县（现为黄山市黄山区）产茶历史悠久，东晋年间，黄山寺庙、禅院的僧侣们就已开始种植茶树，清朝中后期，太平茶叶达到鼎盛，据《江南通志》记载"太平（龙门山）产翠云茶，香味清芬"，龙门山即为现在新明乡猴坑、凤凰尖一带，"翠云茶"也即"魁尖茶"的前身。创制说法比较流行的有三种。一是王魁成创制说：1900年，茶农王魁成在高山茶园选摘壮挺的一芽二叶精心制作成茶，其茶叶品质在尖茶中出类拔萃，因王魁成名字中有"魁"字，且主要产于太平县猴坑地区，故得名"太平猴魁"；二是郑守庆创制说：有资料记载清咸丰（1859年），猴魁先祖郑守庆就在麻川河畔的山中开出一块茶园，生产出扁平挺直、鲜爽味醇且散发出阵阵兰花香味的"尖茶"，冠名"太平尖茶"，后逐渐演变为太平猴魁；三是叶氏家族相关说：叶任庵（1820—1895年）在太平县的茶商中是最早最有名的，猴坑一带应属叶家祖业，王魁成可能是叶家所雇长工，若太平猴魁由王魁成创制，其所有权可能归属于叶家。

太平猴魁外形扁平挺直，魁伟壮实，两叶抱一芽，匀齐，毫多不显，苍绿匀润，部分主脉暗红，有"猴魁两头尖，不散不翘不卷边""刀枪云集、龙飞凤舞"的特点。汤色嫩绿清澈明亮，香气鲜灵高爽，兰花香持久，滋味鲜爽醇厚，回味甘甜，独具"猴韵"，叶底嫩匀肥壮，成朵，嫩黄绿鲜亮。可分为猴魁、魁尖和尖茶三个品类，按品质又分为极品、特级、一级、二级和三级5个等级。1915年在巴拿马万国博览会上荣获金质奖章；1955年被评为全国十大名茶；太平猴魁2004年获得"绿茶茶王"的称号；2008年绿茶制作技艺（太平猴魁）被列入第二批国家级非物质文化遗产项目名录。

开园采摘在每年4月中旬，立夏前结束，历时20多天。采摘标准为一芽三、四叶初展，采用提手采，要做到"四拣"原则，即拣高山、阴山、云雾笼罩的茶山；拣树势茂盛的柿大茶品种的茶丛；拣粗壮、挺直的嫩枝；采回鲜叶折下一芽二叶的"尖头"作原料。

将采回鲜叶倒在拣板上，按初展标准一颗一颗挑选，做到"八不要"，即对夹叶、过大、过小、瘦弱、色淡、紫芽、病虫叶不要。采用平口深锅杀青，锅温120℃左右，每锅投叶量约100克，低度翻炒，每分钟30次左右。叶温烫手冒热气时，增加翻炒高度散热湿气。在烘干的子烘过程中，用手辅助将茶叶摊匀，不使弯曲和折叠，趁叶面柔软，用手掌全面按伏整形。老烘过程中，烘顶倒入茶叶后轻拍，落实后用手在烘顶上全面按一次，使茶叶平直。包括子烘、老烘和打老火三个过程。用炭火烘焙，头烘温度100℃左右，后续三烘温度依次为90℃、80℃、70℃。头烘后摊晾40~60分钟，二烘叶量为头烘4~5倍，二烘后摊晾5~6小时，三烘温度50℃左右，每烘约750克茶叶，翻烘4~5次，历时30分钟，至手捻茶叶成粉末。最后打老火，烘顶温度50℃左右，每5分钟翻一次，经30分钟烘干后，装入内衬箬叶的铁桶密封贮存。

方继凡是第二批国家级非物质文化遗产项目绿茶制作技艺（太平猴魁）代表性传

承人，为太平猴魁制作技艺的传承和发展作出了诸多贡献。方继凡，1965年出生，系太平猴魁第五代传人，方南山元孙，自幼学习植茶与制茶，对太平猴魁的制作、培育有着丰富的经验和较高的造诣。一直坚持祖先的传统技艺手法，坚持鲜叶的"四拣八不要"、炭火锅式杀青、竹制烘笼足干等核心技艺，确保了猴魁的传统品质，产品多次荣获"茶王""金芽奖"等国家级大奖。2008年，方继凡作为起草人之一参与的太平猴魁国家标准获国家质监局颁布实施，使非遗传承有了规范的文本标准。2008年投资600余万元建成东坑基地，用于太平猴魁生产加工、制作技艺示范推广及非遗宣传，使非遗有了固定的传艺基地。2009年编制出版太平猴魁制作技艺连环画《猴坑传奇》，极大地宣传了非遗。

五、六安瓜片

六安产茶历史悠久，最早可追溯至六朝的"叶茶"。汉献帝建安年间，茶叶从四川经陕西、河南入六安；唐宋时期，六安是江淮茶叶上贡之要地，唐朝《茶经》中记载"寿州下"（今安徽六安霍山）产茶。其名称由来有三种说法。一是形似瓜子说，1905年左右，六安茶行的一位评茶师从收购的绿茶中挑选嫩叶，剔除茶梗，制作成新产品，因其形状类似瓜子，被称为"瓜子片"，后简化为"瓜片"；二是类似瓜皮说，在制作过程中，茶叶呈现出类似瓜皮的形状，因此得名"瓜片"；三是地方方言说，在六安地区，人们将这种茶叶称为"瓜片"，因为其形状与当地常食用的南瓜相似。清朝是六安茶叶的鼎盛时期，六安成为国内最大内销茶产地，一大批名茶相继问世，1905年左右六安瓜片这一品种首次出现，可能由"黄芽""小蚬春""梅片"演变而来。

六安瓜片单片不带梗芽，叶片背卷顺直，形似瓜子，茶叶肥壮，叶质柔软；色泽宝绿，起润有霜，铁青透翠；汤色绿中透黄，清澈明亮；香气清高，回味悠长，清香透鼻；滋味味鲜甘美，纯正回甜。六安瓜片不耐冲泡，通常采用两次冲泡的方法饮用。待茶汤温度适中，小口品茶，缓慢吞咽，舌鼻并用，品尝头开茶的鲜味与茶香，此谓一开茶。饮后舌苔有淡淡的兰花香。品至茶汤余1/3时，续加开水，谓二开茶，此时茶汤正浓，饮后舌本回甘，余味无穷。饮至三开，一般茶味已淡，续水再饮就寡淡无味了。冲泡六安瓜片的水位一般控制在80℃左右，先用少量80℃左右的水温润茶叶，"摇香"使茶叶香气充分发挥。

谷雨前后10天之内，选择一芽三叶的壮叶，而非嫩芽，同时要满足嫩度、匀度、净度、鲜度四个标准。对采摘的鲜叶进行分类，将嫩叶（未开面）、老叶（已开面）分离出来。将鲜叶在160℃左右的锅中迅速翻炒，进行"杀青"，防止茶叶发酵并保持茶叶原有绿色。将生锅处理后的茶叶进一步翻炒使其定型。拉毛火、拉小火、拉老火：三步烘焙工艺，其中"拉老火"是最后一次烘，对形成六安瓜片特殊的色、香、味、形影响巨大。

2008年6月7日，绿茶制作技艺（六安瓜片）经国务院批准列入第二批国家级非物质文化遗产名录。六安瓜片绿茶是国礼用茶。1971年，六安瓜片就曾被作为国品茶礼馈赠给美国国务卿基辛格博士。它还多次作为国礼走向世界。

绿茶制作技艺（六安瓜片）的国家级代表性传承人为储昭伟。储昭伟，男，汉族，1966年11月出生，六安市霍山县人，从小跟随祖父、叔叔及张氏亲友等从事六安瓜片茶园管理和采摘、炒制等。上大学期间系统学习茶叶生产、加工、营销技艺，研究六安瓜片的历史与现状。参加工作后，一直从事茶叶生产技术推广和经营。储昭伟主持制定了《六安瓜片茶企业标准》，主持编制了《六安瓜片制作工艺标准》《六安瓜片生产环境监管标准》《六安瓜片生产管理标准》等一系列标准，使六安瓜片有了生产、加工、营销标准；主持了"六安瓜片"生产工艺的恢复研究及推广工作，使六安瓜片生产实现专业化、标准化、规模化，全面提升了六安瓜片品牌知名度和美誉度。自2008年11月成为六安瓜片省级代表性传承人以来，储昭伟已授徒67人，要求学徒亲自参与种茶、茶园管理及六安瓜片制作，并帮助指导10户茶农按传统生产工艺进行生产，每年茶季还开展传统制作技艺擂台赛。

六、信阳毛尖

信阳产茶历史悠久，据考证已有2300多年历史。唐朝时期，茶叶生产进入兴盛时期，陆羽在《茶经》中记载"淮南以光州上"，并将信阳划归"淮南茶区"，列入八大产茶区之一，当时信阳茶叶就已成为朝廷贡茶。北宋文学家苏轼曾赞"淮南茶，信阳第一"，《宋史·食货志》和宋徽宗赵佶《大观茶论》中，均将信阳茶列为名茶。

清末，甘以敬、陈雨人等一批文人提倡开山种茶和垦复老茶园，集股筹资，先后在西、南部山区开荒种茶，相继建立元贞、宏济（车云）、裕申等八大茶社。1913年，茶社产出品质上乘的本山毛尖茶，正式将其命名为"信阳毛尖"。1915年，由车云山采制的信阳毛尖获巴拿马太平洋万国博览会金奖，信阳茶业由此开始复兴。1959年、1982年两次被评为"中国十大名茶"之一；1986年被国家商业部评定为中国名茶；1988年获首届中国食品博览会金奖；1990年获国家优质产品金质奖；2007年在第二届世界绿茶大会上夺得6个最高金奖、10个金奖和5个银奖等。在2024年5月21日联合国总部举行的"茶和天下·茶经雅集"展览活动中，信阳毛尖作为中国茶的优秀代表进行展示，这可以视为一种文化层面的交流与展示。

信阳位于河南最南部，为三省通衢，处于北亚热带向暖温带过渡气候区，四季分明，光、热、水资源丰富。茶区以黄棕壤土居多，土层深厚，质地疏松，透气性好，呈微酸性反应，适宜茶树生长。信阳毛尖主要产自河南信阳西南区的"五云两潭一寨"，即车云山、连云山、集云山、天云山、云雾山、白龙潭、黑龙潭、何家寨。

信阳毛尖采茶期分为三季：春茶、夏茶和秋茶。春茶采于谷雨前后，采摘期40天左右；夏茶采于芒种前后，采摘期30天左右；秋茶采于立秋前后，产量较少。其中，春茶和秋茶品质最佳，谷雨前采摘的少量春茶"跑山尖""雨前毛尖"是珍品。采摘标准可分为特级至五级，特级毛尖采一芽一叶初展，一级毛尖采一芽一叶，二三级毛尖采一芽二叶，四五级毛尖采一芽三叶及对夹叶。

信阳毛尖经摊青、生锅、熟锅、初烘、摊晾、复烘等工序加工而成。炒制分生锅、熟锅和烘焙三个工序，生锅起杀青、初揉作用；熟锅是理条整形的重要程序，决定茶叶的光和直；烘焙包含初烘、摊晾、复烘三步。

信阳毛尖外形呈针形半炒烘细嫩绿茶，具有"细、圆、光、直、多白毫"的特点，茶叶条索修长匀整，芽叶嫩绿，紧实挺直，形态优美，叶脉清晰；色泽翠绿欲滴，光泽良好，整体看起来清新透亮；香气清香高长，具有清新高雅的花香和青草香；滋味鲜爽清淡，口感光滑细腻，有独特的甘甜味，回甘悠长，不苦涩，无杂味；冲泡后的茶汤清澈晶莹，色泽澄澈如翡翠。

2014年，绿茶制作技艺（信阳毛尖茶制作技艺）被列入第四批国家级非物质文化遗产代表性项目名录。

周祖宏，1958年出生，河南省信阳市浉河区浉河港乡黑龙潭村人，是周氏炒茶家族的第四代传人。他从17岁就开始跟着祖父、父亲学习信阳毛尖茶制作技艺，至今已有50多年的制茶经验。2008年6月，被评选为河南省省级非物质文化遗产项目（信阳毛尖茶采制技艺）代表性传承人；2018年5月，被评为国家级非物质文化遗产代表性项目绿茶制作技艺（信阳毛尖制作技艺）代表性传承人。

七、恩施玉露

恩施玉露的历史可追溯到唐朝，当时已有"施南方茶"的记载，明代黄一正《事物绀珠》中提及的"施州茶"即为其前身。清代，恩施芭蕉黄连溪的兰姓茶商沿袭唐朝蒸青工艺，垒灶研制，所制茶叶外形匀整、紧圆、挺直、色绿，毫锋银白如玉，曾称"玉绿"，后因其茶味鲜爽、毫白如玉、格外显露，改名"玉露"。

恩施玉露产于湖北省西南部的恩施市，地处武陵山区腹地，境内多属低山或二高山地区。这里土壤肥沃，植被丰富，四季分明，冬无严寒，夏无酷暑，年平均气温16.4℃，年无霜期282天，年降水量1525毫米左右，空气相对湿度82%，终年云雾缭绕，为茶树生长提供了优异条件。

恩施玉露条索紧细匀整，紧圆光滑，状如松针，白毫显露，干茶色泽鲜绿润泽，苍翠如玉。冲泡后的茶汤清澈明亮，色泽嫩绿如玉。香气清高持久，清香雅致，带有一丝新鲜植物的气息。滋味鲜爽甘醇，入口后口感醇厚而不腻，回味悠长，略有苦涩味，但随着时间推移，茶汤逐渐变甜，回甘愈发明显。叶底嫩匀明亮，色绿如玉。

高级玉露采用一芽一叶、大小均匀、节短叶密、芽长叶小、色泽浓绿的鲜叶为原料，且在晴天上午采摘，以保证茶叶品质。利用特制蒸青灶或蒸汽杀青机、汽热杀青机进行蒸汽杀青，蒸青时间40~50秒，使茶叶中的酶活性降低，保持茶叶的绿色和香气。将蒸青叶迅速扇凉，迅速降低叶温，散发水分以免余热和水汽积聚闷黄茶叶，如采用蒸汽杀青机或汽热杀青机蒸青，则可省去该流程。在焙炉上进行回转揉和对揉，也可用揉捻机进行，使茶叶形成紧实的条索，促进茶叶中的茶汁渗出，增加茶叶的香气和滋味，揉捻后成条率达85%以上。整形上光，俗称搓条，是形成恩施玉露茶形似松针、油润、翠绿的关键工序，全过程分为悬手搓条和炉盘搓茶两个阶段，采用"搂""搓""端""扎"四种手法上光，直至适度。将茶叶烘焙至用手捻茶叶能成粉末，梗能折断的程度，进一步去除茶叶中的水分，使茶叶达到理想的含水量，同时保持茶叶的色泽和香气。拣除碎片、黄片、粗条、老梗及其他夹杂物，保证茶叶的纯净度。

恩施玉露2007年获国家地理标志产品保护；2008年被湖北省农业厅授予"湖北省第一历史名茶"称号；2010—2012年，相继获得"中国茶叶区域公用品牌最具发展力品牌""消费者最喜爱的中国农产品区域公用品牌""最具影响力中国农产品区域公用品牌"等殊荣；2014年，传统制作技艺入列"国家级非物质文化遗产名录"；2015年，"恩施玉露及图"获"中国驰名商标"，茶文化系统被认定为"中国重要农业文化遗产"。

恩施玉露国家级传承人为杨胜伟。杨胜伟，男，苗族，1937年6月20日出生。1972年夏初，撰写成《玉露制作技艺》，确立恩施玉露工序和工艺体系、奠定恩施玉露理论基础。其撰写的"恩施玉露"及其制作技艺相关资料被编入《中国名茶》《制茶学》《中国茶经》《中国名优茶选集》《中国名茶志》等众多茶学著作和教材。2006年，与相关人员制定湖北省地方标准《恩施玉露》（DB42/351—2006），参与申请"对恩施玉露实施地理标志产品保护"工作并成功。2006年，带领多方人员共同努力，主持完成《恩施玉露茶新工艺、新技术研究》，为解决恩施玉露传统工艺制作规模小、产量低的问题作出了历史性贡献，奠定了恩施玉露现代化、工业化、规模化和自动化生产的基础。2014年，完成专著《恩施玉露》，首次提出加工恩施玉露的"工艺温度域"和"偶数法则"概念。

八、小结

目前，被列入国家级非物质文化遗产（非遗）代表性项目名录的绿茶制作技艺有15种。其中，2008年第二批国家级非遗中有西湖龙井、婺州举岩、黄山毛峰、太平猴魁、六安瓜片。2011年第三批国家级非遗中有碧螺春、紫笋茶。2014年第四批国家级非遗中有恩施玉露、都匀毛尖。2021年第五批国家级非遗中有雨花茶、蒙山茶传统制作技艺。这些国家级非遗绿茶制作技艺是我国茶文化的瑰宝，体现了深厚的历史底蕴和精湛的工艺传承。与之相对应的，国家级非遗传承人也在各自领域发光发热，他们凭借着对绿茶制作的深厚理解与精湛技艺，肩负起传承与弘扬的重任，不仅守护着这些传统技艺的延续，更在时代发展中不断创新，让绿茶这一中华传统饮品的魅力得以持续绽放，使国家级非遗的绿茶制作技艺在现代社会中焕发出新的活力与生机。

思政要点

1. 文化自信：绿茶国家级非遗工艺是中华优秀传统文化瑰宝，传承人坚守传承，彰显中华文化源远流长，启示我们要坚定文化自信，增强民族认同感。

2. 工匠精神：绿茶制作工艺对技艺要求严苛，传承人精研技艺、追求卓越、敬业奉献，值得我们学习其专注执着、精益求精的态度。

3. 创新精神：传承人与从业者在坚守传统时结合现代需求创新工艺，使绿茶文化焕新，激励我们要勇于突破，适应时代发展。

4. 生态意识：绿茶生长依赖良好生态环境，茶产区注重生态保护，传承人和行业践行生态理念，让我们树立生态观，促进人与自然和谐。

5. 团结协作与责任：绿茶制作工艺传承靠团队协作，传承人履行社会责任，传播绿茶文化、培养新人，教导我们要重视合作、积极做公益，促进社会和谐。

第二节 红茶制作技艺的非遗传承

红茶是中国传统茶文化的璀璨明珠，属于完全发酵茶类，以红艳的茶汤和甜醇悠长的口感而闻名于世；红茶以独特的生产工艺著称，制作需要经过萎凋、揉捻、发酵和干燥等多个精细步骤，匠人通过口传心授传承技艺。其中，福建的正山小种红茶和云南的滇红茶，作为红茶中的杰出代表，巧妙地将当地独特的自然条件与深厚的历史文化相融合，孕育出了别具一格的制茶技艺，成为中国红茶文化的重要符号。传统红茶制作工艺的传承，不仅依赖于经验丰富、技艺精湛的工匠们的口传心授，更离不开对茶叶品种特性的深刻理解与精准把握。

一、祁门红茶

祁门地处安徽南端，山地面积占总面积的90%，平均海拔高度600米。茶园多分布于海拔100~350米的丘陵地带。这里气候温和，年均气温15.6℃，空气相对湿度为80.7%，年降水量在1 600毫米以上，早晚温差大，因常年云雾缭绕、日照时间较短，加之土壤富含氧化铝与铁，这里极适于茶树生长。祁门红茶全称为"祁门工夫红茶"，简称"祁红"，产自安徽省的祁门、东至、贵池、石台、黟县和江西浮梁一带。与印度的大吉岭红茶、锡兰乌沃红茶并称为世界三大高香名茶，有"王子茶""茶中英豪""群芳最"之美称。

祁门红茶创制于光绪元年（1875年）。关于其创制有两种说法：一是余干臣说法，安徽黟县人余干臣从福建罢官回籍，在建德县（今东至县）尧渡街设立红茶庄，仿效"闽红"制法，开始在安徽兴制红茶，带动附近茶农纷纷改制，逐渐形成祁红产区；二是胡元龙说法：祁门人士胡元龙为祁门贵溪人，是产销一体的老茶商，在光绪年间绿茶销路不畅的情况下，借鉴外省红茶制法，在祁门加工出了红茶。

祁门红茶初制包括萎凋、揉捻、发酵、烘干4道工序。萎凋即将鲜叶摊置晒簟上晒至暗绿色等适度状态；揉捻是将萎凋叶搓卷成紧细美观的条索并揉出茶汁以促进发酵；发酵又称"焐红"，将揉捻叶置木桶或竹篓中，上盖湿布或棉絮，放在日光下焐晒；烘干采用烘笼，利用高温制止酶的活动，停止发酵，蒸发水分等。精制为筛分、拣剔、补火、官堆4道工序。筛分是通过筛分分出各号头茶；拣剔是将轻片、破叶等杂物剔除；补火是用炭火烘焙茶叶至褐灰色；官堆是将补火后的茶叶混合，使其均匀。

祁门红茶外形条索紧细匀整，锋苗秀丽，色泽乌润，茶叶形状如眉毛，因此又被称为"眉茶"。香气优雅，"似花、似果、似蜜"，在国际上被称为"祁门香"；冲泡后，汤色红艳动人，宛如红宝石般璀璨夺目；茶汤入口，口感醇和，品饮过后齿颊留香，特级祁红甚至还带有鲜甜轻快的嫩香味，称为"祁门味"。根据茶叶外形和内质分为礼茶、特茗、特级、一级、二级、三级、四级、五级、六级、七级。

祁门红茶1915年荣获巴拿马万国博览会金奖，还曾4次蝉联国家金奖，2010年成为上海世博会十大名茶之一。祁门红茶制作技艺2008年列入第二批国家级非物质文化遗产名录，2022年11月29日，祁门红茶制作技艺成功入选人类非遗代表作名录。祁门红茶是国礼用茶。1949年中华人民共和国成立初期，毛泽东主席第一次出访苏联，就挑选了安徽的祁门红茶和浙江的西湖龙井茶一起作为国礼赠予斯大林。后来祁门红茶也分别多次作为"国礼"赠送给苏联和英国等外国政要。

王昶是国家级非物质文化遗产代表性项目祁门红茶制作技艺代表性传承人，安徽省祁门红茶发展有限公司董事长，2023安徽工匠年度人物。王昶曾结识原国有祁门茶厂陈季良先生，从他那里学到了祁门红茶的制作技艺。王昶毫无保留地将祁红制作技艺传授给学生，先后带过50多名徒弟，其中不乏"90后"，这些徒弟很多已成为独当一面的制茶高手。王昶率领团队研发我国首条红茶智能生产线，突破传统工艺，创新开发祁红香螺等系列产品，使祁红品质跃升，因而多次入选国礼。

二、滇红茶制作技艺

滇红的历史始于抗日战争时期，当时为了开辟西南茶区，拓展茶叶生产，尤其是提升红茶在世界上的地位，中国茶叶公司决定在云南发展红茶生产。1938年，中国中茶公司委派冯绍裘前往云南调查茶叶产销情况。冯绍裘在顺宁（今凤庆）发现当地茶叶品质优良，具备制作优质红茶的潜力。冯绍裘在顺宁制成"一芽二叶"红茶，其外形金色黄毫，汤色红浓明亮，叶底橘红鲜艳，香气浓郁。1939年，"云南中国茶叶贸易公司"在顺宁县建立顺宁实验茶厂（凤庆茶厂前身），试制成功工夫红茶，初步定名"云红"。1939年，第一批"新滇红"试制成功并开始大规模生产，用沱茶篓装运到香港，然后再改木箱铝罐出口，后经辗转运输至伦敦国际茶市。首批"滇红"运销伦敦，以1磅800便士的价格创下当时英国茶叶拍卖最高纪录，成为抗战时期出口换取外汇的"硬通货"，为抗战换回了大量急需的战略物资，为国家经济发展作出重要贡献。1940年4月9日，"云南中国茶叶贸易公司"将云南红茶由"云红"改为"滇红"。同年9月，佛海实验茶厂（勐海茶厂前身）正式成立，范和钧先生采用勐海大叶种茶鲜叶试制红茶，品质优异，滇红从此快速发展。

滇红产于云南省南部与西南部的临沧、保山、西双版纳等地。产区境内群峰起伏，平均海拔1 000米以上，森林茂密，土壤肥沃，属亚热带气候，年均气温18~22℃，年平均降水量1 200~2 000毫米，相对湿度在80%以上，为茶树生长提供了得天独厚的自然条件。

滇红初制包括采摘、萎凋、揉捻、发酵、干燥。采摘一芽二三叶的芽叶为原料；萎凋使茶叶水分减少、变得柔软；揉捻使茶叶成形并增进色香味浓度；发酵是形成红茶红叶红汤品质特点的关键步骤；干燥则是利用高温停止发酵，蒸发水分，固定外形。精制主要工序有筛分、风选、拣剔、匀堆、补火，以整理形状、划分优次、剔除劣异、控制水分。采摘一芽二三叶的芽叶作为原料，经萎凋、揉捻、发酵、干燥而制成滇红工夫茶，条形茶，滋味醇和；经萎凋、揉切、发酵、干燥而制成滇红碎茶，是颗粒型碎茶，滋味强烈富有刺激性。

滇红的条索紧结肥壮，色泽乌润显金毫；其香鲜郁高扬，汤色红亮带金圈，滋味浓醇鲜爽，刺激性明显，兑奶后茶味依然突出。

滇红与祁红等并称为中国四大经典红茶，是中国红茶的杰出代表，在国内红茶市场中占据重要位置，国际上主销俄罗斯、波兰等东欧各国，以及西欧、北美地区等30多个国家和地区，是国际红茶市场的重要供应者。20世纪50年代，苏联市场赞誉滇红工夫茶"与世界各国各类红茶对比，足和北印度阿萨姆茶相伯仲"。1959年以后，滇红工夫红茶被国家定为外交礼茶，1986年，英国女王造访云南，滇红金芽茶又作为国礼送给女王，是中国茶礼文化的重要体现。2014年，滇红茶制作技艺被列入国家非物质文化遗产名录，承载着深厚的文化内涵和历史价值，是中国茶文化传承的重要载体。2022年11月29日，"中国传统制茶技艺及其相关习俗"在摩洛哥拉巴特召开的联合国教科文组织保护非物质文化遗产政府间委员会第十七届常会上通过评审，列入联合国教科文组织人类非物质文化遗产代表作名录，滇红茶制作技艺名列其中。

滇红加工工艺国家级非遗代表性传承人有王天权和张成仁。王天权现任云南滇红集团股份有限公司董事长，2006年率凤糖集团与滇红集团成功联姻实现强强联合，重组滇红集团，实现了滇红集团的成功转型。2013年受联合国之邀将滇红名茶和滇红茶制作工艺带入联合国向各国政要进行展示。2014年"滇红茶制作技艺"列入第四批国家级非物质文化遗产代表性项目名录扩展项目名录，王天权为国家级非物质文化遗产代表性项目名录"滇红茶制作技艺"第四代代表性传承人。张成仁是滇红集团茶科院院长，被认定为第五批国家级非物质文化遗产代表性项目代表性传承人。张成仁生在滇红茶乡，长在滇红茶乡，一直从事滇红集团茶叶初制加工、茶叶产品研发、茶树栽培种植管理的研究工作，潜心研究滇红茶制作技艺，继承和不断完善，为滇红茶传承和发展作出了积极的贡献。2006年，他带领团队研制的创新型滇红茶"经典58"正式走入市场销售。其他省级非物质文化遗产"滇红茶制作技艺"代表性传承人有苏向宇，他完善和总结出"滇红茶制作技艺"完整体系，牵头研发了"中国红"、"经典58""祖红茶"等高端名优红茶产品；其他省级非物质文化遗产"滇红茶制作技艺"代表性传承人还有张国琴、薛林。

三、宁红茶

江西修水古称宁州，所产红茶取名宁红茶，亦称宁州工夫红茶。修水县属于江西省九江市，位于江西省西北部，地处幕阜山脉与九岭山脉之间，与湖北、湖南两省接壤。远在唐代时，修水县就已盛产茶叶，生产红茶则始于清朝道光年间（1821—1850年），到19世纪中叶，宁州工夫红茶已成为当时著名红茶之一。宁红茶的创制最初是由当地茶农在长期的茶叶生产实践中，逐渐摸索出了一套适合当地茶叶特点的加工方法，将鲜叶经过萎凋、揉捻、发酵、烘干等工序，制作出了具有独特风味的红茶。随着时间的推移，宁红茶的制作工艺不断改进和完善，品质也不断提高。光绪十八年至二十年（1892—1894年），宁红茶在国际茶叶市场上步入鼎盛时期，每年输出30万箱（每箱25千克）。光绪三十年（1904年），宁红输出达30万担（清朝时1担≈60千克，全书同）。那时县内茶庄、茶行多达百余家。

宁红茶主产于江西省修水县，其次为武宁、铜鼓县。这里山林苍翠，土质肥沃，雨量充沛，每年春夏之间，云凝深谷，雾绕奇峰，雨过乍晴，阳光疏落，这种气候环境非常有利于茶树的生长，为宁红茶生长创造了得天独厚的条件。

"宁红"条索紧结秀丽，金毫显露，锋苗挺拔，色泽乌润；香味持久，叶底红亮，滋味浓醇，汤色红艳。美国茶叶专家威廉·乌克斯在《茶叶全书》专著中评述："宁红外形美丽、紧结、色黑，水色红艳引人，在拼和茶中极有价值"，称赞"宁红色、香、味俱属上乘"。

宁红茶初制工艺分为萎凋、揉捻、解块、发酵、烘干5道工序。精制工序包括取料、筛分、风选、切轧、拣剔、复火和补火。取料根据精制产品定级，确定宁红工夫毛茶取料等级和数量；筛分使用圆筛机或抖筛机分离茶坯长短、大小、粗细、长圆；风选采用风选机分离茶坯轻重，剔去黄片、茶末、碎片和其他轻质的夹杂物；切轧采用滚切、齿切、圆切、轧片、粉碎等方式，整理长、粗、折叠、弯曲、钩形、圆块等茶坯外形，提高精制率；拣剔采用手拣、阶梯拣梗机、静电拣梗机、色选机等，剔除粗老梗、细筋、松黄片、茶子、蒂头及其他杂质和非茶类夹杂物；复火和补火方面，精制前的毛茶含水率较高时须进行复火，精制结束后须进行补火，控制含水率在6.5%以下。

宁红茶除了传统的散条形宁红茶外，还有宁红龙须茶和宁红金毫等特制茶。宁红龙须茶因叶条似须而得名，产于修水县漫江乡宁红村，清朝时用作出口茶箱上盖面茶，其外形独特，形如红缨枪之枪头，条索挺秀显毫，外披五彩花线；宁红金毫是在传统宁红工夫茶制作工艺基础上，创新的一款特级宁红工夫茶精品，以手工制作为主、机械操作为辅，条紧细秀丽，金毫显露，多锋苗，色乌润，香味鲜嫩醇爽，汤色红艳，叶底红嫩多芽。

1914年，宁红茶参加上海赛会，荣获"茶誉中华，价甲天下"的大匾；1983年，荣获对外经济贸易部颁发的品质优良荣誉证书；1984年，被评为江西省优质产品；1985年"宁红金毫"获得国家银奖；1988年在中国首届食品博览会上评为金质奖，宁红1级工夫茶获铜质奖。2021年，"红茶制作技艺（宁红茶制作技艺）"被国务院列入第五批国家级非物质文化遗产代表性项目名录扩展项目名录。宁红茶是国礼用茶。2018年，在印尼雅加达亚运会上，宁红集团的宁红茶作为官方唯一指定茶叶，被作为国礼赠送给亚运会45个参赛国的领导人和运动员。2023年杭州第十九届亚运会，宁红集团也推出了亚运新品——宁红国礼茶"霓虹碧浪"。

俞旦华是宁红茶制作技艺的国家级非遗代表性传承人，1958年出生于茶叶世家，其父亲俞道文被誉为"现代宁红茶第一人"，对宁红茶技术研究贡献卓越。俞旦华1987年毕业于安徽农学院茶业系茶叶加工专业。2011年建立漫江红茶厂，创立漫江红宁红茶品牌，抢救保护国家级首批良种宁州群体种，让宁红茶有了新的品牌名片。俞旦华在家乡建设漫江红茶叶基地，建立非遗传承工坊，为宁红茶制作技艺的传承提供了实体平台，培养了不少专业人才。创建了修水县宁红茶企第一个产学研用合作基地、博士工作站，创新研制出宁红老枞茶、红茯茶，拓展了宁红茶的产品类型，提高了企业经济效益。

四、坦洋工夫茶

坦洋工夫茶发源于福建省福安市白云山麓的坦洋村。该地以白云山脉为天然屏障，群山环抱，气候温和，雨量充沛，土壤肥沃，十分适宜茶树种植。坦洋工夫茶的创制历史有三种说法。一是咸丰同治起源说，相传清咸丰、同治年间（1851—1874年），坦洋村的胡福四（又名胡进四）试制红茶成功，经广州运销西欧，大受欢迎。二是雍正起源说，传说清雍正年间，坦洋胡氏家族的胡福四（胡桂禹）从水路前往广东办事，途中遇风翻船落水，被英商洋行买办眷属搭救。买办得知他来自茶乡，便告知洋人喜欢的一种红茶及制法，胡福四返乡试制成功，逐渐传开。三是清朝咸丰元年（1851年），坦洋一位胡姓茶商以坦洋茶加生姜、红糖泡冲救了一位患痢疾的建宁茶客。为报恩，建宁茶客与胡氏结拜并传其私家红茶制法，胡氏用坦洋茶叶照法制作，品质不凡，取名"坦洋工夫"。

坦洋工夫条索紧细匀整，色泽乌黑油润，略带金毫，显锋苗；香气清鲜，有特殊的桂圆香，香气高锐持久；汤色清澈红亮带金圈；滋味甜醇鲜爽，叶底红亮软嫩。

坦洋工夫初制包括萎凋、揉捻、发酵、干燥4道工序。干燥分毛火和足火，按"毛火高温快速，足火低温慢烘"原则进行。毛茶经初抖、平筛、撩筛、捞筛、复抖、紧门、毛选、复选、清风"三平、三抖、三选"，以及风选、拣剔、复火、拼配匀堆等工序精制，最终形成成品茶。核心技法是从初制加工到精制筛分形成以"抖、分、捞、选、簸、漂"六大核心的十几道制作工艺和手法。

坦洋工夫茶是福建三大工夫红茶之首，1915年摘取巴拿马国际博览会金奖。2021年，红茶制作技艺（坦洋工夫茶制作技艺）入选第五批国家级非物质文化遗产代表性项目名录，遗产编号Ⅷ-149。大致在清光绪年间（1875—1908年）坦洋工夫茶是英国皇室特供茶，在国际上享有很高的声誉，2015年还成为米兰世博会中国馆"全球合作伙伴"和"指定用茶"。

坦洋工夫茶制作技艺国家级非遗代表性传承人有刘小春、陈建平。刘小春曾荣获福安市首届坦洋工夫技能赛"十佳制茶能手"、首届全国红茶加工制作大赛全国银奖等诸多荣誉。开展多期茶叶制作技艺培训，授课人数1 000多人次。陈建平是全国农业技术能手、宁德职业技术学院教师、福建省五一劳动奖章获得者、福建省技术能手。

五、正山小种红茶

正山小种红茶是世界上最早的红茶，有着独特的创制历史和丰富的产品特点。正山小种红茶起源于1568年前后的福建武夷山桐木关。关于它的创制有多种说法，比较普遍的是，在明朝中后期，时值采茶季节，一支军队路过武夷山桐木关，当晚驻扎在当地茶农的茶厂。茶农们受到惊吓，躲进山里。等军队走后，茶农们回到家，发现堆积的鲜叶已经发酵。为了挽救茶叶，茶农们赶紧用当地的马尾松干柴烘干茶叶，原本绿色的茶叶变成了乌黑油润的色泽，还带有松烟香。没想到这种茶叶深受茶商喜爱，茶商以高价收购，于是这种茶叶的制作方法就流传了下来，成为正山小种红茶。

正山小种的"正山"，指的是桐木关方圆50千米的武夷山国家级自然保护区内，该区域群山环抱，山高谷深，气候温和，年平均气温18℃，年降水量在2 000毫米左右。土壤肥沃，森林覆盖率高达96%，非常适合茶树生长。

正山小种条索肥实，色泽乌润，部分茶芽色泽暗黑，条形紧索匀整；具有独特的松烟香，香气高长，这种松烟香是在制作过程中使用当地的松木熏制而成的；汤色红亮，清澈透明；滋味醇厚，带有桂圆汤味，入口爽滑，回甘明显；叶底红亮柔软，呈古铜色。

正山小种的制作工艺包括萎凋、揉捻、发酵、过红锅、复揉、熏焙、筛分拣剔等工序。其中，"过红锅"是正山小种的核心工序，通过快速高温炒制锁鲜定香，同时挥发多余水分。

正山小种红茶被称为"红茶鼻祖"，对世界红茶的发展产生了深远影响。17世纪初，正山小种被带入英国，深受英国皇室喜爱，成为英国贵族的饮品，后逐渐发展出了英式下午茶文化。正山小种红茶还获得了国家地理标志产品保护，其制作工艺被列入福建省非物质文化遗产名录。

红茶制作技艺（正山小种红茶制作技艺）的非遗传承人有不少，较为知名的有以下几位。江元勋是正山小种红茶第二十四代传承人。他9岁上山采茶，13岁跟着祖父制茶，创办了元勋茶厂，成立福建武夷山国家级自然保护区正山茶业有限公司，创立正山堂茶业，还是金骏眉红茶创始人，获得过海峡两岸茶文化最高荣誉"陆羽奖"等诸多荣誉。梁骏德出生于武夷山市星村镇桐木村的制茶世家，16岁开始跟着父亲做茶，60多年来坚守正山小种制作技艺，还成功恢复了"过红锅"工艺。梁添梦1971年8月出生于武夷山市桐木村制茶世家，是正山小种第二十三代传人。1989年起开始做茶，师承梁骏德。2008年与父亲、弟弟共同创办骏德茶厂，荣获正山小种十佳茶人、最美茶工匠等多项荣誉称号，成功研发了多款新产品，积极推动正山小种的传承与发展。

六、金骏眉

金骏眉产于福建省武夷山市桐木村，这里是世界红茶的发源地，属于武夷山国家级自然保护区，海拔较高，气候温和，雨水充沛，土壤肥沃，非常适合茶树的生长。

2005年，金骏眉由正山小种红茶第二十四代传承人江元勋率领团队创制。名字由来一说"金"表示茶是贵重之物，因为原料珍贵；"骏"希望茶能像骏马奔腾一样快速推广；"眉"形容茶叶形状似眉毛，也有长寿之意。另一说"金"代表茶的色泽金黄且名贵，"骏"同"峻"，代表生长环境险峻，"眉"字代表外形秀美如柳叶眉，也有长寿之意。

金骏眉制作工艺复杂。只选取原生态野茶树的一芽为原料，一年只采摘一季，采摘遵循"开头适当早，中间网刚好，后期不粗老"的原则，春茶在谷雨前后，夏茶在夏至前后，秋茶在秋分前后。萎凋：包括日光萎凋和室内萎凋。萎凋后的茶青通过在摇青机中的摩擦运动，擦破叶缘细胞，促进酶促氧化作用。摇青要掌握"循序渐进"原则，摇青转速由小渐多，用力轻渐重，摊叶由薄渐厚，时间由短渐长、发酵由轻渐重。摇青后，茶叶在室内静置与搅拌，直至草青味渐失，香气微扬，制茶师判断发酵适中后结束发酵。杀青时间必须控制得当，茶青要炒透，起锅太早会有草青味，炒青过度则叶缘刺手甚至有炒焦味。经5~8分钟的持续揉捻，使叶片卷成条索，破碎叶细胞，挤出汁液，黏附叶表，冲泡时易溶于水，增浓茶汤。采用合适的温度和时间进行烘干，使茶叶达到理想的干燥程度，固定茶叶的品质，发展香气。

金骏眉条索紧细，色泽金黄、乌润油亮，金毫显露；香气清高持久，带有淡淡的花蜜香，还集花香、果香、蜜香等综合香型于一身；汤色金黄明亮，清澈透亮，有光泽，金圈宽厚明显；滋味鲜活甘爽，清和醇厚，带有甜味，回甘明显持久，喉韵悠长，无论热品冷饮皆绵顺滑口；叶底明亮，叶张厚，呈金针状，匀整、隽拔，色如古铜，芽叶肥壮，粗细长短均匀，形如松针，手捏柔软有弹性。

金骏眉作为高端红茶，价格相对较高，对当地茶农和茶叶产业来说，具有较高的经济价值，带动了当地的经济发展。金骏眉的出现丰富了中国茶文化的内涵，成为中国红茶中的代表品种之一，在国内外茶叶市场和茶文化交流中都具有重要的地位，推动了中国茶文化的传播和发展。2011年，金骏眉制作技艺被列入武夷山市非物质文化遗产名录。

七、小结

中国红茶历史悠久、种类丰富，是传统茶文化的重要代表。祁门红茶、滇红茶、宁红茶、坦洋工夫茶、正山小种红茶及金骏眉各具特色。它们不仅在口感、外观上各有千秋，制作工艺也各有独到之处，且都与当地的自然环境和历史文化紧密相连。这些红茶在国内外屡获殊荣，多次作为国礼展现中国茶礼文化，其制作技艺也多被列入非物质文化遗产名录，而众多非遗传承人在传承和创新红茶制作技艺、推动红茶产业发展等方面发挥着重要作用，为中国茶文化的传承与传播作出了积极贡献。

思政要点

1. 文化自信：中国红茶文化底蕴深厚，制作技艺多为非遗，彰显民族文化认同与自信，激励传承弘扬优秀传统文化。
2. 爱国奉献：滇红在抗战时换外汇、供战略物资，展现爱国情怀与奉献精神。
3. 工匠精神：红茶制作工序精细，非遗传承人坚守传承、创新，诠释精益求精的工匠精神。
4. 创新进取：红茶产业发展中不断创新，如生产线、新品开发等，启示要具备创新意识。
5. 和谐共生：红茶产区依自然条件制茶，体现人与自然和谐共生，倡导尊重、保护自然。

第三节 乌龙茶制作技艺的非遗传承

乌龙茶是中国特色鲜明的茶类，以半发酵工艺独树一帜，其制作技艺是中华优秀传统文化的瑰宝。乌龙茶制作工艺繁复精妙，主要有采摘、萎凋、做青、杀青、揉捻、烘焙等工序。采摘需选成熟度适宜的鲜叶；萎凋让鲜叶适度失水。做青是核心，摇青与静置交替，形成"绿叶红镶边"，产生独特香气滋味，需师傅凭经验灵活把控。杀青终止发酵，温度和时间控制精细。揉捻破碎细胞、塑造外形、增进口感。烘焙发展香气、去杂味、提升耐泡性。乌龙茶非遗传承代表众多。武夷岩茶（大红袍）制作技艺为首批国家级非遗，叶启桐、陈德华等传承人致力于技艺传承，所制大红袍岩韵悠长。铁观音制作技艺的魏月德、王文礼等，深谙"半发酵"精髓，严控各环节，呈现铁观音独特品质。潮州单丛茶制作技艺的叶汉钟、许培加等，培育多种香型单丛茶，以独特手法赋予其独特魅力。乌龙茶制作技艺是民族智慧结晶，承载丰富文化内涵。非遗传承人们坚守传统、追求创新，让乌龙茶制作技艺熠熠生辉。

一、铁观音

福建省安溪县产茶历史悠久，始于唐末，兴于明清，盛于当代。清代雍正、乾隆年间，因安溪所产茶品质特异，乌润结实，沉重似铁，香韵形美，犹如观音，故而得名"铁观音"。安溪茶农吸取了红茶"全发酵"和绿茶"不发酵"的制茶原理，结合当地实际，创造出"半发酵"的铁观音制茶工艺。

安溪铁观音所呈现的"绿叶红镶边"征象是其特有的，形成了铁观音独特的色、香、味。所有制作工序都是手工操作，十分精细。关键工序是做青，通过晒青、晾青、摇青等操作，让茶叶中的水分和内含物质发生一系列物理、生物变化，最终形成独特品质。

安溪铁观音有采摘期、采摘标准和采摘技术的要求。安溪乌龙茶（铁观音）以春、秋季采摘为主，一般人工手采，采摘标准为嫩梢芽叶形成驻芽时，采下驻芽二三叶。安溪铁观音起初工序比较简单，现有晒青、晾青、摇青、炒青、揉捻、初烘、包揉、复烘、复包揉、烘干共10道工序。安溪铁观音精制工艺有筛分、拣剔、匀堆、烘焙、摊晾、包装六道工序。

铁观音制作技艺是安溪茶农长期生产经验和劳动智慧的结晶，具有较高的科学价值，是中国茶文化的重要组成部分，体现了中国传统制茶工艺的高超水平，对于研究中国茶叶发展历史和文化具有重要意义。2008年6月7日，乌龙茶制作技艺（铁观音制作技艺）经国务院批准入选第二批国家级非物质文化遗产名录。2017年金砖厦门会晤期间，铁观音就曾作为"国礼茶"赠送给各国领导。2023年9月22日，圣马力诺共和国举办建国1723年国庆庆典，八马茶业的赛珍珠铁观音凭借其独特风味、过硬品质和广泛的知名度，经圣马力诺共和国元首保罗·隆德里正式签署国礼茶手谕，被授予"圣马力诺共和国国礼茶"称号。2023年10月31日，《国家级非物质文化遗产代表性项目保护单位名单》公布，乌龙茶制作技艺（铁观音制作技艺）项目保护单位安溪县茶文化研究中心评估合格。

乌龙茶制作技艺（铁观音制作技艺）国家级非遗代表性传承人有两位。魏月德是铁观音始祖魏荫第九代传人，1964年7月出生，自小由父辈传教茶作技艺，14岁开始开山种茶。2000年设立安溪铁观音茶叶提纯研究所，2003年举办纪念铁观音茶始祖魏荫诞辰300周年学术研讨会，2009年被国务院列为国家级非遗项目乌龙茶（铁观音）传统制作技艺国家级非遗代表性传承人，有《铁观音秘笈》等著作。王文礼是八马茶业股份有限公司董事长，1970年出生于西坪镇尧阳村。1993年放弃深圳工作回乡办起安溪西坪溪源茶厂，注册八马商标。他第一个在行业内提出中国好茶四大标准，创造新式种植方式，构建中国茶产业协作体，2009年入选国家级非物质文化遗产项目乌龙茶制作技艺（铁观音制作技艺）代表性传承人，荣获2023"中国非遗年度提名人物"称号。

还有泉州市非物质文化遗产乌龙茶铁观音制作技艺代表性传承人刘金龙、安溪县非遗乌龙茶制作技艺代表性传承人苏龙海都为传承和弘扬铁观音制作技艺贡献力量，为推动茶产业发展出谋划策。

二、大红袍

关于大红袍的起源，民间流传最广的是"红袍献茶"传说：明代一位举人途径武夷山时突发疾病，幸得天心寺僧人以九龙窠岩茶救治。后举人高中状元，特以御赐红袍披盖茶树致谢，大红袍由此得名。不过，从茶学演进来看，其真正形成更得益于武夷山独特的丹霞地貌——岩缝富含矿物质的土壤、常年云雾缭绕的小气候，以及僧侣与茶农数百年来的品种选育。另一种说法是相传在清朝，武夷山天心寺的僧人在长期的茶叶采摘和制作过程中，发现了九龙窠岩壁上几株品质优异的茶树。这些茶树生长在独特的丹霞地貌环境中，岩石缝隙间的土壤富含矿物质，且气候温润、云雾缭绕，使得茶树品质独特。僧人们经过精心培育和采摘制作，逐渐形成了具有独特风味的大红袍。

由于大红袍母树数量稀少，生长在九龙窠陡峭的岩壁上，为了保护这一珍贵的茶树资源，自2006年起，对大红袍母树实行停止采摘留养，由专业技术人员进行科学管理和养护。同时，通过扦插繁殖等技术手段，培育出了品质优良的大红袍茶树后代，保证了大红袍茶树品种的延续。

1972年2月美国总统尼克松访华时，毛泽东主席曾将200克大红袍作为国礼赠送给他（当时武夷母树大红袍一年仅产400克），在中美外交史上留下佳话。2017年厦门金砖国家领导人会晤期间，大红袍与正山小种、安溪铁观音、福鼎白茶、茉莉花茶等一同作为"国礼茶"，赠送给各国领导人。2022年10月31日，习近平总书记与越共中央总书记阮富仲在京举行茶叙，大红袍、水仙、肉桂、奇丹尽显武夷岩茶风采，展现了大红袍在外交茶叙中的重要地位。

2006年，武夷岩茶（大红袍）制作技艺被列入第一批国家级非物质文化遗产名录，编号Ⅷ-43。武夷岩茶（大红袍）制作技艺是手工技艺中最精细、要求最高的制茶技术之一，其工序流程包括采摘、萎凋、做青、杀青、揉捻、毛火、簸扇、晾索、拣剔、足火、炖火、归堆等10余道，每一道工序都有严格要求，对茶师的经验和技术要求极高，充分体现了中国传统制茶工艺的独特魅力和深厚文化内涵。

武夷岩茶（大红袍）制作技艺国家级非遗传承人有叶启桐、陈德华、刘宝顺、刘国英、黄圣亮等。叶启桐于2008年被评为福建省第一批省级代表性传承人，2009年成为国家级非物质文化遗产武夷岩茶第三批代表性传承人。他率先提出大红袍"岩韵"之说，著有《名山灵芽——武夷岩茶》，成立了"武夷山市叶启桐武夷岩茶传统制作技艺研究中心",多次主持武夷岩茶国家质量标准样本的制作工作。陈德华于2008年被评为福建省第一批省级代表性传承人,2012年获评国家级非物质文化遗产武夷岩茶第四批代表性传承人。他是恢复大红袍母树无性繁殖的科研人员之一,制茶经验丰富,所制大红袍在香气、滋味、韵味上都极具特色。刘宝顺是首批国家级非物质文化遗产武夷岩茶(大红袍)制作技艺传承人,1989—1994年任武夷山市茶叶科学研究所所长,现办有幔亭茶叶科学研究所。刘国英是首批国家级非物质文化遗产名录武夷岩茶(大红袍)制作技艺代表性传承人,在武夷岩茶大红袍制作领域深耕多年,对茶叶原料筛选等环节有独特技巧,所制岩茶风味独特,创办的"岩上"品牌在茶界有较高知名度。黄圣亮是首批国家级非物质文化遗产武夷岩茶(大红袍)制作技艺代表性传承人,生于武夷岩茶制茶世家,为黄氏第十二代传人,主导建造了武夷山景区内唯一一家岩茶博物馆——瑞泉岩茶博物馆。

三、漳平水仙茶

福建漳平从元代就开始了茶叶种植,到明清时期已有相当规模。20世纪初,地处漳平市北部的宁洋县(双洋镇)大会村刘永发和郑玉光从建州水吉引进了水仙茶苗进行栽培。建州水吉是历史上著名的茶叶产区,有着悠久的种茶和制茶历史,其培育的水仙茶苗植株高大,树姿半开张,分枝稀,芽叶肥壮,发芽率较低,持嫩性强。经过精心的培育和管理,引进的水仙茶苗逐渐适应了当地的环境,开始茁壮成长,产出的茶叶品质出众,受到了当地茶农和消费者的关注和喜爱。周边的茶农们纷纷效仿,开始种植水仙茶,水仙茶的种植面积逐渐扩大。

1914年,邓观金凭借着对茶叶制作工艺的深刻理解和大胆创新,用独创的工艺创制了水仙茶饼,这一创举在当时的茶叶界引起了不小的轰动,也为漳平水仙茶的发展开辟了新的道路。

当时的茶叶市场,传统的茶叶形态和制作工艺占据主导地位。邓观金在长期的茶叶制作实践中,不断思考和探索如何突破传统,让水仙茶在保存原有风味的基础上,更便于储存和运输,同时提升其品质和特色。经过无数次的尝试和改进,他终于成功创制出水仙茶饼这一独特的茶叶形态。

邓观金创制水仙茶饼的工艺十分独特且精细。在原料选取上,他对水仙茶叶的采摘标准严格把关,只选用特定时节、特定部位的鲜嫩茶叶,确保茶叶的品质上乘。采摘后的茶叶,经过精心的萎凋、摇青等前期处理工序,让茶叶初步形成独特的香气和口感。关键的压制成饼环节,邓观金更是独具匠心。他设计了专门的模具,摸索出了一套独特的压制方法。将处理好的茶叶放入模具中,通过巧妙的施压和塑形,使茶叶紧密地结合在一起,形成规整的方形茶饼。这种压制方式不仅改变了水仙茶的外观形态,更重要的是在压制过程中,茶叶内部的细胞结构发生了一定的变化,促使茶叶的香气和滋味进一步融合和升华。在压制完成后,邓观金还对茶饼进行了特殊的烘焙处理。他根据茶饼的大小、厚度以及茶叶的特性,精准控制烘焙的温度和时间,让茶饼在适宜的温度下慢慢干燥,进一步提升茶叶的香气和口感,形成带有天然"兰花香"和"桂花香"的漳平水仙茶饼,同时也增强了茶饼的耐储存性。

水仙茶饼是乌龙茶类唯一紧压茶，呈四方形。水仙茶饼一经推出，便以其独特的外形、浓郁的香气和醇厚的口感受到了市场的广泛认可。相比于传统的散装水仙茶，茶饼不仅便于储存和携带，而且在冲泡过程中，能够更好地保持茶叶的香气和滋味，为消费者带来了全新的品饮体验。水仙茶茶梗粗壮、节间长、叶张肥厚；外形条索紧结卷曲，似"拐杖形""扁担形"，毛茶枝梗呈四方梗，色泽乌绿带黄，似香蕉色，"三节色"明显；汤色橙黄或金黄清澈；香气清高细长，兰花香明显，具有如兰气质的天然花香；滋味清醇爽口透花香，醇爽细润，鲜灵活泼，喉润好，有回甘；叶底肥厚、软亮，红边显现，叶张主脉宽、黄、扁。

邓观金的这一创新举措，不仅为自己赢得了声誉，也极大地推动了漳平双洋中村乃至整个漳平地区水仙茶产业的发展。周边的茶农纷纷效仿他的制作工艺，水仙茶饼的产量逐渐增加，销售范围也不断扩大。随着时间的推移，水仙茶饼逐渐成为漳平水仙茶的标志性产品，在国内外茶叶市场上占据了一席之地，成为了漳平茶叶文化的重要代表。

1995年在第二届中国农业博览会上获得金质奖，在历届福建省茶叶评审会漳平水仙茶获名优茶奖；2000年荣获国家历史名茶荣誉，被中国茶叶博物馆珍藏；2005年获得中日韩国际茶文化交流会"五星级"国际茶王称号；2008年获中国农副产品博览会金奖，2021年登录为全国名特优新农产品等。2017年1月11日，"乌龙茶制作技艺（漳平水仙茶制作技艺）"被列入福建省第二批省级非物质文化遗产代表性项目名录扩展项目名录。2021年5月24日，"乌龙茶制作技艺（漳平水仙茶制作技艺）"经国务院批准列入第五批国家级非物质文化遗产代表性项目名录。漳平水仙茶还是中国地理标志产品。

乌龙茶制作技艺（漳平水仙茶制作技艺）非遗传承人有多个层级。张兴裕，有着55年制茶经验，是乌龙茶制作技艺（漳平水仙茶制作技艺）国家级代表性传承人候选人、漳平水仙茶第四代传承人。沈添星是福建龙岩唯一的制茶工匠、漳平水仙制作大师、首批漳平水仙茶制作技艺非遗代表性传承人，他采用传统工艺制作漳平水仙茶，其制作的2023漳平水仙春茶（清香型）品质优良，茶汤呈金黄色，滋味清醇细腻，带有明显兰花香。邓长捷所在的"邓大沿"茶业是福建老字号，他是"邓大沿"水仙茶第四代传承人，致力于推广"邓大沿"漳平水仙茶，让该品牌逐渐受到广大消费者喜爱。此外，据龙岩市漳平市人民政府发布的信息显示，还有余华钦等15人是龙岩市级非遗代表性传承人，另有25人是漳平市级非遗代表性传承人。

四、清源山茶

清源山茶源于泉州清源山，历史可上溯到唐代，最初是山上僧人"山岩学禅，餐饮茶汤"的需要。宋至和至嘉祐年间（1054—1063年），北宋政治家和茶叶专家蔡襄两度至泉州，对清源茶的茶丛品种更新、采摘、制造技术等进行了指点和改进，后人始称于蔡襄时期种植的茶树为宋树。明清时期，经历代守僧、山户茶人、黄抟扶等人的创造、改进、传承与发展，逐渐演变为条索状的半发酵乌龙茶制作技艺，并一直延续至今。清末进士黄抟扶倡设清源种茶公司，引种水仙茶树、铁观音等良种，并聘请茶师指导栽制，使清源山茶享有"绿叶红镶边，七泡有余香"的称誉。1904年，以"宋树"

为品牌的清源茶在菲律宾的嘉年华会获金奖。

清源山茶在茶园管理，特别是采摘、做青等方面的技艺，要适应清源山季节性的气候状况，形成了自己的特点。清源山茶强调"炒揉得法，人定胜天"：制作过程中，炒青和揉捻环节至关重要，需要制茶师凭借丰富的经验和精湛的技艺，根据茶叶的实际情况灵活掌握火候、时间、力度等要素，以达到理想的制作效果。烘焙是清源山茶制作的关键环节之一，须充分考虑天气、湿度和叶子里的水分等因素，选择合适的烘焙温度、时间和方式，以发挥茶叶的最佳品质，因此有"北风制好茶"的俗语。

清源山茶是泉州地区茶叶的发源地之一，其制作技艺传统古法对于闽南乌龙茶及闽南茶道研究具有重要的历史文化价值，是研究乌龙茶的历史乃至中国茶文化的重要参考。近代清源山茶随华侨远渡重洋，在东南亚一带华侨聚居地影响深远，成为连结海内外华人的一条精神纽带，对于传承和弘扬中华优秀传统文化、增进海外华人的文化认同感具有积极作用。

2011年12月14日，"福建乌龙茶制作技艺（清源山茶）"经福建省人民政府批准列入福建省第二批省级非物质文化遗产代表性项目名录扩展项目。

何融融是福建乌龙茶制作技艺（清源山茶）项目代表性传承人物之一，在清源山茶制作技艺的传承与发展中发挥着重要作用。陈文山是泉州市第四批市级非物质文化遗产项目代表性传承人，2018年入选福建省第四批省级非物质文化遗产项目代表性传承人，对清源山茶制作技艺的传承与创新贡献颇多，并带领团队研发出"清源红""清源蜜茶""清源茶饼"等。陈文山的徒弟陈艺峰，在陈文山的指导下学习清源山茶制作技艺，致力于该技艺的传承与发展。

五、乌龙茶过大火技艺

2024年8月，乌龙茶过大火技艺作为非物质文化遗产项目申遗成功，台湾省郑福星茶业正式成为非遗传承保护单位，同时郑钧元先生也成为中国台湾茶人首位非遗代表性传承人。

1868年前后，随着我国台湾茶的出口量暴增，福建先民将乌龙茶过大火技艺引进台湾地区，奠定了台湾茶享誉国际的美名。该技艺在台湾省历经近200年的发展，融合创新形成了如郑福星茶业三焙三退火古法炭焙工艺等。乌龙茶过大火技艺包括拣剔、拼配、烘焙等环节。拣剔要保证茶叶整体品质均匀；拼配要求制茶师准确鉴别不同茶叶品质，根据特性评鉴后按比例拼配；烘焙采用古法碳焙工艺，至少需要90天以上的反复焙火，使茶叶品质提升且更易存藏及年份转化。

经过高温烘焙，茶叶中的芳香物质充分释放，形成浓郁独特的"炭香"，这种香气层次丰富，还伴有焦糖香、坚果香等，回味悠长。由于烘焙过程使茶叶内部发生复杂化学反应，产生更多香气成分，让乌龙茶的香气更加持久，冲泡多次后仍能闻到明显香气。烘焙使茶叶中的苦涩成分减少，甜味成分增加，入口醇厚、回甘，给人甘甜、醇和之感，茶汤滋味浓郁饱满。除了醇厚回甘，还能在口中呈现出丰富的口感变化，如茶汤的顺滑度、细腻度等，不同阶段品尝能感受到不同的味道和口感特点。过大火技艺让茶叶细胞壁破裂更充分，营养物质和香气成分在冲泡时能更充分地释放出来，使茶叶更耐泡，能冲泡出多道口感丰富的茶汤。

乌龙茶过大火技艺是传统乌龙茶制作技艺的重要组成部分，承载着农耕文化的印记，在两岸的茶叶贸易中起到了传承和发展的重要作用。乌龙茶过大火技艺在闽台的发展历史中具有重要作用，极大提升了乌龙茶的对外贸易量，在中国的海洋贸易史中留下浓墨重彩的一笔，对传统文化的复兴和闽台文化的交流意义重大。

六、潮州单丛茶

单丛茶和单枞茶实际上是同一种茶，都指凤凰单丛茶，只是写法上存在差异。在潮汕话里，"丛"和"株"通意，凤凰单丛具有"一树一香"的特性。20世纪80年代之前，在潮州凤凰山地区，经过"单株培管""单株采摘""单株制作"而成的茶品进行"单株销售"，叫作凤凰单丛。"丛"更能体现其单株采制的特点。而"枞"可能是由于方言读音或书写习惯等原因产生的一种误写。早在1950年，凤凰单丛茶就被统一命名为凤凰单丛。2004年，潮州市政府也曾下文通知，所有单丛茶的包装、宣传、营销一律使用"丛"字，当代著名茶人陈宗懋院士主编的《中国茶经》中，也是写为凤凰单丛。

潮州单丛茶的历史可追溯至宋代，距今已有1 000多年。相传南宋末年，宋帝昺南逃路经凤凰山，口渴难忍，侍从们从山上采得鲜叶，让昺帝嚼食，嚼后生津止渴，精神倍爽，赐名为"宋茶"，后人称"宋种"，是目前凤凰单丛茶中最古老的茶树。经过历代茶农的精心培育和选育，逐渐形成了众多优良的单丛茶品种。

潮州单丛茶主要产于广东省潮州市潮安区凤凰镇，凤凰山是其核心产区。这里海拔较高，多在600~1 400米，山峦重叠，云雾缭绕，气候温暖湿润，土壤肥沃，富含有机质和微量元素，为茶树的生长提供了得天独厚的自然条件。潮州单丛茶品种资源丰富，有蜜兰香、鸭屎香（银花香）、芝兰香、肉桂香、杏仁香、姜花香等十大香型，以及其他上百个品系。每个品种都有其独特的香气和口感特点，如蜜兰香单丛茶具有浓郁的蜜香和甜润的口感；鸭屎香单丛茶则香气清高，韵味悠长。

潮州单丛茶的制作工艺复杂精细，包括采摘、晒青、晾青、做青、杀青、揉捻、烘焙等多道工序。做青是形成单丛茶独特品质的关键工序，通过摇青和静置交替进行，使茶叶发生一系列的物理和化学变化，形成"绿叶红镶边"的特征，以及独特的香气和滋味。烘焙则是进一步发展香气、固定品质的重要环节，采用低温慢烘的方式，使茶叶的香气更加浓郁、持久。潮州单丛茶外形条索紧结、匀整，色泽乌绿油润；内质香气清高持久，具有天然的花香或果香，滋味醇厚鲜爽，回甘力强，汤色橙黄明亮，叶底柔软匀整，红边明显。

潮州单丛茶不仅是一种饮品，更是潮州文化的重要载体。在潮州，饮茶是人们日常生活中不可或缺的一部分，形成了独特的潮州工夫茶文化。潮州工夫茶以其精细的茶具、讲究的冲泡方法和浓郁的文化氛围而闻名，单丛茶是潮州工夫茶的首选茶叶。此外，潮州单丛茶还在国内外的茶叶评比中屡获殊荣，成为广东茶叶的重要代表之一。

近年来，潮州单丛茶产业发展迅速，种植面积不断扩大，产量和品质也不断提高。潮州市政府高度重视单丛茶产业的发展，出台了一系列扶持政策，加强品牌建设和市场推广，推动单丛茶产业向规模化、标准化、产业化方向发展。同时，潮州单丛茶也逐渐走出国门，远销欧美、东南亚等国家和地区，受到越来越多消费者的喜爱。

潮州单丛茶距今已有700多年。清代时，其前身凤凰水仙茶已成为全国24种主要名茶之一。民国时期，凤凰水仙茶在巴拿马万国商品博览会荣获银奖。2014年11月11日，"潮州单丛茶制作技艺"经国务院批准列入第四批国家级非物质文化遗产代表性项目名录，类别为传统技艺，编号Ⅷ-142。2025年1月23日农业农村部官网公布的第三批中国全球重要农业文化遗产预备名单中，广东潮州单丛茶文化系统成功入选。

叶汉钟、许培加是潮州单丛茶制作技艺的市级代表性传承人。詹潇洒是潮州市公示的第三批县级潮州单丛茶制茶技艺非遗代表性传承人。此外，文锡誉、文剑龙、魏宏羽也是潮州凤凰单丛制作技艺非遗代表性传承人。

七、小结

从福建安溪闻名遐迩的铁观音，到武夷山峭壁间的传奇大红袍；从漳平别具一格的水仙茶，到泉州清源山传承千年的清源山茶；再到台湾省独具特色的乌龙茶过大火技艺，以及广东潮州韵味悠长的单丛茶，每一种茶都有着独特的故事、精湛的制作技艺和深厚的文化内涵。此外，云霄乌龙茶制作技艺2020年被列入漳州市第八批非物质文化遗产代表项目名录，其工艺综合传承了闽南、闽北两地乌龙茶的制作工艺，制作技艺分为初制和精制，有"冷发酵"和"微转调"等特色工艺；顺昌高山乌龙茶制作技艺2023年10月入选南平市第十批非物质文化遗产代表性项目名录。它们不仅是饮品，更是中华优秀传统文化的生动体现，见证着中国茶产业的发展与传承，也凝聚着无数茶人的智慧与心血。这些各具特色的乌龙茶制作技艺，是中华民族宝贵的文化遗产，也是世界了解中国的一扇窗口。它们历经岁月的洗礼，在传承与创新中不断发展。我们应倍加珍惜这些技艺，传承茶人的匠心精神，让中国的茶文化在新时代绽放出更加绚烂的光彩，走向更广阔的世界舞台。

1. 文化传承创新：乌龙茶制作技艺历经千年传承并不断创新，如创制水仙茶饼、新式种植方式等，启示要在传承中创新。

2. 工匠精神：制茶工序对技艺要求高，非遗传承人执着坚守，展现精益求精、敬业奉献的工匠精神。

3. 地域文化：不同地区乌龙茶具鲜明地域特色，与当地自然、历史紧密相连，增强地域文化认同感。

4. 文化自信：乌龙茶制作技艺作为非遗，彰显民族文化自信，其在国际受到认可，坚定对传统文化的自信。

5. 交流融合：两岸乌龙茶制作技艺的交流融合，以及中国茶在海外传播，促进文化交流与合作。

第四节　白茶制作技艺的非遗传承

白茶，是中国茶类中的珍品，以不炒不揉、自然萎凋的独特工艺著称。在非遗传承领域，它是中华优秀传统文化的独特存在。白茶制作工艺含萎凋、干燥等关键步骤。萎凋是核心，让鲜叶在适宜环境下自然失水，引发物理和化学变化，激活酶活性、氧化茶多酚，形成独特风味。萎凋方式多样，如室内自然萎凋需控温度、湿度与通风，日光萎凋要留意阳光，复式萎凋结合两者优势。干燥旨在进一步去水，使茶叶达到保存标准，固定品质、提升香气，常见方式有文火烘干和日晒干燥。白茶非遗传承人才济济。福鼎白茶制作技艺的传承人们，严格把控鲜叶采摘，熟知萎凋、干燥技巧，使白毫银针、白牡丹等品种呈现毫香清鲜、滋味醇和的风味。政和白茶制作技艺的传承人们，发扬传统工艺，注重细节，让政和白茶凭借深厚底蕴和独特口感愈发迷人。白茶制作技艺体现了对自然的尊重和对生活品质的追求。非遗传承人们坚守热爱，让古老白茶在新时代光彩照人。

一、福鼎白茶

有观点认为中国茶叶生产历史上最早的茶叶是白茶。中国先民最初发现茶叶药用价值后，为保存备用，把鲜嫩茶芽叶晒干或焙干，这便是白茶的诞生。茶学界也有不同观点，有的认为白茶起始于北宋，当时皇家茶园的白茶是经蒸、压、造型而成团茶，与现在白茶制法不同。

唐代，福鼎隶属于长溪，已培育出白茶品种。宋代《东溪试茶录》中出现白茶名称，明代田艺蘅《煮茶小品》中生晒芽茶的记载，其鲜叶标准与制茶工艺可视为现代白茶制法雏形。据《福建地方志》和张天福教授的《福建白茶的调查研究》记载，福鼎白茶早先创制于清嘉庆初年（1796年前后），以福鼎菜茶的壮芽为原料制成银针。1857年福鼎选育出大白茶茶树良种，1886年开始以大白茶茶芽制银针，称白毫银针。1891年福鼎白茶开始外销，1912—1916年为兴盛时期，1917年后受欧洲战争影响销路阻滞。1934年起产销逐渐好转，解放战争时期产量较少，1962年因对外贸易需要开始大量加工，1963年研究用加温萎凋方式生产白茶取得成功，1968年研发出新工艺白茶。

福鼎白茶主要采用福鼎大白茶、福鼎大毫茶等优良茶树品种的鲜叶为原料。这些茶树品种具有芽头肥壮、茸毛多等特点，为白茶独特品质的形成奠定基础。制作工序分为初制和精制两大阶段。初制工艺流程为鲜叶—萎凋—堆积—干燥—拣剔。其中萎凋是关键环节，包括自然萎凋和复式萎凋等方式，在适宜的温度、湿度和通风条件下，使鲜叶失水，促进内含物质的缓慢转化，最大程度保留茶叶中活性酶和多酚类物质。精制工艺流程为毛茶—拣剔（手拣）—正茶—匀堆—烘焙—装箱。

福鼎白茶的技艺要点是对萎凋过程中的温度、湿度、时间等把控要求精准，萎凋程度的掌握直接影响白茶的香气、滋味和色泽。干燥环节也十分重要，通过合理的温度和时间控制，固定茶叶品质，形成白茶特有的风味。如传统的炭火烘焙，能赋予茶叶独特的火香和醇厚口感。

福鼎白茶外形芽毫完整，满身披毫，毫香清鲜，汤色黄绿清澈，滋味清淡回甘。因制作过程中不炒不揉，较多地保留了茶叶中的天然成分，具有一定的保健功效，如清热降火、抗氧化等。

福鼎白茶制作技艺主要靠茶农口传心授、师徒传承等方式延续。福鼎人通过民间传说、历史文献、诗词歌赋等传承白茶文化。如太姥娘娘用白茶治麻疹的传说，在福鼎民间广为流传。周亮工"太姥山高绿雪芽，洞天新泛海天槎"等诗词，体现了福鼎白茶深厚的文化底蕴。

2004年"福鼎白茶"成为原产地域保护产品。在2017年金砖国家领导人厦门会晤期间，福鼎白茶被作为会晤专用茶以及国礼赠送给各国元首和各方宾客。2017年福鼎白茶文化系统入选中国重要农业文化遗产，2022年入选农业品牌精品培育计划，品牌影响力和知名度不断提升。2011年5月23日，福鼎白茶制作技艺被列入第三批国家级非物质文化遗产名录，遗产编号Ⅷ-203。2024年金砖国家峰会，由福建省万氏留香茶业有限公司提供的福鼎白茶，入选官方活动指定用茶，将其作为官方礼品赠送给出席峰会活动的金砖各国嘉宾及代表团高级成员。

福鼎白茶制作技艺国家级非遗代表性传承人有梅相靖、林振传。梅相靖于1945年6月7日出生在茶业世家，祖居被称为"中国白茶第一村"的柏柳村，是福鼎大白茶、大毫茶的原产地。他是梅伯珍第三代嫡传，自小跟从父辈学习种茶与制茶。梅相靖探索出白茶栽培技术、采摘方法与标准，形成白茶初制工艺流程，其制作的白毫银针、白牡丹品质上乘。2024年2月19日，文化和旅游部公示的第六批国家级非物质文化遗产代表性传承人推荐人选名单中，林振传入选白茶制作技艺（福鼎白茶制作技艺）代表性传承人。

省级、市级代表性传承人有宁德市级福鼎白茶制作技艺非遗传承人郭陈胜、福鼎市级非遗代表性传承人甘宗玉等；还有蔡清平，从事茶业46年，三代制茶，尤其擅长传统日光萎凋和炭火烘焙；庄超磅，从事茶业20多年，2024年列入第四批福鼎白茶制作技艺非遗项目代表性传承人。

二、政和白茶

政和白茶渊源极深，可追溯到唐末宋初。到了宋代，政和已成为重要的北苑贡茶主产区，所产银针茶备受推崇，被文人誉为"北苑灵芽天下精"。不过，当时的"白茶"属于绿茶范畴。

清嘉庆初年（1796年前后），开始以菜茶用白茶工艺制造白茶"银针白毫"。1879年，铁山村发现政和大白茶并大量繁殖推广，为白茶制作提供了优质原料。1922年，政和县继建阳水吉之后，开始制造"白牡丹"白茶，标志着政和白茶的品类进一步丰富。政和白茶传统制作工艺讲究不炒不揉，主要经过萎凋和烘焙两道工序。萎凋时，利用当地的板房、廊桥等通风良好的场所进行阴干。这种传统工艺被茶农们一代一代传承下来，使得政和白茶保留了独特的品质和风味。

政和因茶得名，有着深厚的茶文化底蕴。茶农们对茶树的种植、养护，以及对白茶制作工艺的坚守，都是对茶文化的传承。一些与茶相关的民俗、传说、诗词等也在当地口口相传，如宋徽宗赐名"政和"的故事等，让政和白茶的文化内涵不断丰富。清朝是政和白茶的鼎盛时期。咸丰年间（1851—1861年），福建政和有100多家制茶厂，雇佣工人多至千计；同治年间，有数十家私营制茶厂，出茶多至万余箱，且畅销欧美。当时的政和白牡丹便极具盛名，还传入了闽东。抗战时期，政和白茶一度沉寂。中华人民共和国成立后，在国家对茶叶生产的扶持下，政和县茶叶生产得到发展。1959年，福建省农业厅在政和县建立了大面积大白茶良种繁殖场，采用短穗扦插法繁育政和大白茶苗。改革开放以来，政和县充分发挥区域、生态、绿色优势，茶产业发展迅速。

2017年1月11日，福建省南平市政和县申报的"白茶制作技艺（政和）"经福建省人民政府批准列入福建省第三批省级非物质文化遗产代表性项目名录扩展项目名录。政和白茶制作技艺相关的"中国传统制茶技艺及其相关习俗"在2022年列入了人类非物质文化遗产代表名录。政和白茶制作技艺具有独特性和重要价值，采用不炒不揉的独特制作工艺，主要包括萎凋和干燥两道关键工序。萎凋过程中，利用自然条件和传统场所，让茶叶在适宜的温度、湿度和通风环境下缓慢失水，保留茶叶的天然成分和营养物质。干燥则进一步固定茶叶品质，形成政和白茶"清鲜、纯爽、毫香"的独特风味和品质特征，与其他茶类制作工艺有明显区别。这种工艺既不破坏酶的活性，又不促进氧化作用，形成了政和白茶"清鲜、纯爽、毫香"的风格。

2007年3月20日，"政和白茶"实施地理标志产品保护。2016年G20峰会在杭州举行，我国作为主办国，精选政和白牡丹茶饼，作为礼品赠送给各国元首。2021年，政和白茶被纳入《中欧地理标志协定》的茶品牌（第二批）。2023年政和茶叶产量1.36万吨，全产业链价值55.86亿元。

范祖胜是省级非遗项目白茶制作技艺（政和）省级代表性传承人，在2023年度省级非物质文化遗产代表性传承人传承活动评估中获评优秀等次。杨丰也是政和白茶制作技艺非物质文化遗产传承人，他还担任武夷学院茶学专业客座教授等多项职务，多年来以隆合茶业为平台，在探寻制茶工艺、传播茶文化方面作出了不懈努力。祝文华是白江山白茶的创始人，2024年入选政和白茶制作技艺非物质文化遗产传承人，从事白茶行业18年，藏茶总量超过200余吨。政和茶业余步贵是政和白茶非遗传承人之一，致力于保护和传承政和白茶的传统工艺，创办了政和瑞茗茶业公司，不断开发新产品，为茶文化的传承与发展作出了贡献。陈仕斌为白雪芽茶业董事长、南平市特级制茶工艺师，素有"政和茶王"美誉，也是政和白茶制作技艺非遗传承人，对政和白茶的制作工艺和文化有着深入的研究和实践。

三、小结

白茶作为中国茶类珍品，以独特不炒不揉、自然萎凋工艺著称，在非遗传承领域意义非凡。福鼎白茶历史悠久，从唐代已有白茶品种培育，历经发展，形成了以福鼎大白茶等为原料，初制、精制分工明确的制作工艺，其制作技艺靠口传心授延续，文化底蕴深厚，2011年被列入国家级非遗名录，拥有众多各级传承人。政和白茶渊源可追溯至唐末宋初，清嘉庆后品类不断丰富，传统制作经萎凋和烘焙，保留独特品质风味，2017年被列入省级非遗名录，相关技艺也在2022年被列入人类非遗代表作名录，也有多位优秀的非遗传承人致力于传承发展。如今，福鼎白茶和政和白茶品牌影响力不断提升，产业发展良好。

 **思政要点**

1. 文化自信：白茶制作技艺承载丰富文化内涵，彰显中华茶文化博大精深，增强了民族文化自信。

2. 工匠精神：传承人们精准把控白茶制作各环节，坚守传统工艺，追求卓越，展现了工匠精神。

3. 创新意识：福鼎白茶、政和白茶在传承中创新工艺，发挥区域优势促产业发展，体现勇于创新的精神。

第五节 黄茶制作技艺的非遗传承

黄茶，作为中国茶类中的小众而珍贵的存在，以其独特的"闷黄"工艺独树一帜。在非遗传承的领域中，黄茶制作技艺是中华优秀传统文化里别具韵味的篇章。黄茶的制作工艺主要涵盖杀青、闷黄、干燥等关键环节。杀青与绿茶的杀青目的相似，但在程度和手法上又有所差异。不同地区的黄茶杀青，对温度和时间的把控各有讲究。闷黄是黄茶制作的核心工艺，也是其区别于其他茶类的关键所在。在闷黄过程中，将杀青后的茶叶堆积起来，通过控制温度、湿度和时间，让茶叶在湿热的环境中发生非酶性的自动氧化，从而形成黄茶特有的"黄叶黄汤"的品质特征。闷黄的程度直接影响着黄茶的色泽、香气和滋味，这需要制茶师傅凭借丰富的经验和敏锐的感知，精准地把握闷黄的进程。黄茶的非遗传承有着优秀的代表。传承人们在制作过程中，对闷黄的时间和程度把握精准，使得蒙顶黄芽呈现出黄亮油润的色泽和甜香浓郁的口感。黄茶制作技艺不仅是一种制茶的手艺，更是中华民族对茶的深刻理解和对传统工艺的执着坚守的体现。非遗传承人们用他们的匠心和热情，让黄茶这一独特的茶类在岁月的长河中持续散发着迷人的魅力。

一、君山银针

君山银针产于湖南省岳阳洞庭湖中的君山，其历史悠久，其起源有多种传说。一种说法是舜帝南巡，娥皇、女英寻夫至君山，将随身茶籽播于君山白鹤寺，长出的茶苗成为君山茶母本。另一种说法是初唐时期，白鹤真人将八株神仙赐予的茶苗种在君山岛上，取井水泡茶时出现白气中白鹤冲天的奇景，故得名"白鹤茶"，后因茶色金黄、形似黄雀翎毛，别称"黄翎毛"，最终因茶芽挺直、布满白毫、形似银针而得名君山银针。明代岳州府一带盛产"黄翎毛""含膏冷"等茶叶，有朝贡茶叶的任务。到清朝，《巴陵县志》记载君山茶须进贡朝廷，君山银针正式纳入贡茶体系，此时君山银针从名称到地位逐渐明确。

君山银针茶制作工艺复杂精细，需历时 72 个小时左右，包含采摘、摊晾、杀青、摊晾、初烘、初包、复烘、复包、足火、精选 10 道工序。每道工序都有严格要求，如杀青要掌握好火候和时间，闷黄（初包、复包）是形成君山银针黄叶黄汤品质特征的关键工序，通过控制温度和湿度促使茶叶发生理化变化。这些独特的工艺使得君山银针茶芽头肥壮挺直、匀齐，满披茸毛，汤色橙黄明亮，香气清纯，滋味甜爽。

1972 年，君山银针成为中国政府代表团在联合国总部纽约招待各国使节的首选茶叶。2006 年，"君山"牌君山银针经中华人民共和国商务部、外交部批准，被指定为赠送俄罗斯总统普京的国礼茶。2009 年，"君山"商标被认定为中国驰名商标，品牌影响力不断提升。2021 年 5 月，黄茶制作技艺（君山银针茶制作技艺）入选第五批国家级非物质文化遗产代表性项目名录。2022 年 11 月列入联合国教科文组织人类非物质文化遗产代表作名录，其中包含黄茶制作技艺，君山银针茶制作技艺作为唯一黄茶代表入选。

君山银针茶制作技艺的传承依靠一代代茶人的口传心授和实践操作。君山银针国家级非遗项目黄茶制作技艺（君山银针茶制作技艺）的代表性传承人为高孝祖。高孝祖自幼随父在君山岛上长大，得父亲真传。他于 1970 年正式被招入君山茶场，用 50 余载的时间潜心钻研君山银针茶制作技艺。高孝祖不仅成为了名满三湘的制茶大师，还致力于君山银针手工制作技艺的传承、保护和推广工作。此外，易琼辉也是黄茶制作技艺（君山银针茶制作技艺）省级代表性传承人。

君山银针所蕴含的文化也在不断传承，它象征着高洁、刚柔相济、求索奉献精神。其独特的冲泡景观"群笋出土""三起三落""雀舌含珠"等，以及相关的传说故事，通过茶人、文人、茶客等的讲述、记录、传播，成为中国茶文化的重要组成部分。

二、莫干黄芽

莫干黄芽产于浙江省德清县的莫干山，早在晋代佛教盛行时，就有僧侣上莫干山结庵种茶，为莫干黄芽的创制奠定了基础。清道光《武康县志》载有"茶产塔山者尤佳，寺僧种植其上，茶吸云雾，其芳烈十倍"，可见当时莫干山所产茶叶品质之高。莫干黄芽在历史发展中逐渐形成独特的制作工艺，成为黄茶中的一种名茶。在制作上基本工艺近似绿茶，但加以闪黄，形成黄汤黄叶的特点。

莫干黄芽的制作工艺包括采摘、分拣、杀青、轻揉、微渥堆、炒二青、烘焙干燥、过筛等多道工序。其中"闷黄"（微渥堆）是形成莫干黄芽黄汤黄叶品质特征的关键独特工序，通过控制适宜的温度、湿度和时间，促使茶叶发生理化变化，形成其独特的风味和品质。这种复杂且独特的制作工艺体现了当地茶人的智慧和创造力。2009 年 11 月，"莫干黄芽"成功注册地理标志证明商标。2017 年 12 月，获得国家农产品地理标志登记保护。莫干黄芽制作技艺在 2023 年 1 月入选浙江省第六批省级非物质文化遗产代表性项目名录。

莫干黄芽制作技艺经当地茶农和茶企世代相传。莫干黄芽制作技艺省级非遗代表性传承人为沈云鹤。沈云鹤是土生土长的浙江德清南路人，祖辈靠种茶谋生。他是国茶工匠中国制茶大师（黄茶）、黄茶国家标准起草人之一。沈云鹤坚持采用传统"闷黄"工艺制作莫干黄芽，坚守匠心，守着莫干黄芽最传统的制作技艺。他还系统总结了莫干黄芽传统制作的操作技术规程，其制作的莫干黄芽在各类比赛中屡屡获奖。近年来，虽然面临加工成本高、"闷黄"工艺难掌握等问题，但像莫干黄芽制作技艺非物质文化遗产市级传承人何永康等，积极组织当地茶农、茶企进行黄茶加工技术以及非遗技术等方面的传授和培训，努力传承这一技艺。

莫干黄芽作为德清独特的茶文化代表，在当地的饮食文化"三道茶"中，清茶便是指莫干黄芽。同时，相关的传说故事、诗词歌赋等文化元素，也随着时间的推移不断传承和丰富。自2003年起，德清县开始举办莫干黄芽茶王赛，已成功举办16届，成为具有专业性、开放性、趣味性和体验性的综合型茶事活动。2024年，德清县莫干黄芽茶园面积已拓展至1.58万亩，茶叶总产量600吨，茶叶全产业链产值2亿元。

三、六安黄大茶

六安黄大茶创制于明代隆庆年间。明朝炒青制法出现后，皖西一带在已有茶叶品种基础上，相继创制出包括黄大茶在内的多个品种。当时人们在茶叶制作中逐渐探索出闷黄工艺，从而形成了黄大茶这一独特品类。明清两朝，六安黄大茶被宫廷钦定为御用贡茶，岁岁进献。抗日战争、解放战争时期，黄大茶生产一度中断。中华人民共和国成立后，1950年六安地区恢复金寨黄大茶生产，1952年又停止，1953年因国际贸易市场变化再次恢复。此后在1963年停办，1982年又重新全面恢复生产。

六安黄大茶的制作要经过杀青、初烘、堆积、烘焙等多道工序。杀青需掌握好火候和时间，使鲜叶快速失去部分水分，初步形成茶叶的形状和香气。初烘是为了进一步去除水分，堆积则是关键的闷黄环节，让茶叶在湿热作用下发生一系列化学变化，形成黄大茶特有的黄色和醇厚口感。烘焙则分为拉小火和拉老火，拉老火时要多人协作，抬着烘笼在炭火上快速翻动，使茶叶充分干燥，形成独特的高火香。尽管现代也有一些机械化生产，但传统的手工制作技艺仍然保留着。例如，在杀青时，茶农凭借经验和手感控制锅温，灵活翻炒，使茶叶受热均匀；拉老火时，依靠手工快速抬翻烘笼，这种手工操作赋予了六安黄大茶独特的风味和品质，是机器难以完全替代的。

六安黄大茶外形梗壮叶肥，叶片成条，梗叶相连形似钓鱼钩，色泽油润，呈金黄色。大枝大秆，叶色金黄显褐，高火香，汤色深黄显褐，滋味浓厚耐泡。六安黄大茶香气纯正，有独特的高火香，这种香气是在制作过程中通过烘焙等工序形成的。汤色深黄明亮，滋味浓厚鲜醇，叶底黄亮肥软。

2022年5月，六安黄大茶制作技艺入选省级非物质文化遗产。以陈全福家族为代表，晚清时期其曾祖父陈良根就传承制作六安黄大茶，至今已历经5代。陈全福作为第四代传承人，从小耳濡目染，坚持"古法制茶"技艺，并积极传授给下一代。除家族传承外，一些茶叶产区通过茶农之间的交流、传统茶厂的师徒制等方式，使六安黄大茶制作技艺在当地得以广泛传承。像金寨县等地，一方面茶农们代代相传黄大茶的制作手艺；另一方面与安徽农业大学等高校开展合作，制定"三焖三烘"加工技术规程，新建和改造了多个黄大茶加工厂，提升了产品质量。

六安黄大茶蕴含着当地独特的茶文化，如在皖西地区，人们在饮茶习俗、茶礼等方面都与黄大茶紧密相连，这些文化元素通过口口相传、民俗活动等形式不断传承。六安市大力推动茶产业发展,全市拥有资产在亿元以上的企业 4 家。2024 年,全市黄大茶产量达 0.88 万吨,产值达 8.6 亿元。

四、霍山黄茶

安徽霍山黄茶起源于唐朝。当时的霍山(曾隶属寿州)就有茶叶生产,自然环境得天独厚,低温多湿,土质肥沃,云雾笼罩,为茶树生长创造了优越条件,这为霍山黄茶的创制提供了优质的原料基础。最初可能是茶农在偶然情况下,发现经过杀青等初步处理后的茶叶在一定条件下放置会出现变黄的现象,且形成了独特的风味,经过不断摸索和总结,逐渐掌握了闷黄这一关键工艺,从而创制出了霍山黄茶。明代,霍山黄茶被列为贡品,清朝时更是成为皇家御用品,在当时声名远扬,备受皇室贵族的青睐。近现代以来,霍山黄茶的发展经历过一些波折,曾面临生产中断等情况。中华人民共和国成立后,在党和政府的大力支持下,霍山黄茶得到了发掘和恢复生产。

霍山黄茶的制作有着多道精细的工序,从鲜叶采摘开始,就有着严格的标准。鲜叶需在清明前后开采,采摘期约一个月,标准为一芽一叶至二叶初展,且要求形状、大小、色泽一致,剔除开口芽、虫伤芽、霜冻芽、紫色芽等。之后经过杀青(做形)、毛火、摊放、足火、拣剔、复火等工序,每一步都对茶叶品质的形成至关重要。闷黄是霍山黄茶区别于其他茶类的独特工艺。在特定的工序中,通过控制茶叶的含水量、温度和时间等条件,让茶叶在湿热作用下发生一系列的化学变化,使茶叶的色泽由绿变黄,同时形成霍山黄茶特有的醇厚口感和香气。这一工艺需要制茶师傅凭借丰富的经验和精湛的技艺来把握,是霍山黄茶制作技艺的核心所在。尽管现代制茶技术有所发展,但霍山黄茶制作过程中仍保留了大量的手工技艺和传统方法。从鲜叶的采摘到部分工序中的手工操作,如手工做形等,都体现了传统技艺的传承。

霍山黄茶成品茶外形挺直微展,匀齐成朵,形似雀舌,色泽嫩绿、油润,白毫显露。具有独特的清香和熟板栗香,香气清高持久。这种香气的形成与霍山黄茶的品种、生长环境以及制作工艺密切相关,尤其是闷黄和烘焙等工艺,对香气的形成起到了关键作用。冲泡后,汤色黄绿清澈,滋味浓厚鲜醇回甘。茶叶中的茶多酚、氨基酸等成分在制作过程中发生了合理的转化,使得霍山黄茶口感醇厚。冲泡后的叶底黄绿明亮,柔软鲜活,芽叶完整。叶底的状态也是评价霍山黄茶品质的重要指标之一,反映了茶叶原料的优质和制作工艺的精良。

2006 年,霍山黄芽制作技艺被列入安徽省第一批省级非物质文化遗产名录。在霍山当地,有许多制茶世家代代相传霍山黄茶的制作技艺。霍山黄芽省级非遗代表性传承人主要有程俊生和陈华静。程俊生 1964 年 8 月 21 日出生,现任霍山汉唐清茗茶叶有限公司董事长、总经理。他出身于制茶世家,祖父、父亲皆为黄芽手工制作技艺高手。程俊生熟练掌握霍山黄芽传统制作技艺的关键控制点,掌握了轻度闷黄工艺精髓,成为霍山黄芽茶制作专家。他主持研发的"霍山黄芽自动、优质化制作工艺研发与应用"项目获《安徽省科学技术研究成果证书》和国家专利。陈华静所产的霍山黄芽为国家地理标志保护产品、地理标志证明商标、农产品地理标志保护产品。此外,霍山黄芽还有一些县级代表性传承人,如程萍、王祖彪、汪大贵、杨郑、程浩。茶厂中的老师傅会将技艺传授给年轻的学徒，在实践中手把手教导，从鲜叶采摘的标准，到杀青、闷黄、烘焙等各个环节的技巧和火候把握，都毫无保留地传授给下一代茶人。

五、平阳黄汤

浙江平阳黄汤创制于清乾隆年间，距今已有200多年历史。当时平阳盛产茶叶，茶场设备简单，绿茶在杀青或揉捻后不能及时烘干，揉捻叶长时间闷堆再进行烘干，运到天津、营口等地销售时，刺激性减弱、滋味醇厚，更受顾客喜爱，平阳茶商受此启发，经多次实践创制了平阳黄汤。中华人民共和国成立后，平阳黄汤因多种原因停产，加工工艺逐渐失传。20世纪80年代，平阳县农业局高级农艺师林平与水头名茶开发场的卢立浣、陈积柱等开展合作，经10多年反复试制，攻克了揉捻、发酵、闷烘等关键技术，成功开发出平阳黄汤加工工艺；平阳县水头镇朝阳山的钟维标从20世纪90年代开始钻研，用"九烘九闷"古法反复研制，使制作工艺相对成熟。

平阳黄汤主要产于浙南平阳县水头、昆阳、南雁等地，以平阳北港的南雁荡山脉朝阳山区所产品质最佳。选用平阳特早茶或本地品种优质茶树鲜叶，每年只采春茶，采摘标准为清明前的一芽一叶或一芽二叶初展，要求大小匀齐一致，且遵循"四采四不采"标准。平阳黄汤的制作历经杀青、揉捻、闷堆、干燥、筛整等多道工序，每一道工序都对茶叶品质的形成起着关键作用。其中，闷堆是其区别于其他茶类的独特工序，这一过程让揉捻好的叶子在特制竹篓中堆闷约20小时，促使茶叶在湿热环境下发生一系列化学变化，形成平阳黄汤特有的黄色色泽和醇厚香气，是传统工艺的核心所在。在平阳黄汤的制作过程中，许多环节保留了传统的手工技艺。例如杀青环节的手工杀青，需制茶师傅凭借经验控制锅温在120℃左右，每锅投叶量0.2~0.25千克，通过熟练的手法翻炒，使鲜叶受热均匀；揉捻环节在篾匾内进行，采用双手来回推揉，掌握"来轻去重，反复轻揉"的技巧，这些手工操作赋予了茶叶独特的质感和风味，体现了传统技艺的精湛与传承价值。

平阳黄汤外形条索细紧纤秀，色泽嫩黄；具有清芬高锐且持久的香气，闻之令人心旷神怡；冲泡后，茶汤呈现出杏黄明亮的色泽，清澈透亮；滋味鲜醇爽口、甘醇浓厚，口感丰富；叶底嫩匀成朵，颜色鲜亮，显示出茶叶原料的鲜嫩和制作工艺的精细。

平阳黄汤曾为清朝贡品，2011年被中国茶叶博览馆馆藏，2013年获浙江绿茶（南京）博览会金奖、第三届中国国际茶业与茶艺博览会金奖，2014年被农业部批准实施农产品地理标志登记保护。黄汤茶制作技艺属于温州市级非遗项目，浙江子久文化股份有限公司依托市级非遗代表性项目黄汤茶制作技艺创建了"平阳黄汤"省级非遗工坊。非遗传承人钟维标经过多年钻研，采用"九烘九闷"古法反复研制，使平阳黄汤的制作工艺相对成熟。

六、小结

黄茶在制作工艺上，都有各自独特的工序，闷黄是关键工艺，且大多保留传统手工技艺。品质特征方面，外形、香气、汤色、滋味等各具特色。传承方面，都有非遗传承人，通过家族传承、师徒制等方式传承技艺。在文化价值上，它们或作为国礼、或融入地方饮食文化，或通过茶事活动传承文化，并且都带动了一定的产业发展，推动了地方经济。

思政要点

1. 文化自信：黄茶历史悠久、工艺独特、文化丰富，彰显中国茶文化魅力，增强民族自豪感与文化自信。
2. 工匠精神：黄茶制作工序严格，非遗传承人坚守匠心、专注钻研，诠释精益求精的工匠精神。
3. 传承创新：既保留传统手工技艺，又结合现代技术发展，体现对传统文化的传承与创新精神。
4. 传承责任：非遗传承人积极授艺，展现对传统文化传承的责任感与使命感。

第六节　黑茶制作技艺的非遗传承

黑茶，作为中国茶类中的独特品类，以其厚重的发酵工艺和独特的陈香韵味在茶文化中占据重要地位。在非遗传承领域，黑茶制作技艺是中华优秀传统文化中浓墨重彩的一笔。黑茶的制作工艺主要包括杀青、揉捻、渥堆、干燥等关键工序。渥堆是黑茶制作的核心环节，也是形成黑茶独特品质的关键。将揉捻后的茶叶堆积起来，在适宜的温度、湿度条件下，让茶叶进行微生物发酵。渥堆的时间和环境控制十分关键，需要制茶师傅凭借丰富经验进行精准把握。黑茶的非遗传承人才辈出。传承人们在制作过程中，注重陈化工艺，将新茶经过长时间的储存和转化，使其口感更加醇厚，香气更加浓郁。黑茶制作技艺不仅是一门传统的制茶手艺，更是中华民族智慧和文化的结晶。非遗传承人们坚守匠心，不断传承与创新，让黑茶这一古老的茶类在新时代焕发出新的生机与活力。

一、茯砖茶

1368年，中国第一块茯茶诞生于陕西省咸阳市泾阳县，当时为了便于驼队运输，逐步把散茶制成茶砖，俗称"咸阳茯砖茶"。泾阳茯砖茶发明于明朝末年，有着"离了关中气候、泾渭之水、秦人技艺而不能制"的"三不能制"之说。

湖南益阳茯砖茶历史也颇为悠久，大约在1860年便已问世。早期被称为"湖茶"，因在伏天加工，又有"伏茶"别称。当时是用湖南所产黑毛茶踩压成90千克一块的篾篓大包，运往陕西泾阳筑制，也被叫做"泾阳砖"。

泾阳地区不产茶，茯砖茶采用的原料全部来自其他地区，多为云南和湖南的黑毛茶。制作时采购的是已经进行了初步加工的黑毛茶。黑毛茶加工包括杀青、复揉、干燥等步骤。杀青前先洒水，杀青翻炒产生高温蒸汽，使茶叶杀匀杀透；复揉是因渥堆后的茶条有回松现象，使茶条卷紧、美观，并增进茶叶内质；干燥使用七星灶，以松柴明火烘焙，使毛茶色泽乌黑油润，带有独特的松香烟。将黑毛茶经过筛分、风选等工序，去除杂质和不符合要求的茶叶，得到质地均匀、纯净的清茶。筑茶成封需3人配合进行，灌封工人坐"榔子"（木模）侧边，一边簸茶散汽，一边灌茶进纸；另一人坐在榔子另一边"扶棒"；还有一人站在榔子正面，提棍进行杵筑，边灌边筑，历时约3分钟，将3千克茶筑进封壳中。发花是茯砖茶制作的关键工序，通过对筑封成型的茯砖茶进行温度和湿度的有效控制，使砖内产生冠突散囊菌，即"金花"。

益阳茯砖茶以本地及周边地区的黑毛茶为主要原料，安化等地的黑毛茶品质优良，为益阳茯砖茶提供了优质原料。特制茯砖全部采用三级黑毛茶作原料，普通茯砖原料中，三级黑毛茶占40%~45%，四级黑毛茶占5%~10%，其他茶占50%。益阳制作要经过原料处理、蒸气渥堆、压制定型、发花干燥、成品包装等多道工序。蒸气渥堆和黑茶工艺的重点渥堆原理类似，发花干燥时，砖从砖模退出后，先包好商标纸，再送进烘房烘干，烘干速度不能快，以缓慢"发花"。

泾阳茯砖茶外形为长方砖形，紧实厚重，砖面平整，棱角分明，茶色褐黑带黄，有幽光闪亮。具有纯正清高的香气，有黑茶特有的醇茶香夹着春青草的清香及茯砖茶独有的菌花香，陈年老茯茶陈香与菌花香并存。茶汤红黄明亮，滋味醇和尚浓，醇厚滑爽，回味厚实。

益阳茯砖茶外形也为长方砖形，特制茯砖砖面色泽黑褐，内质香气纯正，滋味醇厚，汤色红黄明亮，叶底黑褐尚匀。在泡饮时，要求汤红不浊，香清不粗，味厚不涩，口劲强，耐冲泡。

2011年，茯砖茶制作技艺被列入陕西省省级非物质文化遗产名录；2021年，咸阳茯茶制作技艺成功入选第五批国家级非物质文化遗产代表性名录，"泾阳茯砖茶"被列入中欧地理标志协定保护名录。当地有《咸阳茯茶的盛世邀约》《茯茶的故事》等影视文化作品，还有《茯茶之歌》等歌曲以及《话说茯茶》等文学作品。

2008年，益阳市茯砖茶制作技艺被列入第二批国家级非物质文化遗产名录。益阳作为湖南的茶叶之乡，茯砖茶深受西北少数民族喜爱，有着深厚的民间饮用基础和文化底蕴。

刘杏益是国家级非物质文化遗产黑茶制作技艺（茯砖茶制作技艺）代表性传承人，创新茯茶发花工艺，推出"一品茯茶""手筑官茶"等中高端茯茶产品，改变了茯砖茶以边销茶为主的局面，全面进军内销市场，专注研发茯茶制作技艺30余载，参与研发了上百款产品，积极参加各种茶文化活动，将茯砖茶的文化和制作技艺传递给更多人，为益阳茯砖茶的传承和发展作出了杰出贡献。泾阳茯砖茶有一些省级非遗代表性传承人和在行业内有重要地位与贡献的人物，如陈宏利，陕西老字号茂盛店（泾砖茶业前身）第十三代传承人，咸阳市非物质文化遗产项目泾阳砖茶代表性传承人；贾根社从事泾阳茯茶加工事业40多年，致力于泾阳茯茶加工、非遗文化保护传承发展，一直专注古法纯手工工艺、纯天然发酵制作泾阳茯茶，产品得到市场青睐和业界肯定；罗荣利是裕兴重茶庄的茯茶技艺传承者，钻研茯茶技艺已有18年。

二、安化千两茶

安化产茶历史悠久,有"先有茶,后有县"之说。据史料记载,唐代的渠江薄片就是贡品,宋代朝廷对安化的认识是"惟茶甲于诸州市"。明清时期,随着茶马古道的繁荣,安化黑茶成为民间贸易的重要商品。

清道光元年（1821年）之前,陕西商人将采购的安化散装黑茶踩压成包叫"澧河茶",后又将100两（清朝时1两≈37.3克）散黑茶踩压捆绑成圆柱形的"百两茶"。清同治年间（1862—1874年）,晋商"三和公"茶号在"百两茶"基础上,将茶叶重量增加至1 000两,采用大长竹篾篓将黑毛茶踩压捆绑成圆柱形,创制出"千两茶"。"千两茶"名称来源于每支茶叶净含量合老秤一千两。

安化"千两茶"以安化境内的优质黑毛茶为原料,这种茶叶生长在独特的地理环境中,安化地处湘中偏北,资水中游,雪峰山脉北端,土壤中富含硒等多种矿物质,为茶叶的生长提供了丰富的养分,使得茶叶内质丰富,为千两茶独特品质奠定了基础。这种对特定产地原料的依赖,是其区别于其他茶类制作技艺的重要特征。安化"千两茶"制作分黑毛茶制作和"千两茶"精深加工两个阶段。黑毛茶的烘焙过程中采用传统的七星灶,以松木为燃料。七星灶的独特结构和松木燃烧产生的烟雾,使茶叶在干燥过程中充分吸收松烟香,形成了安化千两茶独特的松烟香和陈香。这种利用传统炉灶和特定燃料进行烘焙的方式,传承了古老的制茶工艺,是"千两茶"制作技艺的一大特色。

制得黑毛茶后的制作技艺具有以下鲜明特色。

独特的汽蒸软化:选取上等黑毛茶分次过秤后,分别用布包好吊入蒸桶用高温汽蒸软化。这种汽蒸软化的方式,能够使茶叶在短时间内达到适宜的柔软度,便于后续的装篓和成型操作,同时又能最大程度地保留茶叶的营养成分和香气物质。

纯手工的踩制工艺:"千两茶"制作过程中,装篓后的踩压环节是纯手工完成的。由5名青壮年男子短装、绑腿赤脚上阵,由一人领喊号子,施展绞、踩、压、滚、锤等工艺,反复多次,将蓬松的茶勒踩成紧实的"千两茶"。这种集体协作的纯手工踩制方式,不仅需要精湛的技艺,还体现了传统手工艺中人与人之间的默契配合,是"千两茶"制作技艺的核心特色之一。

自然干燥与陈化:制成的"千两茶"需置于晾架上,历经夏秋季节七七四十九天的日晒夜露,吸蓼叶篾片之香气,集日月之精华,纳天地之灵气,进行自然干燥。在这个过程中,茶叶与外界环境充分接触,发生缓慢的氧化和微生物作用,逐渐陈化,形成独特的风味和品质。这种自然干燥与陈化的方式,完全依赖于自然条件,是"千两茶"制作技艺中对自然规律的巧妙运用,体现了传统手工艺的智慧。

独特的包装材料与技艺:"千两茶"采用蓼叶、棕片和篾篓进行包装。蓼叶具有独特的香气,能赋予茶叶特殊的风味;棕片起到防潮和保护茶叶的作用;篾篓则为茶叶提供了坚固的外形支撑。在包装过程中,将茶叶装入内衬棕丝片、蓼叶的篾篓内,通过复杂的扎箍、锁口等工艺,使包装紧密牢固,既保证了茶叶在运输和储存过程中的品质,又体现了传统手工艺的独特魅力。

2008年6月7日,经国务院批准,安化千两茶制作技艺被列入第二批国家级非物质文化遗产名录。安化千两茶的国家级非遗代表性传承人有以下几位。李胜夫是国家级非物质文化遗产千两茶制作技艺代表性传承人，永泰福茶号的第七代传人，15岁便开始当学徒制茶，1999年决定重新恢复千两茶的生产，2003年使安化千两茶的生产正式进入正轨。他用四十余年的时间，让几近失传的"千两茶"重新走向世界。刘向瑞从19岁起便跟随祖父学习安化千两茶的制作技艺，有着长达40年的职业生涯。他坚持传统手法，从选料到包装每个环节都亲力亲为，作品多次在国内外茶艺比赛中获奖，还积极参加各类茶文化推广活动，传播安化千两茶的知识和魅力。曾维亮从20世纪70年代开始从事安化千两茶的制作，不仅精通传统的制作工艺，还擅长创新，将现代技术融入传统工艺之中，使安化千两茶更加符合市场需求。吴正祥从20世纪80年代起就开始学习安化千两茶的制作技艺，对安化千两茶的制作工艺有深入的理解。

三、南路边茶

唐代，蒸煮杀青之法发明，蒸青团茶工艺形成，为南路边茶制作技艺奠定了基础。宋代蒸青团茶工艺得以改进，茶马互市兴盛，四川绿毛茶运往西北边销，在加工团块时增加二十多天湿坯堆积的渥堆工序，初步形成南路边茶独特的传统制造工艺。明代蒸青散茶广为推广，边茶加工不再做成团饼茶运销，而是通过杀青、馏制、渥堆、烘焙几道工序做成散茶，再经筛分、拣茶等工序压制成"篾茶"。清末民初，南路边茶制作技艺成熟，做庄茶形成一炒、三蒸、三蹓、四渥堆（发酵）、四晒茶、二捡梗、一筛分等18道工序。清朝乾隆时期，规定雅安、天全、荥经等地所产边茶专销康藏，正式称"南路边茶"。

南路边茶制作技艺有以下特色。

南路边茶原料选取独特。采用全株全季的手法进行组合拼配，选生长期为6个月以上一芽五叶的成熟川茶中小叶种茶叶。原料包含当年生的成熟叶片、红苔绿梗、花、果、果皮等全株元素，以及春茶、春夏茶、夏茶、夏秋茶、秋茶等全季茶叶。原料进厂经粗加工后须陈化（存放）一年以上才能用于生产成品。

发酵工艺特殊。南路边茶要经过四次发酵，发酵时间长、程度重，在运输和储存过程中还有后发酵程序，形成重发酵、后发酵、多次发酵、非酶促发酵、转色发酵等特点。传统发酵不加水，保持原味发酵。传统采用地面渥堆自然发酵，现代有传承人创新为滚筒发酵，使制作更科学卫生，茶叶质量更稳定。

制作手法独到。南路边茶传统手工杀青用石锅灶，还有蒸汽杀青、日晒杀青和水煮杀青等方法。因原料较粗老，发明了溜茶方法，工人站在木质蹓茶架上，手扶扶手，有节奏地蹓踩装有茶叶的麻袋来进行揉捻。

紧压包装特色。压制时茶砖松紧度要求严格，太松不成形、质量不达标，太紧不利于运输通风干燥和后发酵。康砖茶和金尖茶曾沿用手工舂包工艺，现改为机械舂包，毛尖茶和芽细茶改为电动螺旋压力机压制。传统包装独特，采用长条竹篾做外包装，里面茶叶用黄纸、牛皮纸包裹，形成长条砖茶、竹篾蔸条装的包装形式。

南路边茶制作技艺于2008年成为国家级非物质文化遗产。其国家级非遗代表性传承人是甘玉祥。甘玉祥，男，汉族，1963年4月出生于四川省雅安市，他从12岁开始接触藏茶制作，已经坚持了 40 多年，是雅安市友谊茶叶有限公司的总经理，对传统藏茶制作技艺进行了创新，发明了滚筒发酵技术。

四、赵李桥砖茶

赵李桥砖茶制作技艺源于唐、兴于宋、盛于明清，由明代的"帽盒茶"发展演变而来，至清道光年间基本成型。其茶厂可追溯到清朝咸丰年间，1736 年第一块青砖在赤壁市羊楼洞古镇现世，羊楼洞镇确立了"青砖之乡"的地位。赵李桥砖茶主要有青砖茶和米砖茶两大类。其中，青砖茶外形为长方形，色泽青褐，茶汁味浓可口，香气独特，回甘隽永；米砖茶外形美观、棱角分明、图案清晰、色泽乌亮。

采用鄂南老青茶为主要原料，鲜叶采割后先加工成毛茶，面茶分杀青、初揉、初晒、复炒、复揉、渥堆、晒干七道工序，里茶分杀青、揉捻、渥堆、晒干四道工序。经过长达 8 个月的加工期制成毛茶后，再经筛分、压制、干燥、包装，制成青砖成品茶，共需六大工艺，72 道工序。米砖茶制作主要经过选料、复制、蒸制、烘制等程序。复制时筛分风选，将红茶原料中砂石杂质去净；面茶里茶按比例蒸制，蒸透蒸匀；片砖堆放整齐烘制，烘至砖茶水分≤12%，再用草纸置于砖与砖之间，低温烘吸干砖面油分后包装出品。

赵李桥砖茶是全世界紧结程度最高的茶，压成砖型，紧实程度高，利于运输和保存。其中，渥堆发酵是赵李桥砖茶制作技艺最难的工艺，通过该工序后，茶的口感、香气及内含物质均有明显变化。

2013 年，赵李桥黑（砖）茶制作技艺入选湖北省第四批省级非物质文化遗产名录。2014 年 11 月 11 日，黑茶制作技艺（赵李桥砖茶制作技艺）经国务院批准列入第四批国家级非物质文化遗产代表性项目名录。2022 年 11 月 29 日，在摩洛哥拉巴特召开的联合国教科文组织保护非物质文化遗产政府间委员会第十七届常会上，我国申报的"中国传统制茶技艺及其相关习俗"成功通过评审，列入联合国教科文组织人类非物质文化遗产代表作名录，赵李桥砖茶制作技艺作为其中的项目之一也成功入选。

甘多平与陈军海分别被赤壁市非遗保护中心官方认定第四代传承人与第五代传承人。甘多平是湖北省茶业集团赵李桥茶厂工人，也是全国供销系统劳模、湖北省首届"荆楚工匠"，他所在的"湖北省茶业集团赵李桥茶厂甘多平创新工作室"荣获"全国工人先锋号"称号。陈军海任湖北省赵李桥茶厂有限责任公司技术总监兼紧压茶研究所所长，他创建了咸宁市紧压茶工程技术研究中心、湖北省校企共建紧压茶研发中心，主持参与制定了《赤壁青砖茶名词术语》等 16 项团体标准，带领团队研发了"洞茶今昔""陈皮调味茶"等近 30 款新品。赵李桥茶厂是国家级非物质文化遗产赵李桥砖茶制作技艺唯一传承保护单位，还有省级非遗代表性传承人 1 名，市级代表性传承人 4 名，县级代表性传承人 5 名，非遗传承团队已有 6 代。

五、下关沱茶

下关沱茶的历史可追溯到清光绪二十八年（1902 年），由云南"永昌祥"商号的严子珍先生在总结前人经验的基础上，以云南大叶种晒青毛茶为原料，将传统的紧茶

（窝头茶）改制成碗臼状的"沱茶"，并在大理下关生产销售。此后，下关逐渐成为沱茶的主要产地，"下关沱茶"的品牌也由此而来。1951年，"中茶牌"商标注册，下关茶厂生产的沱茶开始使用该商标，进一步推动了下关沱茶的发展和传播。

下关沱茶制作技艺独特，主要包括选料、拼配、蒸压、定型、干燥等多道工序。选料时，通常选用云南大叶种晒青毛茶，不同等级和产地的茶叶经过精心拼配，以达到独特的风味和品质。蒸压环节，将拼配好的茶叶蒸汽蒸软后，放入特制的模具中压制成型。定型后，通过自然晾干或低温干燥的方式，使沱茶的形状和品质得以固定。

下关沱茶外形呈碗臼状，紧结端正，色泽乌润，白毫显露。汤色橙黄明亮，香气清纯馥郁，带有独特的"烟香"（部分产品），这种烟香是在制作过程中，茶叶吸收了当地松柴燃烧产生的烟雾形成的，成为下关沱茶的标志性香气之一。滋味醇厚回甘，口感饱满，具有较强的刺激性，适合喜欢浓茶味的茶友。叶底肥嫩匀整，活性好。

下关沱茶产品丰富多样，涵盖了生茶和熟茶两大系列。生茶沱茶如经典的甲沱、特沱等，口感浓烈，茶气足，具有较高的收藏和品饮价值；熟茶沱茶如销法沱等，经过发酵处理，茶性温和，滋味醇厚，更适合肠胃较弱的人群饮用。此外，还有一些特色产品，如紧茶（蘑菇沱）、饼茶等，满足了不同消费者的需求。

2011年5月23日，黑茶制作技艺（下关沱茶制作技艺）经国务院批准列入第三批国家级非物质文化遗产名录，项目编号Ⅷ-152。2022年11月29日，在摩洛哥拉巴特召开的联合国教科文组织保护非物质文化遗产政府间委员会第十七届常会上，"中国传统制茶技艺及其相关习俗"通过评审，正式列入联合国教科文组织人类非物质文化遗产代表作名录，下关沱茶制作技艺作为其中一员也成功入选。

下关沱茶制作技艺目前有明确的省级、州级、市级代表性传承人。陈国风是黑茶制作技艺（下关沱茶制作技艺）省级非物质文化遗产代表性传承人，2022年9月，入选云南省第六批国家级非物质文化遗产代表性传承人推荐名单。州级传承人有褚九云、蒲松涛。解杰作为下关沱茶制作技艺市级代表性传承人，也在为该项技艺的传承与发展贡献力量。

六、临湘青砖茶

临湘青砖茶是黑茶中的一种特色茶品，始于汉代，种茶盛于隋唐，贡于五代马殷。唐德宗建中年间，"灉湖茶"已是西藏地区上层社会的爱饮之茶，有黑茶"鼻祖"美誉。宋初，因临湘产茶多、纳税多，936年，朝廷割巴陵东北部设王朝场，后改称临湘县，开创以茶立县先河。清康熙年间（1662—1722年），茶商开始效仿临湘山民压制茶叶生产砖茶。咸丰初年，"中俄茶叶之路"变迁，临湘青砖迅速兴旺。清咸丰九年（1859年），英国宝顺公司代办容闳考察临湘青砖茶的制作和运销，而后其逐渐成为欧美上流社会嗜好品。

临湘青砖茶制作工艺特色显著。

独特原料发酵：踩堆、洒水作边、翻堆等系列操作，全凭制茶师傅经验把控，如洒水、翻堆细节，直接影响发酵程度，决定茶的色、香、味，彰显传统制茶独特魅力与底蕴。

严格筛分工艺：按比例筛原料，经筛、切使长短粗细达标并除杂。需熟知原料特性，熟练用工具技巧，确保原料品质一致，为后续工序及成品质量奠基，体现制作技艺的严谨规范。

传统压制手法：压制含定吊司秤、蒸茶等多环节，各有技巧。定吊司秤要准，蒸茶控时火，装匣、压砖把握力度角度，定型修边精细操作，需丰富经验与娴熟技艺，是制作技艺多年传承的精华，展现手工制茶价值与魅力。

特殊烘干方式：用蒸气管热度烘干半成品至规定水分。能保留茶香与营养，使砖茶结构紧实稳定，需当地师傅长期的实践经验，体现对自然条件和传统工艺的巧妙运用，具有很高历史文化价值。

临湘青砖茶砖面平整光滑，棱角分明，色泽青褐或乌黑油润。香气纯正，带有独特的陈香、菌香或松烟香等气息。滋味醇厚回甘，滋味纯和，水色红黄尚明，有解腻、提神等特点。叶底暗黑粗老，叶片完整度较好，质地柔软。

2021年12月30日，湖南省人民政府印发《湖南省人民政府关于公布第五批省级非物质文化遗产代表性项目名录的通知》，临湘青砖茶制作技艺被列入湖南省省级非物质文化遗产代表性项目名录扩展项目。临湘青砖茶制作技艺非遗传承人有以下3位：卢明德是第五批省级非物质文化遗产项目黑茶制作技艺（临湘青砖茶制作技艺）代表性传承人；谢立新是湖南省非遗项目黑茶制作技艺（临湘青砖茶制作技艺）的市级代表性传承人；周保林是临湘市第二批非物质文化遗产项目（临湘青砖茶制作技艺）代表性传承人。

七、小结

黑茶作为中国特色茶类，以独特发酵工艺与醇厚韵味在茶文化中熠熠生辉。其制作包含杀青、揉捻、渥堆、干燥等环节，渥堆是关键。在非遗传承领域，黑茶制作技艺凝聚着中华民族智慧，众多传承人坚守匠心，使其在新时代重焕生机。各类黑茶虽历史渊源、原料选取、制作工艺、风味特色各有不同，但均承载着悠久历史，制作中或有独特发酵，或需手工技艺，或讲究特殊包装，且都凭借独特品质与深厚底蕴入选各级非遗名录。众多传承人秉持工匠精神，在传承中创新，让黑茶制作技艺不断发展。黑茶制作技艺如璀璨明珠，彰显着中华民族的文化自信、创新精神与团结协作精神，也促进了文化交流，书写着动人的文化篇章。

思政要点

1. 文化自信：黑茶制作技艺作为中华优秀传统文化的一部分，展现了中华民族的智慧和创造力，增强了民族自豪感和文化自信。

2. 工匠精神：非遗传承人们坚守匠心，凭借丰富经验和精湛技艺，严格把控制作的每一个环节，体现了精益求精、追求卓越的工匠精神。

3. 创新精神：传承人们在坚守传统的基础上，不断创新制作工艺和产品，如创新发酵技术、研发新产品等，使古老的黑茶制作技艺适应时代发展，体现了创新精神。

4. 团结协作：如安化千两茶纯手工踩制需多人默契配合，体现了传统手工艺中团结协作的精神，这种精神也是传统文化传承和发展的重要支撑。

5. 文化交流与传播：黑茶在历史上通过茶马古道等途径进行贸易，促进了不同地区、不同民族之间的文化交流与融合，同时传承人们积极参与茶文化活动，传播黑茶文化，推动了中华文化的传播。

第七节　普洱茶制作技艺的非遗传承

普洱茶，作为中国茶类中极具特色的一员，以其独特的发酵工艺和越陈越香的品质特点闻名遐迩。普洱茶的制作工艺分为生茶和熟茶两种，各有其关键工序。对于生茶而言，主要包括采摘、杀青、揉捻、晒青、蒸压成型等步骤。晒青是利用阳光的自然力量干燥茶叶，这一过程赋予了生茶独特的日晒香气。最后蒸压成型，将茶叶制成饼状、砖状等不同形态，便于储存和运输。熟茶的制作则多了渥堆发酵这一关键环节。在杀青、揉捻后，将茶叶堆积起来，通过控制温度、湿度和氧气含量，让茶叶在微生物的作用下进行发酵。渥堆发酵的时间和程度对熟茶的品质影响巨大，需要制茶师傅凭借丰富经验进行精准调控。发酵后的茶叶再经过干燥、蒸压成型等工序，最终制成熟茶。普洱茶的非遗传承有着杰出的代表。普洱茶制作技艺不仅是一门传统的制茶工艺，更是云南地区民族文化和自然智慧的融合体现。非遗传承人们秉持着对普洱茶的热爱与执着，不断传承和发扬这一独特技艺，让普洱茶在岁月的流转中持续散发着独特的魅力。

一、普洱茶贡茶

据史书记载，早在唐代普洱茶产区就有普洱茶的生产，普洱茶开始在云南地区崭露头角，随着贸易的发展远销内地和西藏。普洱茶在宋代逐渐成为云南地区的关键特产，在"茶马市场"进行交易，不过尚未明确成为贡茶。明代，普洱茶进入了"士庶所有，皆普茶也"的繁荣阶段，社会各阶层广泛饮用普洱茶，为其成为贡茶奠定了一定的基础。清代，普洱茶的地位急剧上升，清政府在普洱设府，专门负责贡茶的采办和运输。雍正年间，普洱茶被正式列为贡茶，每年都要进贡朝廷。据记载，当时进贡的普洱茶有多种形态，如团茶、饼茶等，深受皇室喜爱。宫廷对普洱茶极为重视，专设普洱茶"贡茶案册"，并作为皇家档案留存。当时普洱贡茶在普洱府所在地宁洱的贡茶厂通过"五选八弃"的严格程序精制而成，之后送官府衙门，经知县、知府等官员"恭选""用印"，千总把关，举行隆重仪式后起运贡茶，送省入京。

普洱茶贡茶制作技艺独特非凡。其原料采选严格，对茶树生长环境极为挑剔，只选取云南西双版纳、临沧等地特定区域，气候、土壤条件优越的茶园，且遵循"五选八弃"精准采摘标准，选谷雨前吉日、晴天日出前采摘，弃无芽、叶大等不符合要求的茶叶。制作工序精细，杀青采用热锅里闷、抖结合手法，凭经验手感控温，去除生涩味又保留活性酶；手工揉捻注重轻重和方向，使茶叶成条索状，保留细胞结构和内在品质；多样蒸压成型，经蒸软、袋揉等多道工序制成金瓜贡茶、七子饼茶等不同形状紧压茶，各有制作细节和工艺要求。成品后还需多次陈化，历经数年甚至数十年，茶多酚氧化聚合，茶黄素等物质含量改变，香气浓郁、口感醇厚、品质稳定，越陈越香。制作前有祭祀茶神仪式，各民族按礼仪祭拜茶树王，敬畏自然、祈愿丰收，增添神秘文化色彩，传承传统技艺。作为皇家特供，贡茶从原料到成品各环节严格把控品质，精心挑选分级，代表当时普洱茶制作的最高水平。

普洱茶贡茶作为普洱茶中的珍品，具有独特的品质特征。普洱茶贡茶在外形上十分讲究，制作精细，形状规整。像金瓜贡茶，形似南瓜，造型独特，小巧玲珑或硕大饱满，条索紧实，芽头肥壮，白毫显露，整体匀整度高；七子饼茶则外形圆整，饼面平滑，边缘整齐，压制松紧适度，饼身周正，茶条清晰可见。干茶色泽褐红或乌润，富有光泽，给人一种油润的质感。新制的贡茶色泽鲜润，随着陈化时间的增长，茶叶颜色逐渐加深，呈现出红褐、黑褐等色泽，且越发沉稳、油亮。香气是普洱茶贡茶的一大亮点。新茶往往带有清新的茶香和淡淡的花香、果香，香气清高而纯正。经过陈化后，会产生独特的陈香，这种香气浓郁持久，还可能伴有樟香、参香、枣香等复合香气，层次丰富，韵味悠长。冲泡后，茶汤色泽红浓明亮，犹如晶莹剔透的琥珀一般，极具观赏性。新茶的汤色相对浅一些，多为橙黄或橙红，随着陈化年份的增加，汤色逐渐加深，呈现出浓郁的红色。口感醇厚饱满，入口顺滑，滋味浓郁丰富。茶汤在口腔中能感受到明显的厚度和质感，苦涩味轻且化得快，回甘迅速，生津持久，让人回味无穷。陈化良好的贡茶，口感更加醇厚、绵柔，刺激性降低，韵味十足。冲泡后的叶底柔软有弹性，色泽均匀，呈红褐色或古铜色，叶片完整度较高，鲜活度好，芽叶肥嫩，显示出茶叶原料的优质和制作工艺的精湛。

2008 年，普洱茶制作技艺（贡茶制作技艺）入选第二批国家级非物质文化遗产名录，这为其传承和发展提供了更有力的保障。2022 年，"中国传统制茶技艺及其相关习俗"列入联合国教科文组织人类非物质文化遗产代表作名录，普洱茶制作技艺（贡茶制作技艺）位列其中，让这一古老的技艺在世界范围内得到了更广泛的认可。李兴昌是普洱茶制作技艺（贡茶制作技艺）的省级代表性传承人，也是普洱贡茶制作的第八代传人。他自幼跟随母亲系统学习普洱茶贡茶制作技艺，为普洱茶贡茶制作技艺的传承和发展作出了重要贡献。

二、大益茶

大益茶制作技艺的发展历程丰富且独特。1939 年著名茶人范和均创建勐海茶厂，以传统的采摘、杀青、揉捻、晒青等手工技艺开始研制生产普洱茶，1940 年正式建成投产，并开始在当地市场占据一席之地，1940—1954 年其茶制作技艺处于积累和初步发展状态，不断探索规模化生产的工艺方法。1954 年勐海茶厂更名为大益茶厂，生产规模扩大，普洱茶制作技艺持续改进完善并形成特色。1973 年，大益茶厂取得现代普洱茶人工后发酵陈化工艺的重大突破，人工控制温度、湿度，缩短陈化时间，提升口感和香气，1975 年又发明经典的 7572 配方技术。20 世纪 80 年代起，大益茶厂技术人员为提升品质、增加品种研究新制茶工艺，"大益黑马技术"等创新技术在此期间起源。80—90 年代不断将传统工艺与现代科技结合，在发酵和拼配技术等方面改进，研发出一系列新品，1985年成功制作出第一批采用黑马技术的普洱茶，90年代该技术逐渐推广，到21世纪初大益茶各项制作技术完善，走向成熟，产品品质稳定，知名度和影响力不断扩大。

大益茶制作技艺特色鲜明。其人工渥堆发酵技术底蕴深厚，1973年勐海茶厂成功研发人工后发酵陈化工艺，能精准把控温度、湿度、氧气等发酵条件，还掌握成熟的微生物调控技术，让不同菌群产生独特风味物质，使发酵程度稳定、产品品质一致，形成独特醇厚口感与香气。拼配作为核心技艺，综合考量茶叶产地、年份、等级、品种等因素，按特定比例组合，如经典的"7572"，通过拼配平衡品质特征，展现丰富层次与独特韵味，稳定品质。大益茶对原料把控严格，以云南大叶种晒青毛茶为主，选自优质产区，对茶树生长环境、树龄、采摘标准要求高，且经多道筛选工序确保纯净优质。在压制工艺上，针对饼茶、砖茶、沱茶等不同形态，控制好蒸软、压力、压制时间等参数，使茶品外形规整、松紧适度、便于陈化。同时，大益茶建立了完善品质控制体系，从原料进厂到成品出厂，运用先进设备检测理化、卫生指标，还有专业审评团队审评感官品质。并且，大益茶制作技艺做到了传承与创新结合，保留杀青等传统工艺环节并传承，还引入现代科技，如微生物技术、信息化管理系统等，提升技艺水平与生产效率。

大益普洱茶品质卓越，特征鲜明。其外形规整，无论是饼茶、砖茶还是沱茶，均压制紧实、边缘整齐；色泽乌润显毫，富有光泽。香气独特且层次丰富，新茶往往带有清新的茶香与淡淡的花果香，陈茶则呈现出浓郁醇厚的陈香，还可能伴有樟香、参香等复合香气。汤色红浓明亮如琥珀，持久耐泡。滋味醇厚饱满，入口顺滑，苦涩味轻且回甘迅速、生津持久，如经典的"7572"等产品，口感协调平衡，韵味悠长。叶底柔软有弹性，色泽均匀，红褐鲜活，充分展现出大益普洱茶在原料选控、制作工艺上的精湛水准和独特魅力。

在国务院2008年6月7日发布的国发〔2008〕19号文件中，批准文化部确定的第二批国家级非物质文化遗产名录，"大益茶制作技艺"名列其中，序号为934，编号为Ⅷ-151。它是当时中国茶叶行业唯一一个以生产企业品牌直接命名的非物质文化遗产项目。大益茶制作技艺非遗传承人有邵爱菊、陈麒英、陈云根等。邵爱菊是"大益茶制作技艺"代表性传承人。陈麒英是大益茶重要传承人物之一，被誉为普洱茶的"活化石"，以独特制茶技艺闻名，将艺术和文化造诣融入普洱茶的研究和制作中，塑造了大益茶的独特风格。陈云根也是大益茶的重要传承者之一，作为中国茶叶行业知名专家，对普洱茶制作工艺非常熟悉，致力于传承和发扬传统茶道文化。

三、福元昌号普洱茶

清光绪元年（1875年），崔茂林在倚邦大街创立元昌号。当时倚邦是古六大茶山的政治中心、贡茶主办地，元昌号凭借严苛的选料标准与精湛的制茶技艺，承担着贡茶的采办和制作，为福元昌号普洱茶制作技艺奠定了最初的基础。民国年间，余福生接手元昌号，在易武设立茶号，并更名为"福元昌号"。当时福元昌号年产约500担，因品质优异而声誉渐隆，其制作技艺也在实践中不断成熟，逐渐形成了选料、制作等方面的独特标准和工艺。民国后期，因战乱等因素，福元昌号和众多老茶庄一样不得不关门闭厂，制作技艺的传承和发展陷入停滞，隐入时代的烟尘。2012年，福元昌号在古茶树资源丰富的勐海正式复号，建勐海县福元昌茶厂。福元昌立志于传承老茶庄的制茶技艺、匠心精神与文化精髓，严格遵循传统工艺，从鲜叶采摘到成品茶出厂，每一个环节都精益求精，使传统制作技艺得以恢复和延续。

福元昌号作为普洱茶历史上的著名商号，其制作技艺有着诸多独特之处。福元昌号普洱茶只选用云南大叶种古乔木茶叶作为原料，并且在采摘时，严格遵循特定的标准，只采摘一芽二叶或一芽三叶的鲜嫩茶菁，保证了原料的高品质和均一性。杀青是福元昌号普洱茶制作的关键环节之一。采用传统的铁锅杀青方式，经验丰富的制茶师傅凭借多年的实践经验，精准控制锅温与翻炒的力度和速度。在杀青过程中，通过不断地均匀翻炒，使茶叶受热均匀，及时散发鲜叶中的青草气，同时激发茶叶的香气，并适当保留茶叶中的活性酶，为后续的陈化转化奠定基础。这种手工杀青方式能够更好地保留茶叶的天然风味和营养成分，是机器杀青所无法比拟的。揉捻环节采用手工揉捻的方式，制茶师傅根据茶叶的老嫩程度和含水量，掌握合适的揉捻力度和时间。手工揉捻能够使茶叶形成紧结的条索状，保持茶叶的完整性，提升茶叶的外形美观度和品质。福元昌号普洱茶在杀青和揉捻后，采用自然晾晒的干燥方式。将揉捻好的茶叶均匀地摊放在干净的竹席或晾青架上，在通风良好、阳光温和的环境下进行晾晒，避免高温干燥对茶叶品质的破坏。经过自然晾晒的茶叶，香气清纯，口感鲜爽，具有独特的风味。在压制成型阶段，福元昌号延续传统的手工石模压制工艺。将晾干的茶叶称重后放入布袋中，通过蒸汽蒸软，然后迅速放入石模中，利用石模的重力压制茶饼，使茶饼松紧适度。压制出的茶饼外形圆润饱满，纹理清晰，松紧均匀。福元昌号注重普洱茶的陈化过程，拥有专门的陈化仓库，对仓库的温度、湿度、通风等条件进行严格监控和管理。福元昌号凭借丰富的经验和专业的技术，对陈化过程进行科学调控，使茶叶的品质得到最佳的提升。

福元昌号普洱茶制作技艺于2022年11月29日作为"中国传统制茶技艺及其相关习俗"的子项目，被列入联合国教科文组织人类非物质文化遗产代表作名录。福元昌号普洱茶制作技艺的相关传承人物主要有余福生、余智畅、陈升河。余福生在民国年间接手元昌号并更名为"福元昌号"，可以看作是福元昌号普洱茶制作技艺发展过程中的重要传承人，在当时将福元昌号的制茶事业进一步发展，其制作技艺和经营理念为福元昌号奠定了重要基础。余智畅作为余福生的嫡孙，继承了祖辈的制茶技艺，作为福元昌号的第三代传人，将福元昌号跨越近百年的配方和制茶技艺传授给陈升河。陈升河接过了这份责任与使命，创立了陈升福元昌品牌，将传统工艺与现代科技相结合，让福元昌号的普洱茶制作技艺在现代得以传承和发展。

四、同兴号普洱茶

同兴号的前身可追溯到清雍正十年（1732年），最初名为"同顺祥号"，后改称为"中信行"。当时就已经是普洱茶古六大茶山有名的四大茶庄之一，开始采用传统工艺制作普洱茶，以生产高品质的普洱茶而闻名。1921年前后，同兴号与同庆号一样闻名于易武大街，成为当时茶界的翘楚，年产普洱茶达到500担之多，产品主要销往沿海地区。在后续的发展中,同兴号历经了时代的变迁和普洱茶行业的起伏,但依然坚持传统的制茶技艺。尽管经历了战争、社会变革等诸多困难,同兴号的制茶工艺仍然得以传承和延续,为后来的发展奠定了基础。

同兴号普洱茶制作技艺独特且精妙。其原料仅选用云南大叶种茶树鲜叶,严格以一芽二叶为主采摘,且多为春茶,保证了鲜叶的高品质与丰富内涵物质。采摘后,鲜叶经自然摊晾,让水分缓慢蒸发,使内含物质初步转化,保留天然特性。杀青环节采用精准的高温短时锅炒杀青,迅速灭活酶活性,保持茶叶绿色,同时对火候和时间把控极为严格。揉捻时,以恰到好处的力度和时长,使茶叶细胞破裂、茶汁溢出,塑造出紧结条索,释放香气与滋味。接着利用天然晾晒干燥定型,形成晒青毛茶,最大程度留存天然风味。精制时,先进行精细筛分,按大小、粗细分级并去除杂质,确保纯净度与品质均一。蒸压阶段,将茶叶蒸汽软化后,采用传统石磨压制或机械压制,使茶饼松紧适度,利于后期陈化。压制成型后自然晾干,避免高温以维持品质。熟茶制作的渥堆发酵更是关键,采用传统自然发酵法,使茶叶发生复杂化学变化,形成独特陈香与醇厚口感,这一过程对温度、湿度等环境条件要求严苛,需经验丰富的师傅精准把控。这些独特工艺,彰显了同兴号普洱茶制作技艺的深厚底蕴与非遗价值。

同兴号生茶入口时,茶汤的刺激性相对较强,带有明显的苦涩味,但这种苦涩味能迅速在口腔中散开,回甘生津显著且持久。随着陈化时间的增加,茶叶的苦涩味会逐渐减弱,口感变得更加醇厚、顺滑,茶汤的层次感也愈发丰富,茶气足,给口腔和喉咙带来强烈的冲击感和舒适感。新制的生茶具有清新的花香和淡淡的青草香,香气高扬且清新自然。在陈化过程中,花香会逐渐转化为陈香、樟香等更为复杂、沉稳的香气,香气悠长,挂杯香明显,冲泡后,香气能长时间萦绕在杯盖和空气中。

同兴号熟茶的口感醇厚、顺滑,茶汤入口绵柔,几乎没有苦涩味,甜度较高。由于经过发酵,茶叶中的茶多酚等物质发生转化,使得茶汤更加温和,对肠胃的刺激性较小。优质的熟茶还会带有独特的"陈韵",口感丰富饱满,韵味悠长。熟茶的香气以陈香为主,伴随着淡淡的甜香和木香,有些熟茶还会带有轻微的桂圆香、枣香等。发酵程度不同,香气也会有所差异,发酵程度较重的熟茶,陈香更为浓郁,而发酵程度较轻的则会保留一些茶叶的清香。

同兴号普洱茶制作技艺入选西双版纳州第七批非物质文化遗产代表性项目名录。在2023年8月28日,勐腊县第六批非物质文化遗产代表性项目评审会中,普洱茶制作技艺(老字号"同兴号"制作技艺)也达到申报非物质文化遗产代表性项目的有关条文规定要求,同意申报为勐腊县第六批非物质文化遗产代表性项目。同兴号普洱茶制作技艺非遗传承人是郑明成、郑明敏。郑明成与郑明敏积极探索创新,在坚守传统工艺的基础上,结合现代科技与市场需求,对同兴号普洱茶制作技艺进行优化与改进。郑明成与郑明敏作为新时代茶人,以传承为使命,以创新为动力,以推广为责任,为同兴号普洱茶制作技艺的传承、发展以及普洱茶文化的弘扬作出了重要贡献。

五、普洱茶熟茶渥堆发酵技艺

普洱茶的自然发酵方法可追溯至公元8世纪的唐代,人们主要采用自然发酵的方法来陈化普洱茶，但耗时较长，需要数十年甚至更长时间才能达到理想的陈化效果，难以满足大规模生产和市场需求。清朝末年，云南的晒青毛茶在出口时，经茶马古道驮运到广州，路上少则3~5个月，多则半年以上，一路颠簸及自然环境影响，茶叶自然转化，苦涩味、刺激性慢慢减退，变得醇和顺滑，这成为熟茶的雏形。20世纪初，云南地区的茶农在实践中开始摸索渥堆工艺，逐渐掌握了一套行之有效的发酵方法，但尚未形成系统化的技术体系。1957年，渥堆发酵技术在人工干预下首创，但并未大规模应用和完善。1973年，云南获得茶叶自营出口权，昆明茶厂、勐海茶厂、下关茶厂借鉴"香港潮水法"，分别研发普洱茶"熟化"技术，云南省对外宣布成功研发出普洱茶熟化工艺，即"第一代熟茶发酵技术"，但存在原料损耗大、口感差以及茶叶外观差等弊端，很快被淘汰。1975年，经过两年多的反复试验和调整，第二代熟茶发酵工艺"渥堆发酵"诞生并在云南投入批量生产，实现了普洱茶熟茶的大规模生产，在原料损耗、口感、品质稳定性等方面有了很大的提升，成为普洱茶生产中的标准工艺之一。20世纪80—90年代，渥堆发酵技术在云南各茶区广泛应用，各地茶厂纷纷引进这项技术，通过不断优化发酵环境和控制温度、湿度等参数，进一步提升了普洱茶的品质。2009年，云南农业大学普洱茶学院周红杰教授首次提出了"微生物发酵法"，标志着新一代熟茶发酵工艺的诞生，即第三代熟茶发酵工艺开始兴起。2013—2019年，大益从2013年开始进行相关研究，2016年3月提出了"第三代智能发酵技术"的概念，2019年首款相应产品"益元素A方"上市。如今，渥堆发酵技术仍在不断发展和完善，许多先进的渥堆发酵车间采用了智能化管理系统，涵盖自动化的温度、湿度控制和空气优劣监测以及数据采集分析系统。同时，研究人员利用现代生物工程技术，对渥堆发酵中的微生物群落进行深入研究，以更好地调控发酵过程，提升普洱茶的品质。

普洱茶熟茶渥堆发酵技艺属于已列入非遗的"普洱茶传统制作技艺"的一部分。2008年，云南省普洱市申报的"普洱茶传统制作技艺"被正式列入非物质文化遗产名录。2022年，中国传统制茶技艺及其相关习俗也被纳入非遗名录。邹炳良是普洱茶熟茶渥堆发酵技艺非遗传承人。1973年，邹炳良作为勐海茶厂的技术骨干，赴广东考察交流湿水茶工艺。1973—1974年带领技术公关小组反复试制普洱熟茶发酵技艺，1975年确定了最适合云南普洱茶的人工"渥堆"速成发酵方法，并正式投入使用。同年，他还撰写了第一套普洱茶生产工艺和制作规程《普洱茶工艺》，摸索出了普洱茶的标准化加工技术。

六、小结

普洱茶作为中国特色茶类，承载着深厚的历史文化底蕴，其制作技艺蕴含着科学性与逻辑性，在非遗传承中不断发展。普洱茶制作工艺多样且科学，历史发展脉络清晰，品牌技艺传承创新，非遗保护成就显著，众多非遗传承人，为技艺传承和发展作出重要贡献。普洱茶制作技艺从工艺的科学性、历史发展的逻辑性、品牌传承创新以及非遗保护等方面，展现了其独特魅力和价值，是中国茶文化的瑰宝，在传承与发展中不断延续着生命力。

思政要点

1. 文化自信与传承：普洱茶制作技艺历史悠久，是中华优秀传统文化的重要组成部分，从普洱茶贡茶到各知名茶号的技艺传承，都体现了对传统文化的坚守与传承，增强了人们的文化自信。

2. 工匠精神：普洱茶的制作，无论是原料选取、制作工序，还是品质把控，都体现了精益求精、一丝不苟的工匠精神。制茶师傅们凭借丰富经验和精湛技艺，追求卓越品质，为行业树立了典范。

3. 创新发展：以大益茶为代表，在传承传统工艺的基础上不断创新，结合现代科技，推动普洱茶制作技艺和产业的发展，体现了创新发展的理念，启示人们在传承中创新，在创新中发展。

4. 敬畏自然：普洱茶贡茶制作前的祭祀茶神仪式，以及各茶号对原料产地、生长环境的严格要求，都体现了对自然的敬畏之心，强调人与自然和谐共生。

5. 责任担当：非遗传承人肩负着传承和发展普洱茶制作技艺的重任，他们凭借对普洱茶的热爱与执着，为保护和传承这一文化遗产贡献力量，展现了强烈的责任担当。

第八节　花茶制作技艺的非遗传承

除了绿茶、红茶、乌龙茶、黄茶、白茶、黑茶这六大类茶以及独具韵味的普洱茶之外，花茶也是茶类家族中不容忽视且极为重要的一员。花茶，作为一种兼具花香与茶韵的独特饮品，在我国的茶叶市场中占据着举足轻重的地位，尤其是在北方地区，它更是长期稳坐重要席位，深受当地百姓的喜爱。北方地区气候相对干燥、寒冷，而花茶那浓郁的香气和醇厚的口感，恰好能够满足人们在这样的气候条件下对饮品的需求。在花茶的众多品类中，茉莉花茶是其中的佼佼者，一直以来都是花茶市场的主流产品。近年来，花茶市场呈现出多元化的发展趋势。除了茉莉花茶之外，其他品种的花茶也如雨后春笋般发展迅猛，如香气馥郁的桂花茶，香气清幽的白玉兰花茶等。随着花茶市场的不断发展和壮大，人们对于花茶的品质和制作工艺也有了更高的要求。而花茶独特的加工工艺，正是其能够散发迷人香气、拥有独特风味的关键所在。

一、张一元茉莉花茶制作工艺

1900年，安徽歙县人张文卿在北京花市创办"张玉元"茶庄。1906年，张文卿在前门大栅栏观音寺开设第二家店，取名"张一元"，取"一元复始、万象更新"之意。1912年，又在大栅栏开设"张一元文记茶庄"，以"文"字表示为张文卿所开，三个茶庄以张一元文记为主。民国时期，张一元名噪北京城，因店址优越、经营得法、质量上乘而声名远扬，成为前门外"八大胡同"、澡堂子、戏园子顾客及京剧名家等的心头好。1925年，张文卿亲自到福建开办茶场，雇佣当地工人按季节收购新摘的茶叶，选最好的茉莉花自己熏制，再依北方人的口味就地窨制、拼配，形成具有特色的小叶花茶，以汤清、味浓、入口芳香、回味无穷被京城百姓认可。1952年，观音寺张一元茶庄和大栅栏的张一元文记茶庄合并。1956年公私合营后，张一元逐渐失去了专销花茶的原有特色，在计划经济年代里几度更名，"文革"期间先后改称红旗茶庄、大栅栏茶庄、闽春茶店。1982年，"张一元"的字号得以恢复。1992年，北京市张一元茶叶公司成立，张一元传统茉莉花茶制作工艺重新得以恢复，开始走上重振字号的新征程。1994年，张一元建立闽东生产基地——张一元茶叶有限公司。

张一元茉莉花茶主要采用福建烘青绿茶的春茶作为茶坯，这种茶坯吸香性好，且香、味清纯，能够很好地吸收茉莉花的香气，为后续制作出高品质的茉莉花茶奠定基础。张一元茉莉花茶对茉莉花的要求极为严格，选用花形饱满、大小均匀、色泽莹白的茉莉花，并且以夏至到处暑之间产的伏花为佳，因为伏花香气浓郁、持久。窨制是茶叶吸收茉莉花香气的关键过程，张一元茉莉花茶的窨制次数较多，通常会进行多窨次的窨制，有的甚至达到五窨、六窨以上。多次窨制使茶叶能够充分吸收茉莉花的香气，从而形成张一元茉莉花茶香气浓郁、持久，滋味醇厚的特点。在张一元茉莉花茶制作中，鲜花处理环节十分精细。例如伺花时，对花蕾进厂后的摊放、堆花、翻堆等操作的温度、时间控制要求严格，需反复摊堆3~5次，以养护鲜花品质，促使其匀齐后熟和开放吐香；筛花也有明确的标准，当茉莉花开放率和开放度达到相应要求时才进行付窨。张一元茉莉花茶烘焙时对温度和水分的控制有独特之处。随着窨次增加，烘焙温度逐渐降低，一般在80~120℃，并且对每窨次后的茶叶水分含量也有精确要求，如一般一窨水分约5%，二窨约6%，三窨约6.5%，以此逐窨增加。这种精细的温度和水分控制能够保证茶叶在吸收花香的同时，保持良好的品质和口感。张一元茉莉花茶对茶叶外形和内质都有较高的品质要求。在外形上，要求茶叶洁净匀整，提花前会严格去除茶叶在窨制过程中产生的夹杂物、片、末、花蕾等；内质上，追求香气浓郁、鲜灵持久，滋味醇厚鲜爽。虽然窨制环节对茶叶品质影响重大，但原料验收、茶坯处理、鲜花处理、烘焙等其他环节也不可或缺，它们共同作用，才成就了张一元茉莉花茶的高品质。

张一元茉莉花茶的品质特征主要体现在外观、香气、口感、汤色、叶底等方面，茶叶条索紧结匀整，如白雪香特级浓香型茉莉花茶干茶条索紧秀，茉莉龙毫外形扁平光润，挺秀匀整，茉莉毛尖外形条索紧细匀整。色泽绿润或黄绿润，部分茶叶白毫显露，如白雪香特级浓香型茉莉花茶干茶色泽墨绿，白毫显露，茉莉龙毫色泽嫩绿鲜润，茉莉毛尖色泽黑绿油润。

除了常见的条索状，还有特殊造型的，如特种茉莉花茶绣球浓香型手工云叶香珠，呈绣球状，颗颗饱满。张一元茉莉花茶的香气浓郁，冲泡后茉莉花香四溢，香气鲜灵持久，让人闻之心情愉悦。经过多道窨制工序，茉莉花的香气与绿茶的茶香完美融合，形成独特的风味，茶香中透着花香，花香又衬托出茶香，层次丰富。茶汤入口滋味醇厚，口感鲜爽，茶味与茉莉花香相互交融，相得益彰，没有苦涩或其他杂味，喝完后口中留香，回味悠长。有明显的回甘，甘甜的滋味在口中逐渐扩散开来。张一元茉莉花茶比较耐泡，多次冲泡后依然能保持较好的口感和香气。冲泡后的茶汤清澈透亮，色泽多为金黄明亮或黄绿明亮，如白雪香特级浓香型茉莉花茶茶汤金黄明亮，茉莉龙毫茶汤黄绿明亮。叶底鲜嫩，均匀舒展，色泽嫩黄。

2008 年，张一元茉莉花茶制作技艺经国务院批准列入第二批国家级非物质文化遗产名录，同年作为北京奥运村中国茶艺室的指定运营商服务奥运会、残奥会。2010 年，张一元茉莉花茶成功入选上海世博会"中国世博十大名茶"。2012—2021 年，"中国茶业首家亿元店"张一元总店连续 10 年年销售额突破亿元。2022 年 11 月 29 日，我国申报的"中国传统制茶技艺及其相关习俗"在摩洛哥拉巴特召开的联合国教科文组织保护非物质文化遗产政府间委员会第十七届常会上通过评审，列入联合国教科文组织人类非物质文化遗产代表作名录，张一元茉莉花茶制作技艺作为其中的国家级非遗项目也随之入选。

王秀兰是张一元茉莉花茶制作技艺的国家级代表性传承人。她 1972 年起从事茶叶相关工作，1992 年接任张一元总经理后，拜张家后人张世显为师专心学艺，寻回了张一元茉莉花茶独特口味，让失传已久的茉莉花茶窨制工艺重现京城。她还亲自制定了《张一元茉莉花茶企业标准》，推动传统制茶行业规范化，成功恢复了失传 58 年之久的茉莉毛尖传统工艺等。张一元作为企业，有专业的制茶团队，团队中的技术人员和制茶师傅们也在传承这一技艺。他们在王秀兰等老一辈传承人的带领和指导下，学习和掌握传统制作工艺，成为技艺传承的新生力量。

二、福州茉莉花茶

福州是茉莉花茶的发源地，已有近千年历史。茉莉花在秦汉时随佛教传入福州，福州逐渐成为茉莉之都。宋代香疗普及，中医对茶及茉莉花保健作用充分认识，福州茉莉花茶应运而生。清朝咸丰年间，其作为皇家贡茶，开始大规模商品化生产。

福州茉莉花茶茶叶采用榕春早、鼓山菜茶、罗源七境菜茶、福云 6 号等适制烘青绿茶的优良品种，采摘一芽二、三叶及幼嫩的对夹叶。茉莉花选用当天上午 10 时后采摘的含苞欲放的"当天花"，要求花冠筒伸长，外观饱满、肥大且洁白，带有花萼、花柄，不夹带茎梗。

窨制工序：包括茶坯处理、鲜花养护、茶花拌和、堆窨、通花、收堆、起花、烘焙、冷却、转窨或提花、匀堆装箱等数十道精细工序。上好的福州茉莉花茶根据年份、茶坯质地、气候的不同，要经过 6~9 窨提花后方能出厂。福州茉莉花茶花色繁多，茉莉春风、茉莉雀舌、茉莉龙团等都是其中的代表。

福州茉莉花茶外形条索紧细匀整，色泽黑褐油润，部分品种毫峰显露。香气浓郁，鲜灵持久，既带有茉莉花的芳香，又保持了绿茶的天然茶味，花香与茶香融合得恰到好处。滋味醇厚鲜爽，泡饮时能明显感受到茶叶的浓醇和茉莉花的鲜灵，纯正持久，饮后满口留香，且具有较好的耐泡性，一般可冲泡 3~5 次。冲泡后汤色金黄清明或黄绿明亮。叶底嫩匀柔软，匀嫩晶绿。

福州茉莉花茶曾获批中国国家地理标志保护产品、中国国家地理标志证明商标、中国国家农产品地理标志保护，入选中国国家知识产权局第一批地理标志运用促进重点联系指导名录，还荣获"世界名茶"等称号。2017 年，金砖国家领导人厦门会晤期间，习近平主席为闽茶"代言"。他送出的国礼，正是一套富有福建文化特色的茶礼盒。安溪铁观音、武夷山大红袍、福州茉莉花茶、福鼎白茶、武夷山正山小种，福建五种极具代表性的茶叶，共同展现"多彩闽茶"版图的绚丽。

福州茉莉花茶制作技艺于2014年列入第四批国家级非物质文化遗产代表性名录。2022年，福州茉莉花茶窨制工艺作为"中国传统制茶技艺及其相关习俗"的组成部分，被联合国教科文组织列入世界非物质文化遗产名录。

福州茉莉花茶制作技艺非遗传承人有很多，国家级传承人有陈成忠，也是福建省非物质文化遗产保护项目代表性传承人、福州茉莉花茶传统工艺传承大师，福州市香承百年茶业有限公司创始人。他15岁进入福建省福州茶厂当学徒，传承了福州茉莉花茶窨制工艺的真传，精于传统纯手工窨制，所制茉莉花茶为高端产品，曾参与多项标准起草和审定工作。王德星是闽王·王审知的第三十九代世裔孙，国家级非物质文化遗产保护项目（福州茉莉花茶窨制工艺）代表性传承人，"国茶工匠"制茶大师，闽榕茶业创始人，带领闽榕茶业在福州茉莉花茶领域取得诸多成就。市级传承人有陈铮，他出身百年制茶世家，是陈氏传统茉莉花茶窨制工艺的第四代掌门人，2023年底被评为福州第六批市级非遗项目花茶制作技艺（福州茉莉花茶窨制工艺）的代表性传承人，也是福州茉莉花茶传统窨制工艺传承大师。叶帆获得国家级非遗项目福州茉莉花茶传承人等多项荣誉，致力于福州茉莉花茶传统技艺传承与产业创新发展。此外，还有在2024年福州茉莉花茶传统工艺传承大赛中荣获"传承人"称号的谢红梅、郑海云、王钟浩等。

三、吴裕泰茉莉花茶

吴裕泰始创于清代光绪十三年（1887年），原名吴裕泰茶栈，创始人吴锡卿。吴锡卿出身安徽茶商世家，"裕泰"二字寄托了吴锡卿对茶栈生意兴隆、富足安定的美好期望，希望茶栈能够在商业经营中取得成功，实现财富的积累和事业的繁荣。是商务部首批认定的"中华老字号"。中华人民共和国成立后，更名为"吴裕泰茶庄"，"文革"期间曾改名为"红日茶店"，1985年恢复老字号"吴裕泰茶庄"，后发展成为北京吴裕泰茶业股份有限公司。

吴裕泰茉莉花茶以优质烘青绿毛茶为原料，在我国优质茶产地选育品类繁多的优良茶树品种，还建有加工厂保证供应。选用的茉莉花在气温高、日照充足的夏至到处暑之间采摘，坚持"上午不采，阴天不采，雨后三天不采"的原则。通过摊晾、养护、筛花等工艺流程保持鲜花生机，促进开放。将鲜花与茶拼和，对配花量、花开放度、温度、水分、窨堆厚度、时间严格把控。把在窨的茶拨开摊晾，利于鲜花恢复生机继续吐香，使茶坯均匀吸香。当花失去生机，茶坯吸收水分和香气到一定程度，根据堆温和窨品水温适时起花，要求茶中无花蒂、花叶，花渣中无茶叶。去除多余水分，便于转窨、装箱等，一般要反复窨制6次以上，高档花茶可达10余次。裕泰秘配是吴裕泰根据不同茶叶原料的品质特点，如茶叶的嫩度、香气、口感等，通过独特的比例和方法进行拼配的技术。它综合考量各种因素，将不同产地、品种、等级的茶坯以及在不同窨制阶段吸收了不同程度花香的茶叶进行科学搭配，形成具有吴裕泰独特风味"裕泰香"的茉莉花茶。

吴裕泰茉莉花茶茶叶条索紧结、匀整，芽头肥壮，白毫尽显。香气鲜灵持久，具有独特的"裕泰香"。滋味醇厚回甘,饮后唇齿留香。冲泡后汤色清澈明亮,赏心悦目。吴裕泰牌的茉莉牡丹绣球、茉莉雪针、莲峰翠芽等8个品种曾连续3年获国际名茶评比会金奖,并获日本、韩国评茶会名茶金奖。

2011年5月23日,花茶制作技艺(吴裕泰茉莉花茶制作技艺)经国务院批准列入第三批国家级非物质文化遗产名录,项目编号为Ⅷ-147。2022年,在联合国教科文组织保护非物质文化遗产政府间委员会第十七届常会上,"中国传统制茶技艺及其相关习俗"通过评审列入联合国教科文组织人类非物质文化遗产代表作名录,吴裕泰茉莉花茶制作技艺作为"中国传统制茶技艺及其相关习俗"的组成部分,也成为世界非物质文化遗产的一部分。孙丹威是吴裕泰茉莉花茶制作技艺的第五代传承人,也是第四批国家级非遗传代表性承人。1997年担任吴裕泰茶叶公司总经理,任职后提出发展连锁、振兴老字号的创新思路,使百年老店重获新生。她成功说服已退休的第四代传承人张文煜老先生重返岗位,确保了吴裕泰茉莉花茶制作技艺的完整传承。凌泽杰是国家级非物质文化遗产吴裕泰茉莉花茶制作技艺传承人,通过直播等方式积极传播吴裕泰茉莉花茶制作技艺和茶文化。

四、广西横县茉莉花茶

广西横县属典型的亚热带季风气候,长年雨量充沛,日照充足,气候温暖,土壤肥沃,有机质含量高,十分适宜茉莉花生长,为茉莉花茶的制作提供了优质的原料基础。横县茉莉花和茉莉花茶的产量分别占中国的80%和世界的60%,享有"中国茉莉之乡"和"世界茉莉花和茉莉花茶生产中心"的美誉。

横县种植茉莉花历史悠久,相传有六七百年历史,有文字可考始于明代。20世纪70年代末,横县茶厂开始引进双瓣茉莉花种植,并用其窨制茉莉花茶获得成功,拉开了横县茉莉花人工规模栽培和花茶加工的序幕。20世纪80年代初,商业部把广西横县确定为新的茉莉花茶加工基地,其独具特色的生产加工工艺得以传承。2000年开始,横县每年8月举办"全国茉莉花交易会",极大地提高了横县茉莉花产业的知名度。2007年,横县茉莉花产区成为国家级标准化示范区项目,茉莉花茶产业成了当地最具特色的农业优势产业和支柱产业。

横县茉莉花茶制作选用横县群体种、水凌1号等当地适宜茶树种的鲜叶,采摘单芽、一芽一叶等嫩度鲜叶,避免损伤。杀青时锅温"先高后低",闷扬结合,依鲜叶老嫩调整程度,使叶杀熟、杀透、杀匀;揉捻按"老热嫩冷"原则,"轻、重、轻"加压,保证成条率和细胞破碎率;干燥分毛火、摊晾、足干,控制含水量,制成烘青毛茶,再经精制得茶坯。茉莉花于三伏天下午2—3时花蕾精油浓度高、香气足。采摘后迅速摊晾,间隔半小时堆起、推开,反复操作,开放率达80%~85%时筛花,去杂备用。窨花前茶坯干燥,温度100~110℃、水分5%以下,烘干后摊晾。茶花拼合按特定配花量(鲜花/茶叶的比例为35~80千克/100千克)操作,堆温38~48℃,窨堆厚度35~55厘米,时间≤1.5小时。堆置窨花时,头窨堆温达45~48℃通花,窨制9~14小时起花。通花续窨、起花后烘干,按品质需求多次窨制或提花,最后匀堆装箱。

横县茉莉花茶条索紧细、匀整,芽叶鲜嫩,多毫或锋苗显露。干茶颜色墨绿油润或嫩绿油润，有明显的白毫。香气浓郁，鲜灵持久，茉莉花的清香与茶叶的醇厚香气完美融合，轻嗅之下，清新自然、心旷神怡，且冲泡多次后依然能够保持。初闻是清新的茉莉花香，细品之下又能感受到茶叶本身的清香，二者相互交织，相得益彰。茶汤入口顺滑，滋味醇厚，同时又不失清爽之感茉莉花的香气在口中散开后，回甘袭来，让人回味无穷，齿颊留香，给人带来愉悦的味觉享受。汤色黄绿明亮，清澈无杂质。叶底柔软、黄绿，叶片完整，展开后可见芽叶细嫩多芽。

2017年，横县茉莉花茶获评"中国优秀茶叶区域公用品牌"，并荣获中国美食节茶饮品牌金奖称号。2018年，横县茉莉花和茉莉花茶品牌价值达197.45亿元，同年获"中国茶事样板十佳"大奖。2020年7月，横县茉莉花茶入选中欧地理标志协定保护名录。南宁市级非物质文化遗产：2012年2月22日，横县茉莉花茶制作技艺被南宁市人民政府列入第五批南宁市级非物质文化遗产代表性项目名录。2012年5月30日，横县茉莉花茶制作技艺列入广西第四批自治区级非物质文化遗产代表性项目名录，非遗编号249。谢大高和周焕洪都是自治区级非遗项目横县茉莉花茶制作技艺传承人。谢大高是横县南方茶厂（广西莉香茶业集团有限公司）的创办者，家族中的第三代传人。自1984年从事茶业行业以来，培养100多名学徒，这些学徒大多已成为行业技术骨干。周焕洪是广西顺来茶业有限公司董事长，他向大众讲述茉莉花茶的历史渊源和文化内涵，积极开展相关文化讲座，让更多人了解横县茉莉花茶制作工艺，感受非遗文化的魅力。

五、珠兰花茶

据《歙县志》记载，清道光年间，琳村肖氏在闽为官，返里后始栽珠兰，初为观赏，后以窨花，这是有记载的将珠兰用于窨茶的较早时期，开启了珠兰花茶制作的探索之路。有说法称珠兰花茶的生产始于清乾隆年间，迄今已有200余年。在故宫博物院收藏的清代《内务府奏销档》中，有乾隆五十七年（1792年）五月初二日《呈为各省督抚所进土物清单》，其中记载了当年安徽巡抚所进土物中有"珠兰茶八桶"，可见当时珠兰花茶已成为地方进献宫廷的物产，一定程度上反映了其制作技艺已相对成熟且受到重视。到了清代咸丰年间，珠兰花茶开始大量生产，1890年前后，花茶生产已较为普遍，珠兰花茶也在这一时期得到更广泛的发展，成为中国主要花茶产品之一。据考证，歙县珠兰花茶是乾隆皇帝钦定的清代宫廷御茶，歙县琳村等地成为珠兰花茶的窨制中心，其制作技艺也在传承中不断发展和完善。

清晨采摘成熟饱满、黄绿的珠兰花，花枝不过一节半。进厂后手工摘花，剔除杂物，及时薄摊蒸发表面水。晴天采花要覆盖湿布或喷水，防止鲜花凋萎、花粒脱落与花香散失，选烘青、高级名茶或炒青为茶坯。付窨前复火，使含水量达4%~5%，冷却至32~34℃。此步骤对温度和含水量的精准把控，体现了传统技艺的精细。依茶叶老嫩定配花量，高级原料6千克左右，或达10千克；中档3~5千克；下档2~2.5千克。一般单窨，茶坯与鲜花拌匀，采用箱窨、囤窨或小块堆窨，窨堆厚30~40厘米。坯温升至40℃通花散热，降至32~35℃收堆续窨，下花量少、坯温不高可不通花，窨制20~30小时。此环节中配花量的把握和窨制过程的温度控制，是经验与技艺的传承。珠兰花枝细小，随茶复火，低温干燥。烘笼温度65~75℃，干燥机90~100℃，烘后含水量8%左右。利用珠兰花香持久特性，妥善贮藏，其清香更持久。干燥的温度控制和对珠兰花香特性的利用，彰显了非遗工艺的独特。歙县代表品种有珠兰烘青、珠兰大方、珠兰黄山芽、珠兰魁针等。

珠兰花茶的香气清香幽雅、鲜爽持久，带有明显的兰花香味，这种香气既有绿茶的清新，又有鲜花的芬芳，相得益彰。其香气似蕙兰，与其他花茶相比，珠兰花茶的香气更为独特，近闻似无，而愈远愈香，即使贮藏时间较长，其清香程度仍比其他花茶强。

2017年，安徽省人民政府公布的第五批省级非物质文化遗产代表性项目名录中，就包含了珠兰花茶制作技艺。方晓彬是珠兰花茶制作技艺的县级非遗传承人。

六、桂花茶

桂花茶是中国的主要茶类之一，属于花茶，是由桂花和茶叶窨制而成，将桂花的香气与茶叶的韵味完美结合，既有桂花的芬芳，又有茶叶的甘醇。主要产于广西桂林、湖北咸宁、四川成都、重庆等气候温和、雨量充沛、土壤肥沃，适宜桂花树和茶树生长的地区。

选用一芽二叶的鲜嫩茶叶作原料，采用杀青的制茶新工艺制成绿茶胚。也可取精制绿茶成品，烘热至30℃时窨制。要求茶胚叶片幼嫩，条索紧结、气味芳香，含水量在5%以下，待冷却到26~30℃时即可窨制。在桂花盛开期，在花朵呈虎爪形、金黄色、含苞初放时采摘，做到轻采、松放、快运，不可用竹竿敲打，以免花朵破伤而变红。采回鲜花要及时剔除花梗、树叶等杂物，尽快窨制。按原料配比茶胚窨花。若室内温度低于20℃时，用白布罩盖茶堆保持温度稳定，促使鲜花正常吐香。当茶胚吸香2~3小时、茶堆温度上升到40℃时，要及时扒开茶堆，上下翻动1次，让其散热。当茶堆降温至30℃以下时，须收拢成堆进行第2次窨花，使茶胚均匀吸香。待桂花呈萎蔫状态，花朵变成紫红色，手摸茶胚柔软而不粘手时，就应结束窨花，扒开茶堆，将花渣筛去，晾干后可配入茶中。要尽快复烘干燥，使含水量降至5%左右。

桂花烘青是桂花茶中的大宗品种，以广西桂林、湖北咸宁产量最大，并有部分外销日本、东南亚。外形条索紧细匀整，色泽墨绿油润，花如叶里藏金，色泽金黄，香气浓郁持久，汤色绿黄明亮，滋味醇香适口，叶底嫩黄明亮。

桂花乌龙是福建安溪茶厂的传统出口产品，主销东南亚和西欧。主要以当年或隔年夏、秋茶为原料。条索粗壮重实，香气高雅隽永，滋味醇厚回甘，汤色橙黄明亮，叶底深褐柔软。

桂花红碎茶是西南大学以天然桂花窨制红碎茶添香以代替人工加香的红茶所取得的一项成果，产品送往美国、法国获得好评。外形颗粒紧细匀整，色泽乌润，香味浓郁，甜爽适口，汤色红亮，叶底红匀，加工成袋泡茶香韵尤为细腻悠长，久久不散。

2008年，"丹桂茶制作技艺"被列入福建南平市第二批市级非物质文化遗产代表作名录；2009年，被列入福建省第三批省级非物质文化遗产代表性项目名录。2022年，"陈源茂桂花龙井茶制作技艺"被评为杭州市滨江区第七批非物质文化遗产代表性项目。桂林桂花茶制作技艺是广泛存在于桂林山区的一种古老手工传统制茶技艺，有四五百年的历史，是当地的非遗项目。

"丹桂茶制作技艺"非遗传承人有李增全、刘强、徐良华。另外，陈孙友、吴诚林、张明泰也都是"丹桂花茶窨制技艺"的市级传承人。陈七奇是陈源茂品牌创始人，秉持匠心精神，联合多位非遗传承人与炒茶大师，共同打造高品质的大师茶系列，为陈源茂桂花龙井茶制作技艺的传承和发展奠定了基础。李依宸是桂林桂花茶非遗传承人，她的先生是临桂区会仙镇山尾村人，桂花茶制作技艺在其家中代代相传，现在家中还保存有一整套家传、完整的桂林桂花茶制茶工具。

七、白兰花茶

白兰花茶属于花茶，亦称"玉兰花茶"，用白兰花或黄兰茶、含笑茶窨制，多以中、低档烘青做茶坯，是仅次于茉莉花茶的大宗产品，香味浓郁，主产广州、苏州、福州、成都等地。

白兰花茶制作时首先对茶坯进行复火，烘干机进口温度掌握在120℃左右，烘8~12分钟，使复火后茶坯含水量严格控制在4.5%~5%，窨花前茶坯温度控制在30~35℃，一般比室温高3~8℃，然后摊晾。根据茶坯质量、鲜花含水量和成品出厂水分标准而定，一般每100千克茶坯用5~6千克白兰花，级内茶坯用7~8千克，级外茶坯（茶片、茶末、茶梗）用花3~4千克。一般采用折瓣窨或切碎窨，其中以折瓣窨制品质最好，但在生产高峰期间，往往采用切碎窨制。白兰花茶鲜浓持久，纯粹的白兰花茶香气浓烈，能给人带来独特的嗅觉体验。浓厚尚醇，入口后能感受到茶汤的醇厚质感，同时伴有白兰花的香气，回味悠长。

虎丘位于江苏省苏州市古城区的西北部，茉莉花、白兰花、玳玳花并称为虎丘"三花"，以绿茶为茶胚，精选虎丘"三花"窨制的虎丘三花茶窨制技艺，被列入姑苏区第五批非物质文化遗产代表性项目。吴婷婷是苏州虎丘三花茶窨制技艺的重要传承人，吴婷婷作为民国时期苏州著名徽帮茶商吴子平的后人，出生于制茶世家，她的爷爷奶奶外公外婆分别拥有吴胜元、吴裕大、吴馨记、协源祥4个茶号，叔伯爷爷家也有汪瑞裕、吴世美、源丰积、协和等茶号。2019年12月，在姑苏区政府的支持下，苏州市源丰积茶业有限公司成立，吴婷婷作为原苏州茶厂公私合营的老字号徽商的第五代传人，正式接过传承的使命。

八、小结

花茶是茶类家族的重要成员，在我国茶叶市场地位重要，尤其受北方地区百姓喜爱。近年来，花茶市场呈多元化发展，人们对花茶品质和制作工艺要求更高。张一元、吴裕泰茉莉花茶及福州、横县茉莉花茶制作技艺各具特色，在历史传承、原料选取、制作工艺、品质特征等方面都有独特之处，且均已成为国家级乃至世界级非物质文化遗产，拥有各自的代表性传承人和品牌成就。珠兰花茶、桂花茶、白兰花茶等其他花茶品类也有着悠久的历史和独特的制作工艺、风味特点，承载着丰富的地方文化，其制作技艺也多被列入各级非物质文化遗产名录，有众多传承人在为其传承和发展努力。总之，各类花茶不仅是美味饮品，更是中华优秀传统文化的重要载体，体现了劳动人民的智慧和对生活品质的追求,在文化传承、经济发展、国际交流等方面都具有重要意义。

思政要点

1. 传统文化传承：各类花茶制作技艺历史悠久,被列为非遗,传承人的坚守延续先辈智慧,增强文化自信。
2. 工匠精神弘扬：花茶制作从选料至工艺各环节精益求精,体现追求卓越的工匠精神,激励各领域追求极致。
3. 创新发展意识：花茶市场多元,新品涌现,制作工艺和产品形式创新,老字号企业探索新经营模式促发展。
4. 地域文化融合：不同地区花茶具鲜明地域特色,反映当地环境与人文,各地花茶文化交流互鉴,展现了文化的多样与包容。
5. 民族自豪感激发：中国花茶制作技艺入选世界非遗,展示茶文化魅力底蕴,获世界认可,激发民族自豪感与爱国情。

第九节　少数民族特色茶制作技艺的非遗传承

在广袤的中华大地上,各少数民族凭借着独特的地理环境、生活习俗和智慧,孕育出了丰富多彩的特色茶制作技艺。这些技艺不仅是各民族生活中不可或缺的一部分,更是民族文化的瑰宝。从德昂族那蕴含着民族起源传说的酸茶制作技艺,到云南景东无量山彝族别具风味的烤茶,再到白族寓意深刻的三道茶,以及广西隆林彝族传统而精细的烤茶,还有傈僳族、瑶族、傣族等少数民族各具特色的茶制作技艺,每一种都承载着民族的记忆,展现着民族的精神风貌,它们共同构成了中华民族茶文化的绚丽画卷,值得深入了解、传承和弘扬。

一、德昂族酸茶

在德昂族的民间神话史诗《达古达楞格莱标》中提到,茶是德昂族的根。这种对茶的崇拜和依赖,为酸茶制作技艺的产生奠定了文化基础,反映出德昂族与茶的深厚渊源,暗示着酸茶制作技艺可能从德昂族的起源时期就已开始孕育。据推测,唐宋时期德昂族先民就开始制作酸茶。最初可能是德昂族在长期的生产生活中,为了便于保存茶叶,偶然发现将新鲜茶叶密封发酵后,茶叶不仅可以长期保存,还产生了独特的酸味和香气,于是逐渐摸索出了酸茶的制作方法。还有说法认为酸茶源于野生酸茶树种。

早期德昂族酸茶采用土坑发酵法,在茶叶采摘后,将其杀青后放到茶园中的深坑中掩盖封存,让茶叶在土里经过厌氧发酵。后来,随着陶器和竹子的广泛使用,酸茶制作技艺发展出了陶器法和竹筒法,即将茶叶放入陶器或竹筒中进行发酵。随着社会的进步和与外界交流的增加,德昂族酸茶制作技艺在传承传统的基础上也有所创新。一方面,传统的酸茶制作仍然在德昂族的一些村落中延续,老一代的制茶人通过口传心授的方式

将技艺传给年轻一代；另一方面，为了适应市场需求和现代生活方式，一些企业和传承人开始对酸茶制作进行改良和创新，如开发出了条状酸茶、酸茶包等新形式。

德昂族酸茶制作技艺主要有土坑法、竹筒法等，较常见的是竹筒法制作。选取一芽两叶的鲜叶，嫩度控制在3~4厘米，最多不超过6厘米，以保证茶叶品质。将采摘回来的鲜叶用竹编簸箕摊开，放在通风处自然晾干水分，不能让太阳直晒，防止茶叶水分过度流失及影响品相和质量。用干净的水冲洗茶叶，将茶叶中的杂质、小虫等漂出，起到初步消毒的作用。把冲洗好的茶叶进行蒸制，这是杀青的过程，关键在于把握火候，既要达到消毒目的，又要使茶叶散发茶香并保留新鲜度。将蒸好的茶叶晾至适温后开始揉茶，揉茶时间不能过短也不能过长，时间过长易将茶叶揉碎，力度需凭借经验和手感来控制。一边揉茶，一边将揉好的茶叶塞入大龙竹制成的竹筒内，塞紧。事先挖好一个土坑，土坑内需要放一层芭蕉叶或者当地一种具有防腐作用的野生竹芋属植物叶子。将竹筒口朝下放入土坑，顶部用石板压住，然后盖上泥土。发酵需要60~70天，期间不能打开、不能漏气、不能让土坑进水。待发酵完成后，趁天晴之日取出竹筒，在石臼中舂烂，揉成小团，压成饼状，剪成小块，暴晒5天即成。

德昂族酸茶可直接嚼食，这是一种传统的食用方式。在劳作间隙或日常生活中，德昂族人会取出一些酸茶放入口中慢慢咀嚼，既能解渴生津，又能提神醒脑。这种食用方式让人们能最直接地感受到酸茶的原汁原味，体验其独特的口感和风味。

德昂族酸茶可以泡茶饮用。先取适量酸茶，放入茶壶或茶杯中。由于酸茶经过发酵，茶叶较为紧实，可根据个人口味和茶具大小取5~10克。然后用沸水冲泡，第一泡浸泡时间可稍短，1~2分钟，后续每泡适当延长浸泡时间。冲泡后的酸茶，汤色会逐渐变化，一般呈现出橙黄或橙红的色泽。可根据个人喜好添加适量的蜂蜜、柠檬片等进行调味，增添不同的口感层次。

德昂族酸茶还可以煮茶饮用。将酸茶放入砂壶或铁壶中，加入适量的水，一般按照1∶50至1∶60的茶水比例。用小火慢慢煮，待水煮沸后，再继续煮3~5分钟，使茶叶中的成分充分释放出来。煮出的茶汤味道更加浓郁醇厚，香气也更为持久。这种煮茶方式适合多人饮用，尤其在德昂族的节日庆典或家庭聚会中较为常见。

2021年，云南省德宏芒市申报的德昂族酸茶制作技艺，经国务院批准列入第五批国家级非物质文化遗产代表性项目名录，遗产编号Ⅷ-268。德昂族酸茶制作技艺国家级非遗传承人为杨腊三。杨腊三是土生土长的出冬瓜村人，8岁起就跟着祖父学习酸茶制作，熟悉酸茶制作的全过程。退休后的他重操旧业，建起茶坊，改进酸茶品质，并将技艺传授给赵腊退、李岩所等30多名年轻人，推动德昂酸茶走出大山。

二、云南景东无量山彝族烤茶

云南景东无量山彝族烤茶采用哀牢无量山的晒青茶，多为普洱生茶。会加入炒至黄色的糯米，增添香甜味道和焦香气息；还会用到采自无量山3 000米以上的红豆草，其具有解毒祛邪、清肺理气的功效；此外，山河坝红糖、生姜、桂皮、花椒等也是常见配料，能使茶汤滋味更加丰富，驱寒暖胃。以土陶和紫砂制品的肚大口小、大小适中的烤罐为主要器具，搭配铁三脚架等在火塘上进行烤制。土陶和紫砂材质能更好地保留茶香,且在烤制过程中与茶叶、配料相互作用,赋予烤茶独特的风味。制作工艺讲究,先烤罐后烤料,制作时先将土罐放在炭火上烤热,再进行后续操作。烤热的土罐能使放入的糯米、茶叶等快速受热,更好地激发香气。例如,加入糯米后,能快速将其烤出香味。将茶叶和炒黄的糯米放入热罐后,要边烤边抖动,让糯米的香气和茶叶香气充分融合,至茶叶泛香、糯米焦黄。"百抖茶"以腕力抖罐,避免米糊底,使茶香米香充分逸出,待香气扑鼻时,注入沸水开始煮茶,再依次加入红糖、桂皮、姜片和花椒等继续在炭火上煮沸。通过煮茶的方式,让茶叶、配料的成分充分释放,相互交融,形成独特的口感和风味。

烤茶在彝族的日常生活和重要场合中,是表达情感、交流思想的重要方式,体现了热情好客的传统。如有客人来访时,主人会邀请客人一起围坐火塘品尝烤茶,增进彼此感情。

无量山彝族烤茶有许多传说故事,如与治病、灵鸟衔茶等相关,为其增添了神秘色彩和文化底蕴,使其不仅仅是一种饮品,更是彝族文化的重要载体。

云南景东无量山彝族烤茶技艺列入普洱市市级非物质文化遗产名录。云南景东无量山彝族烤茶技艺非遗传承人是陈慧明。陈慧明作为普洱市祭茶祖仪式主祭司、非物质文化遗产传承人,在首届民族茶艺大赛中作为主"泡手"表演了"景东无量山彝族烤茶——彝家煳米罐罐香茶"并获得银奖,让这一传统技艺受到更多关注。

三、白族三道茶

白族三道茶是云南白族招待贵宾时的一种饮茶方式,也是白族古老的品茶艺术,起源于8世纪南诏时代,传承至今已有千余年历史。早在唐代《蛮书》中就有记载,明代徐霞客来大理时,也被这种独特的礼俗所感动,在他游记中描述为"注茶为玩,初清茶、中盐茶、次蜜茶"。三道茶分别为苦茶、甜茶、回味茶,寓意着人生的三种境界:"一苦,二甜,三回味"。它不仅是一种饮茶习俗,更是白族人民对人生哲理的深刻感悟和对生活的智慧总结,体现了白族人民对生活的热爱和对客人的尊重。

苦茶主要选用优质的绿茶或普洱茶,如大理特产的沱茶,还需用到小砂罐等器具。甜茶是在茶叶的基础上,加入乳扇、核桃仁、红糖、桂皮等,其中乳扇是白族地区的特色乳制品,口感鲜嫩,为甜茶增添了浓郁的奶香。回味茶原料包括蜂蜜、炒米花、花椒、姜、核桃仁等,蜂蜜的天然甜味使茶更加醇厚,而花椒、姜等则带来了独特的麻辣味道,使口感更加丰富。

苦茶制作时,先将水烧开,司茶者把小砂罐置于文火上烘烤,待罐烤热后,取适量茶叶放入罐内,不停转动砂罐,使茶叶受热均匀,待罐内茶叶"啪啪"作响,叶色转黄,发出焦糖香时,立即注入烧沸的开水,少顷,将沸腾的茶水倾入茶盅,一般只有半杯。甜茶制作时,客人喝完第一道茶后,重新用小砂罐置茶、烤茶、煮茶,同时在茶盅内放入少许红糖、乳扇、桂皮等,待煮好的茶汤倾入八分满为止。回味茶的煮茶方法与前两道类似,只是茶盅中放的原料换成适量蜂蜜、少许炒米花、若干粒花椒、一撮核桃仁等,茶容量通常为六七分满。

大凡宾客上门,主人一边与客人促膝谈心,一边吩咐家人架火烧水。待水沸开,由家中或族中最有威望的长辈亲自司茶。主人依次向宾客敬献苦茶、甜茶、回味茶，客人需按照顺序依次品尝。品尝时，要小口慢饮，细细品味每道茶的滋味，感受其中蕴含的人生哲理。白族三道茶是白族民间婚庆、节日、待客的茶礼，也是大理旅游的保留节目。在重要场合，如欢迎客人和来宾时，显得更加隆重和热烈，每一道茶都伴有 3~5 个节目，身穿漂亮民族服装的"金花"和"阿鹏"们载歌载舞，边表演边劝茶。

2022 年 11 月 29 日，茶俗（白族三道茶）作为"中国传统制茶技艺及其相关习俗"中的一个子项目，在摩洛哥拉巴特召开的联合国教科文组织保护非物质文化遗产政府间委员会第十七届常会上通过评审，被列入联合国教科文组织新一批人类非物质文化遗产代表作名录。2014 年 11 月，大理白族三道茶经国务院批准列入第四批国家级非物质文化遗产代表性项目名录，项目编号是 X-107。白族三道茶有一些州级等层面的代表性传承人，如董金香、董丽、乔献营等。董金香是大理白族三道茶州级代表性传承人，她 15 岁开始潜心研习三道茶。初中毕业后，在喜洲宝成府、蝴蝶泉公园等地制作白族三道茶。2008 年成立大理白家农耕民俗文化发展有限公司，致力于白族三道茶体验制作、培训及歌舞表演等。董丽是大理三道茶州级传承人，大学毕业后从事茶艺工作，成立了大理龙龛白族三道茶传习所、大理凤阳邑茶马古道（凤阳茶室）三道茶教学基地和体验馆等，举办过 100 多场公益活动，还注重走进校园传承三道茶文化。

四、广西隆林彝族传统烤茶

广西隆林彝族传统烤茶技艺具有多方面的特点。广西隆林彝族传统烤茶原料选取讲究，茶叶通常采自清明前后的古茶树，选择一芽二叶或三叶的鲜嫩芽叶。古茶树生长环境优良，茶叶品质高，营养成分丰富，为烤茶独特的风味和品质奠定基础。且只在举行祭茶开山仪式后才开始采摘，赋予了茶叶采摘特殊的仪式感和文化内涵。

广西隆林彝族传统烤茶制作工艺复杂精细，涵盖采茶、挑拣、炒茶（杀青）、揉捻、发酵、荫干、储藏等多个制茶步骤，每个环节都有严格要求和独特技巧。如炒茶时对炉灶、火候、时间把控精准；揉捻需按特定手法和次数操作；发酵要依据气温和芽叶状况掌握时间。烤茶阶段也有烤陶、烤茶、冲泡等步骤，其中对烤陶温度判断靠手试温，十分考验经验。整个制作过程复杂精细，体现了彝族人民高超的制茶技艺。

使用的器具多为传统的陶器、土陶罐等，这些器具在烤茶过程中能更好地保留和激发茶叶香气，与现代器具相比，赋予烤茶独特的风味和质感。例如，陶器烤茶时的受热特点，对茶叶烘烤效果有重要影响，使烤茶带有独特的"土味"和焦香。制成的烤茶具有独特的风味，茶叶经过烘烤，茶香浓郁醇厚，带有特殊的焦香气息。冲泡后的茶汤色泽浓厚，入口滋味强烈，先苦后甘，回甘悠长，给人带来丰富的味觉体验，与其他茶饮风味明显不同。

烤茶在隆林彝族的生活中不仅是饮品，更是文化载体。从茶叶采摘前的祭茶开山仪式，到围坐火塘烤茶的过程，都蕴含着彝族的传统习俗、社交礼仪和家庭观念。例如，围坐火塘烤茶是家人团聚、招待客人的重要方式，体现了彝族人民热情好客、重视亲情友情的文化传统。

广西隆林彝族传统烤茶技艺是彝族人民世代相传的传统技艺，传承过程中保留了古老的制作方法和传统习俗，历经岁月仍保持其独特性和完整性，体现了彝族文化的延续性和稳定性。

2020年12月27日，广西壮族自治区人民政府印发《广西壮族自治区人民政府关于公布第八批自治区级非物质文化遗产代表性项目名录的通知（桂政发〔2020〕45号）》，隆林彝族传统烤茶技艺被列入第八批自治区级非物质文化遗产代表性项目名录。隆林彝族传统烤茶技艺非遗代表性传承人为黄子芳。黄子芳作为隆林彝族协会的会长，50多年来一直坚持烤茶这一生活方式。他致力于隆林彝族传统烤茶技艺的传承与推广，培养了3名学徒，常在"彝族火把节"等节庆旅游活动中，带领游客们参与、体验烤茶。

五、其他

还有一些少数民族特色茶制作技艺虽然尚未明确列入国家级或省级非物质文化遗产名录，但非常有特色。如傈僳族辫子茶、瑶族手工茶、傣族竹筒茶制作技艺。

傈僳族辫子茶制作技艺源自明清时期，原料选取临沧市双江自治县勐库镇的高山大叶种春茶茶青，采摘后的茶青进行单批杀青时，将茶叶放入特制的杀青设备中，经过杀青的茶叶进行揉捻，为后续的发酵和香气形成奠定基础，同时使茶叶初步形成条索状，后续编织成辫子形状，又称为头人茶、朝贡茶。匠人们凭借精湛的手工技艺，将揉捻后的茶叶依照一定的顺序和密度编织成辫子状，编织时要保证辫子的紧密度和均匀度，使辫子茶外形美观、紧实。这是辫子茶制作的关键环节。编织好的辫子茶可选择自然晾晒或放入干燥箱中进行干燥，使茶叶水分降至合适程度，便于长期保存，同时进一步固定茶叶的形状和品质。

瑶族手工茶制作技艺，作为瑶族人民智慧与文化的结晶，在2024年被成功列入广西昭平县第九批非物质文化遗产代表性项目名录，成为当地文化传承与保护的重要成果。这一独特的技艺源自广西昭平县仙回乡，那里群山环绕，云雾缭绕，土壤肥沃，为茶树的生长提供了得天独厚的自然条件。瑶族手工茶的茶青一般选取一芽三叶，在制作瑶族手工茶时，其工艺有着独特的讲究。杀青这一关键环节尤为重要，温度须不低于300℃。在炽热的铁锅中，经验丰富的制茶师傅们凭借着娴熟的手法，或单手深抄上挑，或双手上下翻飞，让鲜嫩的茶青在锅中快速翻炒。高温瞬间锁住了茶叶的色泽与营养成分，同时激发出茶叶中独特的香气物质。经过杀青及后续一系列精细的工序，制成的瑶族手工茶品质卓越。茶汤入口，滋味醇厚饱满，茶香高锐且持久，明显的栗香更是瑶族手工茶的一大特色。瑶族手工茶制作技艺不仅是一种制茶的方法，更是瑶族文化的重要载体。它承载着瑶族人民世代相传的生活智慧、审美情趣和民族情感。如今，被列入非物质文化遗产代表性项目名录，无疑为这一珍贵的技艺带来了新的发展机遇。未来，我们期待着瑶族手工茶制作技艺能够得到更好的传承与发扬，让更多的人品尝到这一独特的茶香，感受到瑶族文化的魅力。

傣族竹筒茶制作技艺独特，主要有传统烘烤法和蒸制烘烤法两种。传统烘烤法原料选择晒干的春茶或毛茶，竹子选用生长期为一年左右的，直径5~8厘米。还需准备火塘、三脚架、木棒等工具。将选好的茶叶直接装入嫩香的竹筒内，放在火塘三脚架上烘烤，6~7分钟后，竹筒内的茶便软化，用木棒将竹筒内的茶压紧，然后再填满茶继续烘烤，如此边填、边烤、边压，直至竹筒内的茶叶填满压紧。用新鲜竹叶将竹筒口封住，继续用文火烘烤，直至竹筒变为黄色。待茶叶烘烤完毕，用刀剖开竹筒，取出圆柱形的竹筒茶。

蒸制烘烤法需准备晒青毛茶、糯米、香竹筒、小饭甑、纱布、甜竹叶、炭火等。在小饭甑中先铺上6~7厘米厚浸足了水的糯米，在糯米上铺一层干净的纱布，再放上一层晒青毛尖茶，盖上盖子用大火蒸15分钟左右，待茶叶软化并充分吸收糯米的香气。将蒸过的茶叶立即装入事先准备好的竹筒内，边装边用小木棍捣紧，装到八分满即可。用甜竹叶堵住竹筒口，将竹筒放在炭火上以文火慢慢烘烤，约5分钟翻动竹筒一次，待筒内茶叶全部烘干。制成的竹筒茶既有茶香，又有甜竹的清香和糯米香，可掰下少许放在碗中，用沸水冲泡3~5分钟后饮用。

2023年，傣族竹筒茶制作技艺被列入勐海县第八批县级非物质文化遗产代表性项目名录。2023年11月21日，西双版纳州人民政府公布的西双版纳州第七批州级非物质文化遗产代表性项目名录中，包含傣族传统竹筒茶制作技艺。

六、小结

少数民族特色茶制作技艺是中华民族传统文化宝库中的璀璨明珠。无论是德昂族酸茶制作技艺中体现出的民族与茶的深厚渊源，还是彝族烤茶中独特的配料和制作工艺所承载的民族习俗，亦或是白族三道茶蕴含的人生哲理，都展现了各民族独特的文化内涵。广西隆林彝族传统烤茶以其复杂精细的制作工艺和独特风味，成为彝族文化的重要象征。而傈僳族辫子茶、瑶族手工茶、傣族竹筒茶等特色茶制作技艺，虽在传承和发展过程中面临着不同的情况，但都在以各自的方式延续着民族文化的脉络。这些特色茶制作技艺不仅是饮品的制作方法，更是民族情感、智慧和精神的寄托。在当今时代，我们应重视对这些技艺的保护、传承与创新，让它们在新的历史时期焕发出新的活力，为中华民族文化的繁荣发展贡献力量。

思政要点

1. 文化自信：各少数民族特色茶制作技艺作为中华民族文化的重要组成部分，展现了中华民族文化的多样性和独特魅力，有助于增强民族文化自信。

2. 民族精神：从茶叶的采摘、制作到饮用等环节，体现了各少数民族人民的勤劳智慧、团结协作以及对生活的热爱等民族精神。

3. 传承创新：在传承传统制作技艺的同时，一些技艺也在适应现代社会的发展进行创新，如德昂族酸茶开发新形式，体现了对传统文化的传承与创新精神。

4. 文化交流：各少数民族茶制作技艺的存在和发展，促进了不同民族之间的文化交流与融合，体现了中华民族多元一体的格局。

5. 非遗保护意识：众多少数民族茶制作技艺被列入各级非物质文化遗产名录，以及传承人的努力传承，反映了对非物质文化遗产的保护意识和责任感。

参考文献

陈杜，2010. 强黑茶时代［M］. 北京：当代世界出版社.

陈焕堂，林世伟，2016. 乌龙茶的世界［M］. 北京：北京联合出版公司.

陈兴华，2019. 福鼎白茶［M］. 福州：福建科学技术出版社.

福建省人民政府新闻办公室，2019. 福州茉莉花茶［M］. 福州：福建科学技术出版社.

韩亮，2010. 中国黑茶［M］. 济南：泰山出版社.

洪漠如，2019. 安化黑茶［M］. 武汉：华中科技大学出版社.

李路，2024. 普洱贡茶［M］. 昆明：云南人民出版社.

李雪松，2025. 茶香中国——普洱茶之乡［M］. 北京：世界图书出版公司.

梁名志，2023. 德昂族酸茶［M］. 昆明：云南科技出版社.

刘建福，2018. 中国乌龙茶种质资源图鉴［M］. 厦门：厦门大学出版社.

彭青，2023. 恩施玉露及其制作技艺［M］. 北京：北京理工大学出版社.

苏易，2017. 红茶品鉴［M］. 北京：中国商务出版社.

王岳飞，2022. 绿茶［M］. 台北：崧烨文化出版社.

吴远之，2018. 精通普洱［M］. 沈阳：辽宁人民出版社.

杨丰，2014. 政和白茶［M］. 北京：中国农业出版社.

杨江帆，2008. 福建茉莉花茶［M］. 厦门：厦门大学出版社.

张水存，2018. 中国乌龙茶［M］. 厦门：厦门大学出版社.

张星海，冉茂垠，2015. 黄茶加工与审评检验［M］. 北京：化学工业出版社.

赵丈田，2017. 中国名茶君山银针［M］. 武汉：湖北科学技术出版社.

郑建新，2015. 中国红茶［M］. 黄山：黄山书社.

中国茶叶博物馆，2024. 西湖龙井茶语［M］. 杭州：浙江教育出版社.

周红杰，2017. 民族茶文化［M］. 昆明：云南科技出版社.

周重林，张宇，2021. 云南红茶教科书［M］. 武汉：华中科技大学出版社.

第六章 茶学前沿

第一节 茶树基因组学研究进展

随着测序技术的不断发展和应用，功能基因组学在茶树生物学研究中逐渐占据了基础性地位。功能基因组学通过对茶树基因功能的解析，能够深入了解茶树的生长发育、生理代谢等生物学过程，从而为茶树的遗传改良和品质提升提供理论依据。

在茶树基因组学研究领域，目前已经成功构建了一个全面且具有重要价值的茶树基因组和转录组数据库——TPIA（茶树信息档案）。该数据库整合了大量关于茶树基因组和转录组的信息，涵盖了茶树不同品种、不同组织以及不同生长发育阶段的基因表达数据。它不仅为茶树基因的挖掘和功能研究提供了丰富的数据资源，还成为了茶树生物学研究中不可或缺的重要工具，极大地推动了茶树基因组学研究的进展。

我国在茶树全基因组及代谢调控分子机制的研究方面成绩斐然，取得了一系列具有重要科学意义和应用价值的成果。茶树基因组具有高杂合、高重复和基因组大等独特特点，这些特点给茶树全基因组的研究带来了巨大的挑战。然而，面对这些困难，我国众多高校和科研研究所，如安徽农业大学、中国科学院昆明植物研究所、中国农业科学院茶叶研究所、华南农业大学、湖南农业大学、华中农业大学等单位，凭借着先进的研究设备、专业的科研团队和不懈的努力，一直专注于茶树全基因组的研究工作。

在研究过程中，科研人员充分利用了单分子测序（PacBio）和染色体构象捕获（Hi-C）等先进的技术手段。单分子测序技术能够直接对单个DNA分子进行测序，避免了传统测序技术中PCR扩增带来的误差，从而提高了测序的准确性和完整性。染色体构象捕获技术（Hi-C）则可以通过检测染色体上不同区域之间的相互作用，来解析染色体的三维结构，进而获得染色体级别的基因组组装。通过这些先进技术的综合运用，研究者成功获得了染色体级别的茶树高质量参考基因组序列。

目前，关于茶树全基因组的研究仍在持续深入进行。早期获得的茶树全基因组序列相对较为粗放，存在一些不准确和不完整的地方。随着研究的不断推进和技术的不断改进，全基因组序列逐渐从相对粗放发展到比较精细的程度。这些基础研究成果不仅为深入理解茶树的生物学特性和遗传机制提供了重要的支撑，还为下一轮中国茶产业的发展，尤其是茶树种质资源创新奠定了坚实的理论基础。同时，这些成果将会在全球范围内共享，为世界茶树生物学研究和茶产业的发展作出重要贡献。

一、全基因组测序

全基因组测序（WGS）作为下一代测序技术的重要组成部分，其核心在于能够以快速且低成本的方式，精准确定生物体完整的基因组序列。该技术通过对基因组整体开展高通量测序，能够全面分析不同个体之间在基因组层面的差异，同时还可以完成单核苷酸多态性（SNP）的检测以及基因组结构注释等关键工作。

全基因组测序所产生的结果蕴含着丰富且完整的信息。与外显子测序或靶向测序相比，它能够获取到更多、更全面的数据。并且，在鉴定单核苷酸变异（SNP）、插入和缺失突变（Indel）等方面，全基因组测序具有显著优势。鉴于这些突出的特点和优势，全基因组测序逐渐成为了临床研究和基础研究领域的重要选择之一。近年来，随着测序技术的持续进步，如测序仪器的不断升级、测序算法的优化等，同时测序成本也在不断降低，这使得全基因组测序不再是遥不可及的高端技术，而是逐渐普及，成为众多科研和临床应用中切实可行的手段。

茶在国际社会的经济与文化发展中占据着重要地位，尤其是在许多发展中国家的农村地区，茶产业对于减贫和推动农村经济发展发挥着不可替代的作用。然而，尽管茶在全球经济产业中贡献巨大，但茶树的基础生物学研究和育种效率却相对滞后。当前，茶树的育种工作面临着诸多挑战，如缺乏对茶树重要农艺性状相关基因的深入了解，导致育种过程中难以精准选择优良的亲本材料，育种效率低下。因此，高质量的茶树基因组数据对于促进茶树的基础生物学研究和分子育种工作显得尤为重要。

茶树基因组自身具有一些独特的特性，给测序和组装工作带来了巨大的挑战。茶树基因组大小约为 3 Gb，规模庞大。并且，其基因组中重复序列含量超过 70%，这些重复序列的存在使得基因组测序后的组装工作变得异常复杂。此外，茶树自交不亲和的特性导致其基因组高度杂合，进一步增加了测序和组装的难度。

随着基因组测序技术的迅猛发展，2017 年中国科学院昆明植物研究所的研究团队取得了重要突破，他们发布了基于二代测序技术获得的大叶种云抗 10 号茶树基因组。这一成果为茶学研究打开了新的局面，茶学研究人员开始基于该基因组信息在茶树全基因组范围内开展深入的基础科学研究。

在最新的研究进展方面，一些研究团队利用全基因组测序技术，深入挖掘茶树中与品质相关的基因。例如，通过对不同品种茶树基因组的比较分析，发现了一些与茶叶香气物质合成相关的基因家族，如萜烯类合成酶基因家族。这些基因的表达差异会导致不同茶树品种在香气成分和含量上存在显著差异。同时，研究人员还发现了一些与茶叶中儿茶素、咖啡碱等重要次生代谢产物合成相关的关键基因，通过对这些基因的调控，有望改善茶叶的品质。

在茶树抗病性研究领域，全基因组测序也发挥了重要作用。研究人员对感染不同病害的茶树进行全基因组测序，通过分析基因组变异，鉴定出了一些与茶树抗病性相关的基因位点。例如，在茶树抗炭疽病的研究中，发现了一些编码抗病蛋白的基因，这些基因的功能验证和应用将为茶树抗病育种提供新的靶点。

此外，在茶树遗传多样性研究方面，利用全基因组测序数据，研究人员能够更准确地评估不同茶树品种之间的遗传关系和遗传多样性水平。通过对大量野生茶树和栽培茶树品种的基因组分析，揭示了茶树的起源和演化历史，为茶树资源的保护和利用提供了重要的理论依据。同时，基于全基因组测序的关联分析，还可以筛选出与重要农艺性状相关的分子标记，加速茶树分子育种的进程。

二、全基因组重测序

全基因组重测序（WGRS）是一种针对已知参考基因组和注释的物种所开展的技术手段，具体操作是对不同个体进行全基因组测序，在完成测序后，进一步在这个基础上对个体或者群体实施差异性分析，其核心目的在于鉴定出与某类表型相关的单核苷酸多态性。

全基因组重测序技术目前已经在众多植物物种的研究中得到了广泛应用。以棉花为例，通过该技术可以精准检测出棉花基因组中的变异位点，这对于棉花的遗传育种以及品种改良有着重要的指导意义。在水稻研究领域，全基因组重测序被用于基因组关联分析，借助对大量水稻个体基因组的测序和分析，能够找出与水稻重要农艺性状（如产量、品质、抗病性等）相关的基因位点，为水稻的分子设计育种提供关键的理论依据。对于梨的研究，全基因组重测序则助力于探究梨的起源和进化历程，通过比较不同品种梨基因组差异，追溯梨在漫长进化过程中的演变轨迹。

随着测序技术的不断革新以及生物信息学方法的持续完善，茶树基因组学领域取得了重大进展。截至目前，科研人员已经成功组装出了多个达到染色体水平的茶树基因组，这些高质量的基因组为茶树研究搭建了坚实的基础平台。与此同时，针对数百种不同的茶叶基因型，已经开展了基因组重测序或 RNA 测序工作。这些海量的数据信息，极大地推动了对茶树基因组进化的深入理解。例如，研究发现茶树在进化过程中存在着频繁的种内和种间基因渗入现象，这种基因交流对茶树的遗传多样性和适应性产生了深远影响。并且，通过对这些测序数据的分析，还成功阐明了众多与重要茶类性状相关的遗传和分子机制，如茶叶的香气成分合成、滋味物质积累、抗逆性等方面的遗传基础。

然而，目前在茶树基因组学研究中，上述的许多分析还存在一定的局限性。多数分析是基于单个参考基因组物种以及仅有的几个种质资源的短读重测序数据，这种相对单一的数据来源可能无法全面反映茶树基因组的多样性和复杂性。或者仅仅是基于转录组水平的测序，转录组测序虽然能够反映基因的表达情况，但无法提供完整的基因组结构信息，这对于深入研究茶树的遗传变异和进化机制存在一定的阻碍。

在茶学领域的最新研究中，一些科研团队开始尝试采用更先进的技术手段来克服这些局限。一方面，运用长读长测序技术（如 PacBio 和 Nanopore 测序技术）对茶树基因组进行测序。长读长测序技术能够跨越基因组中的重复区域，获得更长的连续序列，从而更准确地组装茶树基因组，解决短读测序在重复区域难以准确拼接的问题。通过这种方式，可以挖掘出更多隐藏在基因组中的遗传信息，发现新的基因和调控元件。另一方面，整合多组学数据进行联合分析成为新的研究趋势。除了基因组测序数据外，结合转录组、蛋白质组和代谢组等多组学数据，从多个层面全面解析茶树的生物学过程。例如，通过关联分析基因组中的变异位点与转录组中基因表达水平的变化，以及蛋白质组和代谢组中相关物质的含量差异,深入探究茶树重要性状形成的分子调控网络。

此外,在茶树遗传多样性研究方面,一些研究开始扩大种质资源的采样范围,不仅包括常见的栽培品种,还涵盖了更多的野生茶树资源以及地方特色品种。通过对大量不同来源茶树的全基因组重测序,构建更完善的茶树遗传图谱,更准确地评估茶树的遗传多样性水平,挖掘潜在的优良基因资源,为茶树的遗传改良和品种创新提供更丰富的素材。

在茶树抗病虫性研究中,利用全基因组重测序技术对不同抗病虫性的茶树品种进行分析,筛选出与抗病虫性状相关的关键基因和分子标记。进一步通过基因编辑技术对这些基因进行功能验证和调控,为培育具有更强抗病虫能力的茶树品种提供技术支持。

三、全基因组关联分析

全基因组关联分析(GWAS)是一种建立在连锁不平衡原理基础之上的分析方法。其核心操作流程是,通过对大量群体样本的遗传变异信息进行检测,并将这些遗传变异信息与群体样本所呈现的特征进行关联分析,进而挖掘出与目标性状相关联的遗传位点。这些遗传位点的发现,能够为作物目标性状的改良提供坚实的理论基础,同时也为分子育种领域开拓了新的研究途径与思路。

在作物研究领域,全基因组关联分析已经在玉米、大豆、水稻等常见作物中得到了广泛且深入的应用,并取得了显著的成果。然而,在茶树研究方面,虽然全基因组关联分析在茶树多表型性状、茶树育种、茶叶品质成分和茶叶饮用等方面也取得了一定的研究进展,但相较于上述常见作物,茶树领域的研究仍存在明显的滞后性。

茶树作为一种主要生长在热带、亚热带地区的经济作物,由于其生长环境的多样性以及品种的丰富性,不同地区、不同品种的茶树在树型和叶片表型上存在着较大的差异。即使是处于同一地区的不同茶树品种,其叶片表型也可能表现出显著的不同。从树型方面来看,茶树主要可以分为灌木、小乔木和乔木三种类型;而在树姿方面,则主要包括直立、半开张和开张三种形态。不同地区、不同品种的茶树在树型和树姿上呈现出明显的差异,这使得树型和树姿成为了茶树分类和品种选育过程中的重要依据。

在茶学领域的最新研究中,有研究者针对云贵高原古茶树展开了深入研究。他们将云贵高原古茶树的树型、叶形、叶色、叶身等详细的表型数据与遗传数据相结合,进行全基因组关联分析。通过这一研究手段,成功揭示了云贵高原古茶树的多样性和进化、驯化机制。在研究过程中,系统进化分析结果与主成分分析(PCA)结果高度一致,根据分析结果,将120株古茶树主要划分为3类和5个单分支;进一步的遗传结构分析则将这些古茶树细分为7个亚群。最后,通过整合全基因组关联分析、选择信号和基因功能预测的结果,鉴定出了4个候选基因与3个叶片性状显著相关,同时还有2个候选基因与植物株型显著相关。这些候选基因的发现,为后续茶树的功能鉴定和遗传改良工作提供了重要的基因资源,有望在茶树品种改良中发挥关键作用。

茶叶品质一直以来都是茶叶研究领域的重点关注方向。茶叶的品质是由茶叶中多种生化成分共同决定的,其中,次生代谢物如儿茶素、茶多酚和咖啡碱等对茶叶品质的影响尤为显著。在当前的研究中,不少研究者对基因组预测(GP)和全基因组关联分析在茶品质相关代谢物遗传育种方面的潜力进行了评估。他们使用SNP检测技术，对来自150个茶树种质的DNA测序结果中的限制性相关位点进行分析。通过对全基因组关联分析和基因组预测的综合分析，成功鉴定出了与预测代谢物相关的潜在候选基因。在这150份材料的研究中，每个代谢物通过全基因组关联分析鉴定出了80~160个SNP，最终确定了13个与没食子儿茶素没食子酸酯（EGCG）和咖啡碱含量相关的常见候选基因。这些候选基因的确定，为深入研究茶叶品质成分相关的基因提供了基础，对于培育高品质的茶树新品种具有重要的指导意义。

此外，全基因组关联分析在茶树育种中的另一个重要应用方向是为茶树育种提供分子标记。通过挖掘与茶树抗性相关的遗传位点，能够加快茶树抗性基因鉴定的研究进程。在实际的育种工作中，利用这些分子标记可以更精准地筛选出具有抗性的茶树品种，从而最终提高茶树抗性品种的育种效率。随着研究的不断深入，基于茶树抗性的全基因组关联分析将会逐渐成为茶树育种研究领域的热点方向，有望为茶树产业的可持续发展提供有力的技术支持。未来，随着测序技术的不断进步和生物信息学分析方法的日益完善，全基因组关联分析在茶树研究中的应用将会更加广泛和深入，为茶树的遗传改良和产业发展带来更多的机遇和突破。

四、小结

功能基因组学在茶树生物学研究中占据基础地位，为遗传改良和品质提升提供理论依据。茶树基因组和转录组数据库TPIA整合了丰富信息，推动了相关研究进展。我国在茶树全基因组及代谢调控分子机制研究成绩斐然，利用先进技术获得高质量参考基因组序列。全基因组测序、全基因组重测序、全基因组关联分析等技术在茶树研究中各有应用，既取得了挖掘品质相关基因、揭示遗传多样性等成果，也面临数据来源单一等局限。目前，新的技术手段如长读长测序、多组学联合分析等正被采用以克服局限，未来茶树基因组学研究有望为茶产业发展带来更多机遇和突破。

思政要点

1. 科技创新精神：我国众多高校和科研研究所在茶树基因组研究中，面对茶树基因组高杂合、高重复等挑战，凭借先进设备、专业团队和不懈努力，利用先进技术取得重要成果，体现了勇于探索、敢于创新的科研精神。

2. 合作意识：茶树基因组学研究涉及多个单位的合作，如安徽农业大学、中国科学院昆明植物所等众多单位共同参与，展示了团队合作对于攻克科学难题的重要性。

3. 全球视野：我国茶树全基因组研究成果在全球范围内共享，为世界茶树生物学研究和茶产业发展作贡献，体现了开放共享、促进全球发展的理念。

4. 责任担当：茶产业在许多发展中国家农村地区减贫和推动经济发展中作用重大，茶树基因组学研究致力于提升茶树育种效率和品质，体现了科研工作者服务社会、助力经济发展和脱贫攻坚的责任担当。

5. 不断进取：面对茶树基因组学研究中存在的局限，科研团队积极尝试新的技术手段，不断探索创新，展现了追求卓越、不断进取的精神。

第二节　茶学基础研究

中国的众多茶叶研究机构，如中国农业科学院茶叶研究所、安徽农业大学茶树生物学与资源利用国家重点实验室等，在茶叶研究领域投入了大量的资金与人力资源。在研究过程中，这些机构充分运用现代科学技术，包括分子生物学技术、传感器技术、大数据分析技术等。

研究以茶叶产业链为主线，针对从茶园产地到茶杯、从生产到消费的各个环节，构建了紧密衔接的技术体系。在育种栽培方面，运用基因编辑、分子标记辅助育种等技术，深入研究茶树的遗传特性，培育具有高产、优质、抗逆等优良性状的茶树品种；同时，开展茶树栽培模式优化研究，探究不同土壤、气候条件下茶树的最佳种植密度、施肥方案和修剪方式等。

在植保培肥领域，借助先进的病虫害监测技术，如无人机监测、物联网传感器等，实时掌握茶园病虫害的发生动态，研发绿色防控技术，包括生物防治、物理防治和低毒农药精准施用等；通过土壤养分检测与分析技术，精准确定茶园土壤养分状况，制定科学合理的施肥方案，提高肥料利用率，保障茶树健康生长。

在生理生态研究方面，利用光合作用测定仪、荧光成像系统等设备，研究茶树的光合作用、呼吸作用等生理过程，揭示茶树对环境变化的响应机制；开展茶园生态系统研究，分析茶园生物多样性、生态平衡等，探索可持续的茶园生态管理模式。

在加工利用环节，采用先进的茶叶加工技术和设备，如自动化生产线、智能化加工控制系统等，深入研究茶叶加工过程中的品质形成机制，优化加工工艺，提高茶叶品质和附加值；开展茶叶综合利用研究，开发茶叶提取物、茶食品、茶饮料等多种产品，拓展茶叶的应用领域。

通过对上述各个环节的详尽研究，中国的茶叶研究机构为推动中国茶叶产业的可持续发展，提升中国茶叶在国际市场的竞争力，提供了坚实的技术支撑和理论依据。

一、茶树品质选育进展和遗传育种技术

在长期的茶叶生产实践过程中，我国茶人积累了丰富且系统的茶叶采制经验。凭借这些经验，我国成功创制出了丰富多样的茶类产品，不仅茶类数量众多，品类也各具特色。在加工工艺上，制法精湛，所产出的茶叶质量优良、风味独特。我国茶叶依据加工方法的差异，可分为绿茶、红茶、青茶、黄茶、白茶、黑茶六大基本茶类。在这六大基本茶类的基础上，又进一步加工衍生出了花茶、紧压茶、萃取茶、粉茶等多种再加工茶产品。

然而，在茶树育种领域，基础理论研究相对薄弱。过去，主要的育种手段集中在单株选育和杂交育种方面。尽管在诱变育种、基因工程等生物技术研究方面取得了一定的进展，例如对诱变条件的探索以及基因操作技术的初步掌握等，但从实际应用的角度来

看，这些生物技术距离大规模、成熟地应用于茶树育种实践仍存在一定的差距。

进入 21 世纪后，茶树育种的重点发生了转变，从以往单纯地对原有种质资源的收集，逐渐转向对优质、特异资源的深度发掘与系统研究。特异资源是指那些在化学成分含量或生物学特性方面具有独特性的茶树资源，如茶多酚、咖啡碱或香气等化学成分含量显著超出常规水平的茶树，或是发芽期明显早于其他品种、对病虫害及不良环境抗性极强的茶树。为了准确评估这些特异资源的价值，研究人员采用多学科鉴定的手段，涵盖植物学、遗传学、生物化学等多个学科领域，对资源进行综合性评价。通过这种全面、深入的评价方式，成功筛选出了一批具有重要生产利用价值或能够用于育种创新的优质茶树资源。

目前，我国在茶树种质资源保存方面取得了举世瞩目的成就，建立了全球最为丰富的茶树种质资源库。国家茶树资源圃目前已收集了 3 550 份茶树资源，在资源数量和质量上均远超印度、日本和韩国等茶叶生产和研究强国，成为全球保存规模最大、多样性最为丰富的茶树基因库。国家大叶茶树种质资源圃（勐海）已保存中国、越南、老挝、缅甸、日本、肯尼亚和格鲁吉亚 7 国共 3 科 6 属 15 个种 2 个变种 1 916 份种质资源及各类创制新种质 1 537 份，其中，茶组植物 5 种 2 变种，含野生资源 329 份、地方品种 1 434 份、品系 115 份、育成品种 38 份。我国重要的茶树资源圃还有国家中小叶茶树种质资源圃（长沙），位于湖南省茶叶研究所内，保存收集及创制以中小叶为主的茶树种质资源 1 735 份，是全国中小叶茶树资源的集中保存地和新优茶树品种的选育基地。福建武夷山对茶树资源圃尤其重视，建设有中国武夷山茶树种质资源圃、武夷学院茶树种质资源圃、武夷星茶树种质资源圃、香江茶树种质资源圃，对接本地及浙江、广西、云南等地新品种，在保护和研究茶树种质资源方面发挥着积极作用，推动了茶产业可持续发展。

基于对茶树表型和遗传多样性的深入分析，研究人员进一步构建了核心种质库，该种质库涵盖了茶树主要的遗传变异类型，能够更高效地用于茶树育种和遗传研究。作为世界茶树的原产地，中国在茶树种质资源的收集、保存和研究方面已处于世界领先地位。

近年来，生物技术作为新世纪茶叶科学的前沿和关键学科，在茶树育种领域的应用发展迅速。在基因工程方面，多种基因（如抗虫基因、高产基因、抗寒抗旱基因、农药降解基因、低咖啡因基因、多酚化合物合成基因等）的导入工作在茶树新品种选育中发挥了重要作用。通过将这些优良基因导入茶树基因组，有望培育出具有抗虫、高产、抗逆、低咖啡因含量等优良性状的茶树新品种。例如，将抗虫基因导入茶树后，能够显著提高茶树对害虫的抵抗能力，减少农药的使用，实现绿色生产；导入低咖啡因基因，则可以满足部分消费者对低咖啡因茶叶的需求。

分子标记技术在茶树育种上的研究虽然起步相对较晚，但已迅速成为茶树遗传改良研究中不可或缺的强大工具。目前，分子标记在茶树育种中的应用主要集中在以下几个方面。

茶树种质、亲缘关系和品种的鉴别：通过分析茶树个体或品种间的分子标记差异，可以准确鉴别不同的茶树种质资源，明确它们之间的亲缘关系，为茶树品种的鉴定和保护提供科学依据。例如，利用简单重复序列（SSR）标记可以快速、准确地区分不同的茶树品种，避免品种混杂。

茶树分类学、遗传多样性和遗传演化的研究：分子标记可以揭示茶树在分子水平上的遗传差异，为茶树的分类提供更准确的依据。同时，通过对不同茶树群体的分子标记分析，可以评估茶树的遗传多样性水平，了解茶树的遗传演化历程。例如，利用扩增片段长度多态性（AFLP）标记对野生茶树和栽培茶树进行分析，发现了茶树在驯化过程中的遗传变异规律。

遗传稳定性分析：在茶树的组织培养和育种过程中，分子标记可以用于检测茶树个体的遗传稳定性，确保培育出的茶树品种具有稳定的遗传特性。例如，利用随机扩增多态性 DNA（RAPD）标记可以检测茶树组织培养后代的遗传变异情况，筛选出遗传稳定的植株。

茶树分子遗传图谱的构建及分子标记辅助育种：通过整合分子标记和遗传连锁分析技术，研究人员能够构建茶树的分子遗传图谱，定位与重要农艺性状相关的基因位点。基于这些图谱和标记，可以开展分子标记辅助育种，提高茶树育种的效率和准确性。例如，利用与茶树抗逆性状相关的分子标记，可以在早期对茶树幼苗进行筛选，快速培育出具有抗逆性的茶树品种。

此外，表达序列标签（EST）测序分析等方法也被广泛应用于茶树的分子育种研究中。EST 测序可以快速获得茶树基因的表达信息，为新基因的克隆提供线索。通过 EST 测序，研究人员已经成功克隆了许多与茶树代谢、品质、抗逆等相关的功能基因。同时，cDNA 芯片技术可以高通量地检测茶树基因的表达情况，绘制组织特异性基因表达谱，深入了解茶树在不同生长发育阶段和环境条件下的基因表达调控机制。基因组序列的功能注释则有助于进一步解析茶树基因的功能，为茶树分子生物学研究提供更深入的理论基础。这些技术的综合应用，对茶树代谢、品质、抗逆等相关功能基因乃至整个茶树分子生物学研究都将产生积极而深远的影响，推动茶树育种技术向更加精准、高效的方向发展。

二、茶树栽培技术

中国作为世界上最大的茶叶生产国，在茶叶产业领域展现出了显著的优势。一方面，我国拥有着极为丰富的茶叶资源，茶叶产值颇高。目前，我国茶树品种数量和多样性在世界范围内位居首位。在品种认定方面，有国家级认（审、鉴）定品种 134 个，其中育成品种 104 个；省级认（审、鉴）定品种数量超过 200 个；并且获得植物新品种权的数量达到 98 个，取得登记的新品种有 90 个。这些丰富多样的茶树品种，极大地促进了我国茶叶产业结构的优化调整，有效提升了茶园单位面积的经济效益，同时也充分满足了多茶类生产以及多元化市场的需求。

然而，在我国茶树栽培过程中，也暴露出了一些亟待解决的问题。首先，存在过度依赖化肥和农药的现象。为了追求茶叶的高产量和可观的经济效益，部分种植户过度使用化肥和农药。这种行为不仅对土壤生态环境造成了严重破坏，影响了土壤的肥力和微生物群落结构，进而影响到茶叶的品质，还对周边环境造成了严重的污染，如水源污染、土壤污染等。尤其是农药的滥用，直接威胁到了茶叶的食品安全，残留的农药一旦进入人体，会给消费者的健康带来极大的隐患。

其次，栽培技术和管理模式应用不成熟的问题较为突出。许多茶农依然采用传统的种植方式和管理方法，这些方法在当今茶叶产业快速发展的背景下，已无法满足产业发展的需求。由于缺乏科学的种植技术和管理模式，茶叶的品质和产量难以得到有效提升，这在很大程度上限制了茶叶产业的进一步发展。

此外，一些茶树栽植户为了追求短期利益，忽视了选择种植基地的重要性。不合适的种植基地，如土壤肥力不足、酸碱度不适宜、光照和水分条件不佳等，会导致茶叶生长环境不良，从而严重影响茶叶的品质和产量。

为了有效解决上述问题，提高茶叶品质，增加茶叶产量，减少对环境的污染，保障生态环境的可持续发展，科研人员积极带领种植户开展科学的耕作实践。例如，在茶树间种植不仅能适应当地气候条件及土壤，还能与茶树形成良好共生关系的果树。这种间作模式不仅提高了土地利用率，还能通过果树的落叶、根系分泌物等增加土壤有机质含量，起到增强土壤肥力的作用，为茶树生长创造更有利的土壤条件。

茶树的品种对于茶叶的质量和产量起着至关重要的作用。因此，茶农们逐渐意识到选择具有抗病、抗虫性能的茶叶品种的重要性。选择这类品种，不仅可以有效地降低病虫害的发生率，减少茶园对农药的依赖，还能降低茶园的生产成本，提高经济效益。

品种培育是一个复杂且烦琐的过程，需要借助科学的育种方法和技术来实现。在传统的茶树育种中，杂交、突变等手段是必不可少的。通过杂交，可以将不同品种的优良性状结合在一起；利用突变手段，则可以诱导茶树产生新的变异，从而获取具有优良性状的新品种。

除了传统的育种方法，近年来我国在茶树品种选育的手段和方法上取得了众多创新成果，分子育种技术的应用也日益广泛。通过基因工程和基因编辑技术，能够在更短的时间内精准地对茶树的基因进行操作，获取具有优良性状的新品种。例如，利用辐射诱变技术选育出了中茶108，该品种具有发芽早、产量高、品质优、抗逆性强等特点；利用航天育种技术获得了良性变异的茶树单株，通过将茶树种子搭载航天器送入太空，利用太空特殊的环境（如微重力、宇宙射线等）诱导茶树种子的遗传物质发生改变，返回地面后再进行筛选和培育。利用物理、化学或航天等手段人工诱导茶树的遗传物质发生改变，作为茶树传统育种技术的重要补充，为茶树品种的选育提供了更多的可能性和途径。

在实践应用中，既要注重优良品种的选择，又要注重品种的培育。选择与培育的目标是为了获取具有高产、优质、抗逆性强的茶叶品种，以满足茶叶市场不断变化的需求，提高茶叶的经济价值。同时，还应高度关注茶叶品种多样性的保护。保护品种多样性，能够防止茶叶资源的单一化，避免因品种单一而带来的病虫害易暴发、对环境变化适应性差等问题，维护茶树栽培的生态平衡，确保茶叶产业的可持续发展。

三、茶叶功能成分的利用

茶叶功能成分的利用涵盖了多个重要领域，包括茶叶品质化学研究、检测特征成分的生物合成、转化代谢、相关酶系统的催化和调控机理、生物活性成分的提取分离和纯化技术、采后生物化学与活性成分保护，以及茶叶中有效成分在食品、药品等方面的综合利用等。

茶叶中蕴含着大量对人体具有营养价值和保健功效的生物活性成分，这些成分种类繁多，主要包括茶多酚、茶色素、茶多糖、茶皂素、生物碱、芳香物质、维生素、氨基酸、微量元素和矿物质等。近20年来，科研人员对这些活性成分展开了广泛且深入的研究。

在众多活性成分中，茶多酚及相关氧化产物备受关注。茶叶中富含许多多酚类及氧化产物，其显著的抗氧化作用已引起了国内外学者的广泛关注。大量研究表明，茶多酚能够有效清除体内自由基，减少氧化应激对细胞的损伤，延缓细胞衰老。其抗氧化作用的机理主要涉及对自由基的直接清除、对氧化酶活性的抑制以及对抗氧化酶活性的调节等多个方面。此外，茶叶中丰富的多酚类物质还可通过多种机制对心血管疾病起到积极作用。例如，它能够调节血脂代谢，降低血液中胆固醇和甘油三酯的含量，减少动脉粥样硬化的发生风险；具有抗凝促纤溶及抑制血小板聚集的作用，防止血栓形成；抑制动脉平滑肌细胞增生，维持血管壁的正常结构和功能；同时还能影响血液流变学特性，改善血液的流动性。另外，由于茶叶抗变态反应的能力较强，多酚类的抗变态反应和调节免疫功能作用也受到了许多国内外科研人员的关注。研究发现，茶多酚可以调节免疫细胞的活性，抑制过敏介质的释放，从而减轻过敏反应的症状。

茶皂素的研究至今已有70多年的历史。在研究初期，主要集中于茶皂素的分离、提纯、结构鉴定和理化性质方面。从20世纪70年代末开始，茶皂素的应用研究和开发进入了一个崭新阶段。尤其是近20多年来，对其生物活性的研究开发进展迅速，应用也日益广泛。茶皂素具有山茶属植物皂素的通性，其生物活性表现在多个方面。它具有溶血性，并对鱼有毒性作用，能够破坏红细胞的细胞膜，导致红细胞破裂；对一些害虫具有较强的毒性，可用于生物防治；同时还具有抗虫杀菌作用，能够抑制多种病原菌的生长和繁殖。在药理功能方面，茶皂素具有抗渗消炎、化痰止咳、镇痛、抗癌等作用。此外，茶皂素还能促进植物生长，提高植物的抗逆性。例如，在农业生产中，适量使用茶皂素可以促进作物根系的生长，增强作物对干旱、寒冷等逆境的适应能力。

近年来，研究人员对茶叶复合多糖即茶多糖 TPS 的研究也取得了一些重要进展。陈海霞等人利用多级层析纯化的方法获得了茶叶糖缀合物，并对其溶液行为及三维链构象进行了深入研究。通过构建分子模型，综合采用多项构象研究技术和药理实验方法，探讨了茶叶糖缀合物的高级结构与其重要生物活性——降血糖活性之间的关系。研究结果表明，茶叶糖缀合物的特定结构与其降血糖活性密切相关，其结构中的某些基团可能是发挥降血糖作用的关键因素。这一研究结果不仅为茶叶资源的综合深度利用提供了科学依据,使茶叶多糖在功能性食品和药品开发方面具有广阔的应用前景,而且对植物糖缀合物结构研究,特别是高级结构研究具有重要的理论价值,为进一步深入研究植物糖缀合物的结构和功能提供了重要的参考。

此外,在茶叶功能成分利用的其他领域,也不断有新的研究成果涌现。例如,在茶色素的研究方面,科研人员发现茶色素具有抗氧化、抗炎、调节血脂等多种生物活性,并且在预防和治疗心血管疾病、糖尿病等慢性疾病方面具有潜在的应用价值。在芳香物质的研究中,通过对茶叶中各种芳香成分的分析和鉴定,不仅揭示了茶叶香气的组成和形成机制,还为茶叶香气品质的提升和茶叶香气产品的开发提供了理论支持。在生物活性成分的提取、分离和纯化技术方面,不断有新的技术和方法被开发和应用,如超临界流体萃取技术、膜分离技术、高速逆流色谱技术等,这些技术的应用提高了茶叶功能成分的提取效率和纯度,降低了生产成本。

随着对茶叶功能成分研究的不断深入,茶叶中有效成分在食品、药品等方面的综合利用也越来越广泛。在食品领域,茶叶提取物被广泛应用于饮料、糖果、糕点等食品的生产中,不仅赋予了食品独特的风味和色泽,还增加了食品的营养价值和保健功能。在药品领域,一些茶叶功能成分已经被开发成药物或保健品,用于预防和治疗多种疾病。例如,茶多酚制剂已被用于治疗心血管疾病、癌症等疾病;茶多糖制剂则被用于调节血糖、增强免疫力等。

茶叶功能成分的利用具有广阔的前景和重要的意义。未来,随着科学技术的不断进步和研究的不断深入,相信茶叶功能成分的利用将会取得更多的突破和进展,为人类的健康和生活质量的提高作出更大的贡献。

四、茶叶科学应用基础研究发展方向与展望

生物技术作为茶叶科技创新的核心载体,在茶学领域的应用虽起步相对较晚,但凭借其独特的优势,极大地推动了茶学研究的进程,展现出了广阔的发展前景。

在组织培养方面,由于茶树品种繁多,外植体来源多样,针对不同的品种和外植体来源建立简便、有效的高频植株再生体系显得尤为重要。目前,科研人员已针对部分茶树品种开展了相关研究,通过优化培养基成分、调整培养条件等手段,成功提高了植株再生频率。此外,在组织培养过程中,茶树细胞会积累大量的次生代谢物质,如茶多酚、咖啡碱、茶氨酸等。这些次生代谢物不仅是茶叶品质的重要组成部分,还具有重要的经济价值。今后,需要深入研究该过程中代谢物质的形成机制,解析相关基因的表达调控网络,从而实现工厂化生产这些有用的次生代谢物。例如,通过基因工程技术,调控关键酶基因的表达,提高次生代谢物的合成效率。

分子标记技术在茶树种质资源研究和管理中的应用也在不断加快。利用分子标记技术,可以构建高密度的分子遗传图谱,精准定位控制茶树重要农艺性状(如产量、品质、抗逆性等)的基因。近年来,已经成功克隆了一些与茶树抗逆性相关的基因,如抗寒基因、抗病基因等。通过从细胞水平和分子水平上开展茶树遗传和育种研究,能够显著提高育种效率,缩短育种年限。同时,建立高频率、稳定的茶树再生系统,为转化外源基因、实现茶树遗传改良提供了重要的技术平台。例如,利用农杆菌介导法将外源

基因导入茶树细胞，并通过再生系统获得转基因茶树植株。

农药残留问题一直是制约中国茶叶出口的重要因素。通过微生物发酵技术生产高效、低毒农药，是解决残留问题的关键途径。目前，科研人员已经筛选出一些具有生物防治潜力的微生物菌株，通过发酵培养这些菌株，可以产生具有杀虫、杀菌活性的代谢产物。未来，需要进一步优化发酵工艺，提高发酵产物的活性和稳定性，实现发酵农药的产业化生产。

酶工程是提升茶叶加工技术水平的重要切入点。筛选适于茶叶加工应用的酶原微生物，能够提高茶叶品质，改善茶叶风味。例如，利用果胶酶可以降低茶叶的黏稠度，提高茶叶的浸出率；利用蛋白酶可以分解茶叶中的蛋白质，改善茶叶的口感。今后，需要加强对酶原微生物的筛选和鉴定，深入研究酶的作用机制，开发新型的酶制剂，以满足茶叶加工的需求。

在茶树种植业方面，环境科学和生态科学的结合是茶叶科技的主战场。土壤环境恶化已经成为世界范围内的严重问题，过量使用化肥导致土壤酸化、环境污染物和重金属含量增加、土壤微生物数量减少、茶树根系受损等问题日益突出。同时，大气环境的恶化也会引起茶叶污染。因此，改良土壤环境刻不容缓。茶园栽培种植过程中，有害生物的无害化治理、减少化学农药用量已成为必然趋势。茶园有害生物的综合治理将以生态调控为基础，通过保护和利用天敌、种植诱集植物等手段，减少有害生物的发生。此外，农药的施用、肥料剂型的变化也将提上议事日程，逐步将速效型改为缓释型，单一型改为混合型，粗放型改为环保型，实现茶园的可持续发展。以保护生态环境为主要目标的精细农作将是新世纪茶树种植业的发展方向。

茶叶活性成分药理学机理研究是提升茶叶科学研究层次的关键。虽然多酚及其氧化产物具有较多的药理功效，但目前绝大部分的研究结论都是在动物模型和体外实验中得出的，这些活性成分在人体内能否发挥同样的功效还存在诸多疑问。此外，多酚及其氧化产物存在剂量效应，大多数研究中所用的剂量比人日常饮茶中进入人体的剂量高。而且，茶叶中含有较高含量的咖啡碱，并且多酚及其氧化产物具有较强的键合能力。因此，人饮用高剂量多酚物质的茶是否会引起营养和其他方面的有害影响，还值得进一步探讨。未来的研究趋势包括根据不同儿茶素类化合物在人体中的不同代谢途径，设计针对不同脏器疾病的活性化合物；开发高活性茶黄素产品，深入研究其药理作用和应用前景；以及对茶氨酸进行深度利用，探索其在食品、药品等领域的新应用。

五、小结

茶叶科学应用基础研究内容丰富，前景广阔。随着茶学应用基础研究的不断深入，以及茶与茶叶关联产业需求的增强，其研究范畴必将进一步扩大，研究层次也将不断向更高水平发展。未来，茶叶科学研究将在生物技术、加工技术、种植技术和活性成分研究等多个领域取得更多的突破，为茶叶产业的可持续发展提供坚实的理论支持和技术保障。

思政要点

1. 科技创新：茶叶研究机构运用现代科技开展多方面研究，展现勇于探索的创新精神，激励科研进步。
2. 产业担当：致力于茶叶产业可持续发展，提升国际竞争力，体现对国家产业的责任。
3. 科学态度：茶树育种及茶叶成分研究不断探索新方法，严谨对待成果，彰显科学精神。
4. 生态环保：针对栽培问题提出可持续发展措施，强调生态环保在农业中的重要性。
5. 文化传承创新：传承丰富采制经验，结合现代科技创新，推动茶文化繁荣。
6. 团队合作：多领域、多学科研究需团队协作，体现合作攻克难题的重要性。
7. 国际视野竞争：种质资源保存领先，关注国际竞争，激励我们争取国际荣誉。

第三节 茶树病虫害

茶树种植在我国拥有着极为悠久的历史，与之相关的茶树病虫害防治工作同样可以追溯至古代时期。早在唐朝，陆羽所著《茶经》是中国及世界现存最早的茶学专著，完整记载了茶叶栽培、制作等全流程。其中，也提及了一些关于茶树病虫害防治的方法，这些方法反映了当时人们在茶树种植实践中对病虫害问题的认识和应对策略。

随着现代社会的发展，我国在植物保护领域不断探索和总结经验。1975年，我国正式提出了"预防为主、综合防治"的植物保护工作方针。这一方针强调了预防在病虫害防治中的首要地位，同时倡导运用多种手段进行综合防治，改变了以往单纯依赖化学药剂防治的单一模式。到了2006年，我国进一步确立了"公共植保 绿色植保"的理念。这一理念的提出，标志着病虫害防治工作从传统的以消灭病虫为单一目的的短期行为，向着眼于农业生态系统的整体平衡和农业可持续发展的方向转变。它不仅关注病虫害的控制效果，更注重保护生态环境、保障农产品质量安全以及促进农业的长期稳定发展。

然而，尽管我国在茶树病虫害防治理念上取得了显著的进步，但在实际操作层面，现阶段我国在防治病虫害的技术以及措施方面仍存在一定的不足，处于相对落后的状态。从种植模式来看，大多数农户采用的生产方式依旧停留在"连作种植，防止无序层面"。连作种植容易导致土壤养分失衡、病虫害滋生和蔓延，而无序的种植管理方式则进一步加剧了病虫害防治的难度。

具体而言，存在以下两方面的问题：其一，众多茶农对科学种植的了解程度并不高，缺乏系统的植物保护知识。他们在茶树种植过程中，往往不能科学地进行田间管理，无法及时发现病虫害的早期迹象，也不能采取有效的预防措施，从而增加了病虫害爆发的风险。其二，目前针对茶树病虫害所采取的措施，多数是在病虫害已经出现并造成一定危害之后才进行的。这种被动的防治方式对控制病虫害的发生和发展效果有限，往往难以达到最佳的防治效果，不仅会造成茶叶产量和品质的下降，还可能因过度使用农药等措施而对环境和农产品质量安全带来潜在威胁。

一、茶叶病害类型

（1）茶炭疽病，是茶树重要病害之一，在国内几乎所有茶园均有分布，尤其在降水量充足、气候温暖且茶树长势较弱的茶园中极易发生。当茶树感染该病害时，初期在茶叶的叶尖和叶片边缘部位，可观察到圆形斑块，这些斑块呈水渍状，颜色主要为暗绿色。随着病情发展，茶叶叶片会逐渐开始脱落，进而影响茶树的正常生长。病情加重时，病斑会越来越大，形状也变得越来越不规则，颜色会从暗绿色先转变为褐色，再从褐色转变为灰白色。

从病原菌的侵染方式来看，茶炭疽菌分生孢子不仅可以通过萌发产生附着胞或利用角质层渗透压直接侵染茶树叶片，还能够通过叶片上的伤口进行侵染。茶炭疽病的潜育期为8～14天，一旦发生初侵染，病害便会在田间迅速扩散，大大增加了防治的难度。

茶炭疽病多发生于夏秋季，春茶采收后茶树树势变弱，加上虫害发生导致茶树伤口增多，以及降水量增大等因素，是造成茶炭疽病暴发与流行的主要原因。茶炭疽病的危害显著，不仅会导致茶叶产量减少、品质降低，还会使茶树树势减弱，抗逆性大幅下降。例如，1991年福建福鼎市茶园暴发炭疽病，致使秋茶减产25%～30%，严重的茶园减产可达40%～50%，次年春茶产量也随之降低约15%，另有数亿株茶苗受害，经济损失严重。2001年浙江临安的大部分茶园发生茶炭疽病，在气候因素的影响下病害迅速蔓延，最终导致70%以上的茶树受害。

在茶炭疽病的最新研究方面，有学者致力于研究茶炭疽菌的致病机制，通过基因测序和功能分析，发现了一些与病原菌侵染和致病相关的关键基因，这些研究成果为开发新型防治药剂提供了理论基础。同时，也有研究聚焦于茶树对茶炭疽病的抗性机制，筛选出了部分具有较高抗性的茶树品种，为茶树的抗病育种提供了种质资源。

（2）茶饼病，又称茶疱状叶枯病、叶肿病等，是茶树最重要病害之一。该病害主要危害茶树的嫩叶，发病后，叶片上会形成病斑，初期病斑呈水渍状，随后逐渐变大，颜色变为黄褐色，且有明显的界线。病斑处叶片正面凹陷，背面向外凸起，呈现出饼状。

在我国茶树种植区域，茶饼病均有不同程度的发生。茶饼病的发生可追溯到1855年，最先在印度阿萨姆地区被发现，直到1895年才明确其病原菌分类地位，为外担菌属（*Exobasidium*）坏损外担菌（*Exobasidium Vexans* Massee）。茶饼病菌的侵染需要低温、高湿、漫射光的环境，因此在温度较低、湿度较大的环境下容易发病。该病害主要出现在每年3—5月的春茶期以及每年9—10月的秋茶期。当春季平均气温在15～20℃，相对湿度在80%以上时，外担子开始形成担孢子，当相对湿度达到90%以上时，担孢子才能萌发，并且担孢子在阳光直射下0.5～1小时即失去萌发能力。茶饼病病原菌是一种专性寄生物，没有转主寄生现象，其全部生活史均在茶树叶片上完成，完成一个世代需要11~28天。在条件合适的情况下，病原菌可以在一个侵染循环中完成多个世代的繁殖，短期内即可造成病害的蔓延与成灾。目前有学者发现该菌可以在PSA、PDA培养基上人工培养，但菌落生长缓慢，形成菌落需要20~30天。茶树抵抗病害的能力较低，如果茶园管理不严格，导致杂草丛生，通风环境不良，湿度较大，就极有可能引发茶饼病。

近期关于茶饼病的研究中，一些研究团队利用分子生物学技术，对茶饼病菌的遗传多样性进行了分析，发现不同地区的病原菌在遗传特性上存在一定差异，这为制定针对性的防治策略提供了依据。另外，通过研究茶树与茶饼病菌的互作机制，筛选出了一些能够诱导茶树产生抗性的物质，有望开发成新型的生物防治剂。

（3）茶煤烟病，由蚜虫、粉虱等害虫的存在所诱发，发病后，茶树会逐渐枯死。发病初期，枝叶表面会初生黑色圆形或不规则形小斑，之后渐渐扩大，可布满全叶，在叶面覆盖一层烟煤状黑色霉层。茶煤病的种类较多，不同种类表现出的霉层颜色深浅、厚度及紧密度有所不同。常见的茶煤病的霉层厚而疏松，后期会生黑色短刺毛状物，病叶背面常可见到黑刺粉虱、介壳虫或蚜虫。

目前已知茶煤病菌约有10种，均属真菌，病菌以菌丝体或子实体在病枝叶中越冬。次年早春，在适宜的条件下形成孢子，借风雨或昆虫传播，病菌从粉虱、蚧类或蚜虫的排泄物上吸取养料，附生于茶树枝叶上。为控制茶煤烟病，应当保证茶园通风良好，定期对茶树进行修剪。

在茶煤烟病的研究进展方面，有研究人员对不同种类茶煤病菌的生态适应性进行了研究，发现它们在不同的茶树品种和环境条件下的生长繁殖能力存在差异。同时，也有研究探索利用微生物拮抗的方法来防治茶煤烟病，筛选出了一些对茶煤病菌具有抑制作用的有益微生物菌株。

（4）茶白星病，是由茶叶叶点霉侵染所引起的、发生在茶树上的病害。一般高山茶园发生较重，主要为害嫩叶、嫩芽、嫩茎及叶柄。该病害分布于中国、日本、印度尼西亚、斯里兰卡、俄罗斯、巴西、乌干达、坦桑尼亚等国。其病原为茶叶叶点霉，属半知菌亚门真菌。

嫩叶染病时，初生针尖大小褐色小点，后逐渐扩展成直径为1~2毫米的灰白色圆形斑，中间凹陷，边缘具暗褐色至紫褐色隆起线。当湿度大时，病部散生黑色小点，病叶上病斑数可达几十个至数百个，有的相互融合成不规则形大斑，叶片变形或卷曲。叶脉染病，叶片会扭曲或畸形。嫩茎染病，病斑暗褐色，后成灰白色，病部也生黑色小粒点，病梢节间长度明显短缩，百芽重减少，对夹叶增多，严重的蔓延至全梢，形成梢枯。

茶白星病属低温高湿型病害，一般发生始期为3月下旬，流行期4月上旬至6月上旬，当平均温度20℃、相对湿度达80%时，病害常可突发和流行。该病害会导致茶树新梢生长不良、节间短，芽重减轻，叶片易脱落，减产10%~50%，严重时，整个叶片枯萎死亡。感病芽叶制成的干茶，冲泡后叶底布满星点小斑，破碎率较高，茶汤滋味极其苦涩，汤色浑暗，香气低，品质差。该病害主要对茶叶的嫩叶和新长出的叶梢产生影响，茶白星病最严重的时期是春季，茶叶患病后，如果继续采摘劣质的茶叶并制成干茶，会导致味道变苦。当叶柄部位开始发病后，茶叶的叶片也会逐渐脱落。在低温潮湿、肥料缺乏、管理不严的情况下，很容易出现茶白星病。

在茶白星病的前沿研究中，有学者通过基因编辑技术，对茶树的抗病基因进行改良，以提高茶树对茶白星病的抗性。同时，利用生物信息学手段分析茶叶叶点霉的分泌蛋白，寻找病原菌与茶树互作的关键因子，为开发新的防治策略提供了新的思路。

（5）茶轮斑病，是茶树最重要病害之一，在世界范围内几乎所有的茶园都有发生，在中国各茶区也普遍发生且危害严重。茶轮斑病菌主要从伤口侵入，因此，茶树种植密度大、管理粗放、刈割频繁且茶树树势较弱的茶园发病较重。茶轮斑病菌以分生孢子盘或菌丝体附着在病残体上越冬，次年，当温度和湿度条件适宜时，分生孢子盘中可产生大量的分生孢子，分生孢子从叶片伤口入侵，经过 7~14 天潜育，引起叶片发病形成轮纹状病斑，病斑上可产生大量子实体。茶轮斑病病原菌菌丝生长和产孢对光照十分敏感，在气温 25~28℃ 及 pH 值在 5~7 条件下最适合生长。

茶轮斑病多从叶尖、叶缘侵染，初期产生黄绿色水渍状小斑，逐渐扩展成圆形或不规则形的褐色大斑，老病斑常出现灰褐相间的同心轮纹，后期中央变为灰白色，病斑边缘常有褐色隆起线，病健分界线明显，湿度大时病斑形成轮纹状排列的黑色小粒点，即病原菌分生孢子盘，分生孢子盘多埋生。该病发病时间较早，常危害茶叶嫩梢嫩叶，引起梢枯，对春茶产量影响较大。在陕南地区该病发生较为普遍，几乎所有茶园都有发生，平均发病率在 5%~30%。

随着对茶轮斑病研究的不断深入，其病原致病机理逐渐明晰，靶向农药的开发使茶轮斑病的科学防治更加精准。由植生链霉菌分泌的一种新型化合物诺沃霉素 A 已广泛应用于茶轮斑病的防治，并取得了良好的防治效果。此外，目前有研究正在探索利用植物源提取物来防治茶轮斑病，筛选出了一些对茶轮斑病菌具有抑制作用的植物成分，有望开发成新型的绿色防控药剂。

茶叶的病害种类较多，除了以上几种病害，还包括茶圆赤星病、茶红根腐病、茶芽枯病等。茶圆赤星病主要为害茶树叶片，病斑圆形，中央灰白色，边缘褐色，后期病斑上生有黑色小点。茶红根腐病主要为害茶树根部，导致根部腐烂，茶树生长衰弱甚至死亡。茶芽枯病主要危害茶树新梢的芽叶，病芽基部变褐，芽尖变黑，严重影响茶叶的产量和品质。对于这些病害，也有学者在不断研究其发病机制、传播途径以及防治方法，以保障茶树的健康生长和茶叶的产量与品质。

二、茶叶虫害类型

（1）茶假眼小绿叶蝉，是中国茶区分布最广、危害最重的一种茶树害虫，全年以夏秋茶受害最为严重。该害虫具备较强的繁殖能力与生存能力，一年可繁衍 11 代，且世代重叠现象明显，能够顺利度过冬季。在早春时节，气温回升，成虫便开始活动进食，当茶树开始发芽后，便进入产卵繁殖阶段。其虫卵会被散布在茶树嫩绿色的茎皮层之中。若虫主要栖息在茶树的芽叶和茎的背面，且大部分集中在叶背。在一些管理较为凌乱的茶园中，常常可以同时看到成虫和若虫的身影。其种群数量的高峰期一般出现在

5—6月和9—10月。若虫和成虫多聚集在茶树芽、新梢及嫩叶叶背，偏好吸食嫩叶和成叶的汁液，它们利用刺吸式口器吸食嫩芽梢的汁液，这会导致茶树的疏导组织受损，进而引发营养失调和水分不足的问题。茶叶受到侵害后，叶芽部分会出现蜷缩的现象，叶尖或叶缘部位会逐渐枯焦，芽梢的生长速度也会明显减慢。

在最新研究中，有学者对茶假眼小绿叶蝉的嗅觉识别机制进行了深入探究。研究者通过基因组测序研究，发现了多种与嗅觉相关的蛋白，这些蛋白可能参与了对茶树挥发物的识别，为研发基于嗅觉干扰的绿色防控技术提供了理论基础。同时，还有研究关注其种群动态与环境因子的关系，发现茶园的植被多样性、温度、湿度等环境因素对茶假眼小绿叶蝉的种群数量有显著影响，为通过生态调控来防治该害虫提供了新的思路。

（2）茶丽纹象甲属鞘翅目，象甲科。别名茶叶象甲、茶小黑象甲，成虫体长6~7毫米，呈灰黑色，长椭圆形，头管短而粗，体表分布着由黄色鳞片集成的斑纹，且具有光泽，在前胸背板两侧及鞘翅处形成若干黄绿色纵纹，鞘翅近中部有一条较宽的黑色横带。茶丽纹象甲在江苏、湖南、广东等多个省份均有发生，且造成了较为严重的危害。其发生周期为一年一代，通常会将卵产在根茎周围10~20毫米的浅层土中。幼虫以取食土壤中的有机质和茶树根须为生，而成虫则喜好取食茶树的嫩叶。幼虫的活动会对茶树的须根产生一定影响，成虫取食茶叶叶片后，叶片会呈现出缺刻的形态。该虫害的暴发时间主要集中在每年的5月中旬至6月中旬。

近年来，关于茶丽纹象甲的研究也取得了一些进展。一些研究团队对其化学生态学进行了研究，发现了茶丽纹象甲成虫对茶树某些挥发物具有明显的趋向性，通过进一步鉴定这些挥发物的成分，有望开发出新型的引诱剂来监测和诱捕该害虫。另外，也有研究关注其生物防治方法，筛选出了一些对茶丽纹象甲具有寄生或致病作用的天敌昆虫和微生物，为绿色防控提供了新的手段。

（3）螨类，此类害虫分布范围广泛，种类繁多，涵盖了茶橙瘿螨、茶短须螨、咖啡小爪螨和侧多食茶跗线螨等。这类害虫具有产卵期相对较长、寿命较长的特点，并且能够进行孤雌生殖。一般情况下，这类虫害多发生在干旱的环境中，且集中在每年的6—10月暴发。当虫害暴发时，大部分螨虫会积聚在茶叶的芽梢内部以及茶叶背部，通过吸食茶叶的汁液来获取营养。受到此类虫害影响时，茶叶的芽梢部位首当其冲，会出现卷曲和脱落的情况，叶片也会失去原有的光泽，这对茶树的正常生长极为不利，会导致茶叶产量的减少。

在茶树上螨类的最新研究中，分子生物学技术被广泛应用。通过对螨类的基因组测序和分析，深入了解了其遗传多样性和进化关系。同时，对于螨类与茶树之间的互作机制也有了更深入的认识，发现螨类在取食过程中会诱导茶树产生一系列的防御反应，而螨类也会相应地进化出逃避茶树防御的策略。此外，一些新型的杀螨剂也在研发中，通过筛选具有高效、低毒、环境友好等特点的化合物，为螨类害虫的防治提供了新的选择。

（4）蓟马，是昆虫纲缨翅目昆虫的统称。蓟马成虫身体呈现黄色，前胸后缘有缘鬃，翅细长且透明，周缘分布着许多细长毛。其卵为长椭圆形，初产时呈白色，略微透明，后期会变为橙红色。若虫体呈淡黄色，老熟时则会带有桃红色。蓟马主要集中在茶叶的幼嫩组织内部活动。受到该害虫的侵害后，茶叶的叶片会逐渐卷曲，甚至整片茶叶会出现畸形或脱落的情况。

目前，针对蓟马的研究也在不断深入。一些研究聚焦于蓟马的传毒机制，发现某些蓟马种类能够传播植物病毒，对茶树的健康造成更大的威胁。通过研究蓟马与病毒之间的相互作用，为防控蓟马传播病毒提供了理论依据。同时，在防治技术方面，也在探索利用物理防治（如蓝色诱虫板）和生物防治（如释放天敌昆虫）相结合的综合防治方法，以减少化学农药的使用。

（5）茶毛虫，为鳞翅目毒蛾科黄毒蛾属的一种昆虫。第一代幼虫通常出现在4月上旬，每代幼虫出现的时间与茶叶采摘期较为接近。茶毛虫的幼虫主要以茶树的嫩叶为食，咬食叶片后会使叶片出现缺刻。幼龄幼虫咬食茶树老叶时会形成半透膜状，之后咬食嫩梢成叶则会造成缺刻。幼虫具有群集为害的习性，常常数十至数百头聚集在叶背进行取食。当发生严重时，茶树的叶片甚至会被取食殆尽。除了为害茶树外，茶毛虫还会对油茶、山茶等植物造成危害。幼虫不仅咬食叶片，严重时连芽叶、树皮、花和幼果都会被吃光。而且茶毛虫幼虫、成虫体上均带有毒毛、鳞片，一旦触及人体皮肤，会导致红肿痛痒，对农事操作产生较大影响。

在茶毛虫的研究领域，最新的研究方向包括对其种群遗传结构的分析，通过分子标记技术了解不同地区茶毛虫种群之间的遗传差异，为制定针对性的防治策略提供依据。同时，对于茶毛虫的生物防治也有了新的进展，如利用苏云金芽孢杆菌等微生物制剂进行防治，以及开发茶毛虫性信息素诱捕剂来干扰其交配行为，减少虫口密度。

（6）茶黑毒蛾，属鳞翅目，毒蛾科。又称茶茸毒蛾。广泛分布于浙江、湖南、四川、江西、安徽、贵州、云南、台湾等地。幼虫偏好取食茶树的成叶及幼叶，会导致茶树叶片出现缺刻或孔洞，严重时甚至会把叶片、嫩梢全部食光，这对茶树的树势和茶叶产量产生了严重的影响。茶黑毒蛾幼虫长有毒毛，虽然毒性相对茶毛虫较小，但敏感型人体皮肤接触后，也会产生奇痒的感觉，从而影响茶叶采摘及田间管理工作。茶黑毒蛾一年发生4~5代，一般以卵的形式越冬。成虫具有趋光性，卵成块或散产于茶树中下部叶背、枯枝及杂草茎叶上，数粒至几十粒产在一起，每只雌蛾产卵数量几十至几百粒不等。初孵幼虫在食尽卵壳后开始取食茶叶，1~2龄幼虫在成叶背面取食下表皮及叶肉，形成黄褐色网斑，3龄前幼虫群集性较强，3龄后开始逐渐分散，取食叶片后仅留下叶脉，直至将全叶食尽。幼虫老熟后会在茶丛枯枝落叶等处结茧化蛹。在管理粗放的茶园和失管茶园中，茶黑毒蛾暴发的可能性较大，受害严重的地块茶树叶片会被全部吃光，只剩下光秆。

近年来，关于茶黑毒蛾的研究也取得了不少成果。一方面，通过对其生态习性的进一步研究，明确了其在不同生态环境下的发生规律和种群动态，为精准防治提供了基础；另一方面，在防治技术上，除了传统的化学防治和生物防治外，还在探索利用灯光诱捕技术与性信息素诱捕技术相结合的综合防控模式，提高防治效果，减少对环境的影响。

（7）茶尺蠖是鳞翅目尺蠖蛾科昆虫，又称拱拱虫、量寸虫、寸梗虫、吊丝虫。分布于中国浙江、安徽、江苏、福建等地。幼虫主要取食茶树的嫩叶和成叶。一年发生

5~6代，以蛹在土中越冬。次年2月下旬至3月上旬开始羽化，羽化当日即可进行交配，次日便开始产卵。卵成堆产于茶树枝桠、叶片间或枯枝落叶、土壤缝隙间，每只雌蛾的产卵量约为300粒。幼虫主要对茶叶的叶片与叶梢造成危害，会啃食嫩叶的叶肉，咬食后叶片上会出现褐色斑点。该害虫具有趋光性，是中国茶树的主要害虫之一。当严重发生时，茶尺蠖可将叶片及嫩芽全部吃光，不仅会影响当年的茶叶产量，还会导致茶树树势衰退，使得来年茶叶减产。目前，对于茶尺蠖的防治可采用灯光诱杀或用未交尾的雌蛾诱杀雄蛾的方法，同时也可结合生物防治（如释放绒茧蜂等天敌昆虫）及化学农药防治等措施进行综合防治。

在茶尺蠖的研究方面，最新的研究集中在其抗药性机制的探讨。通过对不同地区茶尺蠖种群的抗药性监测，发现其对一些常用化学农药产生了不同程度的抗性。进一步的研究揭示了茶尺蠖抗药性产生的分子机制，为合理用药和开发新型农药提供了理论依据。此外，利用RNA干扰技术进行茶尺蠖防治的研究也取得了一定进展，通过干扰其关键基因的表达，影响茶尺蠖的生长发育和繁殖，为绿色防控提供了新的技术手段。

茶叶虫害种类繁多，有些虫害出现频率较高、危害严重，如茶假眼小绿叶蝉、茶毛虫、茶叶瘿螨等。中等危害的虫害包括茶尺蠖、茶蚜、斜纹夜蛾、黑翅土白蚁等。对茶叶危害较轻的虫害包括金龟甲、茶角胸叶甲、茶叶夜蛾、茶天牛、大灰象甲等。总体而言，对茶叶病虫害进行分析后可以发现，相较于病害，茶叶更容易受到虫害的影响，且虫害的危害力度往往更大。

在其他害虫的研究中，也不断有新的发现。例如，对于一些危害较轻的害虫，开始关注其在茶园生态系统中的生态功能，探索如何在不影响茶叶产量和品质的前提下，维持茶园生物多样性。同时，对于一些中等危害的害虫，也在深入研究其生物学特性和防治技术，以进一步提高茶叶的产量和质量，保障茶园的可持续发展。

三、茶叶病虫害绿色防控技术

茶叶病虫害绿色防控技术是保障茶叶质量安全和茶园生态环境的重要手段，主要包括物理防控技术、生物防控技术和农业防控技术等多个方面。

（一）物理防控技术

色板诱杀：在茶园中，存在着一些具有色彩趋性的害虫，如黄蓟马、绿叶蝉、粉虱等。利用它们对特定颜色的趋向性，应用黄蓝板进行诱杀是一种有效的物理防控方法。在实际操作中，需要对虫害的发生情况进行细致分析，根据茶园的面积、害虫的种类和密度等因素，合理设置色板的安装数量。例如，在害虫密度较高的区域，适当增加色板的数量；而在害虫密度较低的区域，则可以减少色板的数量。同时，还要注意色板的更换频率，一般来说，当色板上黏附的害虫数量较多，影响到诱捕效果时，就需要及时更换色板。通过这种方式，可以有效缩小害虫的活动范围，降低害虫的密度。需要注意的是，在使用色板诱杀害虫的过程中，害虫的天敌也有可能受到影响，因此，应当在封园的时候将色板摘下，以减少对天敌的伤害。

性诱剂诱杀：茶毛虫是茶树的主要害虫之一，利用茶毛虫诱芯诱杀雄性茶毛虫是一种针对性强的物理防控措施。茶毛虫诱芯能够释放出与雌性茶毛虫性信息素相似的化学物质，吸引雄性茶毛虫前来，从而达到诱杀的目的。为了保证诱杀效果，需要每30天更换一次诱芯，这样可以持续吸引雄性茶毛虫，减少其数量，进而控制茶毛虫幼虫的繁衍速度。

杀虫灯诱杀：频振式杀虫灯是一种常用的物理杀虫设备，它利用害虫的趋光性，对鳞翅目、天牛、叶蝉等多种害虫具有良好的诱杀效果。从3月中旬开始，在茶园中安装频振式杀虫灯，每间隔100米就要安装一个，以确保能够覆盖整个茶园。从3—10月，每天傍晚6时到次日凌晨0时开启杀虫灯，这段时间是大多数害虫活动较为频繁的时段。在使用杀虫灯的过程中，要对虫袋进行定期清理，以防止虫袋内的害虫过多影响诱杀效果。同时，由于虫袋和灯下高压电网经常会出现蜘蛛网，蜘蛛网会影响灯光的传播和害虫的接触，从而影响诱杀效果，因此可以每间隔10天左右，就集中清除蜘蛛网。

在最新的物理防控技术研究中，有学者尝试利用智能监测系统结合色板和杀虫灯，通过实时监测害虫的种类和数量，自动调整色板和杀虫灯的工作参数，提高防控效率。还有研究探索开发新型的诱捕材料和诱捕装置，以增强对害虫的吸引力和诱捕效果。

（二）生物防控技术

种植寄主植物：在茶丛间隙种植藿香蓟及蜜源植物等天敌的寄主植物，能够为害虫的天敌提供栖息和繁殖的场所，从而控制螨类和蚜虫对茶叶的为害。例如，藿香蓟可以吸引捕食螨等天敌，这些天敌能够捕食螨类和蚜虫，减少它们的数量。通过这种方式，可以建立起一个相对稳定的生态系统，实现对害虫的自然控制。

释放天敌生物：释放捕食螨、寄生蜂、异色瓢虫等天敌生物到茶园中，利用它们与害虫之间的捕食或寄生关系，消灭害虫。比如，释放捕食螨可以有效控制螨类害虫的数量；释放寄生蜂可以寄生在害虫体内，使其死亡。此外，还可以采用种养结合的方式，打造生物循环系统。在茶园中引入鸡，鸡能够啄食害虫，减少害虫的数量，同时鸡的粪便还可以作为有机肥料，为茶树提供养分，维持生物的多样性。

生物制剂防治：如果茶叶出现了病虫害现象，使用低毒高效的植物源生物制剂进行治疗是一种环保的选择，能够减少茶叶上的农药残留。可选用苦参碱、印楝素、藜芦碱、苦皮藤素、除虫菊素、核型多角体病毒、球孢白僵菌、苏云金杆菌和韦伯虫唑菌等成熟产品及相应技术。在使用生物农药进行防控时，需要根据不同的害虫和病害选择合适的药物：

对于咬食叶片和蛀干的害虫，可应用阿维菌素、苦参碱、烟碱等。

对于螨类、小绿叶蝉、蓟马等吸汁类害虫，可应用阿维菌素、浏阳霉素、苦参碱、鱼藤酮、白僵菌。

对于茶饼病和炭疽病等病害，可应用春雷霉素、农抗120、多抗霉素、丙森锌等。

对于真菌类病害，可应用海岛素等。

在用药的过程中，需要严格控制用药次数以及药量，避免一直使用同一种药物，应当轮换使用不同品种的药物，以防止害虫和病菌产生抗药性。

目前，生物防控技术的研究热点集中在筛选和培育更高效的天敌生物品种，以及开发新型的生物制剂。有研究通过基因编辑技术提高天敌生物的捕食或寄生能力，还有研究致力于从天然植物中提取更多具有生物活性的成分，开发新型的生物农药。

（三）农业防控技术

加强茶园管理：春茶采摘完成后，及时清除茶园中的杂草，因为杂草不仅会与茶树争夺养分和水分，还可能成为害虫的栖息地和繁殖场所。同时，要及时修剪患病枝叶，防止病虫害迅速蔓延。保持茶园良好的通风和透光条件，能够为茶树生长提供适宜的环境，增强茶树的抗病虫害能力。定期修剪弱枝，清理落叶，从源头上减少病虫害的滋生和传播。

加强施肥管理：在茶叶的施肥管理中，要充分结合当地的气候条件、土壤特性、茶树生长需求等要素，进行科学的施肥管理。合理设置施肥时间、施肥量和施肥种类，茶农可以优先使用有机肥，这些肥料不仅能够为茶树提供全面的养分，还能改善土壤结构，提高土壤肥力。尽量减少使用对环境影响较大的肥料，以降低对茶园生态环境的破坏。

做好土壤翻耕工作：在5月对土壤开展中耕，可以有效增强土壤的透气性，促进茶树根系的生长发育。秋末结合施基肥，进行茶园深耕，能够破坏鳞翅目和象甲类害虫的越冬场所，减少害虫的数量。清理茶树根际落叶和表土，并将其深埋，能够消灭越冬的害虫和病菌。在茶叶采摘完成之后，进行土壤深翻，进一步消除土壤深处的病虫，降低病虫害发生的风险。

科学采摘：为了减轻茶树病虫害的危害，可以对茶树进行分批次采摘，及时采摘嫩梢，这样可以减少害虫在嫩梢上的栖息和繁殖机会。同时，茶农还要对病芽叶、虫芽叶进行重采、强采，避免茶树受到蚜虫等害虫的进一步侵害。为了保证采摘的科学性，应当对茶农展开培训，确保茶农充分掌握鲜叶采摘技术，及时、合理地采摘茶叶的嫩茶，提高茶叶的品质和产量。

近年来，农业防控技术的研究重点在于优化茶园的生态环境，提高茶树的自身抗性。有研究通过调整茶园的种植模式和布局，增加茶园的生物多样性，减少病虫害的发生。还有研究关注茶树的营养调控对其抗病虫害能力的影响，通过合理施肥和补充微量元素，增强茶树的免疫力。

四、茶树品种抗病性研究现状

品种抗病性是植物病害防治中最高效、绿色且环保的重要方式。茶树品种的抗病性是茶树与病原菌在长期协同进化过程中，经过相互适应、相互选择后所呈现的结果。这种抗病性具有重要意义，它能够有效地阻止病原菌的侵入，抑制病原菌在茶树体内的扩展，显著减少因病害所带来的经济损失；此外，深入研究茶树品种抗病性，进而促进田间茶树品种抗性的充分表达，对茶树种质资源的科学开发利用以及妥善保存都有着积极的推动作用。

截至目前，国内外众多学者围绕茶树的抗病性展开了诸多有益的探索与尝试。在部分病害的研究领域，已经深入到了抗性机制的层面。然而，尽管取得了一定的研究成果，但从研究成果到实际的田间应用，仍然存在着一定的距离，需要进一步深入研究和实践验证。

在茶树品种抗病性的鉴定方面，主要采用室内与田间相结合的方法。以下是一些具体的研究案例：

抗云纹叶枯病鉴定：洪北边等针对30个茶树品种展开了抗云纹叶枯病的鉴定工作。通过严谨的实验流程和细致的观察分析，鉴定出了高抗品种1个，即云台山1号；中抗品种13个，其中包含大叶种4个、中叶种9个；抗性品种12个，其中有大叶种3个、中叶种9个；同时，还发现感病和高感品种各2个，均为大叶种。从这些结果可以清晰地看出，在这30个茶树品种中，中叶种的抗病性普遍要高于大叶种。这一研究结果为后续茶树品种的选择和培育提供了重要的参考依据，有助于茶农和育种者在面对云纹叶枯病时，优先选择抗病性较强的中叶种茶树。

抗茶饼病抗性评价：2001年，王美玲等在四川省选取了33个茶树品种，对它们进行了抗茶饼病的抗性评价。经过一系列的实验和评估，结果显示，在供试的这33个品种中，未发现免疫品种，即没有完全不受茶饼病侵害的品种。其中，有9个品种表现为高抗性。此外，研究还发现，大叶种相比于中叶种更易感染茶饼病。这一结论对于四川省乃至其他地区的茶树种植和病害防治具有重要的指导意义，提醒种植者在选择茶树品种时，要充分考虑茶饼病的威胁，谨慎选择大叶种茶树。

抗茶赤叶斑病鉴定：杨丽丽等选取了安徽省的10个主栽茶树品种，在室内对它们的抗茶赤叶斑病能力进行了鉴定。通过严格控制实验条件，对每个品种的抗病表现进行了详细记录和分析。结果表明，乌牛早、龙井长叶等4个品种的抗性较强，而福云六号的抗性则最弱。这一研究成果对于安徽省的茶树种植户来说，具有直接的参考价值，能够帮助他们在种植过程中，根据不同品种的抗病性，合理安排种植布局，降低茶赤叶斑病对茶树的危害。

抗茶炭疽病和茶轮斑病鉴定：张孟婷等选取了安徽省的43个茶树品种，对其抗茶炭疽病的能力进行了鉴定。鉴定结果显示，在这43个品种中，只有14个茶树品种表现出高抗性。同时，该研究团队还对32个茶树品种对茶轮斑病的抗病性进行了研究，结果表明，陕茶1号等12个品种表现出高抗，而铁观音等7个品种表现为高感。这些研究结果为安徽省茶树品种的选育和病害防治提供了丰富的信息，有助于育种者筛选出更具抗病性的茶树品种，提高茶叶的产量和质量。

茶叶作为人们生活中的必需品，其安全性越来越受到大众的高度重视。生产绿色、有机的茶叶已成为当今茶叶生产发展的必然趋势。在这种背景下，利用茶树品种自身的抗性来提升茶叶的产量与品质，无疑是最为经济有效的措施之一。

从茶学领域的最新研究来看，一方面，对于茶树品种抗病性的分子机制研究正不断深入。研究人员通过基因测序、转录组分析等技术手段，试图揭示茶树在与病原菌相互作用过程中，相关基因的表达调控机制，以及抗病信号传导通路等。例如，有研究发现某些特定的基因在茶树受到病原菌侵染时会迅速表达，这些基因可能编码了具有抗菌活性的蛋白质，或者参与了茶树的防御反应。通过深入研究这些基因的功能和作用机制，有望开发出更有效的抗病分子标记，为茶树的抗病育种提供精准的工具。另一方面，在茶树种质资源的挖掘和利用方面，也取得了一些新的进展。研究人员通过对不同地区、不同生态环境下的茶树品种进行收集和鉴定，发现了一些具有独特抗病性的种质资源。这些种质资源可能蕴含着尚未被发现的抗病基因，通过对它们的研究和利用，可以丰富茶树的遗传多样性，为茶树抗病育种提供更多的选择。

开展茶树种质资源的抗病性鉴定研究十分必要。其研究结果不仅能够为抗病分子标记的开发和抗病性分子机制的深入研究提供重要的参考依据，还能够为茶树育种学家提供优质的种质资源，推动茶树育种工作的发展，培育出更多抗病性强、品质优良的茶树品种，从而促进茶叶产业的可持续发展。

五、小结

我国茶树病虫害防治历史悠久，虽理念不断进步，但当前实际操作仍存不足，种植模式欠佳，茶农科学知识缺乏，防治被动。病害方面，茶炭疽病、茶饼病、茶煤烟病、茶白星病、茶轮斑病等危害茶叶。目前，对茶炭疽病致病机制、茶饼病菌遗传多样性、茶煤病菌生态适应性、茶白星病抗病基因改良、茶轮斑病病原致病机理等均有研究，为防治提供依据，其他病害研究也在持续。虫害领域，茶假眼小绿叶蝉、茶丽纹象甲、茶螨类、蓟马、茶毛虫、茶黑毒蛾、茶尺蠖等影响茶树生长。针对茶假眼小绿叶蝉嗅觉识别、茶丽纹象甲化学生态、茶螨类遗传互作、蓟马传毒机制、茶毛虫种群遗传、茶黑毒蛾生态习性、茶尺蠖抗药性等研究不断深入，为绿色防控和综合防治提供思路，不同危害程度虫害研究也各有进展。绿色防控技术含物理、生物、农业防控。物理防控有多种诱杀，且探索了智能监测等新技术；生物防控通过种植寄主植物、释放天敌、生物制剂防治，聚焦筛选培育天敌和开发生物制剂；农业防控加强茶园管理、施肥、翻耕和采摘，优化生态并提高茶树抗性。茶树品种抗病性采用室内外结合鉴定，对多种病害的鉴定为选种育种提供参考，分子机制研究深入，种质资源挖掘有进展，抗病性鉴定对产业发展意义重大。未来需加强技术创新，提升茶农素质，完善防治体系，促茶叶产业绿色可持续发展。

思政要点

1. 传统文化传承：古代茶树病虫害防治知识体现了古人的智慧和实践经验，传承至今，激励我们尊重和挖掘传统文化，从历史中汲取知识和力量。

2. 科学发展观：植物保护方针和理念的演变，反映了对生态环境保护和农业可持续发展的重视，体现了科学发展观的要求，引导我们在发展中注重生态平衡和长远利益。

3. 责任担当：茶农科学知识缺乏和防治措施不足的现状，提醒科研人员和相关从业者要肩负起推广科学知识、提高防治技术的责任，保障茶叶产业的健康发展。

4. 创新精神：在茶叶病虫害研究和防控技术方面的不断探索和创新，如新型防控技术的研发、抗病性分子机制的研究等，体现了创新精神，鼓励我们在各个领域勇于创新，推动科技进步。

5. 生态意识：绿色防控技术和茶树品种抗病性的研究，强调了生态环境的重要性，培养我们的生态意识，促进人与自然的和谐共生。

6. 产业发展与社会责任：茶树品种抗病性研究对茶叶产业可持续发展的重要性，以及茶叶作为生活必需品的安全性受到重视，提醒我们要关注产业发展中的社会责任，保障消费者的健康和利益。

第四节 茶树研究的多维度进展：从基因组到起源再到遗传标记应用

近年来，我国涉茶高校和科研院所在茶树基因组研究领域取得了一系列具有重要意义的进展。研究过程中，综合运用了植物遗传学、生理学、生物化学、分子生物学以及组学等多学科的理论与技术。

在具体的研究方法上，通过对茶树基因组的深入分析，挖掘其中的关键基因。对挖掘出的关键基因，进一步分析其生化功能，即明确这些基因在茶树体内参与的生化反应过程和所起的作用。在此基础上，揭示基因发挥功能的分子机理，也就是从分子层面解释基因如何调控茶树的生理活动。同时，构建基因调控网络，清晰地展现各个基因之间的相互作用关系，以及它们对茶树整体生理功能的调控机制。

借助上述科学的研究方法，在茶树功能基因组学方面，深入研究茶树基因的功能及其对茶树生长、发育、代谢等过程的调控作用；在茶树起源和遗传多样性领域，探究茶树的起源地、进化历程以及不同茶树品种之间的遗传差异和多样性；在茶叶特征次生代谢物形成机理方面，研究茶叶中独特的次生代谢物（如茶多酚、咖啡碱等）的合成途径、调控机制以及这些代谢物与茶树品质和健康功效的关系等重大基础生物学问题。

这些研究成果不仅为深入认识茶树的生命规律提供了科学依据，也为未来茶叶科技的发展提供了重要的理论指导，如指导茶树品种的改良、茶叶加工工艺的优化等。此外，这些研究成果还促进了世界对茶的认识，推动了茶在全球范围内的传播和更广泛的利用，提升了我国茶产业的国际影响力。

一、茶叶品质和茶树抗性相关的功能基因研究

茶氨酸是茶树特征性非蛋白质氨基酸，作为茶树新梢芽叶中游离氨基酸的主要成分，其含量高低在很大程度上决定了茶叶的鲜爽滋味。同时，茶氨酸还具有诸多对人体有益的生理功效，如松弛神经、减轻焦虑、增强免疫力等。近年来，在茶学领域的深入研究中，研究人员基于茶树原变种基因组展开细致分析，成功鉴定出 1 个控制茶树茶氨酸生物合成的关键酶基因 *CsTSI*。该基因属于谷氨酰胺合成酶 Ⅱ 型，为了深入探究其功能，研究人员进行了一系列试验。通过表达模式分析，明确了该基因在茶树不同组织和生长阶段的表达情况；采用乙胺诱导处理，观察其对基因表达和茶氨酸合成的影响；利用转基因技术，将该基因导入其他植物中，验证其体外合成茶氨酸的能力。这些试验均有力地证明了 *CsTSI* 具有体外合成茶氨酸的酶活性。*CsTSI* 基因的克隆不仅为茶树品种改良提供了一个重要的新基因资源，使培育高茶氨酸茶树品种成为可能，也为进一步深入揭示茶树茶氨酸调控的分子机制提供了新的线索和方向。

咖啡碱是茶叶中的主要苦味物质，适量摄入咖啡碱对人体具有兴奋神经、祛除疲劳

以及增加心血管系统活动等功效。然而，过量摄入咖啡碱会引起一些副作用，如失眠、心悸等。因此，深入研究茶树咖啡碱代谢途径及其分子机理，培育低咖啡碱茶树新品种成为当前茶学研究的重要方向之一。近年来，研究人员从普洱茶和苦茶中分离并克隆了一个控制茶树苦茶碱生物合成的重要基因 *CkTcS*。研究发现，该基因具有 N9-甲基转移酶活性，与传统认知不同的是，它可利用 1,3,7-三甲基尿酸而不是咖啡碱作为底物合成苦茶碱。这一发现不仅丰富了对茶树生物碱合成途径的认识，*CkTcS* 基因的克隆也为今后培育富含苦茶碱茶树新品种提供了理论基础，同时为通过微生物发酵合成苦茶碱开辟了新的途径，有望实现苦茶碱的工业化生产。

芳樟醇和橙花叔醇是决定茶叶花甜香的关键物质，茶叶的香气品质是衡量茶叶质量的重要指标之一。为了深入研究茶叶香气形成的分子机制，研究人员以高香茶树良种龙门香为材料，综合利用反转录聚合酶链式反应（RT-PCR）和染色体移步技术，经过一系列严谨的实验操作和数据分析，克隆获得了控制茶树芳樟醇/橙花叔醇合成的关键基因 *CsLIS/NES*。对该基因的深入研究，有助于理解茶树香气物质合成的调控网络，为增进茶叶香气品质的定向育种提供了重要的基因靶点。通过对该基因的调控，可以培育出具有更浓郁、更优质香气的茶树品种。同时，在栽培过程中，根据该基因的表达特性，优化栽培管理措施，也有助于提高茶叶的香气品质。在茶叶加工环节，依据该基因对香气物质合成的影响，改进加工工艺，能够更好地保留和提升茶叶的香气。

茶树能够积累高含量的单宁化合物，这些化合物与茶叶风味品质和健康功效密切相关。长期以来，调控茶树单宁化合物合成及水解的关键基因一直未被揭示。近期，研究人员以舒茶早为材料，运用多种酶纯化手段结合质谱分析技术，经过大量的实验和分析工作，成功分离并克隆了一个参与茶树单宁化合物水解的关键基因 *CsTA*。该基因的发现填补了茶树单宁化合物研究领域的空白，茶树单宁酶 *CsTA* 基因的克隆为茶树等富含单宁化合物的园艺作物品质调控提供了新的理论依据。通过对该基因的调控，可以改变茶树单宁化合物的含量和组成，从而优化茶叶的风味品质。同时，也为选育富含特定单宁化合物组成的优良茶树品种提供了重要的基因资源。

此外，随着茶学研究的不断深入，*CsGS2*、*AlaDC*、*CBF*、*CsWRKY2* 等与茶叶品质和抗性相关的基因也相继被克隆。这些基因在茶树的生长发育、品质形成以及应对各种生物和非生物胁迫过程中发挥着重要作用。例如，*CsGS2* 可能参与茶树氮代谢过程，影响茶叶中蛋白质和氨基酸的含量；*AlaDC* 可能与茶树的抗逆性相关，帮助茶树应对干旱、高温等逆境胁迫；*CBF* 基因家族在茶树低温胁迫响应中发挥关键作用，调控茶树的抗寒能力；*CsWRKY2* 可能参与茶树的防御反应，增强茶树对病虫害的抵抗力。这些基因的克隆对深入认识茶树重要农艺性状形成的遗传基础具有重要意义，同时也为通过遗传改良培育优质、高产、多抗的茶树新品种提供了重要靶点，为茶树育种和茶产业的可持续发展提供了坚实的理论基础和技术支持。

二、栽培茶树起源的争议、证据与茶学新进展

人类对重要栽培植物的驯化历史一直怀有浓厚的兴趣。长期以来，研究者运用多种先进的技术和科学的方法，努力追溯这些植物的进化历程，并取得了丰富的研究成果。

这些研究成果不仅加深了对这些物种进化历史的理解，也有利于更科学、有效地保护和合理利用这些重要物种的遗传资源，而且从更宏观的角度，对人类文明的发展历史有了更全面、深入的认识。同时，在研究栽培植物驯化起源与进化过程中所建立起来的理论和方法，也为进化生物学的发展提供了强大的动力，极大地推动了该学科的进步。

茶作为世界上最为古老且在全球范围内广受欢迎的无酒精类饮料，其影响力深远而广泛。它不仅在中国的文化、健康、医药以及贸易等多个领域产生了不可磨灭的影响，成为了中华文化的重要组成部分，而且在亚洲乃至整个世界众多人的日常生活中都占据着重要的地位。茶树作为茶叶的来源植物，也因此成为许多地区具有极高经济价值和文化价值的栽培植物。

在过去的 100 多年里，栽培茶树的起源和进化问题吸引了众多研究者的目光。尽管在这一领域已经取得了一些重要的进展，但与人类对小麦（Triticum aestivum）、玉米（Zea mays）等作物栽培历史的深入认识相比，茶树的相关研究仍存在较大差距，许多方面还存在着诸多争议和未解之谜。

茶树是我国最早栽培的木本作物之一，拥有着悠久的栽培历史和广泛的栽培区域。基于这样的背景，长久以来，大部分人都认为栽培茶树起源于中国。然而，自 19 世纪 30 年代英国人在印度东北部阿萨姆地区发现疑似野生茶树后，"印度阿萨姆是茶树原产地"的假说便开始出现，这一假说也引发了关于茶树起源的争议。

从文献记载方面来看，虽然中国有着丰富的古代茶文献，但汉代以前的相关文献数量稀少，且并没有关于栽培茶起源的具体时间和地点的记载。众多学者对这些文献进行了全面、细致的研究和论述，认为秦汉时期涉及茶的可靠且明确的记载仅有以下 4 则：《尔雅》、司马相如的《凡将篇》、王褒的《僮约》以及扬雄的《方言》。在汉代以后，有关茶的记载逐渐增多，其中详细地记录了巴蜀地区作为第一个茶生产中心，茶的栽培中心从三国、两晋时期开始，由西向东迁移，到了宋、元时期又进一步向东南方向移动的过程。

古代许多族群缺乏文字记录，导致关于茶的古老文献数量较少。但所有族群都有自己的语言，且不同族群的语言往往存在差异，即使是同一族群内部也可能存在多种方言。因此，从不同区域对"茶"这一植物或物品的语言表述中，可以尝试追溯茶文化的起源、传播与发展。许多学者已经在这方面进行了有益的探索。

在我国云南地区，分布着佤族、德昂族和布朗族 3 个民族，其中德昂族和布朗族被认为是最早使用和栽培茶的民族之一。这 3 个民族都没有文字，佤族将茶说成"cha"或"la"，布朗族把茶说成"la"，德昂族则说成"jaju"。特别值得关注的是德昂族和布朗族对茶的发音及其背后的意义。在德昂族语言中，"ja"意为祖母和外祖母，"ju"意为眼睛亮了，传说中茶曾治好了古代德昂族王子母亲的眼疾；而布朗族语言中茶的发音"la33（中平调）"与普通叶子的发音"la51（高降调）"相近。这一现象表明，德昂族的"ja"以及布朗族的"la33（中平调）"的发音很可能并非直接来源于"茶（cha）"的转用，甚至有可能其他地区"茶（cha）"的发音最早是源自这两个民族。布朗族对茶的另一种发音似乎也支持了这一猜测，布朗族将茶用作食材，是其先民的"野菜"之一，这种野菜常被用作佐料，布朗族称为"得责"，这一发音与其他地区任何一种有关茶的发音都不相同，这暗示了这些民族或许是独立地获得了关于茶的相关知识。

对于栽培作物的起源研究而言，考古发掘出的遗物是最直接、最有力的证据。然而，有关栽培茶的化石和遗存的发现却非常稀少。截至目前，明确或较为明确的考古证据仅有 2 例。其中最为明确的考古发现来自西安西汉古墓和西藏阿里古墓的随葬品。在这两个古墓的埋藏物中，发现了明显经过加工的茶叶，尤其是西安古墓中的茶是由幼芽制成，与现代茶叶非常相似。该发现证实了 2 100 年前西汉核心区与西藏阿里地区均存在饮茶习俗。基于这一发现，有理由推断，南方栽培茶以及饮茶习惯的出现时间一定更早。

正如前文所提到的，任何一种栽培植物的起源都涉及祖先类型、起源地点、起源时间以及驯化历程等多个关键问题。就栽培茶的起源而言，虽然目前已经取得了一些有价值的成果，并提出了多个具有重要意义的假说，但这些假说之间存在着相互矛盾的地方，尽管每个假说都有一定的证据支持。然而，严格来说，上述关于栽培茶起源的 4 个关键问题，没有一个得到了确凿无疑的证明，仍然需要更多的考古证据、遗传学证据以及文献学证据等多方面的研究和发现，以进一步揭示栽培茶的起源之谜。

近年来，随着分子生物学技术的不断发展，在茶学领域对于茶树起源和进化的研究也有了新的进展。通过对不同地区茶树品种的全基因组测序和分析，研究者可以比较它们之间的遗传差异和相似性，从而推断茶树的进化关系和迁移路线。例如，研究发现中国西南部的野生茶树种群在遗传上具有较高的多样性，这可能暗示着该地区是茶树的起源中心之一。同时，利用叶绿体基因组和线粒体基因组的分析，也能够为茶树的母系遗传和父系遗传研究提供重要线索，有助于更准确地追溯茶树的祖先类型。

此外，在植物地理学和生态学方面的研究也为茶树起源提供了新的视角。通过对茶树适宜生长环境的模拟和分析，结合地质历史时期的气候变化，研究者可以推测茶树在不同历史时期的分布范围和迁移趋势。一些研究表明，在第四纪冰期等重大气候变迁事件中，茶树可能经历了栖息地的收缩和扩张，这对其遗传多样性和进化方向产生了重要影响。

在茶文化的研究方面，除了语言分析外，民俗学和人类学的研究方法也被应用于追溯茶文化的传播路径。通过对不同地区与茶相关的民俗活动、仪式和传统的比较研究，可以发现茶文化在不同族群和地域之间的交流与融合，进一步揭示茶树的驯化和传播历程。

三、DNA 分子标记在茶树遗传多样性研究及辅助育种中的应用

DNA 分子标记是鉴定种质资源遗传多样性的重要手段，同时也是一种极具价值的辅助育种方法。其包含多种标记类型，如限制性片段长度多态性（RFLP）、简单重复序列（SSR）以及单核苷酸的多态性（SNP）等。

简单重复序列，又被称作微卫星 DNA，是一类广泛存在于真核生物和原核生物基因组中的特殊 DNA 序列。它由 1~6 个碱基组成的基元串联重复而成。大量研究发现，在基因组中平均每 50 kb 就存在 1 个 SSR，这显示了 SSR 在基因组中的广泛分布特性。

随着新一代高通量RNA测序技术（RNA-seq）的广泛推广，转录组学的研究模式发生了根本性的变革。该技术迅速成为研究非模式生物转录组的先进手段。而SSR和SNP作为常用的分子标记，也成为利用转录组数据开发最多的两类标记。特别是SSR，由于其检测方法相对简便，一直备受研究者的关注。在柑橘、茄子、洋葱、辣椒、杜仲、芝麻和橡胶等多种非模式植物中，通过转录组信息开发SSR标记的方法均已有相关报道。

在茶树的研究领域，早期金基强等率先对茶树EST-SSR进行了分析，并成功建立了相应的分子标记，为后续研究奠定了基础。姚明哲等人利用25对EST-SSR引物，对江北茶区的45份茶树初级核心种质的遗传多样性、遗传结构和亲缘关系展开了深入分析。研究结果表明，江北茶区主要省份间茶树种质的遗传分化程度较低。刘振等人则通过EST-SSR标记，对福建茶区和西南茶区的茶树资源进行了遗传多样性和亲缘关系分析，发现这两个茶区的茶树资源均具有相对较高的遗传多样性。然而，在这一阶段，由于测序技术存在一定的局限性，所获得的序列数量以及SSR数量都相对较少。

随后，技术的发展推动了茶树转录组研究的深入。杨华等首次利用高通量测序技术（RNA-Seq）对茶树全器官转录组进行了全面测序。在获得的127 094条Unigene中，成功发掘并获得了12 242个SSR。王丽鸢也通过对茶树花转录组测序获得的75 331条Unigene进行详细分析，获得了12 582个SSR，并进一步对这些SSR在编码区和非编码区的出现频率及分布特性进行了系统研究。

不过，茶树作为重要的经济作物，其主要利用价值体现在叶部，并且其遗传多样性和品质特性的差异也大多反映在叶部。因此，加大对茶树叶部特异性表达基因的SSR标记的开发力度，进而进行功能成分的标记定位，对于茶树的品种改良和品质提升具有至关重要的意义。

陈琪等采用先进的生物信息学方法，对茶树叶部不同发育阶段（单芽/三叶）转录组中的EST-SSR位点信息进行了深入分析，旨在为茶树分子标记辅助育种提供有效的参考依据。研究过程中，利用SSRFINDER软件，对茶树芽叶转录组的高通量测序所获得的97 454条Unigene序列（100.91 Mb）进行了大通量SSR位点的筛选工作。最终，共获得36 249个SSR位点，这些位点分布于27 913条Unigene序列中，其发生频率为28.64%，平均分布密度达到了1/2.78 kb。

在茶树芽叶的转录组序列中，研究人员共发现了962种碱基重复基元。其中，占主导地位的是以（AG/CT）$_n$为主（占总SSR的23.78%）的二核苷酸重复，这类重复占到了总SSR的59.19%。其次是三核苷酸和单核苷酸重复，它们的占比分别为20.92%和13.13%。此外，茶树芽叶转录组所含不同重复基元SSR的平均长度，相对全器官转录组较短。其中，占比最高的是重复长度为18 bp的中长重复序列，该类序列占到总SSR的23.37%，而大于25 bp的较长序列重复则极为少见。同时，研究人员还对茶树不同器官转录组测序的SSR分布特性进行了细致的分析比较，这一工作为后续的分子标记开发提供了重要的参考信息。

杨华等利用茶树全转录组的高通量测序所获得的127 094条Unigene，进一步发掘茶树转录组SSR功能性标记。在这些序列中，共搜索出12 242个SSR，它们分布于10 325

条 Unigene 中，出现频率为 9.63%。茶树转录组 SSR 的平均长度为 16 bp，平均分布密度是 1/3.68 kb。在茶树转录组的 SSR 中，二核苷酸重复是主要的类型，占总 SSR 的 63.78%。茶树转录组 SSR 共包含 181 种重复基元，其中二核苷酸重复基元 CT/AG 和 TC/GA 是优势重复基元类型，分别占总 SSR 的 23.84% 和 23.58%。同时，研究人员还对这些 SSR 的可用性进行了全面的评价，为后续在茶树遗传育种和分子标记辅助选择等方面的应用提供了重要的依据。

近年来，随着测序技术的不断革新，一些新的研究思路和方法也逐渐应用于茶树 SSR 标记的研究中。例如，结合基因组重测序技术，可以更准确地鉴定茶树基因组中的 SSR 位点，并且能够深入分析其在不同品种和环境条件下的变异情况。此外，利用生物信息学算法的优化，能够提高 SSR 标记开发的效率和准确性，从而加速茶树遗传多样性研究和分子育种的进程。在功能研究方面，通过将 SSR 标记与茶树的重要农艺性状和品质性状进行关联分析，有望发掘出更多与茶树生长、发育和品质形成相关的功能基因，为茶树的遗传改良提供更有力的支持。

四、小结

在茶树基因组研究领域，我国涉茶高校和科研院所综合多学科理论与技术，从挖掘关键基因到构建调控网络，在茶树功能基因组学、起源和遗传多样性、次生代谢物形成机理等方面取得进展，为认识茶树生命规律、发展茶叶科技及提升茶产业国际影响力提供了支撑。在茶叶品质和茶树抗性相关功能基因研究中，成功克隆了如 *CsTSI*、*CsTCS* 等多个关键基因，对茶树品质改良和抗逆性研究意义重大。关于栽培茶树的起源，虽有"中国起源说"等，但仍存争议，从文献记载、语言分析、考古发现到现代分子生物学等多方面研究，不断推进对茶树起源的认知。DNA 分子标记在茶树遗传多样性研究及辅助育种中应用广泛，尤其 SSR 标记，随着技术发展，在茶树不同器官转录组中开发出大量 SSR 位点并分析其特性，新的研究思路和方法也为茶树遗传改良带来新契机。

1. 科技创新精神：我国涉茶高校和科研院所在茶树研究中不断探索创新，综合运用多学科理论技术，体现了科研人员勇于突破、追求卓越的科技创新精神，激励人们在各自领域积极创新。

2. 文化自信：茶在中国文化、贸易等多领域影响深远，茶树起源虽存争议，但中国丰富的茶文献及悠久的栽培历史，彰显了中国茶文化的深厚底蕴，增强民族文化自信，激发对传统文化的热爱与传承意识。

3. 科学态度与方法：在茶树研究的各个方面，从基因克隆到起源探究，都遵循科学的方法和严谨的态度，强调了科学研究中尊重事实、注重证据的重要性，培养人们的科学思维和素养。

4. 可持续发展理念：茶树相关研究成果为茶树品种改良、茶产业发展提供理论指导，有助于实现茶产业的可持续发展，体现了人与自然和谐共生及产业可持续发展的理念，引导人们关注生态环境保护和产业可持续发展。

第五节 我国茶学教育发展

从传统的品茗雅趣到如今蓬勃发展的茶饮产业，茶的内涵与外延不断丰富拓展。在古代，我国茶业知识和技术的传播，在很大程度上依赖于父传子、师教徒的狭隘、封闭式的方法。只是到了近代，茶业教育才有了"洋学堂"，接受教育的人逐渐多了起来。随着社会的发展，特别是20世纪50年代以来，我国的茶业教育更有了新的发展。现代茶学教育作为传承茶文化、培育茶产业专业人才的关键力量，肩负着推动茶产业可持续发展、弘扬中华优秀传统文化的重大使命。然而，在科技飞速进步、消费市场日益多元的当下，现代茶学教育既面临着前所未有的机遇，也遭遇着诸多挑战。如何在传承中创新，在发展中坚守，如何构建适应时代需求的现代茶学教育体系，成为了茶学界和教育界共同关注的焦点话题。

一、茶学教育的起源、确立与现代茶学研究新貌

如果从茶学历史发展的角度来看，可以将茶学的起源追溯到唐朝时期。陆羽撰写了世界上第一部茶学专著《茶经》，对茶叶生产的历史、源流、现状、生产技术以及饮茶技艺、茶道原理等进行了综合性论述。虽然当时没有"茶学"的概念，但《茶经》却是我国茶学研究成果的集大成者，是茶叶的"百科全书"。

此后，宋代皇帝赵佶的《大观茶论》、赵汝砺的《北苑别录》、明朝朱权的《茶谱》以及清代刘源长的《茶史》等著作，都是有关中国茶叶生产、加工和品饮方面的专著，可以看作是历史茶学的传承和发展。当然，真正作为一门学科，现代教育意义上的茶学萌芽出现在晚清时期。

19世纪末，伴随着清政府的衰落腐败，中国茶叶发展进入到历史的低谷，当时社会上的洋务派有识之士，意识到传统的教育观念已经无法挽救中国，必须进行改革和维新，向西方世界学习。为了振兴中国茶叶，必须建立学校、培养专门茶叶人才。清末台湾巡抚刘铭传是历史上有记载的第一个提出建立学校培养茶叶人才的官员，他在1887年计划"再立茶艺学堂一所，教授艺童，恒常习学"。1891年，当时的洋务派代表人物，湖广总督张之洞也计划开设专门学校，设置商务学专业，招收茶商子弟50名来接受茶学教育学习。

根据《农学报·萧主政补救丝茶折》和《光绪朝东华录》等资料记载，1898年，光绪皇帝批准刑部主事萧文昭"设立茶务学堂"来拯救中国茶叶的建议，"谕于已开通商口岸及产丝茶省份，迅速设立茶务学堂及蚕桑公院"。1899年，清政府创办农务学堂，根据《农务学堂招考农学示》记载，当时一共招收7个学科，分别是方言、算学、电化、种植、畜牧、茶务、蚕茶。从这里可以看出，7个学科中至少有两个（茶务和蚕茶）与茶学强关联，另外种植学科也会涉及到茶叶种植技术。因此，这是现有资料中最早设置茶学课程的记载。

而1907年，清政府在四川创办的"四川通省茶务讲习所"，是我国茶学历史上第一所专门学校。后来该校改名为四川省立高等茶叶学校，一直办到了1935年，学制3年，总共毕业18个班学生。1909年，湖北和四川峨嵋县分别设立"湖北省茶务讲习所"和"四川蚕桑茶业传习所"。除此之外，清末还有更多的"茶务讲习所"在各地筹办，至此，中国茶学作为一门学科，正式登上历史舞台。

在现代茶学领域，最新的研究成果不断涌现。从茶叶种植层面来看，科研人员致力于选育优良茶树品种，通过现代生物技术，如基因编辑技术、分子标记辅助育种技术等，深入研究茶树的遗传特性，以培育出具有更高产量、更强抗逆性和更优质风味的茶树品种。例如，对茶树中与香气物质合成相关基因的研究，有助于提升茶叶的香气品质。

在茶叶加工方面，随着科技的进步，新型加工技术不断发展。如超临界流体萃取技术、膜分离技术等应用于茶叶有效成分的提取，不仅提高了提取效率和纯度，还能更好地保留茶叶中的活性成分。同时，智能化加工设备的研发和应用，实现了茶叶加工过程的精准控制，提升了茶叶加工的标准化和自动化水平。

在茶叶品质鉴定与安全检测领域，现代分析技术如色谱技术（高效液相色谱、气相色谱等）、光谱技术（近红外光谱、拉曼光谱等）以及电子鼻、电子舌等智能检测技术的应用，能够快速、准确地对茶叶的品质和安全性进行评价和监测，为茶叶质量控制和市场监管提供了有力的技术支持。

此外，茶学与其他学科的交叉融合也日益深入。茶学与医学的结合，开展了对茶叶健康功效的深入研究，如茶叶中的茶多酚、茶氨酸等成分对人体心血管系统、神经系统等的保健作用。茶学与文化学、旅游学的融合，推动了茶文化旅游产业的发展，促进了茶学知识的传播和茶文化的传承。这些最新的研究成果，不仅丰富了现代茶学的内涵，也为茶学教育的发展提供了新的方向和内容。

二、茶学教育的内容

茶学是一门特色鲜明的传统学科，追根溯源，其历史悠久，涵盖内容极为丰富，既与自然科学紧密相连，又兼顾人文科学领域。从学科大类划分，可将其分为茶科学和茶文化学两大类别。

具体而言，茶科学包含众多细分领域。茶树学聚焦于茶树的生物学特性、遗传与进化等方面的研究，通过对茶树细胞、组织、器官的结构与功能分析，深入了解茶树的生长发育规律；茶树栽培学着重研究茶树的种植技术，包括茶园的规划与建设、茶树的育苗、种植密度、施肥灌溉、病虫害防治等，以实现茶树的优质高产；茶叶加工学主要探讨鲜叶如何通过不同的加工工艺转化为各类茶叶产品，例如，绿茶的杀青、揉捻、干燥、红茶的萎凋、发酵、烘干等过程，研究如何提升茶叶的品质和风味；茶叶检验学则运用科学的方法和技术，对茶叶的品质、成分、安全性等进行检测和评价，如通过化学分析检测茶叶中的茶多酚、咖啡碱、氨基酸等成分含量，利用微生物检测确保茶叶的卫生安全。

茶文化学同样包含丰富的内容。茶史学对茶叶的起源、传播、发展历程进行系统研究，探索不同历史时期茶叶在社会、经济、文化等方面所扮演的角色；茶艺侧重于茶叶冲泡技艺和品饮艺术，包括茶具的选择、茶叶的冲泡方法、品茶的礼仪等；茶道蕴含着深刻的哲学思想和精神内涵，强调通过品茶来修身养性、感悟人生；民族茶艺学则关注不同民族在茶叶饮用方面所形成的独特习俗、技艺和文化，展现了茶文化的多样性。

在现代茶学领域，最新研究成果不断涌现，推动着茶学的发展。在茶树种植方面，分子生物学技术的应用日益广泛。科学家们通过基因测序技术，深入解析茶树的基因组，挖掘与茶树重要农艺性状（如产量、品质、抗逆性等）相关的基因，为茶树的遗传改良提供理论基础。同时，利用植物组织培养技术，实现茶树的快速繁殖和脱毒苗的培育，提高茶树的繁殖效率和种苗质量。

在茶叶加工研究中，绿色加工技术成为热点。例如，采用低温加工技术，减少茶叶加工过程中营养成分的损失和有害物质的产生；利用生物发酵技术，开发新型发酵茶产品，丰富茶叶的种类和风味。此外，对茶叶加工过程中香气物质的形成机制和调控技术的研究也取得了重要进展，有助于提升茶叶的香气品质。

在茶叶功效研究方面，越来越多的科学研究表明，茶叶中的活性成分具有多种保健功效。茶多酚具有抗氧化、抗炎、抗癌等作用；茶氨酸具有镇静、抗焦虑、提高学习记忆能力等功效。这些研究成果为茶叶的健康价值提供了科学依据，也为茶产业的发展开辟了新的方向，如开发茶保健品、茶药品等。

茶学教育的发展也经历了漫长的过程。茶的历史十分久远，自从茶圣陆羽撰写《茶经》，世界茶叶史上第一部茶学专著就此诞生。然而，真正形成现代意义上的茶学学科则是20世纪初的事情。根据现代文献资料和历史记载，我国最早设置茶学课程的大学是20世纪30年代的广州中山大学。

中华人民共和国成立以后，尤其是改革开放以来，我国茶学教育事业蓬勃发展。目前，全国大部分农林院校和部分综合性大学都开设了茶学专业，如浙江大学、安徽农业大学、湖南农业大学、福建农林大学和云南农业大学等。这些高校的茶学专业涵盖了从本科到博士的完整人才培养体系，培养了大量高素质的茶学专业人才。

此外，部分大中专类院校也纷纷开设茶艺、茶道和茶文化等相关专业，侧重于培养具有一定实践技能的应用型人才，向社会输送了大量从事茶艺表演、茶文化传播、茶叶营销等工作的专门人才。同时，一些职业培训机构也开展了各类茶学培训课程，为社会人士提供了学习茶学知识和技能的机会，进一步推动了茶学知识的普及和茶文化的传播。

三、茶学教育的发展和繁荣

20世纪是中国茶业、茶学史上极为关键且意义非凡的一个世纪。在这一时期，中国实现了从传统茶业、茶学向现代茶业、茶学的根本性转变，逐步建立起完善的现代茶业制度和现代茶学体系，茶叶生产、科技、教育、经济、文化等各个领域均取得了显著且卓越的成就。作为茶业、茶学发展基石的茶学教育更是实现了从无到有的历史性跨越，构建起了涵盖职业中学、中等学校、大学，乃至硕士、博士阶段的完整且系统的茶学教育体系，在国际上占据领先地位。期间涌现出了一大批如王泽农、吕允福、陈椽、庄晚芳、陈兴琰、陆松侯、张堂恒、莫强、王镇恒、刘祖生等献身茶学教育的优秀教师、名师和教育家。他们将毕生精力奉献给茶学教育事业，始终坚守在茶学教育的讲坛上，以严谨的治学态度和无私的奉献精神，循循善诱、诲人不倦，为茶学专业建设、课程体系完善、教材编写以及高素质人才培养等方面作出了巨大贡献。

在 20 世纪 50 年代之前，我国的茶业教育面临着诸多困境，发展岌岌可危。但自 50 年代起，随着我国茶叶生产的逐步复苏，茶业教育也开始受到高度重视。为了广泛普及茶叶生产技术，提升从业人员的专业技能，各业务部门积极举办了各类针对性强的训练班。例如，华东农林部委托复旦大学培训茶叶干部，第一届培训为期两年，其入学资格、手续和学习办法等方面，均与该校原有的茶叶专修科保持一致；中国茶业公司举办的制茶干部训练班，历时一个半月，吸引了 200 余名学员参加，有效提升了学员制茶的专业水平。

1950 年秋，上海复旦大学茶叶专修科正式开始招生。在两年的学习时间里，学生的必修科目丰富多样，涵盖了社会发展史、国文、英文、化学、普通植物学、植物生理学、植物病害、植物虫害、土壤学、肥料学、茶叶概论、遗传育种、生物统计及田间技术、茶树栽培、茶叶制造、茶叶检验、茶叶化学、茶业经济及茶业机械等多个领域。这些专业课程由陈椽、庄晚芳等业内知名专家学者主讲，为学生们构建了全面且系统的茶学知识体系。

同年，中国茶业公司中南区公司与武汉大学农学院合作合办茶业专修科，旨在培养适应时代发展需求的新型茶业人才，此次共招收学生 54 人。武汉大学农学院各系教授凭借深厚的学术功底和丰富的教学经验，兼任了各科课程的教学工作，此外，还有冯绍裘等一批资深学者专门进行讲授，为学生们传授专业知识和实践经验。武汉大学茶业专修科学制为两年，设置了 20 门必修课程，涵盖了茶学领域的各个方面。

1951 年 11 月，西南贸易部为培养西南地区的贸易干部，在重庆曾家岩求精商学院旧址设立了贸易专科学校，其中专门开设了茶科，致力于培养茶叶贸易领域的专业人才，为当地茶叶贸易的发展注入了新的活力。为了更好地适应生产发展的需求，1952 年，国家对各地区的大专院校系科进行了全面调整。此次调整使得茶业系科的分布和配置更加科学合理，教学资料、实验装备以及师资力量等方面得到了进一步充实和优化，为初步形成我国茶业教育现代化体系奠定了坚实基础。

1952 年，复旦大学茶叶专修科调整至安徽芜湖的安徽大学农学院。1954 年 2 月，安徽农学院独立建院，并于同年 7 月迁至合肥。1956 年，安徽农学院恢复了四年制的本科招生，面向全国招收优秀学子。王泽农、陈椽等著名教授随调整成为安徽农学院茶业系的中坚力量，为该系的发展和人才培养作出了重要贡献。与此同时，西南贸易专科学校茶叶专修科并入西南农学院园艺系，目前已与农产品贮藏加工专业合并成食品系，学制四年，不断适应着学科发展的新需求。华中武汉大学茶叶专修科也于同年并入华中农学院，后又将茶叶专修科撤销，合并进入浙江农学院茶叶专修科。1956 年，浙江农学院茶叶专修科改为本科，学制 4 年，庄晚芳等一批著名教授在此任教，为茶学教育的发展贡献着自己的力量。1956 年，湖南农学院农学专业茶作组发展为茶叶专业，隶属于园艺系，学制 4 年，进一步壮大了我国茶学教育的队伍。此外，还有不少农业院校，如福建农学院早在 1950 年就将茶树栽培和茶叶加工内容列为农学系和园艺系的讲授课目，积极推动茶学知识的普及和教育。

到了 20 世纪 70 年代，中国茶业教育迎来了巨大的变革。由于茶叶生产的迅速扩张和发展，茶业专业人才的短缺问题日益凸显，这极大地刺激了许多产茶省（区），如云南、福建、四川、广西等的农业院校纷纷设置茶业系或专修科，以满足市场对茶业专业人才的迫切需求。据不完全统计，当时全国已有 10 所大专院校设立了茶学系科，拥有 250 余位教授、讲师和助教从事茶学教育工作。在过去的 40 年中，这些院校已培养出 6 000 名茶叶系科毕业生、50 名研究生以及一批外国留学生和进修生，为国内外茶业的发展输送了大量专业人才。同时，在科研方面也取得了一大批具有重要价值的成果，有力地推动了茶学学科的发展和茶叶产业的技术升级。

此外，茶叶中等教育和职业教育作为中国茶业教育的重要组成部分，同样发挥着不可或缺的作用。据统计，我国目前设有茶叶专业班的中等学校数量不下 10 所。而由农业、商业、外贸、农垦、公安、侨委等多个部门举办的职业培训班更是数不胜数，这些培训班通过系统的培训和实践教学，有效地提高了在职茶叶工作人员的专业素质和业务能力，为茶叶产业的基层发展提供了坚实的人才支撑。

中国的茶业教育尽管经历了诸多坎坷和挑战，但依然取得了令人瞩目的成绩。不同层次的茶业教育体系已逐步建立并不断完善，凭借着雄厚的师资力量、丰富的教学资料以及较为齐全的教学设备，形成了具有鲜明中国特色的现代化茶业教育模式。

我国的高等院校茶业系主要承担着培养高级茶业人才的重任，注重培养学生的科研能力、创新思维和综合素养；中等专业学校和职业学校则侧重于培养普通的茶业从业人员，强调学生的实践操作技能和职业素养的养成；一般培训班主要是为了提高各级茶业从业人员的业务素质，满足不同层次和岗位的需求。在教育为生产服务，教育与生产劳动相结合方针的正确指导下，各层次的茶业教育机构培养出了一批又一批优秀的各级茶业人才。这些人才在各自的岗位上发光发热，有的长期扎根茶区，致力于发展茶叶生产，为改变山区落后面貌辛勤耕耘，作出了卓越贡献；有的在财贸战线上拼搏奋斗，为满足人民日益增长的茶叶消费需求付出了积极努力；有的投身于茶业教育工作，默默奉献，培养了一代又一代新人，可谓桃李满天下；有的则终生奋战在科技战线上，为提高中国茶叶科技水平不懈努力，推动着茶业科技的进步和创新。在中国，已经形成了一支规模庞大、结构合理且稳定发展的茶业技术、管理和贸易队伍，为茶业的繁荣发展提供了坚实的人才保障。

中国的茶业教育拥有一支学科齐全、实力雄厚且老中青相结合的师资队伍。在全国高等农业院校教材指导委员会的统一规划下，编写了涵盖茶学各个领域的全部茶学系教材，包括《茶树栽培学》《茶树育种学》《制茶学》《茶叶生物化学》《茶叶审评与检验》《茶叶机械基础》《茶树病虫害》《茶叶生产机械化》等。这些教材内容丰富、系统全面，为茶学教育提供了高质量的教学资源。中等茶业学校也同样拥有全国统编教材，确保了教学内容的规范性和科学性。此外，各院校还积极开展学术研究和出版工作，出版了《茶作学》《制茶技术理论》《茶业通史》《茶树栽培》《茶叶制造》《茶叶检验》《茶树栽培生理》《中国名茶》《茶叶》《中国茶史散论》《茶用香花栽培与花茶窨制》《种茶与制茶技术问答》等一批具有较高学术价值和实践指导意义的图书。同时，编译了《广西茶叶》《茶叶》《农业科技译丛》《茶叶科研与论文集》《茶叶通讯》《四川茶叶》《国外茶叶资料选辑》《茶叶译丛》《茶业通报》等一批定期或不定期刊物，为茶学领域的学术交流和知识传播搭建了良好的平台。

茶业教育为了进一步丰富教育内容，提高教学质量和学生的实践能力，还紧密结合生产实际，积极开展科学研究工作。许多院校都设有专门的茶叶研究机构，如湖南农学院设有茶叶研究所，专注于茶学领域的科研工作。几十年来，各院校在茶业科研方面取得了丰硕的成果。浙江农业大学茶学系的"珠茶炒干机""6CR-55型揉捻机试验""浙农12、浙农21、浙农25茶树新品种""中小型两套绿茶连续化成套设备研制和工艺研究"等科研项目，在茶叶加工设备和茶树品种选育等方面取得了重要突破；安徽农学院茶业系的"HCDJ-6红茶光电拣梗机""LCDJ-20绿茶光电拣梗机"等成果，提高了茶叶拣梗的自动化水平和效率；湖南农学院园艺系茶叶专业的"红茶品种品质早期鉴定""速溶茶试制工艺""江华苦茶资源利用""红茶多酚氧化的机制"等研究，为红茶的品质提升和资源开发利用提供了理论支持；西南农学院茶叶专业的"高香切细红碎茶初制技术研究""云南大叶种引种繁殖及推广研究"等项目，在红碎茶加工技术和茶树品种推广方面取得了显著成效。这些成果先后分别获得了全国、部级或省级科技成果奖励，彰显了我国茶业科研的实力和水平。

自20世纪80年代初起，许多大专院校的茶学专业陆续恢复了茶学硕士研究生招生。目前，浙江、湖南、安徽等院校茶业系已具备招收研究生的资格，经过多年的努力，已培养了50名硕士研究生，为茶学领域培养了一批高层次的专业人才。1987年，经国务院学位委员会批准，在浙江农业大学设立了茶学博士生招收点，标志着我国茶学教育向更高层次迈进。1989年，国家教委批准浙江农业大学茶学系为重点学科，这是对该校茶学系在教学、科研等方面所取得成绩的高度认可和肯定。中国茶业教育在新形势下正以飞快的速度发展，展现出蓬勃的生机与活力。

据不完全统计，全国目前已有近30所大专院校设立了茶学系科，中专类和社会民办职业茶叶学校更是数量众多。在高中低不同层次茶学教育的全面覆盖下，我国的茶学教育体系不断完善，为我国茶叶产业的发展培育了大量的专业性人才。这些人才在茶叶的生产、加工、销售、管理、审评以及茶文化传播等各个环节，充分发挥自己的专业优势，为促进我国茶叶事业的整体腾飞和更好发展贡献着自己的力量。

在现代茶学领域的最新研究方面，随着科技的飞速发展和人们对茶叶需求的不断变化，茶学研究呈现出多学科交叉融合的趋势。在茶树种植方面，分子生物学技术被广泛应用于茶树遗传育种研究。科学家们通过基因测序技术，深入解析茶树的基因组信息，挖掘与茶树生长发育、品质形成、抗逆性等重要性状相关的基因，为茶树的精准育种提供了理论依据。同时，利用植物组织培养、基因编辑等技术，开展茶树品种改良和创新研究，培育出具有更高产量、更优品质和更强抗逆性的茶树新品种。例如，通过对茶树中与香气物质合成相关基因的研究，成功培育出了具有独特香气的茶树品种，丰富了茶叶的风味类型。

在茶叶加工领域，绿色加工技术和智能化加工设备成为研究热点。采用低温、低氧等绿色加工技术,能够有效保留茶叶中的营养成分和香气物质,提高茶叶的品质和安全性。智能化加工设备的研发和应用,实现了茶叶加工过程的自动化控制和精准调控,提高了生产效率和产品质量的稳定性。此外,对茶叶加工过程中微生物群落结构和代谢机制的研究,为开发新型发酵茶产品提供了理论支持,推动了茶叶加工技术的创新和发展。

在茶叶品质鉴定和安全检测方面,现代分析技术的应用越来越广泛。色谱技术(如高效液相色谱、气相色谱等)、光谱技术(如近红外光谱、拉曼光谱等)以及电子鼻、电子舌等智能检测技术,能够快速、准确地对茶叶的品质和安全性进行评价和监测。通过建立茶叶品质和安全的指纹图谱和数据库,实现了对茶叶质量的溯源和监管,保障了消费者的健康和权益。

在茶叶功效研究方面,越来越多的科学研究表明,茶叶中的活性成分具有多种保健功效。除了传统认知的抗氧化、抗菌、降血脂等功效外,近年来的研究还发现,茶叶中的成分对预防和治疗某些慢性疾病(如心血管疾病、糖尿病、癌症等)具有潜在的作用。例如,茶叶中的茶多酚能够调节肠道菌群,改善肠道健康;茶氨酸具有镇静、抗焦虑、提高学习记忆能力等作用。这些研究成果为茶叶的健康价值提供了更深入的科学依据,也为开发茶保健品、茶药品等提供了新的思路和方向。

在茶文化研究方面,随着人们对传统文化的重视和对精神生活的追求,茶文化研究日益受到关注。学者们从历史学、社会学、文化学等多个角度对茶文化进行深入研究,探讨茶文化的起源、发展、传播以及其在不同历史时期和文化背景下的内涵和价值。同时,茶文化与旅游、艺术等产业的融合发展也成为研究热点,通过举办茶文化节、茶艺表演、茶旅融合等活动,推动了茶文化的传承和创新,促进了文化产业的发展。

四、思政教育和茶学教育

高等教育的目标不仅是传授专业知识和技能,更要培养德才兼备、全面发展的高素质人才。专业课程是学生获取专业知识的主要途径,在其中融入思政教育,能够使学生在学习专业知识的同时,接受正确的世界观、人生观和价值观的引导,培养良好的道德品质、社会责任感和创新精神,实现知识传授与价值塑造、能力培养的有机统一,促进学生的全面发展。而在茶学专业课程中进行思政教育,有诸多优势,能够从文化传承、品德修养、思维培养、价值观塑造等多个维度助力思政教育的开展。

传承优秀传统文化,增强文化自信:中国茶文化源远流长,从陆羽的《茶经》到众多朝代的茶学专著,记录了茶叶生产、加工、品饮等方面的知识,承载着丰富的历史文化内涵。通过对茶文化的学习和了解,学生能够深入认识中华民族悠久的历史和灿烂的文明,感受到传统文化的魅力,从而增强对本民族文化的认同感和自豪感,坚定文化自信。例如,学习茶道、茶艺等传统茶文化技艺,能让学生亲身领略传统文化的韵味,体会古人的智慧和审美。

培养品德修养,塑造良好人格:茶学中蕴含着诸多道德规范和价值观念。如茶道强调"和、敬、清、寂",倡导人们在品茶过程中追求内心的平和、对他人的尊重以及清正廉洁的品质。茶艺通过礼仪规范（如茶具的三才摆放法、凤凰三点头冲茶技法）系统化呈现人际尊重范式。通过参与茶文化活动，学生可以在潜移默化中受到熏陶，培养出谦逊、包容、尊重他人等良好品德，塑造健全的人格。

促进思维培养，提升综合素养：茶学是一门涉及自然科学和人文科学的综合性学科。在学习茶树种植、茶叶加工等自然科学知识时，学生可以培养科学思维和实践能力；而在研究茶史、茶道、茶艺等人文科学内容时，又能锻炼逻辑思维、审美能力和文化素养。例如，茶叶的品质鉴定需要运用科学的分析方法，而茶艺表演则需要具备艺术鉴赏和表达能力。这种多学科的融合有助于培养学生的综合思维能力，提升他们的整体素养。

树立正确价值观，培养社会责任感：茶学的发展与社会经济、文化的发展密切相关。从古代茶业知识和技术的传播，到现代茶产业的蓬勃发展，茶在不同历史时期都发挥着重要作用。通过了解茶文化的发展历程，学生可以认识到个人与社会、国家的紧密联系，明白自己肩负的责任和使命。例如，现代茶学教育致力于推动茶产业可持续发展，这就要求学生树立环保意识、可持续发展观念，为促进产业发展和社会进步贡献自己的力量。

提供情感交流平台，促进和谐人际关系：茶作为一种社交饮品，常常在人际交往中扮演重要角色。品茶、论茶的过程是人们交流思想、增进感情的过程。在思政教育中，以茶为媒介开展活动，可以为学生提供一个轻松、和谐的交流平台，促进他们之间的沟通与理解，培养团队合作精神和人际交往能力，营造良好的人际关系和校园氛围。

助力心理健康教育，缓解压力调节情绪：在快节奏的现代生活中，人们面临着各种压力和挑战。茶所倡导的宁静、平和的生活态度，以及品茶过程中的专注与放松，有助于缓解人们的心理压力，调节情绪。在思政教育中融入茶文化元素，引导学生学习品茶、赏茶，能够帮助他们培养健康的心理状态，保持积极乐观的生活态度。

随着社会的发展，对人才的要求越来越高，不仅需要具备扎实的专业知识和技能，还需要具备良好的思想政治素质和职业道德。在专业课程中进行思政教育，能够使学生更好地适应社会发展的需求，培养出具有社会责任感、创新精神和实践能力的高素质专业人才，为社会的发展和进步作出贡献。立德树人是教育的根本任务，高校肩负着培养社会主义建设者和接班人的重要使命。在茶学专业课程中进行思政教育，是落实立德树人根本任务的重要举措，能够将思想政治教育贯穿于教育教学全过程，实现全程育人、全方位育人，培养出具有坚定理想信念、高尚道德情操和扎实专业知识的社会主义建设者和接班人。

五、小结

中国茶学教育源远流长，从古代对茶的零散研究到唐朝陆羽《茶经》的诞生，虽当时无"茶学"概念，但已为茶学研究奠定基础。晚清时期，现代教育意义上的茶学开始萌芽，随着洋务派有识之士意识到教育改革的重要性，茶学相关学校和课程逐步设立，标志着茶学作为一门学科正式登上历史舞台。民国时期，茶学教育有了一定发展。中华人民共和国成立后，尤其是改革开放以来，茶学教育事业蓬勃发展，全国多所农林院校和综合性大学开设茶学专业,构建起从本科到博士的完整人才培养体系,大中专院校及职业培训机构也为社会输送了大量应用型人才。20世纪,中国实现了从传统到现代茶业、茶学的转变,茶学教育从无到有,建立起完善体系,培养出众多优秀人才,在教学、科研、教材编写等方面取得显著成就。如今,现代茶学领域研究成果不断涌现,多学科交叉融合趋势明显,在茶树种植、茶叶加工、品质鉴定、功效研究和茶文化研究等方面都有新的突破和发展,为茶学教育的未来提供了新方向和内容。

思政要点

1. 文化自信:茶学教育承载着中华优秀传统文化,从古代茶学著作到现代茶文化研究,体现了中国茶文化的深厚底蕴和独特魅力,有助于增强民族文化自信。

2. 科技创新:现代茶学领域不断应用新技术,如分子生物学技术、智能检测技术等,展现了科技创新对传统产业的推动作用,培养学生的创新精神和科学素养。

3. 职业精神:众多茶学教育工作者献身茶学教育事业,以严谨治学和无私奉献的精神培养人才,体现了敬业、奉献的职业精神,激励学生树立正确的职业观。

4. 教育与实践结合:茶学教育紧密结合生产实际开展科研工作,成果应用于生产实践,体现了教育与生产劳动相结合的方针,培养学生理论联系实际的能力。

5. 产业发展与人才培养:茶学教育体系的完善为茶叶产业培养了大量专业人才,推动了产业的繁荣发展,体现了教育对产业发展的支撑作用,以及人才在产业发展中的关键地位。

参考文献

曾德新,朱林,王抄抄,等,2024. 茶产业发展现状及常见茶叶病虫害防控研究进展[J]. 安徽农业科学,52(15):5-12.

曾立,肖文军,2019. L-茶氨酸防治脑疾病研究进展[J]. 茶叶科学,39(2):193-202.

陈丽萍,林志平,高剑龙,2018. 茶黑毒蛾性信息素捕虫器田间应用技术研究[J]. 现代化农业(6):34-35.

陈琪,杨华,韦朝领,等,2016. 基于茶树芽叶转录组序列的 EST-SSR 分布特征研究[J]. 安徽农业大学学报,43(2):170-175.

陈蓉,刘慧,付萍,等,2022. 茶树根系发育相关基因 *CsRDAs* 的克隆与功能分析[J]. 农业生物技术学报,30(1):63-74.

谌明举,2017. 论茶文化融入大学生思政教育的意义及路径研究[J]. 福建茶叶,39(2):189-190.

樊汇川,石云里,2019. 近代中国茶学建制化历程[J]. 安徽史学(3):56-64.

范晓晖,陈慕松,刘文婷,等,2023. 茶园土壤质量现状及改良措施研究进展

[J]. 中国茶叶, 45 (4): 19-24.

贡长怡, 刘姣姣, 邓强, 等, 2022. 茶树炭疽病病原菌鉴定及其致病性分析 [J]. 园艺学报, 49: 1092-1101.

何吉祥, 赵亚栋, 吕庄元, 等, 2024. 茶色素研究现状及应用开发前景 [J]. 浙江纺织服装职业技术学院学报, 23 (4): 31-37.

贺宇佳, 刘明, 伍树松, 2019. 植物多酚对氧化应激与炎症信号通路的调控机制 [J]. 动物营养学报, 31 (4): 1554-1563.

洪北边, 楼云芬, 吕文明, 1999. 茶树种质资源抗茶云纹叶枯病鉴定 [J]. 中国农业科技导报 (4): 71-75.

胡雅娟, 夏达, 2016. 茶文化的德育功能对大学生思想教育影响研究 [J]. 福建茶叶, 38 (6): 211-212.

蒋敏, 韦玲玲, 章传政, 2021. 茶学家王泽农对我国茶学高等教育事业的贡献 [J]. 茶叶通讯, 48 (1): 187-192.

金基强, 崔海瑞, 陈文岳, 等, 2006. 茶树 EST-SSR 的信息分析与标记建立 [J]. 茶叶科学, 26 (1): 17-23.

金珊, 李孟园, 叶乃兴, 等, 2021. 茶树栽培学践行课程思政: 培养茶学专业学生爱农、惠农、助农意识 [J]. 大学教育 (5): 88-91.

李飞, 杨丹, 郑姣莉, 等, 2020. 中国茶园主要害虫生物防治研究进展 [J]. 湖北农业科学, 59 (10): 5-9.

李金玉, 尤民生, 尤士骏, 2022. 茶园生物多样性控害的研究进展 [J]. 应用昆虫学报, 59 (4): 710-725.

李玲玲, 2018. 茶文化在高校思政教育与文化育人中的契合作用 [J]. 福建茶叶, 40 (2): 221-222.

刘辉, 周玉锋, 周罗娜, 等, 2021. 茶饼病病原菌与茶树互作机理研究进展 [J]. 贵州农业科学, 49 (1): 44-50.

刘静, 2022. 茶树花药愈伤组织诱导及增殖研究 [J]. 陕西农业科学, 68 (12): 83-86.

刘威, 2015. 茶树炭疽菌的鉴定及致病力分析 [J]. 福建农林大学学报 (自然科学版), 44 (6): 581-586.

刘振, 王新超, 赵丽萍, 等, 2008. 基于 EST-SSR 的西南茶区茶树资源遗传多样性和亲缘关系分析 [J]. 分子植物育种, 6 (1): 100-110.

毛迎新, 谭荣荣, 龚自明, 等, 2014. 假眼小绿叶蝉种群时序动态及与气象因子的耦合关系 [J]. 湖北农业科学, 53 (24): 6022-6025.

蒲应秋, 张源源, 2019. 贵州茶学教育发展的历史透视与现状分析 [J]. 教育文化论坛, 11 (4): 26-32.

钱韦, 曲静, 康乐, 2017. 生物信息流操纵: 作物病虫害导向性防控的新科学 [J]. 中国科学院院刊, 32 (8): 805-813.

上官明珠, 2013. 茶树 miRNA 的分离鉴定及其与茶尺蠖取食诱导的差异表达特征

研究 [D]. 合肥：安徽农业大学.

沈俊炳，2024. 八仙茶多酚提取工艺优化及抗氧化作用研究 [J]. 现代食品，30（9）：76-81.

石文波，黄楚平，陈宇航，等，2024. 纳米氢氧化铜对茶炭疽病菌的抑制活性及作用机制 [J]. 农药学学报，26（5）：962-973.

宋丽，方静，2022. 复旦大学茶学高等教育发展历史及影响探析 [J]. 中国茶叶加工（2）：75-79.

陶德臣，2005. 中国近现代茶学教育的诞生和发展 [J]. 古今农业（2）：62-67.

王定锋，李良德，李慧玲，等，2021. 一株对茶丽纹象甲高毒力白僵菌菌株的筛选、鉴定与培养研究 [J]. 茶叶科学，41（1）：101-112.

王国昌，2010. 三种害虫诱导茶树挥发物的生态功能 [D]. 北京：中国农业科学院.

王礼献，徐慧芳，黄国勤，等，2024. 茶树与绿肥间作对茶园生态环境影响的研究进展 [J]. 江西农业学报，36（8）：54-63.

王丽鸳，2011. 基于EST数据库和转录组测序的茶树DNA分子标记开发与应用研究 [D]. 北京：中国农业科学院.

王莉，丁冬雪，2023. 茶文化的育人功能及其融入思政课教师高质量发展路径研究 [J]. 茶叶学报，64（1）：77-80.

王美玲，叶华智，2001. 茶树品种对茶饼病的抗性研究 [J]. 西南农业学报，14（1）：82-86.

王鹏杰，杨江帆，张兴坦，等，2021. 茶树基因组与测序技术的研究进展 [J]. 41（6）：743-752.

王桥美，2022. 茶轮斑病与根际微生物群落关系的研究 [D]. 昆明：云南农业大学.

王玉春，2016. 中国茶树炭疽菌系统发育学研究及茶树咖啡碱抗炭疽病的作用 [D]. 杨凌：西北农林科技大学.

肖灵亚，徐艳阳，洪丹丹，等，2020. "N+1" 茶园绿色防控基准化技术及其成效 [J]. 茶叶，46（3）：145-149.

杨华，陈琪，韦朝领，等，2001. 茶树转录组学中SSR位点的信息分析 [J]. 安徽农业大学学报，38（6）：882-886.

杨丽丽，孙钦玉，杨云秋，等，2009. 不同茶树品种对茶赤叶斑病抗性的初步鉴定 [J]. 茶业通报，31（4）：154-155.

杨莹雪，2008. 活的记忆——西南少数民族茶文学的族群认同功能 [D]. 上海：复旦大学.

姚明哲，刘振，陈亮，等，2009. 利用EST-SSR分析江北茶区茶树资源的遗传多样性和遗传结构 [J]. 茶叶科学，29（3）：243-250.

尹恒，2022. 茶尺蠖的抗药性相关基因的功能及抗药分子机理研究 [D]. 自贡：四川轻化工大学.

岳翠男，江新凤，李延升，等，2019. 茶皂素提取技术及生物活性研究进展［J］. 食品工业科技，40（7）：326-331.

张凤阁，蔡晓明，罗宗秀，等，2024. 茶棍蓟马生物生态学特性及其防治［J］. 中国生物防治学报，40（1）：219-228.

张瑾，王志博，郭华伟，等，2023. 茶饼病研究进展［J］. 植物病理学报，53（6）：1003-1013.

张莉，赵兴丽，张金峰，等，2018. 茶树炭疽病病原菌的分离与鉴定［J］. 贵州农业科学，46（11）：36-39.

张孟婷，李学慧，陈虹雨，等，2022. 不同茶树品种对茶树炭疽菌的抗性快筛初探［J］. 茶业通报，44（2）：76-80.

张孟婷，陶昭君，陈虹雨，等，2022. 茶树抗茶轮斑病种质资源的鉴定与初步评价［J］. 中国植保导刊，42（9）：52-56.

张帅，毕程，2024. 非遗语境下茶文化对外传播的方法与路径探索［J］. 中国茶叶，46（2）：74-82.

张欣，卢声洁，程宇豪，等，2021. 茶轮斑病病原菌 *Pestalotiopsis trachicarpicola* 的生物学特性［J］. 贵州农业科学，49（1）：38-43.

赵冬香，高景林，陈宗懋，等，2002. 假眼小绿叶蝉对茶树挥发物的定向行为反应［J］. 华南农业大学学报，23（4）：27-29.

赵新阳，陈焕金，韩杰，等，2022. 农用植保无人机茶园病虫害防治效果分析［J］. 南方农机，53（4）：47-49，89.

郑士琴，孔祥瑞，单睿阳，等，2024. 茶轮斑病发生为害特性及其茶树抗病研究进展［J］. 茶叶学报，65（2）：1-10.

周玲红，2008. 茶白星病对茶叶品质的影响及茶白星病菌拮抗微生物的分离和筛选［D］. 长沙：湖南农业大学.

朱玲，赵仪，严学兵，孙盛楠，2023. 茶园管理方式对土壤微生物群落影响的研究进展［J］. 土壤通报，54（1）：245-252.

朱旗，刘仲华，沈程文，等，2015. 跨越发展的湖南农业大学茶学系［J］. 茶叶通讯，42（1）：3-6.

朱世桂，房婉萍，2008. 中国茶叶科学应用基础研究的现状与展望［J］. 江苏农业学报，24（4）：522-526.

CHANG N, PI X, ZHOU Z, et al., 2024. Suppression of *CsFAD3* in a JA-dependent manner, but not through the SA pathway, impairs drought stress tolerance in tea［J］. Journal of Integrative Agriculture, 23（11）：3737-3750.

FANG L, WANG Q, HU Y, et al., 2017. Genomic analyses in cotton identify signatures of selection and loci associated with fiber quality and yield traits［J］. Nature Genetics, 49：1089-1098.

LU L T, CHEN H F, WANG X J, et al., 2021. Genome-level diversification of eight ancient tea populations in the Guizhou and Yunnan regions identifies candidate genes for core agronomic traits [J]. Horticulture Research, 1: 2513-2522.

TONG W, WANG Y, LI F, et al., 2024. Genomic variation of 363 diverse tea accessions unveils the genetic diversity, domestication, and structural variations associated with tea adaptation [J]. Journal of Integrative Plant Biology, 66 (10): 2175-2190.

WANG Y, NIU S, DENG X, et al., 2024. Genome-wide association study, population structure, and genetic diversity of the tea plant in Guizhou Plateau [J]. BMC Plant Biology, 24 (1): 79-95.

WEI C L, YANG H, WANG S B, et al., 2018. Draft genome sequence of *Camellia sinensis* var. *Sinensis* provides insights into the evolution of the tea genome and tea quality [J]. Proceedings of the National Academy of Sciences of the United States of America, 115: 4151-4158.

XIA E H, LI F D, TONG W, et al., 2019. Tea plant information archive: a comprehensive genomics and bioinformatics platform for tea plant [J]. Plant Biotechnology Journal, 10: 1938-1953.

XIA E H, TONG W, HOU Y, et al., 2020. The reference genome of tea plant and resequencing of 81 diverse accessions provide insights into its genome evolution and adaptation [J]. Molecular Plant, 13: 1013-1026.

YAMASHITA H, UCHIDA T, TANAKA Y, et al., 2020. Genomic predictions and genome-wide association studies based on RAD-seq of quality-related metabolites for the genomics-assisted breeding of tea plants [J]. Scientific Reports, 10 (1): 17480-17490.

ZHANG H B, XIA E H, HUANG H, et al., 2015. *De novo* transcriptome assembly of the wild relative of tea tree (*Camellia taliensis*) and comparative analysis with tea transcriptome identified putative genes associated with tea quality and stress response [J]. BMC Genomics, 16 (1): 298-312.

ZHANG X T, CHEN S, SHI L Q, et al., 2021. Haplotype-resolved genome assembly provides insights into evolutionary history of the tea plant *Camellia sinensis* [J]. Nature Genetics, 53: 1250-1259.

ZHONG H, WANG Y, QU F R, et al., 2022. A novel *TcS* allele conferring the high-theacrine and low-caffeine traits and having potential use in tea plant breeding [J]. Horticulture Research, 9 (1): 106-116.

第七章 茶文化

第一节 人类非遗"中国传统制茶技艺及其相关习俗"中的茶文化探微

茶,作为中华民族的国饮,承载着数千年的历史与文化底蕴。2022年11月29日,"中国传统制茶技艺及其相关习俗"成功列入联合国教科文组织人类非物质文化遗产代表作名录,这不仅是对中国传统制茶技艺的高度认可,更是对其中所蕴含的博大精深茶文化的一次全球推广。茶的起源与中国的自然环境和人文传统密切相关。中国广袤的土地上,适宜茶树生长的区域主要集中在秦岭淮河以南、青藏高原以东的江南、江北、西南和华南四大茶区。这些地区气候温润,土壤肥沃,为茶树的生长提供了得天独厚的条件。在长期的实践中,人们逐渐认识到茶的特性,并开始对其进行培育和利用。在古代,茶不仅是一种饮品,更与宗教、祭祀等活动紧密相连。在佛教寺院中,茶被视为一种修行的辅助品,僧人通过品茶来静心、悟道。道教也将茶视为一种养生之物,认为茶能够清心寡欲,延年益寿。在祭祀活动中,茶常常被作为祭品,表达对祖先和神灵的敬意。

一、制茶技艺:文化的雕琢

中国传统制茶技艺丰富多样,涵盖了绿茶、黄茶、黑茶、白茶、乌龙茶、红茶六大茶类以及花茶等再加工茶的制作,相关习俗更是在全国各地广泛流布,为多民族所共享。茶文化贯穿于制茶技艺和相关习俗的始终。从茶园管理到茶叶采摘制作,再到饮用分享,每个环节都蕴含着深刻的文化内涵。

(一)天人合一的哲学思想在中国传统制茶技艺中有着深刻的体现

中国传统制茶技艺高度强调顺应自然的原则,并且十分尊重茶树自身的生长规律。这种对自然的尊重与顺应贯穿于从茶园建立到茶叶成品的整个过程,充分展现了人与自然和谐共生的理念。

从茶园的选址来看,并非随意为之,而是有着科学依据。茶树生长对环境条件有着特定要求,如适宜的气候、土壤等。因此,人们会选择气候温润、光照充足且具有一定漫射光条件、雨量充沛且分布均匀、土壤呈酸性、土层深厚肥沃且排水良好的区域来开辟茶园。例如,中国江南茶区多山地和丘陵,云雾缭绕,土壤肥沃,为茶树生长提供了理想的自然环境,这就是依据茶树生长需求,顺应自然条件进行茶园选址的体现。

在茶园管理方面,人们秉持着维护生态平衡的理念。为了减少对环境的污染,避免使用化学合成的肥料和农药,转而采用有机肥料和生物防治等方法。有机肥料如绿肥、厩肥等,不仅能够为茶树提供全面的营养,还能改善土壤结构,增加土壤肥力,促进微生物的活动,有利于茶树的健康生长。生物防治则是利用自然界中生物之间的相互关系来控制病虫害。比如,释放害虫的天敌昆虫,如赤眼蜂、草蛉等,来捕食或寄生茶树害虫;或者利用害虫的性信息素诱捕害虫,减少害虫的繁殖数量。通过这些方式,既保证了茶树的正常生长,又维护了茶园生态系统的平衡。

在茶叶采摘环节,也充分考虑了茶树的生长规律。根据茶树的生长季节和生长状态进行合理采摘,对于保证茶叶的品质和茶树的可持续生长至关重要。不同季节的茶叶,其品质特点有所不同。例如,春季气温适中,光照柔和,茶树经过冬季的休眠,积累了丰富的营养物质,此时采摘的茶叶芽叶细嫩,内含物质丰富,品质优良。而在夏季,气温较高,茶叶生长速度快,芽叶相对较粗老,品质相对较差。此外,茶树的生长状态也会影响采摘方式。对于幼龄茶树,为了促进其树冠的形成和生长,采摘时会适当留叶,以保证茶树有足够的光合作用面积。对于成年茶树,则会根据茶树的品种、树势和采摘标准,合理确定采摘量和采摘批次。比如,一些名优茶的采摘要求十分严格,只采摘单芽或一芽一叶初展的芽叶,以保证茶叶的鲜嫩度和品质。通过合理采摘,既能获得高品质的茶叶,又能保证茶树的正常生长和持续生产能力。

(二)精益求精的工匠精神,在中国传统制茶技艺中有着淋漓尽致的体现

制茶师们对茶叶制作的每一个环节都秉持着高度严谨和专注的态度,力求做到尽善尽美,执着地追求着极致的品质。从鲜叶采摘开始,制茶师们就严格遵循标准。不同的茶类对鲜叶的要求各不相同,比如制作西湖龙井,通常要求采摘一芽一叶初展的鲜叶,因为此时的芽叶鲜嫩,内含物质丰富,能够为后续制作出高品质的茶叶奠定基础。制茶师们凭借丰富的经验,准确判断鲜叶的成熟度和适宜采摘时间,避免因采摘不当影响茶叶品质。

在茶叶的杀青环节,火候的控制至关重要。以绿茶杀青为例,若火候过大,鲜叶中的水分会迅速散失,导致茶叶焦糊,破坏茶叶的香气和口感;若火候不足,则无法有效抑制鲜叶中酶的活性,茶叶容易发生氧化,影响色泽和品质。制茶师们凭借精湛的技艺,通过观察鲜叶的形态变化、闻其散发的气味,以及感受锅温的细微差异,精准地控制杀青的时间和火候。比如在手工杀青时,制茶师们会用手不断翻炒鲜叶,凭借手部的触感来感知鲜叶的受热程度,适时调整翻炒的速度和力度,确保每一片鲜叶都能均匀受热,达到最佳的杀青效果。

揉捻环节同样需要制茶师们的精心操作。揉捻的目的是塑造茶叶的外形,同时破坏茶叶细胞,使茶叶中的内含物质更好地渗出,为后续的发酵或干燥等工序作好准备。不同的茶类,揉捻的力度和时间也有所不同。如红茶的揉捻力度相对较大,时间较长,以促进茶多酚等物质的氧化;而绿茶的揉捻则相对较轻,以保持茶叶的绿色和完整形态。制茶师们在揉捻过程中,会仔细观察茶叶的外形变化和汁液渗出情况,根据实际情况调整揉捻的参数,使茶叶达到理想的揉捻程度。

发酵环节是部分茶类形成独特风味的关键步骤。以乌龙茶的做青为例,这是一个摇青和静置交替进行的复杂过程。摇青的力度、时间和静置的环境条件都会影响茶叶的发

酵程度和香气形成。制茶师们凭借敏锐的嗅觉和丰富的经验，通过闻茶叶散发的香气和观察茶叶的色泽变化，判断发酵的进程，适时调整摇青和静置的时间和方式。比如，当茶叶散发出淡淡的花香，叶缘呈现出一定的红边时，制茶师们就知道发酵程度已达到合适的范围，可以进入下一个工序。

在干燥环节，无论是炒干、烘干还是晒干，制茶师们都严格把控温度和时间。温度过高会使茶叶表面焦糊，香气受损；温度过低则会导致茶叶水分含量过高，不利于保存。制茶师们通过观察茶叶的色泽、手感和香气，调整干燥的温度和时间，使茶叶达到理想的干燥程度，既保证了茶叶的品质，又延长了茶叶的保质期。

在整个手工制茶过程中，制茶师们始终通过观察茶叶的色泽变化，如从鲜叶的绿色到杀青后的暗绿、再到发酵后的红褐等；闻其香气的演变，从鲜叶的草青味到杀青后的清香、再到发酵后的花香、果香等；以及品尝口感的差异，从苦涩到鲜爽、醇厚等，不断调整制作工艺的各个参数，以达到最佳的品质效果。

这种精益求精的工匠精神，不仅是对传统制茶技艺代代相传的有力支撑，确保了传统技艺的延续和发展；更是对中国茶文化的坚守，承载着中华民族对品质、对传统的尊重和热爱，让中国传统制茶技艺在历史的长河中熠熠生辉。

（三）地域文化的独特印记在中国传统制茶技艺中有着鲜明且深刻的体现

不同地区由于自然环境、历史发展、民族构成等方面存在显著差异，所衍生出的制茶技艺也各具特色，这些特色技艺如同一个个生动的文化符号，精准地反映了当地的地域文化和风土人情。

从自然环境角度来看，福建地处中国东南沿海，境内多山，气候温暖湿润，云雾缭绕，土壤多为酸性红壤，这样独特的自然条件为茶树的生长提供了极为适宜的环境，也孕育出了独具特色的乌龙茶制作技艺。福建的乌龙茶品种丰富，如武夷岩茶、铁观音等。在制作武夷岩茶时，其复杂的工艺流程充分展现了福建人对品质的追求以及开放包容的性格特点。武夷岩茶的制作要经过萎凋、做青、杀青、揉捻、烘焙等多道工序，其中做青环节是形成岩茶"绿叶红镶边"和独特岩韵的关键。做青过程中，需要制茶师根据不同的品种、气候和鲜叶状况，灵活调整摇青和静置的时间与次数，这不仅需要精湛的技艺，更需要制茶师具备开放的思维和包容的心态，去不断尝试和探索，以适应各种变化，从而制作出品质上乘的茶叶。这种对技艺的不断追求和对变化的包容，正是福建人开放、包容性格在制茶技艺中的生动体现。

而云南，作为中国西南边陲的多民族聚居省份，其独特的地理环境和丰富的民族文化共同造就了普洱茶制作技艺的独特魅力。云南有着广袤的原始森林和适宜茶树生长的山地，是世界茶树的原产地之一。普洱茶的制作技艺蕴含着深厚的云南少数民族文化特色。以普洱茶的晒青工艺为例，这一工艺与云南充足的阳光和干燥的气候条件密切相关。在晒青过程中，茶叶在阳光下自然晾晒，吸收着天地的精华，这种制作方式体现了云南少数民族对自然的尊重和顺应。同时，普洱茶的紧压工艺也有着独特的文化内涵。紧压茶便于储存和运输，这与云南在历史上作为茶叶贸易重要通道的地位密切相关。在过去，普洱茶通过茶马古道运往各地，紧压后的茶叶更适合长途跋涉。而且，不同的少数民族在紧压茶的形状、包装等方面也有着各自的特色，如傣族、布朗族等民族在制作和保存普洱茶时，会融入本民族的传统图案和工艺，这些都充分展示了云南少数民族丰富多样的文化特色。

除了福建和云南，中国其他地区的制茶技艺同样带有鲜明的地域文化印记。例如，浙江的绿茶制作技艺，如西湖龙井、碧螺春等，体现了江南地区细腻、精致的文化风格。江南水乡，风景秀丽，人文荟萃，这种环境孕育出的绿茶制作工艺也十分讲究，从鲜叶的采摘标准到炒制的手法，都追求精细和完美。又如安徽的祁门红茶制作技艺，祁门地区独特的土壤和气候条件，使得所产红茶具有独特的"祁门香"。祁门红茶的制作工艺融合了当地的传统技艺和文化元素，在发酵、烘焙等环节中都有着独特的处理方式，展现了安徽地区的地域文化特色。

这些地域特色鲜明的制茶技艺，如同繁星点点，共同构成了中国茶文化丰富多彩的内涵。它们不仅是各地人民智慧的结晶，更是中国地域文化多样性的生动体现，使得中国茶文化在世界文化之林中独树一帜，散发着独特的魅力。

二、茶文化的多面呈现：社交、民俗与宗教之境

（一）茶与社交礼仪

在中国，茶作为待客的重要饮品，承载着主人对客人的情谊与尊重。当有客人登门拜访时，主人往往会热情地为客人烹茶相待，这一行为背后蕴含着深厚的文化内涵。

泡茶过程有着严谨且细致的礼仪规范。首先是茶具的选择，不同的茶类适宜搭配不同的茶具。例如，冲泡绿茶时，通常选用透明的玻璃杯，这样可以清晰地观赏到茶叶在水中舒展的优美姿态，同时玻璃杯散热快，能较好地保持绿茶的鲜嫩口感和清香；而冲泡乌龙茶，多会使用紫砂壶，紫砂壶具有良好的透气性和保温性，能更好地激发乌龙茶的香气和韵味。

茶叶的投放量也颇为讲究，需根据茶具的容量、茶叶的种类以及个人口味来确定。一般来说，冲泡绿茶时，每150毫升左右的水，投放3克左右的茶叶较为适宜；而冲泡红茶，由于红茶的口感相对醇厚，投放量可稍多一些，每150毫升水可投放4～5克茶叶。

水温的控制同样关键，不同的茶叶对水温有不同的要求。像鲜嫩的绿茶，适宜用80～85℃的水冲泡，过高的水温会破坏茶叶中的营养成分和鲜嫩口感，使茶汤产生苦涩味；而乌龙茶、红茶等则需要用95～100℃的沸水冲泡，以充分激发茶叶的香气和滋味。

以广东潮汕地区著名的工夫茶艺为例，这是当地极具特色的待客方式。主人会选用小巧精致的茶具，如孟臣壶（紫砂壶）、若琛杯（小茶杯）等。工夫茶艺的程序严格且复杂，包括治器（即洗茶器）、纳茶（将茶叶放入茶壶）、候汤（等待水开）、冲茶（将沸水冲入茶壶）、刮沫（用壶盖刮去茶汤表面的浮沫）、淋罐（用沸水淋壶身）、烫杯（用沸水烫洗茶杯）、洒茶（将茶汤均匀地倒入各个茶杯）等步骤。通过这些严谨的程序，主人精心为客人泡出香醇浓郁的工夫茶，让客人在品尝佳茗的同时，感受到主人的热情与诚意。

茶在社交活动中扮演着不可或缺的重要角色。茶会、茶宴等活动不仅为人们提供了品尝各类茶品的机会，更是成为了人们交流思想、增进感情的优质平台。

在古代，文人雅士常常举办茶会。他们相聚于清幽雅致之所，以茶会友，在茶香袅袅中吟诗作画、品茶论道。茶会为他们提供了一个放松身心、畅所欲言的环境，激发了他们的创作灵感，促进了文化的交流与传播。文人之间通过品茶，分享彼此的文学见解、人生感悟，加深了彼此之间的友谊和文化认同。

在现代社会，茶会、茶宴等活动依然盛行，并且逐渐拓展到了更广泛的社交和商务领域。在二十四节气的流转中，茶会是一场独特而富有韵味的雅集。当立春的微风轻拂，茶会便在一片新绿的期许中开场。人们围坐在一起，泡上一盏明前龙井，嫩绿的茶叶在水中舒展，仿佛唤醒了沉睡的春天。雨水时节，伴着窗外淅淅沥沥的雨声，品着温润的正山小种，感受着雨水滋润万物的生机。惊蛰已至，茶会上的安吉白茶，鲜爽清甜，恰似那被春雷唤醒的大地，充满活力。春分时刻，大家一同分享着白毫银针，在这昼夜平分的时节，体会着茶的纯净与平和。清明前后，用新采的茶叶制成的茶散发着独特的清香，茶会中人们缅怀先辈，也品味着自然的馈赠。谷雨时分，啜饮着香高味醇的六安瓜片，感受着春雨后茶叶的醇厚韵味。立夏时节，来上一杯香气馥郁的凤凰单枞，宣告着夏日的来临。小满之时，品着乌龙茶，看着茶叶在壶中翻滚，恰似生活的充实与饱满。芒种已到，苦丁茶的微苦与回甘，如同这忙碌时节的滋味。夏至日，绿茶的清爽成为茶会上的主角，消解着暑热。小暑和大暑，茶会中普洱生茶的清凉与陈香，带来丝丝凉意。立秋之际，铁观音的兰花香弥漫在空气中，仿佛在诉说着季节的更替。处暑之时，菊花茶的淡雅，让人在渐凉的天气中感受到宁静。白露已至，寿眉茶的醇厚温暖着身心，见证着露水的凝结。秋分时节，茶会中大家共饮祁门红茶，在这又一个昼夜平分的时刻，分享着生活的点滴。寒露已深，黑茶的浓郁滋味，抵御着寒意的侵袭。霜降之时，老白茶的陈香愈发醇厚，仿佛是岁月沉淀的精华。立冬之后，茶会上的肉桂茶，香气辛锐，温暖着身体。小雪时分，小青柑的果香与茶香交融，带来别样的风味。大雪已至，围炉煮茶，煮上一壶老茶，在茶香中感受冬日的静谧。冬至日，茶会中人们品着茶，期待着阳气的回升。小寒和大寒，温暖的红茶和黑茶成为主角，陪伴着人们度过最寒冷的时光。在这二十四节气的茶会中，茶不仅仅是饮品，更是连接自然、时光与人们情感的纽带，让人们在茶香中领略着岁月的流转和生活的美好。

茶宴历史悠久，三国时代就有"密赐茶以当酒"之说，这可能是茶宴或茶会的前身。"茶宴"一词最早出现于南北朝山谦之的《吴兴记》。唐代时茶宴正式化，到宋代更为盛行，日本的茶道就受我国茶宴仪式影响发展而来。近年来有几个比较出色的茶宴。清源茶宴是泉州的特色茶宴，以茶配菜、茶入菜、茶佐菜。菜品有牡蛎与茶韵交织的菜肴、带有铁观音清香的凤尾笋，还有将清源茶粉与芝士融合烤制的"宋式茶香黑九节"，以及武夷大红袍与宁德大黄鱼搭配、融入桂花红茶和白牡丹等名茶元素的菜肴，将自然馈赠与文化精髓巧妙结合。2024年12月8日在马来西亚吉隆坡举办的中华鼎藏·盛世茶宴，汇聚了全球茶文化影响力的巅峰茶席。邀请了来自中国大陆、中国香港、中国澳门、中国台湾以及马来西亚、新加坡、韩国等世界各地的17名茶界泰斗与名家，共鉴鼎级老茶，促进了中外茶文化的深度交流与融合。2024年在云南省临沧市举办的云县茶宴，厨师利用当地茶叶与其他食材制作出10余种菜肴，如古树茶煲鸡、茶香鸽子肉、茶香虾仁、鱼上茶蒸、茶香五花肉、凉拌茶叶豆、茶花粥、香酥茶尖、茶尖蛋饼、茶尖豆米汤、茶叶卤蛋、绿/红茶馒头、茶馅饺子、普洱茶米饭等。现代茶宴在很大程度上保留了传统茶宴的文化内涵，如对茶的尊重、对礼仪的重视等，将茶与各种食材巧妙搭配，创造出新颖的茶膳菜品，使传统茶文化在新的时代背景下得以延续和发展。现代茶宴在传承和创新茶文化方面发挥了积极作用，为人们带来了独特的美食体验和社交机会。

在社交场合中，人们围坐在一起，一边品茶一边聊天，轻松的氛围有助于拉近彼此之间的距离，增进相互之间的了解和信任。在商务活动中，茶会、茶宴也成为了一种重要的沟通方式。商务伙伴们在品茶的过程中，交流商业信息、洽谈合作事宜，茶的温和与雅致有助于缓解紧张的商务氛围，使交流更加顺畅、和谐。无论是朋友聚会、家庭团聚，还是商务往来，茶都在其中发挥着独特的作用，成为人们社交活动中不可或缺的一部分。

（二）茶与民俗节日

春节作为中国最为重要的传统节日，承载着丰富的文化内涵和民族情感。2024年12月4日22时12分，中国申报的"春节——中国人庆祝传统新年的社会实践"在巴拉圭共和国首都亚松森召开的联合国教科文组织保护非物质文化遗产政府间委员会第十九届会议上，被成功列入人类非物质文化遗产代表作名录。在春节期间，茶占据着重要的一席之地，中国不少地方都有与茶相关的习俗。

在福建部分地区，春节期间有喝"茶蛋"的习俗。将茶叶与鸡蛋一起煮，茶叶的清香融入鸡蛋中，形成独特的风味。茶蛋不仅是美味的食品，还寓意着新的一年圆圆满满。而且福建盛产乌龙茶，春节时家人团聚、亲友来访，主人会用精致的茶具泡上一壶香醇的乌龙茶待客。泡茶过程有一系列讲究的程序，如温杯、洗茶、冲泡等，展示对客人的尊重，同时大家围坐品茶，增进感情。

广东潮汕地区春节时盛行工夫茶习俗。春节期间，无论家人团聚还是招待客人，工夫茶是必不可少的。一家人或亲朋好友围坐在一起，用小巧的茶具，遵循严格的冲泡流程，如治器、纳茶、候汤、冲茶、刮沫、淋罐、烫杯、洒茶等步骤，泡出香气浓郁的工夫茶。大家依次品茶，聊天交流，享受节日的悠闲时光。而且在春节期间走亲访友时，主人必定会以工夫茶待客，以茶表示对客人的欢迎和友好。

浙江杭州是著名的茶叶产地，以西湖龙井闻名。春节期间，当地一些家庭会用新茶来招待客人。而且在部分地区，还有春节喝"元宝茶"的习俗。"元宝茶"的制作，是在茶中特意加入红枣、桂圆等食材。从食材本身的寓意来看，红枣色泽红润，象征着生活红红火火；桂圆果实圆润，寓意着团圆美满，且"桂"与"贵"谐音，又有富贵之意。而将它们与茶相融合，整体便寓意着新的一年财源广进、幸福美满。春节期间，家人团聚一堂，围坐在一起，泡上一壶"元宝茶"，一边品茶，一边谈天说地，共享节日的欢乐，传递着浓浓的亲情与祝福。这种将茶与传统美好寓意相结合的方式，不仅丰富了春节的习俗内容，更让茶成为了春节期间情感交流的重要媒介。

云南是一个多民族聚居的省份，在春节期间，不同的少数民族有着各具特色的茶俗，如白族春节期间有"三道茶"的习俗，纳西族在春节期间有喝"龙虎斗"的习俗，傣族人民喜欢用竹筒香茶来招待客人，彝族在春节期间也有独特的烤茶习俗。春节期间云南少数民族的茶俗虽各具特色，但也存在一些共同特点，都体现了少数民族热情好客的传统美德。茶成为了他们表达友好、增进感情的重要媒介，客人到来时，主人献上精心准备的茶，是一种普遍的礼仪。这些茶俗在茶叶的制作过程上都颇为讲究，蕴含着独特的技艺。比如纳西族的"龙虎斗"，先烤茶再与白酒混合，对烘烤的程度和酒水混合的时机都有一定要求，每个环节都需把握精准，体现了少数民族对制茶工艺的传承和对品质的追求。春节期间的茶俗大多承载着丰富的寓意和文化内涵。白族的"三道茶"分别寓意着人生的先苦后甜、生活的甜蜜以及对人生多种滋味的回味，富有哲理；纳西族的"龙虎斗"寓意着战胜困难，新的一年生活顺遂；彝族的烤茶在团聚时饮用，象征着家庭和睦、亲情深厚。这些寓意反映了少数民族对美好生活的向往和追求，以及对传统文化的传承和延续。茶俗与春节这一传统节日紧密融合，成为节日庆祝活动的重要组成部分，增添了节日氛围。在春节期间，家人团聚、亲友往来，品茶成为大家交流互动、共享欢乐时光的方式之一。围坐在一起喝茶聊天，增进了彼此之间的感情，使节日更加温馨和谐，也让茶俗在节日中得到更好的传承和发扬。

春节期间，安徽黄山地区有以茶祭祖的习俗。人们会准备好上等的茶叶，摆放在祖先牌位前，表达对祖先的缅怀和敬意，祈求祖先保佑新的一年平安顺遂。同时，在家庭聚会或招待客人时，也会用黄山毛峰、祁门红茶等当地名茶来泡茶，大家一起品茶聊天，共度佳节。

湖南长沙部分地区在春节时会喝"芝麻豆子茶"。这种茶是将芝麻、黄豆、茶叶等一起泡制而成，香气浓郁，营养丰富。春节期间，邻里之间相互拜年时，主人会热情地端上一碗"芝麻豆子茶"，客人接过茶表示感谢，体现了当地浓厚的人情风味和春节的喜庆氛围。

清明作为中国传统二十四节气之一，兼具着双重重要意义。它既是人们祭祖和扫墓，寄托对逝去亲人的思念与缅怀，充满肃穆氛围的日子；同时，也是适宜茶叶采摘的关键时节。

从科学的气候条件角度分析，清明前后，气候呈现出独特的特点。此时，气温逐渐回升并趋于适中，既没有冬季的寒冷刺骨，也尚未迎来夏季的酷热难耐，平均气温通常保持在一个较为适宜茶树生长的区间。同时，雨水充沛，降水均匀且适量，为茶树的生长提供了充足的水分滋养。茶树经过漫长冬季的休眠期，在这段时间里，将自身的生理活动调整至相对缓慢的状态，从而能够充分地积累各种丰富的营养物质，如茶多酚、氨基酸、咖啡碱等。这些营养物质在茶树体内的大量积聚，为春季茶叶的生长奠定了坚实的物质基础。随着气温的回升和光照的增强，茶树开始复苏生长，此时新长出的茶叶芽叶极为细嫩，叶片中的细胞结构紧密，内含物质丰富，使得茶叶的品质达到上乘水平。

在我国的一些地区，有在清明节前采摘新茶的传统习俗。所采摘的这些新茶经过特定的制作工艺后，被人们称为"明前茶"。"明前茶"之所以备受珍视，存在多方面的原因。一方面，其采摘时间严格限定在清明节前，而这段时间相对较短，茶树的生长速度在初期较为缓慢，能够达到采摘标准的芽叶数量有限，这就导致了"明前茶"的产量相对较少。另一方面，"明前茶"自身具有鲜嫩、清香的显著特点。其鲜嫩的芽叶口感鲜爽，且散发着独特而淡雅的清香，这种风味是其他时期的茶叶所难以比拟的。也正因如此,"明前茶"一直以来都被公认为是茶叶中的珍品,在茶叶市场上具有较高的价值。

在清明节这个特殊而庄重的日子里,人们怀着崇敬和深深的怀念之情,选择用"明前茶"来祭祀祖先。这一行为蕴含着丰富的文化内涵和情感寄托。一方面,借助"明前茶"所散发的清幽茶香,人们仿佛能够将自己对祖先的缅怀之意传递到另一个世界,表达对祖先的尊敬和思念。另一方面,这也体现了人们对大自然慷慨馈赠的感恩之心。茶叶作为大自然的产物,在清明时节为人们所采摘利用,人们通过用"明前茶"祭祀祖先,展现了对自然的敬畏和感恩。同时,这一行为也是对传统文化的传承和延续。将"明前茶"用于祭祀这一传统习俗,历经岁月的沉淀,承载着先辈们的智慧和情感,代代相传,成为了连接过去与现在、生者与逝者之间情感的重要纽带。通过这样的方式,茶与清明节的文化内涵紧密相连,使得清明节的文化意义更加丰富和深厚,也让茶文化在传统节日中得以更好地传承和弘扬。

中秋节,作为中国传统的重要节日之一,象征着团圆与美满。在这一天,赏月、吃月饼、品茶成为了人们普遍参与的传统活动,这些活动共同构成了中秋节独特而温馨的节日氛围。

从科学层面来看,茶与月饼的搭配具有一定的合理性。月饼作为中秋节的特色食品,其制作原料通常包含大量的油脂、糖分等成分,这使得月饼的口感往往较为甜腻。而茶叶中富含茶多酚、咖啡碱等多种成分。其中,茶多酚具有抗氧化和清除自由基的作用,同时它能够与月饼中的脂肪发生一定的化学反应,从而促进脂肪的分解;咖啡碱则可以刺激肠胃蠕动,加快消化速度,进一步帮助人体对月饼中油腻物质的消化吸收,有效起到解腻的效果,使得食用月饼后的口感更加清爽宜人。不仅如此,茶自身所散发的清香与月饼的香甜在味觉上相互交融、相互补充。当人们品尝月饼后再饮茶,茶香能够中和月饼的甜腻感,使口腔中的味道更加平衡;而月饼的香甜又能为茶的清香增添一份醇厚,两者相得益彰,为人们带来了更加丰富和美妙的味觉体验,极大地提升了中秋节美食享受的层次,也为节日增添了浓厚的氛围。

在我国的一些地区,中秋节期间还盛行举办中秋茶会这一独特的庆祝方式。中秋茶会通常会邀请亲朋好友齐聚一堂,大家围坐在一起,营造出一种温馨和谐的氛围。在茶会上,人们品尝着各式各样美味的月饼,边欣赏着夜空中皎洁明亮的明月,手中捧着一杯精心泡制的香茗。明月高悬,洒下银白的光辉,给人以宁静和美好的感受。茶的种类丰富多样,有清香淡雅的绿茶,能够让人感受到春天的气息;有醇厚浓郁的红茶,温暖着人们的身心;还有香气独特的乌龙茶,韵味悠长。在茶香与月色的环绕中,人们畅所欲言,毫无保留地分享着生活中的点点滴滴,无论是工作中的成就与挫折,还是生活中的喜悦与烦恼,都在这个团圆的时刻得以倾诉和交流。中秋茶会不仅仅是一个人们享受美食和休闲放松的时刻,更是一个增进亲情、友情的重要契机。在茶会的氛围中,人们之间的情感得以加深,关系更加紧密。而茶在其中扮演着不可或缺的角色,它成为了人们情感交流的催化剂,促进了彼此之间的沟通与理解,让团圆的意义在茶香中得到了更深刻的体现。

（三）茶与宗教文化

佛教与道教作为中国传统文化中重要的宗教流派，在对待茶的态度和运用上，各自展现出独特的文化内涵。

佛教与茶之间存在着深厚且久远的渊源。在佛教的教义和修行体系中，茶被赋予了特殊的地位，被视为一种重要的修行辅助品。僧人在日常的修行生活里，常常通过品茶这一行为来达到静心、悟道的目的。这背后有着深刻的哲学逻辑，茶的冲泡过程需要专注与耐心，从茶叶的挑选、水温的控制到茶具的使用，每个环节都要求僧人全神贯注。而在品茶时，对茶的色、香、味的品味，也能让僧人在感官体验中获得内心的平静，进而深入思考佛法的奥义。"茶禅一味"的理念便在这样的修行实践中逐渐深入人心，它强调茶与禅在精神层面的相通之处，茶的清净、淡泊与禅的空灵、寂静相契合，成为僧人们修行道路上的重要指引。

以浙江杭州的径山寺为例，这座寺庙是中国禅宗的著名古刹，而径山茶宴则是径山寺极具特色的传统礼仪活动。径山茶宴的历史可追溯至唐代，历经宋、元、明、清多个朝代，至今已有长达1 200多年的历史。在茶宴的进行过程中，僧人严格遵循特定的程序来泡茶和品茶。这些程序包含了对茶具的清洁、茶叶的投放、注水的方式和节奏等多个方面的规范。同时，茶宴不仅仅是品茶的活动，更是僧人们进行禅修和交流的重要场合。在茶宴上，僧人们一边品味香茗，一边探讨佛法，分享修行的心得和感悟，使得茶与禅在这一活动中紧密结合，相互促进。

道教同样对茶极为重视，将其视为一种养生之物。道教的教义中蕴含着对自然和生命的尊重，追求身心的和谐与长寿。在这样的理念下，茶因其所具有的特性而备受推崇。道教认为，茶能够帮助人们清心寡欲，摒弃世俗的纷扰和杂念，使心灵回归宁静。同时，茶还具有一定的药用价值，被认为可以延年益寿。在道教的修行过程中，茶常常作为一种辅助品发挥作用。比如在一些道教宫观中，道士们凭借自身对自然和植物的了解，会亲自种植茶树。从茶园的选址、茶树的栽培管理到茶叶的采摘，都遵循着自然的规律。在茶叶的制作环节，他们也运用传统的方法，制作出适合自己和信众饮用的茶叶。在日常的修行生活中，道士们会通过饮茶来调节身心状态，在茶香的陪伴下进行修炼和冥想，以达到身心和谐的境界。

无论是佛教将茶作为修行辅助，体现"茶禅一味"的理念，还是道教把茶当作养生之物，助力身心和谐，都充分展示了茶在宗教文化中独特而重要的地位，也反映出茶与宗教文化相互交融所产生的深厚文化底蕴。

三、茶文化的传播：文化的交融

古代中国茶叶的传播有着不同的重要路径。丝绸之路作为古代中国与中亚、西亚和欧洲进行贸易及文化交流的关键通道，茶作为重要商品经此传播至西方，不仅是贸易物品，更成为中国文化的载体，让西方商人、使节等借由接触茶进而了解中国文化与生活方式；茶马古道是连接中国内地与西南边疆地区的重要贸易通道，在古道上茶与马进行交换，形成独特的茶马贸易文化，茶传播到西南边疆少数民族生活中并成为不可或缺的部分，同时少数民族的文化和生活方式也反向传播至内地，促进了各民族间的文化交流与融合;万里茶道则是从中国福建武夷山出发,途经江西、湖南、湖北、河南、山西、河北、内蒙古,穿越蒙古国后抵达俄罗斯的贸易通道,茶作为主要贸易商品之一通过此古道传播到俄罗斯及欧洲其他国家,并受到当地人民喜爱。这些路径都对中国茶叶的传播及文化交流起到了重要的推动作用。

在当今全球化不断深入发展的大背景下,茶文化的传播与交流迎来了全新的机遇与发展模式,主要体现在国际茶文化交流活动、茶文化旅游以及互联网传播这三个重要方面。

首先是国际茶文化交流活动。随着全球化进程的加速,不同国家和地区之间的联系日益紧密,国际茶文化交流活动也愈发频繁。中国作为茶文化的发源地,在推广和传播茶文化方面肩负着重要使命。通过举办如国际茶文化节、茶博会等大型活动,中国向世界全方位地展示了自身悠久的茶文化历史以及精湛的制茶技艺。在国际茶文化节上,来自全国各地的茶叶产区汇聚一堂,展示各自独特的茶叶品种、制作工艺以及与之相关的民俗文化。例如,福建的乌龙茶制作工艺展示,制茶师现场演示做青、杀青等关键环节,让外国友人目睹茶叶从鲜叶到成品的奇妙转变;云南的普洱茶文化展示区,通过图片、文字和实物,介绍普洱茶的历史渊源、仓储陈化等知识。茶博会则更侧重于商业交流与合作,为国内外的茶叶企业搭建了一个贸易平台,促进了茶叶的进出口贸易。同时,中国积极参与国际上举办的各类茶文化交流活动,与其他国家的茶文化组织和爱好者进行广泛的交流与合作。在这些交流活动中,中国茶文化的独特魅力得以传播,同时也吸收了其他国家茶文化的精华,丰富了自身的内涵。例如,中国的茶文化代表团参加日本的茶道交流活动,深入了解日本茶道的礼仪、精神内涵,同时也将中国的泡茶技艺和茶文化理念分享给日本友人,促进了两国茶文化的相互理解与融合。

其次是茶文化旅游。茶文化旅游作为近年来新兴的旅游方式,受到了广大游客的喜爱。游客通过参观茶园、茶厂,能够深入了解茶叶的种植、制作过程,亲身感受茶文化的魅力。在茶园中,游客可以看到茶树的生长环境,了解茶园的管理方式,如施肥、修剪、病虫害防治等。在茶厂,游客可以近距离观察茶叶的采摘、杀青、揉捻、干燥等制作工序,甚至可以亲自动手参与制作,体验制茶的乐趣。例如,在浙江杭州的西湖龙井茶园,游客可以漫步在茶园间,欣赏茶园的美景,品尝新鲜的龙井茶;在安徽黄山的毛峰茶厂,游客可以学习传统的手工制茶技艺,感受制茶师的匠心。

安溪是铁观音的发源地,安溪铁观音景区围绕铁观音茶打造了丰富的旅游项目。游客可以漫步在大片的铁观音茶园,欣赏翠绿的茶海风光,了解铁观音茶树的种植特点和管理方式;还能参观茶叶制作工坊,目睹从鲜叶采摘到摇青、杀青、揉捻、烘焙等一系列传统制茶工序,甚至亲自上手体验制茶乐趣。景区内的茶文化博物馆,陈列着与茶相关的历史文物、资料等,系统地展示了安溪茶文化的发展脉络。此外,还有精彩的茶艺表演,茶艺师们身着传统服饰,以优雅的动作展示泡茶技艺,让游客品尝到正宗的铁观音茶。

北京老舍茶馆作为有着50年历史的文化名店,是京城茶文化的重要代表。在这里,游客可以坐在古色古香的环境中,品尝到包括茉莉花茶、碧螺春等在内的各种经典中式茶饮,搭配上精致的北京茶点,如豌豆黄、驴打滚等,享受惬意的时光。同时,还能欣赏到京剧、评书、相声等精彩的传统艺术表演，感受老北京的文化韵味。此外，茶馆还会定期举办茶艺培训活动，让游客学习如何泡茶、品茶，了解中国茶道的礼仪和文化内涵。

茶文化旅游不仅为旅游业注入了新的活力，推动了旅游业的发展，同时也为茶文化的传播提供了新的途径。通过亲身体验，游客对茶文化有了更深刻的认识和理解，回到家乡后，他们会将这种文化传播给更多的人。

最后是互联网传播。互联网的飞速发展为茶文化的传播提供了前所未有的平台。借助互联网平台，世界各地的人们可以便捷获取关于中国茶文化和制茶技艺的数字化信息。茶文化相关的网站、社交媒体等成为了茶文化传播的重要渠道。

一位中国博主在 TikTok 上发布"泡茶十八步"等关于中国功夫茶的视频。视频中，博主将功夫与泡茶相结合，展示多场景布局、精致茶具和不同的泡茶技法，熟练地呈现中国功夫茶泡茶的 18 个步骤，茶杯在他手上上下旋转，如被施了魔法。该视频获得了超过 270 万次播放量和 11 万次点赞，在评论区，海外网友纷纷留言赞叹，称"这太精致了，多么美丽的茶道"，还有人好奇博主是怎样让茶杯盖在手上旋转而不掉落，表示"被舞动的杯子迷住了"。Chinese tea（中国茶）标签下已有 2.73 万条作品，收获超 2 亿次曝光量。该博主还通过独立站销售茶叶、茶具、茶宠等产品，成功促进了茶文化的传播和产品的销售。

抖音上的"普洱茶公主"董芸汐在 TikTok 上以短视频的形式推广普洱茶文化。她会身着传统服饰，轻柔地进行泡茶、品茶的茶艺表演，每个动作都透露出一种从容和优雅。不仅如此，她还深入讲解普洱茶的历史、产地、制作工艺，分享自身对普洱茶的理解和感悟，让观众仿佛置身于普洱茶的故乡，感受那片土地的灵气与活力。董芸汐凭借独特的魅力和深厚的茶文化底蕴，吸引了大量粉丝关注，让普洱茶在年轻人中流行起来，也让更多海外用户熟悉并爱上了普洱茶，使普洱茶文化得到了更广泛的传播，让普洱茶的魅力走向世界，激发了海外用户对普洱茶的兴趣和购买欲望。

喜茶在小红书国际版上以中式美学的茶席图霸屏，配文"It's time for Tea"，花式展现品牌特色，将中国传统茶文化与现代茶饮品牌形象相结合，通过精美的图片展示茶席的布置、茶具的精美以及茶饮的诱人色泽，营造出一种优雅、惬意的茶饮氛围，向海外用户传递中国茶文化的独特魅力。这吸引了大量海外用户的关注和点赞，让更多外国网友了解到中国茶饮品牌不仅有传统的茶叶，还有像喜茶这样融合了现代创意和中式美学的新茶饮代表，提升了中国茶饮品牌在国际上的知名度和影响力，也激发了海外用户对中国茶文化和茶饮的兴趣。

在互联网平台上，人们可以了解到茶叶的种类、产地、功效、冲泡方法等知识，还可以欣赏到精美的茶文化图片和视频。例如，一些茶文化网站会定期发布关于茶叶历史、文化、品鉴等方面的文章，吸引了大量茶文化爱好者的关注和阅读；社交媒体上的茶文化话题和群组，让茶文化爱好者们可以随时交流和分享自己的心得和体会。此外，一些茶叶企业还利用互联网进行线上销售和推广，将中国的茶叶推向了更广阔的市场，进一步促进了茶文化的传播。

综上所述，国际茶文化交流活动、茶文化旅游和互联网传播这三种方式相互补充、相互促进，共同推动了中国茶文化在全球范围内的传播与发展，让更多的人了解和喜爱中国的茶文化。

四、茶文化的当代价值：文化的延续

（一）经济价值

茶产业的多元带动：中国作为世界上最大的茶叶生产国和消费国，茶产业在国民经济中占据着举足轻重的地位。茶产业的发展是一个庞大的体系，从茶叶的种植环节开始，便带动了农业的发展，为广大农民提供了就业机会和收入来源。而在茶叶的加工阶段，又推动了加工业的进步，促进了相关产业链的完善。此外，茶产业还延伸到了销售、物流等多个领域，对中国经济的增长起到了重要的推动作用，为农村经济发展注入了强劲动力，切实帮助农民实现了增收。

茶文化旅游的经济助力：近年来，茶文化旅游蓬勃兴起，成为当地经济发展的新亮点。当游客走进茶园、茶厂参观时，他们不仅能深入了解茶文化的深厚内涵，还会因对茶的喜爱而购买茶叶及其他各类茶产品。这种消费行为直接促进了当地的商品销售，拉动了消费增长，为当地经济带来了实实在在的收益，成为推动地方经济发展的新增长点。

（二）文化价值

文化传承与自信提升：中国传统制茶技艺及其相关习俗，是中华优秀传统文化的璀璨瑰宝。它们承载着先辈们的智慧和经验，历经岁月沉淀而愈发珍贵。通过对茶文化的传承和弘扬，更多的人能够深入了解中国悠久的历史和独特的文化传统，从而增强对民族文化的认同感和自豪感，进一步坚定民族文化自信。

文化交流与友谊增进：茶文化作为中国文化的重要代表，在国际文化交流中发挥着关键的桥梁作用。随着中国茶文化在世界范围内的传播，越来越多的国家和地区对中国文化产生了浓厚兴趣。通过茶文化的交流互动，不同国家的人民能够更好地理解彼此的文化内涵，增进相互之间的信任和友谊，促进了多元文化的和谐共处与共同发展。

（三）社会价值

身心健康的促进：茶不仅是一种美味的饮品，还具有丰富的保健功效。科学研究表明，茶中含有的多种成分，如茶多酚、咖啡因等，具有提神醒脑、抗氧化、降血脂等作用，适量饮茶对人们的身体健康大有裨益。同时，品茶的过程也是一个让身心放松的过程，人们在品味茶香的同时，能够舒缓压力、放松心情，达到身心的平衡与和谐。

社会和谐的推动：茶文化所倡导的"和、敬、清、寂"理念，蕴含着深刻的哲学思想和人文精神。在品茶的过程中，人们相互尊重、相互包容，营造出和谐融洽的氛围。茶在各种社交活动中扮演着不可或缺的角色，无论是朋友聚会、商务洽谈还是家庭团聚，品茶都成为了增进感情、促进交流的重要方式，对构建和谐的人际关系和社会环境起到了积极的推动作用。

五、结语

"中国传统制茶技艺及其相关习俗"成功列入联合国教科文组织人类非物质文化遗

产代表作名录，是对中国茶文化的一次重要肯定和推广。中国传统制茶技艺及其相关习俗蕴含着丰富的文化内涵，从茶的起源到制茶技艺的发展，从相关习俗的传承到茶文化的传播，每个环节都体现了中华民族的智慧和创造力。在当代社会，茶文化依然具有重要的经济、文化和社会价值。应该加强对中国传统制茶技艺及其相关习俗的保护和传承，进一步弘扬茶文化，让茶香飘向世界，让更多的人领略到中国茶文化的魅力。同时，也应不断创新和发展茶文化，使其更好地适应现代社会的需求，为中华民族伟大复兴和世界文化的繁荣作出更大的贡献。

1. 文化自信与民族自豪：制茶技艺及习俗入非遗，彰显茶文化底蕴魅力，茶为国饮载千年文化，传承坚守促民族文化认同，增自信自豪。
2. 人与自然和谐：制茶顺应自然，重茶树规律，从茶园到采摘皆体现。如生态管理护平衡，启示尊重自然，促可持续发展。
3. 工匠精神：制茶各环节严谨专注，追求品质，是对传统技艺坚守传承，激励各领域求卓越，提素养技能。
4. 地域文化多样：各地制茶技艺特色各异，反映当地自然、历史、民族文化，展示地域文化多样，为人民智慧结晶，促文化交流融合。
5. 社交礼仪人际：茶在社交礼仪重，泡茶有礼显情谊尊重。茶会、茶宴促交流，于社交商务重要，培养社交与尊重包容意识。
6. 民俗文化传承：茶与传统节日相连，各地茶俗丰富内涵，载美好向往。传承增民族凝聚力，焕传统文化活力。
7. 宗教文化融合：茶在佛道具独特内涵，佛以茶助修行，"茶禅一味"；道以茶养生，促身心和谐。体现文化包容多元，助理解文化互渗。
8. 文化交流传播：古代茶经丝路等传播促文化交融。今借国际交流、旅游、互联网，茶文化更广传播，增国际理解友谊，推多元文化发展。
9. 当代价值责任：茶文化具经济价值，带多领域发展，促农村经济和增收，茶文化旅游成亮点。启示担传承弘扬责任，促经济文化发展。

第二节　茶文化的包容性

茶叶起源于中国，经过数千年的发展和演变，逐渐传播到全世界。作为一种跨越地域与文化的饮品，茶在世界不同国家和地区生根发芽，形成了各具特色的茶文化。从东方的日本、韩国，到西方的英国、美国，从亚洲的土耳其、阿塞拜疆、印度、斯里兰卡，再到非洲的摩洛哥、毛里塔尼亚等国家，茶文化以其独特的方式融入当地人民的生活，成为文化传承与交流的重要载体。这些国家的茶文化，有的源于古老的历史传承，有的在多元文化的交融中发展创新，它们共同构成了丰富多彩的世界茶文化图景。深入了解这些国家的茶文化，不仅能让我们领略到不同文化的魅力，还能促进文化之间的相互理解与交流。在国外茶文化发展过程中，外来茶文化与本土社会文化的融合发展过程，也促使国外茶文化呈现出了鲜明的特点，这反映出了特定文化背景对外来文化本土化发展过程所产生的影响及茶文化的包容性。

一、日本茶道

日本茶道与中国茶道存在渊源关系，其根源可追溯至中国唐代的茶文化，是世界现存为数不多的传统文化瑰宝之一。唐朝时期，中日两国交往频繁且密切，日本派遣留学生以及大臣来中国，以便学习唐朝的先进文化、技术等知识，日本茶道正是在这样的文化交流背景下逐渐孕育产生的。

日本茶道的文化内涵，通常用"和敬清寂"四字概括，这四个字不仅精准地表达了日本茶道的核心精神内涵，而且每个字单独拆开分析，都有着更为丰富的引申含义。

首先来看"和"字，从本质上来说，"和"可被视为和平、和谐的象征，这也是日本茶道诞生之初所追求的目标之一。随着历史的不断发展与变迁，日本茶道对于"和"的理想追求也在不断深化，从单纯的和谐，逐渐转变为以和为贵、和而不同的理念。在日本茶道文化体系中，每一个茶室的构建与设计都必须以"和"为基础前提。在设计方面，茶室需要严格遵从茶道文化的相关要求，注重艺术审美，同时强调简约，避免铺张浪费。虽然各个茶室在整体风格上以求同为主，但在细节之处的差异，往往能够体现出茶室主人不同的品味与格调。此外，日本茶道的"和"还充分体现在主客关系的观念之中。主客双方选择在茶室进行交流，这一行为本身就表明他们期望在安静、舒适的环境中进行沟通，这正是追求"和"的一种外在表现。尽管双方可能在观点、见解上存在差异，但茶道活动的重点在于寻找和发现彼此之间的共同点，因此，"和"是日本茶道从起始到结束始终贯穿的根本原则。

在日本茶道的精神内涵里，"敬"字代表着日本从古至今一直尊崇的尊敬文化。自日本茶道文化诞生以来，"敬"就被视为重要的待客标准。无论在何时何地，只要开始进行茶道活动，主人就必须以尊敬的态度对待每一位客人。与此同时，在茶室这个特定的空间内，所有进入其中的人都要摒弃传统的阶级观念，以平等的态度对待每个人。这里需要特别指出的是，虽然茶室内通常会设有所谓的"上等座"，但这一命名并非基于身份地位的区分，仅仅是一种习惯上的称呼，并不违背"敬"的本质内涵。

对于日本茶道中的"清"字，从字面意义理解，它首先体现为日本茶道活动开始前的清洁准备工作。在进行茶道活动时，所有参与品茶的人都需要洗净双手，身着干净整洁的衣物，确保自己的言行举止符合茶道礼仪以及主人的要求。而茶室内的每件用具，都是主人经过精心清洁整理后才呈现出来的。因此，客人在使用这些用具时，需要表现出对主人劳动成果的尊敬之意，并且在活动过程中尽量维持茶室的清洁环境。

"寂"在日本茶道中代表着人们对于崇高精神境界的向往与不懈追求。它意味着在繁华喧嚣的闹市中能够保持内心的宁静，耐得住寂寞；在面对权力和金钱的诱惑时，能够坚守内心的底线，不被外界所干扰。

"和敬清寂"这四个字，最终都可以归结为心中之"寂"。只有当一个人的内心达到平静的状态时，才能够摆脱浮躁社会的种种干扰，全身心地专注于追求内心的宁静境界。

日本是一个重视文化礼节的国家，在茶道活动方面体现得尤为明显。当客人前往茶室做客时，大多数人会选择身着和服，以此来表达对主人以及茶道文化的尊重。在进入茶室之前，客人通常会进行洁手、行礼等行为，以表达对主人邀请的感谢之情。而作为主人，需要提前准备好干净、整洁的茶具，并且及时更换茶花。在煮茶的过程中，主人要向客人以及茶具行礼，以表示尊重。在点茶时，主人需要精准掌握茶杯中泡沫的多少；在饮茶过程中，要时刻关注茶水的温度，根据实际情况及时更换茶叶。这些看似微小的细节，不仅会影响客人对主人的评价，更是日本茶道文化得以传承和传递的重要途径。

日本茶道的文化礼节，还体现在主人所表达出的惋惜与体贴之情。在日本，常用"一期一会"来表达对待茶道活动的态度。"一期一会"意味着每次品茶都要以与对方最后一次见面的心态来进行，主人会适当表现出最后一次见面时可能存在的苍凉与无奈之感，从而让宾客深切感受到主人的尊敬与真诚。在茶道活动结束后，主人往往会赠送客人一些茶叶。这种赠礼行为不仅可以让客人在日后品茶时回忆起这次会面的情景，增加情感上的共鸣，还能够在喝茶的过程中联想到交流的内容，进一步促进双方交流目的的达成。总体而言，日本茶道的文化礼节体系完整且充满真诚，其中蕴含的诸多理念和做法，展现出独特的文化魅力与价值，在文化交流与传承方面有着值得深入探讨和参考的意义。

二、韩国茶礼

茶叶起源于中国，随着历史的发展与文化的传播，从中国传入世界各国的茶叶逐渐与当地的本土民族文化相互融合，进而形成了各具民族特色的饮茶文化。在众多国家的饮茶文化中，韩国的饮茶历史尤为悠久，韩国与中国、日本一同成为了东亚茶文化的三大重要潮流，在东亚茶文化体系中占据着重要的地位。

韩国的茶礼是其民族文化特性的鲜明体现。在韩国，饮茶不仅是一种日常的饮品消费行为，更被当作一种具有深刻内涵的礼节行为。这一独特的文化现象是在与其他国家共享的饮茶文化框架基础上，依据韩国当地的民族文化特质逐渐形成的特殊文化样态，同时也是韩国茶人所追求的审美取向和审美理想的外在呈现。

通过对历史文献《三国史记·新罗本纪》的研究，可以确切地得知，在7世纪的善德王时期，新罗的王室和寺院中就已经形成了饮茶的习惯。从饮茶阶层的发展演变来看，新罗时期，饮茶主要在王宫贵族、寺院僧侣和花郎等上流阶层中流行，这些阶层凭借其相对优越的社会地位和经济条件，率先接触并接受了饮茶这一文化行为。到了高丽时期，饮茶习俗逐渐普及到民间，饮茶不再是上流阶层的专属，普通民众也开始参与到饮茶活动中，饮茶文化的社会基础得到了进一步的扩大。而在朝鲜前期，饮茶之风在王室、寺院、士大夫家等群体间盛行，成为了这些群体社交和文化生活的重要组成部分。然而，在16—17世纪，朝鲜半岛经历了两次战乱，这两场战乱给当地社会带来了巨大的破坏，大部分土地荒芜，经济和文化遭受重创，饮茶风习也未能幸免，仅在山寺僧人和一部分文人中得以保留。随着北学运动的扩散，朝鲜后期以丁若镛、草衣禅师等人为主导，饮茶文化开始复兴。但到了近现代时期，日本帝国主义占领朝鲜半岛，对朝鲜的物质财产和民族文化进行了严重的摧残，茶文化也受到了极大的冲击，发展陷入停滞甚至倒退。直到20世纪70年代，在韩国官方和民众的共同努力之下，韩国茶文化才得以恢复，并实现了持续的发展。

在朝鲜半岛，不同历史时期所饮用的茶叶来源丰富多样，既包括从中国输入的茶叶，也有本土所出产的茶叶。例如，在新罗时期，有来自中国的团茶以及当地的土产茶；高丽时期，除了宋代的龙凤团饼茶（从中国输入），还有大茶、脑原茶等本土所产的茶叶；朝鲜时期，有从中国传入的普洱茶、龙井茶、香茶等，以及被称为"雀舌茶"的本土茶叶。在饮茶方式上，同样呈现出中国和韩国两种方式同时存在的特点。像新罗时期，既有陆羽式的煎茶法（源自中国的饮茶方式），也有当地直接煮饮的方式；高丽时期，存在中国式的点茶法以及韩国本土直接煮的煮茶法；朝鲜时期，则有中国的泡茶法和煮茶法。

"茶礼"一词集中体现了韩国茶文化的核心特征，它最早出现于朝鲜王朝初期的15世纪，并一直沿用至今。韩国对茶礼的定义主要分为两种类型：其一，是招待茶的仪式，即主人以茶招待客人时所遵循的一系列规范和流程；其二，是在农历每月的初一、十五，或者节日、祖先的生日，在白天举办的祭祀活动中奉茶或供茶的仪式。也就是说，茶礼是一种向现实中存在的人（如客人）或超现实性的存在（如神明、佛陀、祖先等）奉茶或供茶的仪式行为。

茶礼具有独特的艺术性与审美价值。当有两个人以上参加茶席时，茶席活动往往超越了单纯的饮茶行为，而进入到"礼"的范畴。茶席通常由主人和客人共同组成，主人泡茶并奉给客人的行为被称为"奉茶"，这一行为也被称作"茶礼"。奉茶的对象范围广泛，不仅涵盖了现实生活中的人，还包括神明、佛陀、祖先等超现实性的存在。奉茶具有一套基本的形式和流程，并且这些形式和流程会根据奉茶对象的不同而有所差异。在韩国的日常饮茶生活中，奉茶行为无处不在，可以说它是韩国茶文化中最基本也是最具本质性的行为。在韩国，人们将奉茶行为称为茶礼，这一称呼表明韩国人将烹茶接待客人或奉献给神明等行为视为一种礼仪行为，即将饮茶活动纳入"礼"的范畴来进行看待和理解。饮茶行为演变成了茶礼，而茶礼也可以被看作是一种追求实践"礼"的本质的审美活动，它融合了韩国的文化传统、价值观念和审美追求。

如今，韩国茶界对茶礼文化的传统极为尊重，并积极努力地对其进行继承和发展。在韩国的日常生活中，"茶礼"包含了向祖先、神明、佛陀奉茶以及用茶汤接待客人这两种主要意思。特别是在春节和中秋节等重要节日时，给祖先举行的祭祀活动也被称为"茶礼"。茶礼作为韩国传统文化的重要代表之一，名实相符。它不仅在接待外国贵宾等重要场合中进行，以展示韩国的文化特色和礼仪风范；同时，在寺庙和教堂等宗教场所中，茶礼也被用于精神修养活动，帮助人们在饮茶过程中获得内心的平静和精神的升华；此外，在幼儿园、小学、初高中、大学等各级学校里，茶礼也被积极应用于人品教育等方面，通过茶礼的实践，培养学生的礼仪意识、尊重他人的品质和对传统文化的认同感。

三、土耳其的红茶文化

茶在土耳其语中被称为"Çay",其发音与中文"茶"极为相似。从语言发音的角度来看,这一现象为探究土耳其茶叶的来源提供了一定线索。通常认为,经陆路传入的中国茶在土耳其语中发音为"Çay",而经海路传入的茶发音则接近"TE",由此可以初步推断,土耳其的茶极有可能是经陆路传入的中国茶。

早在16世纪,茶叶就通过著名的丝绸之路传到了土耳其。丝绸之路作为连接东西方的重要贸易通道,不仅促进了商品的流通,也推动了文化的交流,茶叶便是其中一项重要的传播内容。到了1888年,土耳其开始尝试用茶籽进行种植,然而,由于当时可能在种植技术、环境适应等方面存在不足,第一次引种以失败告终。

直到土耳其共和国成立以后,政府决定从格鲁吉亚引进茶籽,并选择将其种植于黑海东部地区,同时建立了茶叶实验园。黑海东部地区的气候、土壤等自然条件相对适宜茶树的生长,为茶叶种植提供了良好的基础。经过多年的探索和发展,到了20世纪五六十年代,土耳其的茶产业才迎来了全面发展的时期。在茶叶品种方面,土耳其生产的茶涵盖了红茶、乌龙茶和绿茶等多种类型,但从生产制作和消费的情况来看,红茶占据了绝对的优势地位。

尽管茶的生产与饮用起源于中国,但土耳其的茶产业在短短几十年里实现了迅速发展,成为了茶叶领域中不容忽视的后起之秀。随着茶叶经济的不断发展,土耳其人的生活习惯也发生了巨大的变化。在过去,咖啡可能是土耳其人较为喜爱的饮品之一,但如今,饮茶逐渐取代了咖啡,成为了更受欢迎的选择。在茶与生活的紧密联系中,土耳其人逐渐形成了具有自身独特风格的红茶文化。

在土耳其,无论是在城市的繁华街道,还是在小镇的角落,甚至是偏远的乡村,都很容易找到提供茶饮的场所。在土耳其的城市中心,比如伊斯坦布尔这样的大都市,有许多专门的茶馆(当地称为"Çay bahçesi"),这些茶馆不仅为人们提供各种类型的茶,尤其是他们钟爱的红茶,还成为了社交、休闲和谈生意的重要场所。人们可以在这里一坐就是几个小时,一边品茶一边聊天交流。除了传统的茶馆,土耳其的咖啡馆、餐厅等场所也普遍提供茶。在这些地方,茶是菜单上的常见饮品选项,方便顾客在就餐或享用咖啡之余选择喝茶。而且,在土耳其的一些集市、商场等公共场所,也会有小摊位或店铺售卖茶饮,满足人们随时喝茶的需求。

土耳其人对茶的喜爱达到了痴迷的程度,他们不仅以茶佐餐,在吃饭时搭配着茶来品味美食;还以茶会客,用茶来招待客人,表达友好之情;甚至以茶送礼,将茶作为一种礼物传递情感。由此可见,茶文化在土耳其文化中占据着重要的地位,对土耳其的社会生活、文化传承、经济发展等诸多方面都产生了深远的影响。

土耳其的红茶采用沸水调制,土耳其人在煮茶时十分讲究茶汤的色泽,理想的茶汤应呈现出红如玛瑙般的色泽,且不带任何杂质。在喝茶方式上,土耳其人简单直接,没有像中国绿茶文化中那样有着丰富内涵和仪式感的茶道,也不像英式红茶那样讲究一套拘谨的喝茶礼仪。他们在倒茶时往往是灌注而下,端起茶杯便直接呷啜,这种豪爽的喝茶方式,一如土耳其人作为游牧民族所具有的热情豪放的民族性格。

土耳其红茶的茶具也别具特色，一般使用的是郁金香形状的玻璃杯。郁金香在伊斯兰世界是重要的文化符号，在中东地区，人们认为郁金香的花形似穆斯林头巾，因此，这一文化符号被广泛应用在地毯、墙画、服饰、家具等众多领域，成为了伊斯兰世界人们所熟悉的文化元素。将郁金香形状融入茶具的设计中，不仅体现了土耳其独特的文化特色，也为饮茶增添了一份别样的韵味。

与中国的绿茶消费群体存在明显差异，在中国，不同地区、不同民族的人们对茶的喜好和消费习惯各不相同，而土耳其不论地区、性别和年龄，男女老少都普遍喜欢喝茶。这种广泛的饮茶群体使得在土耳其的政府机构、公司或学校等场所，都会专门安排负责饮茶事宜的人员，以满足大家随时饮茶的需求。土耳其人热情好客的性格在茶文化中也得到了充分体现，无论走到哪里，人们都会被热情地邀请喝茶，也正因如此，土耳其的"茶文化已变成友谊和好客的象征"。

土耳其人嗜茶如命，早晨起床后便开始喝茶，在土耳其式早餐中，红茶占据着非常重要的地位。不仅如此，在其他餐点前后，他们也都要喝上两杯茶。在日常生活中，无论是聊天、谈生意还是吃甜品，茶都是土耳其人不可或缺的陪伴。据统计，土耳其人平均每天要喝15~20杯茶，如此高的饮茶频率，也难怪土耳其会被形象地称为"浸泡在茶汤里的国度"。在世界范围内，土耳其是茶叶消费极高、对茶极为热爱的国家之一，根据国际茶叶委员会的数据，土耳其多年来在人均茶叶消费量的排名中都位居世界前列，一定程度上可以说它是最爱喝茶的国家之一。

虽然土耳其并没有像中国那样程序繁复的"茶艺"，但他们准备红茶的方式却非常特别。土耳其茶在冲泡之前需要先进行熏煮。用来煮茶的茶壶很别致，是由上下叠在一起的两个壶组成。上层的壶先只放入茶叶，不添加水，下层的壶则用来烧水。在水烧开的过程中，下层壶中产生的蒸汽会熏煮上层壶中的茶叶，使茶叶慢慢焙出香味。水烧开后，将一部分水倒入上层壶中冲泡出茶汁。在喝茶时，人们可以根据个人的习惯，通过调整茶汁和水的比例来控制茶的浓度，以满足自己的口味需求。当土耳其人以茶待客时，他们一般不会详细介绍茶的品种和出处，而是更倾向于在客人面前展现自己煮茶的功夫，展示自己对煮茶的自信和自豪。

中国幅员辽阔，地域差异大，各民族各地区茶的种类丰富多样，饮茶习俗也存在较多差异。相比之下，土耳其由于茶产地较为单一，其饮茶习俗在整体上较为趋同。但即便如此，在土耳其不同的城市和地区，饮茶方式还是会存在一些细微的差别。例如，在Tokat（托卡特）市，人们在倒茶时，茶杯一般不会倒满，会特意留出3~5厘米的距离，这可能与当地的习惯和审美有关；在Erzurum（埃尔祖鲁姆）市及周边地区，其喝茶方式也有所不同，这里的茶汤较淡，色泽靠近黄色，而且这个地区的人喝茶时，习惯用手掰下一小块糖含在嘴里，同时喝茶，而不是像其他地区那样放入两块方糖并用茶匙搅拌，这种独特的喝茶方式体现了当地的特色。

在土耳其，无论走到哪里，人们都会被热情地邀请喝茶，并且在喝完这杯茶之前，一般不会谈论正事。土耳其红茶采用沸水调制，要喝完一杯茶，需要耐下心来细细品味，而从这一过程中，也能让人深刻体会到土耳其人悠闲的生活方式和从容的生活态度。

四、阿塞拜疆茶文化

阿塞拜疆共和国是位于欧亚大陆交界处南高加索地区东部的国家，东濒里海，南接伊朗和土耳其，北与俄罗斯相邻，西傍格鲁吉亚和亚美尼亚，以阿塞拜疆族为主，多信奉伊斯兰教，历史文化悠久，拥有众多世界文化遗产。阿塞拜疆的茶叶种植历史可追溯到19世纪80—90年代，当时有人首次提出在阿塞拜疆潮湿的里海地区种植茶叶。1912年，基于在连科兰（Lenkeran）种植茶叶的实验结果，相关人员发表文章表明该地区条件适宜种茶。此后，阿塞拜疆的茶叶种植不断发展，政府也出台了诸多法令推动茶叶产业发展。

阿塞拜疆的茶叶种植区主要位于北纬38°~42°的"黄金纬度"，主要集中在连科兰—阿斯塔拉（Lenkeran-Astara）地区，包括阿斯塔拉、连科兰、马萨利等多个地区，主要生产红茶，茶为颗粒状，其中阿姆杜地毯红茶最具代表性。阿塞拜疆人均消耗2~2.5千克茶叶，对于一个900万人口的国家而言，这是非常大的干茶消耗量。

阿塞拜疆人无时无刻不在饮茶，上午、下午、饭前、饭后都要喝茶，甚至婴儿从哺乳期开始就会被喂茶水。在阿塞拜疆，茶是一切仪式和庆典的必备品。比如有朋友到访，主人端茶表示欢迎；相亲时，茶中放糖意味着婚姻有望，否则成婚机会小。阿塞拜疆人喝茶时喜欢搭配方糖、果酱、干果、蜂蜜等甜食，当地特产的美味果酱是常见搭配，人们会将果酱中颗颗饱满的果粒含在嘴里然后喝茶，让果酱的浓甜与茶叶的清香融合。

阿塞拜疆人大多喝红茶，其泡茶方式独特。先将水烧开烫一遍茶壶并倒掉水，使茶壶温度升高，再根据口味放适量茶叶，加入开水后，在火上放铁板，放上茶壶小火加热。加热过程中要看好火候，不让水翻滚，等茶叶几乎浮出水面关火，约1分钟后出茶，此时茶叶香气和口味最佳。阿塞拜疆人喜欢使用传统的阿姆杜（armudu），即梨形玻璃茶杯。这种杯子中间窄、口底宽，玻璃上薄下厚，配有白色小托盘。其设计可以使茶杯上部传热快，下部保温，让喝到的茶都是热的。

阿塞拜疆人在制作红茶时，也会加入一些调味料。香料类，如肉桂会给红茶增加一种独特的香味；牛至也可用来调制红茶，能赋予红茶别样的风味；百里香可让红茶带有其特殊的香气；佛手柑也常被用于调制茶水，为红茶增添清新果香。酸甜类，如柠檬可以给红茶增加酸味，使其更加清爽，帮助解腻；糖可以使红茶的味道更加浓郁，当地人可能会使用白糖、冰糖等。阿塞拜疆人有时会在红茶中加入牛奶，制作成奶茶，使红茶的口感更加丰富、丝滑，增加奶香。不同的调味料组合可以满足不同人的口味需求，同时也为阿塞拜疆的茶文化增添了独特的风味。这种对口味的追求和创新，展示了阿塞拜疆人对茶文化的热爱和对品质的追求。

阿塞拜疆有专门喝茶的场所叫chaikhana。人们可以在这里喝茶，吃甜点和果酱，玩象棋等小游戏，也可以举办会议，很多问题都能在茶馆中解决。茶在阿塞拜疆是"国饮"，是人们生活中必不可少的部分，是热情与友好的象征。2022年，由阿塞拜疆、土耳其联合申报，"恰伊（茶）文化——身份、待客之道和社交的象征"列入人类非物质文化遗产。

五、俄罗斯茶文化

19世纪初饮茶之风在俄国各阶层盛行。俄罗斯人酷爱红茶，在俄语中红茶被称为"黑茶"。因为红茶未泡时呈黑色，且俄国人喜喝酽茶，浓浓酽红茶也呈黑色。常见的有卡尔梅克红茶、铁观音和斯拉维亚红茶等，其中卡尔梅克红茶较受欢迎。

俄国人喜欢喝甜茶，喝红茶时习惯加糖、柠檬片，有时也加牛奶，还有加蜂蜜的甜茶。在俄国乡村，茶碟设计尤为精巧——这与他们独特的饮茶方式相得益彰：人们常把茶水倒进小茶碟，托着茶碟，用茶勺送进嘴里一口蜜后含着，再将嘴贴着茶碟边，带着响声一口一口地呡茶。至于茶具，有的喜欢中国陶瓷的，有的喜欢玻璃的。饮茶的茶具一般很小，如同小酒杯。俄国人喝茶常作为三餐外的补充，甚至替代三餐中之一餐。俄罗斯人喝茶时会伴以大盘小碟的蛋糕、烤饼、馅饼、甜面包、饼干、糖块、果酱、蜂蜜等"茶点"。

茶炊是俄罗斯茶文化的标志，有"无茶炊便不能算饮茶"的说法。茶炊种类多样，有茶壶型、炉灶型、烧水型。茶炊外形丰富，有球形、桶形等。在古代俄罗斯，茶炊是每个家庭必不可少的器皿，也是外出旅行郊游携带之物。

俄罗斯人把饮茶当成一种交际方式，通过饮茶达到良好的沟通效果，独自饮茶则可沉思冥想。旧时俄国人还有喝茶给小费的习惯。茶炊煮茶、泡茶的过程中，不仅融入俄罗斯人的社交习惯和家庭文化，也体现了茶文化在俄罗斯与本土文化的融合与包容。茶炊文化更是俄罗斯茶文化的标志，茶在俄罗斯民族文化中占据重要位置。长期以来，茶一直是俄罗斯人日常生活中不可或缺的饮品，这种深厚的历史底蕴使得喝茶的传统在俄罗斯社会中根深蒂固。据2021年5月环球网报道，一项调查显示几乎所有受访者（97%）都喜欢喝茶，其中2/3受访者表示每天都会喝茶，而只有45%的人会每天喝咖啡。俄罗斯零售商SberMarket的研究发现，俄罗斯购物者购买茶叶的频率比购买咖啡高近50%。据2004年FoodNavigator报道，市场数据显示俄罗斯人每年喝约500杯茶，而咖啡人均年摄入量仅160杯。俄罗斯人喝茶的基础深厚，随着生活方式变化等因素，虽然咖啡消费量有所上升，但从整体来看，茶仍然是俄罗斯人更常饮用的饮品之一。

六、英国下午茶文化

英国的茶文化丰富多样，英国人品茶的方式各异，并且常常将茶作为社交活动的重要媒介。茶之所以能在英国深受喜爱，并得到广泛的传播与发展，一方面源于茶自身所具备的诸多优势，另一方面得益于英国独特的气候条件。

与中国人普遍喜爱喝绿茶有所不同，英国人大多热衷于饮用红茶。这主要是因为英国的气候潮湿阴冷，而红茶性暖，并且具有易于保存的特点，恰好符合英国人的身体需求和实际生活情况。此外，由于英国人向来有喝牛奶的习惯，所以在饮茶时，他们常常会在茶水中加入适量的牛奶和糖，以调整茶的口感。

在英国，喝茶有着相对固定的时间点，分别为早茶、午茶和下午茶，其中最负盛名的当属下午茶文化。英国的下午茶文化在发展过程中，吸收了中国茶文化的部分元素，并巧妙地将其融入英国人的日常生活当中，逐渐形成了具有鲜明英国民族特色的独特文化现象。

英国的下午茶一般是指妇女举办的社交联谊活动。在这样的活动中，她们会精心准备品种丰富多样的茶点，常见的有饼干、蛋糕、三明治等。同时，还会配备精美的茶具和餐具。活动期间，大家围坐在一起，谈笑风生，营造出一种既轻松又优雅的氛围。

最初的下午茶活动极为隆重，从参与者的穿着打扮，到所选用的专用茶叶，再到享用甜品的先后顺序等各个方面，都充分体现了英国人对下午茶的高度重视以及他们对茶的深厚喜爱之情。例如，在穿着上，人们会精心挑选正式且得体的服装；在茶叶选择上，会选用品质上乘的茶叶。尽管随着时代的发展，现在的英国下午茶在形式上没有过去那么严格正式，但在一些比较隆重的场合中，传统的下午茶仪式依然得以延续。

英国人对茶情有独钟，他们认为茶不仅具有强身健体的功效，更能够让人开阔胸怀，放松心情，在一定程度上满足了他们的精神需求。英国茶文化追根溯源是由中国茶文化发展而来，然而，在中英两种截然不同的文化背景熏陶下，两国的茶文化分别映射出了两国截然不同的价值观、生活方式和思维模式。茶作为两种文化之间的重要载体，为中英两国的文化交流提供了宝贵的机会，使得两国文化在相互接触的过程中能够相互影响、相互借鉴，从而有力地促进了中英两国之间的交流与沟通，在文化层面上丰富了彼此的内涵。

七、印度茶文化

印度是世界上重要的茶叶生产和消费大国，在全球茶叶产业格局中占据着举足轻重的地位。印度以生产高品质的红茶而闻名于世，其中阿萨姆红茶、大吉岭红茶等更是声名远扬，在国际茶叶市场上拥有较高的知名度和市场份额。

印度的茶文化极具独特魅力，其中传统的奶茶"马萨拉茶"便是印度茶文化的典型代表。"马萨拉茶"的制作工艺别具一格，在制作过程中，会在茶中精心加入多种香料，如具有温暖香甜气息的肉桂、气味浓郁芬芳的丁香、味道清新独特的豆蔻以及辛辣提味的姜等。除了香料之外，还会加入适量牛奶和糖。这种将香料与茶巧妙结合的方式，充分反映了印度多元文化融合的显著特点。

在印度的饮食文化体系中，香料一直占据着至关重要的地位。香料不仅被广泛应用于各种传统菜肴的烹饪中，为食物增添丰富多样的风味，而且还融入了茶文化之中。将香料加入茶中，使得茶不仅具有茶叶本身的清香，还融合了各种香料的独特味道，形成了别具一格的口感。这一现象体现了印度茶文化对本土饮食文化元素的高度包容，展示了印度文化在发展过程中不断吸收和融合不同元素的活力。

同时，印度地域辽阔，不同地区之间地理环境、气候条件、民族文化以及生活习惯等方面存在着较大的差异，导致了饮茶方式也呈现出明显的多样性。例如，在印度的某些地区，人们在饮用"马萨拉茶"时，对香料的种类和比例有着独特的偏好，会根据当地的口味和传统进行调整；而在另一些地区，除了"马萨拉茶"之外，还可能会有其他独特的茶饮形式，如一些地区可能会在茶中加入当地特有的植物或草药，形成具有地域特色的茶饮。这些不同地区饮茶方式的差异，进一步展示了印度茶文化在国内的包容性和多样性，使得印度的茶文化更加丰富多彩。

印度的茶文化以其独特的茶饮制作方式、对本土饮食文化元素的融合以及国内不同地区饮茶方式的多样性，成为了世界茶文化中独具特色的一部分，吸引着众多茶文化爱好者的关注和研究。

八、斯里兰卡茶文化

斯里兰卡是世界著名的茶叶生产国和出口国，其茶文化源远流长且独具特色。在饮茶方式上，斯里兰卡丰富多样。日常生活里，多数斯里兰卡人偏好饮用加奶加糖的奶茶。这种奶茶凭借浓郁香甜的口感，成为了人们日常饮品的优先选择。究其原因，牛奶的醇厚与糖的甜蜜，中和了红茶本身的苦涩，使得奶茶更符合大众的口味。此外，在一些传统的场合，如宗教仪式、重要节日庆典，或者温馨的家庭聚会中，人们也保留着清饮红茶的习惯。此时，大家专注于品味茶叶本身的香气和醇厚滋味，感受茶叶最本真的魅力。在城市的咖啡馆和茶室里，茶饮的选择更加丰富多元，除了传统的奶茶和清饮红茶外，还会提供各种特色茶饮，如柠檬茶、薄荷茶等。这些特色茶饮不仅满足了不同消费者的口味需求，也体现了斯里兰卡茶文化的包容性和创新性。

斯里兰卡的茶礼仪也颇具特色。当有客人到访时，主人通常会热情地邀请客人入座，然后精心准备茶具和茶叶。在泡茶前，主人会先将茶具用热水烫洗一遍，以此来表示对客人的尊重，同时也能提升茶具的温度，更好地激发茶叶的香气。泡茶时，主人会专注而熟练地进行操作，将适量的茶叶放入茶壶中，注入适宜温度的热水，等待片刻后，再将泡好的茶依次倒入客人的茶杯中。斟茶时，茶杯通常会斟至七八分满，这是一种传统的礼仪规范。在整个饮茶过程中，主人会不断关注客人的茶杯，适时为客人添茶，以确保客人随时都能品尝到温热的茶饮。客人在接受主人的茶时，也会用双手接过茶杯，以表示感谢和尊重。并且，客人会尽量在适当的时候饮用一些茶，以回应主人的热情款待。

茶文化在斯里兰卡的社会生活中占据着重要地位。茶不仅是一种饮品，更是社交和文化交流的重要媒介。在家庭中，亲朋好友相聚时，常常会以茶相待，大家围坐在一起，一边品茶一边聊天，增进彼此之间的感情。在商业活动和社交场合中，茶也是不可或缺的一部分。人们会在轻松的品茶氛围中交流沟通，建立和维护良好的人际关系。比如在商务洽谈中，一杯香醇的茶可以缓解紧张的气氛，让交流更加顺畅；在社交聚会中，茶也成为了人们互动的桥梁，拉近了彼此之间的距离。

在茶文化的传播与记录方面，也有一些相关的书籍和影片。《锡兰红茶的传奇》这本书详细介绍了斯里兰卡茶叶的种植历史、制作工艺、文化内涵等内容，通过丰富的文字和图片，让读者深入了解锡兰红茶背后的故事。影片《茶路：斯里兰卡》则以纪录片的形式，展现了斯里兰卡茶园的美丽风光、茶叶的生产过程以及茶文化在当地社会生活中的体现，让观众可以直观地感受到斯里兰卡茶文化的独特魅力。

斯里兰卡还拥有众多与茶相关的旅游资源。茶园观光是当地极具特色的旅游项目之一。游客可以漫步在郁郁葱葱的茶园中，欣赏着一望无际的茶树和美丽的自然风光，感受大自然的宁静与美好。在茶园里，游客可以了解茶叶从种植到采摘的全过程，亲身体验茶农的辛勤劳作。同时，游客还可以参观现代化的茶叶加工厂，目睹茶叶经过萎凋、揉捻、发酵、干燥等一系列工序后，变成香气四溢的成品茶的过程。此外，茶叶博物馆也是了解斯里兰卡茶文化历史的好去处，馆内收藏了大量与茶叶相关的文物、资料和图片，生动地展示了斯里兰卡茶文化的发展历程。一些茶园还设有茶室和餐厅，游客可以在这里品尝到新鲜冲泡的锡兰红茶和当地特色美食，在茶香与美食的陪伴下，享受悠闲惬意的时光。

斯里兰卡的茶文化以其悠久的历史、优质的茶叶、多样的饮茶方式、独特的茶礼仪以及丰富的文化内涵，成为了该国独特的文化符号，吸引着来自世界各地的游客和茶叶爱好者，也为世界茶文化的多样性增添了绚丽的色彩。

九、非洲茶文化

非洲地域广阔，茶文化在不同国家和地区呈现出多样且独特的风貌，部分国家如摩洛哥、毛里塔尼亚等，有着别具一格的饮茶习俗。

摩洛哥的茶文化在非洲极具代表性，摩洛哥人尤其喜爱喝薄荷茶。摩洛哥的薄荷茶以中国的绿茶为基础，搭配新鲜的薄荷叶和方糖进行冲泡。这种茶饮的制作方式充分体现了跨文化的交流与融合。中国茶叶通过贸易等途径传入摩洛哥，而摩洛哥当地丰富的香料植物资源，如薄荷，与中国绿茶相结合，创造出了独具特色的茶饮。在制作薄荷茶时，有着一套较为讲究的流程。首先会将绿茶放入茶壶中进行预热和初步冲泡，去除杂质和杂味。然后加入洗净的新鲜薄荷叶，薄荷叶的用量通常较多，以保证茶饮具有浓郁的薄荷香气。接着放入适量的方糖，方糖的量可根据个人口味进行调整，但总体来说摩洛哥人喜欢偏甜的口味。之后再注入沸水，让茶叶、薄荷和方糖充分融合，浸泡片刻后，一壶香气四溢的薄荷茶便制作完成。

在摩洛哥的社交场合和各类仪式中，薄荷茶扮演着至关重要的角色，是重要的待客饮品。当有客人来访时，主人会精心准备薄荷茶，以最热情的方式招待客人。主人会在客人面前，熟练地进行冲泡薄荷茶的操作，这一过程不仅是制作饮品，更是一种展示礼仪和友好的方式。在一些传统的节日庆典、家庭聚会或者商务洽谈中，薄荷茶都是必不可少的。大家围坐在一起，品尝着薄荷茶，交流着生活、工作中的事情，薄荷茶承载着当地的社交文化和传统价值观，展示了茶文化在非洲大陆与本土文化相互融合、包容共生的现象。

毛里塔尼亚的茶文化也有着自身的独特之处。毛里塔尼亚人同样喜爱饮茶，他们的茶饮多以绿茶为主，并且在茶中会加入大量的糖，其甜度之高可能超出其他地区人们的想象。这种对甜茶的喜爱与毛里塔尼亚的自然环境和生活方式有关。毛里塔尼亚地处沙漠地区，气候炎热干燥，人们在这样的环境中需要补充大量的能量，而糖分能够快速提供能量，所以在茶中加入大量的糖成为了当地的一种特色。在毛里塔尼亚，饮茶也是一种重要的社交活动。人们会在特定的场所，如传统的茶馆或者家庭中，围坐在一起饮茶聊天。与摩洛哥类似，在毛里塔尼亚的社交场合中，主人为客人奉茶也是一种表达尊重和友好的方式。

除了摩洛哥和毛里塔尼亚，非洲其他一些国家也有着各自的饮茶特色。例如，在埃及，茶文化也在不断发展。埃及人喜欢在茶中加入一些香料，如豆蔻、肉桂等，使茶具有独特的风味。这些香料的使用不仅增添了茶的口感,还与埃及的饮食文化相契合。在埃及的一些城市中,也有许多茶馆,人们会在这里聚会、交流,茶馆成为了社交和休闲的重要场所。

在非洲的一些部落中,还存在着与茶相关的独特仪式和传统。在这些部落中,茶可能不仅仅是一种饮品,更具有某种象征意义,与部落的宗教信仰、文化传承等紧密相连。例如,在某些部落的祭祀仪式中,茶会作为祭品之一,表达对神灵的敬意和祈求。或者在部落的重要庆典中,会专门准备特殊的茶饮,供部落成员共同享用,以此增强部落的凝聚力和归属感。

非洲的茶文化以其独特的茶饮制作方式、丰富的社交内涵以及与本土文化紧密相连的特色,展示了茶文化在非洲大陆的多样性和生命力,是世界茶文化中不可或缺的一部分,也体现了非洲文化在与外来茶文化交流融合过程中的创新与发展。

十、美国茶文化

美国作为一个多元文化高度融合的国家,其茶文化在丰富多样的文化背景下,呈现出独特而包容的特质。

从传统茶文化的角度来看,美国有着广泛流行的袋泡茶文化。袋泡茶因其方便快捷的特点,高度契合了美国快节奏的现代生活方式。对于忙碌的美国人来说,无论是在紧张的工作间隙,还是在短暂的休息时刻,只需将一袋茶叶放入杯中,用热水冲泡,稍作等待便能轻松享用一杯热茶,既节省时间又无需繁琐的泡茶步骤。这种便捷性使得袋泡茶成为了众多美国家庭和办公场所的常见饮品选择,在日常生活中占据着重要地位。

随着全球化的推进以及世界各地移民的不断涌入,美国积极吸收了不同国家丰富的茶文化元素,进一步丰富了自身的茶文化内涵。日本的抹茶文化在美国逐渐兴起并流行开来。抹茶以其独特的绿色色泽、浓郁的茶香和细腻的口感吸引了众多美国人的关注。许多美国的咖啡馆和甜品店敏锐地捕捉到这一趋势,纷纷推出了各种抹茶相关的饮品和食品。比如抹茶拿铁,将抹茶的清香与牛奶的醇厚完美融合,口感丝滑且茶香四溢;抹茶蛋糕、抹茶冰淇淋等甜品也深受消费者喜爱,成为了店内的热门产品。

中国的工夫茶也在美国受到了一部分人的喜爱。工夫茶以其独特的泡茶仪式、对茶具的讲究以及对茶叶品质的严格要求,展现出了深厚的文化底蕴。一些美国城市开设了专门的茶馆,这些茶馆不仅提供各种优质的中国茶叶,还会有专业的茶艺师为顾客展示和讲解工夫茶的冲泡技巧和文化内涵。通过这些茶馆,越来越多的美国人有机会亲身体验中国工夫茶的魅力,感受中国茶文化中蕴含的宁静、优雅和对生活品质的追求。这不仅促进了中美两国在茶文化领域的交流,也让中国茶文化在美国得到了更广泛的传播。

除了吸收外来茶文化元素,美国还发展出了具有自身特色的冰茶文化。冰茶对茶叶的选择较为广泛,红茶、绿茶、白茶、乌龙茶等都很适合用来制作冰茶,不同的茶叶能带来不同的风味,大多以红茶为基础原料,如阿萨姆红茶、锡兰红茶等,这些红茶具有浓郁的香气和醇厚的口感,能为冰茶提供丰富的风味。一般先将茶叶用热水冲泡,浸泡出浓郁的茶汤,然后过滤掉茶叶,让茶汤冷却。在冷却的茶汤中加入一些花草茶,如薄荷茶、柠檬草茶等,为冰茶增添清新的味道。冰茶中通常会加入大量的糖来增加甜度,以迎合美国人偏甜的口味偏好。还会加入各种水果,如柠檬、橙子、草莓、蓝莓等,这些水果不仅增加了冰茶的酸甜口感,还带来了自然的果香。此外,糖浆、蜂蜜也是常用的添加物,有的冰茶还会添加薄荷叶、肉桂等香料,赋予冰茶独特的风味。搅拌均匀后,加入大量冰块,使冰茶迅速降温变凉,达到冰爽的口感。冰茶在美国是非常受欢迎的日常饮品,尤其是在炎热的夏季,是消暑解渴的佳品。在家庭聚会、餐厅、酒吧等各种场合都能见到冰茶的身影。很多美国家庭会在家中自制冰茶,随时供家人饮用;餐厅的饮品菜单上也常常会有冰茶选项,供顾客选择。美国还发展出了各种工业化生产的瓶装冰茶,方便人们随时随地购买和饮用。

美国的茶文化还体现在其丰富多样的茶相关活动和社交场景中。在美国,有许多茶会、茶文化讲座和品鉴活动等。这些活动不仅为茶爱好者提供了一个交流和分享的平台,也促进了茶文化的传播和发展。在茶会上,人们可以品尝到来自不同地区和种类的茶叶,了解它们的特点和制作工艺;茶文化讲座则邀请专家学者或资深茶人,为参与者讲解茶文化的历史、发展和相关知识;品鉴活动则注重对茶叶品质的评估和欣赏,通过观察茶叶的外形、汤色,闻其香气,品其滋味,来感受茶叶的独特魅力。

美国的茶文化以其传统与现代结合、本土与外来融合的特点,展现出了独特的魅力和活力。无论是便捷的袋泡茶、流行的外来茶文化元素,还是特色的冰茶文化,都反映了美国这个多元文化国家在茶文化领域的创新与包容,同时也为世界茶文化的发展增添了新的色彩。

十一、小结

通过对世界多个国家茶文化的了解可知,茶文化在每个国家有各自的独特呈现。日本茶道的"和敬清寂"、韩国茶礼的"礼"之内涵、土耳其红茶文化的热情豪爽、阿塞拜疆茶文化的甜蜜多元、俄罗斯茶文化的茶炊特色、英国下午茶文化的优雅社交、印度茶文化的香料融合、斯里兰卡茶文化的多样茶礼、非洲茶文化的本土融合以及美国茶文化的多元创新,都展示了茶文化的丰富性和多样性。这些茶文化在各自的国家和地区,不仅是饮品文化,更与社会生活、文化传统、人际交往紧密相连。同时,茶文化也成为了不同国家之间文化交流的桥梁,促进了世界文化的相互借鉴与共同发展。在全球化的今天,尊重和欣赏不同国家的茶文化,有助于推动文化的多元共生与繁荣。茶从中国传播到世界各地后,在文化融合、地域差异、多元文化吸收以及社交礼仪等多个方面,都展现出了对不同文化元素的接纳、融合与发展,有力地证明了茶文化具有包容性这一特点。

思政要点

1. 文化交流与融合:多国茶文化彰显文化交流融合,启示我们以开放心态对待不同文化,促进交流互鉴,尊重文化多样性。

2. 文化传承与创新:各国传承茶文化时亦有创新,表明文化传承需结合时代创新,以保持活力与生命力。

3. 礼仪与尊重：各国茶文化皆强调礼仪尊重，体现礼仪在人际交往和文化传承中的关键作用，教导我们注重礼仪，尊重他人与不同文化。

4. 文化自信与认同：每个国家茶文化独具特色，是本国文化重要部分，有助于培养文化自信与对本国文化的认同，也让我们认知国家文化的价值与意义。

5. 劳动与智慧：茶叶从种植、制作到冲泡、享用，凝聚各国人民劳动智慧，让我们尊重劳动，珍惜成果，认识到人类智慧在文化创造中的重要性。

第三节　国际茶日——共筑文化交流桥梁

茶，作为世界三大饮品之一，在人类历史的长河中流淌了数千年，承载着丰富的文化内涵和历史记忆。2019年11月27日，第74届联合国大会宣布将每年的5月21日设为"国际茶日"（International Tea Day）。这一决议由联合国粮食及农业组织（FAO）提出，旨在赞美茶叶对经济、社会和文化的价值，促进全球茶产业的可持续发展。这是我国首次成功推动设立的农业领域国际性节日，彰显了世界各国对中国茶文化的认可。茶叶的种植、生产和贸易在许多发展中国家的经济中占据着重要地位，为众多农民提供了生计来源。然而，长期以来，茶产业面临着诸多挑战，如市场波动、贸易壁垒、气候变化等。设立"国际茶日"，正是为了提高人们对茶产业的关注，推动各国政府和国际社会采取措施，支持茶农和茶产业的发展，促进茶叶贸易的公平与可持续。同时，茶也是一种文化的象征，不同国家和地区有着各自独特的茶文化。从中国的茶道到日本的抹茶道，从英国的下午茶到摩洛哥的薄荷茶，茶在人们的生活中扮演着重要的角色，成为连接不同文化的纽带。通过设立"国际茶日"，可以促进茶文化的传播与交流，增进各国人民之间的相互了解和友谊。

一、首个"国际茶日"在全球新冠疫情的阴霾下到来

在2020年首个"国际茶日"之际，新冠疫情在全球范围内肆虐，给众多行业带来了前所未有的冲击。2020年5月21日，首个"国际茶日"在全球新冠疫情的阴霾下到来。联合国环境规划署（UNEP）网站5月20日刊文，重点关注全球茶业面临的挑战，以及在新冠疫情后如何更好地重建茶业，支持小农户生计和可持续发展。受疫情影响，首个"国际茶日"的庆祝活动以线上为主，办成了"数字茶日""云上茶日"。

由农业农村部、浙江省人民政府、联合国粮农组织主办，杭州市人民政府、浙江省农业农村厅承办的"国际茶日"中国杭州主场活动于2020年5月21日上午10时在中国茶叶博物馆双峰馆区国际交流厅举行。农业农村部部长韩长赋视频致辞，提到习近平主席专致贺信祝贺。贺信内容为：联合国设立"国际茶日"，体现了国际社会对茶叶价值的认可与重视，对振兴茶产业、弘扬茶文化很有意义。作为茶叶生产和消费大国，中国愿同各方一道，推动全球茶产业持续健康发展，深化茶文化交融互鉴，让更多的人知茶、爱茶，共品茶香茶韵，共享美好生活。活动发布了"国际茶日"LOGO（徽标）以及第三期"中国茶产业杭州指数"，还推出了"世界茶乡看浙江·浙里游好茶"十大茶

旅精品线路，现场连线了舟山普陀、衢州江山廿八都等地的庆祝活动，最后举行了为茶旅代表出游授旗、嘉宾现场投寄"国际茶日"明信片等活动。

浙江省各地借助移动互联网、网络直播、数字化技术，组织开展"云播茶日""云享茶事""云游茶旅""云赏茶品""云观茶经""云展茶叶"等系列活动。还在官微、抖音、快手、"网上茶博"、"网上农博"等平台，推出茶事茶旅茶器茶品等展示展销展播活动，有达人直播带货、网红卖货等。

京东联合云南康乐茶文化城举办"云南新茶网上采"——5.21 国际茶日"云茶荟"系列活动，普洱、西双版纳、临沧等普洱茶主产地组织亮相直播间为家乡好茶代言。

中国安徽下午茶会：5 月 17 日，由团市委、市卫生健康委、润思祁红联合在安徽举办"国际茶日——润思祁红致敬抗疫一线人士下午茶会"活动，邀请 120 余名抗疫一线的医生、护士、志愿者、社区工作人员等代表参加，聆听抗疫故事，向抗疫英雄致敬。

中国宁波茶文化展：宁波市北仑区在 5 月 21 日开展以"茶香满乾坤"为主题的茶文化展活动，通过图文展板介绍茶和茶文化知识，现场备有绿茶和红茶供品尝，还组织书法爱好者创作与茶文化有关的书法作品。

饮茶国也在首个国际茶日举办了相应的活动。

英国首届"剑桥国际茶文化节"在剑桥大学国王学院举行。活动现场展示了近 30 种来自中国福建、云南、浙江等地的中国茶。来自福建安溪县制茶世家的茶师身着中国传统服饰，展示中国茶道艺术。英国意大利裔艺术家彼得·卡瓦鸠蒂带来了一场日式茶文化讲座和茶道表演，中国茶文化导师宋熙也在现场展示中国茶艺。

印度茶叶委员会和印度最大的电子商务公司 mjunction 在阿萨姆邦乔尔哈特市共同启动了茶叶网上拍卖平台。驻加尔各答总领馆、印度青年领袖联合会共同举办庆祝中印建交 70 周年暨首个"国际茶日"线上交流会，70 多人参加了此次线上连线交流会，紧扣中印建交 70 周年以及"国际茶日"的主题，在茶叶相关的经贸和文化领域达成了广泛的合作共识。

斯里兰卡的茶业工人在新冠疫情肆虐的艰难处境中坚守岗位，为全球的茶叶供应贡献着自己的力量。斯里兰卡茶叶委员会深切感受到了这些茶业工人的付出与不易。在这个特殊的日子里，委员会充分利用社交媒体和网络平台的传播优势，精心策划了一系列庆祝活动。他们在各大社交媒体账号上发布了精美的图文内容，展示了斯里兰卡茶园中工人们辛勤劳作的身影——无论是在晨光熹微中采摘鲜嫩茶叶的专注神情，还是在制茶工坊里严谨操作的熟练姿态，都被一一记录并呈现给大众。同时，委员会还发布了感人至深的视频短片，片中邀请了当地的茶业工人代表讲述自己的故事，分享在疫情期间坚持生产的艰辛与收获。这些真实的声音和画面，让全世界都看到了斯里兰卡茶业工人的坚韧与勇气。斯里兰卡茶叶委员会通过官方声明，向本国这些英勇无畏的茶业工人致以最崇高的敬意。委员会强调，正是这些工人的不懈努力，在疫情的阴霾下依然保证了茶叶生产的稳定进行，为全球消费者持续提供着品质上乘、香气馥郁的优质香茗。这种在困境中坚守的精神，不仅是斯里兰卡茶业的宝贵财富，更是值得全世界赞颂和学习的典范。通过社交媒体和网络平台的广泛传播,斯里兰卡茶叶委员会的这一庆祝活动,不仅让本国的茶业工人感受到了尊重与认可,也进一步提升了斯里兰卡茶叶在国际上的形象和声誉,让更多人了解到每一杯斯里兰卡茶背后所蕴含的辛勤与付出。

疫情使茶产业线下销售受阻,但首个"国际茶日"的线上活动为茶产业发展带来了新机遇,推动茶商积极拥抱互联网,拓展了销售渠道。首个"国际茶日"的线上活动促进了茶文化的传播与交流,让更多人通过线上活动了解到不同国家和地区的茶文化,使人们领略到浙江丰富的茶旅文化。在疫情的阴霾下给人们带来了精神慰藉,凝聚了社会力量,让人们感受到温暖与希望。联合国粮农组织参与到首个"国际茶日"的活动中,推动了全球茶产业协同发展,体现了国际社会对茶产业的重视,为各国在茶产业的贸易、技术等方面的合作提供了良好的平台。

二、中国:传承千年茶文化,展现时代新风采

中国是茶的故乡,茶文化源远流长。在"国际茶日"这一天,中国各地都会举办丰富多彩的活动,展示中国茶文化的魅力。

在浙江杭州,作为中国著名的茶叶产区,西湖龙井的故乡,每年都会举办盛大的茶文化节。节日期间,西湖畔的茶园里,茶农们身着传统服饰,展示精湛的采茶技艺。游客们可以亲自体验采茶的乐趣,感受大自然的馈赠。同时,还会举办茶艺表演,茶艺师们身着汉服,优雅地展示泡茶的过程,从温杯、投茶、注水到出汤,每个动作都如诗如画,让人领略到中国茶道的精髓。

在福建武夷山,这里是乌龙茶和红茶的发源地之一。国际茶日期间,武夷山会举办"斗茶"大赛。来自各地的茶商、茶农和茶艺爱好者齐聚一堂,带来自己精心制作的茶叶参赛。评委们通过闻香、品茶等环节,评选出品质最佳的茶叶。"斗茶"不仅是一场茶叶品质的较量,更是茶文化的交流与传承。此外,武夷山还会举办茶文化讲座,邀请专家学者讲解茶叶的历史、种植、制作等知识,让更多人了解中国茶文化的博大精深。

在云南普洱,"国际茶日"期间举办的普洱茶文化节是一场备受瞩目的茶文化盛宴。文化节以展示普洱茶的独特魅力为核心,活动内容丰富多样。首先,在古茶山区域,举办了盛大的祭茶祖仪式。身着传统民族服饰的当地茶农,遵循古老的传统习俗,怀着崇敬之心祭祀茶祖,祈求茶叶丰收、品质优良。这一仪式不仅是对茶文化传承的尊重,也吸引了众多游客和媒体的关注,成为展示普洱茶文化底蕴的重要窗口。在普洱市区,举办了大型的普洱茶展销会。来自全市各地的茶企纷纷参展,展示了从传统的生茶、熟茶到创新的普洱茶制品等丰富多样的产品。展销会上,茶企不仅与国内外的采购商进行了广泛的商务洽谈,达成了大量的茶叶订单,促进了普洱茶的销售和出口,还通过现场品鉴、茶艺表演等方式,让消费者更直观地了解普洱茶的风味和品质。据统计,文化节期间,仅展销会的现场交易额就达到了数千万元,同时还带动了周边餐饮、住宿、旅游等相关产业的发展,创造了显著的经济效益。此外,文化节还举办了普洱茶文化学术研讨会,邀请了国内外的茶叶专家、学者齐聚一堂,共同探讨普洱茶的历史、文化、种植、加工、品鉴等方面的问题。研讨会不仅为普洱茶产业的发展提供了理论支持和技术指导,也提升了普洱茶在学术领域的影响力,进一步推动了普洱茶文化的传播和

发展。

安徽黄山在"国际茶日"举办的黄山毛峰茶文化节同样精彩纷呈。茶文化节的开幕式在风景秀丽的黄山脚下举行，以黄山的自然风光和茶文化为背景，上演了一场融合了茶艺、茶道、歌舞等多种元素的大型文艺演出。演出中，演员们身着传统服饰，通过优美的舞蹈和精湛的茶艺表演，生动地展现了黄山毛峰的历史渊源和文化内涵，吸引了大量游客和当地居民前来观看，营造了浓厚的茶文化氛围。在茶叶交易方面，举办了黄山毛峰茶叶拍卖会。一些品质上乘、稀有的黄山毛峰茶叶成为竞拍的焦点，吸引了众多茶叶收藏家和爱好者参与竞拍。其中，一些极品黄山毛峰茶叶拍出了高价，不仅提升了黄山毛峰的品牌价值，也为当地茶农和茶企带来了可观的经济效益。同时，文化节期间还举办了线上线下相结合的茶叶展销活动，拓宽了黄山毛峰的销售渠道，提高了其市场占有率。此外，为了推动茶文化与旅游的深度融合，黄山还推出了一系列以茶为主题的旅游线路。游客们可以走进茶园，亲身体验采茶、制茶的过程，感受茶农的辛勤劳动；还可以参观茶叶博物馆，了解黄山毛峰的历史发展和制作工艺；品尝当地特色的茶餐，享受茶香与美食的完美结合。这些旅游线路受到了游客的广泛欢迎，带动了黄山旅游业的发展，进一步提升了黄山毛峰的品牌知名度和影响力。

在中国的其他地区，也会举办各具特色的茶文化活动，推广当地的名茶和茶文化。

三、日本：抹茶道的优雅传承与创新发展

在"国际茶日"这一天，日本各地的茶室和文化机构都会举办抹茶道体验活动。

在日本京都，"国际茶日"期间举办的抹茶艺术与创新茶品展示会充分展示了日本茶文化的独特魅力和创新精神。

展示会在京都的一些传统茶室和现代艺术空间举行。在传统茶室区域，展示了精湛的抹茶道表演。茶道师们身着传统和服，在古雅的茶室中，按照严格的茶道仪式，精心制作抹茶，从点茶的手法到茶具的摆放，每一个细节都体现了日本抹茶道的细腻与精致。观众们可以近距离欣赏和体验这一传统的茶文化艺术，感受日本传统文化的深厚底蕴。

在现代艺术空间区域，则展示了各种以抹茶为主题的创新艺术作品和茶品。艺术家们运用现代艺术手法，将抹茶的颜色、香气和口感融入绘画、雕塑、装置艺术等作品中，创造出了许多令人耳目一新的艺术作品。同时，一些茶叶企业也展示了他们最新研发的抹茶创新产品，如抹茶冰激凌、抹茶巧克力、抹茶蛋糕等，这些产品不仅口感独特，而且包装精美，受到了消费者的喜爱。

展示会吸引了大量的游客和当地居民前来参观和品尝，促进了抹茶相关产品的销售。同时，通过与现代艺术的结合，也提升了抹茶文化的影响力和吸引力，为日本茶产业的发展注入了新的活力，取得了良好的社会效应和经济效益。

四、英国：下午茶的优雅时光与社交魅力

英国的下午茶文化闻名世界，在"国际茶日"这一天，英国各地的酒店、茶室和庄园都会举办盛大的下午茶活动。

品鉴会在伦敦的一些顶级酒店和私人会所举行，如著名的丽思卡尔顿酒店等。这些场所精心布置了典雅的茶室，提供了丰富多样的高品质茶叶，包括经典的英式早餐茶、香气独特的伯爵茶、口感醇厚的大吉岭茶等，搭配精致的三层点心架，上面摆放着新鲜出炉的司康饼、美味的三明治、精致的小蛋糕和水果塔等。

品鉴会吸引了众多社会名流、时尚人士和茶叶爱好者参加。在优雅的环境中，宾客们一边品尝着美味的茶点，一边交流着关于茶的知识和文化。一些专业的茶艺师还在现场进行了精彩的茶艺表演，展示了英国下午茶的传统礼仪和冲泡技巧，让宾客们深入了解英国茶文化的精髓。

这些高端下午茶品鉴会不仅为参与者提供了一次难忘的美食和文化体验，也提升了英国茶叶品牌的形象和知名度。同时，通过社交平台和媒体的传播，吸引了更多人对英国下午茶文化的关注和兴趣，促进了茶叶销售和相关产业的发展，带来了良好的经济效益和社会效应。

在英国的乡村庄园，也会举办别具特色的下午茶活动。一些庄园会在花园中搭建临时的茶室，让客人在欣赏美丽的自然风光的同时，品尝乡村风味的茶点。庄园主人还会邀请当地的乐队演奏传统的英国音乐，为活动增添欢乐的氛围。

此外，英国的一些茶叶品牌也会在国际茶日举办宣传活动，推广他们的茶叶产品。他们会在商场、超市等地设置展位，展示不同种类的茶叶，并提供免费的品茶活动，让更多的人了解和喜爱英国茶。

五、摩洛哥：薄荷茶的热情与好客之道

在摩洛哥，薄荷茶是一种极为重要的社交饮品，因其在社交场合中的重要地位和独特风味，被人们誉为"摩洛哥的威士忌"。

每年的"国际茶日"，薄荷茶的香气都会弥漫在摩洛哥的大街小巷。这一特殊的日子，对于摩洛哥人来说，是展示和传承薄荷茶文化的重要契机。

马拉喀什的杰马夫纳广场是摩洛哥最著名的广场之一，也是外界体验当地文化的绝佳场所。在"国际茶日"期间，广场上会出现许多茶摊。这些摊主们都熟练掌握着独特的薄荷茶煮制技艺。他们在煮制薄荷茶时，会先将新鲜的薄荷叶、绿茶叶和适量的糖放入铜制茶壶中。铜制茶壶具有良好的导热性，能够使茶叶和薄荷叶的味道更好地释放出来。接着，用沸水冲泡，然后将壶中的茶水反复倾倒，这一操作能够使薄荷叶、绿茶叶和糖充分混合，让茶的味道更加均匀和醇厚。经过这样煮制的薄荷茶，香气扑鼻，口感清新。游客们围坐在茶摊旁，品尝着这独具特色的薄荷茶，同时也能深切感受到摩洛哥人的热情好客。

在摩洛哥的家庭中，"国际茶日"同样是一个重要的节日。每到这一天，家人和朋友们都会相聚在一起，共同参与到薄荷茶的煮制过程中。大家一边煮茶，一边分享美食。主人会热情地邀请客人品尝自家精心制作的薄荷茶，并向客人讲述关于薄荷茶的故事和当地的文化传统。这些故事和传统，包含着摩洛哥人对薄荷茶的深厚情感，以及薄荷茶在他们生活中所占据的重要地位。

此外，为了进一步推广薄荷茶文化，摩洛哥还会举办一些与薄荷茶相关的文化活

动。例如，薄荷茶制作比赛，参赛者们会展示自己独特的煮茶技巧和配方，通过比赛，不仅能够激发人们对薄荷茶制作的热情，还能促进煮茶技艺的交流和创新。还有茶文化讲座，专业的人士会在讲座中介绍薄荷茶的历史、种植、制作工艺等方面的知识，让更多人深入了解薄荷茶背后的科学和文化内涵。通过这些活动，不仅使摩洛哥的薄荷茶文化得到了更广泛的传播，也在一定程度上促进了当地茶产业的发展，包括茶叶种植、加工以及相关产品的销售等方面。

六、印度：茶乡的多元文化与产业活力

每年的"国际茶日"，印度各地，尤其是主要的茶叶产区，都会举办丰富多彩的庆祝活动，以展示印度茶叶的魅力和茶文化的深厚底蕴。

阿萨姆邦是印度最大的红茶产区，其独特的地理环境和气候条件非常适宜茶树生长。在"国际茶日"期间，阿萨姆邦的茶园会举办盛大的采茶节。节日期间，茶农们身着色彩鲜艳、富有民族特色的传统服饰，穿梭在郁郁葱葱的茶园中，熟练且欢快地采摘着鲜嫩的茶叶。茶农们采摘茶叶时，会挑选符合标准的茶树鲜叶，一般是采摘一芽一叶或一芽二叶的嫩梢，以保证茶叶的品质。

在茶园中，还设有专门的区域进行茶叶制作工艺展示。从鲜叶采摘下来后，依次展示萎凋、揉捻、发酵、干燥等红茶制作的关键工序。游客们可以近距离观察并了解茶叶从新鲜的叶片逐渐转变为成品红茶的全过程，亲身体验茶叶制作的精细和复杂。

此外，阿萨姆邦还会举办极具地方特色的茶文化表演。表演内容丰富多样，包括传统的舞蹈、音乐和戏剧等。这些表演往往以茶叶种植、采摘、制作等为主题，通过艺术的形式展现印度茶文化的多元魅力，让观众更加深入地了解阿萨姆邦的茶叶文化和当地的风土人情。

大吉岭以生产高品质的红茶而闻名于世，其茶叶以独特的香气和清爽的口感受到全球消费者的喜爱。在"国际茶日"期间，大吉岭会举办专业的茶叶品鉴会。来自世界各地的茶叶专家、学者以及爱好者们汇聚于此，共同品尝不同品种、不同等级的大吉岭红茶。品鉴过程中，大家会从茶叶的外形、汤色、香气、滋味等多个方面进行细致的评价和分析，交流各自对大吉岭红茶品质和口感的理解和感受。

同时，为了促进印度茶叶的出口和国际合作，大吉岭还会举办茶叶贸易洽谈会。在洽谈会上，印度当地的茶叶生产商、经销商与来自全球各地的采购商进行面对面的交流和商务洽谈，介绍印度茶叶的特点和优势，探讨合作机会，推动印度茶叶在国际市场上的销售和推广。

除了茶叶产区举办的活动外，印度的一些大城市，如孟买、德里等，也会举办与茶相关的文化活动。在这些城市举办的茶文化展览中，会展示印度茶叶的历史演变、文化传承以及产业发展成果。展览内容丰富，不仅有各种茶叶实物，包括不同品种、不同年份的茶叶样品，还有大量的图片资料，展示印度茶园的风貌、茶叶采摘和制作的场景等。此外，还会陈列相关的文献资料，如古代关于茶叶的记载、现代茶叶研究的成果等，让参观者能够更全面、深入地了解印度的茶文化，感受印度茶叶在历史长河中的发展脉络和重要地位。

七、肯尼亚：茶产业的崛起与可持续发展

茶叶的种植、加工和出口为肯尼亚创造了大量的就业机会，带来了可观的外汇收入，对国家的经济增长和社会稳定有着重要意义。每年的"国际茶日"，肯尼亚都会精心筹备并举办一系列丰富多样的活动，全面展示其茶产业的辉煌发展成果以及先进的可持续发展理念。

在肯尼亚主要的茶叶产区，如裂谷省的广袤茶园，会举行盛大的茶农庆祝活动。活动当天，茶农们从各个茶园汇聚在一起，相互交流分享茶叶种植和生产过程中的宝贵经验。他们会讨论不同季节的种植技巧、应对病虫害的有效方法以及提高茶叶品质的心得。同时，为了进一步提升茶农的种植和管理水平，活动还会邀请相关的农业专家到现场进行技术培训。农业专家们会传授最新的茶叶种植技术，包括科学的施肥方法、合理的灌溉技术以及现代化的病虫害防治手段等；也会讲解先进的茶园管理理念，如如何优化茶园的布局、提高采摘效率等，从而帮助茶农提高茶叶的产量和质量，增加收入。

肯尼亚的一些知名茶叶企业在"国际茶日"会举办开放日活动。企业诚挚地邀请消费者走进茶叶加工厂，近距离了解茶叶从鲜叶到成品的完整生产过程。在参观过程中，专业的工作人员会详细介绍每一个生产环节，从鲜叶的采摘标准、运输保存，到萎凋、揉捻、发酵、干燥等加工工序，让消费者对肯尼亚茶叶的生产有更深入的认识。此外，企业还会着重介绍他们在可持续发展方面所作出的努力。例如，在种植环节采用环保的有机种植方法，减少化学农药和化肥的使用，保护土壤和生态环境；通过建设雨水收集系统和优化灌溉设施等方式，有效保护水资源，实现水资源的合理利用；在企业内部，注重提高员工福利，改善工作环境，为员工提供培训和发展机会，促进员工的全面发展。通过这些开放日活动，消费者对肯尼亚茶叶的品质和企业的社会责任有了更清晰的认识，从而增强了对肯尼亚茶叶的信任和认可。

此外，肯尼亚还会举办规模盛大的茶叶贸易洽谈会，积极吸引国际买家和投资者。在洽谈会上，肯尼亚众多的茶叶企业会集中展示他们的优质茶叶产品，涵盖不同品种、等级和风味的茶叶。企业代表会详细介绍产品的特点和优势，包括茶叶的产地环境、品种特性、制作工艺等。与国际买家进行深入的商务洽谈，就合作方式、价格、订单数量等具体事项进行沟通协商，寻求合作机会，促进肯尼亚茶叶的出口，进一步拓展国际市场，推动肯尼亚茶叶产业的国际化发展。

八、小结

2023 年 5 月 21 日，联合国邮政管理局发行了邮票版张《国际茶日》，含 10 枚邮票，其中 6 枚为茶叶，4 枚为茶器，整版售价 15.17 美元。10 枚邮票展现了来自世界各地的茶叶、茶壶和茶道，其中茶器邮票中有 2 枚为宜兴紫砂壶，分别是清末民国制壶大家范大生 1926 年制作的"东坡提梁壶"和范大生后裔、当代制壶名家范伟群创作的"无相壶"，体现了中国紫砂壶的历史传承。邮票作为传统载体，在方寸之间为世界茶文化交流搭建了新桥梁，有助于促进不同国家和地区之间茶文化的交流与传播。

"国际茶日"的设立，为全球茶产业的发展和茶文化的传播带来了新的机遇。通过

举办各种丰富多彩的活动,"国际茶日"提高了人们对茶产业的关注,促进了茶农和茶产业的发展,推动了茶文化的交流与融合。在经济方面,"国际茶日"有助于提高茶叶的知名度和市场竞争力,促进茶叶贸易的增长。对于许多发展中国家来说,茶产业是重要的经济支柱,国际茶日的活动可以为茶农和茶叶企业带来更多的商机和收入。在文化方面,"国际茶日"成为了不同国家和地区茶文化交流的平台。各国通过展示自己独特的茶文化,增进了相互之间的了解和友谊,丰富了世界文化的多样性。同时,"国际茶日"也激发了人们对茶文化的兴趣和热爱,促进了茶文化的传承和创新。在社会方面,"国际茶日"促进了社会的和谐与发展。茶作为一种社交饮品,能够拉近人与人之间的距离,增强社区的凝聚力。通过参与"国际茶日"的活动,人们可以在轻松愉快的氛围中交流和互动,促进社会的和谐与进步。展望未来,随着"国际茶日"的影响力不断扩大,我们有理由相信,全球茶产业将迎来更加美好的发展前景,茶文化也将在世界范围内得到更广泛的传播和弘扬。各国将继续加强合作,共同推动茶产业的可持续发展,让茶香飘满世界的每一个角落。"国际茶日"不仅是一个庆祝茶的节日,更是一个促进全球交流与合作的平台。通过这个平台,可以更好地了解不同国家和地区的茶文化,共同推动茶产业的发展,让茶成为连接世界各国人民的友谊之桥。

 思政要点

1. 产业经济重要性:茶叶产业是肯尼亚经济关键组成,对就业、创汇、经济增长及社会稳定意义重大,凸显产业对国家经济的支撑作用。

2. 经验技术交流共享:茶农庆祝活动中,茶农间经验分享及专家技术培训,展现知识与技术交流对提升产业水平、增加从业者收入的积极意义。

3. 可持续发展理念:茶叶企业开放日展示环保种植、资源保护、员工福利提升等可持续发展举措,体现企业社会责任及对生态、社会、员工的重视。

4. 国际合作与市场拓展:茶叶贸易洽谈会吸引国际买家和投资者,促进茶叶出口,反映国际合作在推动产业国际化发展、拓展市场方面的重要性。

第四节　弘扬茶文化,从娃娃抓起

茶艺作为中华民族传统文化的重要组成部分,是传承中华民族传统优秀文化的重要载体之一。茶艺不仅包含着泡茶、品茶等一系列技巧,还蕴含着丰富的文化内涵和精神价值。在实践中,茶艺所具有的修身养性作用和品德教化功能,已经在众多学生身上得到了显著体现。

少儿群体作为祖国的未来和民族的希望,在他们之中发展少儿茶艺有着多方面的重要意义。从品德培养方面来看,少儿茶艺的学习过程中,要求少儿遵守一定的礼仪规范,如尊重他人、谦逊有礼等,这有助于少儿树立优良品德。在生活习惯养成上,学习茶艺需要专注和耐心,从准备茶具、清洗茶具到泡茶的每一个步骤都需要认真对待,这能够培养少儿良好的生活习惯。

在情绪控制方面,茶艺强调内心的平静和专注,少儿在学习和实践茶艺的过程中,能够逐渐学会控制自己的情绪,保持平和的心态。审美情趣的提升也是少儿茶艺带来的积极影响,茶艺中对茶具的选择、茶室环境的布置等都蕴含着美学元素,少儿在接触和参与的过程中,能够提升自己的审美能力。此外,少儿在茶艺的创新和实践中,如根据不同茶叶特点进行创新冲泡方式等,能够挖掘自身的创造潜力。

因此,开展少儿茶艺教育不仅符合时代发展潮流,满足了当下对素质教育和传统文化传承的现实需要,更为培养社会主义接班人和优秀传统文化传播使者奠定了坚实基础。通过少儿茶艺教育,为助力优秀传统文化复兴提供了源源不断的动力,是促进少儿群体德、智、体、美全面发展的重要且有效的途径。

以茶艺为形式,将传统文化和素质教育有机且和谐地结合在一起,是一种极具价值的教育方式。在这个过程中,通过有形的茶艺操作实践,如对茶具的使用、茶叶的认识等,以及无形的文化内涵熏陶,如茶文化所蕴含的哲学思想、道德观念等,对孩子们进行潜移默化的影响。这种熏陶能够使孩子们在德智体美诸方面都得到滋养和培育,促使他们成长为既符合时代发展要求,又具备传统美德的合格人才,其意义深远且重大。

一、少儿茶文化劳动实践

茶文化,作为中华民族传统文化的璀璨明珠,源远流长,博大精深。它不仅蕴含着丰富的哲学思想和审美情趣,更承载着中华民族的精神内涵。然而,在现代社会快速发展的今天,如何让这一古老的文化得以传承和弘扬,成为亟待解决的问题。越来越多的人意识到,弘扬茶文化得从娃娃抓起,通过开展少儿茶文化劳动实践活动,让孩子们在亲身体验中感受茶文化的魅力,培养他们对传统文化的热爱和传承意识。

少儿茶文化劳动实践,是一种将茶文化教育与劳动教育相结合的创新教育方式。它通过让孩子们参与茶树种植、茶叶采摘、茶叶制作、茶艺表演等一系列劳动实践活动,使他们在实践中了解茶文化的历史、知识和技艺,感受劳动的乐趣和价值,培养他们的动手能力、创新精神和团队合作意识。

在浙江杭州的一所小学,学校专门开辟了一片茶园,作为学生们的茶文化劳动实践基地。每年春天,孩子们都会在老师的带领下,来到茶园里,学习茶树的种植和养护知识。他们亲手种下茶树幼苗,浇水、施肥、除草,看着茶树一天天长大。到了茶叶采摘的季节,孩子们又会兴高采烈地来到茶园,小心翼翼地采摘下嫩绿的茶叶。随后,他们还会参与茶叶的制作过程,学习杀青、揉捻、干燥等传统制茶工艺。通过这些劳动实践活动,孩子们不仅了解了茶叶的生长过程和制作工艺,更深刻地感受到了劳动的艰辛和收获的喜悦。

在福建安溪,一些学校将茶文化融入校本课程中,开展了丰富多彩的少儿茶文化劳动实践活动。学校组织学生参观茶叶博物馆,了解茶文化的历史和发展;邀请制茶大师走进校园,为学生们传授制茶技艺;举办茶艺表演比赛,让学生们在表演中展示自己对茶文化的理解和感悟。此外,学校还鼓励学生们自己动手制作茶具、设计茶包装,培养他们的创新能力和审美情趣。这些活动不仅丰富了学生们的课余生活,更让他们在潜移默化中接受了茶文化的熏陶，成为了茶文化的小小传承者。

在四川成都，有一所小学开展了"茶文化进校园"活动，通过举办茶文化讲座、开设茶艺兴趣班、组织茶文化主题班会等形式，向学生们普及茶文化知识。同时，学校还组织学生们到周边的茶园进行实地考察，让他们亲身体验茶叶的采摘和制作过程。在这个过程中，学生们不仅学到了知识，还培养了自己的观察能力和实践能力。此外，学校还将茶文化与语文、美术、音乐等学科相结合，开展了一系列跨学科的教学活动，让学生们在不同的学科中感受茶文化的魅力，进一步加深了他们对茶文化的理解和认识。

云南腾冲市蒲川乡清河完小组织五六年级学生到灰仓校区茶园开展"春光无限好，茶香沁人脾"采茶劳动实践活动。学生们提着桶在老师带领下到茶园，带队老师边采茶边介绍茶文化知识，学生们分工合作采茶，最后老师们将劳动成果送茶厂制成成品茶。学生们在采茶过程中感受了茶文化，体会到劳动的乐趣。

少儿茶文化劳动实践活动的开展，不仅有助于孩子们了解和传承茶文化，更对他们的全面发展具有重要意义。通过参与劳动实践活动，孩子们学会了尊重劳动、珍惜劳动成果，培养了他们的责任感和使命感；在与同伴的合作中，孩子们学会了沟通、协作和分享，提高了他们的人际交往能力和团队合作精神；在学习茶文化知识和技艺的过程中，孩子们拓宽了视野，增长了见识，培养了他们的创新精神和实践能力。

通过开展少儿茶文化劳动实践活动，让孩子们在亲身体验中感受茶文化的魅力，培养他们对传统文化的热爱和传承意识。这不仅是对中华民族传统文化的传承和弘扬，更是对未来社会发展的责任和担当。

二、少儿茶之旅

少儿茶之旅，是一场充满趣味与知识的探索之旅。通过实地参观茶园、参与茶叶制作、学习茶艺表演等活动，孩子们能够亲身体验茶文化的魅力，感受劳动的乐趣和价值，培养对传统文化的热爱和尊重。

在云南昆明的一所小学，学校组织了一次别开生面的少儿茶之旅。孩子们走进了位于郊区的有机茶园，在专业茶农的带领下，他们了解了茶树的生长环境、种植方法和采摘技巧。孩子们亲手采摘嫩绿的茶叶，感受着指尖与茶叶的亲密接触，体验到了劳动的艰辛与喜悦。随后，他们来到了茶叶加工厂，观看了茶叶从鲜叶到成品的制作过程，了解了杀青、揉捻、干燥等传统制茶工艺。在这个过程中，孩子们不仅学到了丰富的茶叶知识，还深刻体会到了茶文化的博大精深。

在福建武夷山，一群小学生踏上了探寻岩茶文化的茶之旅。他们参观了历史悠久的茶厂，聆听了制茶师傅讲述岩茶的故事和制作工艺。孩子们被岩茶独特的"岩韵"所吸引，对这种神奇的茶叶产生了浓厚的兴趣。在茶艺师的指导下，孩子们还学习了岩茶的冲泡方法，亲身体验了泡茶的乐趣。他们小心翼翼地操作着茶具，用心品味着每一杯茶的香气和滋味，感受着茶文化所带来的宁静与美好。

在浙江杭州，一所小学组织了一次以西湖龙井为主题的少儿茶之旅。孩子们来到了美丽的西湖畔，参观了龙井茶园，了解了西湖龙井的历史和文化。他们看到了嫩绿的茶树在阳光下茁壮成长，闻到了清新的茶香弥漫在空气中。在茶农的指导下，孩子们学会了如何辨别优质的龙井茶叶，并亲手制作了属于自己的龙井茶叶。这次茶之旅，让孩子们对西湖龙井有了更深入的了解，也让他们更加热爱家乡的茶文化。

在四川雅安，一群幼儿园的小朋友们进行了一场充满童趣的茶之旅。他们走进了茶园，与茶树来了一场亲密接触。小朋友们好奇地观察着茶树的叶子和花朵，听老师讲述着关于茶的有趣故事。在茶园里，小朋友们还进行了一场小小的采茶比赛，他们欢快地采摘着茶叶，脸上洋溢着纯真的笑容。回到幼儿园后，老师带领小朋友们一起制作了简单的茶点，并用自己采摘的茶叶泡制了香甜的茶水。小朋友们品尝着自己的劳动成果，感受到了茶文化所带来的快乐和满足。

这些丰富多彩的少儿茶之旅活动，不仅让孩子们学到了丰富的茶叶知识，培养了他们的动手能力和创新精神，更重要的是，让他们在亲身体验中感受到了茶文化的魅力，激发了他们对传统文化的热爱和传承意识。通过少儿茶之旅，孩子们能够从小树立起对茶文化的认同感和自豪感，成为弘扬茶文化的小小使者。

三、少儿茶艺比赛

少儿茶艺比赛，不仅是一场技艺的较量，更是一次对茶文化的深度体验和传播。在比赛中，孩子们通过学习和展示茶艺技能，深入了解茶的历史、种类、冲泡方法以及其中蕴含的礼仪文化，培养了对传统文化的热爱和尊重，也提升了自身的修养和气质。

2024年5月24日，广东佛山市顺德区北滘镇广教幼儿园举办了一场别开生面的"中华小茶童"首届雅茗杯少儿茶艺大赛。广教社区党委书记杨绍煊为本次活动致开幕词，他深情地讲述了茶的起源、历史与发展，带领现场的朋友们领略了茶文化的博大精深。孩子们身穿着传统的茶服，端坐在茶桌前，伴随着悠扬的古韵音乐，一双双稚嫩而优雅的小手在茶席间流转，泡制出一杯杯清香四溢的茶水。泡好茶后，孩子们双手奉茶，恭敬地献给亲人、师长和同伴，传递着感恩、恭敬与信任的美好情感。这场茶艺大赛不仅弘扬了中华茶文化，更让孩子们在亲身体验中感受到了茶文化的独特魅力。他们以茶为媒，走进了中国传统文化的殿堂，从小培养了审美力，学会了欣赏生活之美。

在浙江杭州举办的一场少儿茶艺比赛中，小选手们身着传统服饰，优雅地展示着茶艺技巧。他们熟练地温杯、置茶、注水，动作流畅自然，宛如一个个小茶人。在泡茶的过程中，他们不仅注重手法的规范，还十分讲究茶具的搭配和环境的营造。一位小选手在介绍自己的茶艺作品时说道："我泡的是西湖龙井，这是我们杭州的名茶。我希望通过我的表演，让更多的人了解西湖龙井，了解我们杭州的茶文化。"这次比赛，不仅让孩子们展示了自己的才艺，也让他们更加深入地了解了家乡的茶文化，增强了对家乡的认同感和自豪感。

在福建厦门的一场少儿茶艺大赛上，来自不同学校的小选手们带来了各具特色的茶艺表演。有的选手表演的是传统的乌龙茶茶艺，通过精湛的技艺展示了乌龙茶的独特韵味；有的选手则别出心裁地将现代元素融入茶艺表演中，如结合音乐和舞蹈，让传统的茶艺焕发出新的活力。其中一位小选手的表演让人印象深刻，他在表演中讲述了茶与人生的感悟，他说："泡茶就像做人一样，要用心去对待每一个环节，才能泡出一杯好茶，也才能走出一条精彩的人生之路。"这场比赛不仅激发了孩子们对茶艺的兴趣，也让他们在表演中收获了成长和启示。

在云南昆明举办的少儿茶艺比赛中，众多小选手以云南特色的普洱茶为主题进行了精彩的表演。他们详细地介绍了普洱茶的制作工艺和功效，展示了普洱茶的独特魅力。有的小选手还结合了云南的民族文化，在表演中融入了民族舞蹈和音乐元素，使整个表演更加丰富多彩。一位来自少数民族的小选手表示："我希望通过我的表演，让更多的人了解我们云南的普洱茶，也让大家看到我们少数民族文化与茶文化的融合之美。"这次比赛，为孩子们提供了一个展示自我和传播家乡文化的平台，也促进了不同民族文化之间的交流与融合。

在四川成都的一场少儿茶艺比赛中，小选手们围绕着四川的盖碗茶展开了精彩的对决。他们熟练地运用盖碗茶的冲泡技巧，展示了四川茶文化的独特风情。在比赛现场，小选手们还向观众们介绍了盖碗茶的历史和文化内涵，让大家对四川的茶文化有了更深入的了解。一位小选手说道："盖碗茶是我们四川人生活中不可或缺的一部分，我希望通过我的表演，让更多的人喜欢上盖碗茶，喜欢上我们四川的茶文化。"这场比赛，让孩子们更加热爱家乡的茶文化，也让茶文化在新一代中得到了更好的传承和弘扬。

这些少儿茶艺比赛的实例充分证明，少儿茶艺比赛是弘扬茶文化、从娃娃抓起传承文化的有效途径。通过比赛，孩子们不仅掌握了茶艺技能，更重要的是，他们在心中种下了热爱传统文化的种子。在未来的日子里，这些孩子将带着对茶文化的热爱和理解，继续传承和弘扬这一宝贵的传统文化，让茶文化在新时代焕发出新的生机与活力。

四、少儿茶艺主题沙龙

少儿茶艺主题沙龙，不仅仅是一个简单的聚会活动，更是一次深入的茶文化探索之旅。在沙龙中，孩子们通过学习茶艺知识、体验泡茶过程、交流品茶心得，全方位地感受茶文化的博大精深，培养对传统文化的热爱与敬畏之心，提升自身的文化素养和内在气质。

在上海举办的一场少儿茶艺主题沙龙中，现场布置得古色古香，充满了浓郁的文化氛围。专业的茶艺老师身着传统服饰，为孩子们精心讲解茶的起源、种类以及不同茶的特点。孩子们围坐在一起，听得聚精会神。随后，老师亲自示范泡茶的步骤，从温杯洁具到投茶注水，每一个动作都优雅从容。孩子们纷纷模仿老师的动作，小心翼翼地操作着茶具，尝试泡出属于自己的第一杯茶。在品茶环节，孩子们闭上眼睛，细细品味茶香，分享自己的感受。一位小朋友兴奋地说："原来茶的味道这么丰富，有淡淡的清香，还有一点点回甘，我太喜欢了！"这次沙龙，让孩子们初步领略了茶艺的魅力，在他们心中种下了对茶文化好奇与喜爱的种子。

在广东深圳的一场少儿茶艺主题沙龙上，主办方别出心裁地设置了亲子互动环节。家长们和孩子一起参与到茶艺学习中，共同感受茶文化的魅力。在老师的指导下，孩子们和家长相互配合，有的负责温杯，有的负责投茶，一起完成泡茶的过程。泡好茶后，孩子们恭敬地将茶递给家长，表达对父母的感恩之情。一位家长感慨地说："这样的活动太有意义了,不仅让孩子学到了茶文化知识,还增进了亲子感情,更让孩子懂得了感恩和礼仪。"通过这次沙龙,孩子们不仅学会了茶艺技能,还在亲子互动中深刻体会到了茶文化所蕴含的情感和礼仪。

在江苏南京举办的少儿茶艺主题沙龙中,邀请了当地的非遗传承人来为孩子们讲述南京雨花茶的历史和制作工艺。传承人详细地介绍了雨花茶的起源、发展以及独特的制作方法,孩子们听得入迷,对家乡的名茶有了更深入的了解。随后,孩子们在老师的带领下,学习冲泡雨花茶。他们专注地观察茶叶在水中的舒展,感受茶香的弥漫。一位小朋友表示:"原来我们南京的雨花茶有这么悠久的历史和独特的制作工艺,我以后要向更多的人介绍它,让更多人知道我们家乡的好茶。"这次沙龙,激发了孩子们对家乡茶文化的热爱和自豪感,增强了他们传承家乡文化的责任感。

在陕西西安的一场少儿茶艺主题沙龙中,融入了丰富的历史文化元素。老师以古代丝绸之路为背景,讲述了茶在文化交流中的重要作用。孩子们通过角色扮演,模拟古代的茶商、茶客等角色,体验茶文化在不同场景中的传播和交流。在模拟泡茶和品茶的过程中,孩子们仿佛穿越回了古代,感受到了茶文化的深厚历史底蕴。一位小朋友在活动后说:"我觉得茶文化就像一条纽带,连接着不同的地方和人们,太神奇了!我以后要好好学习,把茶文化传播得更远。"这场沙龙,让孩子们从历史的角度认识了茶文化,拓宽了他们的视野,激发了他们传承和弘扬茶文化的热情。

这些精彩纷呈的少儿茶艺主题沙龙实例充分表明,少儿茶艺主题沙龙是弘扬茶文化、从娃娃抓起传承文化的有效方式。通过参与沙龙活动,孩子们在轻松愉快的氛围中学习和体验茶文化,逐渐培养起对传统文化的兴趣和热爱。在未来的日子里,我们应积极推广和举办更多类似的少儿茶艺主题沙龙活动,为孩子们提供更多接触和深入了解茶文化的机会,让茶文化在孩子们的心中生根发芽、茁壮成长。

五、青少儿赴国外表演茶艺

青少儿在国外的茶艺表演,不仅仅是一种技艺的展示,更是一次文化的交流与传播。通过优雅的茶艺动作、精美的茶具展示和对茶文化的讲解,青少儿们向国外观众传递着中华茶文化的魅力,增进了不同国家和民族之间的相互了解和友谊。

在美国纽约的一场文化交流活动中,来自中国的一群青少儿茶艺表演者惊艳亮相。他们身着传统汉服,在舒缓的古典音乐中,开始了精彩的茶艺表演。从温杯洁具、投茶注水,到闻香品茗,每一个动作都如行云流水般自然流畅。他们一边表演,一边用流利的英语向观众介绍着中国茶的种类、泡茶的技巧以及茶文化所蕴含的礼仪之道。现场的外国观众被这独特的表演深深吸引,纷纷赞叹中华茶文化的博大精深。一位美国小朋友在观看表演后兴奋地说:"原来中国的茶有这么多的学问,我也想学习如何泡茶!"这次表演,不仅让美国观众领略了中华茶艺的风采,也激发了更多外国青少年对中国文化的兴趣。

英国伦敦的一所学校,迎来了一群来自中国的青少儿茶艺使者。他们为英国的同学们带来了一场别开生面的茶艺展示。表演中,茶艺使者们详细介绍了中国茶文化的历史渊源,展示了不同种类茶叶的特点。随后,他们邀请英国同学上台亲身体验泡茶的过程。在茶艺使者们的耐心指导下，英国的同学们小心翼翼地拿起茶具，尝试着泡出一杯杯香茗。当他们品尝到自己亲手泡的茶时，脸上洋溢着喜悦的笑容。一位英国老师感慨地说："这样的文化交流活动非常有意义，让我们的学生有机会近距离接触和了解中国的茶文化，拓宽了他们的视野。"

在澳大利亚悉尼的一个文化节上，中国青少儿茶艺表演团队以精湛的技艺和独特的魅力赢得了阵阵掌声。他们表演的茶艺融合了中国传统艺术元素，如书法、绘画和古典音乐，营造出了浓厚的文化氛围。在表演过程中，中国的青少儿们还向观众讲述了中国茶文化与澳大利亚本土文化的一些共通之处，引起了观众的强烈共鸣。一位澳大利亚的文化爱好者表示："通过这次表演，我对中国的茶文化有了更深刻的认识，也感受到了两国文化之间的相似与不同，这对促进文化交流非常有帮助。"

在日本东京的一场国际青少年文化交流活动中，中国青少儿茶艺表演者与日本的青少年进行了深入的交流。日本本身也有着悠久的茶道文化，中国青少儿们在表演中展示了中国茶艺的独特风格，并与日本青少年分享了中国茶文化的发展历程。日本的青少年们对中国茶艺表现出了浓厚的兴趣，纷纷与中国青少儿们交流泡茶的心得和体会。双方还互相赠送了与茶相关的小礼物，增进了彼此的友谊。这次交流活动，不仅促进了中日两国青少年之间的文化交流，也让中国的茶文化在日本得到了更广泛的传播。

这些青少儿赴国外表演茶艺的实例充分证明，青少儿是弘扬中华茶文化的重要力量。通过他们在国外的精彩表演，中华茶文化得以在世界舞台上绽放光彩，让更多的人了解和喜爱中国文化。从娃娃抓起弘扬茶文化，培养青少儿对茶文化的热爱和传承意识，不仅有助于中华传统文化的传承与发展，也为促进国际文化交流与合作作出了积极贡献。

六、小结

少儿茶艺教育意义重大且形式多样。开展少儿茶艺教育，不仅能传承中华优秀传统文化，还能助力少儿群体德、智、体、美全面发展，满足素质教育和传统文化传承的现实需求。少儿茶文化劳动实践将茶文化教育与劳动教育结合，让孩子们在种植、采摘、制作茶叶等活动中感受劳动乐趣与价值，培养动手、创新和团队合作意识；少儿茶之旅通过实地参观、体验，让孩子们深入感受茶文化魅力，激发对传统文化的热爱；少儿茶艺比赛不仅是技艺较量，更是对茶文化的深度体验与传播，提升了孩子们的修养和气质；少儿茶艺主题沙龙为孩子们提供了探索茶文化的平台，培养文化素养和内在气质；青少儿赴国外表演茶艺，增进了不同国家和民族间的文化交流与友谊，展示了中华茶文化的魅力。从少儿时期就开始进行茶艺教育，让茶文化的种子在孩子们心中早早种下，精心培育，待其生根发芽、茁壮成长。这一系列丰富多样的少儿茶艺教育活动，为弘扬和传承茶文化筑牢了坚实根基，也为培养优秀的传统文化传播使者铺就了宽广道路，让中华茶文化在一代又一代的传承中焕发出更加蓬勃的生机与活力。

思政要点

1. 传统文化传承：强调茶艺作为中华民族传统文化重要组成部分，通过少儿茶艺教育、劳动实践、茶之旅等多种形式，让少儿感受和传承茶文化，弘扬中华优秀传统文化。
2. 品德培养：在少儿茶艺学习中，要求遵守礼仪规范、尊重他人、谦逊有礼等，通过茶艺的学习能够培养少儿优良品德，树立正确的价值观。
3. 生活习惯养成：学习茶艺须专注、耐心，认真对待每个步骤，培养少儿良好生活习惯，提高自我管理能力。
4. 情绪控制：茶艺强调内心平静专注，少儿在学习实践中学会控制情绪，保持平和心态，提升心理素质。
5. 审美情趣提升：茶艺中茶具选择、茶室环境布置等蕴含美学元素，少儿在参与中提升审美能力，培养对美的感知和欣赏。
6. 创新精神激发：鼓励少儿在茶艺创新实践中挖掘自身创造潜力，如创新冲泡方式等，培养创新意识和能力。
7. 劳动教育：少儿茶文化劳动实践让孩子们参与茶树种植、茶叶采摘制作等劳动，体会劳动的艰辛与收获的喜悦，培养尊重劳动、珍惜劳动成果的意识。

第五节　用时尚的方式让年轻人爱上茶文化

谈及"茶文化"，大部分年轻人的第一印象是厚重的、沉淀的、需静心品味的，而与之产生关联的人，也会不自觉对等上颇有阅历的中年人。然而，"茶"在中国流传千年，与柴米油盐酱醋一样，它早已以多种形式存在，渗透在每个人的生活中，如大热流行歌曲《爷爷泡的茶》中唱道"爷爷泡的茶，有一种味道叫做家，他满头白发，喝茶时不准说话，陆羽泡的茶，像幅泼墨的山水画，唐朝千年的风沙，现在还在刮……"；又比如年轻人中流行的"秋天的第一杯奶茶""水果茶""围炉煮茶"以及中西结合的茶味点心等，无一不在以新颖创新的方式，让年轻人爱上茶文化。

一、打造新中式茶饮

奶茶是一种将茶和奶制品混合而成的饮品，其起源存在多种说法。一种观点认为，奶茶是由英国人创造的，在英国的下午茶文化中，茶与牛奶的搭配是常见的饮品形式；另一种观点则认为，奶茶是由香港人在20世纪60年代创造的，当时香港的茶餐厅为了迎合大众口味，将茶与炼乳等奶制品混合，逐渐形成了独特的港式奶茶。

20世纪90年代，珍珠奶茶从中国台湾传入祖国大陆。1996年，仙踪林和快可立先后在上海开设直营店，将珍珠奶茶和泡沫红茶等茶饮带进大陆市场，开启了大陆奶茶市场的序幕。90年代后期，coco、避风塘、大卡司、50岚（"一点点"前身）等品牌纷纷登陆上海、广州、苏州等城市，奶茶店以路边小店和街边摊的形式大量出现，主要以奶精等粉末冲调为主，价格为5~10元，这一时期奶茶开始在大陆市场迅速扩张。2004年，85℃、快乐柠檬、贡茶、茶风暴等品牌崭露头角，推动奶茶行业再次升级。到2010年，中国台湾奶茶品牌在大陆大规模扩张，coco在这一年开出500多家门店，奶茶市场进一步扩大，同时杯装奶茶和瓶装奶茶等新品类也相继出现。

2015—2017年，喜茶、奈雪的茶等新茶饮品牌崛起。喜茶2012年创立，2016年改名后迅速发展，奈雪的茶创立于2015年，以"茶饮+软欧包"的形式吸引消费者。2017年喜茶门店开张引发上百人排队等现象，此后新中式茶饮品牌不断涌现，如茶颜悦色、霸王茶姬等，奶茶店在全国范围内大量开设，不仅在一线城市，二三线城市甚至县城都有众多奶茶店，奶茶市场进入爆发式增长阶段。

奶茶作为一种流行的饮品，已在全球范围内广受欢迎，尤其在亚洲地区，如中国、日本、韩国、新加坡、马来西亚等国家和地区，奶茶已经成为当代年轻人社交的重要符号和媒介。也正因如此，近几年间，各个奶茶品牌如雨后春笋般涌现，迅速占据了年轻人的茶饮市场。奶茶的发展经历了从西式到中式，再到以中式为主的演变过程，如今，新中式茶饮已经成为国内外年轻人热衷休闲和打卡的时尚茶品。

以茶颜悦色为例，该品牌依托于中国浓厚的茶饮文化，立足长沙本土，致力于塑造具有中国特色的茶饮品牌。在产品打造的各个环节，都体现出了浓厚的中国传统文化特色。

在产品名称方面，茶颜悦色使用了大量具有显著古风文化的词语。比如"绿肥红瘦"出自李清照的《如梦令·昨夜雨疏风骤》，"浮云沉香"给人一种古典雅致的感觉；还有"幽兰拿铁"中的"幽兰"常被用来形容高雅的品质，"声声乌龙"中的"声声"富有韵律感，"人间烟火"充满生活气息，"烟花易冷""等等纸鸢""风栖绿桂""蔓越阑珊"等产品名称也都凝聚了古风古韵的意象，让人在看到名字时就对产品产生了浓厚的兴趣。

在字体选择方面，茶颜悦色别具匠心地采用了具有浓郁中国传统书法风格的字体。其笔画形态或苍劲有力，或婉转柔美，皆遵循着传统书法的笔法韵味。无论是那高高悬挂于街头巷尾，以大气磅礴之势吸引路人目光的门店招牌，还是精心设计、小巧精致的产品包装上的文字，均巧妙地运用了这种风格独特的字体。招牌上的字体犹如灵动的墨宝，在阳光下熠熠生辉，以古朴典雅的气质传递出品牌的深厚文化底蕴；产品包装上的文字则似细腻的笔触，轻轻勾勒出优雅的轮廓，当消费者拿起包装时，古朴的气息扑面而来，瞬间沉浸于那份独特的东方韵味之中，给人一种穿越时空、与传统文化亲密接触的美好感觉。

在装修设计方面，茶颜悦色的门店充满了传统的中国古典风格。店内的布置常常采用木质家具、屏风、灯笼等元素，营造出一种古色古香的氛围。比如有的门店会设置传统的中式桌椅，供顾客休息品茶，让顾客仿佛置身于古代的茶楼之中。

在杯子画风和海报宣传上，茶颜悦色也别具匠心，将传统文化与现代设计完美融合，打造出极具辨识度的视觉风格。茶颜悦色的杯子上常常绘制着中国传统的花鸟、山水等图案，这些图案绝非随意勾勒，而是画师们精心构思、细腻描绘的成果。花鸟图中,鸟儿羽毛的纹理清晰可见,或展翅欲飞,或静立枝头,与娇艳的花朵相映成趣,仿佛下一秒便会从杯上跃出;山水图里,青山连绵起伏,绿水潺潺流淌,云雾缭绕其间,展现出大自然的雄浑与秀丽。色彩搭配上,也极为和谐精妙,既有传统国画中墨色的浓淡变化,又巧妙融入了丰富而不张扬的色彩,使得整个画面既富有古韵,又不失现代的时尚感,每一个细节都充满了艺术美感,让人爱不释手,忍不住细细品味。在海报宣传方面,茶颜悦色同样以中国传统文化为主题,致力于通过精美的画面和文字,向消费者传递品牌深厚的文化内涵。海报的画面构图精巧,常常选取具有代表性的传统文化元素,如古典园林、传统服饰、古老的诗词意境等,将其以现代的艺术手法进行呈现。例如,以江南园林为背景,身着汉服的模特手持茶颜悦色的饮品,漫步其中,营造出一种诗意的氛围。文字部分也经过精心雕琢,或引用经典诗词,或采用富有诗意的文案,与画面相得益彰。这些海报不仅仅是产品的宣传,更是一幅幅展现中国传统文化魅力的艺术作品,让消费者在欣赏的同时,对茶颜悦色所蕴含的文化底蕴有了更深刻的理解和认同。

在门店室内摆设上,茶颜悦色同样注重细节。店内可能会摆放一些传统的工艺品,如陶瓷摆件、书法作品等,进一步增强了店铺的文化氛围。

在视觉输出上,茶颜悦色的品牌 LOGO 以传统的中国红作为底色,结合仕女、八角窗等经典文化元素,对品牌进行拟人化,带着浓厚的江南女子的温婉味道,突出传统文化的美学价值,并借此来增强人与产品的互动。同时,茶颜悦色还买下故宫名画的版权印制奶茶纸杯,例如将故宫的一些经典画作印制在纸杯上,使顾客在饮用奶茶的同时,能够欣赏到精美的艺术作品,凭借经典与传统在年轻人心中留下一抹隽永悠长的视觉观感。

而在茶底选择上,茶颜悦色采用了丰富多样的茶底,包括红茶、绿茶、乌龙茶、黑茶及果茶等。在此基础上,以"茶底+鲜奶+奶油(奶泡)+坚果碎"和"茶底+鲜奶"的两种组合方式,向顾客推出独特、精致、新颖、绿色的鲜茶产品。例如,"幽兰拿铁"以红茶为茶底,搭配鲜奶、奶油顶和碧根果碎,口感丰富,层次分明;"声声乌龙"以乌龙茶为茶底,加入鲜奶,口感清新,茶味浓郁。其精致的口感在赢得年轻人喜爱的同时,也在无形中向年轻人传递了中式茶底文化,使年轻人对不同茶底的奶茶口感有了一定了解与辨析。

二、围炉煮茶

围炉煮茶源自云南的"火塘烤茶"。在云南少数民族地区,很多人家保留着火塘取暖的习惯,人们会在烧水、煮饭之余支上烤架,在火塘边烤韭菜、豆腐等食材,同时煮上一壶烤茶。这种将"火塘食文化"与中式茶文化元素相结合的围炉煮茶形式,让年轻人在体验少数民族特色生活的同时,深入感受传统茶文化的魅力,为茶文化的推广奠定了深厚的民俗基础。

围炉煮茶从 2022 年开始明显吸引年轻人。2022 年 11 月以来,大众点评数据显示,全国以"围炉煮茶"为关键词的搜索量比 2021 年增长 11.7 倍,成都、上海、杭州、深圳、苏州、长沙、南京、武汉、厦门等地线上销量最大。到 2022 年年底至 2023 年年初，围炉煮茶在年轻人中彻底火爆起来。在小红书等社交平台上相关笔记数量大幅增加，抖音平台相关视频播放量突破50亿次，微博话题阅读量也非常可观。围炉煮茶已经发展成为不仅仅是单纯的喝茶行为，更是一种独具魅力的社交活动。在当下快节奏的现代生活中，人们常常被电子设备所束缚，交流变得越来越表面化和虚拟化。而围炉煮茶这种方式，为年轻人提供了一个难得的契机，让他们能够暂时放下手机、电脑等电子设备，与亲朋好友面对面地进行深度交流。

想象一下这样的场景：在一个闲暇的周末午后，几个好友围坐在温暖的炉火旁，共同煮上一壶清香四溢的茶。随着水的沸腾，茶香逐渐弥漫开来。与此同时，在炉边放上几颗新鲜的橙子和饱满的栗子，慢慢地进行烘烤。不一会儿，橙子的果香和栗子的甜香与茶香交织在一起，营造出一种温馨、放松的氛围。在这样的氛围中，大家可以毫无顾忌地分享生活中的趣事、工作上的烦恼，彼此的情感在这样的交流中不断加深，增强了情感的联结。这种亲密的社交互动，对于长期处于高压状态下的年轻人来说，是一种非常有效的压力释放方式。特别是在寒冷的冬季，外面天寒地冻，而围炉煮茶的室内却温暖如春，这种活动更显得格外温暖人心。

近年来，年轻群体对传统文化的兴趣呈现出日益增长的趋势。围炉煮茶作为新中式茶文化的一种创新表现形式，巧妙地融合了传统与现代元素。它既保留了中国传统茶文化中煮茶、品茶的仪式感和文化内涵，又结合了现代年轻人的审美和生活方式。例如，在一些围炉煮茶的场所，会使用传统的泥炉、铁壶等煮茶器具，但在装饰风格上又融入了现代简约的元素，让整个空间既充满古韵又不失时尚感。年轻人在体验围炉煮茶的过程中，不仅能够品味到传统茶的醇厚滋味，还能感受到时尚、创新与潮流的气息。这种温馨有趣的饮茶方式，让传统文化以一种更加贴近年轻人的形式呈现出来，使传统文化在年轻一代中得到了更好的传承和发展。

在"后疫情"时代，年轻人面临着诸多的压力和焦虑。生活的不确定性、工作的竞争压力以及社交活动的受限，都给他们的心理带来了一定的负担。而围炉煮茶则为他们提供了一种暂时逃避现实、放松心情的方式。煮茶的过程节奏缓慢，需要耐心地等待水的烧开、茶叶的舒展，这种慢节奏本身就具有一种疗愈的效果。同时，从准备茶具、投放茶叶到煮茶、分茶等一系列的仪式感，能够让人专注于当下，忘却外界的纷扰，有助于减轻心理压力，让人在简单的生活中找到心灵的平静。围炉煮茶成为了一种精神上的慰藉，帮助人们在繁忙和不确定的环境中寻找到一丝安定，重拾对未来的信心与期盼。

在社交媒体时代，视觉效果对于吸引人们的关注起着至关重要的作用。围炉煮茶的场景极具吸引力，从复古的炉子、精致的茶具，到周围精心布置的每一处细节，如摆放的干花、特色的坐垫等，再加上三五成群的好友相聚的画面，都充满了拍照打卡的潜力。年轻人热衷于在社交媒体上分享自己生活中的美好瞬间，围炉煮茶这种"好出片"的特性，正好满足了他们的需求。他们会将自己围炉煮茶的照片和视频分享到社交平台上，配上自己的感受和心得。这些分享往往能够吸引到更多人的关注和点赞，从而在社交网络上形成话题效应，吸引更多的年轻人参与到围炉煮茶的活动中来。

浙江杭州作为江南茶文化的代表城市，杭州有许多充满诗意和文化氛围的围炉煮茶地点。例如，一些位于西湖边的特色茶馆，周边湖光山色、风景如画，年轻人围坐在炉边煮茶，不仅能品尝到龙井等名茶，还能欣赏到西湖的美景，仿佛置身于一幅江南水墨画中。同时，杭州的一些古镇如乌镇、西塘等，也有不少提供围炉煮茶的特色民宿和茶馆，古色古香的建筑和水乡风情，为围炉煮茶增添了浓厚的文化韵味，吸引着大量年轻人前来打卡体验，感受江南茶文化的独特魅力。

围炉煮茶之所以能够成为年轻人的新宠，是因为它集文化体验、社交互动、精神放松和美学享受于一体，完美契合了当代年轻人的生活态度和价值追求。它不仅为年轻人提供了一个放松身心、交流情感的平台，还让传统文化在现代社会中焕发出新的活力。

三、创新茶咖

2017 年以后，瑞幸等互联网咖啡品牌崛起，以"低价+性价比"的策略大大降低了咖啡的消费门槛，同时推出了众多创新口味的咖啡产品，加速了咖啡在中国的普及。近两年，咖啡浪潮再次席卷中国，众多国际咖啡品牌如星巴克、瑞幸等，以及本土咖啡品牌如 Mstand、Seesaw 等，如雨后春笋般纷纷涌现，在城市的大街小巷中扎根。它们的出现，让国内的空气中仿佛都弥漫着咖啡因的气息。在咖啡逐渐成为中国主流饮品的过程中，新中式茶饮也不甘示弱，逐渐发力，让饮茶之风在国内年轻人中悄然盛行。而茶咖，从字面意义理解，就是将茶与咖啡进行混合，既可以是往茶里倒入咖啡，也可以是在咖啡中加入茶，通过这种方式把两种饮品融合在一起。

2022 年，茶颜悦色推出了茶咖专门品牌鸳央咖啡，并喊出"西学东渐，咖啡中式"的响亮口号。鸳央咖啡门店一经开业，便吸引了众多消费者排队打卡。其独特的中式风格装修，以及融合了中国茶元素的咖啡产品，让消费者眼前一亮。比如，店内的产品名称充满了中式韵味，"空山新雨后""清醒乌龙拿铁"等，让人在品尝咖啡的同时，也能感受到中国传统文化的魅力。

成都品牌加饮 Plus In 同样表现出色，其招牌茶咖凭借独特的口味，已经累计卖出 20 万杯。该品牌在茶咖的制作上，巧妙地平衡了茶与咖啡的味道，让消费者既能品尝到咖啡的醇厚，又能感受到茶的清香。

2023 年春天，瑞幸咖啡迎来了一次茶咖新品的暴发。它一口气推出了 4 款茶咖新品，其中"碧螺知春拿铁"更是成为了爆款。这款饮品以碧螺春茶为基底，搭配上拿铁的醇厚口感，清新而不失浓郁。上市首周，"碧螺知春拿铁"就在全国卖出了 447 万杯，为"茶咖"市场添上了一把最旺的火，也让更多的消费者认识和了解了茶咖这种独特的饮品。

到了 2023 年夏天，越来越多的咖啡品牌将目光投向了中式茶饮，纷纷推出"中式茶咖"并将其作为主打产品。除了前面提到的瑞幸，Manner、Tims、星巴克、太平洋等咖啡品牌也加入了这一阵营。Manner 推出的茶咖产品，选用高品质的茶叶与咖啡进行搭配，口感层次丰富；Tims 则结合了自身的品牌特色，推出了具有独特风味的茶咖。这些品牌的加入，让茶和咖啡这两个传统且古老的品类重新组合，碰撞出了不少火花，一场咖啡的中式再造运动就此掀起。

茶咖深受年轻人喜爱的原因主要包括其独特的文化融合、显著的提神效果、突出的健康特性以及潜在的商业价值。

首先,茶咖的文化融合特性是其受欢迎的重要原因之一。茶咖将中国源远流长的茶文化与西方充满活力的咖啡文化完美结合,既保留了咖啡的浓郁醇厚口感,又融入了中国茶的清新淡雅独特清香,给人一种耳目一新的感觉。这种中西文化的交融,让年轻人觉得茶咖不仅是一种饮品,更是一种独特的文化体验。例如,在一些茶咖店中,消费者可以看到中式的茶具与西式的咖啡机摆放在一起,形成了一种独特的视觉氛围。同时,茶咖的产品名称、包装设计等方面也常常融入了中西文化元素,进一步增强了这种文化体验。

其次,茶咖的提神效果也非常显著。茶中的茶多酚与咖啡中的咖啡因相互作用,能够迅速唤醒疲惫的大脑,让人瞬间恢复活力。这对于现代生活中需要长时间工作、学习,高度集中注意力的年轻人来说,无疑是一种理想的提神饮品。在忙碌的工作日,一杯茶咖可以帮助年轻人保持清醒的头脑,提高工作效率;在备考的紧张时刻,茶咖也能让年轻人更好地集中精力,应对学习任务。

此外,茶咖还具有健康特性,这也是它深受年轻人喜爱的原因之一。茶叶中含有丰富的抗氧化物质,如儿茶素、茶多酚等,这些物质有助于预防疾病,增强免疫力。而咖啡中含有的绿原酸等成分,也能提高新陈代谢,促进消化。茶咖结合了茶叶和咖啡的健康优势,为年轻人提供了一种更加健康的饮品选择。例如,一些注重养生的年轻人,会选择含有绿茶成分的茶咖,既能享受饮品的美味,又能摄取到茶叶中的营养成分。

随着人们对健康和生活品质的要求不断提高,茶咖的受欢迎程度也在不断增加。越来越多的商家开始敏锐地捕捉到这一市场趋势,纷纷提供茶咖产品。这不仅为商家带来了更多的销售机会,也为年轻的消费群体提供了更丰富多样的选择。无论是在传统的咖啡馆,还是在新兴的茶饮店,消费者都能找到心仪的茶咖产品,满足自己的口味需求和生活方式。

四、中"茶"西做

将中式茶叶融入西式点心的这种搭配方式,深受年轻人喜爱,原因在于它不仅满足了年轻人对文化体验的需求,也提供了创新的口感体验,同时与现代健康生活的理念相契合。

首先,中式茶叶代表了中国传统文化的深厚底蕴,与西式点心的结合,形成了一种文化上的混搭。中国茶文化源远流长,从古代的茶道礼仪到茶叶品种的丰富多样,都蕴含着丰富的文化内涵。而西式点心有着独特的制作工艺和风格,代表着西方饮食文化。当两者结合时,这种文化碰撞产生的新奇感吸引了年轻人。年轻人在品尝融入了中式茶叶的西式点心时,既能感受到西方点心精致的制作工艺和造型,又能品味到中式茶叶所带来的独特韵味,仿佛在舌尖上进行了一场东西方文化的交流。正山小种是世界上最早的红茶,有着独特的松烟香和醇厚的口感,是中国茶文化中红茶类的典型代表。而巧克力慕斯作为经典的西式甜点,以其浓郁丝滑的巧克力风味和细腻的口感深受喜爱。当品尝一口浓郁的巧克力慕斯后,再喝上一口正山小种,红茶的醇厚与松烟香能够很好地中和巧克力的甜腻,同时巧克力的浓香又能与正山小种的茶香在口腔中交织,形成一种独特的味觉体验。从文化层面看，这是中国传统红茶文化与西方甜点文化的交融，一边感受着中国茶的悠久历史韵味，一边品味着西式点心的精致甜蜜，让人享受文化混搭带来的乐趣。

其次，创新的口感体验是年轻人所追求的。中式茶叶的加入，为西式点心增添了独特的风味。比如茉莉花茶酪，茉莉花茶的清香与奶酪的醇厚相结合，既有奶酪的细腻口感，又有茉莉花的淡雅香气，给人一种清新而特别的味觉感受；柚子酪中，柚子的酸甜与茶叶的清新相融合，口感层次丰富；龙井麻薯，龙井茶叶的清新茶香渗透到软糯的麻薯中，每一口都能品尝到茶叶的清香；龙井泡芙，酥脆的泡芙外皮包裹着带有龙井茶香的奶油馅，一口咬下去，茶香四溢；抹茶荔枝卷，抹茶的微苦与荔枝的清甜相互映衬，再加上柔软的蛋糕卷，口感丰富多样；龙井春轻牛乳，将龙井茶叶的清新与牛乳的醇香完美结合，口感丝滑；红茶奶酥面包，红茶的香气融入奶酥中，搭配松软的面包，别有一番风味。马卡龙是法式甜点的代表之一，以其色彩缤纷、造型精致以及外脆内软的独特口感闻名。乌龙茶是中国独具特色的茶类，具有丰富的香气和醇厚的口感。将乌龙茶的茶粉加入马卡龙的制作中，比如在马卡龙的夹心馅料中融入乌龙茶酱，或是在马卡龙的饼体中添加乌龙茶粉。这样一来，外观精致小巧的马卡龙，散发着乌龙茶的独特茶香，品尝时，法式甜点的精致与中国乌龙茶的韵味相互交融，实现了西方甜点文化与中国茶文化的碰撞与结合。

这些新口味更符合年轻人对新奇和多样化的追求，满足了他们不断探索新口感的欲望。

茶味的西式点心在搭配上也非常讲究。通常会搭配绿茶等茶品，因为西式点心类食物一般甜度较高，搭配鲜爽淡雅的茶粉或茶叶，可以清新去腻，同时又不会掩盖点心本身的味道，从而提供一种独特的味觉体验。比如在品尝甜度较高的奶油蛋糕时，搭配一杯绿茶，绿茶的清新可以中和奶油的甜腻，让口感更加平衡；在吃带有浓郁巧克力味的点心时，一杯乌龙茶可以去除口腔中的油腻感，使味觉体验更加清爽。

此外，茶味的西式点心在现代文化中的流行也有其社会和文化背景。随着国家实力的不断增强和民族自豪感的日益提升，越来越多的年轻人开始关注并热爱中国传统文化。茶，作为中华文化的重要载体，自然成为了他们追寻文化根源、展现文化自信的重要媒介。当他们品尝融入了中式茶叶的西式点心时，不仅是在享受美食，更是在表达对传统文化的认同和喜爱。这种文化认同感促使他们更愿意尝试和推广这种将中式茶叶与西式点心相结合的美食。

茶味的西式点心在环境和服务上也具有独特的优势。通常其用餐环境幽雅宁静，在现代化的基础上融入中国风元素，打造出极具品位与个性的空间。比如，店内的装修可能会采用中式的木质家具、屏风等元素，搭配现代简约的装饰风格；灯光设计也会营造出温馨而舒适的氛围。服务员的服务也会注重细节，体现出中式的礼仪和文化内涵。这样的环境十分契合年轻人的喜好与品位，能积极地调动年轻人打卡拍照的兴致，他们会将这些美好的用餐体验分享到社交平台上，进一步促进了茶味西式点心的传播和流行。

五、便携时尚袋泡茶

近年来,中国传统茶叶市场正在经历着显著的变化,一个明显的现象是,年轻人与传统茶饮之间的距离似乎逐渐拉大。以 2020 年天猫双 11 发布的茶行业品牌交易额排名为例,传统茶饮品牌"艺福堂""八马""天福茗茶""茶马世家"和"小罐茶"等的销售额排名都呈现出下滑趋势。其中,"艺福堂"下滑态势较为突出,2014 年其总销售额在相关排名中位居第一,到 2020 年却已降至第九名;"天福茗茶"2015 年销售总额排名第五,到 2020 年更是直接跌出了榜单。与之形成鲜明对比的是,越来越多的中国年轻人对袋泡茶表现出浓厚的兴趣。

从 2017 年开始,在茶叶品类销售额排名中,袋泡茶开始崭露头角。像 CHALI 茶里、大益和修正韵芝这样的袋泡茶品牌,在 2017—2021 年这 4 年间销售额迅速攀升,在天猫销售额榜单上占据了较为靠前的位置。

其中,大益茶的销售额多年占据榜首。大益茶作为传统茶饮品牌,其在天猫上销售情况最好的产品是果味茶,这种创新的口味吸引了不少消费者。CHALI 茶里在 2020 年天猫销售额榜单中位列第四,这个成立仅 7 年的袋泡茶品牌,累计售出近 6 亿个茶包。大益和 CHALI 茶里在天猫的总销售额,远远超过了张一元和吴裕泰等老字号茶叶品牌。

另外,像艺福堂、雨林这些传统茶饮品牌,近年来也纷纷涉足袋泡茶领域,并且在袋泡茶业务上都取得了不错的成绩。后来,就连喜茶、奈雪的茶等网红茶饮品牌和雀巢、统一等传统瓶装饮料品牌,也开始进行跨品类扩张,加入到袋泡茶市场的竞争当中。

年轻人越来越钟情于袋泡茶,主要原因在于与传统的饮茶方式相比,年轻人对茶的要求相对没有那么苛刻,他们更加注重喝茶的便捷性。无论走到哪里,年轻人随时都能拿出一袋袋泡茶,用热水冲泡后即可饮用,喝完后直接扔掉茶包,无须进行温杯烫盏等烦琐的程序。随着中国经济的快速发展,都市生活节奏日益加快,时间对于很多年轻人来说十分宝贵,传统的饮茶方式已难以适应现代快节奏的生活,这使得袋泡茶成为了年轻人更倾向的选择。

中国传统茶叶有着数千年的悠久历史,在新时代成长起来的年轻人,具有一定的叛逆精神,他们乐于挑战传统和权威,热衷于尝试新奇的事物。国内新崛起的袋泡茶品牌,采用多种原材料拼配、调制的方式制作茶包,极大地吸引了年轻人的目光。例如,市场上常见的调制袋泡茶有菊花普洱茶,将菊花的清香与普洱茶的醇厚相结合;玫瑰普洱茶,融入了玫瑰的芬芳;荷叶白茶,带有荷叶的清新与白茶的淡雅;蜜桃乌梅茶,有着蜜桃的香甜和乌梅的酸甜等多种独特口味。

一些新袋泡茶品牌,如 CHALI 茶里,通过与多个领域进行联名合作来吸引年轻消费者。从综艺、动漫 IP,到美妆和时尚领域,CHALI 茶里精心选择与自身品牌调性相符的品牌或 IP 进行合作。在与文化类综艺节目《上新了故宫》合作时,推出了故宫特饮三清茶,并且还配套设计了一套融入了故宫龙纹、水纹和城墙元素的茶具,充分展现了庄重优雅的国风之美。在与嘉士伯风花雪月合作时,联名推出了"小茶酒"礼盒,巧妙地运用山水画来体现花茶与酒的诗意氛围。在端午节这一重要的节日营销节点,

CHALI茶里选择与家喻户晓的国货品牌徐福记合作，推出了端午茶酥礼盒。除了推出联名礼盒外，CHALI茶里在线下也积极开展跨界合作，融入国潮元素，比如与国漫品牌《京剧猫》联名举办线下展会。这些多样化的联名合作产生了"1+1＞2"的效果，成功地吸引了更多年轻消费者关注和购买茶里的产品。还有些袋泡茶品牌不惜投入重金邀请顶流明星代言，进一步强化了袋泡茶在年轻人心中"方便、快速、时尚、潮流"的印象。

六、影视效应

2022年，制作精良的古装剧《梦华录》一经上线便迅速成为爆款。剧中除了故事情节令人沉浸其中、欲罢不能之外，对东京（今河南开封）繁华商业景象的生动呈现以及对传统文化的精准还原与输出，更是让观众仿佛穿越时空，梦回宋朝。其中，关于茶文化的演绎这一细节尤其受到大众的关注与热议，从充满古韵的茶室环境，到精致讲究的茶具，再到独特的饮茶方式和精美的茶点，《梦华录》成功掀起了一股强劲的茶文化风潮。

点茶作为宋代最为主流的饮茶方式之一，在《梦华录》中有着精彩的展现。该剧的女主角赵盼儿被塑造为一名技艺精湛的点茶高手。点茶的具体操作过程较为细致，首先要将茶磨碎、研细，随后用罗筛出细末，把茶粉放入滚烫的茶盏中，接着加入少量的水将其调成糊状，而后一边缓缓加水，一边用茶筅快速有力地击拂，从而打出均匀细腻的泡沫。而类似于咖啡拉花的"茶百戏"，其实也是点茶的一种特殊形式。它是在茶粉中少量多次地加水，同时用茶筅沿着一个方向快速且有力地打出细致的泡沫，然后利用这些泡沫来进行作画。值得一提的是，"茶百戏"还是我国的非遗文化之一，承载着深厚的历史文化底蕴。

茶饮在中国拥有着极为悠久的历史，历经漫长的时代变迁，饮茶已经成为了部分人日常生活中不可或缺的习惯。然而，在过去，很少有人会去关注像点茶这样的传统饮茶方式。但随着《知否》《梦华录》等影视作品的热播，情况发生了改变。这些作品中对宋茶相关文化的展示，引发了观众的兴趣，不少观众发出了"想尝试一下点茶""茶百戏很有意思，就像咖啡拉花一样"等感叹。这些影视作品的热播，在一定程度上有力地带动了宋茶文化的传播与发展。如今，在B站、抖音等平台上搜索"点茶"，会出现大量以这些影视作品为例，对宋茶文化进行讲解的视频，而且这些视频的播放量都颇为可观。在小红书互联网平台上，宋代点茶这一话题的阅读量也随着电视剧的热播而持续攀升。

有许多观众在观看完《梦华录》后，产生了亲手尝试制作点茶的想法。《梦华录》的热播引发点茶热潮，极大地激起了众多年轻人对点茶的兴趣。其中，一部分年轻人为了深入体验点茶，会选择购买点茶器具，在家中按照步骤进行尝试；而另一部分年轻人则更倾向于在设施齐全、氛围良好的体验店里，感受点茶的独特意趣。

新茶饮品牌"喜茶"敏锐地抓住了这一热度，与《梦华录》展开联名合作。喜茶推出了两款定制的联名特调茶饮产品，并且在线下设置了主题店，巧妙地将电视剧中的场景"搬"到了年轻人的身边。

这两款联名特调饮品都与《梦华录》中出现的茶品相呼应，其调制方式也有迹可循、有据可依。例如，联名产品"梦华喜茶·点茶"的灵感就来源于中国茶文化中的点茶。在制作过程中，它借鉴了点茶的击拂手法，将抹茶粉与牛乳进行高速搅打混合，最终营造出了细腻顺滑的口感。这样一来，年轻人在品尝美味饮品的同时，也能够对茶文化有更深入的了解。

在文化传播层面，《梦华录》无疑起到了积极且重要的推动作用。它让更多的年轻人开始接受、了解并逐渐爱上了中式茶文化，为传统文化在当代社会的传承与发展作出了贡献。

此外，还有其他一些影视作品也对茶文化的推广起到了积极的作业。《龙井》在搜狐视频上线，以龙井茶为背景讲述了一段旷世爱情。影片将龙井茶园作为男女主角心灵契合的圣地，细腻情感与悠远茶文化交织，通过"轻奢风"的精致画面展现中国茶文化独特气质，以轻松幽默的叙事方式让观众在欣赏爱情故事的同时，感受到龙井文化和中国茶文化的魅力。《风吹茶花香两岸》以茶文化为纽带，讲述了我国台湾青年旅游博主吕行远赴云南寻找失联女友，意外邂逅其双胞胎妹妹，随后两人携手展开寻亲之旅的故事。剧组足迹遍及云南多地，记录了云南茶叶从采摘到制作的全过程及蕴含的茶文化，促进了两岸对茶文化的交流与共鸣。《铁观音传奇》由陈宝国、斯琴高娃、刘敏涛等主演，以安溪铁观音茶的发展历程为主线，展现了一代茶圣创制"安溪铁观音"名茶的传奇人生和中华民族艰苦奋斗的光辉历程，使观众对铁观音茶的起源和发展有了深入了解。《徐霞客的安顺奇缘》是霸王茶姬与贵州广播电视台合作的微短剧，围绕徐霞客在安顺的奇遇展开，让观众透过主角的视角看到了茶的魅力、文化的厚重以及人与自然的和谐共存，将茶道文化与传统故事相结合，强化了品牌的文化身份，也吸引了年轻人对茶文化的关注。

影视作品中对茶文化的生动呈现，如精美的茶具、独特的泡茶方式、丰富多样的茶点等，能够激发年轻人对茶及相关产品的兴趣，容易成为年轻人消费的选择对象。除了这些消费，年轻人还可能会参与茶文化体验活动，如参观茶园、参加茶艺课程、去茶馆品茶等。一些以茶文化为主题的影视作品播出后，相关的茶文化旅游线路和体验项目受到年轻人的关注。年轻人希望通过这些活动，更深入地了解茶文化的内涵，感受传统文化的魅力。

七、小结

在时代浪潮的推动下，茶文化一改往昔略显古朴的面貌，以丰富多元且极具创意的崭新姿态，轻盈地迈入年轻人的生活天地。新中式茶饮宛如茶文化创新的先锋。茶颜悦色等品牌，从诗意的命名汲取古典文学的养分，到包装与门店设计上融入传统书画、建筑元素，让年轻人在举杯品茗间，沉浸式感受传统文化的风雅。围炉煮茶则搭建起社交新场景，源自云南"火塘烤茶"的它，在现代都市中重现人与人围坐交流的温暖画面，茶香袅袅中，压力与疲惫悄然消散。创新茶咖作为文化融合的结晶，将东方茶韵与西方咖啡的醇厚完美交织，为年轻人的味蕾和精神世界带来双重滋养。中"茶"西做的点心，以中式茶的清新中和西式糕点的甜腻，在舌尖上演绎东西合璧的美味传奇。便携袋泡茶则紧扣快节奏生活，以时尚包装、多样口味和便捷冲泡，成为年轻人随时随地的茶饮之选。在影视与社交媒体的助力下，茶文化传播如虎添翼。《梦华录》等作品让传统茶艺破圈而出，吸引无数年轻人探寻其中奥秘。展望新时代，茶文化定能凭借持续创新，不断契合年轻人的生活节奏与精神需求，在传承中蜕变，在发展中升华，绽放出更为蓬勃的生机与活力。

思政要点

1. 文化自信与认同：新中式茶饮、中"茶"西做的点心以及影视作品对茶文化的呈现，都体现了中国传统文化的魅力，增强了年轻人对中华文化的自信与认同，让年轻人在体验和消费中感受传统文化底蕴，促进文化传承。

2. 创新意识：无论是新中式茶饮的创新发展、围炉煮茶的新社交形式，还是茶咖的文化融合、袋泡茶的创新口味与营销方式，都展现了创新精神，鼓励年轻人勇于突破传统，尝试新事物，以创新推动传统文化的发展。

3. 社交与情感交流：围炉煮茶为年轻人提供了面对面深度交流的机会，在快节奏生活中增强情感联结，缓解压力，体现了社交和情感交流在现代生活中的重要性，倡导健康的社交方式。

4. 健康生活理念：茶咖结合了茶叶和咖啡的健康优势，茶味西式点心搭配茶品清新去腻，符合现代健康生活理念，引导年轻人关注健康饮食，培养健康的生活习惯。

5. 文化交流与融合：茶咖融合了中西方文化，中"茶"西做的点心实现了东西方饮食文化的碰撞，体现了文化的多元性和包容性，促进了不同文化之间的交流与融合，拓宽了年轻人的文化视野。

参考文献

陈杰，2024. 土耳其味儿［M］. 西安：陕西人民出版社.

陈锦娟，Mesut K，2018. 跨文化视域下中国与土耳其茶文化比较研究［J］. 世界农业（12）：204-207.

段文华，周智修，2017. 关于少儿茶艺的回顾和思考［J］. 中国茶叶，39（3）：20-21.

胡舜龄，2007. 少儿茶艺的兴起与发展［J］. 上海茶叶（4）：1.

黄心仪，2022. CHALI茶里的增长密码［J］. 现代营销（下旬刊）（5）：107-109.

江雪玲，郭春晖，杨頔，2022. 日本茶道及其文化研究［J］. 福建茶叶，44（10）：169-171.

来逸晨，叶怡霖，2024. 年轻人为茶产业注入新活力［J］. 茶博览（6）：5.

李闽榕，冯廷佺，周国文，等，2023. 世界茶业发展报告（2021）. 北京：社会科学文献出版社.

李天翼，汤燕平，温晓菊，2014. 二十四节气茶宴设计［J］. 中国茶叶，36（6）：46-47.

林夏青，杨晟旻，罗列万，2024. 宁波市少儿茶艺的发展现状及策略研究［J］. 福建茶叶，46（7）：144-146.

刘章才，2021. 英国茶文化研究（1650-1900）［M］. 北京：中国社会科学出版社.

秦阿曼，2020. 中国茶文化在英国的传播研究［J］. 福建茶叶，42（3）：409-410.

孙忠焕，2018. 茶文化的知与行［M］. 北京：中国农业出版社.

童启庆，2008. 图释韩国茶道［M］. 上海：上海文化出版社.

王玲，2020. 中国茶文化［M］. 北京：九州出版社.

王小月，2023. 围炉煮茶这张社交新名片能"新"多久［J］. 食品界（2）：45-47.

毋伟，2024. 大学生文化自信与传统茶文化传承［J］. 福建茶叶，46（9）：16-18.

吴海燕，2012. 少儿茶艺在德育教育中的价值［J］. 中国茶叶，34（9）：32-33.

吴言生，2007. 茶道与禅道的文化意蕴［J］. 中国宗教（12）：30-32.

徐明，2020. 茶与茶文化［M］. 2版. 北京：企业管理出版社.

徐晓村，2018. 茶文化学（第三版）［M］. 北京：首都经济贸易大学出版社.

尤文宪，2018. 中华文化公开课：茶文化十二讲［M］. 北京：当代世界出版社.

郁龙余，2016. 印度文化论［M］. 2版. 北京：北京大学出版社.

张锦绣，2011. 茶文化与宗教文化初探［J］. 大观周刊（44）：1.

张倩，2019. 凝炼核心素养发展点，提升特色课程育人价值：试论在重构校本《茶"+"—少儿茶艺》课程中对小学生核心素养养成与发展的研究［J］. 现代教学，11：18-19.

周朝晖，2022. 日本茶道一千年［M］. 北京：文化发展出版社.

朱旻华，2024. 奶茶文化对当代年轻人社交的影响［J］. 福建茶叶，46（4）：134-136.

朱阳，2019. 少儿茶艺培训课程的发展与探索［J］. 茶叶，45（3）：3.

第八章 茶产业助力乡村振兴

第一节 茶产业助力农村经济发展

中华人民共和国成立后,特别是改革开放以来,中国茶产业进入了快速发展阶段。目前,中国已成为全球最大的茶叶生产国和消费国。根据农业农村部数据,2020年全国茶园面积达316万公顷,茶叶总产量达到297万吨,分别比2010年增长了66.3%和83.6%。中国茶产业已形成以长江流域、东南沿海和西南地区为主的三大茶区,涵盖绿茶、红茶、乌龙茶、黑茶、白茶、黄茶六大茶类。其中,浙江、福建、云南、四川、湖北等省份是中国主要的茶叶产区,各具特色的地方名茶如龙井、铁观音、普洱茶等享誉海内外。随着农业现代化进程的加快和乡村振兴战略的实施,中国茶产业呈现出规模化、标准化、品牌化的发展趋势。

一、茶产业对农村经济的直接促进作用

茶产业通过茶叶种植、加工和销售等环节,直接促进了农村经济的增长。

(一) 茶叶种植:提供丰富就业岗位

在茶叶种植环节,茶产业是一个对土地和劳动力需求较大的产业,这为农村地区创造了大量的就业机会。以云南普洱的景迈山古茶林周边的茶叶种植基地为例,景迈山拥有大片的古茶树资源,当地新开辟的一些现代化茶叶种植基地规模也相当可观。这些基地从茶树的选种、种植开始,到日常的养护,如施肥、除草、病虫害防治,再到茶叶的采摘,都需要投入大量的人力。周边村庄的许多剩余劳动力,包括原本从事传统农业生产的农民,以及一些赋闲在家的居民,都被吸纳到茶叶种植工作中,获得了稳定的工作岗位和收入来源。据不完全统计,仅景迈山周边的几个村庄,就有超过千名村民在茶叶种植基地工作,极大地缓解了当地农村的就业压力。

(二) 茶叶加工:带动农村工业发展

在茶叶加工环节,茶叶加工企业通常会设立在农村地区,这一布局为当地工业发展注入了活力。以福建武夷山的星村镇为例,这里分布着众多的茶叶加工厂。这些加工厂不仅为当地居民提供了大量的加工岗位,从鲜叶的萎凋、杀青、揉捻、发酵到干燥等一系列复杂的加工工序,都需要专业的工人进行操作,使得当地许多居民能够在家门口实现就业。而且,由于茶叶加工产业的发展,还吸引了周边地区的劳动力前来就业。随着越来越多的劳动力聚集,相关的配套产业,如机械设备维修、厂房建设等也在当地逐渐

兴起，进一步促进了当地工业经济的增长。据统计，星村镇的茶叶加工企业每年为当地创造了数千个就业岗位，有力地推动了当地农村工业的发展。

（三）茶叶销售：拓展农村经济市场空间

在茶叶销售环节，线上线下多种销售渠道的结合，极大地拓展了农村经济的市场空间。线上，随着互联网的普及，许多茶农和茶企纷纷入驻各大电商平台，如淘宝、京东、抖音等。以浙江杭州的龙井茶农为例，不少茶农通过电商平台直接将新鲜采摘制作的龙井茶销售到全国各地，甚至远销海外。一些茶农还通过直播带货的方式，向消费者展示茶叶的种植环境、采摘过程和制作工艺，吸引了大量的订单。数据显示，部分茶农通过电商平台的销售额占其总销售额的比例超过了50%。线下，各地的茶叶市场和茶馆也为茶叶销售提供了重要平台。例如，在安徽合肥的茶叶市场，汇聚了来自全国各地的茶叶品种，吸引了众多的批发商和零售商前来采购，不仅促进了茶叶的流通，还带动了周边餐饮、住宿等行业的发展，进一步推动了农村经济的发展。

二、茶产业带动农村经济多元化发展

茶产业的发展还带动了相关产业链的繁荣，如茶叶包装、物流运输、旅游观光等，进一步促进了农村经济的多元化发展。

（一）茶叶包装：提升附加值，带动包装行业发展

以浙江杭州西湖龙井产区为例，由于西湖龙井知名度高，市场需求大，对茶叶包装的品质和设计要求也相应提高。当地形成了较为完善且发达的茶叶包装产业体系。众多包装企业围绕茶叶包装进行研发、生产。从精美的纸盒包装到高档的木质礼盒，再到具有特色的陶瓷罐包装等，这些设计精美、品质优良的茶叶包装不仅满足了消费者对产品外观的需求，提升了茶叶的附加值，还极大地带动了包装行业的发展。一些包装企业为了突出西湖龙井的地域特色和文化内涵，在包装上融入了西湖风景、茶文化元素等，使得包装本身也成为了一种文化载体。据统计，西湖龙井产区周边的茶叶包装企业每年产值可达数千万元，提供了大量的就业岗位，从包装设计、生产加工到销售等环节，吸纳了众多当地劳动力，促进了农村经济在包装领域的发展。

（二）物流运输：因茶叶需求兴起，助力企业发展

在物流运输方面，以福建安溪铁观音茶区为例，作为乌龙茶的重要产区，安溪每年茶叶产量巨大，大量茶叶需要运往全国各地乃至海外市场。这使得当地的物流运输需求急剧增加，从而有力地促进了当地物流企业的发展。许多小型物流企业在茶叶运输需求的推动下逐渐成长壮大，同时也吸引了一些大型物流企业入驻。这些物流企业针对茶叶运输的特点，优化运输方案，采用专业的保鲜、防潮等措施，确保茶叶在运输过程中的品质不受影响。一些物流企业还与茶企建立了长期稳定的合作关系，提供定制化的物流服务。随着物流行业的发展，相关的配套产业如仓储、装卸搬运等也得到了发展。安溪当地的物流企业数量不断增加，业务范围不断拓展，不仅满足了茶叶运输的需求，还为当地创造了大量的就业机会，推动了农村经济在物流领域的多元化发展。

（三）旅游观光：以茶文化为核心，带动多行业繁荣

以云南普洱的普洱茶区为例，当地以茶文化为主题的旅游观光活动开展得如火如

茶，吸引了大量游客。普洱拥有丰富的古茶树资源和悠久的茶文化历史，游客们可以参观古茶林，了解茶树的生长环境和历史变迁；还可以走进茶叶加工厂，目睹普洱茶的制作工艺，从鲜叶采摘到杀青、揉捻、发酵、压制等环节，感受传统制茶工艺的魅力。此外，当地还举办了各种茶文化节、品鉴会等活动，进一步提升了普洱茶的知名度和影响力。随着大量游客的到来，带动了当地餐饮、住宿等行业的发展。在普洱的一些茶乡，出现了许多特色民宿，这些民宿将茶文化与住宿体验相结合，为游客提供了独特的居住环境。餐饮行业也推出了一系列与茶相关的特色美食，如茶香鸡、茶点等，深受游客喜爱。据不完全统计，普洱的茶文化旅游每年吸引游客数十万人次，带动了当地餐饮、住宿等行业收入大幅增长，有力地促进了农村经济在旅游及相关领域的多元化发展。

三、茶产业对农民收入和就业的积极影响

（一）提供稳定收入来源

茶产业为农民提供了稳定的收入来源。茶叶种植作为劳动密集型产业，需要大量的劳动力投入，这为农村剩余劳动力提供了切实的就业机会。以四川雅安的蒙顶山茶区为例，这里茶叶种植历史悠久，茶园面积广阔。在茶叶种植的各个阶段，从茶树的栽种、日常的田间管理到茶叶的采摘，都需要大量人力。周边村庄的许多农民，尤其是一些原本从事传统低附加值农作物种植的农户，纷纷投身到茶叶种植工作中。由于茶叶种植的季节性特点，在采摘旺季，大量临时工也被雇用，为周边农村剩余劳动力提供了额外的收入渠道。

茶叶价格的稳定和市场需求的高涨，使得茶农的收入水平显著提高。根据中国茶叶流通协会的数据，2020年茶农人均收入达到1.5万元，远高于其他农作物种植者的收入水平。在浙江杭州的西湖龙井产区，西湖龙井作为中国十大名茶之一，市场知名度高，价格相对稳定且较高。茶农们依靠种植和销售西湖龙井茶叶，收入颇为可观。一些拥有优质茶园的茶农家庭，每年仅茶叶销售收入就可达数十万元。

此外，茶产业还通过合作社、龙头企业等组织形式，帮助茶农提高生产效率，降低市场风险，进一步保障了农民的收入。例如，在湖北恩施的一些茶叶产区，当地的茶叶龙头企业与茶农合作紧密。企业为茶农提供先进的种植技术指导，定期组织技术培训，使茶农掌握科学的种植方法，提高茶叶产量和品质。同时，企业统一采购生产资料，如化肥、农药等，降低了茶农的生产成本。茶农按照企业的标准进行种植和采摘，企业则以合理的价格收购茶叶，避免了茶农因市场价格波动而遭受损失。这种模式既提高了茶农的生产效率，又保障了茶农的收入稳定。据调查，参与这种合作模式的茶农，收入相比之前提高了30%左右。

（二）改善农村就业结构

茶产业改善了农村的就业结构。传统的农村经济以农业为主，就业结构单一，收入水平较低。茶产业的发展为农村提供了多样化的就业机会，不仅包括茶叶种植和加工，还涉及茶叶销售、茶文化推广、茶旅游等多个领域。这为农村劳动力提供了更多的就业选择，促进了农村就业结构的优化。

例如，在江西婺源的一些茶区，当地依托丰富的茶文化资源和优美的自然景观，大力发展茶文化旅游。一些原本单纯从事茶叶种植的农民，看到了旅游行业的发展机遇，纷纷转型。有的农民经过培训后成为了导游，向游客介绍当地的茶文化和茶叶种植历史；有的农民则利用自家的房屋，改造成民宿，为游客提供住宿服务。这些农民实现了从单一的茶叶种植者向多元化职业的转变，不仅增加了收入，还提升了自身的技能和素质。据统计，在婺源的部分茶区，从事旅游相关行业的农民占比达到了30%以上。

此外，茶产业的发展还吸引了大量年轻人返乡创业，为农村经济注入了新的活力。比如在安徽黄山的一些茶区，不少年轻人看到家乡茶产业的发展潜力，放弃了在城市的工作机会，返乡创业。他们利用互联网技术，开展茶叶电商销售，通过直播带货、社交媒体推广等方式，将家乡的茶叶推向更广阔的市场。同时，他们还积极传播茶文化，举办各种线上线下的茶文化活动，吸引了更多人关注当地的茶产业。这些年轻人的创业活动，不仅带动了当地茶产业的发展，还为农村带来了新的思想和理念，促进了农村经济的创新发展。

四、典型案例：厦门同安区莲花镇茶产业发展

茶产业的发展带动了农民收入的增加。例如，以厦门市同安区莲花镇茶产业发展为例，茶农通过采用新技术、新设备生产新工艺红茶，收入翻了近5倍。此外，茶产业政策的实施也显著提升了全要素生产率，从而促进了产业的高质量发展。

莲花镇位于厦门市同安区西北部，地处闽南金三角中心地带，地理位置优越，气候温和，雨量充沛，土壤肥沃，非常适合茶树的生长，主要种植铁观音、本山、毛蟹等乌龙茶品种。莲花镇茶产业历史悠久，早在明清时期就有茶叶种植和加工的记载。

初夏时节，山峦吐翠，在厦门同安西北部的莲花山上，一垄垄茶丛顺着地势从低向高延伸，放眼望去郁郁葱葱。从1986年至今，高山上村民的人均年收入翻了约120倍。靠山吃山，茶叶始终是高山各村的支柱型产业，也是带动村民脱贫致富的关键。

如今，在同安区莲花镇，包括军营、白交祠、小坪、西坑在内的9个村庄，高山茶年产量达到6 424吨，远销日本、欧美等地，几乎家家户户的生计都与茶有着千丝万缕的联系。高山茶是如何撑起村民们共同富裕之路的？那就是育新品、精技艺。

当地政府给茶农算了一笔账："新引进的品种'单枞'比本地'毛蟹'的价格贵出几倍，手工采摘的茶青价比机器采摘的要高出1倍，再加上制茶工艺的区别，成品茶出来时有的七八百元500克，有的500克不到50元。"同一方水土培育的茶叶，价格却天差地别。茶农们意识到，一家人守着一片茶山的"老皇历"行不通了。习惯了"小农经济"模式的村民开始尝试"抱团取暖"——2010年茶农们牵头办起西营茶叶专业合作社，转变茶叶种植、制作、销售"单枪匹马"的家庭作坊模式。

合作社成立后，专门邀请专家到各村来指导社员种茶制茶，镇村干部也带领合作社成员赴安溪等地，学习茶叶制作等工艺，并逐步在全村推广。新品种的引进，也在高山各村同步推进。"在市区农业部门支持下，茶农们将原来较差的茶叶品种'毛蟹''本山'等，改良换种成'单枞''乌旦'等高优品种。"新技术、新品种让村民们有了新盼头。

同安区莲花镇1.65万亩茶山中,新品种的种植面积超过了10%,主要集中在军营、白交祠、西坑、小坪等村。技改、合营的发展新模式,也为村民们带来了最直接的经济效益——高品质的功夫茶售价都能达到每斤100元以上,差一点的毛茶也成为茶饮制品的重要原料,供不应求。2021年,军营村的人均年收入达到42 800元,茶叶成为村民收入的重要来源。

五、政府政策与科技应用助力茶产业发展

(一) 政府出台的政策措施

为了促进茶产业的健康发展,政府出台了一系列具有针对性的指导意见和政策措施。其中包括建设绿色生态茶园、打造现代加工体系、构建商贸流通网络、提高要素支撑能力、促进产业深度融合以及强化引导监管服务六大关键举措。

在建设绿色生态茶园方面,政府鼓励茶农采用生态友好的种植方式,减少化肥和农药的使用,推广有机肥料和生物防治技术。例如,在浙江的一些茶区,政府为采用生态种植的茶农提供补贴,引导他们建设绿色生态茶园。这不仅有助于保护当地的生态环境,还能提高茶叶的品质和安全性,满足消费者对绿色健康食品的需求。

打造现代加工体系时,政府支持茶叶加工企业引进先进的设备和技术,提高加工效率和产品质量。在福建的部分乌龙茶产区,政府对新建或改造现代化茶叶加工厂的企业给予资金扶持和政策优惠,推动了当地茶叶加工产业的升级。

构建商贸流通网络方面,政府积极推动茶叶市场的建设和电商平台的发展。在云南普洱茶产区,政府投资建设了大型的茶叶交易市场,为茶农和茶商提供了便捷的交易场所。同时,鼓励茶企开展电商销售,组织电商培训活动,帮助茶农和茶企拓展销售渠道。

提高要素支撑能力上,政府加大对茶产业的科研投入,培养专业人才。许多农业院校和科研机构在政府的支持下,开展茶叶种植、加工等方面的研究,为茶产业的发展提供了技术支撑。政府还通过土地流转政策等,保障茶产业发展的土地需求。

促进产业深度融合方面,政府鼓励茶产业与旅游、文化等产业相结合。在江西的一些茶区,政府支持开发茶文化旅游线路,建设茶文化博物馆和体验中心,吸引了大量游客,实现了茶产业与旅游业的协同发展。

强化引导监管服务上,政府加强对茶叶质量安全的监管,制定严格的质量标准和生产规范。对符合标准的茶叶产品给予认证和推广,对违规行为进行严厉打击,保障了消费者的权益,维护了茶产业的良好市场秩序。

(二) 科技应用提升产业竞争力

科技在茶产业中的应用切实提高了生产效率和产品质量。例如,无人机和传感器的使用显著改善了茶园管理。通过无人机可以对茶园进行大面积的快速巡查,及时发现病虫害、茶树生长异常等问题,相比传统的人工巡查,效率大幅提高。传感器可以实时监测土壤湿度、温度、酸碱度等环境参数,为茶树的生长提供科学的数据支持,茶农可以根据这些数据精准地进行灌溉、施肥等操作,提高了茶叶的产量和品质。

现代化的茶叶加工设备也极大地提升了产品品质。如自动化的茶叶杀青设备能够精确控制温度和时间，使茶叶杀青更加均匀，更好地保留茶叶的营养成分和风味。精准的茶叶分拣设备可以根据茶叶的大小、形状、颜色等特征进行分类，提高了茶叶的品质一致性。

同时，茶产业的标准化生产和品牌建设也得到了科技的有力支持。通过建立标准化的生产流程和质量控制体系，利用科技手段对生产过程进行监控和管理，确保了茶叶产品的质量稳定。在品牌建设方面，科技助力茶企进行品牌推广和市场拓展。例如，利用互联网和大数据技术，茶企可以更精准地了解消费者需求，制定营销策略，提升品牌知名度和美誉度，以适应现代消费需求和提升市场竞争力。

（三）各地茶产业发展实例

厦门同安区莲花镇茶产业发展的故事在我国其他产茶的农村地区同样也发生着，例如白茶产地——浙江安吉县、乌龙茶的主要产区——福建武夷山地区、普洱茶的主产区——云南的普洱地区等。

浙江安吉县通过发展白茶产业，在政府政策引导和科技支持下，从茶树品种选育、种植技术提升到加工工艺创新，都取得了显著成效。当地政府支持白茶企业开展标准化生产，打造了安吉白茶的区域公共品牌。许多农民依靠白茶种植和相关产业实现了增收致富，安吉白茶产业成为当地农村经济的重要支柱。

福建武夷山地区凭借悠久的乌龙茶制作工艺和深厚的茶文化底蕴，在政府的推动下，将茶产业与旅游业深度融合。政府投资建设了茶文化旅游景点，举办茶文化节等活动，吸引了大量游客。同时，科技应用于茶叶加工和品质提升，进一步提高了武夷山乌龙茶的市场竞争力，促进了当地茶产业和旅游业的融合发展。

云南普洱地区则以普洱茶闻名，政府通过加强品牌建设和市场拓展，制定普洱茶的生产标准和质量规范，推动普洱茶产业的发展。利用科技手段改进普洱茶的发酵工艺等，提升了普洱茶的品质。通过电商平台和各种展销会，将普洱茶推向了更广阔的市场，提升了当地茶产业的竞争力，带动了农村经济的发展。

六、小结

茶产业作为农村经济发展的重要支柱之一，在乡村振兴战略中发挥着不可替代的关键作用。通过与科技的深度融合，茶产业实现了生产方式的变革，从茶园管理中无人机与传感器的应用，到茶叶加工时现代化设备的投入使用，极大地提高了生产效率和产品质量，降低了生产成本，增强了市场竞争力，直接促进了农村经济的增长。在文化层面，茶产业与悠久的茶文化紧密相连，各地以茶文化为核心，开发出丰富多样的茶旅游项目和文化体验活动，吸引了大量游客，带动了餐饮、住宿等相关产业的繁荣，为农村创造了更多的就业机会和收入来源。品牌建设方面，政府和企业共同发力，打造出一系列具有地域特色和市场影响力的茶叶品牌，提升了茶叶附加值，拓展了销售渠道，使茶农和相关从业者受益。茶产业凭借科技、文化、品牌的协同发展，不仅自身发展态势良好，更为农村经济注入了新活力，有力地推动了乡村振兴战略的实施，成为实现农村产业兴旺、农民生活富裕的重要动力。

思政要点

1. 产业发展与经济增长：茶产业通过种植、加工、销售等环节，直接促进农村经济增长，为农村提供大量就业岗位，带动农村工业发展，拓展经济市场空间，体现了产业发展对经济的推动作用，凸显了产业兴旺在乡村振兴中的关键地位。

2. 农民增收与共同富裕：茶产业为农民提供稳定收入来源，通过提高茶叶价格、发展合作组织等方式，保障农民收入稳定增长，缩小城乡差距，助力实现共同富裕目标，体现了以人民为中心的发展思想和乡村振兴战略中生活富裕的要求。

3. 政府引导与政策支持：政府出台一系列政策措施促进茶产业健康发展。政策的引导和支持为茶产业提供了良好的发展环境，体现了政府在产业发展和乡村振兴中的重要作用。

4. 科技创新与产业升级：科技在茶产业中的应用提高了生产效率和产品质量，推动了茶产业的标准化生产和品牌建设。科技创新是产业升级和可持续发展的重要驱动力，展示了科技在乡村产业振兴中的支撑作用。

第二节　茶产业推动乡村茶文化发展

茶产业，作为中国传统农业产业的璀璨明珠，在乡村发展的宏大版图中占据着举足轻重的地位。从经济层面审视，它是乡村经济增长的关键动力源，为乡村带来了实实在在的经济效益；在文化领域，更是乡村文化传承与创新的重要载体，承载着悠久的历史记忆和丰富的文化内涵。随着乡村振兴战略的全面推进，茶产业与茶文化的深度融合，犹如为乡村发展注入了一股强大的活力，成为推动乡村经济腾飞和文化繁荣的核心路径。

一、乡村茶文化的多元呈现与发展

在乡村的日常生活与文化脉络中，茶文化以丰富多样的形式绽放光彩。它不仅体现在民众日常的饮茶习惯里，更深入到茶艺、茶道、茶礼等多个层面，构成了乡村独特的文化景观。随着茶产业的蓬勃兴起，乡村茶文化迎来了新的发展契机，在传承与弘扬方面取得了显著成效。

（一）茶文化节庆活动的蓬勃兴起

众多茶叶产区充分发挥自身优势，积极举办各类精彩纷呈的茶文化节、引人入胜的茶艺表演等活动。这些活动不仅吸引了大量游客，极大地提升了当地茶文化的知名度和影响力，还为乡村经济注入了新的活力，带动了乡村旅游、餐饮、住宿等相关产业的繁荣发展。例如，福建武夷山每年举办的"武夷山大红袍茶文化节"，以其丰富的活动内容，如大红袍茶艺表演、茶叶展销会、茶文化论坛等，吸引了来自全国各地的游客和茶商，成为展示武夷山茶文化的重要窗口。

（二）茶文化教育的深入普及

部分乡村通过开设系统的茶文化课程，让年轻一代能够深入学习和了解茶文化的历史、知识和技艺。同时，建立茶文化博物馆，以实物、图片、文字等多种形式展示茶文化的发展历程和丰富内涵，为传承和弘扬茶文化提供了重要的教育场所和平台。如浙江杭州的龙井村，开设了专门的茶文化课程，向村民和游客传授龙井茶的种植、制作工艺以及相关的茶文化知识，并且建立了茶文化博物馆，收藏和展示了与龙井茶相关的文物和资料，让人们更直观地感受茶文化的魅力。

（三）茶文化与旅游的深度融合

茶文化旅游已成为乡村旅游业的重要且极具特色的组成部分。游客可以亲身参与采茶、制茶、品茶等一系列过程，沉浸式感受茶文化的独特魅力，这种体验式旅游不仅丰富了游客的旅行经历，也为乡村茶产业的发展开辟了新的市场空间。例如，安徽黄山的休宁县，依托当地的茶叶资源，开发了"茶文化体验之旅"，游客可以在茶园中亲手采摘茶叶，参与茶叶的制作过程，品尝自己亲手制作的香茗，同时还能欣赏到黄山的美景，感受徽文化的深厚底蕴。

二、云南：乡村茶文化传承与发展的典范

云南，这片神奇的土地，凭借其得天独厚的自然条件，成为中国重要的茶叶产区，茶资源极为丰厚，茶种丰富多样。全省16个州（市）中有14个州（市）产茶，其中西双版纳、普洱、临沧、保山等地最为集中。

（一）丰富的茶文化遗产

云南拥有丰富的与茶相关的非物质文化遗产。入选省级以上非物质文化遗产代表性项目名录的共有24项。其中，普洱茶（贡茶）制作技艺、大益普洱茶制作技艺、下关沱茶制作技艺、滇红茶制作技艺、白族三道茶、德昂族酸茶制作技艺等作为"中国传统制茶技艺及其相关习俗"的子项目，已成功列入"人类非遗代表作名录"；回龙茶制作技艺、普洱祭茶祖习俗等18项省级项目也已列入省级非物质文化遗产代表性项目名录。与此同时，与之相关的茶器、茶歌等文化表现形式丰富多样，充分彰显了云南民族文化的多样性与强大的创造力。

（二）独特的少数民族茶文化

云南作为中国茶文化的重要发源地之一，拥有深厚的茶文化传统和独特的少数民族茶文化。云南的25个少数民族都与茶有着紧密的联系，各民族由于文化、生活习惯等方面的差异，与茶的结合方式各不相同，形成了风格迥异、丰富多彩的品饮方式和茶文化表现形式。例如，傣族的竹筒茶，制作工艺独特，充满了浓郁的民族风情；哈尼族的土锅茶，保留了原始的饮茶方式，体现了民族对自然的尊重和利用；基诺族的凉拌茶，将茶与其他食材巧妙结合，展现了独特的饮食文化；独龙族的定亲茶，赋予了茶特殊的文化意义，成为民族习俗的重要组成部分；佤族的竹筒茶、布依族的姑娘茶、纳西族的"龙虎斗"以及拉祜族的烤茶等，每一种茶都承载着本民族的历史、文化和情感，蕴含着深厚的文化意义和独特的民族特色。

(三) 多样的茶文化节庆活动

云南丰富的茶文化也催生了多样且精彩的茶文化节庆活动，以下是一些著名的茶文化节庆活动及其大致信息。

普洱茶文化节：每年 4 月中旬在普洱地区举办，活动内容丰富多样，涵盖了茶艺表演、专业的茶叶品鉴、高层次的茶文化论坛以及特色的茶山旅游等。游客通过参与这些活动，可以深入了解普洱茶悠久的制作工艺和深厚的历史文化底蕴。

临沧茶文化节：每年 4 月下旬在临沧地区举行，活动主要包括茶叶展销、激烈的茶艺比赛、知识丰富的茶文化讲座等。这些活动全面展示了临沧茶文化的独特魅力，吸引了众多茶文化爱好者和游客。

西双版纳泼水节暨茶文化节：每年 4 月中旬（与泼水节同期）在西双版纳地区举办，该活动巧妙地将当地的茶叶文化与传统的泼水节相结合。游客在参与泼水狂欢，感受浓郁民族风情的同时，还能深入体验西双版纳独特的茶文化。

大理三月街民族节暨茶文化节：每年农历三月十五（通常在 4 月或 5 月）在大理市举行，活动内容丰富，有茶叶展销、精彩的茶艺表演、极具民族特色的歌舞等。游客在此不仅可以品尝到大理特色的茶叶，还能领略到大理丰富多彩的民族文化。

保山茶文化节：每年 5 月在保山地区举办，活动包括茶叶品鉴、精彩的茶艺表演、深入的茶文化讲座等。通过这些活动，游客可以深入了解保山茶叶的历史和文化，感受保山茶文化的独特魅力。

德宏茶文化节：每年 6 月在德宏地区举行，活动主要有茶叶展销、精彩的茶艺表演、专业的茶文化讲座等。游客在活动中可以品尝到德宏特色的茶叶，了解德宏地区的茶文化。

三、其他地区乡村茶文化发展实例

除了云南，中国还有许多地区在乡村茶文化发展方面取得了显著成就，展现出了各自独特的魅力。

(一) 福建：茶文化与产业融合的先行者

福建是中国重要的茶叶产区，茶文化历史悠久。以安溪铁观音为例，当地通过举办"安溪铁观音茶文化节"，展示铁观音的制作工艺、品鉴方法等，吸引了大量游客和茶商。同时，安溪还积极推动茶产业与旅游、文化等产业的融合，开发了茶文化主题旅游线路，游客可以参观茶园、茶叶加工厂，体验茶文化的魅力。此外，福建的武夷山、福鼎等地也在茶文化传承与发展方面作出了积极努力，武夷山的岩茶文化、福鼎的白茶文化都在国内外享有盛誉。

(二) 浙江：茶文化传承与创新的典范

浙江是中国绿茶的主要产区，杭州的西湖龙井、安吉的白茶等都是中国著名的茶叶品牌。杭州通过举办"西湖龙井开茶节"，展示西湖龙井的采摘、制作过程，宣传茶文化。同时，安吉县积极推动白茶产业的发展，通过科技创新，提高白茶的品质和产量。此外，浙江还注重茶文化的传承与创新，开发了一系列与茶相关的文化产品，如茶工艺品、茶食品等，丰富了茶文化的内涵。

(三) 四川：茶文化与民俗文化的交融

四川是中国茶叶的重要产区之一，茶文化与民俗文化相互交融。以雅安的蒙顶山茶为例，蒙顶山是中国茶文化的重要发源地之一，有着悠久的历史和深厚的文化底蕴。当地通过举办"蒙顶山茶文化旅游节"，展示蒙顶山茶的制作工艺、品鉴方法等，同时，还融入了当地的民俗文化活动，如茶艺表演、民歌演唱等，让游客在品尝茶香的同时，感受四川的民俗文化魅力。此外，四川的峨眉山茶、青城山茶等也都有着独特的文化内涵和市场竞争力。

四、乡村茶文化的动态发展与意义

乡村茶文化的传承与发展是一个动态演变且持续推进的过程，这一过程紧密交织着对传统的坚守和对创新的探索。在传统茶文化精髓的保留方面，乡村发挥着至关重要的作用。以茶叶制作工艺为例，众多乡村地区依旧沿袭着独特且精湛的传统制作方法。比如在云南的普洱茶产区，传统的普洱茶制作技艺包括杀青、揉捻、晒干、渥堆发酵等多道复杂工序，每一道工序都蕴含着先辈们的智慧和经验，对温度、湿度、时间的把控都有着严格的要求，这些传统工艺确保了普洱茶独特的风味和品质。又如福建武夷山的岩茶制作，其独特的"做青"工艺，通过摇青和静置交替进行，使茶叶发生一系列复杂的物理和化学变化，形成岩茶特有的"岩韵"。这些传统制作工艺不仅是生产茶叶的方法，更是茶文化的重要载体，承载着深厚的历史和文化内涵。

同时，乡村茶文化还蕴含着丰富的精神内涵。在一些乡村，茶被视为社交礼仪的重要媒介，体现着尊老爱幼、和睦邻里的传统美德。比如在广东潮汕地区，工夫茶的冲泡和品饮过程有着严格的礼仪规范，主人会以茶敬客，通过奉茶、劝茶等环节表达对客人的尊重和热情，这种茶文化内涵促进了人际关系的和谐，传承了中华民族的传统美德。

随着时代的发展，乡村茶文化也在不断融入新的元素。在营销理念方面，现代科技的发展为乡村茶产业带来了新的机遇。许多乡村茶企利用互联网和电商平台，打破了地域限制，将本地的茶叶推向更广阔的市场。例如，浙江安吉的白茶企业通过直播带货、社交媒体推广等方式，让更多的消费者了解和购买安吉白茶，提高了产品的知名度和销量。此外，一些乡村还引入了体验式营销的理念，开展茶园观光、采茶制茶体验等活动，让消费者亲身感受茶文化的魅力，增强了消费者对品牌的认同感和忠诚度。

在茶文化活动形式上，创新也层出不穷。除了传统的茶文化节庆活动，一些乡村还举办了茶文化讲座、茶艺培训课程、茶主题摄影比赛等活动。这些活动不仅丰富了村民的文化生活，也吸引了更多的游客和茶文化爱好者参与。比如，在江苏宜兴的一些乡村，定期举办的紫砂壶制作讲座和茶艺表演，吸引了众多游客前来学习和观赏，促进了当地紫砂文化和茶文化的传播。

在传承方式上，家庭传承依然是乡村茶文化延续的重要途径。长辈们通过言传身教，将茶文化知识和技艺传授给晚辈。在四川雅安的一些茶乡，茶农家庭的孩子们从小就跟随长辈学习种茶、采茶、制茶的技艺，了解茶的历史和文化。这种家庭传承不仅使茶文化得以延续，还培养了新一代对家乡文化的认同感和自豪感。

社区在乡村茶文化的传承与发展中也发挥着重要作用。社区组织的各类茶文化活动，如茶话会、茶文化展览等，增强了社区居民对茶文化的认同感和参与感。在湖南安化的一些社区，定期举办的茶文化展览，展示了安化黑茶的历史、制作工艺和文化内涵，吸引了众多居民前来参观和学习，促进了社区居民对本地茶文化的了解和传承。

丰富多彩的节庆活动则是乡村茶文化传播的重要平台。各地举办的茶文化节、茶博会等活动，吸引了大量的游客和茶商。例如，云南的普洱茶文化节，不仅展示了普洱茶的制作工艺和产品，还举办了茶文化论坛、茶艺表演等活动，让更多的人了解和喜爱云南的普洱茶文化。这些节庆活动不仅提升了当地茶文化的知名度，也为乡村带来了经济效益，促进了乡村经济的发展。

乡村茶文化在乡村得到了广泛的传播和深入的发展，已经成为乡村文化不可或缺的重要组成部分。它不仅丰富了村民的精神文化生活，还为乡村振兴和经济发展提供了强大的文化动力和经济支持。通过发展茶文化旅游、茶产品加工等产业，乡村实现了产业融合发展，增加了农民收入，促进了乡村经济的繁荣。同时，乡村茶文化的传承与发展也有助于保护和弘扬中华民族的优秀传统文化，增强民族文化自信。

五、茶产业助力乡村振兴的多元路径

随着乡村振兴战略的深入实施，茶文化与乡村振兴的结合成为重要的研究和实践方向。弘扬茶文化，能够显著提升乡村地区的文化软实力，吸引更多游客前来体验乡村生活和茶文化，促进农业产业向多元化方向发展。通过发展茶文化旅游、茶产品加工等产业，能够带动农民增收致富，同时推动乡村生态文明建设，实现经济发展与环境保护的良性互动。

对于茶非遗产业而言，要做好保护第一、生态和谐、文化共富、乡村振兴、民族筑牢、文化互鉴这篇大文章。联动社会全要素，为产业发展赋能。具体来说，云南非遗茶产业需要探索出一条创新发展之路，即"审美再造、功能重构、设计赋能、品牌跨界、IP缔造"。通过这些举措，实现产业从粗放型向集约型转变，从劳动密集型向技术密集型升级，提升产业的附加值和竞争力。

在乡村振兴的进程中，尊重和保护传统文化的精髓是基础，推动茶文化的创新发展是关键。这包括在产品方面进行创新，开发出更多符合市场需求的茶产品；坚持绿色发展理念，实现茶产业的可持续发展；注重培养新一代茶文化传承人，确保茶文化的传承和发展；鼓励社会各界广泛参与和共享茶文化，营造良好的文化氛围。同时，政策支持、资源整合、品牌建设和茶文化推广是实现茶文化与乡村振兴战略深度融合的关键策略。政府应出台相关政策，引导和支持茶产业的发展；整合各方资源，提高产业的协同效应；加强品牌建设，提升茶产品的市场知名度和美誉度；通过多种渠道推广茶文化，提高茶文化的影响力。

此外，茶产业作为绿色产业，在助力脱贫攻坚和乡村振兴中发挥了不可替代的重要作用。通过提升标准化水平，实现茶叶的商品化，加强产销之间的互动，提高消费者对茶产品的认知度，拓展消费需求，茶产业有效地推进了资源优势向产业优势的转化。以小罐茶等企业为例，它们通过创新公益理念与商业模式的结合，探索出了以行业升级驱动公益的新模式。这种模式不仅帮助茶农增收,提高了茶农的生活水平,还推动了茶产业的健康、可持续发展,为乡村振兴贡献了重要力量。

六、小结

中国各地的茶文化作为中国传统文化的重要组成部分,在乡村振兴中扮演着至关重要的角色。以云南为代表,以及福建、浙江、四川等地区,通过茶产业与茶文化的深度融合,探索出了一条乡村经济发展、社会进步和文化传承的有效路径。通过科学的规划和创新的实践,茶文化有望成为推动乡村振兴的"金钥匙",开启乡村繁荣发展的新篇章,实现乡村的全面振兴和可持续发展。在未来的发展中,我们应继续深入挖掘茶文化的内涵,加强茶文化的传承与创新,推动茶产业的高质量发展,为乡村振兴注入源源不断的动力。

思政要点

1. 产业促经济:茶产业是乡村经济增长的动力,推动产业融合,增加农民收入,实现乡村经济繁荣,是乡村振兴的经济基础。

2. 文化重传承:传承茶文化传统精髓,创新融入现代元素,丰富乡村文化,增强民族文化自信,引领乡村振兴。

3. 民族显多元:少数民族茶文化展现民族文化多样性,促进民族交流融合,弘扬优秀传统文化,尊重文化多样助力乡村振兴。

4. 教育人才:乡村开展茶文化教育,家庭传承茶文化,培养文化认同感与传承人才,为乡村文化发展奠基。

5. 社区聚合力:社区组织茶文化活动,社会各界参与共享,营造文化氛围,凝聚社会力量推动乡村振兴。

6. 绿色可持续:茶产业秉持绿色发展理念,助力脱贫攻坚,实现经济与环境良性互动,推动乡村可持续发展。

第三节 茶产业促进乡村旅游发展

随着中国旅游业的蓬勃发展和对传统文化的日益重视,乡村旅游逐渐成为旅游市场的重要组成部分。2023年3月,文化和旅游部会同相关部门发文支持特色产业发展,传承弘扬茶、中医药、美食等特色文化,着力培育融合发展的新型文化和旅游业态,为茶产业与乡村旅游的融合发展提供了政策支持。

一、茶产业与乡村旅游的各自优势

茶产业是农业经济的重要组成部分,具有悠久的历史和深厚的文化底蕴。在我国,如福建武夷山的岩茶种植历史可追溯至千年以前,当地的茶文化传承至今,成为了独特的文化符号。茶叶的种植、加工和销售环节,为农村地区提供了大量的就业机会。以浙江安吉为例,安吉白茶的种植、采摘、加工需要大量人力,许多当地农民在家门口就能实现就业。同时,茶产业还带动了茶具制造、茶文化旅游等相关产业链的发展。比如,江西景德镇因茶产业的带动,其精美的陶瓷茶具制造产业蓬勃发展,不仅在国内市场畅销,还远销海外。茶产业的经济贡献不仅体现在直接的茶叶产值上,还能促进农村经济多元化发展,有效提高农民收入,推动区域经济增长。像云南普洱,依托普洱茶产业,发展出了一系列茶相关的经济活动,带动了当地经济的繁荣。

乡村旅游以乡村自然风光、传统文化和农业生产活动为主要吸引物。随着城市化进程的加快和人们生活水平的提高,乡村旅游日益成为城市居民休闲度假的重要选择。例如,四川成都的三圣花乡,凭借乡村优美的田园风光和花卉种植产业,吸引了大量城市游客前来观赏、游玩和体验农家生活,促进了当地农村经济结构的调整。乡村旅游不仅能带来经济收益,还能对乡村文化起到保护和传承的作用。在安徽黟县的西递、宏村等古村落,通过发展乡村旅游,当地的徽派建筑文化、传统民俗文化等得到了更好的保护和传承,同时也提升了乡村居民的生活质量,改善了乡村的基础设施。

茶产业与乡村旅游的结合具有天然的优势。茶园作为独特的农业景观,具有极高的观赏价值。例如,杭州的龙井茶园,每到春季,漫山遍野的茶树郁郁葱葱,吸引了众多游客前来观赏。同时,茶园还能提供丰富多样的茶文化旅游活动,如茶文化展示、茶艺表演、茶叶采摘体验等。在福建安溪,游客可以亲身体验铁观音的采摘、制作过程,感受传统茶文化的魅力,这极大地增加了乡村旅游的吸引力。在四川雅安的蒙顶山茶园,游客不仅能参与茶叶采摘,还能欣赏到独特的蒙顶山茶艺表演"龙行十八式",表演者手持长嘴铜壶,动作潇洒自如,将茶艺与武术完美结合,让游客在观赏中感受茶文化的博大精深。在安徽黄山的猴坑茶园,游客可以深入了解太平猴魁的制作工艺,从鲜叶采摘到杀青、整形等环节,全方位体验茶叶制作的乐趣,进一步提升了乡村旅游的文化内涵。又如,贵州湄潭的万亩茶海,连绵起伏的茶树形成了一片绿色的海洋,蔚为壮观,成为了摄影爱好者的天堂和游客们向往的打卡胜地。再如,云南西双版纳的古茶园,古茶树与热带雨林相互映衬,展现出独特的自然风貌和人文韵味,吸引大量游客前来领略别样的茶乡风情。

以茶为切入点,推进一二三产业融合发展,具有重要的现实意义。这不仅能让如茶艺、茶制作工艺等非物质文化遗产更好地融入现代生产生活,还能推广茶文化生活方式。例如,通过举办茶文化节、茶旅融合活动等,让更多人了解和喜爱茶文化。推动新时代茶文旅产业高质量发展,对文化传播和文旅发展有着重大意义。一方面,它能够促进农村经济发展,增加农民收入,如浙江松阳通过发展茶旅融合产业,带动了当地经济的快速增长;另一方面,能提升乡村文化内涵,将茶文化与乡村文化深度融合,丰富乡村文化的表现形式;同时,还能推动生态旅游的可持续发展,因为茶园的生态环境优美,在发展茶旅融合的过程中,也能更好地保护和利用乡村的自然资源。

福建武夷山,当地以武夷岩茶为核心,大力推进产业融合。在第一产业方面,科学种植茶树,保证茶叶品质。第二产业上,发展茶叶精制加工,打造高端岩茶品牌。同时,积极拓展第三产业,举办"武夷山大红袍茶文化节",在文化节期间,不仅有精彩的茶艺表演展示传统的乌龙茶制作工艺这一非物质文化遗产,还设置了茶旅线路,游客可以游览著名的"三坑两涧"等核心茶叶产区,参观茶叶制作工坊,体验茶叶采摘和制作过程。通过一二三产业融合,既推广了武夷岩茶的文化生活方式,也促进了当地农村经济发展,茶农收入显著增加,还提升了武夷山的乡村文化内涵,使得茶文化与当地的山水文化、民俗文化深度融合,同时良好的茶园生态环境也吸引了更多游客,推动了生态旅游的可持续发展。

四川雅安名山区,围绕蒙顶山茶产业做文章。在第一产业上,发展有机茶园种植,保证茶叶绿色健康。第二产业中,对蒙顶山茶进行深加工,开发出茶饮料、茶食品等多种产品。在第三产业中,推出"蒙顶山茶文化之旅",打造茶文化主题民宿、茶馆等。每年举办蒙顶山茶文化旅游节,邀请游客参与采茶节、斗茶大赛等活动,让茶艺、蒙顶山茶传统制作技艺等非物质文化遗产得到更广泛传播。通过产业融合发展,名山区的农村经济得到快速发展,农民收入大幅提高,乡村文化内涵也得到极大丰富,蒙顶山的茶文化与当地的女娲文化等相融合,同时生态茶园的建设和保护,为生态旅游的可持续发展提供了有力支撑。

二、茶产业对乡村旅游的经济影响

增加经济收益:茶园作为旅游景点,能带来门票、餐饮、住宿等收入。浙江杭州龙井村,以其闻名遐迩的龙井茶园作为核心旅游景点。每年春季,是龙井村最为热闹的时节,大量游客慕名而来,想要一睹茶园的翠绿风光,体验茶叶采摘的乐趣。龙井村对进入核心茶园观赏区域的游客收取一定的门票费用,这成为了一项重要的收入来源。同时,村里的众多农家乐提供了丰富的餐饮服务,游客们可以品尝到用当地新鲜食材制作的特色菜肴,以及与茶相关的美食,如龙井虾仁等。在住宿方面,龙井村有各种档次的民宿,从古朴典雅的传统民居到设施现代的精品民宿,满足了不同游客的需求。据统计,每年仅门票、餐饮和住宿这三项收入,就为龙井村带来了数千万元的直接经济收益。

安徽黄山猴坑村,这里是太平猴魁的核心产区。猴坑村的茶园景色优美,具有独特的自然景观和文化氛围。猴坑村对游客开放茶园参观,并收取一定的门票费用。在餐饮方面,村里的农家乐为游客提供当地特色的徽菜美食,同时还有以太平猴魁为原料制作的特色茶点。住宿方面,猴坑村的民宿大多具有浓厚的乡村特色,让游客能够体验到原汁原味的乡村生活。此外,猴坑村还开发了一些与茶相关的体验项目,如茶叶手工制作体验等,吸引了大量游客参与,这些项目也为村里带来了额外的收入。据不完全统计,每年猴坑村因茶园旅游带来的门票、餐饮、住宿等直接经济收益超过千万元。

提升品牌价值:通过打造特色茶文化旅游品牌,能吸引更多游客和投资,提升乡村地区的品牌价值和市场竞争力,提升区域经济整体水平。江苏宜兴,以其独特的阳羡茶和深厚的茶文化底蕴而闻名。宜兴通过举办"中国宜兴国际茶文化旅游节"等一系列活动,打造了特色茶文化旅游品牌。在茶文化旅游节期间,不仅有精彩的茶艺表演、茶文化展览等活动,还推出了多条茶旅融合线路,让游客深入了解宜兴的茶文化和自然风光。这些活动吸引了大量游客前来宜兴旅游,同时也吸引了众多投资。许多企业看到了宜兴茶产业和旅游产业的发展潜力,纷纷前来投资建设茶园、茶馆、民宿等项目。通过这些举措,宜兴的品牌价值得到了极大提升,在国内外的知名度不断提高,市场竞争力也日益增强。如今,宜兴的茶产业和旅游产业已经成为当地经济的重要支柱,推动了区域经济的整体发展。

湖南安化,作为黑茶的重要产地,安化通过举办"中国湖南·安化黑茶文化节"等活动,大力推广安化黑茶品牌。在文化节期间,有黑茶展销会、茶艺大赛、茶旅融合体验活动等丰富多样的内容。这些活动吸引了来自全国各地的游客和茶商,提高了安化黑茶的知名度和美誉度。同时,安化还打造了多个以黑茶为主题的旅游景点,如黑茶博物馆、茶乡花海生态体验园等,将黑茶产业与旅游产业深度融合。通过这些努力,安化的品牌价值得到了显著提升,吸引了更多的投资和游客。安化的黑茶产业和旅游产业相互促进,共同发展,为当地经济的发展作出了重要贡献,提升了区域经济的整体水平。

江西婺源,除了以油菜花闻名外,其绿茶产业也具有一定规模。婺源通过打造"婺源茶文化之旅"品牌,将茶园旅游与古村落旅游相结合。游客在婺源不仅可以欣赏到美丽的茶园风光,还能参观古老的徽派建筑,体验传统的茶文化。婺源举办了一系列茶文化活动,如"婺源绿茶文化节"等,展示婺源绿茶的制作工艺和文化内涵。这些活动吸引了大量游客,同时也吸引了一些企业投资建设茶文化主题酒店、茶叶加工厂等项目。通过这些举措,婺源的品牌价值得到了提升,在旅游市场上的竞争力不断增强。如今,婺源的茶产业和旅游产业已经成为当地经济发展的重要动力,推动了乡村经济的繁荣和区域经济的整体发展。

三、茶旅融合的市场现状

在休闲农业旅游中,茶业作为中国休闲农业乡村游的一大要素迎来新增长,多个产茶区的茶旅消费较疫情前都有不同程度的增长,国家和地方纷纷出台一些政策。国务院办公厅印发了《关于进一步培育新增长点繁荣文化和旅游消费的若干措施》,鼓励茶产业充分利用地方特色资源,开发多样化的茶叶产品,注重地方特色茶叶的品质提升和品牌建设,提高茶叶市场竞争力和附加值,为茶旅融合提供更多特色产品支撑;提出盘活提升存量空间,丰富传统消费场所文旅业态等内容。地方茶产业可借此开发多样化的茶文化旅游产品,打造茶文化主题餐厅、茶旅融合景点等,为消费者提供沉浸式的茶文化体验;多次指出要将文化与旅游融合发展,鼓励茶区将茶产业结合地方旅游资源,推出系列茶文化旅游线路、茶文化活动等,吸引游客体验,带动茶产业发展。

地方层面,贵州黔南州支持从"茶文化+旅游""茶文化+康养"等业态角度研发更多新产品、新场景、新体验,走旅游观光、休闲康养为一体的茶旅融合循环发展之路;加强都匀毛尖茶文化氛围营造,重点支持举办春茶开采节等节会活动,鼓励召开茶叶经销商交流沟通会、产销对接会等,以茶事活动带动茶旅融合;支持拓展销售渠道:鼓励企业开设都匀毛尖体验店等,支持参加茶博会等展示展销活动,开拓海外市场,同时支持线上运营销售,为茶旅融合产业发展提供市场基础。

又如广西梧州市,指导 28 个千亩以上生态茶园发展生态旅游,加快推进六堡茶特色小镇旅游区等茶文旅项目建设,创建国家 4A 级旅游景区等,提升茶旅融合的硬件设施水平和吸引力；培育茶文旅新业态：围绕"三原六茶"，大力发展"茶旅+民宿""茶旅+研学""茶旅+康养""茶旅+露营"等茶旅康养融合新业态，以及"茶旅+体育"新业态，丰富茶旅融合的形式和内容；整合提升茶园、茶企等资源，围绕"茶船古道"主题，策划推出六堡茶茶文化精品旅游线路，如"梧州茶船古道·西江风情之旅"，为游客提供多样化的茶旅选择。

福建武夷山市于2023年4月29日至12月31日，面向全国推出武夷山主景区"茶乡疗愈 畅游武夷"免门票优惠政策，同时，还结合时令季节和新业态，推出茶乡疗愈采茶制茶体验线等10条精品旅游线路，促进茶旅融合发展。

在一系列政策支撑下，各地茶旅融合交出亮眼成绩。如2023年普洱景迈山古茶林文化景观申遗成功一周年，这一年共接待游客40.2万人次，同比增长33.52%，实现旅游收入3.38亿元，同比增长184%。景迈山秘境茶旅体验活动入选2023全国非遗与旅游融合特色活动典型案例，"景迈山"相关搜索量在携程网环比增长161%，在美团的搜索量同比上涨了500%。

2024年清明假期，临沧市共接待国内外游客26.98万人次，实现旅游总收入2.56亿元。临沧市作为普洱茶的重要产区之一，游客可以在临翔区昔归村、凤庆县白莺山村等多处茶园体验茶叶采摘、制作，还能参与茶山徒步。此外，当地还推出了佤山秘境寻茶之旅等茶旅精品线路，积极打造茶文化深度体验旅游目的地。

2024年"五一"假期，武夷山累计接待游客40.38万人次，实现旅游收入4.5亿元。国庆假期，武夷山市累计接待游客70.50万人次，同比增长19.5%，旅游收入达到8.64亿元。当地不断推出春茶采制、茶径徒步、茶社研习、茶乡露营等多元化的茶文化旅游产品以及观光旅游、生态康养、研学旅行等多条茶旅线路。

四、茶产业与茶文化旅游的业态

茶产业涵盖了从上游种植、中游加工、下游渠道到终端消费的完整产业链环节。

上游种植：在我国，茶叶种植区域广泛，如浙江杭州的西湖龙井产区，茶农们依据当地独特的气候、土壤条件，精心培育龙井茶树，保证茶叶的优良品质。福建武夷山的岩茶产区，茶农们利用丹霞地貌的特殊环境，种植出具有岩韵的武夷岩茶。此外，云南的普洱茶产区，大面积的古茶树群落和现代茶园，为茶叶的生产提供了丰富的原料。

中游加工：茶叶加工环节技术多样，不同的茶叶有不同的加工工艺。例如，安徽黄山的太平猴魁，其制作工艺独特，经过杀青、整形、烘焙等多道工序，形成了扁平挺直的外形和鲜醇爽口的品质。江苏苏州的碧螺春，采用传统的炒制工艺，使得茶叶卷曲成螺，香气浓郁。加工环节不仅决定了茶叶的品质和口感，还赋予了茶叶独特的文化内涵。

下游渠道：包括各类茶叶经销商、批发商、零售商等。如今，除了传统的线下茶叶店铺，线上销售渠道也日益重要。像八马茶业、天福茗茶等品牌，在全国各大城市开设了众多门店，方便消费者购买。同时，电商平台上也有大量的茶叶销售商家，如在淘宝、京东等平台上，消费者可以轻松选购到来自全国各地的茶叶。

终端消费：消费者对茶叶的需求呈现多样化。除了传统的泡茶饮用，茶叶还被深加工为各种产品。例如，奶茶市场近年来发展迅速，喜茶、奈雪的茶等品牌推出了以茶为基底的各种奶茶饮品，深受年轻人喜爱。茶食品也逐渐丰富起来，如龙井酥、抹茶蛋糕等，将茶叶的风味融入食品中。此外，茶保健品也逐渐兴起，如茶含片、茶胶囊等，满足了消费者对健康的需求。

新兴业态：近几年我国对茶文化的重视程度不断提高，一些新兴业态相继出现。茶展会成为了展示茶叶产品、交流茶文化的重要平台，如中国国际茶业博览会，吸引了来自全国各地的茶企参展，展示了丰富多样的茶叶产品和茶文化。茶叶主题酒店也越来越受到消费者的青睐，例如杭州的茶香丽舍民宿，以茶文化为主题，从房间布置到餐饮服务都融入了茶文化元素，让客人在住宿过程中感受浓厚的茶文化氛围。茶叶主题餐厅则将茶与美食相结合，如上海的"茶宴坊"，推出了一系列以茶入菜的特色菜肴，让食客在品尝美食的同时，领略茶文化的魅力。

茶文化旅游是现代茶业与现代旅游业交叉结合的新型旅游模式，属于主题文化旅游。它将茶叶生态环境、茶生产、自然资源、茶文化内涵等融为一体进行综合开发。

名胜伴名茶：许多著名的风景名胜区都与当地的名茶紧密相连。例如，四川峨眉山不仅是著名的佛教圣地，也是峨眉山茶的产地。游客在游览峨眉山的壮丽景色、感受佛教文化的同时，还能品尝到清香的峨眉山茶，了解其种植和制作工艺。又如，江西庐山的云雾茶也闻名遐迩，游客在欣赏庐山的奇峰怪石、云雾缭绕的美景时，品尝庐山云雾茶，别有一番风味。

民俗特色的茶艺表演：各地都有具有民俗特色的茶艺表演。比如，福建安溪的铁观音茶艺表演，表演者通过优美的动作和娴熟的技艺，展示了铁观音的冲泡过程，同时融入了当地的茶文化和民俗风情。云南大理的白族三道茶表演，以"一苦、二甜、三回味"的独特饮茶方式，体现了白族人民的生活哲理和待客之道，让游客在欣赏表演的同时，深入了解当地的民俗文化。

以茶文化为内容的旅游参观点：各地围绕茶文化打造了许多旅游参观点。如云南临沧市就围绕当地茗茶文化，推出了茶山游、茶叶品鉴、手工制茶、研学等体验项目。游客可以深入临沧的茶山，亲自采摘茶叶，参与茶叶的制作过程，感受传统茶文化的魅力。此外，浙江湖州的安吉白茶文化园，展示了安吉白茶的历史、种植、制作等方面的知识，游客可以在这里了解安吉白茶的发展历程，参观现代化的茶叶加工车间，还能品尝到新鲜的安吉白茶。

通过茶产业与茶文化旅游的融合，不仅促进了茶产业的发展，丰富了旅游业的内涵，也为消费者提供了更加多元化的体验。

五、小结

在当前中国旅游业蓬勃发展且对传统文化愈发重视的背景下，乡村旅游成为旅游市场重要组成部分。文化和旅游部等部门发文支持特色产业发展，为茶产业与乡村旅游融合提供政策支撑。茶产业作为农业经济重要部分，有悠久历史和深厚文化底蕴，涵盖种植、加工、渠道、消费等环节，还延伸出茶深加工产品及茶展会、茶叶主题酒店、餐厅等新兴业态。其在提供就业、带动相关产业链、促进农村经济多元化、增加农民收入和推动区域经济增长方面作用显著。乡村旅游以自然风光、传统文化和农业生产活动为吸引物,能调整农村经济结构、保护传承乡村文化、提升居民生活质量。茶产业与乡村旅游融合具有天然优势。茶旅融合市场现状良好,多个产茶区茶旅消费增长。国家和地方出台政策,从培育新业态、提升硬件设施水平、拓展销售渠道等方面促进发展,各地也取得了亮眼成绩。展望未来,在国家政策的持续扶持与引导下,茶产业与乡村旅游一定能在深度融合中不断创新发展,进一步挖掘和释放产业潜力,让古老的茶文化在新时代焕发出更加蓬勃的生机与活力,不仅为乡村振兴注入源源不断的动力,绘就乡村经济繁荣、文化昌盛、生态秀美的新画卷,也为广大游客带来更为丰富多元、独具特色的旅游体验,成为推动中国旅游业高质量发展和传统文化传承弘扬的璀璨明珠。

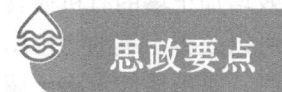

思政要点

1. 文化自信与传承:茶产业蕴含的悠久历史和深厚文化底蕴,以及茶文化旅游中对传统民俗文化、茶艺、茶制作工艺等非物质文化遗产的保护与传承,体现了对中华优秀传统文化的重视,有助于增强文化自信。

2. 乡村振兴战略:茶产业与乡村旅游融合发展,促进农村经济多元化、增加农民收入、调整农村经济结构、提升乡村文化内涵、改善乡村基础设施和居民生活质量,是乡村振兴战略的生动实践,体现了产业兴旺、生活富裕、乡风文明、生态宜居的乡村发展目标。

3. 绿色发展理念:在茶旅融合过程中,注重茶园生态环境的保护和利用,发展生态旅游,推动了绿色发展,实现了经济发展与生态保护的良性互动,践行了"绿水青山就是金山银山"的理念。

4. 创新发展思维:茶产业的新兴业态以及茶文化旅游的新型模式,体现了创新发展思维,通过创新推动产业升级和经济发展。

5. 区域协调发展:不同地区依据自身特色发展茶产业和茶文化旅游,实现了区域资源的有效利用和优势发挥,促进了区域间的协调发展,缩小了地区间的差距。

第四节 生态茶园改善乡村环境

在乡村振兴的伟大征程中,乡村环境的改善是至关重要的一环。良好的生态环境不仅是乡村的宝贵财富,也是吸引人才、产业和游客的关键因素。近年来,生态茶园作为一种兼具经济效益和生态效益的产业模式,在改善乡村环境方面发挥了重要作用。生态茶园是运用生态学原理,遵循生态平衡规律,以茶树为主要生物,通过合理配置茶园中的生物群落,建立起拥有多层次、多功能、多物种的人工生态系统茶园。在生态茶园中,注重茶树与其他物种之间的相互关系和协同作用。此外,生态茶园强调有机肥料的使用,通过绿肥、堆肥、农家肥等有机物质来培肥土壤,提高土壤的肥力和保水保肥能力,减少化学肥料的使用,维护土壤的生态平衡和生物多样性。生态茶园是一种具有诸多优势和发展潜力的茶园模式。它不仅为乡村带来了绿色的景观,还通过一系列生态保护和修复措施,改善了土壤质量、水质和空气质量,促进了生物多样性的保护。同时,生态茶园的发展也带动了乡村旅游等相关产业的兴起,为乡村经济的可持续发展注入了新的活力。

一、生态茶园与乡村生态环境的改善

(一) 土壤质量的提升

生态茶园在种植管理过程中,大力推行有机肥料和生物防治等绿色技术方法,从而显著减少了化学肥料和农药的使用。

有机肥料的合理施用对土壤质量的提升极为关键。它能够有效增加土壤的有机质含量。土壤中的有机质是土壤肥力的重要物质基础,丰富的有机质可以改善土壤的物理结构,使其变得更加疏松多孔。例如,当土壤中的腐殖质含量增加时,腐殖质能够将土壤颗粒黏结在一起,形成团粒结构,这种结构大大增强了土壤的通气性和透水性,让空气和水分能够更顺畅地进入土壤,为茶树根系的生长营造优良的环境。

在提高土壤肥力方面,以一些生态茶园常用的绿肥等有机肥料为例。绿肥,像紫云英、苜蓿等,将其直接翻压或堆沤后施入土壤中,在分解过程中会释放出氮、磷、钾等多种丰富的养分,为茶树提供全面且持续的营养供给。堆肥则是利用各类有机废弃物,如秸秆、落叶、畜禽粪便等,经过堆制发酵而成。这种堆肥不仅含有大量的有机质,还富含丰富的微生物菌群。这些微生物在土壤中活跃地参与各种物质的转化和循环过程,比如将有机物质分解为无机养分,以便茶树能够更好地吸收利用;同时,微生物还能产生一些有益的代谢产物,如抗生素、植物激素等,这些物质可以增强茶树的抗病能力和生长活力,进一步增强土壤的生态功能。农家肥,例如畜禽粪便、人粪尿等,经过充分腐熟处理后施入土壤,同样能为茶树提供充足的养分,并且促进土壤微生物的大量生长和繁殖。

在病虫害防治方面,生态茶园采用生物防治方法。比如利用天敌昆虫来控制害虫数量,像茶尺蠖的天敌绒茧蜂,在生态茶园中通过保护和繁殖绒茧蜂,能够有效地抑制茶尺蠖的繁衍,减少其对茶树的危害;蚜虫的天敌七星瓢虫,能大量捕食蚜虫,降低蚜虫对茶树的侵害程度。此外,微生物制剂也是生物防治的重要手段,如苏云金芽孢杆菌、白僵菌等微生物制剂,它们可以通过寄生、感染等方式作用于害虫,达到防治病虫害的目的。这些生物防治方法不仅减少了化学农药对土壤的污染,还保护了土壤中的有益生物,如蚯蚓。蚯蚓在土壤中不断活动,能够疏松土壤,进一步改善土壤结构;而土壤中的众多有益微生物则积极参与土壤的物质循环和养分转化,对维持土壤的生态功能起着至关重要的作用。

长期的实践研究和大量数据表明,生态茶园的土壤质量相较于传统茶园具有明显优势。在生态茶园中,由于持续施用有机肥料和有效运用生物防治方法,土壤肥力得到显著提高,变得更加肥沃;同时,土壤的物理结构得到极大改善,更加疏松,为茶树根系的生长提供了理想的环境,从而十分有利于茶树的茁壮成长和茶叶品质的大幅提升。

（二）水质的保护

生态茶园的规划与建设高度重视水源的保护和水质的改善。

茶园中的丰富植被具有强大的涵养水源、保持水土的功能。茶树以及周围的其他植物，它们的根系如同无数的小爪子，牢牢地抓住土壤，减少了雨水对土壤的冲刷，从而有效降低了水土流失的发生概率。同时，地表径流也得到了缓冲，减少了泥沙和污染物随着水流进入水体的情况。在降雨过程中，茶园植被可以减缓雨水的流速，使雨水有更多的时间渗透到土壤中，而不是直接形成地表径流带走泥沙和污染物。

茶树的根系和周围的植被还能够对雨水进行吸收和过滤。当雨水降落时，一部分被植被截留，一部分通过植被的枝叶空隙缓慢地渗透到土壤中，在这个过程中，雨水中携带的泥沙和一些污染物会被植被和土壤过滤掉。而且，生态茶园严格禁止使用高毒、高残留的农药和化肥，这从源头上大大减少了对水体的不良影响。

此外，一些生态茶园还会因地制宜地建设人工湿地、沉淀池等设施。以人工湿地为例，它就像一个天然的净水器，当茶园的排水流经人工湿地时，湿地中的植物、微生物和土壤等会对水中的污染物进行吸附、分解和转化，去除水中的有害物质，进一步净化水质。沉淀池则可以让排水中的泥沙等固体颗粒物沉淀下来，使排出的水更加清澈。通过这些综合措施，生态茶园切实有效地保护了乡村的水资源，为乡村居民拥有清洁、安全的饮用水源提供了保障。

（三）空气质量的优化

茶树作为一种绿色植物，具备吸收二氧化碳、释放氧气的重要功能。在生态茶园中，大片的茶树整齐排列，构成了一道美丽的风景线，不仅美化了乡村环境，还在净化空气方面发挥着巨大的作用。

茶树的叶片表面具有特殊的结构和功能，能够吸附空气中的灰尘和有害气体。例如，二氧化硫、氮氧化物等常见的空气污染物，会被茶树叶片表面的绒毛、气孔等结构捕获和吸收。当空气流经茶园时，其中的灰尘颗粒会被茶树叶片阻挡和吸附，从而减少了空气中的颗粒物含量。

同时，茶园中的植被还具有调节气候的作用。它们通过蒸腾作用，将水分释放到空气中，增加了空气湿度；并且在阳光强烈时，植被可以遮挡阳光，降低茶园及周边地区的气温，为乡村居民创造了一个更加舒适的生活环境。

此外，生态茶园减少了化学农药和化肥的使用，这使得农业生产过程中产生的废气和异味大大降低。传统茶园中使用的化学农药在喷洒过程中会挥发到空气中，产生刺鼻的气味，并且一些化学物质还可能会形成有害的气体。而生态茶园采用的有机肥料和生物防治方法，避免了这些问题的产生，进一步优化了乡村的空气质量，让乡村的空气更加清新宜人。

二、生态茶园与乡村生物多样性的保护

（一）为野生动物提供栖息地

生态茶园在规划与建设过程中，高度重视对茶园周围自然植被的保留和恢复工作，

致力于构建一个相对完整且稳定的生态系统。

在生态茶园内,丰富多样的树木、灌木以及草本植物错落分布,它们共同构成了一个立体的生态空间,为众多野生动物提供了赖以生存的食物来源和栖息场所。以一些保留了原生树林和灌木丛的生态茶园为例,这些区域往往成为了鸟类的理想家园。例如,画眉鸟喜欢在茂密的灌木丛中筑巢,利用枝叶的隐蔽性来保护自己的巢穴和幼鸟;而啄木鸟则会在高大的树木上寻找害虫,同时也会在树干上啄出洞穴作为自己的巢穴。茶园中的昆虫种类繁多,它们是许多鸟类的主要食物。此外,还有一些小型哺乳动物,如田鼠、野兔等,也会在茶园的草丛和洞穴中栖息。它们的存在又为一些肉食性动物,如猫头鹰、狐狸等,提供了食物资源,促进了整个生态系统中生物之间的食物链循环,有利于鸟类等生物的繁衍和生存。

不仅如此,生态茶园中的水源也为水生动物营造了适宜的生存环境。青蛙在水中产卵、孵化,以昆虫为食,同时也是蛇等动物的食物来源;而鱼类则在水中游动、觅食,维持着水域生态系统的平衡。这些水生动物与茶园中的其他生物相互关联,共同构成了一个复杂而和谐的生态系统。

(二) 促进植物多样性的发展

生态茶园摒弃了单一的种植模式,采用多样化的种植方式,除了大面积种植茶树之外,还会合理地搭配种植一些其他植物,如果树、花卉和中药材等。

这种多样化的种植模式带来了多重效益。从经济效益方面来看,不同植物的种植可以在不同的季节收获,增加了茶园的收入来源。例如,果园中的果树在结果期可以收获各种水果,推向市场销售;中药材在成熟后也可以进行采收和加工,带来经济收益。从生态效益方面来讲,不同植物在生态系统中各自扮演着独特的角色,它们相互依存、相互促进,形成了一个复杂而稳定的生态网络。

以果树为例,一些高大的果树,如柿子树、梨树等,可以为茶树提供遮荫。在炎热的夏季,茶树在果树的树荫下可以避免过度暴晒,从而调节了茶园的微气候,使茶园内的温度和湿度更加适宜茶树的生长。同时,果树的花朵在盛开季节会吸引大量的昆虫,如蜜蜂、蝴蝶等,这些昆虫在采集花蜜的过程中,也会为茶树等植物进行授粉,促进了植物的繁殖。而果树的果实成熟后,会吸引鸟类和其他动物前来觅食,进一步丰富了茶园的生物多样性。

花卉的种植同样具有重要意义。浙江省丽水市莲都区黄村乡上郑村海拔700多米,当地有410多亩白茶种植基地。2021年,郑村村党支部书记郑和军在完成茶园改造升级后,购入200多株木槿花苗,间隔栽植在自家茶园。木槿花抗性强、易养护,花期在5—10月,与白茶的采摘季错开。盛开时,粉紫色的木槿花摇曳生姿,点缀于层层茶田中,粉绿相间,尽显浪漫,成为独特的风景线。采摘下来的木槿花还可做成美食,郑和军计划以此推出赏花、摘花、食花等一条龙旅游观光服务,举办采摘亲子游,推出木槿花"全花宴"等,提高茶园的采摘效益,延长生产周期,助力村民增收。五颜六色的花卉不仅美化了茶园的环境,还能吸引蜜蜂等昆虫前来采蜜。蜜蜂在采蜜的过程中,会将花粉传播到不同的花朵上,促进了植物的授粉和繁殖,提高了植物的结实率和种子产量。

中药材的种植也不容忽视。许多中药材，如人参、三七等，它们的根系在生长过程中会分泌一些物质，这些物质可以改善土壤的结构和肥力，增加土壤中的有益微生物数量，从而为茶树和其他植物的生长提供更好的土壤条件。在安徽黄山的部分茶园中，当地茶农利用茶园的生态环境和空间优势，选择了黄精作为间作的中药材品种。黄山地区气候温和湿润，雨量充沛，土壤肥沃，富含腐殖质，非常适合茶树和黄精的生长。茶园多为山地地形，具有一定的坡度和良好的排水条件。在种植过程中，注重保持茶树与黄精之间的合理间距，以确保两者都能获得充足的阳光、水分和养分。同时，采用有机肥料和生物防治的方法进行茶园和黄精的种植管理，减少化学农药和化肥的使用，这种间作模式取得了良好的生态和经济效益。从生态方面看，黄精的根系可以改善土壤结构，增加土壤的透气性和保水性，同时其生长过程中分泌的一些物质对茶树的生长也有一定的促进作用。而且，茶园和黄精共同营造的生态环境吸引了更多的有益昆虫和鸟类，形成了相对稳定的生态系统，减少了病虫害的发生。在经济效益上，黄精是一种名贵的中药材，市场需求较大。间作黄精后，茶农在收获茶叶的同时，还能收获黄精，增加了收入来源。据统计，间作黄精的茶园，每亩地每年可额外增收数千元。

四川雅安是著名的茶叶产区，当地的气候条件和土壤类型适合多种茶树品种的生长。同时，雅安也是中药材的重要产地之一，具有丰富的中药材资源。在一些茶园中，茶农们尝试将川牛膝与茶树进行间作。川牛膝喜温暖湿润气候，耐寒、忌高温，雅安的环境条件能够满足其生长需求。在种植过程中，会定期对川牛膝和茶树进行田间管理，包括除草、施肥、浇水等。由于川牛膝的生长周期相对较长，茶农们会合理安排采摘时间，确保不影响茶树的正常生长和茶叶的采摘。茶园间作川牛膝带来了多方面的效益。生态上，川牛膝的生长有助于保持水土，减少茶园的水土流失。同时，川牛膝和茶树的间作可以提高土地的利用率，充分发挥土地的生产潜力。经济方面，川牛膝具有较高的药用价值和市场价格，间作川牛膝增加了茶园的经济收益。而且，通过间作模式生产的茶叶和川牛膝，由于采用了生态种植方式，产品质量更高，更受市场欢迎，进一步提高了茶农的收入。此外，这种间作模式还促进了当地农业的多元化发展，为乡村振兴提供了新的动力。

（三）保护和传承乡土文化

生态茶园与乡村的传统文化之间存在着千丝万缕的紧密联系，茶园中的茶树品种、独特的种植方式以及深厚的茶文化等，都承载着乡村悠久的历史和丰富的记忆。

保护和传承这些乡土文化，对于维护乡村的生物多样性有着至关重要的意义。以茶树品种为例，一些地方特有的传统茶树品种，如福建的大红袍、云南的普洱茶树等，它们经过了长期的自然选择和人工培育，具有独特的品质和适应性，是当地生物多样性的重要组成部分。这些传统茶树品种不仅蕴含着丰富的遗传信息，还与当地的生态环境相互适应，共同构成了独特的生态景观。通过保护和传承这些传统茶树品种，可以有效地保留当地的生物遗传资源，防止品种的流失和退化，促进生物多样性的保护。

同时，茶文化中的传统习俗和技艺也是乡土文化的重要瑰宝。比如，茶艺表演中优雅的动作、精致的茶具展示以及独特的泡茶流程，都体现了当地人民对茶的热爱和对传统文化的传承。茶叶制作工艺，如绿茶的杀青、红茶的发酵等，每一个环节都蕴含着丰富的经验和智慧。这些传统习俗和技艺不仅是乡村的宝贵财富，也是吸引游客和促进乡村旅游发展的重要资源。当游客来到生态茶园，亲身体验这些传统习俗和技艺时，不仅能够深入了解当地的文化，还能为乡村带来经济收益，进一步推动乡土文化的保护和传承。

三、生态茶园与乡村经济的可持续发展

（一）增加农民收入

生态茶园的发展为农民开辟了丰富多样且切实可行的增收途径。

首先，茶叶的种植与销售作为农民的核心收入支柱之一，在生态茶园模式下展现出强大的经济优势。生态茶园凭借有机肥料的使用、生物防治病虫害等科学种植管理方式，极大地提升了茶叶的品质。例如，福建武夷山的部分生态茶园，所产出的岩茶，由于遵循生态种植理念，茶叶内质丰富，香气独特，滋味醇厚，在市场上备受青睐，价格相较于普通茶园所产茶叶高出不少。这些高品质的茶叶进入市场后，为农民带来了颇为可观的经济收益，显著提高了农民的收入水平。

其次，生态茶园从建设到日常管理的各个环节都需要大量的劳动力投入，这为当地农民提供了稳定且便利的就业机会。在茶园的建设初期，诸如土地整理、茶树栽种等工作需要大量人力；到了日常管理阶段，农民们可以参与茶叶采摘、施肥、修剪、除草等工作。以浙江杭州的龙井生态茶园为例，在茶叶采摘季节，周边大量农民受雇于茶园，参与鲜嫩茶芽的采摘工作，按照采摘量获得相应报酬，为家庭带来了额外的收入。而且，这些工作多在当地进行，农民无须背井离乡，既能照顾家庭，又能获得经济回报。

此外，生态茶园具有强大的产业辐射带动能力，能够推动茶叶加工、包装、销售等一系列相关产业的蓬勃发展，从而为农民创造更多的就业与增收契机。一些生态茶园为了进一步提升茶叶附加值，会建设自己的茶叶加工厂。比如云南的某些普洱茶生态茶园，将采摘下来的鲜叶在自家工厂内进行杀青、揉捻、发酵、压制等一系列加工工序，制成不同规格和类型的普洱茶产品。这一过程不仅增加了茶叶的附加值，还吸纳了大量当地农民从事茶叶加工工作，从初级的茶叶筛选到精细的压制包装，每个环节都需要人力参与。同时，随着茶叶加工产品的增多，销售环节也需要更多的人力，农民可以参与茶叶的线上线下销售工作，进一步拓宽了增收渠道。

（二）促进乡村旅游的发展

生态茶园凭借其独特的魅力，有力地促进了乡村旅游的繁荣发展。

一方面，生态茶园拥有优美的自然景观和深厚的茶文化内涵，宛如一幅恬静秀丽的乡村画卷，吸引着大量游客慕名而来。在生态茶园中，广袤的绿色茶树层层叠叠，错落有致；清澈的溪流蜿蜒流淌，潺潺作响；古朴的茶舍点缀其间，散发着浓郁的茶文化气息。例如，四川雅安的蒙顶山生态茶园，游客置身其中，仿佛进入了一个宁静祥和的世外桃源，能够尽情放松身心，感受大自然的美好，享受与城市喧嚣截然不同的静谧与惬意。

另一方面，生态茶园为游客提供了丰富多彩的茶文化体验活动。游客可以参与茶叶

采摘，亲手摘下鲜嫩的茶芽，感受劳动的乐趣；还能观摩甚至亲自动手参与茶叶制作过程，了解从鲜叶到成品茶的奇妙转变，深入领会茶文化的历史与内涵。不少地方的生态茶园还会举办各类特色活动，如福建安溪的生态茶园会举办茶文化节，期间有精彩的茶艺表演、激烈的斗茶大赛、丰富的茶叶展销等活动，吸引了全国各地的游客前来参与，极大地推动了当地旅游业的发展。

随着乡村旅游的日益兴旺，其强大的带动效应逐渐显现，餐饮、住宿、购物等相关产业随之蓬勃发展。在生态茶园周边，涌现出了许多特色农家乐，为游客提供当地的美食佳肴；各种风格的民宿也应运而生，让游客能够更深入地体验乡村生活。游客在游玩过程中还会购买当地的特色茶叶、茶工艺品等作为纪念品或礼品，进一步促进了当地经济的发展，为农民提供了更多的增收机会。

（三）推动产业升级

生态茶园的发展为乡村产业的升级转型注入了强大动力，促使乡村产业向多元化、高效化方向发展。

传统的茶园种植模式较为单一，主要以茶叶种植为主，产业链条短，经济效益有限。而生态茶园突破了这种传统模式的局限，采用多样化的种植模式和先进的生态管理方法。在种植模式上，除了茶树种植外，还会间种果树、花卉、中药材等，形成多层次、多功能的生态种植系统。比如，安徽黄山的一些生态茶园，在茶树间种植了贡菊，菊花盛开时，不仅美化了茶园环境，还增加了经济收益。

在产业融合方面，生态茶园积极与旅游、文化、康养等产业深度融合，催生出了一系列新产品和新业态。茶文化旅游让游客在欣赏茶园美景的同时，感受茶文化的魅力；茶主题民宿为游客提供了独特的住宿体验，将茶文化融入住宿环境和服务中；茶疗养生则利用茶叶的药用价值，开发出各种养生项目，满足人们对健康生活的追求。

此外，生态茶园的发展还推动了农业科技的广泛应用与推广。为了实现科学种植和精准管理，一些生态茶园引入了智能化的灌溉系统，能够根据土壤湿度和茶树需水情况自动调节灌溉量；病虫害监测系统则可以实时监测茶园中的病虫害情况，及时采取防治措施。这些先进技术的应用，提高了农业生产的效率和质量，提升了生态茶园的竞争力，推动了乡村产业的现代化升级。

四、几个樱茶间作的生态茶园

在我国广袤的土地上，有几处樱茶间作的生态茶园宛如璀璨的明珠，不仅以绝美的景致吸引着四方游客，更在乡村振兴的道路上发挥着重要的、积极的作用。

位于大理南涧自治县的无量山樱花谷樱茶间作茶园，坐落在秀丽的无量山之中。这里最初本是一片茶园，我国台湾的茶商为了给茶树遮阴种下了樱花树，未曾想随着时间的推移，竟形成了如今这如梦如幻的樱花谷。每年11月下旬至12月中旬，冬樱绚烂盛放，花期能维持25天左右。层层叠叠的茶树梯田之上，冬樱的树影在阳光的照耀下被慢慢拉长，微风拂过，花瓣如雪般飘落，美不胜收。加之无量山高山云雾缭绕，粉色的樱花、缥缈的白雾与翠绿的茶树相互映衬，勾勒出一幅如诗如画的梦幻油画。南涧绿茶作为中国地理标志产品，依托这片樱花谷的美景，知名度大幅提升，茶叶销量也随之增加。当地的无量山火腿、锅巴油粉、饵丝等美食以及特色的南涧跳菜宴也吸引了众多游客品尝,带动了餐饮行业的发展,许多村民通过经营农家乐实现了增收,为乡村振兴注入了活力。跳菜,即彝族的"抬菜舞",是南涧自治县无量山、哀牢山一带彝族群众在宴请宾客时的一种独特上菜形式和饮食文化。表演时,身着艳丽彝族服饰的青年们,双手托着装满菜肴的托盘,合着音乐的节奏,以稳健的步伐和灵动的舞姿,将菜品依次送上餐桌。他们时而旋转,时而跳跃,托盘上的菜肴却稳如磐石,一滴不洒。跳菜过程中,舞者们还会不时地做一些高难度的动作,如头顶托盘、口衔托盘等,精彩绝伦的表演令人叹为观止。无量山樱花谷以其独特的自然景观和富有魅力的民族文化,尤其是成功出圈的跳菜表演,成为了推动当地旅游业发展和乡村振兴的强大动力,也为保护和传承民族文化、促进文化交流作出了积极贡献。

福建龙岩漳平永福镇的漳平台品樱花茶园,更是声名远扬,曾登上过《国家地理》封面。它的种植面积达 3 300 万米^2,园内种植了超过十万株名贵樱花,涵盖 42 种珍贵的樱花品种,如绯寒樱、云南樱、吉野樱等,被公认为"中国最美樱花胜地"。每年 1 月,这里便已生机盎然,1—3 月,色彩变幻的樱花依次开放,朱红色、粉红色和粉白色的樱花接力绽放,与茶园中的青色相互辉映交织,构成了绚丽的景观。园区内的芳菲台是俯瞰整个茶园景色的绝佳位置,更有浪漫的粉色小火车穿梭在樱花与茶田之间,吸引着无数游客慕名而来。随着游客数量的不断增多,周边的民宿如雨后春笋般兴起。村民们将自家房屋进行改造,提供住宿服务,同时还售卖当地特色的手工艺品,收入大幅提高。此外,樱花谷的名气也带动了当地茶叶的销售,茶农们的收益显著增加,极大地推动了乡村经济的发展。

杭州富阳的拔山茶园,有着"杭州无量山"的美誉。从杭州城东开车出发大约 1 小时便能轻松到达。据史料记载,早在明万历年间,先民们就在这里开辟梯田种植茶树,如今它已成为浙江省著名茶村、"杭州龙井"的核心产区,拥有着杭州地区面积最大的万亩连片山地茶园。这里不仅有广袤的茶园,还有千株晚樱点缀其中,晚樱有的种在茶园里,有的种在山路两旁。半山腰的观茶亭是欣赏美景的最佳位置,粉樱与绿茶相映成趣,每到樱花盛开的季节,便构成了一幅幅如梦如幻的春日画卷。每年举办的拔山开茶节、斗茶大会更是吸引了大量游客和茶商。2006 年注册"拔山高峰"茶商标后,成立了富阳市高峰茶叶专业合作社,建成了龙井茶集中炒制加工中心,还形成了辐射周边的区域性茶产业交易集聚中心。这些举措不仅提升了茶叶的品质和品牌影响力,还带动了周边村民就业,许多村民参与到茶叶的种植、采摘、加工以及旅游服务等工作中,收入稳步增长,有力地促进了乡村的发展。

在广东省梅州市梅县区的阴那山樱花茶园,同样有着令人陶醉的美景。观赏区域达 1 000 多亩,种植了 1 万多株樱花树,共 4 种樱花品种。在万亩茶园间,漫山遍野的粉的、白的、红的樱花竞相开放,清晨时分,薄雾缭绕,粉色的花海若隐若现,宛如仙境。这里设有茶园观景台、樱花隧道、灵光寺观景点等多个打卡点,吸引着众多游客前来拍照留念。周边还有千年古刹灵光寺、《大鱼海棠》取景地花萼楼等知名景点,以及梅州客家盐焗鸡、酿豆腐等特色美食。游客在欣赏樱花与茶园美景的同时,还会前往周边景点游玩,品尝当地美食。这使得当地的餐饮、住宿、旅游纪念品等行业都得到了发展，村民们通过参与旅游服务、销售农产品等方式增加了收入，为乡村振兴作出了积极贡献。

这些樱茶间作的生态茶园，凭借独特的景观和产业优势，在促进乡村经济发展、增加农民收入、保护和传承乡村文化等方面发挥了重要作用，成为了乡村振兴的生动实践和成功范例。

五、生态茶园发展面临的挑战与对策

（一）技术和人才短缺

生态茶园的建设和管理需要一定的技术和人才支持。目前，一些乡村地区缺乏专业的农业技术人员和管理人员，导致生态茶园的建设和管理水平较低。同时，生态茶园的发展还需要掌握一些先进的农业技术和管理方法，如有机肥料的制作、生物防治技术的应用等，这些技术的推广和应用还存在一定的困难。为了解决这些问题，需要加强对农民的培训和教育，提高他们的科技素质和管理水平。同时，政府和企业也应该加大对生态茶园的技术支持和投入，引进和推广先进的农业技术和管理方法。

（二）市场竞争激烈

随着生态茶园的不断发展，市场竞争也日益激烈。目前，市场上的茶叶产品种类繁多，品质参差不齐，消费者对茶叶的品质和安全要求也越来越高。生态茶园生产的茶叶虽然品质优良，但由于生产成本较高，市场价格也相对较高，在市场竞争中面临着一定的压力。为了提高生态茶园的市场竞争力，需要加强品牌建设，提高茶叶的品质和知名度。同时，还需要加强市场开拓，拓展销售渠道，提高茶叶的市场占有率。

（三）资金投入不足

生态茶园的建设和发展需要大量的资金投入，包括茶园的建设、设备的购置、技术的研发等方面。目前，一些乡村地区由于经济条件有限，资金投入不足，导致生态茶园的建设和发展受到了一定的限制。为了解决这个问题，需要政府加大对生态茶园的资金支持和投入，同时也需要引导社会资本参与生态茶园的建设和发展。此外，还可以通过发展乡村旅游等方式，增加生态茶园的收入，提高资金的自我积累能力。

六、小结

生态茶园作为一种兼具经济效益和生态效益的产业模式，在改善乡村环境、促进乡村经济可持续发展方面发挥了重要作用。它通过提升土壤质量、保护水质、优化空气质量等措施，改善了乡村的生态环境；通过为野生动物提供栖息地、促进植物多样性的发展等方式，保护了乡村的生物多样性；通过增加农民收入、促进乡村旅游的发展、推动产业升级等途径，实现了乡村经济的可持续发展。然而，生态茶园的发展也面临着一些挑战，如技术和人才短缺、市场竞争激烈、资金投入不足等。为了实现生态茶园的可持续发展，需要政府、企业和农民共同努力，加强技术研发和人才培养，加强品牌建设和市场开拓，加大资金投入和政策支持。相信在各方的共同努力下，生态茶园一定能够在乡村振兴中发挥更大的作用，为乡村带来更加美好的未来。

思政要点

1. 生态文明：生态茶园遵循生态规律，运用生态学原理，减少化肥农药使用，采用有机肥料与生物防治，改善土壤、水体、空气质量，保护生物多样性，践行绿色发展，实现人与自然和谐共生。

2. 生态茶园促进乡村振兴可以从以下几个方面理解。

产业兴旺：带动茶叶全产业链及乡村旅游等相关产业发展，促进产业多元化，为乡村经济可持续发展注入动力。

生态宜居：改善乡村生态环境，提供清洁水源和舒适生活环境，助力生态乡村建设。

生活富裕：提供就业机会，增加农民收入，提高生活水平。

乡风文明：保护传承乡土文化，如传统茶树品种与茶文化习俗技艺，增强文化自信。

3. 文化自信：传承发展乡村传统文化，促进文化与经济融合，通过茶旅融合等活动传播文化并实现其经济价值。

4. 创新发展：创新产业模式，采用多样化种植与生态管理，推动产业融合；应用先进科技实现精准科学种植，提升农业生产效率与质量。

5. 社会责任：政府加强支持引导，企业积极参与推动，农民主动学习提升并参与经营，各方共同担当，助力乡村发展。

第五节　茶产业推进乡村基础设施建设

乡村基础设施是乡村发展的基石，对于促进乡村产业兴旺、提升农民生活质量具有关键作用。茶产业作为许多乡村地区的特色产业和重要经济支柱，以其为核心推进乡村基础设施建设，不仅能够直接推动茶产业的升级发展，还能带动乡村整体面貌的改善和经济社会的全面进步。本节将深入探讨乡村基础设施涵盖的方面，并着重分析如何围绕茶产业科学、系统地推进乡村基础设施建设，以实现乡村振兴的宏伟目标。

一、乡村基础设施涵盖的方面

（一）交通基础设施

交通是连接乡村与外界的纽带，良好的交通基础设施对于乡村的发展至关重要。在乡村地区，交通基础设施主要包括乡村公路、桥梁、客运站等。乡村公路应实现村村通、户户通，保证道路的宽度、平整度和通行能力，以便于茶叶等农产品的运输和销售。同时，桥梁的建设要确保其安全性和耐久性，保障交通的顺畅。客运站的建设则为村民的出行和游客的往来提供了便利。

（二）水利基础设施

水利基础设施与茶产业的发展息息相关。茶园的灌溉需要完善的水利设施，如灌溉渠道、蓄水池、泵站等。合理的灌溉系统能够根据茶树的生长需求及时、适量地提供水分，保证茶叶的产量和品质。此外，防洪、排涝设施对于保护茶园和村民的生命财产安全也至关重要。建设坚固的堤坝、疏通河道等水利工程，可以有效应对洪涝灾害，减少茶园的损失。

（三）能源基础设施

能源基础设施是乡村生产生活的动力保障。在乡村地区，能源基础设施主要包括电力供应设施和清洁能源设施。稳定的电力供应对于茶叶的加工、储存和运输等环节都至关重要。同时，推广使用太阳能、风能、生物质能等清洁能源，不仅可以降低对传统能源的依赖，减少环境污染，还能为乡村发展提供可持续的能源支持。

（四）通信基础设施

随着信息技术的飞速发展，通信基础设施在乡村发展中的作用日益凸显。通信基础设施包括固定电话、移动网络、宽带网络等。良好的通信条件能够使茶农及时了解市场信息、学习先进的种植和加工技术，同时也便于茶叶的线上销售和品牌推广。此外，通信基础设施的完善还能促进乡村旅游等产业的发展，吸引更多游客前来体验茶文化。

（五）公共服务基础设施

公共服务基础设施是提升乡村居民生活质量的重要保障。在乡村地区，公共服务基础设施主要包括教育设施、医疗设施、文化设施、体育设施等。优质的教育设施能够为乡村儿童提供良好的学习环境，培养高素质的人才；完善的医疗设施能够保障村民的身体健康，提高乡村的医疗服务水平；丰富的文化设施和体育设施能够满足村民的精神文化需求，促进乡村文化的繁荣和村民身体素质的提高。

二、茶产业推进乡村交通基础设施建设

茶产业的全产业链涉及茶园种植、茶叶采摘、加工、销售以及茶文化旅游等多个环节。为了满足这些环节的需求，在规划乡村交通线路时，以茶产业为核心进行布局。例如，优先修建连接茶园与茶叶加工厂的道路，确保新鲜采摘的茶叶能够快速、安全地运输到加工厂，减少运输时间和损耗，保证茶叶品质。同时，考虑到茶叶销售和茶文化旅游的需求，规划连接乡村与主要交通干道、城市市场以及旅游景点的交通线路，方便茶叶的外销和游客的进入。

茶产业作为乡村的重要经济支柱，具有一定的经济吸引力。一方面，茶企和茶农为了自身产业的发展，愿意自筹部分资金投入到交通基础设施建设中。例如，一些茶叶合作社或龙头企业会出资修建茶园内的生产道路，改善茶叶运输条件；另一方面，茶产业的发展潜力也能吸引政府和社会资本的关注。政府会加大对茶产业相关乡村交通建设的财政扶持力度，设立专项交通建设资金。同时，通过招商引资，吸引企业参与乡村交通基础设施的投资、建设和运营，如采用PPP（公私合营）模式，共同推进乡村道路的拓宽、硬化和升级改造。

茶产业在乡村经济中的重要地位使其具备一定的话语权。当地政府和相关部门为了推动茶产业的发展，会出台一系列支持乡村交通基础设施建设的政策。例如，在土地审批、项目立项等方面给予倾斜，简化交通建设项目的审批流程，加快项目落地实施。同时，对于涉及茶产业的交通基础设施建设项目，给予税收优惠、补贴等政策支持，降低建设成本，提高建设积极性。

除了满足茶叶运输的基本需求，茶产业的发展还促使乡村交通基础设施拓展更多功能。例如，随着茶文化旅游的兴起，在交通线路的规划和建设中，注重打造具有观赏性的景观道路，设置观景台、休息区等设施，提升游客的旅游体验。同时，为了方便游客自驾游，在乡村主要交通节点建设停车场、充电桩等配套设施，完善交通服务功能，促进茶产业与旅游产业的融合发展。

安吉白茶是安吉县的特色产业，为了推动茶产业的发展，安吉县大力推进乡村交通基础设施建设。一方面，修建了多条连接茶园与加工企业、销售市场的高等级公路，实现了茶叶从茶园到市场的快速运输。同时，结合当地的自然风光和茶文化，打造了"四好农村路"，将茶园、景点、农家乐等串联起来，形成了一条条美丽的茶旅融合线路。这些道路不仅路况良好，而且沿途风景优美，设置了多个观景平台和旅游标识，吸引了大量游客前来体验茶文化和乡村风光。如今，安吉的乡村交通网络四通八达，不仅促进了茶产业的繁荣，也带动了乡村旅游等相关产业的发展，成为全国乡村交通建设的典范。

武夷山是著名的茶叶产区，以武夷岩茶和正山小种闻名于世。为了提升茶产业的竞争力，武夷山围绕茶产业大力改善乡村交通条件。在茶园集中的区域，修建了宽敞的水泥路和柏油路，方便茶农运输茶叶和农资。同时，为了满足茶文化旅游的需求，建设了连接景区和茶村的旅游专线，配备了舒适的旅游大巴和完善的交通标识。此外，武夷山还对一些通往核心茶园的道路进行了升级改造，设置了自行车道和步道，鼓励游客以绿色出行的方式体验茶文化。这些交通基础设施的改善，极大地促进了武夷山茶产业和旅游业的融合发展，吸引了大量国内外游客，提高了茶叶的知名度和市场销量。

云南是普洱茶的故乡，茶产业是当地的支柱产业。为了推动茶产业的发展，普洱市加大了乡村交通基础设施建设的力度。在茶园分布较为分散的山区，修建了大量的乡村公路，实现了村村通公路，方便了茶农的生产生活和茶叶的运输。同时，为了促进普洱茶的销售和茶文化的传播，修建了连接普洱市与国内外主要市场的高速公路和铁路，缩短了运输时间和距离。此外，普洱市还注重乡村交通与旅游的融合，在通往茶园和茶厂的道路两侧设置了茶文化宣传标识和景观小品，打造了茶文化主题的旅游线路。这些交通基础设施的建设，有力地推动了普洱茶产业的发展，提升了普洱市的知名度和影响力。

乡村交通基础设施提升对茶产业的进一步推进作用，表现在：①良好的乡村交通基础设施能够提高茶叶运输的效率，降低运输成本。道路的改善使得运输车辆能够更快速、安全地行驶，减少了运输过程中的损耗和维修费用。同时，交通的便利也使得物流企业愿意进入乡村地区，增加了运输市场的竞争，降低了运输价格。这使得茶农和茶企能够以更低的成本将茶叶运输到市场，提高了茶叶的市场竞争力。②交通基础设施的提升拓展了茶叶的销售半径。便捷的交通使得茶叶能够更快速地到达更远的市场，扩大了茶叶的销售范围。同时，交通的改善也吸引了更多的外地客商和消费者前来采购茶叶，增加了茶叶的销售渠道和市场份额。例如，一些原本只能在当地销售的特色茶叶，随着交通的改善，能够进入城市市场甚至国际市场，提高了茶叶的知名度和销量。③完善的乡村交通基础设施为茶产业与旅游、文化等产业的融合发展提供了便利条件。游客能够更方便地到达茶园和茶厂，体验茶文化旅游，品尝茶叶，购买茶叶产品。这不仅促进了茶产业的发展，也带动了乡村旅游、餐饮、住宿等相关产业的繁荣。同时，交通的便利也吸引了更多的文化创意企业和人才进入乡村，挖掘茶文化内涵，开发茶文化产品，进一步提升了茶产业的附加值和文化底蕴。④良好的交通基础设施是吸引人才和投资的重要条件。对于茶产业来说，交通的改善使得乡村地区更具吸引力，能够吸引更多的茶叶种植、加工、销售等方面的专业人才前来就业和创业。同时，也能够吸引更多的企业和资本投资茶产业，促进茶产业的规模化、现代化和产业化发展。例如，一些大型茶叶企业会因为当地交通条件的改善而选择在乡村地区建立生产基地或加工工厂，带来先进的技术和管理经验，推动茶产业的升级发展。

茶产业与乡村交通基础设施建设相互促进、相辅相成。通过茶产业的发展推进乡村交通基础设施建设，再通过交通基础设施的提升进一步促进茶产业的繁荣，对于实现乡村振兴和农业农村现代化具有重要意义。

三、茶产业推进水利基础设施建设

茶树生长需要适宜的水分条件，既不能缺水也不能水涝。因此，茶产业推动水利基础设施建设时，首先会根据茶园的地形地貌、土壤条件以及茶树种植规模等因素，科学规划水利设施的布局。在山区茶园，会规划建设梯田式的灌溉渠道，确保水分能够均匀地渗透到每一片茶园；在平原地区的茶园，则会合理布局排水系统，避免积水对茶树生长造成影响。同时，还会建设蓄水池、山塘等蓄水设施，用于储存雨水和灌溉用水，以应对干旱季节的用水需求。

茶产业作为乡村的重要经济支柱，能够吸引多方资金投入到水利基础设施建设中。一方面，茶农和茶叶企业为了保障自身茶园的生产效益，会主动自筹资金建设小型的水利设施，如茶园内的滴灌系统、简易的排水沟等；另一方面，政府为了支持茶产业的发展，会将水利基础设施建设纳入财政预算，设立专项扶持资金，用于建设大型的水利工程，如水库、灌溉干渠等。此外，还会通过引入社会资本，采用PPP模式等方式，吸引企业参与水利设施的投资、建设和运营，拓宽资金来源渠道。

当地政府和相关部门为了促进茶产业的可持续发展，会出台一系列优惠政策和扶持措施，加快项目落地；对符合条件的水利设施建设项目给予税收减免、财政补贴等政策优惠；制定相关的水利设施建设标准和规范，引导茶产业与水利建设的有机结合，确保水利设施建设的质量和效益。

茶产业会积极推动节水灌溉技术在水利基础设施建设中的应用。例如，推广滴灌、喷灌等先进的节水灌溉技术，根据茶树的生长需求精准地提供水分，提高水资源的利用效率。同时，还会开展相关的培训和宣传活动，提高茶农对节水灌溉技术的认识和应用水平，促进水利基础设施的现代化和智能化发展。

西湖龙井是中国著名的绿茶，其产区对水利基础设施建设非常重视。为了保障西湖龙井茶树的生长，当地政府和茶农共同努力推进水利设施建设。在山区茶园，修建了大量的蓄水池和灌溉渠道，将山上的雨水收集起来，通过渠道输送到茶园进行灌溉。同时，根据茶园的地形特点，采用了滴灌和微喷灌等节水灌溉技术，确保茶树能够得到适量的水分。此外，还加强了排水系统的建设，防止茶园积水。这些水利设施的建设，不仅提高了西湖龙井的产量和品质，还保护了当地的生态环境，成为茶产业推进水利基础设施建设的典范。

蒙顶山茶是中国历史悠久的名茶之一，产区的水利基础设施建设为茶产业的发展提供了有力保障。当地政府通过财政投入和社会资本参与相结合的方式，建设了一批大型的水利工程，如水库、灌溉干渠等，解决了茶园的灌溉水源问题。同时，在茶园内推广了喷灌、滴灌等节水灌溉技术，提高了水资源的利用效率。此外，还加强了对山区茶园的水土保持工作，修建了梯田和护坡等设施，防止水土流失，保护了茶园的生态环境。这些水利基础设施的建设，促进了蒙顶山茶产业的发展，提升了茶叶的市场竞争力。

黄山毛峰产区在茶产业的推动下，大力加强水利基础设施建设。当地政府和茶企共同投资建设了多个蓄水工程和灌溉系统，确保茶园在干旱季节也能得到充足的水分供应。同时，针对山区茶园的特点，建设了完善的排水系统，有效防止了茶园积水和洪涝灾害的发生。此外，还积极推广节水灌溉技术，如滴灌和微喷灌等，提高了水资源的利用效率。这些水利设施的建设，不仅提高了黄山毛峰的产量和品质，还促进了当地茶产业的可持续发展，带动了乡村经济的繁荣。

水利基础设施提升对茶产业有进一步的推进作用，表现在：①完善的水利基础设施能够为茶树生长提供稳定、适宜的水分条件。合理的灌溉可以确保茶树在不同的生长阶段都能得到充足的水分，促进茶树的生长和发育，从而提高茶叶的产量。同时，精准的水分供应能够保证茶叶的营养成分和口感品质，使茶叶更加鲜嫩、香气浓郁。②良好的水利基础设施可以有效增强茶园的抗灾能力。完善的排水系统能够及时排除茶园内的积水，防止茶树因水涝而死亡；充足的蓄水设施和灌溉系统能够在干旱季节为茶园提供水源，减轻干旱对茶树的影响。③水利基础设施的提升有助于保护茶园的生态环境，促进茶产业的可持续发展。合理的灌溉和排水可以防止水土流失和土壤盐碱化，保持土壤肥力，为茶树生长提供良好的土壤条件。同时，节水灌溉技术的应用可以减少水资源的浪费，提高水资源的利用效率，实现水资源的可持续利用。此外，良好的水利设施还可以为茶园的生态旅游开发提供支持，促进茶产业与旅游产业的融合发展，拓展茶产业的发展空间。④高效的水利基础设施可以降低茶农的生产成本。先进的灌溉技术可以减少人工浇水的工作量，降低劳动力成本；合理的排水系统可以减少因水涝导致的茶树损失和补种成本；蓄水设施的建设可以减少对外部水源的依赖，降低用水成本。

茶产业的发展推动了水利基础设施的建设和完善，而水利基础设施的提升又进一步促进了茶产业的繁荣和可持续发展，对于实现乡村振兴和农业现代化具有重要意义。

四、茶产业推进乡村能源基础设施建设

在种植环节，茶园的灌溉设备、施肥机械等需要电力驱动；加工环节中，茶叶的杀青、烘焙、干燥等工艺对能源的稳定性和质量要求较高。因此，茶产业推进乡村能源基础设施建设时，会依据自身产业特点，定制能源设施规划。例如，在茶园集中区域，规划建设分布式能源站点，满足日常生产用电需求；在茶叶加工厂周边，布局稳定的供电线路和配套设施，确保加工设备的正常运行。

茶农和茶叶企业为了保障自身产业的能源供应稳定，会自筹部分资金用于能源设施的建设和升级。比如，一些大型茶叶合作社投资建设小型太阳能电站，为茶园的灌溉系统供电。政府为了推动茶产业的可持续发展，会加大对乡村能源基础设施的财政投入，设立专项扶持资金。同时，还会出台优惠政策，吸引社会资本进入，如鼓励能源企业与茶产业合作，采用PPP模式建设风力发电场或生物质能发电厂，为茶产业及乡村其他领域提供清洁能源。

地方政府为了促进茶产业的绿色发展，会制定相关政策鼓励清洁能源的应用和推广。例如，对采用太阳能、风能等清洁能源进行茶叶加工的企业给予税收优惠和补贴；对建设分布式能源系统的茶农和企业，在土地使用、项目审批等方面提供便利。此外，还会推动能源监管部门加强对乡村能源供应的管理和保障，确保茶产业的能源需求得到满足。

茶产业注重绿色、可持续发展，这与清洁能源的理念高度契合。因此，茶产业会积极推动清洁能源在乡村能源基础设施中的应用。在茶园中，推广使用太阳能杀虫灯、太阳能水泵等设备，减少对传统电力的依赖。在茶叶加工环节，鼓励企业采用清洁能源设备，如天然气杀青机、电加热烘焙设备等，替代传统的燃煤、燃油设备，降低污染物排放，提高茶叶加工的环保水平。同时，还会开展相关培训和宣传活动，提高茶农和企业对清洁能源的认识和应用能力。

福建安溪是中国著名的乌龙茶产区，茶产业是当地的支柱产业。为了推动茶产业的可持续发展，安溪大力推进乡村能源基础设施建设。一方面，在茶园中广泛推广太阳能杀虫灯和太阳能水泵，不仅减少了茶园的虫害，还降低了能源消耗；另一方面，在茶叶加工企业中，鼓励企业采用天然气和电作为能源，对传统的加工设备进行升级改造。例如，一些大型茶叶企业投资建设了天然气集中供气系统，为多家加工厂提供清洁能源，提高了加工效率，降低了环境污染。此外，安溪还积极发展生物质能，利用茶叶加工废弃物和茶园修剪枝条等生物质资源，建设生物质能发电厂，实现了资源的循环利用。

云南西双版纳是普洱茶的重要产区，茶产业在当地经济中占据重要地位。为了满足茶产业对能源的需求，西双版纳加大了乡村能源基础设施建设的力度。在茶园中，推广使用太阳能微灌系统，实现了精准灌溉，提高了水资源利用效率。在茶叶加工方面，鼓励企业采用清洁能源设备，如电炒锅、电烘干机等。同时，西双版纳还利用当地丰富的太阳能资源，建设了多个太阳能光伏发电站，为茶产业及乡村居民提供了清洁能源。此外，当地政府还出台了一系列优惠政策，鼓励茶农和企业参与能源基础设施建设，推动了茶产业与能源产业的融合发展。

浙江松阳是"中国有机茶之乡"，茶产业发展注重绿色生态。在能源基础设施建设方面，松阳积极探索清洁能源的应用。在茶园中，安装了太阳能板，为茶园的监控设备、气象监测设备等供电。在茶叶加工环节，推广使用电加热的智能化加工设备，实现了茶叶加工的精准控制，提高了茶叶品质。同时，松阳还建设了生物质能供热站，利用当地的农作物秸秆和林业废弃物等生物质资源，为茶叶加工厂提供热能，减少了对传统化石能源的依赖。此外，松阳还通过举办茶文化节等活动，宣传清洁能源在茶产业中的应用，提高了社会对绿色能源的认知度和接受度。

乡村能源基础设施提升反哺了茶产业。乡村能源基础设施的提升，确保了茶园灌溉、施肥、采摘等生产环节以及茶叶加工过程中能源的稳定供应。清洁能源的应用减少了能源供应的波动和不确定性，提高了茶叶生产的稳定性和可持续性。清洁能源的使用有助于提升茶叶的品质和附加值，使茶叶的口感、香气和营养成分得到更好的保留。使用清洁能源生产的茶叶更符合现代消费者对绿色、环保产品的需求，能够提高茶叶的市场竞争力和附加值，增加茶农和企业的收入。清洁能源的广泛应用，有助于减少茶产业对环境的影响，促进茶产业的绿色可持续发展。同时，能源资源的循环利用，如生物质能的开发利用，减少了废弃物的产生，实现了资源的高效利用。先进的能源基础设施为茶产业的创新发展提供了技术支持。能源技术的创新也为茶产业带来了新的发展机遇，如利用太阳能、风能等清洁能源与物联网技术相结合，实现茶园的智能化管理和精准农业。此外，能源基础设施的提升还促进了茶产业与其他产业的融合发展，如能源旅游、茶文化与能源文化的融合等，拓展了茶产业的发展空间。

五、茶产业推进乡村通信基础设施建设

在种植环节，茶农需要实时获取气象、病虫害防治等信息，以科学管理茶园；加工环节中，企业需借助通信技术实现生产设备的远程监控与管理；销售环节则依赖通信网络开展线上营销、客户服务等。因此，茶产业推动乡村通信基础设施建设时，会依据这些需求，合理规划通信网络布局。例如，在茶园集中区域和茶叶加工企业周边，优先部署高速宽带网络和5G基站，确保信号覆盖无死角，满足茶产业各环节对通信的需求。

茶农和茶叶企业为了提升自身的生产经营效率，会自筹部分资金参与通信设施的建设与升级。比如，一些茶叶合作社共同出资建设茶园内的无线局域网，方便茶农使用移动设备查询信息。政府为了促进茶产业的发展，会加大对乡村通信基础设施的财政投入，设立专项建设资金。同时，还会出台优惠政策，吸引通信运营商和社会资本参与投资，如给予土地使用、税收减免等方面的优惠，鼓励其在乡村地区铺设光缆、建设基站等。

当地政府为了促进茶产业的现代化发展，会制定相关政策，要求通信运营商加快乡村地区的网络覆盖和升级。例如，规定在茶产业重点区域优先开展5G网络建设，对完成建设任务的运营商给予奖励。同时，政府还会协调相关部门，简化通信基础设施建设的审批流程，加快项目落地实施，为通信建设提供便利条件。

茶产业积极推动通信技术在自身领域的应用，以促进产业发展，同时也带动了乡村通信基础设施的完善。例如，推广使用物联网技术，在茶园中安装传感器，实时监测土

壤湿度、温度、光照等环境参数,并通过通信网络将数据传输到茶农的手机或电脑上,实现精准种植和管理。在销售环节,鼓励茶企利用电商平台和社交媒体开展线上销售和品牌推广,这促使乡村地区的通信网络不断优化,以满足大数据传输和在线交易的需求。此外,还会开展相关培训和宣传活动,提高茶农和企业对通信技术的应用能力,增强对通信基础设施的需求和依赖。

贵州湄潭是中国著名的茶乡,茶产业是当地的主导产业。为了推动茶产业的发展,湄潭大力推进乡村通信基础设施建设。一方面,在茶园中广泛部署物联网设备,通过高速宽带网络和5G信号将茶园的各项数据实时传输到管理平台,茶农可以通过手机App随时掌握茶园的生长情况;另一方面,鼓励茶叶企业开展电商销售,建设了多个电商服务中心,为茶企提供网络支持和技术培训。同时,湄潭还与通信运营商合作,在全县范围内实现了光纤宽带和4G网络的全覆盖,5G网络也在逐步推广,为茶产业的数字化转型提供了坚实的通信保障。

安徽黄山黟县茶产业在乡村经济中占据重要地位。为了提升茶产业的竞争力,黟县围绕茶产业加强乡村通信基础设施建设。在茶园和茶叶加工企业中,推广使用智能监控系统,通过通信网络实现对生产过程的实时监控和管理。同时,积极发展农村电商,打造了"黟县黑茶"等特色茶叶品牌的线上销售平台。为了满足电商发展的需求,黟县加大了通信基础设施的投入,实现了全县乡村地区的高速宽带和4G网络全覆盖,并在重点区域部署了5G基站。此外,黟县还举办了多场电商培训活动,提高了茶农和企业的电商运营能力,促进了茶产业与通信技术的深度融合。

湖南安化是黑茶的重要产地,茶产业是当地的支柱产业之一。为了推动茶产业的现代化发展,安化大力推进乡村通信基础设施建设。一方面,在茶园中建设了智慧农业示范基地,利用通信网络实现了对茶园的智能化管理。例如,通过传感器监测茶园的环境数据,自动控制灌溉和施肥系统;另一方面,鼓励茶叶企业开展线上营销和品牌推广,建设了安化黑茶电商产业园,为茶企提供一站式的电商服务。同时,安化与通信运营商合作,加大了乡村地区的通信网络建设力度,实现了全县光纤宽带和4G网络的普及,5G网络也在逐步覆盖,为茶产业的发展提供了有力的通信支持。

先进的通信基础设施使得茶产业能够更好地应用物联网、大数据等技术,实现茶叶生产的精准化管理。茶农可以通过手机或电脑实时获取茶园的环境数据,及时调整种植管理措施,提高茶叶的产量和品质。通信技术还可以实现对茶叶加工设备的远程监控和故障预警,提高生产效率和设备利用率。

乡村通信基础设施的提升为茶叶的线上销售提供了便利条件。茶企可以通过电商平台、社交媒体等渠道,将茶叶产品推向更广阔的市场,打破地域限制,扩大销售范围。同时,通信技术还支持直播带货、在线客服等新型销售模式,增强了消费者与茶企之间的互动和信任,提高了销售转化率。

在西藏波密的易贡河谷,有西藏唯一的产茶地区,著名的易贡茶场便坐落于此。但易贡茶场曾一度沦为困难企业。近年来,随着乡村通信基础设施的提升,易贡茶场迎来了新的发展机遇。2024年,中国电信翼支付携手西藏电信通过"电商+通信"创新模式,与易贡茶场联合开展"易贡茶香韵 电信助农情"直播活动。中国电信翼支付提供活动方案设计、营销配置能力及平台服务，西藏电信提供通信技术、设备、现场运营及人员支持。直播间人气最高达 60 万人次，宣传触点曝光超 100 万人次，在线人数、转化率、品宣等数据均达到当地直播活动历史峰值，还为易贡茶场引入西藏航空公司等大单商机。乡村通信基础设施的提升为此次直播提供了有力保障，使直播能够稳定、流畅地进行，让全国观众都能实时观看并了解易贡茶，打破了地域限制，为易贡茶的销售和品牌推广开辟了新渠道。

借助通信基础设施，茶产业可以更有效地开展品牌宣传和推广活动。通过互联网和社交媒体，茶企可以向消费者传递品牌文化、产品特色等信息，提高品牌知名度和美誉度。同时，通信技术还支持品牌溯源系统的建设，消费者可以通过扫描二维码等方式，了解茶叶的产地、种植过程、加工工艺等信息，增强对品牌的信任。例如，英山县地处北纬30°黄金茶叶产茶带，是"中国绿茶（名茶）之乡""全国产茶重点县"，茶产业是当地乡村振兴的第一支柱产业。为加快推进春茶"出山"，当地积极利用直播等电商模式。2024 年，"楚天有好茶　英山品云雾"邮政农品溯源直播——湖北专场在黄冈市英山县大别茶访茶园举行。直播采用"基地+邮政+平台+直播"模式，主播们在茶园里通过沏茶、赏茶、品茶等方式带大家了解产品特性，感受茶文化。短短 8 小时的直播累计观看人数达 102.97 万人，总销量 2.91 万单，实现销售额 371.17 万元，刷新湖北邮政农产品直播销售历史纪录。

良好的通信基础设施为茶产业与旅游、文化等产业的融合发展提供了支撑。通过互联网和通信技术，茶产业可以与乡村旅游相结合，开发茶文化旅游线路，吸引游客前来体验茶园采摘、茶叶制作等活动。同时，通信技术还可以促进茶文化的传播和交流，推动茶产业与文化创意产业的融合，开发茶文化产品和衍生品。例如，利用虚拟现实（VR）、增强现实（AR）等技术，打造沉浸式的茶文化体验项目，丰富茶产业的业态。

六、茶产业推进乡村公共服务基础设施建设

茶产业作为乡村的重要经济支柱，能够创造可观的经济效益。通过茶企的税收、茶农的收益以及茶产业相关的旅游、加工等产业的发展，积累了一定的资金。这些资金可以通过政府引导、企业参与、社会资本投入等方式，整合起来用于乡村公共服务基础设施的建设。例如，一些地方政府设立茶产业发展专项资金，其中一部分资金专门用于改善乡村道路、水利设施等基础设施，为茶产业发展提供更好的硬件条件，同时也提升了乡村整体的公共服务水平。

茶产业的发展会带动一系列相关产业的兴起，如茶叶加工、包装、物流、旅游等。这些产业的发展对乡村公共服务基础设施提出了更高的要求，从而促使乡村加大对基础设施的建设力度。以茶叶物流为例，为了保证茶叶的新鲜度和运输效率，需要完善的交通道路和冷链物流设施。因此，茶产业的发展会推动乡村建设更便捷的交通网络和现代化的物流设施，这些设施不仅服务于茶产业，也为乡村居民的生活带来了便利。

为了提升乡村的吸引力和知名度，吸引更多的游客和消费者，乡村会加强公共服务基础设施的建设，如建设旅游服务中心、文化广场、卫生设施等。这些设施的完善不仅提升了乡村的整体形象，也为茶产业的品牌建设提供了有力的支持。例如，一些茶叶产

区通过打造茶文化主题公园、举办茶文化节等活动，吸引了大量游客，同时也带动了乡村公共服务基础设施的建设和完善。

茶产业的发展需要引进专业的技术人才和管理人才。这些人才的引入不仅带来了先进的技术和管理经验，也对乡村的公共服务基础设施提出了更高的要求。为了吸引和留住人才，乡村会加大对教育、医疗、文化等公共服务设施的投入，提升乡村的生活品质和吸引力。例如，一些茶企与高校合作，建立产学研基地，为人才提供良好的工作和生活环境，同时也促进了乡村公共服务基础设施的提升。

安吉白茶是浙江安吉县的特色产业，茶产业的发展为安吉县带来了巨大的经济效益。安吉县利用茶产业的收益，大力推进乡村公共服务基础设施建设。在交通方面，修建了四通八达的乡村公路，方便了茶叶的运输和游客的出行。同时，建设了多个茶文化主题公园和旅游景区，配套完善了旅游服务中心、停车场、卫生设施等。此外，安吉县还加强了教育、医疗等公共服务设施的建设，提升了乡村居民的生活品质。安吉县通过茶产业与乡村公共服务基础设施建设的有机结合，实现了产业发展与乡村振兴的良性互动。

福建武夷山茶产业的繁荣推动了武夷山乡村公共服务基础设施的不断完善。在文化设施方面，武夷山建设了多个茶文化博物馆和展览馆，展示了武夷山悠久的茶文化历史。同时，加强了乡村的环境卫生整治，建设了污水处理设施和垃圾处理场，改善了乡村的生态环境。此外，武夷山还发展了茶文化旅游，建设了一批民宿和农家乐，配套完善了餐饮、住宿、娱乐等服务设施，提升了乡村的旅游接待能力。

乡村公共服务基础设施的完善，为茶产业与其他产业的融合发展提供了条件。例如，茶文化旅游的发展需要完善的旅游服务设施和交通道路；茶叶加工与农业观光的结合需要良好的生态环境和休闲设施。通过产业融合，茶产业可以拓展产业链，增加附加值，实现可持续发展。

七、茶产业推进乡村基础设施建设的策略

（一）科学规划，合理布局

在推进乡村基础设施建设时，要以茶产业的发展需求为导向，科学规划，合理布局。首先，要对乡村的自然条件、产业现状、人口分布等进行全面的调查和分析，制定出符合实际情况的基础设施建设规划。其次，要注重基础设施之间的协调性和配套性，避免重复建设和资源浪费。例如，在建设乡村公路时，要考虑到茶园的分布和茶叶加工企业的位置，确保道路能够方便地连接茶园和加工厂。

（二）加大投入，多元筹资

乡村基础设施建设需要大量的资金投入，因此要加大资金支持力度，拓宽筹资渠道。一方面，政府要加大对乡村基础设施建设的财政投入，设立专项基金，用于支持茶产业相关的基础设施建设项目；另一方面，要鼓励社会资本参与乡村基础设施建设，通过PPP模式、特许经营等方式，吸引企业和社会组织投资建设乡村基础设施。此外，还可以引导茶农和茶叶企业积极参与基础设施建设，通过自筹资金、投工投劳等方式，

共同推动乡村基础设施的改善。

（三）加强管理，提高效益

基础设施建设完成后，要加强管理和维护，提高设施的使用效益。建立健全基础设施管理机制，明确管理责任主体，加强对设施的日常维护和保养。同时，要加强对基础设施的运营管理，提高设施的使用效率。例如，对于茶园灌溉设施，可以实行用水计量收费制度，鼓励茶农节约用水；对于乡村公路，可以加强路政管理，确保道路的畅通和安全。

（四）科技创新，提升水平

在推进乡村基础设施建设时，要注重科技创新，提升基础设施的建设水平和服务质量。例如，在茶园灌溉方面，可以推广使用滴灌、喷灌等节水灌溉技术，提高水资源的利用效率；在茶叶加工方面，可以引进先进的加工设备和技术，提高茶叶的加工质量和生产效率。此外，还可以利用物联网、大数据等信息技术，实现对基础设施的智能化管理和监控，提高管理的精准性和效率。

（五）产业融合，协同发展

围绕茶产业推进乡村基础设施建设，要注重产业融合，实现茶产业与其他产业的协同发展。例如，可以将茶产业与乡村旅游、文化创意等产业相结合，打造茶文化旅游景区、茶主题民宿等，延长茶产业链，提高茶产业的附加值。同时，要加强茶产业与相关产业的融合，推动茶产业的多元化发展。例如，可以发展茶食品、茶饮料等茶产品加工业，提高茶叶的综合利用水平。

八、小结

乡村基础设施建设是乡村发展的重要基础，围绕茶产业推进乡村基础设施建设，对于促进茶产业升级发展、增加茶农收入、提升乡村整体形象、推动乡村振兴战略实施具有重要意义。产业融合，协同发展，可以推进乡村基础设施的完善和茶产业的可持续发展，为乡村振兴战略的实施提供有力支撑。未来，随着经济社会的发展和科技的进步，乡村基础设施建设还将不断面临新的机遇和挑战，要不断探索和创新，以适应新时代乡村发展的需求。

思政要点

1. 人民至上：乡村基建以提升农民生活、促产业兴旺为核心，完善各类设施，践行以人民为中心，满足农民对美好生活的向往。

2. 产业兴乡：茶产业是乡村振兴关键，围绕其推进基建，带动产业升级与乡村全面进步，凸显产业兴旺的重要性。

3. 绿色发展：能源基建推广清洁能源，水利基建应用节水技术，实现经济与生态协调，践行绿色发展理念。

4. 创新驱动：通信与能源基建融入科技，实现茶产业精准管理、智能运营，以创新提升产业竞争力与产品附加值。

5. 共建共享：乡村基建需政府、企业、社会、农民多方参与，各方共担责任、共享成果，推动基建与产业发展。

第六节 青春茶香，筑梦乡兴：大学生投身茶产业的时代担当

茶叶，作为我国传统的重要农产品，不仅承载着悠久的历史文化，更在新时代乡村振兴战略中肩负着重要使命。大学生，作为充满活力与创造力的青年群体，正逐渐成为推动茶产业发展、助力乡村振兴的新生力量。他们带着知识、激情与梦想，深入乡村，投身茶产业，为茶产业的发展注入了新的生机与活力。

本节将通过讲述大学生投身茶产业助力乡村振兴的鲜活故事，展现他们在这片领域的探索与实践、创新与贡献，以及他们为乡村带来的深刻变化，从而揭示大学生在乡村振兴战略中的重要作用和广阔前景。

一、科技赋能，让古老茶园焕新颜——浙江大学高材生的茶乡"科技梦"

来自浙江大学农业与生物技术学院茶学专业的林宇，毕业后放弃了大城市的科研机构工作机会，毅然回到了福建安溪老家的茶乡。安溪是中国著名的乌龙茶之乡，有着悠久的茶叶种植历史，但传统的种植方式面临着诸多挑战。

当林宇深入家乡茶园进行全面调研时，他却发现了诸多制约茶产业发展的严峻问题。

土壤肥力方面，长期以来传统的种植模式使得茶园土壤肥力下降严重。过度依赖单一化肥，忽视有机肥的使用，导致土壤板结，透气性和保水性变差，养分失衡，茶树生长所需的氮、磷、钾等主要元素以及铁、锌、锰等微量元素供应不足，茶树生长缓慢，茶叶品质也随之下降。

茶树品种上，当地茶园的茶树品种老化退化现象普遍。许多茶树品种已经种植了数十年，品种的抗逆性减弱，对病虫害的抵抗力降低，产量逐年减少，且茶叶的香气、滋味等品质特征也大不如前。

病虫害防治手段更是单一落后。茶农们长期依赖化学农药进行病虫害防治，不仅导致害虫产生抗药性，使得防治效果越来越差，而且大量化学农药的残留严重影响了茶叶的品质和安全性，也对茶园的生态环境造成了破坏，导致茶园中的有益生物种群数量减少，生态平衡遭到破坏。

面对这些棘手的问题，林宇充分发挥自己在浙江大学所学的专业知识，凭借学校的科研资源和技术支持，开始了一系列的改革创新举措。

在土壤改良方面，林宇引进了先进的土壤检测技术。他使用高精度的土壤分析仪，对茶园不同区域的土壤进行采样分析，详细检测土壤的酸碱度、有机质含量、各种养分

的含量等指标。通过这些精准的数据，他为每一片茶园制定了个性化的施肥方案。对于土壤肥力较低、有机质含量不足的区域，他增加了有机肥的施用量，如腐熟的农家肥、绿肥等，以改善土壤结构，提高土壤的保水保肥能力；对于某些养分缺乏的区域，则针对性地补充相应的化肥和微量元素肥料。经过一段时间的实施，茶园土壤的肥力得到了显著提升，土壤变得更加疏松肥沃，为茶树的生长提供了良好的土壤环境。

在茶树品种更新上，林宇从浙江大学的众多科研成果中精心筛选出适合安溪当地气候、土壤条件的茶树新品种。他先在自家茶园和一些愿意合作的茶农的茶园中进行小规模试种，密切观察这些新品种茶树的生长情况，包括生长速度、抗病虫害能力、茶叶的产量和品质等方面。经过几年的试种和观察，他确定了几个表现优异的新品种，然后开始大规模推广。这些新品种茶树不仅抗逆性强，能够有效抵御当地常见的病虫害，而且产量比传统品种提高了约20%，茶叶的香气更加浓郁，滋味更加醇厚，深受市场欢迎。

在病虫害防治方面，林宇坚决摒弃了传统的大量使用化学农药的方法，大力推广生物防治技术。他引入了害虫天敌，如捕食螨等，这些捕食螨能够以茶园中的害虫为食，有效地控制了害虫的数量。同时，他还在茶园中安装了灯光诱捕装置，利用害虫的趋光性，在夜间吸引害虫飞向灯光，然后将其捕杀。此外，他还使用性诱剂来诱捕害虫，通过模拟害虫的性信息素，吸引雄性害虫前来，从而减少害虫的交配机会，降低害虫的繁殖数量。这些物理和生物防治手段的综合应用，使得茶园中的化学农药使用量减少了约70%，不仅保护了茶园的生态环境，提高了茶叶的品质和安全性，还降低了茶农的生产成本。

经过林宇多年的不懈努力，家乡的茶园发生了翻天覆地的变化。

从茶叶品质上看，新的土壤改良措施和茶树品种的更新，使得茶叶的品质得到了极大提升。茶叶的外形更加匀整，色泽更加鲜润；香气更加浓郁持久，带有独特的品种香和地域香；滋味更加醇厚，口感更加丰富。林宇还积极与当地的茶叶加工企业合作，将科技种植的茶叶进行深加工，开发出了一系列高端茶叶产品，进一步提高了茶叶的附加值。这些高品质的茶叶在市场上受到了消费者的广泛认可和青睐，茶叶的价格也比原来提高了约30%。

在产量方面，新品种茶树的推广和科学的种植管理，使得茶叶的产量大幅增加。据统计，整个茶园的茶叶产量比原来提高了约25%，茶农们的收入显著增加。以前，许多茶农因为茶叶产量低、品质差，收入微薄，生活困难；现在，随着茶叶产量和品质的提升，他们的收入大幅提高，生活水平也节节攀升。

生态环境方面，生物防治技术的应用和化学农药使用量的减少，使得茶园的生态环境得到了有效保护。茶园中的有益生物种群数量逐渐增加，生态平衡得到了恢复。茶园里又重新出现了蜜蜂、蝴蝶等昆虫，以及各种鸟类，形成了一个生机勃勃的生态系统。

林宇的努力不仅改变了家乡茶园的面貌，也为安溪茶产业的可持续发展作出了重要贡献。他的创新实践为其他茶乡提供了宝贵的经验借鉴，激励着更多的年轻人投身到茶产业的科技升级和乡村振兴的伟大事业中。林宇的科技赋能行动，不仅让古老的茶园焕发出了新的生机与活力，也为安溪茶产业的可持续发展奠定了坚实的基础。他用自己的实际行动证明了科技在乡村振兴中的重要作用，成为了茶乡人民心中的"科技之星"。

如今，林宇依然坚守在茶乡的土地上，继续探索着茶产业发展的新路径，为实现家乡的繁荣富强而不懈努力。

二、文创引领，赋予茶产品新内涵——四川大学艺术生的茶乡"文创情"

苏瑶，一位充满创意与激情的四川大学艺术学院视觉传达设计专业的学生，在学校组织的一次乡村实践活动中，踏入了四川雅安那片充满茶香的土地。雅安，作为中国著名的蒙顶山茶的故乡，承载着千年的茶文化底蕴。蒙顶山，素有"仙茶故乡"的美誉，相传西汉年间，吴理真在此种下7株茶树，开创了人工种茶的历史先河，茶圣陆羽在《茶经》中也对蒙顶山茶赞誉有加。

然而，当苏瑶深入当地茶产业进行调研时，却发现了令人惋惜的现状。尽管蒙顶山茶品质上乘，但其产品包装却极为简陋。多数茶叶产品只是简单地用普通塑料袋或纸盒包装，外观粗糙，缺乏美感和辨识度。而且，包装上几乎没有任何文化元素的体现，无法展现出蒙顶山茶深厚的文化底蕴。这种简陋的包装使得蒙顶山茶在市场上缺乏竞争力，难以吸引消费者的目光，尤其是年轻一代消费者。同时，当地茶叶品牌标识模糊，缺乏独特的品牌形象，宣传推广也相对滞后，导致品牌知名度和美誉度不高，茶叶的市场价格也受到了极大的限制，茶农和茶企的收入增长缓慢。

面对这些问题，苏瑶决心运用自己所学的专业知识，为蒙顶山茶产业带来新的生机。她首先深入研究蒙顶山的茶文化历史，查阅了大量的文献资料，拜访了当地的茶文化专家和老茶农，了解了蒙顶山茶的种植、制作工艺、历史传说以及与之相关的风土人情。她还多次登上蒙顶山，实地感受那里的自然风光和人文气息，寻找设计灵感。

在包装设计方面，苏瑶结合现代设计理念，为蒙顶山茶设计了一系列精美的包装。对于高端茶叶产品，她采用了古朴典雅的设计风格，选用质感上乘的丝绸和木质材料，包装盒上以细腻的工笔画描绘了蒙顶山的秀丽风光，云雾缭绕的山峦、郁郁葱葱的茶园、清澈的山溪等元素跃然纸上，给人一种身临其境的感觉。同时，她还在包装上融入了茶圣陆羽与蒙顶山的故事，通过简洁而生动的文字介绍，让消费者在品尝茶叶的同时，也能感受到蒙顶山茶悠久的历史文化。对于中低端茶叶产品，她则采用了简约时尚的设计风格，运用鲜明的色彩和独特的图案，突出蒙顶山茶的特色。例如，她设计了一款以蒙顶山的标志性建筑——天盖寺为元素的包装，将天盖寺的轮廓以抽象的形式呈现出来，搭配上鲜艳的绿色，给人一种清新自然的感觉。

除了包装设计，苏瑶还为当地的茶叶品牌设计了独特的品牌标识。她从蒙顶山的自然景观和茶文化元素中汲取灵感，设计了一个以茶树嫩芽和蒙顶山的山峰为主要元素的标识。标识的整体造型简洁流畅，富有现代感，同时又蕴含着深厚的文化内涵。在宣传海报的设计上，她运用了多种创意手法，将蒙顶山茶的品质、文化和特色生动地展现出来。例如，她设计了一张以"蒙顶茶香，千年传承"为主题的海报，画面中一位身着古装的茶农在茶园中采茶，背景是蒙顶山的壮丽景色，上方配以"一杯蒙顶茶，千年茶文化"的文字，极具感染力。

为了提高蒙顶山茶品牌的知名度和美誉度，苏瑶采用了线上线下相结合的推广方式。在线上，她利用社交媒体平台，如微信、微博、抖音等，发布蒙顶山茶的宣传海报、产品介绍和茶文化故事，吸引了大量网友的关注和转发。她还制作了一系列精美的短视频，展示蒙顶山茶的种植、制作过程以及品尝体验，通过生动有趣的内容，让更多的人了解和喜爱蒙顶山茶。同时，她还与一些知名的美食博主和旅游博主合作，邀请他们品尝蒙顶山茶，并在自己的平台上进行推荐，进一步扩大了蒙顶山茶的影响力。

在线下，苏瑶积极参与各种茶文化活动和展会，如成都国际茶文化旅游节、雅安蒙顶山茶文化节等。她在活动现场设置了精美的展位，展示蒙顶山茶的文创产品和品牌形象，吸引了众多参观者的驻足。她还在展位上举办了品茶活动，让参观者亲自品尝蒙顶山茶的美味，感受其独特的魅力。此外，她还与当地的一些酒店、餐厅合作，将蒙顶山茶作为特色饮品推荐给顾客，提高了蒙顶山茶的市场占有率。

苏瑶的文创设计和品牌推广取得了显著的成效。经过重新包装和品牌推广的蒙顶山茶产品，在市场上受到了消费者的广泛关注和喜爱。产品的价格有了明显的提高，高端茶叶产品的价格涨幅达到了50%以上，中低端茶叶产品的价格也提高了20%左右。茶农和茶企的收入大幅增加，许多茶农的年收入比原来提高了1倍以上。

同时，苏瑶的文创设计还吸引了大量游客来到雅安茶乡，体验蒙顶山的茶文化。游客们不仅可以参观茶园，了解茶叶的种植和制作过程，还可以品尝到正宗的蒙顶山茶，购买到精美的文创产品。茶乡的旅游业得到了极大的带动，当地的民宿、餐饮等产业也随之蓬勃发展。据统计，在苏瑶的文创行动实施后一年内，茶乡的游客数量增长了30%以上，民宿和餐饮的收入增长了40%以上。

苏瑶的文创行动，不仅赋予了蒙顶山茶产品新的内涵和价值，提升了品牌的知名度和美誉度，也为雅安茶乡的乡村振兴注入了强大的活力。她用自己的专业知识和创新精神，为传统茶产业的发展开辟了一条新的道路，成为了乡村振兴中的一抹亮丽色彩。

三、电商助力，打开茶产品销售新渠道——西电学子的茶乡"电商路"

赵强，毕业于西安电子科技大学电子商务专业，怀揣着对乡村振兴的满腔热忱，毅然投身到陕西汉中的一个茶乡。汉中，作为中国著名的绿茶产地，凭借其得天独厚的自然环境，孕育出了品质上乘的茶叶。这里山清水秀，气候温润，土壤肥沃，所产绿茶外形匀整、色泽绿润、香气清高、滋味鲜醇，深受茶叶爱好者的喜爱。

然而，由于地处山区，交通不便，汉中茶乡的茶叶销售面临着诸多困难。茶农们主要依赖传统的线下销售渠道，如本地的茶叶市场和一些零散的批发商。这些渠道不仅销售范围有限，而且中间环节众多，茶农们的利润被大幅压缩。此外，信息的不对称使得茶农们难以准确把握市场需求和价格动态，常常出现茶叶滞销的情况。茶农们辛苦种植和采摘的茶叶，有时只能低价贱卖，甚至不得不忍痛丢弃，一年的辛勤劳作付诸东流，生活陷入困境。

赵强深知，要想改变茶乡的现状，必须充分发挥电子商务的优势，打破地域限制，拓宽销售渠道。他首先着手帮助茶农们建立自己的电商平台。他组织了一支专业的团队，从网站的设计、开发到运营，都进行了精心的策划和实施。

在平台设计方面,赵强注重突出汉中茶叶的特色和优势。网站界面简洁美观,以绿色为主色调,象征着茶叶的自然与健康。首页展示了汉中茶乡的美丽风光和茶叶的种植、采摘过程,让消费者能够直观地感受到茶叶的原生态。同时,网站还详细介绍了汉中茶叶的品种、特点、制作工艺以及营养价值,为消费者提供了全面的产品信息。

为了提高平台的可信度和吸引力,赵强还引入了第三方认证机构,对茶叶的品质进行严格检测和认证。消费者可以通过平台查询到每一批次茶叶的检测报告,确保购买到的是安全、优质的产品。此外,他还建立了完善的售后服务体系,及时处理消费者的投诉和建议,提高消费者的满意度。

在与各大电商平台合作方面,赵强积极与淘宝、京东、拼多多等知名电商平台沟通协商,争取到了有利的合作条件。他帮助茶农们在这些平台上开设店铺,并进行店铺的运营和管理。通过与各大电商平台的合作,汉中茶叶的销售范围得到了极大的拓展,不仅覆盖了国内各大城市,还远销海外。

为了进一步提高茶叶产品的销量,赵强开展了直播带货活动。他深知,直播带货作为一种新兴的销售模式,具有直观、互动性强的特点,能够有效地吸引消费者的关注和购买欲望。

赵强邀请了一些在美食、茶叶领域具有较高知名度和影响力的网红主播来到茶乡。主播们实地参观了茶园和茶叶加工厂,亲身感受了茶叶的种植和制作过程。在直播过程中,主播们详细介绍了汉中茶叶的品质和特色,从茶叶的产地环境、品种特点到制作工艺,都进行了深入的讲解。同时,他们还现场品尝了茶叶,分享了自己的口感体验,让观众们能够更加直观地了解茶叶的品质。

为了增加直播的趣味性和互动性,赵强还设置了一些互动环节,如抽奖、问答等。观众们可以通过弹幕参与互动,赢取免费的茶叶样品或优惠券。这些互动环节不仅提高了观众的参与度,还增强了观众对茶叶的兴趣和购买欲望。

通过直播带货,汉中茶叶的销量大幅增长。在一次直播活动中,销售额就突破了百万元大关。茶农们的收入也得到了显著提高,平均收入增长了50%以上。许多茶农感慨地说:"多亏了小赵,让我们的茶叶有了销路,生活也有了盼头。"

赵强的努力取得了显著的成效。通过建立电商平台和开展直播带货,汉中茶叶的销售渠道得到了极大的拓宽,市场知名度和美誉度也得到了大幅提升。茶农们的收入增加了,生活水平得到了显著改善,他们对未来充满了信心和希望。

同时,赵强的电商行动还带动了茶乡相关产业的发展。随着茶叶销量的增加,包装、物流等产业也迎来了发展机遇。当地的一些年轻人看到了电商行业的发展潜力,纷纷返乡创业,开设了电商服务公司、物流配送中心等。茶乡的经济活力得到了进一步激发,乡村振兴的步伐也更加坚实。

此外,赵强还积极组织茶农们参加电商培训和学习活动,提高他们的电商运营能力和市场意识。他希望通过自己的努力,能够培养出一批懂电商、会经营的新型茶农,让电商成为推动茶乡发展的长效动力。

赵强用自己的专业知识和实际行动,为汉中茶乡的发展注入了新的活力,成为了乡村振兴道路上的一颗闪亮之星。他的故事也激励着更多的年轻人投身到乡村振兴的事业中,为实现乡村的繁荣富强贡献自己的力量。

四、产业融合,构建茶乡发展新模式——南农学子的茶乡"融合经"

周悦,毕业于南京农业大学农村区域发展专业,怀揣着对乡村发展的热忱与梦想,毅然踏上了江苏宜兴的这片土地。宜兴,这座历史悠久的城市,不仅是中国著名的紫砂壶产地,有着"陶都"的美誉,其制壶工艺传承千年,名家辈出,紫砂壶以其独特的材质、精湛的工艺和深厚的文化内涵闻名于世;同时,宜兴也是茶叶的重要产区,拥有得天独厚的自然环境,所产茶叶品质优良,茶文化底蕴同样深厚。

然而,周悦在深入调研后发现,宜兴的茶产业和陶产业虽然各自有着独特的优势,但长期以来处于相对独立发展的状态,未能充分发挥两者的协同效应。茶农们专注于茶叶的种植与生产,销售渠道相对单一,茶叶附加值有待提高;陶艺师们则埋头于紫砂壶的制作,市场拓展面临一定局限。而在旅游业方面,宜兴丰富的茶、陶资源尚未得到充分整合与开发,未能形成具有强大吸引力的特色旅游产品。

周悦敏锐地察觉到了茶产业和陶产业融合发展的巨大潜力,以及茶产业与旅游业融合的广阔前景。她坚信,通过产业融合,能够为宜兴茶乡带来新的发展机遇,实现经济、社会和文化的多重效益。

周悦首先积极推动茶产业与陶产业的融合。她深知,茶叶与紫砂壶的搭配具有天然的契合度,紫砂壶独特的透气性和吸附性能够更好地保存茶叶的香气和滋味,而优质的茶叶也能为紫砂壶增添韵味。

为了实现两者的有机结合,她不辞辛劳地穿梭于茶农和陶艺师之间,组织双方进行深入的交流与合作。她鼓励陶艺师根据不同茶叶的特点,设计制作与之相匹配的紫砂壶,同时引导茶农挑选适合紫砂壶冲泡的茶叶品种。经过不懈努力,一系列独具特色的"茶陶套装"产品应运而生。

这些"茶陶套装"不仅在产品设计上独具匠心,将茶叶的清新与紫砂壶的古朴典雅完美融合,还在包装上进行了精心设计,融入了宜兴的茶文化和陶文化元素,如以紫砂壶的制作工艺流程图和茶园风光为背景的包装盒,提升了产品的文化品位和艺术价值。

为了推广这些茶陶文化产品,周悦举办了多场茶陶文化节。在文化节上,她邀请了知名的茶艺师进行茶艺表演,展示如何用紫砂壶冲泡出一杯杯香气四溢的好茶;同时,陶艺师们现场展示紫砂壶的制作工艺,让观众近距离感受这一传统技艺的魅力。文化节还设置了产品展销区,吸引了大量游客和消费者前来参观、购买。

据统计,在举办茶陶文化节的第一年,"茶陶套装"产品的销售额就达到了200余万元,较之前单一销售茶叶和紫砂壶的收入总和增长了约40%。随着品牌知名度的不断提升,后续几年产品销售额持续增长,为茶农和陶艺师带来了显著的经济效益。

除了茶陶文化产品的开发,周悦还将目光投向了茶产业与旅游业的融合。她深入挖掘宜兴茶乡的自然景观和人文资源,整合了当地的茶园、茶厂、陶艺工作室等资源,精心设计了一系列茶旅融合的旅游线路。

其中一条热门线路是"茶园探秘与陶艺体验之旅"。游客们首先来到郁郁葱葱的茶园，在茶农的指导下，亲身参与采茶活动，体验采摘茶叶的乐趣。随后，他们前往茶厂，参观茶叶的制作过程，了解从鲜叶到成品茶的奇妙转变。在品尝了自己参与制作的新茶后，游客们来到陶艺工作室，在陶艺师的耐心指导下，学习制作紫砂壶的基本工艺，亲手制作一把属于自己的紫砂壶。

此外，周悦还注重丰富旅游线路的文化内涵，在行程中安排游客品尝当地的特色茶点和美食，如用茶叶制作的茶糕、茶香鸡等，让游客全方位感受宜兴的茶文化和美食文化。

茶旅融合的旅游线路一经推出，便受到了广大游客的热烈欢迎。据当地旅游部门统计，在周悦推动茶旅融合后的第一年，宜兴茶乡的游客接待量较之前增长了30%，达到了15万人次左右。旅游收入也大幅增加，从之前的每年500万元左右提升到了800余万元。游客们的到来，不仅带动了当地民宿、餐饮等相关产业的发展，还为茶农们提供了新的收入来源，如参与旅游服务、销售农产品等。茶农们的平均年收入在原有基础上增加了约1.5万元。

周悦的产业融合行动为宜兴茶乡带来了全方位的变化。通过茶陶融合和茶旅融合，茶乡的经济结构得到了优化，产业竞争力得到了显著提升。原本相对单一的茶产业和陶产业，通过融合发展，形成了多元化的产业形态，提高了产业的抗风险能力。

茶农们的收入来源更加多元化，生活水平得到了明显改善。除了传统的茶叶种植和销售收入外，他们还通过参与茶陶文化产品的制作和旅游服务，获得了额外的收入。同时，产业融合也吸引了更多年轻人回到家乡创业就业，为茶乡的发展注入了新的活力。

在文化方面，周悦的行动促进了宜兴茶文化和陶文化的传承与弘扬。通过茶陶文化节和茶旅融合旅游线路，更多的人了解和体验到了宜兴独特的文化魅力，增强了当地居民的文化自信和认同感。

周悦的产业融合实践，为其他地区的乡村振兴提供了宝贵的经验借鉴。她用自己的智慧和努力，为宜兴茶乡的发展开辟了一条新的道路，成为了乡村振兴道路上的一位杰出推动者。

五、人才培养，为茶产业发展注入新活力——福农学子的茶乡"育人梦"

郑辉，毕业于福建农林大学茶学专业，怀揣着对家乡武夷山茶产业的深厚情感和使命感，毅然回到了这片孕育着千年茶香的土地。武夷山，作为中国著名的乌龙茶和红茶产地，以其独特的丹霞地貌、温润的气候和肥沃的土壤，造就了品质卓越的茶叶，茶产业无疑是当地的支柱产业，支撑着众多家庭的生计，也承载着深厚的文化底蕴。

然而，随着茶产业的不断发展壮大，市场竞争日益激烈，对专业人才的需求也愈发迫切。郑辉深入调研后发现，当地茶产业面临着严重的专业人才短缺问题。茶农们大多凭借传统经验进行茶叶种植，缺乏科学的种植管理知识，导致茶树病虫害防治不及时、土壤肥力下降、茶叶品质参差不齐。在茶叶加工环节，许多茶企员工虽然掌握一定的传统工艺，但对现代先进的加工技术了解甚少，难以生产出符合市场高端需求的茶叶产品。而且，在市场营销方面，更是缺乏专业的人才，茶农和茶企员工不懂得如何打造品牌、拓展销售渠道，使得武夷山的好茶常常"养在深闺人未识"，无法实现其应有的价值。

面对这些困境，郑辉凭借自己在福建农林大学积累的专业知识和人脉资源，他积极与母校沟通合作，在茶乡成功设立了茶产业人才培训基地。为了确保培训的质量和效果，郑辉精心邀请了福建农林大学在茶叶种植、加工、审评等领域有着深厚的学术造诣和丰富实践经验的专家学者，以及行业内的资深人士包括知名茶企的技术骨干、市场营销专家等给学员进行培训。这些实战派专家将最新的行业动态和实用的经验传授给学员，培训内容丰富多样，涵盖了茶叶产业的各个关键环节。在茶叶种植方面，教授学员科学的土壤管理、茶树修剪、病虫害绿色防控等技术；在茶叶加工环节，详细讲解乌龙茶和红茶的现代加工工艺，如萎凋、摇青、发酵、烘焙等关键步骤的精准控制；在茶叶审评方面，教导学员如何准确判断茶叶的品质优劣，包括外形、香气、滋味、汤色、叶底等方面的审评技巧；在市场营销方面，传授品牌建设、电商运营、渠道拓展等知识和策略。

经过一段时间的培训，学员们的专业知识和技能得到了显著提高。据统计，参加培训的茶农中，有超过80%的人掌握了科学的病虫害防治方法，能够正确使用生物农药和物理防治手段，减少了化学农药的使用量，茶叶的农残合格率从原来的70%提高到了90%以上。在茶叶加工方面，茶企员工通过学习新的加工工艺，生产出的茶叶品质明显提升，优质茶的产量占比从原来的30%提高到了50%左右。在市场营销方面，有60%的学员学会了利用电商平台进行茶叶销售，部分茶企通过品牌建设和市场推广，产品销售额增长了30%以上。

郑辉的人才培养行动为武夷山茶产业的发展注入了强大的新动力。经过培训的茶农和茶企员工，成为了茶产业发展的中坚力量。他们将所学的知识和技能应用到实际生产中，不仅提高了茶叶的品质和产量，还增加了企业的经济效益。

同时，人才培养基地的存在也吸引了更多的年轻人回到茶乡，投身茶产业。据不完全统计，在培训基地成立后的2年内，有超过200名年轻人回到武夷山，参与到茶产业的各个环节中。这些年轻人带来了新的理念和思想，如互联网思维、创新营销模式等，为茶产业的创新发展提供了新的思路。例如，一些年轻人利用社交媒体平台进行茶叶品牌推广，通过制作精美的短视频和图文内容，吸引了大量消费者的关注，成功打开了年轻消费群体的市场。还有一些年轻人引入了智能化的茶叶生产设备，提高了生产效率和产品质量的稳定性。

郑辉的人才培养实践，不仅成功解决了当地茶产业专业人才短缺的问题，也为茶产业的可持续发展奠定了坚实的基础。他用自己的实际行动，诠释了人才对于产业发展的重要性，成为了武夷山茶乡发展的推动者和引领者。

六、青春返乡，茶韵兴乡——王丽丹的茶产业逐梦之路

2017年，王丽丹从大学毕业，原本有着诸多留在城市发展的机会，然而对家乡云南德宏那片土地深深的眷恋，以及对家乡茶产业发展前景的敏锐洞察，让她毅然决然地

踏上了返乡之路。

德宏，地处云南西部，拥有着得天独厚的自然环境，温润的气候、肥沃的土壤和充沛的降水，为茶树的生长提供了绝佳的条件。梁河县作为德宏的重要组成部分，茶叶种植历史悠久，茶树资源丰富，尤其是马鹿塘地区，所产茶叶品质优良，有着独特的风味和口感。但长期以来，由于缺乏科学的管理和先进的加工技术，茶产业发展缓慢，茶农们的收入也十分有限。

回到家乡后的王丽丹，深入茶乡，与茶农们朝夕相处，了解他们的需求和困境。她看到了马鹿塘集体茶场的潜力，也深知其存在的问题。茶场的基础设施陈旧，茶叶加工设备落后，导致茶叶品质难以提升，市场竞争力不足。经过深思熟虑，王丽丹决定勇敢地承担起改变这一现状的责任。

2022年底，王丽丹注册成立了梁河县寨王茶叶有限责任公司，并承包经营了马鹿塘集体茶场。公司成立之初，面临着资金短缺、技术匮乏等诸多困难。但王丽丹没有退缩，她四处奔走，筹集资金，公司自筹资金80余万元重建茶叶加工厂，并购置安装了1套半自动化加工设施设备。同时积极与高校和科研机构合作，引进先进的茶叶种植和加工技术。

为了重建茶叶加工厂，王丽丹自筹资金，精心规划设计。她亲自监督每一个施工环节，确保加工厂的建设质量。在设备购置安装方面，她多方考察，选择了最适合当地茶叶特点的先进设备。从杀青机、揉捻机到烘干机，每一台设备都经过了严格的筛选和调试。

新的加工厂建成后，王丽丹对茶叶加工工艺进行了全面的优化和创新。她摒弃了传统的粗放式加工方式，采用了精细化的生产流程。在茶叶采摘环节，严格控制采摘标准，只选取鲜嫩的芽叶；在加工过程中，根据不同茶叶的特点，精准控制温度、湿度和时间，确保茶叶的香气和营养成分得到最大程度的保留。公司产品种类丰富，有回龙绿茶、红茶、白茶、普洱茶等，满足了不同消费者的需求。

同时，王丽丹注重品牌建设和市场拓展。她为公司的茶叶产品取了一个富有特色的品牌名——"寨王茶"，并设计了独特的包装，将德宏的民族文化元素融入其中，提升了产品的文化内涵和市场辨识度。她积极参加各类茶叶展销会和推广活动，与各地的经销商和客户建立联系，拓展销售渠道。通过线上线下相结合的方式，"寨王茶"逐渐打开了市场，受到了消费者的广泛认可和喜爱。

王丽丹的努力取得了显著的成效。马鹿塘集体茶场的茶叶品质得到了大幅提升，产量也有所增加。茶农们的收入也随之提高，他们不仅可以通过茶叶种植获得稳定的收入，还可以在茶叶加工厂就业，增加了额外的收入来源。2023年公司生产毛茶70余吨。2024年春茶采摘期间，平均每天收购加工鲜叶3吨多。2023年年产值约135万元，带动茶农增收110万元。2024年春茶采摘期间，平均每天支付茶农鲜叶款1.32万元。在"2023中国梁河葫芦丝文化旅游节首届回龙茶香斗茶大赛"中，公司制作的绿茶荣获"炒青绿茶类的金奖"。在王丽丹的带动下，当地的茶产业逐渐走上了规模化、产业化、品牌化的发展道路。

此外，王丽丹还积极参与乡村振兴的其他工作。她组织茶农们开展技术培训和文化活动,提高他们的综合素质和生活质量。她还利用公司的资源,帮助当地改善基础设施,发展乡村旅游,为乡村的发展注入了新的活力。

王丽丹用自己的青春和汗水,在德宏的茶乡书写了一段精彩的创业故事。她的努力不仅推动了当地茶产业的发展,也为乡村振兴作出了积极的贡献。

七、小结

少年之风采,如旭日之初升,光芒虽微,却蕴蓄着无尽的希望与力量。而在时代的宏大叙事中,大学生们正以蓬勃之姿,投身于茶产业的发展浪潮,成为助力乡村振兴的中流砥柱。他们的故事,恰似一部部激昂的青春乐章,奏响了新时代青年勇于担当、积极作为的动人旋律。大学生们凭借着扎实的专业知识与敢为人先的创新精神,于茶产业的广袤天地间,大胆探索,积极实践。从茶园里的科技赋能,到文创领域的灵感迸发;从电商平台上的销售奇迹,到产业融合的创新模式,再到人才培养的长远布局,他们的足迹遍布茶乡的每一寸土地,每一个角落都留下了他们奋斗的身影与辛勤的汗水。

乡村振兴,是一项伟大而艰巨的事业,它关乎着亿万农民的福祉,关乎着国家的繁荣昌盛。在这条充满挑战与机遇的道路上,大学生们勇挑重担,肩负起时代赋予的使命与责任。他们的参与,不仅推动了茶产业的蓬勃发展,促进了乡村经济的繁荣,更在潜移默化中改变着乡村的面貌,提升了乡村的文化内涵与社会活力。

青年兴则国家兴,青年强则国家强。在大学生们的带动下,越来越多的人开始关注乡村振兴,投身于乡村建设的伟大事业中。他们汇聚起众人的智慧与力量,共同为实现乡村的繁荣富强而努力拼搏。相信在不久的将来,会有更多的大学生加入到茶产业的行列中来,他们将继续探索创新,不断推动茶产业的转型升级,让那悠悠茶香飘得更远,让乡村的明天更加美好。

青春之路,无悔且坚定;乡村之兴,可期且必至。让我们满怀期待,见证大学生们在茶产业与乡村振兴的道路上,书写更多辉煌的篇章,创造更加灿烂的未来,共同铸就乡村振兴的伟大梦想,让广袤的乡村大地焕发出勃勃生机与无限活力。

 思政要点

1. 青年担当与使命:大学生放弃城市的发展机会,毅然投身乡村茶产业,体现了当代青年勇挑重担、主动肩负起乡村振兴使命的责任感,展现了青年在时代发展中的担当精神。

2. 专业知识与实践结合:不同专业的大学生运用所学专业知识,在茶产业的科技种植、文创设计、电商销售、产业融合、人才培养等方面进行实践创新,将理论与实际相结合,推动茶产业发展。

3. 创新精神与创业意识:大学生们在茶产业发展中积极创新,同时部分大学生还积极创业,成立公司带动茶产业发展,展现了创新精神和创业意识。

4. 文化传承与发展:大学生们注重挖掘和传承茶文化,通过文创设计展现茶的文化底蕴，在茶产业与陶产业融合中弘扬传统文化，让古老的茶文化在新时代焕发出新的活力，促进了文化的传承与发展。

5. 带动乡村发展与共同富裕：大学生的努力不仅推动了茶产业的发展，还增加了茶农收入，带动了乡村相关产业的发展，促进了乡村经济繁荣，助力实现共同富裕目标。

6. 人才培养与乡村振兴：认识到人才对产业发展和乡村振兴的重要性，积极开展人才培训，为茶产业培养专业人才，同时吸引年轻人返乡创业就业，为乡村振兴注入新的活力和动力。

7. 理想信念与奋斗精神：大学生们怀揣着对乡村发展的热忱和梦想，克服种种困难，不懈努力奋斗，用实际行动践行理想信念，为实现乡村振兴的目标而拼搏。

参考文献

陈华，2023. 乡村振兴中的茶文化传承与创新 [J]. 广东茶业（5）：27-31.

陈静，2015. 对中国茶文化的认识和体会 [J]. 南方农业（3）：108-109.

陈青松，金继强，张恭攀，2025. 乡村振兴基础设施建设实操指南与典型案例 [M]. 北京：中国计划出版社.

陈伟林，洪暖珍，管曦，等，2020. 茶旅融合视角下安溪茶庄园发展效益评价研究 [J]. 茶叶通讯，47（4）：689-695.

邓冰斌，2021. 福建漳平茶产业发展助力乡村振兴的经验启示 [J]. 中国茶叶加工（1）：69-71.

方航，2024. 乡村基础设施建设与管理实务 [M]. 合肥：安徽科技出版社.

高佳茹，李翠，2020. 武夷山茶旅融合创新发展之路 [J]. 当代旅游，18（11）：45-46.

韩海东，罗旭辉，黄毅斌，2013. 生态茶园建设 [M]. 福州：福建科学技术出版社.

胡绍德，2022. 生态茶园建设与管理 [M]. 合肥：安徽科学技术出版社.

黄明瑞，2018. 信息化背景下茶产业对农村经济的影响分析 [J]. 福建茶叶，40（6）：53.

黄厅厅，2022. 推进茶产业振兴 加快农业现代化 [J]. 广东茶业（Z1）：77-79.

李崇光，2018. 乡村振兴战略下农业产业融合发展的思考 [J]. 中国农村经济（7）：15-25.

李欢，杨亦扬，2021. 乡村振兴背景下江苏茶文化旅游的休闲农业发展策略 [J]. 江苏农业科学，49（16）：8-13.

林曦，吴芹瑶，杨江帆，2023. 茶旅融合发展效果评价与动力机制研究 [J]. 茶叶科学，43（5）：718-732.

宁功伟，陈雷，康冠宏，等，2024. 乡村振兴背景下云南大理州茶产业高质量发展对策研究 [J]. 茶叶通讯，51（3）：423-430.

申素熙,梁月荣,2009. 茶产业在山区农村经济和生态中的作用 [J]. 茶叶,35 (1):11-13.

王宏广,2018. 实施乡村振兴战略的关键在于培养造就一大批懂农业、爱农村、爱农民的"三农"工作队伍 [J]. 中国科学院院刊,33 (4):339-346.

王立新,陈思远,2020. 茶产业对农村经济增长的影响机制研究 [J]. 农村经济与科技,31 (15):112-114.

卫龙宝,李静,2014. 我国茶叶产业集聚与技术效率分析 [J]. 经济问题探索,35 (2):58-62.

吴炳贤,2024. 推动生态茶园建设促进国家公园绿色发展 [J]. 福建林业,39 (4):6-7.

习近平,2017. 决胜全面建成小康社会 夺取新时代中国特色社会主义伟大胜利——在中国共产党第十九次全国代表大会上的报告 [M]. 北京:人民出版社.

习近平,2007. 之江新语 [M]. 杭州:浙江人民出版社.

项国鹏,张文芳,2024. 茶旅融合高质量发展:动力,机制与模式 [J]. 中国茶叶加工 (1):36-42.

杨广谊,朱威,潘伟忠,2016. 茶旅融合,创新缙云茶产业发展模式 [J]. 茶业通报,38 (3):102-105.

余文权,张翠香,2009. 生态茶园的研究进展与思考 [J]. 中国茶叶,31 (10):10-13.

张雯婧,2022. 生态茶园种植管理技术 [M]. 福州:福建科学技术出版社.

张星海,2022. "互联网+"茶旅融合促进乡村振兴策略研究 [J]. 农业经济 (6):24-25.

张雪,2021. 乡村振兴战略视角下农村茶产业发展研究 [J]. 核农学报,35 (3):775.

张颖,2019. 乡村振兴战略背景下的茶旅融合发展研究 [J]. 四川旅游学院学报 (3):43-45.

朱风顺,2022. 乡村振兴战略背景下茶文化,茶产业的发展与实践研究 [J]. 福建茶叶,44 (7):9-11.

朱启臻,2018. 乡村振兴中的文化建设 [J]. 人民论坛 (7):122-123.